D1697236

Hanns M. Sauter | Arno Hartmann | Tarja Katz

Einführung in das Entwerfen

Hanns M. Sauter | Arno Hartmann | Tarja Katz

Einführung in das Entwerfen

Band 1: Entwurfspragmatik

Mit 1238 Abbildungen

STUDIUM

VIEWEG+
TEUBNER

Bibliografische Information der Deutschen Nationalbibliothek
Die Deutsche Nationalbibliothek verzeichnet diese Publikation in der
Deutschen Nationalbibliografie; detaillierte bibliografische Daten sind im Internet über
<http://dnb.d-nb.de> abrufbar.

Weitere Informationen zu diesem Buch finden Sie unter:
www.einfuehrung-entwerfen.de

1. Auflage 2011

Alle Rechte vorbehalten
© Vieweg+Teubner Verlag | Springer Fachmedien Wiesbaden GmbH 2011

Lektorat: Dipl.-Ing. Ralf Harms

Vieweg+Teubner Verlag ist eine Marke von Springer Fachmedien.
Springer Fachmedien ist Teil der Fachverlagsgruppe Springer Science+Business Media.
www.viewegteubner.de

Das Werk einschließlich aller seiner Teile ist urheberrechtlich geschützt. Jede Verwertung außerhalb der engen Grenzen des Urheberrechtsgesetzes ist ohne Zustimmung des Verlags unzulässig und strafbar. Das gilt insbesondere für Vervielfältigungen, Übersetzungen, Mikroverfilmungen und die Einspeicherung und Verarbeitung in elektronischen Systemen.

Die Wiedergabe von Gebrauchsnamen, Handelsnamen, Warenbezeichnungen usw. in diesem Werk berechtigt auch ohne besondere Kennzeichnung nicht zu der Annahme, dass solche Namen im Sinne der Warenzeichen- und Markenschutz-Gesetzgebung als frei zu betrachten wären und daher von jedermann benutzt werden dürften.

Umschlaggestaltung: KünkelLopka Medienentwicklung, Heidelberg
Umschlagbild: Links: Villa Müller von Adolf Loos, Prag 1928
              Mitte: Apollodorus von Damaskus, Glyptothek München, (Büste ca. 130/140 n. Chr.)
              Rechts: „Educatorium" von OMA/Rem Koolhaas, Utrecht 1997
              Alle Fotos: Autoren
Druck und buchbinderische Verarbeitung: AZ Druck und Datentechnik, Berlin
Gedruckt auf säurefreiem und chlorfrei gebleichtem Papier
Printed in Germany

ISBN 978-3-8348-1728-0

Basiswissen Architektur
Herausgegeben von Dirk Bohne

Inhalt

Vorwort		10
1.	**Entwurfspragmatik**	12
1.1	Physiologische Grundlagen	13
1.2	Aspekte der Psychologie	31
1.3	Berufsbild des Architekten in der Vergangenheit	43
1.4	Berufsbild des Architekten – heute	85
1.5	Tätigkeit des Architekten – nutzungsbestimmt	115
1.6	Tätigkeiten des Architekten – visionär	133
1.7	Wohn- und Schlafräume (ehem. DIN 18011)	171
1.8	Küchen, Bäder und WCs (ehem. DIN 18022)	183
1.9	Baurechtliche Einschränkungen	229
1.10	Planwerte DIN 277, Kosten DIN 276	249
1.11	Sozialer Wohnungsbau	259
1.12	Bauen in der Landschaft	281
1.13	Bauen in gebauter Umgebung	313

Vorwort

Entwerfen wird nach seinem Ergebnis bewertet; dem gelungenen Bauwerk unterstellt man einen erfolgreichen Entwurfsprozess, der hinter sein überzeugendes Resultat zurücktritt, sobald seine Aufgabe erfüllt ist, und nur Wenige interessieren sich dafür, wie es dazu kam. Die europäische Architekturgeschichte berichtet ausführlich und anschaulich über ihre Bauten, sie sind u. a. Zeugen der sozialen und kulturellen Verhältnisse ihrer Zeit, aber von der Mühe, sie zu „erfinden", erfährt man nichts.

Wer das Bauen und damit das Entwerfen lernen wollte, suchte die Nähe der Meister, schaute ihnen über die Schulter und lernte durch „Mittun". Die mittelalterlichen Bauhütten gaben ihr Wissen zwar nur an Zunftmitglieder weiter – eine Ausnahme ist das Bauhüttenbuch von Villard de Honnecourt 1235 – umso mitteilsamer war aber 1200 Jahre früher Vitruvius, der ab 33 v. Chr. seine berühmten „Zehn Bücher über die Architektur" verfasste und sie Kaiser Augustus widmete. Er wurde zum Berichterstatter der griechisch-römischen Antike und schrieb über das gesamte Wissen vom Bauen seiner Zeit, ohne auf das Entwerfen näher einzugehen.

Die großen Architekten ihrer Zeit haben sich immer wieder zum Bauen im allgemeinen und zu ihren eigenen Bauten geäußert, z.B. Leon Battista Alberti 1452 mit seinen „Zehn Büchern über Architektur" oder Andrea Palladio 1570 mit den „Vier Büchern zur Architektur". Das Entwerfen heben sie als in die Arbeit des Architekten integrierte Tätigkeit nicht besonders hervor.

Bereits Vitruv nannte die Architektur eine vernunftmäßig erfassbare Wissenschaft. Spätestens mit der Aufklärung im 17. Jahrh. erkannte man ihre Rationalität und ihre Nähe zu den neuen Ingenieurwissenschaften. Folgerichtig wurde 1794 – während der französischen Revolution – in Paris die „Ecole Polytechnique" gegründet, in der Bauingenieure und Architekten zum ersten Mal eine akademische Ausbildung erfuhren; einer der ersten Professoren dieser berühmten Schule und Wegbereiter der Moderne war Jean-Nicolas-Louis Durand, der über die Systematik von Architekturelementen las. Die Ecole Polytechnique wurde Vorbild für die Technischen Hochschulen in Deutschland, an denen Architekten und Bauingenieure ausgebildet wurden. Die erste entstand 1825 in Karlsruhe. Im gleichen Maße, in dem sich die Architektur von den Schönen Künsten abkehrte, wurde es leichter, sie plausibel zu vermitteln.

Die wichtigsten Strömungen der Moderne hatten ihre Schulen: Die „Central School of Arts and Crafts" in London 1894, die „WChUTEMAS", die Ausbildungsstätte des sowjetischen Konstruktivismus und Rationalismus in Moskau 1920 und das „Staatliche Bauhaus" in Weimar 1919, später in Dessau 1923, die Schule des Deutschen Werkbundes.

Die Ausbildungsstätten für Architekten hatten trotz aller profilierten Unterschiede ähnliche Strukturen: Das Grundstudium mit der Vermittlung von elementarem Wissen über Konstruktion, Material und Detail und das Hauptstudium, das dem Entwerfen vorbehalten war. Obwohl im Grundstudium auf das Entwerfen hingearbeitet wurde, empfanden es viele „Erst-Entwerfer" als ein schwer definierbares Hindernis, das im irrationalen Dunkel lag und den Ruf des nicht Erklärbaren hatte. Damit wurde es zur Herausforderung für die Forschung, die sich zur Aufgabe machte, das Methodische im Entwerfen zu entdecken. Daran beteiligt war die Computerindustrie, die das Wesen des Entwerfens deshalb zu entschlüsseln suchte, um es dem Computer übertragen zu können.

Unter der besonderen Beteiligung von Horst Rittel wurde an der Hochschule für Gestaltung in Ulm das Entwerfen methodologisch erforscht und gelehrt. Jürgen Joedicke betrieb mit seinem Institut für Grundlagen der modernen Architektur an der Universität Stuttgart schwerpunktmäßig Planungsmethodik.

Von den beiden klassischen Teilbereichen der Architektur, Kunst und Technik, versagte sich der erste einer wissenschaftlich-logischen Bearbeitung aufs Entschiedenste. Dennoch stellte sich in der Planungs- und Ablaufforschung das Entwerfen als ein in Abschnitten nachvollziehbarer Prozess dar, der abwechselnd aus deduktiven und induktiven Phasen besteht. Deduktiv bedeutet in einer bestimmten Problemebene die Ableitung mehrerer gleichwertiger Lösungen. Induktiv erfolgt die Auswahl einer dieser Lösungen als Basis für die Weiterbearbeitung in der nächsten Problemebene, dabei ist die spontane, intuitive Entscheidung für eine Lösung unverzichtbar. Mit diesem Wissen um die Ablaufmechanismen beim Entwerfen kann der Einstieg in das Konzept erleichtert, Bearbeitungszeit gespart und das Entwurfsergebnis verbessert werden.

An der Technischen Universität München forderte die Generation der 68er Studierenden – sofern sie Architektur studierten – neben ihren politischen Zielen ein neues Lehrprogramm. Entwerfen sollte künftig wissenschaftlich gestützt vermittelt werden. Ihre anfängliche Euphorie schwand, als Vorlesungen und Übungen entsprechend abstrakt und systematisch ausfielen.

Es ist das Verdienst von Johann C. Ottow, der 1973 den neu eingerichteten Lehrstuhl „Einführen in das Entwerfen" übernommen hatte, die neuen methodologischen Erkenntnisse so in die Lehre einzubringen, dass die Motivation zum Entwerfen erhalten blieb. Zudem gliederte er den umfangreichen Stoff seines Fachs in die drei didaktisch überschaubaren Bereiche: Entwurfspragmatik, Entwurfssystematik und Entwurfsmethodik.

Die Didaktik des Entwerfens wird durch die Tatsache bestimmt, dass das Entwurfskonzept zum einen von den unveränderlichen Gegebenheiten des Ortes abhängig ist und zum anderen von der Aufgabe, die es zu erfüllen hat und die im Programm festgelegt ist. Die Lösung befindet sich also implizit in diesen beiden weitgespannten Feldern. Damit ergibt sich zwangsläufig, dass deren Analyse der notwendige Schritt vor dem eigentlichen Entwurf sein muss.

Nachdem es sich dabei um Überkommenes und Gewohntes handelt, subsummiert dieser erste Themenkomplex unter „Entwurfspragmatik" und ist Inhalt des ersten Bandes des Buches „Einführung in das Entwerfen".

Der zweite Themenkomplex „Entwurfssystematik" vermittelt das Wissen um die Architekturelemente und erläutert deren funktionale, konstruktive und gestalterische Wirksamkeit.

Im dritten Themenbereich „Entwurfsmethodik" wird das Entwerfen zunächst im Wesentlichen abgehandelt und schließlich mit einer Entwurfsaufgabe exemplarisch durchgespielt. Der Prozess des Entwerfens wird in einzelne Schritte gegliedert und einer Lösung nachvollziehbar zugeführt.

Der zweite und dritte Themenkomplex „Entwurfssystematik" und „Entwurfsmethodik" sind Inhalt des zweiten Bandes des Buches „Einführung in das Entwerfen".

Die Inhalte der drei Themenbereiche werden durch zahlreiche Beispiele aus der Baugeschichte anschaulich gemacht, darüber hinaus soll damit das Wissen um exemplarische Architektur gefestigt und ausgeweitet werden.

Der Verfasser hat in den frühen 1970er Jahren als Assistent an der Technischen Universität München bei J.C. Ottow am Aufbau des Faches „Einführung in das Entwerfen" mitgewirkt; von dort stammt das Konzept, das er der Entwicklung eigener didaktischer Entwurfsmethoden während seiner Lehrtätigkeit an der Universität-Gesamthochschule Siegen zugrunde legte.

Der Co-Autor Arno Hartmann und die Co-Autorin Tarja Katz sind Absolventen der Universität-Gesamthochschule Siegen und freiberuflich tätig.

Band 1: Entwurfspragmatik

Der erste Teil der „Einführung in das Entwerfen" befasst sich mit den unveränderlichen Fakten und Tatsachen, mit denen der oder die Entwerfende unmittelbar und fortwährend zu tun hat. Unter dem Sammelbegriff „Randbedingungen" zusammengefasst, schränken sie seine konzeptionellen Möglichkeiten drastisch ein und verstellen den direkten Weg zur gewünschten Lösung. Zu ihrer Bewältigung sind Einfallsreichtum und Kreativität aufgerufen; ihre gelungene Berücksichtigung und Integration machen einen Entwurf einmalig und unverwechselbar. Die angeführten Beispiele zeigen ihre unverkennbaren Auswirkungen im Architekturergebnis.

Die in der Folge behandelten Randbedingungen sind nicht vollständig, zeigen aber das große Feld ihrer Möglichkeiten: Physis und Psyche von Mensch und Tier, Normen und Gesetze der Gesellschaft sowie Materie und Klima der Erdoberfläche. Weiter gehören zu ihnen die Entwicklung und Ergebnisse der Baugeschichte als unveränderbare Basis der zeitgenössischen Architektur, sie haben den gleichen Stellenwert wie Randbedingungen, auch wenn sie nicht zu jeder Zeit die gleiche Beachtung erfahren. Der Moderne konnte ihr rigoroser Neuanfang nur gelingen, weil sie die Historie vorübergehend ausblendete, die Postmoderne dagegen – in einer Gegenbewegung – machte regen Gebrauch von ihr.

1.1 Physiologische Grundlagen des Entwerfens

„Die Idee, dass im Wesentlichen das Schützende das Aussehen einer Wohnung bestimmen sollte, legte das niedrig sich ausbreitende Dach […] über das Ganze: Ich sah ein Gebäude nicht mehr in erster Linie als eine Höhle, sondern als ein geräumiges Obdach im Freien.

Doch schon vorher war mir die Idee gekommen, dass die Größe der menschlichen Gestalt alle Maße einer Wohnung bestimmen müsse, und später – warum nicht? – auch die Proportionen aller Gebäude, welchem Zweck sie auch dienen. Welchen anderen Maßstab hätte ich benutzen können?"
(Frank Lloyd Wright)

Ladovskijs Äußerung, die Architektur nicht am Menschen zu messen, da dieser das Maß für den Schneider sei, macht die Schwierigkeiten deutlich, die der russische Konstruktivismus bei der Verwirklichung seiner revolutionären Ziele hatte, wenn sie mit dem menschlichen Individuum in Berührung kamen. Deutlich wird dies auch beim Projekt „Wolkenbügel" seines Kollegen El Lissitzky, einem imposanten Wohnhochhaus, das dieser gleich acht mal an Moskaus Einfallstraßen als Stadttor errichten wollte. Nach dem Zusammenbruch der Sowjetunion plante sein Sohn, tatsächlich einen solchen Wolkenbügel zu errichten.

Der wegen seiner Seitensilhouette so genannte „Schwan" von Arne Jacobsen (1958) wurde eigens für das Royal Hotel in Stockholm entworfen. Neben Jacobsens „Ei" oder seiner „Ameise" gilt er als Inkunabel organischen Designs. (Foto: Fritz Hansen)

Oswald Mathias Ungers: Stuhl im Architekturmuseum Frankfurt am Main, 1984.
Ein Stuhl als geometrisches „Objekt". Erkauft wird dieser Formalismus mit einem Verlust an Bequemlichkeit des Sitzmöbels: Der Mensch als Maß, an dem sich Möbeldesign orientieren muss, wurde in der Postmoderne häufig vernachlässigt.

Dort wo die Arbeit des Architekten dem Menschen gilt, ist der Mensch das Maß aller Dinge.

Ohne genaue Kenntnis seiner Körper- und Bewegungsmaße, seiner Bedürfnisse an frischer Luft, an Ruhe und Licht, kann das Entwerfen nicht zu brauchbaren Ergebnissen führen. Verstöße gegen die physischen Notwendigkeiten sind leider häufig und haben die unterschiedlichsten Ursachen. Am ärgerlichsten – weil vermeidbar – sind Gleichgültigkeit und Unwissen der Entwerfer.

Auch der nächste Grund liegt bei den Architekten: Es ist ihr Formalismus, ihre Leidenschaft zur Gestaltung, die dazu führt, die Zweckgebundenheit ihrer Arbeit aus den Augen zu verlieren. Selbst die Moderne, die Anfang des 20. Jahrhunderts die Funktion zum Ausgangspunkt der Form machte und deshalb auch Funktionalismus geheißen wurde, war davon nicht frei. Die eher unwillige Äußerung von Nikolaj A. Ladovskij (1881–1941), einem führenden Vertreter der Rationalisten unter den sowjetischen Avantgardearchitekten in den 1920er Jahren: „Messt die Architekten an der Architektur, der Mensch ist das Maß für den Schneider", verrät die Vorbehalte der Architekten gegen das Diktat der Nutzung, das ihnen als unzumutbare Einengung ihrer gestalterischen Freiheit erschien.

Die Postmoderne schließlich befreite sich endgültig von dieser Auflage. Die Qualität ihrer Räume rangierte immer hinter den Ansprüchen der Fassade. Möbel, bisher Gebrauchsgegenstände, die sorgfältig nach ergonomischen Prinzipien entwickelt worden waren, galten nun als Kunstobjekte, deren beschränkte Brauchbarkeit nicht beanstandet wurde. Es genügte, so die Argumentation eines Verkäufers in den 1980er Jahren, wenn ein künstlerisch gestalteter Stuhl – ein Objekt – für die Dauer eines Telefonats ausreichend bequem war oder Platz bot, den Sitz der Schnürsenkel zu kontrollieren.

Der dritte Grund, physiologisch notwendige Bedingungen für den Menschen zu ignorieren, ist ein wirtschaftlicher und hat eine lange und beschämende Tradition. Architekten haben zwangsläufig daran mitgewirkt, wenn Lebensbedingungen reduziert wurden, um Erträge zu steigern. Im 19. Jahrhundert, dem Jahrhundert der Industrialisierung, hatte die Ausbeutung der Menschen in Europa ihren Höhepunkt; heute wird sie mit Gesetzen und Normen eingeschränkt. Ohne darauf weiter einzugehen, nur so viel: Die Erhöhung des „shareholder value" bleibt oberstes Ziel der Unternehmer, angesichts dessen sie auch vor rigorosen Schritten nicht zurückschrecken. Bezeichnend das Beispiel der Deutschen Bundesbahn, die den Gang an die Börse plant: Die 59 ICE-Züge der ersten Generation werden renoviert, gleichzeitig sollen die bisherigen Abstände der Sitzreihen verringert werden, um die Anzahl der Plätze zu erhöhen. Dabei sind die gesundheitlichen Risiken des langen und beengten Sitzens aus dem Flugverkehr bekannt.

Die Beseitigung der katastrophalen Wohnungsnot nach dem 1. Weltkrieg wurde von den Architekten mit unterschiedlichen Ansätzen versucht. Einer war, die bezahlbare „Wohnung für das Existenzminimum" zu entwerfen. Guten Gewissens konnten nur Flächen minimiert werden, deren Funktionen nachvollziehbar waren. Zweifellos liegt das größte Einsparpotenzial bis heute und für alle Bauaufgaben in der Vermeidung unnötiger Flächen. Aber es setzt zwingend voraus, dass die, die notwendig sind, bekannt sein müssen.

Die physiologischen Grundlagen des Bauens sind für das Wohlbefinden und die Würde des Nutzers von zentraler Bedeutung, aber auch für den Sinn und die Nachvollziehbarkeit der Bauwerke. Sie werden in folgender Gliederung behandelt:

a) Anatomische Körper- und Bewegungsmaße
b) Raumklima
c) Beleuchtung
d) Schall

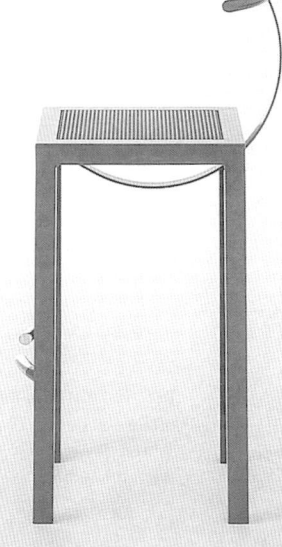

Gehry-Stuhl, Philippe Stark – Sarapis

Eines der extremsten Beispiele für Wohnraum, dem nicht die Bedürfnisse des Menschen zugrunde liegen, war der „Meyerische Hof" aus den 1870er Jahren in Berlin. Hinter dem Vorderhaus lagen fünf Hinterhöfe, um die herum Wohnen und Kleingewerbe auf engstem Raum stattfand. Lärm, Enge und schlechte Luft hatten Krankheiten zur Folge.

Blick in den Beinraum zwischen Sitzplatz und nächster Rückenlehne sowie in den Mittelgang eines Hochgeschwindigkeitszugs.
Fotos: Dennis Schollbach, ICE-Fanpage.de

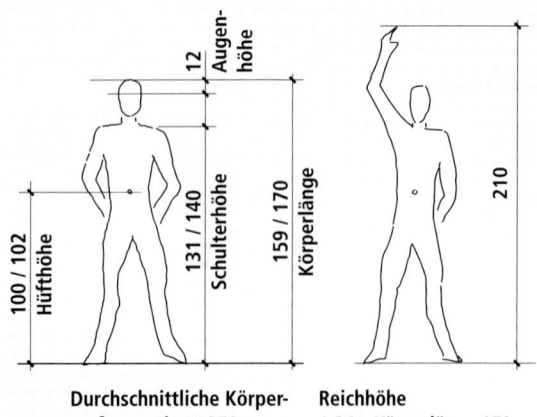

Durchschnittliche Körpermaße aus den 1970er Jahren, jeweils von Frauen/Männern

Reichhöhe 1,24 x Körperlänge 170 cm. Bei Le Corbusier: Körperlänge 183, Reichhöhe 226

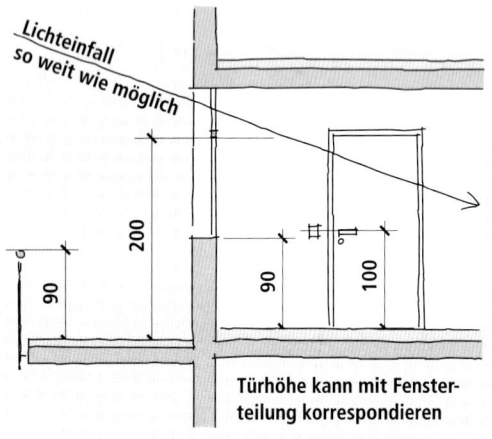

Türhöhe kann mit Fensterteilung korrespondieren

Je geringer das Raumvolumen pro Person, umso größer ist der Frischluftbedarf

Raumvolumen pro Person [m³]	Frischluftbedarf minimal [m³/h]	Frischluftbedarf maximal [m³/h]
5	35	50
10	20	40
15	10	30

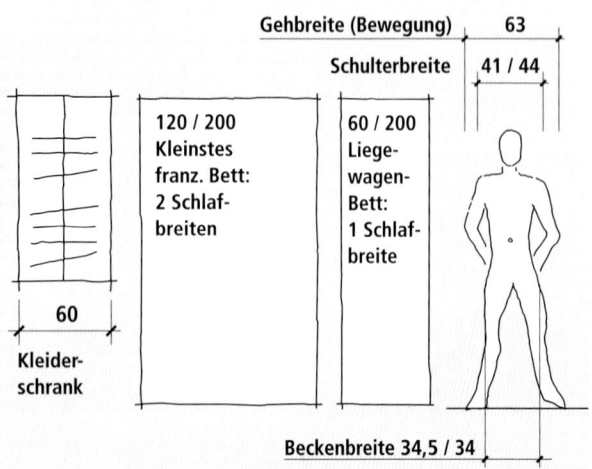

Das Bewusstsein für die Abhängigkeit der architektonischen Dimension von der menschlichen Dimension und deren Untergliederungen in Bedürfnisse von Kindern, Jungen und Alten, Behinderten und Kranken ist unverzichtbar. Weil Menschen und ihre Bedürfnisse sich ändern, ist es im Zweifel angebracht, Abmessungen zu prüfen und zu korrigieren.

a) Anatomische Körper- und Bewegungsmaße

Die Körperlänge ist maßgebend für die Durchgangshöhe der Tür und die Länge von Bett und Liege. Die Fensterteilung muss auf die Augenhöhe Rücksicht nehmen und darf den Blick ins Freie nicht behindern.

Die Oberkante des Fensters leitet sich nicht vom Körpermaß ab wie die Tür und hat auch deshalb nicht deren Höhe. Das Fenster soll Licht so weit wie möglich in den Raum fallen lassen und muss so hoch sein, wie die Konstruktion es eben erlaubt. Ausnahme: das für einen bestimmten Ausblick vorgesehene Fenster.

Die Hüfthöhe hat dagegen unmittelbare Einwirkung auf Brüstungs- und Geländerhöhe, die nicht wesentlich unter dem Körperschwerpunkt liegen dürfen, um Übergewicht und Absturz zu vermeiden. Gleichzeitig hat sie sich als praktische Greifhöhe für Türklinke und Lichtschalter eingeführt.

Die lichte Raumhöhe ist weniger von Körper- und Reichhöhe abhängig, als vom notwendigen Raumvolumen, vom Luftbedarf (Luftwechsel) und vom Lichteinfall.

Aus der Schulterbreite leiten sich Schlafbreite für eine Person – und die Tiefe eines Kleiderschrankes – ab. Um zwischen Wand und Stuhlreihe mühelos gehen zu können, bedarf es einer Gehbreite. Sollen sich in einem Flur zwei Menschen begegnen können, müssen zwei Gehbreiten addiert werden.

Mit ausgestreckten Armen erreicht der Mensch das Maß seiner Körperhöhe, er kann also einem Quadrat einbeschrieben werden. Das ist ein Phänomen der Proportion und keines für die Brauchbarkeit. Stühle auf quadratischer Grundstruktur sind zum längeren Sitzen ungeeignet.

Wer je in der Waschkabine eines Liegewagens der DB den Versuch unternahm, ein Hemd zu wechseln – wofür sie auch nicht geplant ist –, musste scheitern, weil es unmöglich ist, einen Arm auszustrecken. Die Umkleidekabine muss dies in wenigstens einer, besser aber in zwei Richtungen erlauben.

Ausgebreitete Arme zeigt der Mensch vorwiegend beim Sport; der Platz für eine Gruppe im Gymnastikraum bemisst sich danach, dass alle Teilnehmer diese Übung machen können, ohne beim Nachbarn anzustoßen, Schwimmbahnen dimensionieren sich nach den gleichen Ansprüchen.

Der Platzbedarf des sitzenden Menschen unterscheidet sich ganz erheblich danach, ob er beim Arbeiten, Essen oder Entspannen anfällt.
Die Überhöhung von Stuhlreihen um Augenhöhe, aufgerundet auf eine Treppensteigung von 15 cm, ist gewagt, weil Frisur und Kopfbedeckung der Vorderfrau oder des Vordermanns nicht vorhersehbar sind. Falls die Struktur des Gebäudes es zulässt, ist man mit der Überhöhung um 2–3 Augenhöhen (ca. 2–3 Treppensteigungen) auf der sicheren Seite.

Ein kaum mit entwerferischen Mitteln lösbares Problem ist der Versuch, z. B. im Theater in einer teilweise schon besetzten Reihe einen Platz zu erreichen. Erleichtert wird es einerseits durch den Einbau von Klappsitzen und andererseits durch umgangsförmliches Verhalten: Die bereits Sitzenden stehen auf und vergrößern so den Raum für die Vorübergehenden, die ihrerseits den sich so zuvorkommend Verhaltenden ihre Vorderseite zuwenden.

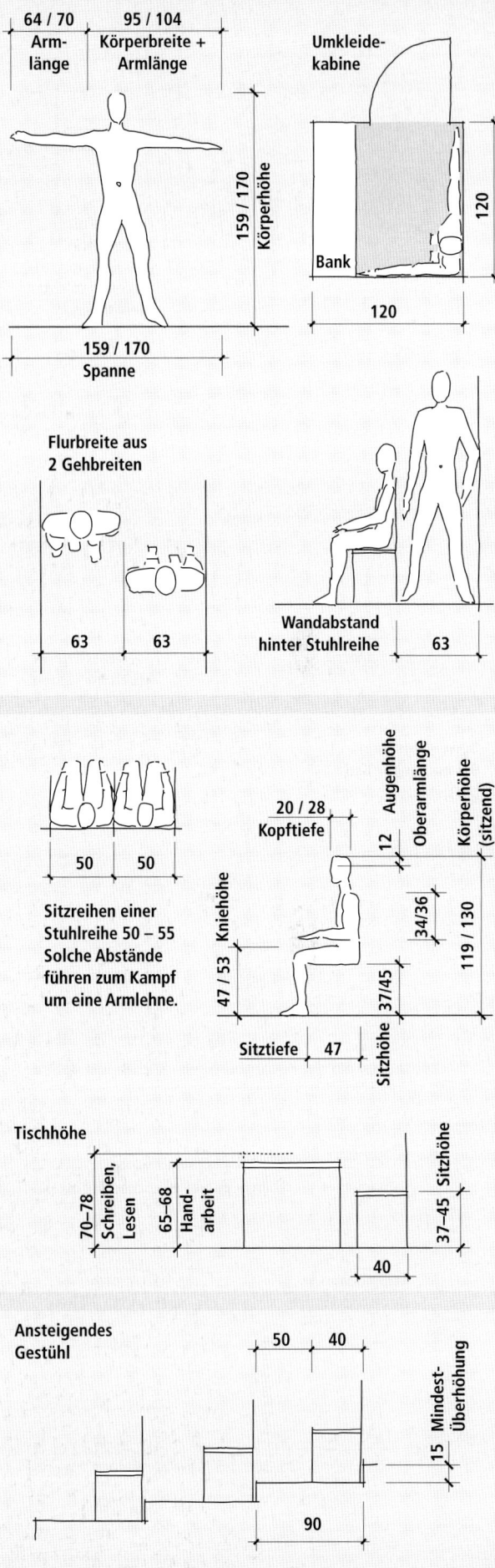

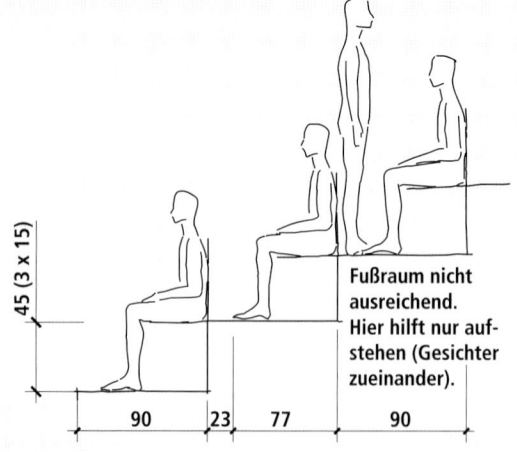

Fußraum nicht ausreichend. Hier hilft nur aufstehen (Gesichter zueinander).

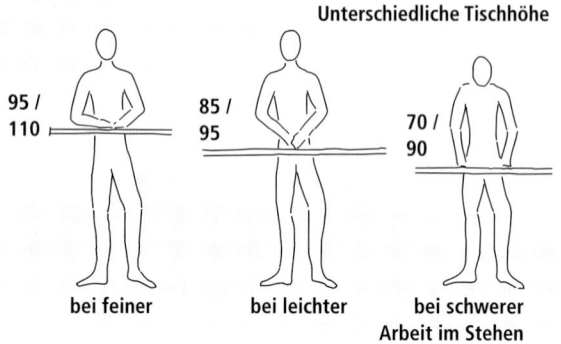

Unterschiedliche Tischhöhe

bei feiner / bei leichter / bei schwerer Arbeit im Stehen

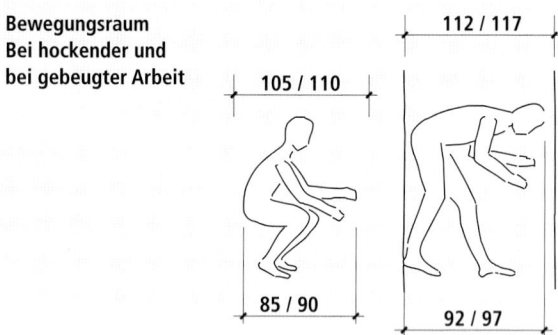

Bewegungsraum Bei hockender und bei gebeugter Arbeit

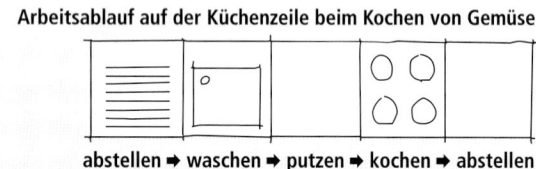

Arbeitsablauf auf der Küchenzeile beim Kochen von Gemüse

abstellen ➡ waschen ➡ putzen ➡ kochen ➡ abstellen

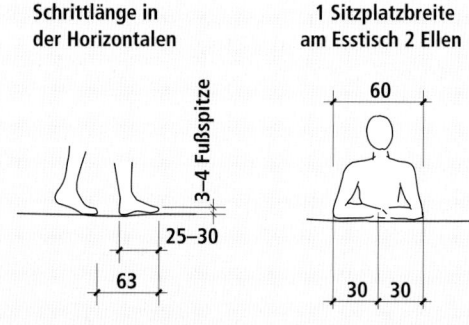

Schrittlänge in der Horizontalen

1 Sitzplatzbreite am Esstisch 2 Ellen

Stehende Tätigkeiten bedürfen je nach Art der Arbeit unterschiedlicher Arbeitshöhen. Schwere Arbeit, die den Einsatz des Körpergewichtes erforderlich macht, muss deshalb tief genug stattfinden. Feine Arbeit braucht die Nähe zum Auge und deshalb größere Tischhöhe als leichte Arbeit, zu der auch Küchenarbeit zählt. Die Arbeitshöhe in der Küche ist lange mit 85 cm zu niedrig angenommen worden. Heute trägt sie mit 90–95 cm erheblich zur Erleichterung der Küchenarbeit bei, an der zunehmend auch Männer beteiligt sind.

Hockende und gebeugte Haltung nimmt der Mensch vor Schränken und Regalen ein, um sich daraus zu bedienen oder diese einzuräumen. Die Abmessungen der zugehörigen Bewegungsräume bestimmen die Abstände von Bücher- und Lagerregalen und natürlich die von Küchenzeilen und sanitären Einrichtungen, denen ein eigenes Kapitel gewidmet ist. Hier werden unter Beachtung von Körpermaßen und notwendigen Bewegungsräumen mehrere Ziele erreicht: Sparsamkeit bei den Flächen, Erleichterung bei der Arbeit und Bequemlichkeit in der Bedienung.

Die Arbeitsrichtung eines Rechtshänders ist von links nach rechts; das haben Ablaufstudien ergeben; daraus folgt z. B. die Anordnung der Arbeitszentren in der Küche von links nach rechts: Abstellfläche – Spüle – Hauptarbeitsfläche – Herd – Abstellfläche.

Bei der Konstruktion eines Treppengeländers gilt das Hauptaugenmerk der Hand, die ohne Behinderung und Unterbrechung in gleichmäßiger Steigung auf dem Handlauf gleiten soll; ihre Abmessungen entscheiden über seine Dimension und Form.

Die Maßeinheiten Elle und Fuß machen ihre Herkunft sprachlich deutlich; es sind Körpermaße und in unterschiedlichen Ländern erstaunlich ähnlich – nämlich ca. 30 cm. Die Sitzbreite am Esstisch beträgt mindestens zwei Ellen, also 60 cm. Und es wird leicht nachvollziehbar, weshalb dabei die Ellbogen am Körper bleiben sollen (Knigge empfiehlt, Bücher übungshalber zwischen Oberarme und Körper zu klemmen).

Ist der menschliche Unterarm eine dem Menschen mitgegebene Maßeinheit, so sind es Fuß und Schritt erst recht. Die Schrittlänge in der Ebene beträgt 63 cm. In der Vertikalen wird sie durch die Erdanziehungskraft auf die Hälfte zurückgenommen. Das hat schwerwiegende Folgen für die Ausbildung von Rampen, Treppen und Leitern, die in Band zwei behandelt werden.

Die Abmessung der Fußspitze ist der Grund, horizontale Umwehrungen mit so schmalen Abständen zu montieren, dass „das Übersteigen nicht erleichtert wird", wie es in einigen Landesbauordnungen heißt. Liegende Brüstungselemente haben danach Fugen von maximal 3 cm.

Die Befürchtung, dass ein Kind zwischen horizontalen oder vertikalen Geländerstäben hindurchschlüpfen könnte, führt zu der Vorschrift, dass deren Abstände den Durchmesser eines Kinderkopfes – 12 cm – nicht überschreiten dürfen. Das gleiche Maß gilt für die Abstände der Trittstufen, wenn auf geschlossene Setzstufen verzichtet wird.

b) Raumklima

Die Temperaturen, bei denen sich der Mensch in einem Raum wohlfühlt, haben sich in den letzten Jahrzehnten ständig nach oben verschoben. Ein Raumthermometer aus der Zeit zwischen den Weltkriegen vermerkt bei der 18-°C-Markierung „Wohnzimmer", eine Temperatur, die heute für den Wohnbereich nicht mehr ausreicht.
Ein behagliches Wohnklima ist aber die notwendige Voraussetzung für Wohlbefinden.
Behaglichkeit ist subjektiv, so reagieren Frauen im allgemeinen empfindlicher auf Temperaturschwankungen.

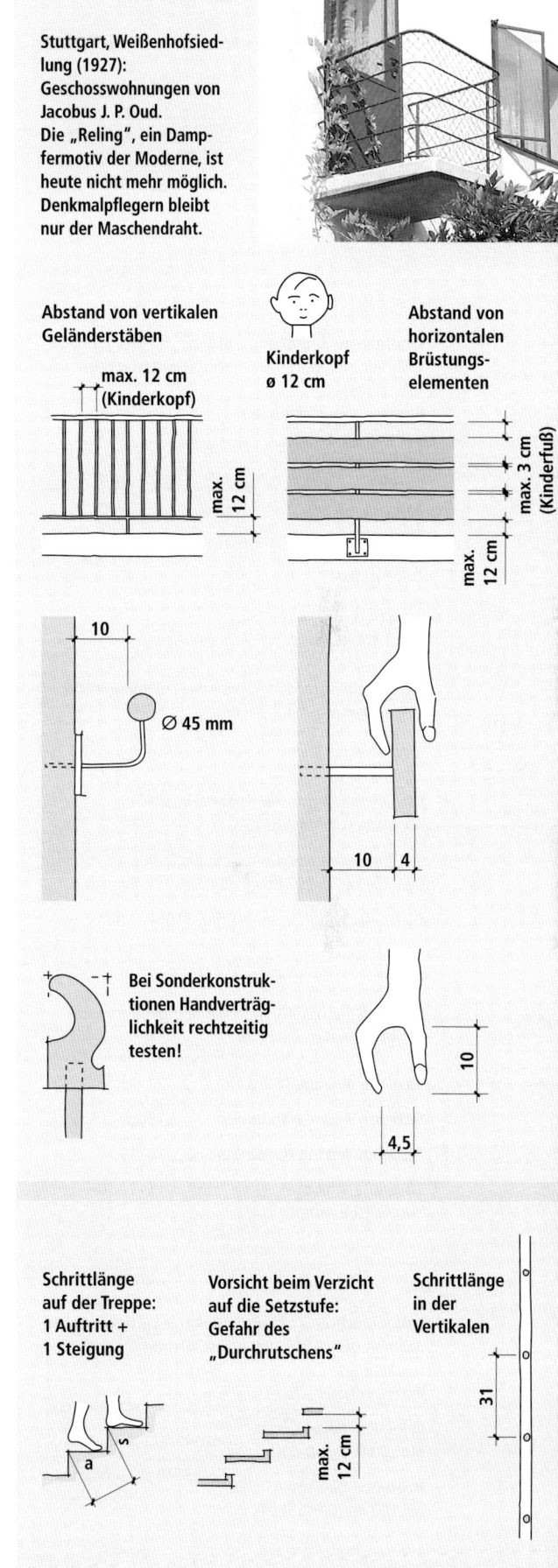

Stuttgart, Weißenhofsiedlung (1927): Geschosswohnungen von Jacobus J. P. Oud. Die „Reling", ein Dampfermotiv der Moderne, ist heute nicht mehr möglich. Denkmalpflegern bleibt nur der Maschendraht.

Empfohlene Raumtemperaturen* für Wohnungen während der kalten Jahreszeit (Schweiz):

Raum	Raumtemperatur Minimum	regulierbarer Bereich
Wohnzimmer	21 °C	20–23 °C
Schlafzimmer	18 °C	17–20 °C
Küche	18 °C	18–20 °C
Bad	20 °C	20–23 °C
WC	16 °C	16–19 °C
Korridor	18 °C	18–20 °C
Treppenhaus	14 °C	14–18 °C

Empfohlene Raumtemperaturen* für Wohnungen während der kalten Jahreszeit (Deutschland):

Raum	Raumtemperatur (Minimum)
Wohnzimmer	20 °C
Schlafzimmer	20 °C
Küche	20 °C
Bad	22 °C
WC	15 °C
Korridor	15 °C
Treppenhaus	10 °C

Wandtemperatur ≤ 3 °C von der Lufttemperatur
Luftbewegung ≤ 0,3 m/sec.

* Die Lufttemperaturen verstehen sich bei 40–50 % Luftfeuchtigkeit

Für die warme Jahreszeit kann ein Temperaturbereich von 20–24 °C als behaglich bezeichnet werden.

– Werte nach Umfragen aus den 1960er Jahren –

Raumlufttemperaturen in Abhängigkeit von der Tätigkeit in den Räumen

Sitzende geistige Tätigkeit	21–23 °C
Sitzende leichte Handarbeit	19–20 °C
Stehende leichte Handarbeit	18–19 °C
Stehende schwere körperliche Arbeit	15–17 °C

Luftbefeuchter als Maßnahmen gegen die Lufttrockenheit.
Wasserzufuhr:
In kleinen Räumen bis 50 m³: 0,3–0,5 l/h
In großen Räumen bis 100 m³: 0,6–1,0 l/h

Relative Luftfeuchtigkeit ist wichtig für die Gesundheit:

≤ 30 %	zu trocken
40–45 %	behaglich
≥ 55–60 %	zu feucht, Kondensat.

Zudem ist Behaglichkeit nicht nur von der Raumtemperatur abhängig. Hans Hollein hat in den 1970er Jahren während eines Vortrags in München zwar Architektur spontan so definiert, dass sie sowohl auf den Erhalt der Körperwärme als auch auf die Darstellung von Sachverhalten zurückzuführen sei. Bei dieser ungemein knappen Formel, die Nutzung und Gestalt in ungewohnte aber überzeugende Beziehung setzt, bleibt zunächst unerheblich, dass sich die Behaglichkeit des Raumklimas aus einer Reihe von Komponenten zusammensetzt.

Da ist zunächst die Lufttemperatur, die in heutigen Wohnräumen 20–24 °C betragen soll und damit bis zu 6 °C über früheren Gewohnheiten liegt. In Arbeitsräumen hängt sie von der Art der Tätigkeit ab.

Die Temperatur der Innenwände darf nicht – oder nur wenig, nämlich 2–3 °C – unter der Lufttemperatur des Raumes liegen, sonst entsteht das Gefühl der Kältestrahlung, die in Wirklichkeit eine Wärmeabgabe des Menschen ist. Meist sind es die Fenster, deren Oberflächentemperaturen niedriger als die der angrenzenden Wände sind und damit der Grund, hier die Heizkörper zu positionieren. Inzwischen arbeitet die Glasindustrie an Fenstergläsern, deren Oberflächentemperaturen gleich oder höher sind als die massiver Wände, und leitet damit ein Umdenken im Entwerfen von Innenräumen ein.

Die Luftfeuchtigkeit trägt erheblich zum Raumklima bei. Sobald sie zu niedrig ist, kommt es zur Austrocknung der Schleimhäute, und Infektionskrankheiten nehmen sofort zu. Dagegen ist die Temperaturempfindung im mittleren Bereich von der Luftfeuchtigkeit nicht sehr beeinflusst, wohl aber im hohen, deutlich nachvollziehbar beim Aufguss in der Sauna.

Die Luftbewegung ist in hohem Maße am Raumklima beteiligt. Luftbewegungen von mehr als 0,2 m/s werden von sitzenden Personen als unangenehme Zugerscheinung empfunden. Abweichungen nach unten bis 0,1 m/s empfehlen sich bei feinen Arbeiten. Stehende und körperlich anstrengende Tätigkeiten vertragen höhere Luftbewegung, bis 0,5 m/s. Die Richtung des Luftstroms ist zudem wichtig, da im Nacken Zug besonders deutlich empfunden wird. Die Wirksamkeit einer Lüftungs- oder Klimaanlage wird bestimmt von der Balance zwischen Luftbewegung, Lufttemperatur und Luftstromrichtung.

Das Raumklima hängt schließlich auch von der Luftqualität ab. Jeder kennt verbrauchte Raumluft, wie sie in einem voll besetzten Hörsaal für die Dauer einer Vorlesung entsteht; jeder weiß um die Ermüdung, die Sauerstoffmangel und Temperaturanstieg im Raum mit sich bringen.

Die Luft eines Aufenthaltsraumes wird im Wesentlichen durch nachfolgend aufgeführte Faktoren verändert oder verdorben (nach Grandjean):

1) Ausdünstung und Geruchsbildung
2) Wasserdampfbildung
3) Wärmeabgabe
4) Kohlensäureproduktion und Sauerstoffmangel
5) Kontamination mit Bakterien und Viren
6) Luftverunreinigungen, die von außen eindringen oder durch Vorgänge im Raum entstehen

Während die ersten vier Faktoren vom Menschen selbst herrühren und somit in erster Linie von der Besetzung des Raumes abhängen, werden die beiden weiteren von Arbeitsprozessen im Raum verursacht oder von Außen in das Gebäude hineingetragen; sie sind also von dessen Lage verursacht.

Durch Lüftungseinrichtungen, die die verbrauchte Luft filtern, befeuchten, erwärmen oder kühlen und mit Frischluft ergänzen, ist die notwendige Luftqualität im Innenraum erreichbar. Gegen Verunreinigungen der Luft, die von außen in den Aufenthaltsbereich eindringen, ist eine Abhilfe meist sehr schwierig. Sie stammen in erster Linie von Hausfeuerungen und von

Zu 1): Geruchsstoffe werden durch die Haut abgegeben und führen schon in kleinen Konzentrationen zu Empfindungen von Unbehagen, Ablehnung und Ekel.

Zu 2): Die Wasserdampfabgabe des Menschen umfasst die Verdunstung des Schweißes und diejenige von Wasser in der Atemluft, letztere wird im Körper zu 100 % gesättigt:

Bei 22 °C .... 46 g/h
Bei 24 °C .... 55 g/h
Bei 26 °C .... 67 g/h

Zu 3): Wärmeabgabe des Menschen: 80–100 kcal bei sitzender Tätigkeit.
Ein Vielfaches davon bei körperlicher Arbeit.

Zu 4): Sauerstoffbedarf des Menschen: 250 ml/min bei sitzender Tätigkeit; Kohlensäureproduktion 300 ml/min, bei körperlicher Arbeit stark erhöht

21 % .... Sauerstoffgehalt in der Außenluft
bei 14–10 % ..... Kurzatmigkeit
bei 7 % .... Ohnmacht und Tod

5) Luftkontamination
200–500 Keime/m³ Luft sind für Menschen unschädlich. Übertragung infektiöser Krankheiten erfolgt durch Tröpfcheninfektion von Mensch zu Mensch.

6) Staubförmige Verunreinigungen
„Reine Landluft" .... ca. 0,5 mg Staub
Stadtluft .... 1–5 mg Staub
Oberste Belastungsgrenze ..... 10 mg Staub

Gasförmige Verunreinigungen:
· Schwefeldioxyd SO_2
· Stickstoffdioxyd NO_2
· Aldehyde
· Unvollständig verbrannte Kohlenwasserstoffe
· Kohlendioxyd CO_2
· Kohlenmonoxyd CO

Auswirkungen staub- und gasförmiger Luftverunreinigungen:

– Gesundheitsschäden
– Belästigung durch Gerüche
– Materialschäden an Gebäuden
– Toxische Wirkung auf Tiere und Pflanzen

Zusammenfassung der Empfehlungen:

Gestaltung des Raumklimas für sitzende Personen
Lufttemperatur im Winter .... 21 °C (±1)
              im Sommer .... 20–24 °C

Innenwandtemp. nicht mehr als 2–3 °C tiefer
Außenwandtemp. nicht mehr als 3–4 °C tiefer

Relative Luftfeuchtigkeit
            im Winter .... 40–45 %
            im Sommer .... natürl. Werte

Luftbewegung .... 0,2 m/sec.

Feinstaub
hat die Einheit PM (Particulate Matter, Partikelgröße)
PM 200 (200 Mikrometer): Doppelte Dicke e. Haares
PM 10 (10 Mm.) können eingeatmet werden
PM 2,5 (2,5 Mm.) sind lungengängig
PM 0,1 (0,1 Mm.) können über die Lungenbläschen ins Blut gelangen

Feinstaub ist verantwortlich für Herz-Kreislauferkrankungen und Lungenkrebs.

Grenzwerte für Feinstaub (PM 10) ab 01.01.2005:

Zeitraum	Grenzwert je m³ Luft	Ausnahmen
Tagesmittel	50 Mikrogramm	35 Tage/Jahr
Jahresmittel	40 Mikrogramm	

(Luftqualitätsrahmenrichtlinie der EU)

Reduktionspotentiale:

Stoff	Reduktion	Maßnahme
Schwefeldioxyd	um 90 %	durch Filtern
Stickstoffoxyd	um 50 %	durch Katalysatoren
Kohlendioxyd	um 5–15 %	durch Steigerung der Effektivität*

*bei Verbrennungsvorgängen, Absicht nach Kyoto-Protokoll

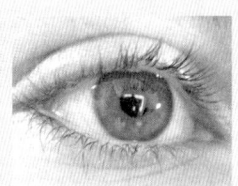

Dunkeladaption: bis zu 5–60 min.

Helladaption: bis zu 30–60 min.

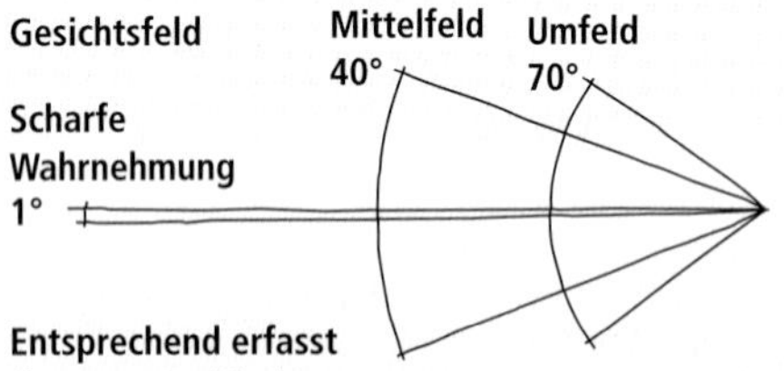

Gesichtsfeld Mittelfeld 40° Umfeld 70°
Scharfe Wahrnehmung 1°

Entsprechend erfasst das Auge Architektur nacheinander und in Teilen:

– Umriss (aus der Ferne)
– Offene und geschlossene Flächen
– Stützen und Balken
– Fenster und Türen
– Ornament
– Material und Oberflächen (aus der Nähe)

Die Wahrnehmungstheorie unterscheidet:

Perzeption:
Erste, noch unscharfe Wahrnehmung eines Objekts

Apperzeption:
Zweites, scharfes begriffliches Erkennen

Le Corbusier empfiehlt bewusstes Sehen durch Zeichnen: „Voire, ce c'on voit"

den Abgasen des Verkehrs; in Industriegegenden kommen die Immissionen aus Fabrikanlagen (Verbrennungsrückstände von Kohle und Öl) hinzu.

Die Luftverschmutzung hat die industrielle Revolution von Anfang an begleitet; die Industrialisierung brachte den Menschen jener Zeit Wohlstand und verbesserte Lebensumstände, aber auch Umweltzerstörung, Krankheit und Tod. Sie ist nur mit politischen Mitteln zu bekämpfen, mit gesetzlicher Festlegung allgemein gültiger Grenzwerte und deren Überwachung.

In seinem Buch „Wohnphysiologie" (Verlag für Architektur Artemis Zürich 1973), auf das in diesem Kapitel immer wieder Bezug genommen wird, fordert Etienne Grandjean: „Der Mensch hat ein elementares Recht auf reine Luft" und bedauert gleichzeitig, dass es für den Begriff „reine Luft" weder Definition noch allgemeine Maßstäbe gibt. Inzwischen haben die UNO (WHO) und die EU (Ministerrat) mit deren Erarbeitung begonnen und erste Erfolge erzielt.

c) Licht

Das menschliche Auge

ist in mancher Hinsicht mit einem Photoapparat vergleichbar: Dem lichtempfindlichen Film entspricht die Netzhaut. Die Funktion der Blende übernimmt die Iris und steuert die Pupillenweite. Der Optik entsprechen die lichtdurchlässige Hornhaut und die Linse. Dieser Sehapparat kontrolliert 90 % aller Tätigkeiten und ist dadurch einer außerordentlichen Belastung ausgesetzt, die oft der Grund allgemeiner Ermüdung ist.

Das Gesichtsfeld

ist der Teil der Umgebung, der mit stillgehaltenem Kopf und unbewegten Augen überblickt werden kann. Dabei sind nur die Dinge eines kleinen Sichtkegels von 1° sehr scharf. Mit zunehmendem Abstand von der optischen Achse werden die Gegenstände undeutlicher.

Akkommodation

ist die Fähigkeit des Auges, Objekte in verschiedenen Entfernungen – vom Unendlichen bis zum Nahpunkt – „scharf zu stellen". Wenn das Auge auf „unendlich" eingestellt ist und der Blick in die Ferne geht, sind die Akkommodationsmuskeln entspannt, ihre Beanspruchung wächst mit der Nähe eines Objektes. Die Ferneinstellung dient deshalb der Erholung des Auges. Es ist denkbar, dass blaue und grüne Farbtöne deshalb erholende Wirkung ausüben, weil sie Entfernung vortäuschen.

Der nächste Punkt, auf den das Auge eingestellt werden kann, ist der Nahpunkt. Entsprechend ist der fernste scharf einstellbare Punkt der Fernpunkt. Der Nahpunkt ist ein Maß für die Akkommodationskraft, die mit anhaltender Beanspruchung (Feinarbeit in Gesichtsnähe, Lesen, Arbeit am Bildschirm) durch Ermüdung abnimmt. Mehr Licht und Kontraste stärken die Akkommodationsfähigkeit.

Adaption

ist die Eigenschaft des Auges, sich an vorhandene Lichtunterschiede zu gewöhnen. Beim Betreten eines Kinoraumes ist in den ersten Augenblicken nichts zu erkennen; das Gleiche geschieht beim Verlassen ins Freie bei strahlender Sonne. Die Netzhaut hat die Eigenschaft, sich unterschiedlichen Lichtverhältnissen anzupassen und wird dabei unterstützt von der Pupille, die mit Veränderung der Weite (von 3–8 mm) das einfallende Licht regelt.

Blendungsfreiheit

Für das Wohlbefinden ist die Vermeidung jeder Art von Blendung wichtig. Die häufigsten schwerwiegenden Fehler sind zu helle Leuchten oder Fenster im Blickfeld.

Künstliches Licht

1829 schrieb Eduard Möricke (1804–1875) in einem Brief an seine Frau, dass er diesen „Abends. Bey Licht" schriebe, und wies damit auf das Beson-

„Ermüdende Romantik": Die einzelne Kerze auf dem Tisch zwingt das Auge zum ständigen Scharfstellen auf den Nahpunkt.
Ihre Leuchtwirkung (im oberen Bereich der Flamme) entsteht hauptsächlich durch verglühende Rußteilchen. Die Leuchtstärke einer Kerze beträgt 12,566 lumen (lm) oder 1 candela (cd).

Akkommodation und Alter:
Der Nahpunkt beträgt im Durchschnitt

Alter	Nahpunkt
bei 16 Jahren	8 cm
bei 32 Jahren	12,5 cm
bei 44 Jahren	25 cm
bei 50 Jahren	50 cm
bei 60 Jahren	100 cm

Richtlinien für die Beleuchtungsstärke in Wohnungen, bei künstlicher Beleuchtung

Raum	Beleuchtungsstärke
Wohnzimmer	120–250 lx
Schlafzimmer	50–120 lx
Kinderzimmer	120–250 lx
Küche	250–500 lx
Badezimmer	100–400 lx
Treppen und Gänge	120–250 lx
Örtliche Beleuchtung für Feinarbeit, Schreiben und Lesen	500–1000 lx

Zum Vergleich: Die Beleuchtungsstärke im Freien liegt zwischen 2.000 und 100.000 lx.

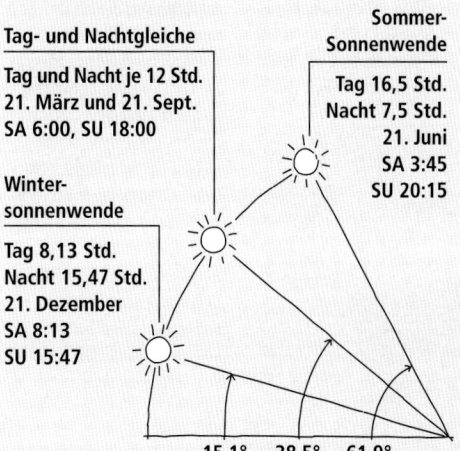

Die scheinbaren Bewegungen der Sonne über ein Jahr für 51,5° nördlicher Breite (z. B. Dortmund, Halle)

Tag- und Nachtgleiche
Tag und Nacht je 12 Std.
21. März und 21. Sept.
SA 6:00, SU 18:00

Sommer-Sonnenwende
Tag 16,5 Std.
Nacht 7,5 Std.
21. Juni
SA 3:45
SU 20:15

Wintersonnenwende
Tag 8,13 Std.
Nacht 15,47 Std.
21. Dezember
SA 8:13
SU 15:47

15,1° 38,5° 61,9°

 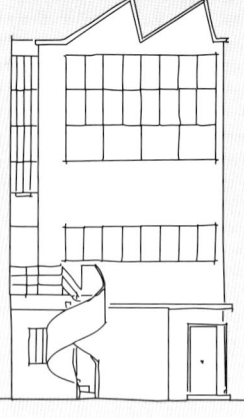

dere des künstlichen Lichts in einer Zeit hin, bevor die Glühbirne im Jahr 1879 von Thomas Alva Edison (1847–1931) erfunden wurde. Die Vorteile künstlicher Beleuchtung sind unbestreitbar; sie macht die Nacht zum Tage und ermöglicht dem Auge mit ihrer Gleichmäßigkeit große Sehleistungen. Gleichzeitig verliert es aber die Elastizität, die aus wechselnden Lichtverhältnissen im Freien herrührt. Die Beleuchtungsstärke muss der Tätigkeit des Menschen angepasst sein. Wichtig ist wiederum das Alter: Um eine gleiche Sehleistung zu erreichen, bedarf ein 60-jähriger einer zehnmal höheren Beleuchtungsstärke als ein 10-jähriger.

Tageslicht

ist für die Lichtgebung eines Raumes von zentraler Bedeutung, aber auch als Verbindung zur Außenwelt. Mit ihm besteht freie Sichtverbindung in die Umgebung und das Erleben des Tagesablaufes und der Witterung. Der Tageslichtquotient TQ ist ein Prozentanteil des Himmelslichtes (= Beleuchtungsstärke im Freien bei bedecktem Himmel). Er ist stark von der Verbauung (umgebende Gebäude, Bäume usw.) abhängig.
Wünschenswert ist ein hoher Tageslichtquotient, um künstliche Beleuchtung und Heizung zu sparen, vorausgesetzt ist die Regelbarkeit von Lichteinfall und Wärmestrahlung. Bei gleicher Fläche sind hohe Fenster wirksamer als breite, da durch sie das Licht tief in den Raum eindringen kann.
Für den entwerfenden Architekten folgt daraus, die Höhe der Unterzüge zu minimieren oder sie möglichst ganz wegzulassen. Noch effektiver ist es, das Licht von oben in den Raum einfallen zu lassen. Grundsätzlich sollte von jedem Sitzplatz aus ein Stück Himmel zu sehen sein.

Besonnung

Seit jeher weiß der Mensch um die Bedeutung der Sonne, die in Religionen und Kulturen ihren Niederschlag findet. Die kurzwelligen (ultravioletten) Strahlen beeinflussen den Stoffwechsel und den Aufbau des Körpers (Vitamin C). Die langwelligen (infraroten) Strahlen werden beim Auftreffen auf die Erde in Wärme umgewandelt.

Der Himmelslichtanteil hängt ab von Verbauungswinkel, Größe und Breite der Fenster.

Die DIN 5034 schreibt für Wohnzimmer, Schlafzimmer und Küche vor: TQ mind. 1 % vom Himmelslicht in Raummitte, 1 m über Fußboden
Beispiel: Beleuchtungsstärke im Freien 5.000 lx, im Innenraum 500 lx – dann ist TQ = 10 %
(TQ nach Neufert, D = Daylight-Faktor).
Soll die gleiche Beleuchtungsstärke wie durch ein Oberlicht durch Seitenfenster erreicht werden, muss die Befensterung 5,5-fach größer sein als die Dachöffnung. Grund: Licht von oben ist heller: 100 % des Himmelslichts treffen auf das Oberlicht, während nur 50% auf das Fenster fallen. (Aus: „Bauentwurfslehre", 33. Auflage von Neufert)

Durch den Einsatz von Sheds erreichte Le Corbusier beim Haus für Amédée Ozenfant in Paris (1922) die maximale Lichtausbeute im Atelier des Malers.

„[...] Reine Nordlage aller Wohn- und Schlafräume ist unzulässig [...].
Als reine Nordlage gilt die Lage der Außenwand zwischen NO und NW."
(BauO NRW § 49)
Besondere Bedeutung gewinnt diese Vorschrift bei Kleinwohnungen (Appartements und Altenwohnungen).

„‚Die Sonne befiehlt' stellte Le Corbusier für seine Architektur fest und betonte damit ihre Bedeutung für die Lebensbedingungen des Menschen. Im Unterschied zum Weißenhof-Lageplan von Richard Döcker (Okt. 1926) drehte Le Corbusier sein Einfamilienhaus um 90° und erreichte damit, dass die Wohnraum-Fensterwand nach Süden orientiert werden konnte. Zusammen mit Pierre Jeanneret überlegte er eine wärmetechnisch optimale Ausbildung, die zu der Zeit noch nicht üblich war. Sie planten eine Doppelfassade zur Wärmegewinnung und antizipierten damit die heutigen zweischaligen Fensterwände, von denen damals aus Kostengründen die innere nicht ausgeführt wurde. Auch Verglasungsart und Schiebetürbeschlag nahmen spätere Entwicklungen vorweg." (aus „db" 10/83 von H. Krewinkel)

1) Die wärmewirtschaftliche Bedeutung der Sonneneinstrahlung war schon immer groß und sie wächst heute mit der Notwendigkeit, die fossilen Brennstoffe als Wärmequelle zu ersetzen, da ihre Vorkommen begrenzt und ihre Verbrennungsrückstände (CO_2) am Klimawandel beteiligt sind. Etienne Grandjean spricht in seinem Buch (1973, s. S. 22) von 50–80 % Heizkosteneinsparung an sonnigen Tagen. Inzwischen ist die Forschung zur Gewinnung solarer Energie durch passive und aktive Systeme weit fortgeschritten. In der Praxis lässt sich durch sie und eine sorgfältige Wärmedämmung der Primärenergiebedarf pro Jahr und Quadratmeter beheizter Fläche drastisch verringern, ja auf Null zurückführen. Die EnEV (Energieeinsparverordnung), mit der die Bundesregierung sich an den weltweiten Bemühungen um die Verbesserung des Klimas beteiligt (Kyoto-Protokoll 1997), schränkt die maximal erlaubte Primärenergiemenge so rigoros ein, dass der Einsatz von Solaranlagen praktisch Pflicht wird: Mit ihr soll der CO_2-Ausstoß um 25 % gegenüber 1990 gesenkt werden.

Primärenergie pro m^2 beheizter Fläche im Jahr:
  100 kW   (10 l Öl)
  50 kW   (5 l Öl)   Niedrigenergiehaus
  30 kW   (3 l Öl)   3-Literhaus
  15 kW   (1,5 l Öl)   Passivhaus

Als „Nullenergiehaus" wird ein Gebäude bezeichnet, das rechnerisch in der jährlichen Bilanz keine externe Energie bezieht. Ein „Plusenergiehaus" erzeugt mehr Energie, als es verbraucht.

2) Die laufende Austrocknung der Baustoffe durch die Sonneneinstrahlung – vor allem in der kalten Jahreszeit – ist die wichtigste wohnphysiologische Wirkung, nur so wird dem Befall von Pilzen und Moosen begegnet.

3) Die Desinfektion der Räume geschieht durch die Sonne gründlich und schnell. Die Sonnenstrahlen haben eine außergewöhnlich starke bakterientötende

Thomas Herzog: Wohnanlage Richter in München, 1979–82. „Grundlegend für die Gestaltung der Architektur der Wohnanlage war die möglichst optimale Ausnutzung der Sonnenenergie [...]. Zusätzlich sind in den Glasflächen Röhrenkollektoren und Solargeneratoren installiert, die zur aktiven und passiven Energiegewinnung sowie zur Stromversorgung dienen."
(Aus: „Architekturführer München", Dietrich Reimer Verlag, Berlin 1994)

Zwei Systeme zur Gewinnung Solarer Energie:

1. Passiv: Energiegewinnung direkt durch Sonneneinstrahlung (Treibhauseffekt und Speicherung)

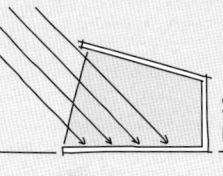

2. Aktiv: Energiegewinnung indirekt über Kollektor und/oder Photovoltaik

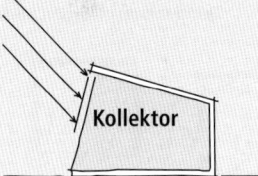

Am Leitziel „Energieeinsparung" (seit der Ölkrise in den 70er Jahren) beteiligte sich auch die Internationale Bauausstellung 1987 in Berlin (IBA): 5 Energiesparhäuser am Landwehrkanal in Berlin 1984/85 zur Optimierung der passiven und aktiven Energieversorgung.

LÄRM UND GESUNDHEIT IN DER TAGESPRESSE:

Stuttgarter Zeitung vom 6.2.1995
Neu ist die Erkenntnis nicht, dass Lärm gesundheitsschädlich sein könnte. Erstaunlich ist jedoch die Eindeutigkeit, mit der das Umweltbundesamt den Alltagslärm in eine Reihe stellt mit [...] dem durch Asbest verursachten Krebsrisiko [...].

Stuttgarter Zeitung vom 16.9.1995
Straßenlärm fordert nach Einschätzung des Berliner Umweltamtes jährlich rund 3.000 Todesopfer. Grund hierfür sei die Erhöhung des Blutdruckes durch Lärm [...]. Sie sei bei Anwohnern lauter Straßen und auch in Tierversuchen nachgewiesen worden. Eine Erhöhung des Blutdruckes führe [...] zu mehr Herzinfarkten.

VCD (VerkehrsClubDeutschland)-Publikation 2003:
Mehr als 12 Millionen Bürger müssen einen Lärmpegel von über 65 dB aushalten. Das bedeutet ein erhöhtes Risiko für Herz- und Kreislauferkrankungen, das Herzinfarktrisiko ist um 20 % größer als an einer ruhigen Straße.

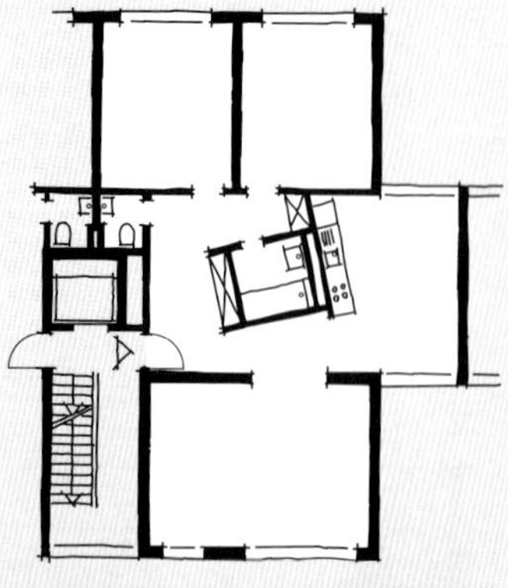

Wirkung. In kurzer Zeit (5–10 Minuten) werden Bakterien und andere Mikroorganismen vollständig vernichtet.

Obwohl es sich hier um die physiologische Thematisierung der Besonnung handelt, kann ihre psychologische Wirkung kaum überschätzt werden. Der Licht- und Sonnenhunger der Menschen wächst mit der Nähe ihrer Standorte zu den Polen. Der gefühlsmäßige „psychische" Wunsch nach Sonne ist zu einem erheblichen Teil auf ihre physiologischen Wirkungen (wärmend, austrocknend und bakterizid) zurückzuführen. Umfragen bestätigen immer aufs Neue, dass „Sonne und Licht" zu den wichtigsten Maßstäben für eine gute Wohnung gehören.

d) Schall

Sobald Schall stört, handelt es sich um Lärm. Je nach Lage der Lärmquellen wird in Außen- und Innenlärm unterschieden.

Außenlärm entsteht als Verkehrs- und Fluglärm und stellt eine weitverbreitete und intensive Störung dar. Beim Innenlärm stammen die häufigsten Störungen aus dem Treppenhaus oder dem nächstoberen Nachbarn. Hier sind es all die Wohngeräusche, Musik und laute Unterhaltung, die zu gegenseitigen Störungen führen.

Trotz der gelegentlichen Behauptung der Betroffenen: Es gibt keine Gewöhnung an den Lärm, der auch im Unterbewußtsein störend wirksam ist. Statt der scheinbaren Anpassung an ihn, ist eher eine wachsende Sensibilisierung gegen ihn festzustellen, zumal er von Jahr zu Jahr zunimmt und mit ihm die Klagen der Betroffenen.

Aktiver Lärmschutz reduziert oder vermeidet Lärm bei der Entstehung, passiver Lärmschutz versucht seine Folgen zu mildern.
Aktiver Lärmschutz im Städtebau geschieht durch die Aufstellung von Lärmgrenzwerten für Wohnge-

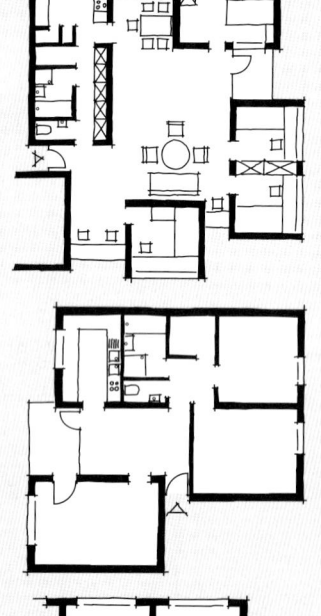

Drei schalltechnisch günstige Grundrisse: Die Schall emittierenden Räume (Sanitärräume, Küche, Treppenhaus) werden von den sensiblen Räumen (Wohn- und Schlafräume) entkoppelt.

Oben: Oswald M. Ungers, Wettbewerbsprojekt Köln Neue Stadt, 1962. Das Hochhaus besteht aus Türmen, die jeweils einen oder zwei Räume der Wohnung beinhalten und so aneinander geschoben werden, dass im freibleibenden Mittelraum das Wohnzimmer „entsteht". Den unausgeführten Entwurf nahm Ungers ab 1963 zur Grundlage für die Wohnungen im Märkischen Viertel in Berlin.

Mitte: Stuttgart-Lauchhau, 1968/69. Architekt Wolf Irion. Der Ess-/Wohnbereich nimmt ähnlich einer Halle die zentrale Eingangs-, Wohn- und Verteilerfunktion auf. Dadurch könnte das Wohnzimmer bei Bedarf sogar als Individualraum genutzt werden.

Unten: Diener & Diener, Wohnungen in Basel (1982–85). Wohn- und Schlafbereich werden durch eingestellte Elemente organisiert: Das schräg im Flur liegende Bad trennt die Wege zum Wohnen und Schlafen.

biete, deren Einhaltung durch Gesetz gesichert ist. Reine Wohngebiete werden auf diese Weise vor Lärm am Tage und verstärkt bei Nacht geschützt. Da aktiver Lärmschutz Geld kostet, ist er oftmals schwer durchsetzbar. Als die Normen der DIN 4109 – Schallschutz im Hochbau – nach über 35 Jahren überarbeitet und verschärft werden sollten, lehnte es die Bundesarchitektenkammer als überflüssig und kostensteigernd ab. Die Entwicklung leiserer Autos wird von den Herstellern mit dem Hinweis auf Wettbewerb und Absatz verzögert. Zwangsläufig bleibt nur der passive Lärmschutz, der von der öffentlichen Hand bezahlt wird (z. B. Lärmschutzwälle und Schallschutzfenster).

Passiver Lärmschutz setzt dort ein, wo der aktive an Grenzen stößt; hilflos ist er auch für den Fall, dass lärmintensiv und uneinsichtig gefahren wird. Eine der wirksamsten Maßnahmen wäre kostenlos: Ohne technische Änderung, allein durch die Fahrweise sind Pegelunterschiede bis zu 20 dB möglich.
Für den aktiven Lärmschutz im Hausbau gibt es viele Möglichkeiten, um die Grenzwerte einzuhalten, sie beruhen jedoch alle auf zwei Prinzipien:

1) Eigengewicht der Bauteile erhöhen.
2) Bauteile durch Fugen voneinander schwingungsfrei trennen.

Lage und Ausrichtung von Baukörpern und Räumen können dazu beitragen, Lärmbelästigungen zu vermeiden oder wenigstens zu reduzieren. Verglaste Balkone, Wintergärten oder eine zweite gläserne Fassade übernehmen zusätzlich zu ihrer eigentlichen Aufgabe der Energiegewinnung die Rolle des Lärmpuffers. Die Grundrissgestaltung selbst ermöglicht Schutz vor störendem Lärm, indem ruhige Bereiche benachbarter Wohnungen einander zugeordndet werden, und die lauten ihrerseits auch – möglichst noch in Verbindung mit gemeinsamem Treppenhaus und Aufzug.

Nach der Norm (DIN 4109) wird Schall – dessen Pegel in Dezibel (dB) gemessen wird – unterschieden in:

– Luftschall: Sich in der Luft ausbreitender Schall
– Körperschall: Sich in festen Stoffen ausbreitender Schall
– Trittschall: Beim Begehen einer Decke als Luft- oder Körperschall auftretend

Außenlärm (Verkehrs- und Gewerbelärm):
störend ab 45–50 dB tagsüber
         ab 35–45 dB nachts

Innenlärm (z. B. Trittschall, Installationsgeräusche, Musik)
Luftschallschutz bei Wohnungstrenn- und Treppenhauswänden max. 50 dB
Trittschallschutz bei Decken max. 40 dB
(nach Grandjean)

Schalldämmwerte wachsen mit dem Gewicht der Bauteile. Erforderliche Mindestgewichte:
Treppenhauswand: 600 kg/m²
Boden: 500 kg/m²

Das „Atrium"-Hotel in Braunschweig (1966) von F. W. Kraemer wendet sich demonstrativ von der 8-spurigen Straße als Schallquelle ab und zeigt ihr seine nahezu fensterlose Sichtbetonfassade. Die meisten Zimmer sind zum ruhigen Innenhof hin ausgerichtet.

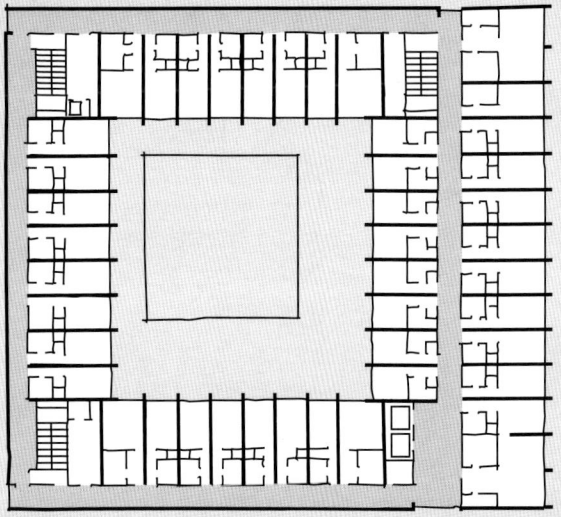

Die wichtigsten Auswirkungen von Lärm auf den Menschen (nach Grandjean):

– Beeinträchtigung der Aufmerksamkeit
– Schlafstörungen
– Störung der Sprachverständlichkeit
– Psychologische Wirkung der Beeinträchtigungen
– Beeinträchtigung der Gesundheit

DIN 18 005 – Schallschutz im Städtebau, Maximalwerte:

WR (Reines Wohngebiet): 50 dB tagsüber, 35 dB nachts
WA (Allgem. Wohngebiet): 55 dB tagsüber, 40 dB nachts

DIN 4109 – Schallschutz im Hochbau, Mindestwerte

Bauteil	Luft-,	Trittschall [dB]
Wohnungstrennwände	51	
Treppenhauswände	51	
Wohnungstrenndecken	51	59
Treppenläufe/Podeste		59
Wohnungseingangstüren	22	
Außenwand inkl. Fenster:	abhängig vom Außenlärm	

Die Lautstärke der unverstärkten menschlichen Stimme begrenzt die Größe von Zuschauerräumen:

· Sprechtheater: Im Freien ist die Reichweite einer mäßig lauten, aber deutlichen Stimme nach vorn etwa 25 m, im geschlossenen Raum größer.

· Musiktheater: Von der Bühne gemessen sollte die Tiefe eines Zuhörerraumes etwa 30 m nicht überschreiten.

(nach: „Theater – Aufgabe und Planung" von Gerhard Graubner, München 1968)

Beim Wohnhaus Beck-Erlang (1964–66) setzte der Architekt und Bauherr auf die Schalldämmeigenschaften des Betons auf der Straßenseite. Wohn- und Schlafräume liegen im rückwärtigen Bereich.

Schallschutz durch Raumdisposition war schon in der Antike bekannt: Plinius der Jüngere (61–113 n. Chr.) schreibt über das Schlafzimmer in seinem Landhaus in Laurentinum: „Diese tiefe, bergende Stille erklärt sich daraus, dass ein dazwischenliegender Umgang die Wände des Schlafgemachs vom Garten trennt und mit seinem Leerraum jeden Laut verschluckt."

Eine konsequente Grundrisslösung gegen den Lärm einer vorbeiführenden 8-spurigen Straße hat der Architekt F. W. Kraemer für das Hotel „Atrium" 1966 in Braunschweig gefunden: Alle Zimmer – bis auf eine Flucht – sind zu einem Innenhof hin ausgerichtet und damit absolut ruhig. Die peripher umlaufenden Flure sind fensterlos. Der dadurch abweisende Charakter der Fassade gilt zwar nur dem Schall, prägt aber das ganze Gebäude.

Durch sein eigenes Wohnhaus wollte 1964–66 der Architekt Wilfried Beck-Erlang in Stuttgart mit einem „Selbstversuch" demonstrieren, dass Wohnen und Arbeiten an einer verkehrsreichen Straße möglich sind. Der Wohnbereich orientiert sich – vom Lärm weg – zum Garten; dort wo die Arbeitsräume des Architekten zur Straße liegen oder die Aussicht ins Neckartal nur „über den Lärm hinweg" möglich ist, setzt er auf die Wirkung schwerer Betonwände. Das ganze Gebäude ist in Sichtbeton erbaut und lebhaft gegliedert; Beck-Erlang wollte die gestalterischen Möglichkeiten dieses Materials aufzeigen, zugleich bediente er sich dessen hervorragender Eigenschaft im Schallschutz. Das Haus strahlt verlässliche Ruhe aus, ist lärmabweisend, ein Ort der Wohnlichkeit und der konzentrierten Arbeit.

Das Haus der Zürich-Vita-Versicherung in Stuttgart (1964–66), ebenfalls vom Architekten Wilfried Beck-Erlang, steht an einer Straße mit großer Verkehrsdichte und stellt damit hohe Anforderungen an den Schallschutz. Der Architekt löste dieses damals noch nicht allgemein beachtete Problem mit dem Wagnis einer zweischaligen Fassade und erbrachte damit eine Pionierleistung. Die zwischen innerer und äußerer Fassade entstandene Pufferzone dient sowohl der Schall-, als auch der Wärmeisolierung, ein Konzept, das Jahre später bei schalltechnisch anspruchsvollen Bürogebäuden und Energiesparhäusern wieder aufgenommen wurde – allerdings nicht immer in dieser gestalterisch überzeugenden Art.

Mit der behutsamen Quartiersanierung des „Bohnenviertels", an dem durch einen Wettbewerb das englische Architekturbüro Darbourne and Darke, zusammen mit Ulfert Weber, in Stuttgart 1979–87 beteiligt war, beginnt ein Wendepunkt in den städtebaulichen Überlegungen. Das hier neu praktizierte „Wohnen in der Stadt" hat Modellcharakter. Entscheidend hierfür ist das Leben mit dem Lärm, den die Architekten durch eine 7-geschossige Randbebauung entlang einer vielbefahrenen Straße fernhalten. Bei den oberen fünf Geschossen sind Wohn- und Schlafräume nach Süden in den ruhigen Innenbereich orientiert, die Nebenräume nach Norden und zur Straße. Der Baukörper schiebt sich als Lärmschutz zwischen den lauten und den beruhigten Bereich.

Das Arca-Bürohaus in Frankfurt/Main stammt aus dem Anfang der 60er Jahre. Es wurde vom Architekten Christoph Mäckler 1994 völlig umgebaut. Geblieben sind nur die statisch notwendigen Teile des Rohbaus, die im Sinn der Moderne ergänzt und miteinander zu einem harmonischen Ganzen wurden. Mit der zweischaligen Fassade nach Süden werden gleichermaßen das Schallschutzproblem und die solare Energiegewinnung angegangen. Die Doppelfassade ist die inzwischen ausgereifte konstruktive Lösung für den Fall, dass Lärm und Besonnung aus derselben Richtung stammen.

An der Kreuzung zweier stark befahrener Straßen in München baute der Architekt Herbert Kochta 1988 das Verwaltungszentrum der Stadtsparkasse München. Die zu den Straßen offenen Höfe schließt er mit gläsernen Schallschutzwänden gegen den Ver-

Das Gebäude der Zürich-Vita-Versicherung in Stuttgart (1964–66) von Wilfried Beck-Erlang ist eines der ersten, die Lärmschutz mit einer vorgehängten Fassade erreichten.

Das Stuttgarter Bohnenviertel (1979–87) von Darbourne, Dark und Weber.
Oben: Straßenseite
Rechts: Hofseite

Das Arca-Hochhaus in Frankfurt am Main von 1962 erhielt von Christoph Mäckler 1994 im Rahmen einer Sanierung neben seinem markanten Flugdach auch eine energiesparende und Schall abschirmende Doppelfassade.

kehrslärm ab. Im Grunde handelt es sich hier um eine Sonderform der Doppelfassade; sie ist nach Norden orientiert und deshalb zur Energiegewinnung nicht vorgesehen, also kann sie auseinander genommen werden: Die äußerste Schale gegen Lärm steht an der Straße, die innere bleibt am Baukörper. So entstehen lärmgeschützte Innenhöfe, auf die sich die Büros ausrichten. Bleibt das Problem, das Glas soweit „sichtbar" zu machen, dass es von Vögeln wahrgenommen wird.

Die Düsseldorfer Architekten Petzinka, Pink und Partner vollendeten 1997 das „Düsseldorfer Stadttor": Zwei 16-geschossige Bürotürme, die über der südlichen Einfahrt der beiden Rhein-Ufer-Tunnel stehen. Die Doppelfassade ist mit einer außenliegenden Einfachverglasung und einer innenliegenden Isolierverglasung ausgeführt. Die technisch anspruchsvolle und ausgereifte Konstruktion bewältigt sowohl das ungewöhnlich starke Lärmaufkommen der Tunneleinfahrt als auch den Energiehaushalt, der überwiegend durch solare Energiegewinne bestritten wird. Innerhalb der Temperaturspanne von −12 °C (im Winter) und +28 °C (im Sommer) kommt das Gebäude ohne den Einsatz von Heiz- bzw. Kühlenergie aus.

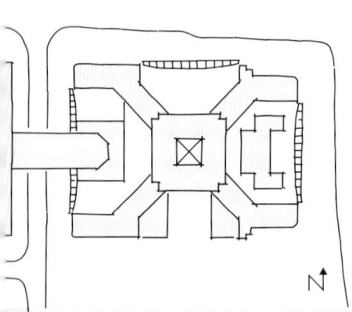

Bei Herbert Kochtas Verwaltungszentrum der Stadtsparkasse in München (1988) werden nicht nur die Gebäude vor dem Lärm der Straße geschützt: Die Schallschutzwand ist von der Klimahülle der Gebäude getrennt und schirmt auch den Innenhof mit ab. Oben: Ansicht Ungerer Str.

Die Fassade des Torhauses in Düsseldorf (1992–1998) von Petzinka, Pink und Partner ist zweischalig. Zwischen innerer und äußerer Fassade befinden sich ein 1,40 m breiter, mit begehbaren Balkonen ausgestatteter Schall- und Klimapuffer sowie Sonnenschutzelemente. Die doppelschalige Glasfassade dient auch der natürlichen Belüftung des Gebäudes und der Energiegewinnung.

Literatur

- Etienne Grandjean: **Wohnphysiologie.** Zürich 1973
- Ernst Neufert: **Bauentwurfslehre.** Braunschweig/Wiesbaden 1992
- **Le Corbusier, oeuvre complete 1910–29.** Zürich 1964
- Thomas Herzog: **Solarenergie in Architektur und Stadtplanung.** München 1996
- Bernd Kalusche, Wolf-Christian Setzepfand: **Frankfurt am Main. Architekturführer.** Berlin 1997
- Martin Wörner, Gilbert Lupfer: **Stuttgart. Architekturführer.** Berlin 1991
- Josef Paul Kleihues: **Internationale Bauausstellung Berlin 1987. Projektübersicht.** Berlin 1987
- **KSP, Kraemer, Sieverts und Partner. Bauten und Projekte.** Stuttgart 1983
- Gerhard Graubner: **Theater – Aufgabe und Planung.** München 1968

1.2 Aspekte der Psychologie

Das Gründerzeithaus Berggasse 19 in Wien ist mit der Entwicklung der Psychologie eng verbunden. In diesem „Zinshaus" wohnte Sigmund Freud und betrieb von 1891 bis 1938 eine neurologische Praxis. Freud (1856–1939) brachte hier auch Patienten unter, die aus der ganzen Welt zur Behandlung kamen.

Diese berühmte Adresse ist die Geburtsstätte der von Freud entwickelten Psychoanalyse und wurde zum Zentrum der „Internationalen Psychoanalytischen Vereinigung".

In Freuds Überlegungen nahmen erstmals seelische Vorgänge eine zentrale Rolle ein; mit dem Unbewussten erklärte er sowohl gestörte als auch normale Verhaltensweisen. Unter seinen zahlreichen Veröffentlichungen erschien 1900 sein Hauptwerk „Die Traumdeutung".
Die Forschung über den Zusammenhang von Architektur und Psychologie setzte erst viel später ein.

Nach dem Anschluss Österreichs an das Deutsche Reich 1938 geriet auch Freud in die Gefahr der unmittelbar einsetzenden Judenverfolgung. Einflussreiche Freunde, darunter die Prinzessin von Griechenland und Dänemark Marie Bonaparte, die Ururenkelin Napoleon Bonapartes und ehemalige Patientin Freuds, sorgten für Druck von Grossbritannien und den USA, so dass er mit den meisten seiner Familienmitglieder nach England ausreisen konnte. Unter dem Mobiliar, das ins Exil mitgenommen wurde, befand sich die zum Sinnbild für seine Lehre und Praxis gewordene Couch, die heute im Londoner Freud-Museum steht.

Vier von fünf Schwestern Freuds wurden nach gescheiterten Fluchtversuchen deportiert und in Konzentrationslagern ermordet.

Freuds Wohnung wurde – wie zahlreiche weitere Wohnungen im Haus Berggasse 19 und der Stadt Wien – in eine Sammelwohnung umgewandelt, in denen Juden zusammengepfercht ihrer endgültigen Deportation und Ermordung entgegensahen.

Heute befindet sich hier das Museum der Sigmund Freud Stiftung.

Die Höhle als Behausung in der Steinzeit musste zunächst physiologische Bedürfnisse nach Schutz vor extremer Witterung und möglichen Angreifern erfüllen. Gleichzeitig vermittelte der umschlossene Raum ein allgemeines Gefühl der Sicherheit. Höhlenwohnungen existierten in Deutschland bis Anfang des 20. Jh. Bis zuletzt gab es über die reine physische Bedürfniserfüllung hinaus kaum gestalterische Maßnahmen. Dennoch eigneten sich die Nutzer den vorgegebenen Raum an.
u.: Höhlenwohnung in Langenstein/Harz, 1916.
Foto u.: Cornelia Lewerentz

Seit der Mensch aktiv Räume schafft, gilt sein Augenmerk auch deren Wirkung auf den Nutzer. Besonders deutlich wird dies bei Repräsentationsbauten und Versammlungsräumen. Die gleiche Bauaufgabe „Kirchenraum" wird in verschiedenen Epochen mit unterschiedlichen Wirkungsschwerpunkten umgesetzt. Die Stiftskirche Gernrode, der Kölner Dom, die Abtei Melk und die „Church of the Light" in Ibaraki sprechen Empfindungen wie Kontemplation, Erhabenheit, Jenseitsfreude oder Demut unterschiedlich an.

Mögen zunächst die Einflüsse der Physik beim Entstehen und Wahrnehmen der Architektur von zentraler Bedeutung sein, so sind darüber hinaus Geist und Seele – die Psyche – in kaum übersehbarem Umfang an ihr beteiligt.

Wie im vorangegangenen Kapitel ausführlich dargelegt, sind physiologische Voraussetzungen für das Entwerfen von entscheidender Bedeutung und liegen jeder Architektur zu Grunde. Sie sind rational und objektiv und ihre notwendige Berücksichtigung ist nachprüfbar.

Dennoch ist Architektur ohne psychische Aspekte nicht denkbar. Sie mag zwar, wie Hollein es formuliert, den „Erhalt von Körperwärme" leisten, kann aber Blochs Anspruch, „irgendwie menschliche Heimat" zu sein, nicht erfüllen.

Mit der Psychologie in der Architektur wird ein weites Feld betreten, das komplex und unübersichtlich ist. Die subjektiven Vorstellungen und Erinnerungen, Träume und Wünsche, Ängste und Befürchtungen des einzelnen Nutzers und Entwerfers sind kaum zu kategorisieren, auch weil sie zu Individuen gehören, die sich zwangsläufig durch Alter und Geschlecht, Herkunft und Wissensstand unterscheiden.

Die Vorstellungen und Empfindungen des Entwerfers bestimmen die Architektur der Räume und Fassaden, doch sind es auch die des Nutzers? Das Entwerfen kann nur erfolgreich sein, wenn es von einem anhaltenden Dialog begleitet wird, der die unterschiedlichen Vorstellungen vom gleichen Gegenstand einander annähert.

In seinem Buch „Mensch und Raum" weist Otto Friedrich Bollnow im Kapitel „Das Gefühl der Geborgenheit" auf den bestimmten „Charakter der einschlafenden Welt" hin: „Auch einschlafend, so sagten wir, ist die Welt noch da. Und nicht nur dies: Sie muss einen bestimmten Charakter haben, damit der Mensch in ihr einschlafen kann, den Charakter des Bergenden, des Vertrauenswürdigen, dem der Mensch sich ohne Vorbehalt hingeben kann [...]. Um diese Geborgenheit herbeizuführen, dazu verhelfen wiederum Dunkelheit und Stille, [...] Dunkelheit und Stille können auch etwas Beunruhigendes haben, und der Mensch kann in angstvoller Aufmerksamkeit auf das kleinste Geräusch achten."

Diese unterschiedlichen, ja gegensätzlichen Empfindungen, die sich bei scheinbar eindeutigen Situationen einstellen, haben ihren Ursprung in der menschlichen Psyche, die auf den offenen, weiten Raum sowohl mit dem Gefühl von Freiheit reagieren kann als auch mit dem von Beklommenheit, Einsamkeit und Verlorenheit. Umgekehrt kann der kleinteilige, überschaubare Raum sowohl die Empfindung von Nähe und Nachbarschaft als auch die von Enge und Begrenztheit auslösen.

Die Psychologie, die „Lehre von der Seele", wurde bis zum 19. Jahrhundert als Teil der und zur Philosophie gehörig behandelt. Theorien über die Seele gibt es bereits bei den Griechen; Platon (427–347 v. Chr.) sieht die Seele in Anlehnung an Sokrates (470–399 v. Chr.) als unsterblich und vom Körper völlig verschieden an. Aristoteles (384–322 v. Chr.) weiß von einer engen Beziehung zwischen Körper und Seele, danach verleiht die Seele dem Körper Realität und Leben.

Im Mittelalter werden die sokratischen und platonischen Überlegungen von den christlichen Kirchenlehrern Augustinus (354–430) und Thomas von Aquin (1225–1274) unter religiösen Gesichtspunkten weitergeführt. Der Begriff „Psychologie" erscheint zum ersten Mal in den Vorlesungen von Philip Melanchton (1497–1560), der die Seele als ein Phänomen ansieht, das einer wissenschaftlichen Behandlung wert ist.

Fausts düsteres Selbstresümee „Habe nun, ach [...] durchaus studiert mit heißem Bemüh'n. Da steh' ich nun, ich armer Thor und bin so klug als wie zuvor." lässt Goethe „In einem hochgewölbten, engen gotischen Zimmer" spielen. Dort hegt der Protagonist sogar Selbstmordgedanken.
Im Kontrast dazu steht der anschließende „Osterspaziergang": „Vom Eise befreit sind Strom und Bäche [...]. Hier bin ich Mensch, hier darf ich's sein.". Beide Schauplätze – der eine dunkel und mystisch, und der andere in frühlingshafter Natur – verstärken die negative bzw. die positive Stimmung Fausts und verdeutlichen sie für den Theaterzuschauer.
o.: Rembrandt-Stich, ca. 1652.
u.: „Osterspaziergang", Gemälde von Hans Stubenrauch

Die Wirkung unserer gebauten Umwelt auf menschliches Empfinden ist stark von verschiedenen Einzelfaktoren abhängig: Materialien, Maßstäblichkeit, Haptik, Proportionen, Form, Farbe, persönliche Erfahrung, kulturelle Herkunft und vieles mehr.

Frank Lloyd Wright verwendet das Material Holz gerne bei Wohnhäusern. Neben dessen bauphysikalischen Eigenschaften wird es allgemein als warmer und gesunder, also „wohnlicher" Baustoff empfunden. Herbert Jacobs House #1, Madison/Wisc. von Frank Lloyd Wright, 1936–37. Fotos: James Steakley unter cc-by-sa

Mit dem Vitra-Konferenzzentrum in Weil am Rhein (1993) beweist Tadao Ando, dass auch mit dem vielgescholtenen Material Beton behutsame und harmonische Architektur entstehen kann.

Aus Amerika kommt eine Methode, auf randalierende Strafgefangene einzuwirken: Farbe. Sie werden in eine Zelle gebracht, in der alles, vom Bett bis zu den Wänden, rosa gestrichen ist. Die Randalierer werden umgehend fügsam und ruhig. (Foto: René Villars / Bieler Tagblatt)

Der Kanzlerbungalow in Bonn von Sep Ruf (1964) wurde vom damaligen Bundeskanzler Ludwig Erhard in Auftrag gegeben. Der eingeschossige Ziegel-/Glasbau besticht durch seine für ein Repräsentationsgebäude angenehm zurückhaltende Maßstäblichkeit und seine eleganten Proportionen. Nach der NS-Zeit sollte die Kanzlerresidenz betont bescheiden, transparent und demokratisch wirken. Der offizielle und der Wohnbereich bilden jeweils ein Quadrat um einen Innenhof. Außer W. Brandt wohnten alle Kanzler bis Helmut Kohl darin, dieser 16 Jahre lang. Der Bungalow kann seit 2010 besichtigt werden.

Sigmund Freud (1856–1939) befasst sich Ende des 19. Jahrhunderts mittels der Psychoanalyse – einem von ihm entwickelten Verfahren – mit dem „Unbewussten". Im Jahr 1900 erscheint sein Buch „Die Traumdeutung".

Der bedeutende amerikanische Architekt Richard J. Neutra (1892–1970), ein gebürtiger Wiener, erinnert sich an Besuche bei Freud in der Berggasse 19, als er mit einem Vorwort 1965 eine Forschungsarbeit aus dem „Neutra Institut" in Los Angeles vorstellt: „Der Wohnraum, eine psychologische Analyse".

In Deutschland erscheint – ebenfalls 1965 – „Die Unwirtlichkeit unserer Städte, Anstiftung zum Unfrieden" von Alexander Mitscherlich (1908–1982), der seit 1960 das Sigmund-Freud-Institut in Frankfurt/M. leitet. Es ist eine kritische Untersuchung der Städteplanung im Westdeutschland der Nachkriegszeit.

Seitdem ist die Anzahl der Veröffentlichungen, die sich mit der Psychologie von Architektur und Städtebau befassen, ständig gestiegen. In der Folge werden einige davon vorgestellt.

Heidegger beschwört in seinem Vortrag „Bauen, Wohnen, Denken", den er 1951 aus Anlass der Bauausstellung „Mensch und Raum" in Darmstadt hält, die Kongruenz von Bauen und Wohnen: „Das alte Wort bauen, zu dem das ‚bin' gehört, antwortet: ‚ich bin', ‚du bist' besagt: ich wohne, du wohnst [...]", und er endet: „Bauen und Denken sind jeweils nach ihrer Art für das Wohnen unumgänglich [...]."

Die sprachlich nachgewiesene Übereinstimmung zwischen Bauen, Sein und Wohnen stammt aus der Vorzeit der Menschen. Auch die Entstehung des rechteckigen Raumes aus dem Rundraum hat eine weit zurückreichende Geschichte. Fred Fischer, der erste Leiter des 1962 gegründeten Neutra-Instituts, führt in der Untersuchung „Der Wohnraum" eine Reihe von Gründen dafür an, vor allem aber das vermehrte Schutzbedürfnis im eigenen Heim. Er schreibt: „Der Winkel selbst ist im Wohnraum primär Resultat der Begradigung von Flächen [Kreis – Oval – Rechteck, Verf.] Es gehen von ihm Wirkungen aus, die […] sowohl Lust, als auch Unlust auslösen können. Lustbetont ist er, indem zwei Wände, die aneinander stoßen, vermehrt Schutz gewähren. So dient er als Schlafstätte, als Kosewinkel und er wird zur Verrichtung der Notdurft aufgesucht. Unlustbetont ist seine Enge, sofern Wände, die zueinanderstoßen, der Flucht […] hinderlich sind. Die Fluchtverhinderung kommt im Exekutionsakt des An-die-Wand-Stellens und in der Strafart der Kinderstube, das Kleinkind in den Winkel zu verweisen, zum Ausdruck."

Das Verhalten der Menschen im Raum führt sich immer noch – nach langer Zeit der Evolution – auf Bedrohung und Schutz, Angriff und Verteidigung zurück; zugleich lässt es auf eine Mehrheit der Rechtshänder schließen. „Dass ‚Links' als Nähe empfunden wird und ‚Rechts' als Ferne, kommt wohl daher, dass der Mensch sich […] mit einer Drehung nach links schützt, während er sich mit rechtem Armausfall nach rechts öffnet." (Fischer)

Einem Rechtshänder, der links eine Wand neben sich hat, bleibt nach rechts die maximale Bewegungsfreiheit für den rechten Arm. Dieses Positionsmuster erklärt eine Reihe menschlicher Verhaltensweisen.

Aus dem links an der Wand stehenden Bett erhebt man sich leichter, indem man „mit dem rechten Fuß" aufsteht; damit gelingt raschere Flucht oder unmittelbare Verteidigung nach rechts.

In dieses Verhaltensmuster passt auch die Mutmaßung, dass Napoleon der Linksverkehr in Europa deshalb missfiel, weil sich die dort marschierenden gegnerischen Kolonnen wirkungsvoll nach rechts verteidigen konnten. Er führte deshalb Rechtsverkehr überall dort ein, wo er die Macht dazu hatte: in ganz Europa mit Ausnahme Englands und Schwedens. Auf

Menschliches Verhalten in Restaurants und Kantinen: Zunächst werden die Plätze am Rand belegt, bevorzugt die am Fenster (Flucht- und Beobachtungsmöglichkeit), dann an der (vermeintlich schützenden) Wand. Zuletzt füllen sich die Plätze in der ungeschützten Raummitte. Generell lassen sich Gruppen auch nicht direkt neben anderen Gruppen nieder, sondern bleiben „auf Abstand" – es sei denn, man kennt sich.
(Christof Ahlers, Betriebskantine in Biedenkopf-Wallau, 2008)

Würzburg, Nordostecke der ehemaligen fürstbischöflichen Residenz (1720–44), Balthasar Neumann u. a. (siehe S. 66).
Das sogenannte „Paradeschlafzimmer" (Pfeil), in dem auch Napoleon dreimal übernachtete, befindet sich in der Mitte einer Reihe von Durchgangszimmern („Enfilade"). Der Raum hat drei Türen und ist denkbar ungeeignet als Schlafraum: Instinktiv suchen sich Lebewesen normalerweise einen Schlafplatz, der möglichst weit weg vom Eingang liegt und der keine Angriffe aus verschiedenen Richtungen ermöglicht.

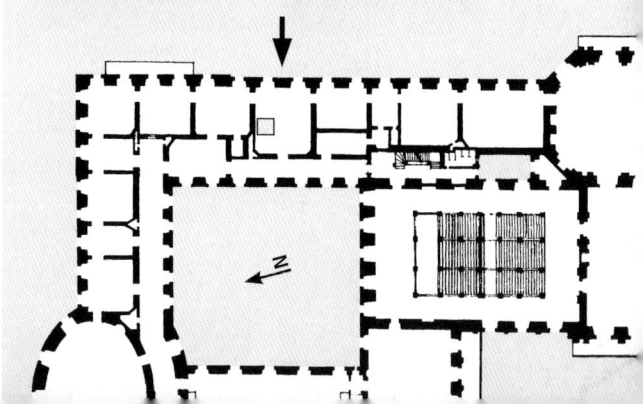

Die Notwendigkeit, von einem Geschoss ins nächste zu gelangen, muss gelöst werden. Wie sie zu gestalten ist, hängt von der Bauaufgabe ab: öffentlich oder privat, repräsentativ oder zweckmäßig.
o.: Treppenhaus in der Opera Garnier, Paris. (siehe S. 79)
u.: Wohnungstreppe

Zwei Arten, mit der Umgebung umzugehen und sich ihr gegenüber auszudrücken:
o.: Glass House, Philip Johnson und Richard Foster, New Canaan/CT 1949.
„Minimalistischer als Johnsons Entwurf [...] ließ sich nicht bauen – sonst wäre gar kein Haus mehr da gewesen. Noch weiter konnte man die Abkehr von allem, was in Jahrtausenden Architekturgeschichte üblich gewesen war, nicht treiben. Aber auch die Herausforderung an die Bewohner hatte man bis ins Extrem gesteigert: Die Vorstellung, in einem ‚Glaskasten' zu leben, ist für die meisten Menschen bis heute schlicht unerträglich."
(Hasan Uddin Khan)
u.: Eigenes Wohnhaus, O.M. Ungers, Köln 1958/1989. Introvertiert, mit nur wenigen Öffnungen zur Straße.

Rechtsverkehr stellte man in Schweden erst 1967 um. „In diesem Zusammenhang sei daran erinnert, das sich auch die politischen Begriffe ‚die Linke' und ‚die Rechte' ursprünglich von Raumverhältnissen herleiten. Im ersten Drittel des 19. Jahrh. wurden in der französischen Kammer die Parteien nach der räumlichen Sitzordnung benannt." (Fischer) Die konservativen Parteien sitzen links im Saal und haben – gefühlsmäßig – nach rechts die günstigere Position der Verteidigung. Vom Präsidenten aus gesehen sind sie „die Rechten"; „die Linken" dagegen sitzen rechts im Saal und haben die quasi ungünstigere Position.

„Die europäische Frau geht rechts vom Mann, der Mann geht links. Es wird argumentiert, dass der Mann das Schwert auf der linken Seite trägt und mit der Rechten zur Verteidigung zieht [...] die Psychologie der Berufung auf den ritterlichen Schutz [ist] für den Mann weniger schmeichelhaft; raumpsychologisch benutzt er dann nämlich die Frau, im Gehen zumindest, als Deckung [...]. In seiner ‚ars amandi' lässt Ovid auch im Bett den Mann von links auf die Frau zukommen [...]. Dementsprechend schläft in der Regel der Mann links und die Frau rechts, wobei sich gewöhnlich die Tür auf der Seite des Mannes, das Fenster auf der Seite der Frau befindet. Die weniger liebende Frau pflegt sich demgegenüber [...] im linken Bett nahe bei der Tür zur Ruhe zu begeben, weil sie sich geschützter vor dem Mann und fluchtgünstiger fühlt". (Fischer)

Einleuchtend und nachvollziehbar – und ganz anders – ist die angelsächsische Straßensitte, wonach der Mann – unabhängig vom Kodex der Höflichkeit – die Frau auf der Seite begleitet, die die gefährdetere ist, z.B. die dem Verkehr zugewandte.
Auch Fischer kann für bestimmte Räume keine verbindlich einheitlichen Empfindungen feststellen. So sieht er den Raum – die Höhle – als Ausdruck des „weiblichen Prinzips" und bringt ihn mit den Vorstellungen von „Nähe" und „Geborgenheit" in Zusammenhang, aber auch mit „Einengung" und

schließlich mit „Deckung" und „Verteidigung". Dagegen drückt die Fläche – die Weite – eher das „männliche Prinzip" aus, das Fischer gleichsetzt mit „Ferne" und „Bewegungsfreit", aber auch mit „Verlorenheit" und schließlich mit „Angriff".

Diese Widersprüchlichkeit ist exemplarisch für das Verhältnis von Mensch und Architektur und führt auch in der Beurteilung der Gestalt zu unterschiedlichen Ergebnissen. Juan Pablo Bonta stellt dieses Phänomen an den Anfang seines Buches „Über Interpretation von Architektur" (Berlin, Archibook 1982): „Menschen, die über Architektur und Kunst urteilen, widersprechen sich häufig. Solche Widersprüche gibt es nicht nur unter Laien, sondern auch unter Fachleuten. Zevi zum Beispiel betont, dass Corbusiers Villa Savoye [siehe S. 307] mehr als alle anderen Bauten den Grundsätzen entspricht, die er in seinen Schriften entwickelt hat. Summerson hingegen hält die Villa Savoye für ein herrliches Gegenbeispiel zu Le Corbusiers eigenen Prinzipien. Kritiker, die das gleiche Kunstwerk oder die gleiche Architektur besprechen, können zu Ergebnissen kommen, die keinerlei gemeinsame Bezüge erkennen lassen. Ansichten, die zu einer bestimmten Zeit gültig waren, wurden zu einer anderen widerrufen [...]. Doch über diese offensichtliche Willkür [...] muss es tiefere Schichten der Logik und Gesetzmäßigkeit geben."

In „L'Esprit nouveau" 1921 unterscheiden Amédé Ozenfant und Le Corbusier zwischen primären und sekundären Empfindungen. Primäre Empfindungen werden allein durch Gestalt und Farbe ausgelöst. Sie sind zeitlos und für jeden gültig. Sekundäre Empfindungen dagegen basieren auf Herkunft und Erziehung des Einzelnen. Sekundäre Empfindungen sind nicht allgemein, sondern persönlich. Sie sind vielfältig und unbegrenzt.

Bonta: „Uneins sind sich die Kritiker auch darüber, ob in der Komposition der Carson-Pirie-Scott-Fassade Horizontalität vorherrscht oder nicht." Von den zahlreichen z.T. gegensätzlichen Äußerungen, die er

Castel del Monte in Apulien, ca. 1240–50. Das wehrhafte Schloss demonstriert eindrucksvoll die Haltung des Bauherrn und Eigentümers: Es setzt dem potenziellen Feind und der wilden Natur sein göttlich-regelmäßiges Oktogon entgegen.

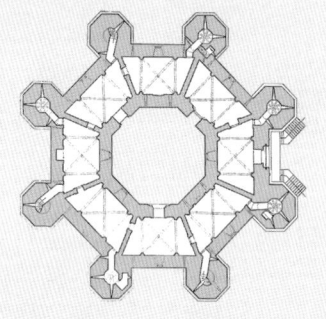

Scheinbar bis ins Unendliche erstreckt sich die barock überformte Landschaft um das Schloss Versailles. Gartengestaltung als Demonstration des absolutistischen Machtanspruchs des französischen Königs über Mensch und Natur. Gemälde von Pierre Patel, 1668.

Bei der Weltausstellung 1937 in Paris standen sich der nationalsozialistische (Albert Speer) und der sowjetische (Boris Iofan) Pavillon gegenüber. Beide Diktaturen suchten durch die Pavillons mit steinernem und ehernem Parthos zu beeindrucken und ihr Selbstverständnis der Welt zu präsentieren.

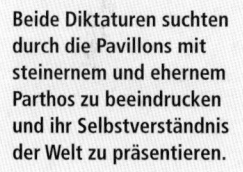

Carson-Pierie-Scott-Gebäude in Chicago (Louis Sullivan, 1899) und Wainwright-Gebäude in St. Louis (Sullivan und Dankmar Adler, 1890): Horizontale und vertikale Elemente im Wettstreit.

Filmarchitektur ist nicht nutzungsbedingten Kriterien unterworfen, sondern soll die Geschichte künstlerisch unterstützen, darf auch „theatralisch" übertreiben. Daher kann sie größere emotionale Wirkung erzielen, als es reale Gebäude je könnten.
o.l.: „Metropolis" (1927),
o.r.: „Dr. Caligari" (1919),
u.l.: „Dr. Seltsam" (1964)

Das Rockefeller Center im Zentrum Manhattens mit dem 259 m hohen GE-Gebäude (früher RCA Victor-Gebäude) wurde zwischen 1931 und 1940 – zur Zeit der Weltwirtschaftskrise – errichtet. Der Komplex aus insgesamt 21 Hochhäusern ist auch Ausdruck der Wirtschaftskraft seiner Erbauer und der gesamten USA. Benannt ist es nach John D. Rockefeller II., seinerzeit einer der reichsten Männer der Welt.

aufführt, werden nachfolgend zwei zitiert. Siegfried Giedion ist 1941 der Meinung: „Die Grundelemente der Fassade sind horizontal gestreckte Fenster." Und Ludwig Hilberseimer sagt 1964: „Horizontale und vertikale Elemente sind ausgewogen." Ähnlich unterschiedliche Urteile führt Bonta für das Wainwright-Gebäude in Buffalo, das Kaufhaus Schocken in Stuttgart (siehe S. 321) und den deutschen Pavillon der Weltausstellung in Barcelona an.

Unter der Überschrift „Kritik der Kritik" schreibt Klaus Jan Philipp im BDA-Heft 7–8/2006: „Müssen denn Kunstwerke erklärt werden? Diese im Jahr 1921 von dem Kunsthistoriker Heinrich Wölfflin gestellte und mit ‚Ja' beantwortete Frage ist noch immer die Grundlage für jede Architekturkritik, die sich nicht allein am Zweck des Gebäudes aufhält, sondern den Bedingungen und der Qualität der Formen nachspürt. Ein Bauwerk müsse erklärt werden, denn ein altindischer Bau sei mit abendländischen Sehgewohnheiten ohne Erklärung nicht zu verstehen […]", und Arno Lederer im selben Heft: „[…] gute Architektur erklärt sich von allein." Das mag für den Fall zutreffen, dass es dem Architekten gelingt, beim Betrachter die Empfindung auszulösen, die ihn selbst bei deren Konzeption durchströmte.

In seinem Beitrag „Menschen und Gebäude" in der Sammlung „Architekturpsychologie" schreibt David Canter: „Im Zusammenhang mit der Abkehr von der Tradition der ‚Schönen Künste' und der Auffassung dass Architektur vornehmlich eine abstrakte Kunst sei, bedeutet dies, dass Architekten in vielen bislang ungewohnten Bereichen nach Anregungen suchen. […] Es sieht so aus, als ob die Einsichten der modernen Psychologie einen verheißungsvollen Weg aus dem Dilemma eröffnen könnten."

Peter Behrens, der an der Entwicklung der modernen Architektur in Deutschland entscheidend beteiligt war, äußert sich vorsichtig: „Man war auch früher bestrebt, die Nüchternheit des alltäglich Nützenden durch Verschönerungen zu beleben und fügte dem einfach dienenden Objekte Zierarte, Ornamente an, gab vieles dazu, um den plumpen alltäglichen Zweck zu verschleiern […]. Da kam die Erkenntnis des psychischen Wohlgefallens am Nützlichen, am Zweckmäßigen. Man wünschte, den Zweck zu merken, die Zweckmäßigkeit zu erkennen […]". Darin erkennt er die „Fruchtbarkeit und Berechtigung eines neuen zeitlichen Stiles".

Die Auseinandersetzung um die Form ist nur eine Seite der Architektur. In „Psychologie für Architekten" von E. Geisler wird daran erinnert: „Wenn bislang viel von Architekten […] geredet wurde, so darf einer nicht in Vergessenheit geraten […]; der Mensch, für den gebaut wird, der ‚Nutzer' […], wobei wir ihm gleichzeitig das Rüstzeug an die Hand geben müssen, mittels dessen er seine Bedürfnisse erkennen, artikulieren und durchsetzen kann. Es gilt also, eingefahrene Denk- und Arbeitsweisen, Vorurteile, Resignation und Unfähigkeit zu überwinden. […] Mit allen Mitteln muss versucht werden, dem Architekten zu einem geänderten Rollenverständnis sowohl hinsichtlich der eigenen Tätigkeit als auch deren gesellschaftlicher Verantwortung zu verhelfen. […] Die Psychologie kann ihm unter anderem dazu verhelfen, […], einen effizienten Dialog mit dem Benutzer von Architektur zu führen."

Geisler schränkt allerdings sarkastisch ein: „Demjenigen Architekten, welcher eine umfassende und daher auch zeitraubende Vorplanung seinem Bauherrn in Rechnung stellen wird, dürfte […] kaum eine finanzielle erfolgreiche Karriere beschieden sein."
Aber er bleibt dabei: „[…] Architekturpsychologie [hat] der Emanzipation der Nutzer und aller von Architektur betroffenen Menschen zu dienen […] und demzufolge ihre Methoden nicht [zu] verabsolutieren, sondern immer wieder kritisch [zu] hinterfragen […]. Hierbei muss die Zufriedenheit der Menschen mit ihrer gebauten Umwelt das letztlich gültige Kriterium sein."

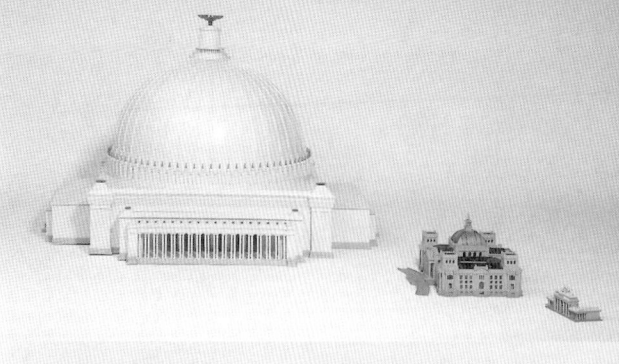

Architektonische Machtdemonstration bis zum Größenwahn: Die Projekte der Nationalsozialisten für größere Städte in ihrem Machtbereich, allen voran Berlin, sprengten jeden Maßstab. Merkmale der „neoklassizistischen" NS-Architektur waren brachiale Achsen, gigantische Dimensionen und „ewige" Materialien wie Granit. Der Krieg verhinderte die Verwirklichung der meisten dieser Großprojekte. Durch Berlin, das zur „Welthauptstadt Germania" umgewandelt werden sollte, hatte man bereits begonnen, zwei gewaltige Prachtstraßen zu brechen, in deren Kreuzungspunkt die „Große Halle" gestanden hätte. Der Reichstag daneben hätte wie ein kleines Nebengebäude gewirkt.

1939 wurde die Neue Reichskanzlei eingeweiht, in der Besucher endlos lange Marmorgalerien, Korridore und Vorzimmer durchqueren mussten, bis sie eingeschüchtert am 400 qm großen Arbeitszimmer Hitlers (mit seinen Initialen über der 6 m hohen Tür) ankamen. Hitlers Schreibtisch stand ganz verloren in der Ecke rechts hinten am Fenster.

Mustersiedlung „Pruitt-Igoe" in St. Louis am 16. März 1972 das Ende der Klassischen Moderne. Die Großsiedlung aus dem Jahr 1951 (Architekt: M. Yamasaki) war von der Bevölkerung nie akzeptiert worden und Vandalismus an leerstehenden Wohnungen nahm rasch zu (Broken-Windows-Theorie). Der Stadtteil wurde so zum sozialen Brennpunkt, aus dem alle, denen es möglich war, wegzogen. Laut dem amerikanischen Architekturtheoretiker Charles Jencks war die Sprengung der modernen

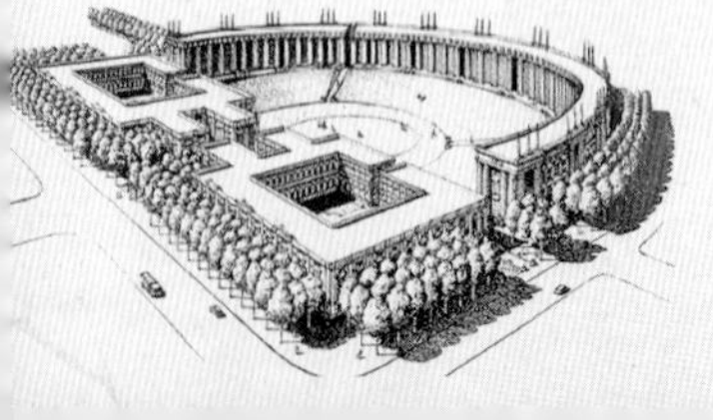

„Les Colonnes de Saint Christophe" in Paris von Ricardo Bofill, 1981–86. Die Antwort der Postmoderne auf die sozialen Probleme anonymer moderner Wohnblocks: ein „Versailles für das Volk", weiterhin anonyme Wohnungen hinter einer simulierten Schlossfassade. Das „Volk" scheint die Gebäude gut anzunehmen: Vandalismus ist kaum festzustellen.

„Architektur wird nur dann human, wenn sie vom Nutzer angeeignet, erworben und nicht passiv bewältigt werden muss […]. Jede Architektur muss sich gefallen lassen, daraufhin überprüft zu werden." (Geisler)

Die erste Frage des Psychologen gilt dem Menschen in seiner Wohnung und deren Umfeld. Die Slums des 19. Jahrhunderts mit ihren viel zu kleinen, schlecht belüfteten und belichteten Wohnungen hatten mit Tuberkulose und Rachitis typische Elendskrankheiten im Gefolge. Die Wohnungsbaupolitik des 20. Jahrhunderts konnte diese unhaltbaren Zustände und ihre einschlägigen Erkrankungen beenden, allerdings mit dem Ergebnis, dass die Menschen nun unter anderen Beschwerden litten, die wiederum mit ihrer Unterbringung zusammengebracht werden mussten.

In seiner Veröffentlichung „Kriterien der wohnlichen Stadt" schreibt Roland Rainer 1978: „Inzwischen sind aber in den seit etwa 1950 entstandenen modernen Großmietshäusern, insbesondere in den Wohnhochhäusern, andere typische Wohnungskrankheiten festgestellt worden: […] nervöse, seelische und Entwicklungsstörungen bis zur Kriminalität. Auf einen einfachen Nenner gebracht: Die TBC-Krankenhäuser haben sich geleert, aber die Nervenheilanstalten füllen sich."

Rainer zitiert die in der Zeitschrift „Wohnmedizin" veröffentlichte Studie des Arztes Fanning, über Gesundheitsschäden, die Ärzte seit mehr als zehn Jahren in Hochhäusern und besonders verdichteter Bebauung feststellten: „Das Ergebnis zeigt, dass die Bewohner der Etagenwohnungen gegenüber denjenigen der Einfamilienhäuser bezüglich der Häufigkeit psychoneurotischer Störungen signifikant benachteiligt waren." Prof. Biermann vom Institut für Psychische Hygiene in Köln, stellte fest, dass die Häufigkeit von Neurosen und Entwicklungsstörungen der in Hochhäusern lebenden Kinder mit der Höhe des Stockwerks steige.

Aber seelische Störungen in Hochhäusern sind nicht nur bei Kindern und Jugendlichen festzustellen. Nach Mitteilung von „Euro-Med" 1975 bedürfen nach zuverlässigen epidemologischen Studien in Stockholm, Manhattan und Boston nur 20 % der Bevölkerung von Ballungsgebieten keiner psychischen Therapie.
In seinem, von ihm selbst im Vorwort so genannten „Pamphlet" „Die Unwirtlichkeit unserer Städte" beklagt Alexander Mitscherlich die extreme Abhängigkeit des Kindes im städtischen Umfeld: „[...] Der Bewegungsdrang des Kindes steigt und muss jetzt gestillt werden. Damit fängt eine neue Leidensperiode der städtischen Kinder an. Denn ihre noch ungekonnte Aktivität ist unausgesetzt ein Stein des Anstoßes, einfach deshalb, weil die Abseitsräume für kindliches Spiel sowohl in der Enge der Wohnung wie in der Enge großstädtischer Wohnareale fehlen [...]."

Die Summe der psychischen Defizite, die die heutige Stadt mit ihren Großwohnungsbauten für die Menschen und besonders für die Kinder bereithält, ist umfangreich und schwerwiegend: Isolierung, Kontaktarmut, Informationsmangel, Abhängigkeit von der Technik sowie potentielle Kriminalität.

In der Vorbemerkung der bereits zitierten Veröffentlichung „Architekturpsychologie, neun Forschungsberichte", herausgegen von David V. Canter, schreibt Helmut Striffler über die Fülle der Forschungsansätze, die „[...] eine Vorstellung davon geben, wie kompliziert die Wechselbeziehungen zwischen Menschen und Gebäuden sind. Sie machen aber auch deutlich, wie ungemein schwirig es ist, zu exakten und gesicherten Ergebnissen zu kommen und um wieviel schwerer noch es sein wird, diese Ergebnisse in die Planungs- und Entwurfspraxis zu übertragen."

Zwei denkmalgeschützte Klinikbauten, zwei grundverschiedene Wirkungen auf den Besucher:
o.: Tuberkulosesanatorium Paimio, Finnland, 1929–33 von Alvar Aalto.
Die Lage im Wald, die weiße Farbe, die Orientierung nach Süden etc. sollten bestmöglich zur Gesundung beitragen.
u.: Uniklinikum Aachen, 1971–85 von Weber und Brand. Der technische Funktionalismus des Komplexes stößt bei vielen Menschen auf Ablehnung.

Un-Orte wie Parkhäuser, öffentliche Toiletten oder Unterführungen sind besonders von Vandalismus, Kriminalität und Angst vor Übergriffen betroffen, und der Wunsch der Benutzer, diese Orte möglichst schnell zu verlassen, ist daher nur zu verständlich. Architektonische Maßnahmen können hier zur Verbesserung beitragen: viel Licht, helle Farben, übersichtliche Grundrisse und Raumhöhen, die nicht drückend wirken und eine gute Orientierung ermöglichen. Natürlich ist auch hier der Maßstab ein wichtiger Faktor, denn ein Fußgängertunnel wird erst ab einer bestimmten Länge zum Problem und in einem kleinen Parkhaus ist die Gefahr, sich zu verlaufen oder sein Fahrzeug nicht zu finden geringer, als in einem großen.

Psychologisch problematisch sind auch Aufzüge: 1854 demonstrierte E. G. Otis seine Erfindung der automatischen Absturzsicherung im Selbstversuch auf der Weltausstellung in New York (siehe S. 75). Das Einsteigen in einen Lift ist also entgegen vieler Filmhandlungen objektiv ungefährlich. Trotzdem bleibt mitunter ein mulmiges Gefühl aus Klaustrophobie und der Befürchtung, z. B. bei einem Stromausfall stecken zu bleiben. Allenfalls Linderung schaffen hier die berühmte „Fahrstuhlmusik" und Spiegel, die den kleinen Raum größer erscheinen lassen.

Berman House, Joadja, Australien, 1996–1999 von Harry Seidler & Associates.
Ängste können auch architektonisch inszeniert werden. Ein weit in die Schlucht hinausragender Steg gibt dem Frühstücksplatz einen besonderen „Kick", die Glasgeländer verstärken diesen noch, ermöglichen aber auch einen ungetrübten Blick auf die Landschaft.

Die Architektengruppe SITE erreichte in den 70er Jahren mit ihren Supermärkten für die BEST-Kette ein Alleinstellungsmerkmal, indem sie Fassadenteile wie Tapeten abblättern ließ oder auf Ecken stellte: Ein Spiel mit der Erwartung.

Ein Dach als Damokles-Schwert: Mit seiner maximalen Auskragung von 44,8 m (an der Nordostecke) ist das riesige Dach des Kunst- und Kulturzentrums Luzern (KKL, von Jean Nouvel, 2000) eine Herausforderung für ängstliche Menschen.

Der Grand Canyon Skywalk (2007) scheint nur zu existieren, um Nervenkitzel zu erzeugen.

Ein gläserner Fußboden über dem 240 m tiefen Abgrund, eine gewagte U-förmige Rahmenkonstruktion, die 22 m über den Felsrand hinausragt, und ein Geländer, das nur aus Glas und einer Metallreling besteht.

Der Verdacht, dass es bei der Attraktion mehr um Profit mit Nervenkitzel als um den ungetrübten Ausblick in den Canyon geht, ist nicht ganz abwegig. Der Blick ist schließlich auch nebenan zu haben. Kostenlos.

Literaturverzeichnis

- Alexander Mitscherlich: **Die Unwirtlichkeit unserer Städte, Anstiftung zum Unfrieden.** Frankfurt/M. 1965
- Roland Rainer: **Kriterien der wohnlichen Stadt.** Graz 1978
- Otto Friedrich Bollnow: **Mensch und Raum.** Stuttgart 1963
- Martin Heidegger: **Vorträge und Aufsätze.** Stuttgart 1954
- Fred Fischer: **Der Wohnraum.** Stuttgart und Zürich, 1965
- Juan Pablo Bonta: **Über Interpretation von Architektur.** Berlin 1982
- Allen Windsor: **Peter Behrens. Architekt und Designer.** Stuttgart 1985
- David V. Canter: **Architekturpsychologie. Theorie, Laboruntersuchungen, Feldarbeit.** Bauwelt/Fundamente 35, Düsseldorf 1973

Der Barockbaumeister Balthasar Neumann (1687–1753) auf der letzten 50-DM-Banknote vor der Einführung des Euro.

Links neben seinem Porträt erkennt man Neumanns Erfindung „Instrumentum Architecturae", mit dessen Hilfe man auf geometrischer Basis rechnen und Säulenproportionen ermitteln konnte.

Auf der Rückseite sind die Benediktinerabtei Neresheim (Schnitt), das Treppenhaus der Würzburger Residenz (Perspektive) und die Heiligkreuzkirche in Kitzingen-Etwashausen (Grundriss) abgebildet.

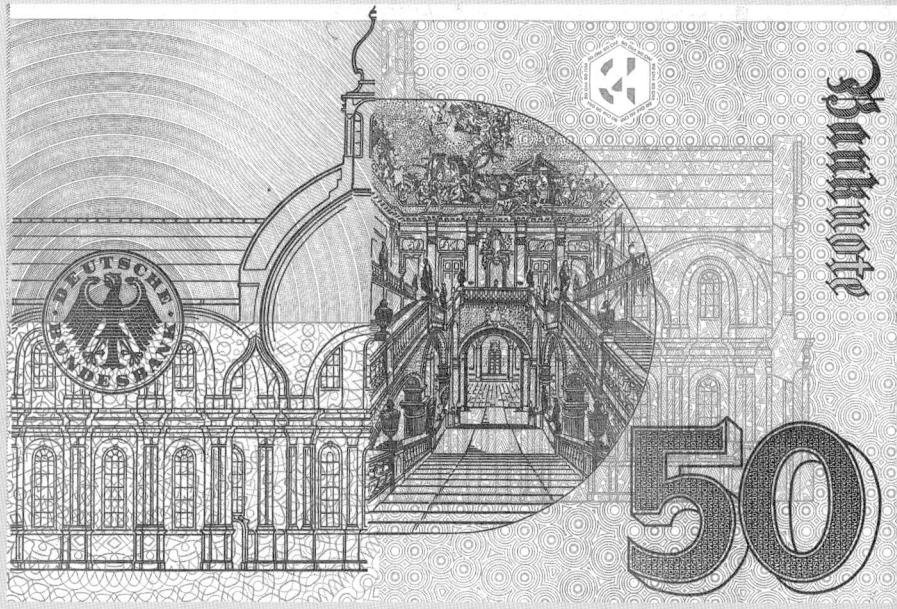

1.3 Das Berufsbild des Architekten in der Vergangenheit

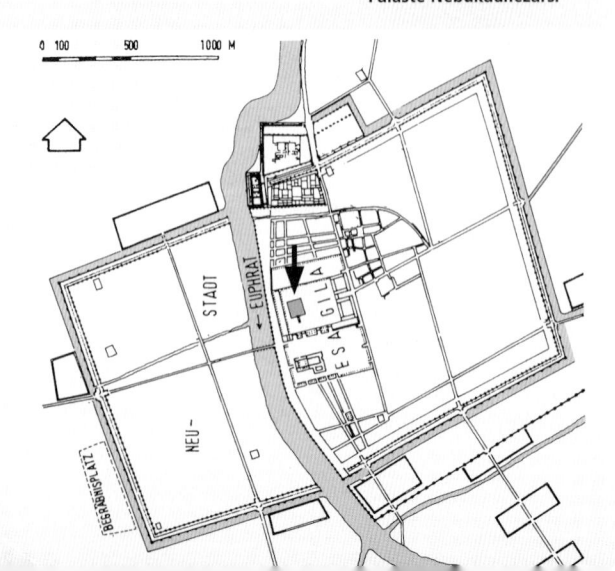

Die Rückschau auf die Geschichte des Architektenberufs wird anschaulicher durch den gleichzeitigen Blick auf die parallele Geschichte der Architektur. Die beabsichtigte geographische Beschränkung auf Europa soll gleich zu Anfang mit zwei Ausnahmen durchbrochen werden: Ägypten und Mesopotamien. Der Einfluss dieser beiden Ursprungsländer menschlicher Kultur auf Europa ist so groß, dass auf die Erwähnung der zugehörigen Architektur und ihrer Erbauer nicht verzichtet werden kann.

Mesopotamische Antike

Aus Mesopotamien, dem Land zwischen Euphrat und Tigris, stammt eine der ältesten Gesetzessammlungen der Menschheit, der Codex Hammurabi. König Hammurabi verfasste ihn um 1700 v. Christus für sein babylonisches Großreich und schuf damit Recht und Ordnung für alle seine Untertanen, die vor dem Gesetz gleich waren. Diese faszinierende Tat des Rationalisten und Praktikers Hammurabi war ein weltliches Recht. Die Stele, auf der die Gesetze in Keilschrift eingeritzt sind, zeigt zwar neben ihm eine Gottheit, die ihm den Text diktiert, kommt aber sonst weitgehend ohne religiösen Bezug aus.

Die Paragrafen 226–240 sind Baugesetze. Sie handeln von der Verantwortung des Baumeisters und seiner Haftung. Ebenso wird die Ersatzpflicht bei Bauschäden durch Fahrlässigkeit gesetzlich geregelt, aber auch die Honorare der Architekten.

Verantwortung und Haftung gehören bis heute unverändert zu den Anforderungen an den Architekten, und es kann davon ausgegangen werden, dass den Organisatoren des römischen Weltreiches die Sachlichkeit und Zweckmäßigkeit der hammurabischen Gesetzgebung imponierte. Gleichzeitig fand die hohe babylonische Ziegeltechnik den Weg über das Mittelmeer nach Italien und beeinflusste die Römer zu ihrem leidenschaftlichen Umgang mit diesem Material.

Hammurabi, (1728–1686) war der 5. König der ersten Dynastie von Babylon und König von Sumer und Akkad. Sein Gesetzeskodex – der erste komplett erhaltene der Welt – hielt sogar Einzug in die römische Rechtsprechung. Er legt drakonische Strafen für Verfehlungen von Berufsständen und Zivilpersonen fest, so auch für die Baumeister:

§ 229: „Wenn ein Baumeister ein Haus gebaut hat, das Haus aber zusammenstürzt und dadurch der Tod des Hauseigentümers verursacht wird, wird der Baumeister getötet."

Der Stufentempel in Hammurabis Hauptstadt – die Zikkurat von Babylon – ist der biblische „Turm zu Babel". Seine Fundamente (Pfeil) entdeckte 1913 der deutsche Architekt und Archäologe Robert Koldewey im heutigen Irak. Koldewey fand auch die Prozessionsstraße von Babylon mit dem Ischtartor, die „Hängenden Gärten der Semiramis" und die Paläste Nebukadnezars.

Dagegen galt die Bewunderung der Griechen uneingeschränkt den Ägyptern. Die statuarische Geschlossenheit der frühen griechischen Skulpturen weist unmittelbar auf die ägyptischen Vorbilder hin. Die gleiche Nähe ist auch für die Architektur beider Länder anzunehmen. Die für die europäische Entwicklung der Architektur so entscheidende Umsetzung der Holzbauformen der Tempel in Hausteinkonstruktionen geschah unter dem unmittelbaren Eindruck der ägyptischen Tempel. Die berühmten griechischen Säulenordnungen entstehen in archaischer Zeit um 700 vor Christus mit dem Wissen um ägyptische Säulenstellungen und -kapitelle.

Ägyptische Antike

Rund 200 Jahre später – 454 v. Chr. – weilte Herodot von Halikarnas (ca. 485–424 v. Chr.) in Ägypten. Er gilt zwar als „Vater der Geschichtsschreibung", aber wusste auch als eine Art Reiseschriftsteller das Interesse und die unverhohlene Neugier seiner Landsleute an diesem fremden Land zu befriedigen. Er berichtete ausführlich über den Bau der Pyramiden von Gizeh, der die Kräfte des Volkes erschöpfte. An der ersten und größten, der des Königs Cheops, arbeiteten jeweils 100.000 Menschen im dreimonatigen Schichtbetrieb, zehn Jahre am Material und seinem Transport, 20 Jahre dauerte die Bauzeit. Als er darüber berichtete, standen die Pyramiden bereits ca. 2000 Jahre. Es müssen die unterschiedlichsten Quellen gewesen sein, von denen er seine Informationen einholte; sie reichten von genauen bautechnischen Details bis zu Auskünften über den sozialen Kontext – Klatsch, für den sich heute die Boulevardpresse interessieren würde.

Der Bau der Pyramiden und ihre Bauherrn hatten Ägypten bewegt und die Erinnerung daran frisch gehalten. Für die Strapazen und Demütigungen, die das Volk hatte erdulden müssen, blieb ihm nur der Spott.

Herodot (ca. 485–425 v. Chr.) wurde von Cicero als „Vater der Geschichtsschreibung und Erzähler zahlloser Märchen" bezeichnet. Eigenen Angaben zufolge unternahm er Reisen nach Persien, Ägypten, Babylonien und Italien, von denen er in seinen „Historien" berichtet. In ihnen definiert er auch verschiedene Staatsformen wie Monarchie, Oligarchie und Demokratie, was ihn mit Platon und Aristoteles zu einem der Begründer moderner Gesellschaftstheorien macht.

Herodot wusste zu berichten: „So weit aber soll es mit der Schlechtigkeit des Cheops gekommen sein, dass er, als er Geld brauchte, seine eigene Tochter in einem Bordell sitzen ließ und ihr auferlegte, eine gewisse Summe Geldes – man gab mir nämlich dieselbe nicht an – zu verdienen; die Tochter verdiente sich auch die vom Vater auferlegte Summe, aber sie gedachte doch noch von sich selber ein Denkmal zu hinterlassen und bat daher einen jeden, der sie besuchte, ihr einen Stein zu diesem Werke zu schenken. Aus diesen Steinen soll nun die Pyramide gebaut worden sein, die in der Mitte der drei steht."
li.: Gizeh, Cheops-Pyramide.
re.: Die einzige bekannte Cheops-Statue (7 cm hoch)

Imhotep (um ca. 2700 v. Chr.), war nicht nur Baumeister, sondern auch Schriftgelehrter, Arzt, Erfinder, Magier und Ratgeber des Pharaos Djoser, also eine Art erster Universalgelehrter. Man schrieb ihm später unzählige Erfindungen und Entdeckungen zu. Da er die ägyptische Kunst der Mumifizierung weiterentwickelt hatte, wurde er im Neuen Reich als Heilgott verehrt.

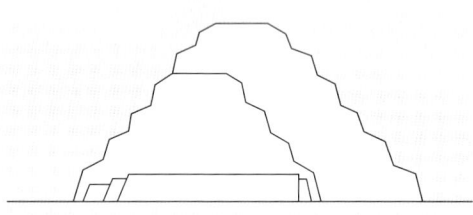

Die Stufenpyramide von Sakkara, erbaut für Pharao Djoser um 2650 v. Chr. von Imhotep, ist die erste Pyramide der Menschheit. Ihre endgültige Form ist allerdings erst durch die stufenweise Erweiterung des ursprünglichen Mastaba-Grabs Djosers entstanden. Einerseits, um jeweils seiner zunehmenden Bedeutung als Gottkönig gerecht zu werden, aber auch, um freie Kräfte während der jährlichen Nil-Überschwemmungen zu binden. Denn während der Zeit erzwungener Untätigkeit waren häufig Streitereien und Scharmützel unter den verschiedenen Volksgruppen des ausgedehnten Reiches ausgebrochen.

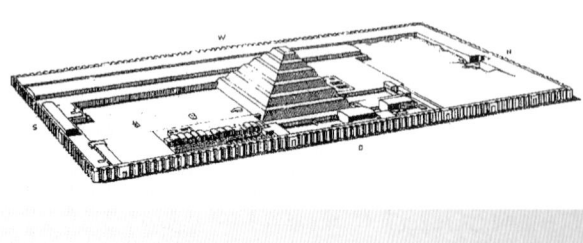

Ägyptens staatliche Ordnung wurde entscheidend von der Religion geprägt und über seine 3000jährige Geschichte von einem streng hierarchischen theokratischen System geleitet. Herodot schreibt: „Auch sind die Ägypter die Ersten, welche behauptet haben, dass die Seele des Menschen unsterblich sei". Dieser Glaube an das Leben nach dem Tode bestimmte das kulturelle und politische Geschehen. Daraus folgte die große Bedeutung des Baus von Grabstätten, Tempeln und Palästen. Zudem kam der hohe Rang des Bauens von den jährlichen Nilüberschwemmungen, die für die Wirtschaft des Landes enorm wichtig waren und deren Folgen baulich bewältigt werden mussten.

Die Architekten, deren sprachliche Berufsbenennung erst in Griechenland üblich wird, gehörten – zumindest anfangs – der hohen Priesterschaft an, zu den unteren Priestern zählten sie immer. Sie waren hohe Staatsbeamte und damit auch mit Aufgaben der Politik und der staatlichen Organisation befasst. Die Verbindung zum Pharao war eng, oftmals verwandtschaftlich. Einige sind namentlich bekannt, so Imhotep, Minister des Pharaos Djoser. Er war am Aufbau staatlicher Ordnung beteiligt und errichtete in Sakkara 2600 v. Chr. die berühmte Stufenpyramide und die Grabplatte des Königs, die erste monumentale Steinarchitektur der Architekturgeschichte; zudem war er Hohepriester und Arzt.

Ihre Berufsbezeichnung war „Leiter" im Zusammenhang mit der Art ihrer Tätigkeit, z. B. „Leiter aller Arbeiten an einem Tempel" und ihre Ausbildung erfuhren sie zusammen mit Priestern, Ärzten und Astronomen im „Haus des Lebens" in einem langen Studium. Die Bauten entstanden nach strengen Regeln als kollektive Leistung der hierarchisch gegliederten Mitwirkenden.

Auf der nächst unteren Befehlsebene arbeitete die Schicht der Handwerker, die mit Stein, Metall oder Farbe umgingen. Es gab keine Unterscheidungen

nach besonderen künstlerischen Tätigkeiten, die ohne Zweifel im großen Umfang anfielen.
Die Basis für die Ausführung bildete das Heer der ungelernten Arbeiter. Die Frage, welcher Gruppe die Entwerfer angehörten, ist nicht eindeutig beantwortbar.

Die herausragende soziale Stellung der Leiterebene erlaubte denen, die ihr angehörten, eigene Grabstätten, aus deren reichen Ausstattungen und Inschriften etwas über ihre Tätigkeit bekannt wird.
Die oft von hoher Selbsteinschätzung zeugenden Eigendarstellungen in den Grabinschriften dienten vor allem der Rechtfertigung vor dem Totenrichter Osiris. Sie geben Aufschluss über die Vielseitigkeit der Architekten. Neben dem Bau von Tempeln, Palästen und Grabstätten oblagen ihnen Herstellung und Instandhaltung von Kanälen, Stauseen, Dämmen und Straßen sowie der Transport und die Aufstellung von Obelisken.
Diese vielseitige Anforderung an den Architekten gab es von Anfang an; seine Tätigkeit reichte von der Logistik bis zur Organisation, von der Konstruktion zur Gestaltung; für den in Ägypten Arbeitenden kamen noch priesterliche Funktionen hinzu.

In seinem Buch „Architekten in der Welt der Antike" weist Werner Müller auf das Selbstzeugnis des Priesters und Architekten Bekenchons hin: „Es lag in der Art der theoretischen Ausbildung begründet, dass priesterliche Funktionen und die Tätigkeit des Architekten sich miteinander verbinden konnten. Ein aufschlussreiches Beispiel hierfür bietet Bekenchons, der unter Ramses II (1290–1224 v. Chr.) wirkt […], er bekleidete zunächst niedere Priesterämter. Später wurde er Hohepriester des Amun in Karnak. Er leitete sämtliche Bauarbeiten in Theben."

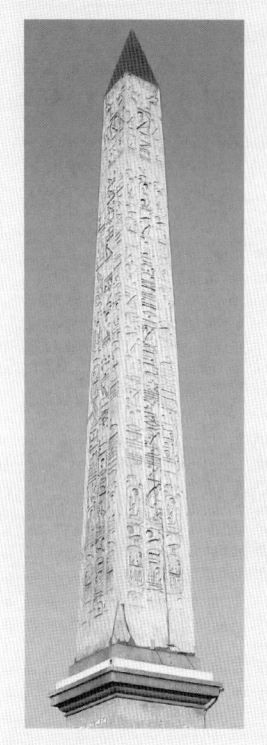

Der römische Schriftsteller Plinius der Ältere schreibt über den schwierigen Transport eines Obelisken vom Steinbruch zum Nil und dann auf dem Wasserweg nach Alexandria, den der Architekt Phoinix leitete: „Ptolemaios II Philadelphos (285–247 v. Chr.) errichtete in Alexandria einen Obelisken von 80 cubiti (etwa 35,0 m), den der König Necthrebis hatte aushauen lassen, und dessen Transport und Aufrichtung mehr Mühe verursachte als die Bearbeitung".
Ägyptische Obelisken waren später begehrte Souvenirs, wie dieser Obelisk aus Luxor (Theben), der heute auf dem Place de la Concorde in Paris steht. (Foto: David Monniaux unter cc-by-1.0)

Die ägyptische Stadt Luxor, von den Griechen „Das hunderttorige Theben" genannt, ist maßge-bend von Ramses II und seinem Baumeister Bekenchons erbaut worden (u.: „Ramsesseum"). Dessen Würfelstatue im Münchner Ägyptischen Museum trägt u.a. die Inschrift: „Ich habe Nützliches getan im Tempel des Gottes Amun, indem ich Baumeister meines Herrn war."
Er war auch Hohepriester des Amun und wird in einer Quelle als Vorsitzender des Gerichtshofes für Erbstreitigkeiten genannt.

(Foto o: Hajor unter cc-by-sa, Foto l.: Pryzemyslav unter cc-by-sa-2.5)

Dorische Ordnung

Geison –
Kranzgesims, Untersicht schräg
(ehemalige Sparren-Untersicht)

Mutuli –
Hängeplatten (ehemalige Dielenköpfe)

Guttae –
Tropfen (ehem. Holznägel)

Architraph
(ehem. „Haupt"-Balken aus Holz, jetzt aus Stein)

Kanneluren
(Schälspuren?)

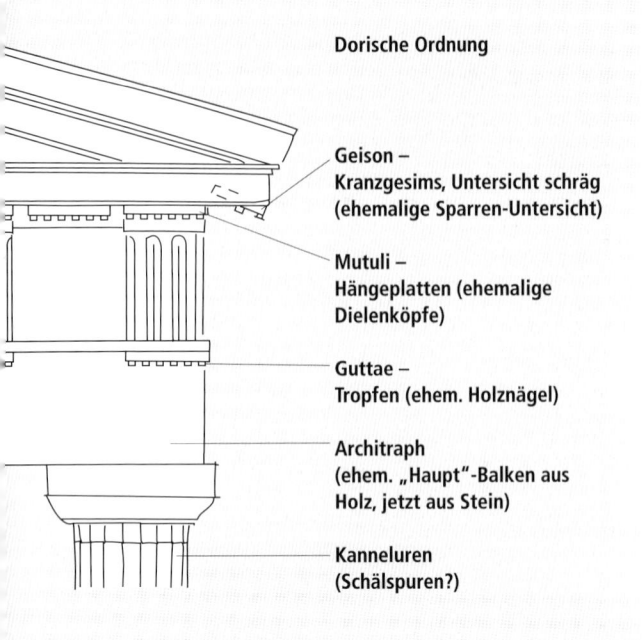

Das Vorbild für die frühen Antentempel aus luftgetrockneten Ziegeln und Holz ist im 8. Jh. das mykenische Megaron. Im 7. Jh. vollzieht sich der konsequente Übergang zur Steinarchitektur. Aus dünnen Holzstützen werden schwere Steinsäulen, die Balkenlage in Stein führt materialbedingt zu kleinen Spannweiten. Den Schritt zu Bogen und Gewölbe vollziehen die Griechen nicht, er ist den Römern vorbehalten.

In der monumentalen Schwere, die den Tempel jetzt auszeichnet, verbleiben Hinweise auf seine Herkunft aus dem Holzbau. Aus notwendigen Elementen der Holzkonstruktion werden ornamentale Schmuckformen abgeleitet.
Nicht bewiesen ist die Herkunft der Kanneluren. Doch es ist vorstellbar, dass der ornamentale Reiz der Längsrillen, die bei den Holzsäulen durch die Entrindung entstanden sein können, so groß war, dass er in Stein wiederholt wurde.
Weniger gewagt, sondern gesichert, ist die Deutung der Ornamentik in der Balkenebene über dem Architraph: Triglyphen und Metopen entstehen als Ornament aus den ehemaligen Balkenköpfen und Balkenzwischenräumen.

Die Köpfe der Dielen, die einst darüberlagen, sind die Anregung für die Mutuli, am Gesims hängende Platten, an denen in 3 Reihen zu je 6 die Gutae hängen, steinerne Tropfen, die auf ehemalige Holznägel zurückgehen.
Abstrakt kann auch die hängende Schräglage des Geisons, des Kranzgesimses, in Zusammenhang mit der Untersicht einstiger überkragender Sparrenenden gebracht werden.
(Nach: „Baustilkunde" von Wilfried Koch und „Bildwörterbuch der Architektur" von Hans Koepf)

Griechische Antike

Herodot verwendete die Berufsbezeichnung „Architekt" zum ersten Mal im 5. Jahrh. v. Chr. und sie bleibt von da an üblich. Die Ableitung aus dem Griechischen schließt auf die beiden Berufsschwerpunkte des Architekten, auf die Anleitung ihm unterstellter Handwerker und auf die Koordinierung parallel arbeitender Berufsgruppen. Die Vorsilbe „archi-" bedeutet Ober- oder Haupt- und das Substantiv „tekton" Zimmermann oder Handwerker. Er wird als der Oberste der Handwerker und im weiteren Sinne als der leitende Künstler angesehen. Die Ableitung der Berufsbezeichnung von einem mit Holz befassten Handwerk verweist auf die Herkunft des Formenkanons für den griechischen Tempel aus seinem hölzernen Vorgänger. Homer bezeichnet den Architekten einfach als „tecton". Schließlich entsteht daraus das lateinische Wort „architectus". Eine Unterscheidung der Tätigkeit der Architekten in eine künstlerisch gestalterische und technisch ingenieurhafte gibt es nicht. Der entwerfende Architekt ist für beide Bereiche zuständig, wobei zum letzteren auch die Entwicklung von Kriegsmaschinen gehörte.

Die Ausbildung der Architekten geschah sicher über eine lange Zeit als Mitarbeiter. Platon spricht von der Notwendigkeit praktischer Arbeit unter einem erfahrenen Meister; nachdem sie oftmals aus dem Beruf des Zimmermanns kamen, mussten sie sich in den anderen Gewerken qualifizieren sowie Spezialkenntnisse erwerben in Proportion und Farbe, Mathematik und Mechanik, Organisation und Ökonomie.

Vitruv schrieb über die hohen Anforderungen, die an den griechischen Architekten gestellt wurden: „Daher muss er begabt sein und fähig und bereit zu wissenschaftlich-theoretischer Schulung. Denn weder kann Begabung ohne Schulung noch Schulung ohne Begabung einen vollendeten Meister hervorbringen. Und er muss im schriftlichen Ausdruck gewandt sein, des Zeichenstiftes kundig, in der Geometrie ausgebildet sein, mancherlei geschichtliche Ereignisse kennen, fleißig Philosophen gehört haben, etwas von Musik verstehen, nicht unbewandert in Heilkunde sein, juristische Entscheidungen kennen, Kenntnisse in der Sternkunde und vom gesetzmäßigen Verlauf der Himmelserscheinungen besitzen". Und er zitiert Pytheus, einen bekannten Architekten, mit der Forderung, ein Architekt müsse in allen Zweigen der Kunst und Wissenschaft mehr leisten können als die, die einzelne Gebiete durch ihre Tätigkeit zu höchstem Glanze geführt haben.

Das Arbeitsverhältnis des griechischen Architekten ist mit dem des ägyptischen Architekten nicht vergleichbar. Er war nicht mehr Teil einer hierarchisch aufgebauten Mannschaft, sondern konnte seinen Beruf frei ausüben, entweder staatlich angestellt oder selbständig.

Bedeutend war die Zusammenarbeit mit Steinmetzen und Bildhauern, verständlich aus dem Wesen des griechischen Tempels heraus, der als ein plastisch gegliedertes, bildhauerisches System entsteht. Beispielhaft dafür ist das Zusammenwirken der Architekten Iktinos und Kallikrates mit dem Bildhauer Phidias beim Bau des Parthenon (447–438 v. Chr.) in Athen. Bemerkenswert ist auch die Art der Entscheidung zum Wiederaufbau der von den Persern 480 v. Chr. zerstörten Akropolis, sie fiel auf Antrag des Perikles in Athens Volksversammlung 456 v. Chr.

Für seine Leistungen erhielt der griechische Architekt ein festes Gehalt, es war zwar nicht wesentlich höher als der Lohn eines Handwerkers, wurde aber im Gegensatz zu diesem nicht als Tagelohn sondern halb- oder ganzjährig bezahlt. Zudem konnte er mehrere Aufträge übernehmen, für die beratende Funktion in der Baukommission einer anderen Stadt bekam er Tagegeld. Die griechische Demokratie kannte in den Rechtspositionen der ihr angehörenden Bevölkerungsgruppen, den Bür-

Triglyphe (ehem. Balkenkopf) im Wechsel mit

Metope (ehem. Balkenzwischenraum) Fläche für bildliche Darstellungen

Vitruv erklärte die Triglyphe als Verbreiterung des Balkenkopfes auf dem Architrav.

Die Enden einer Lage rechteckiger Holzbalken, die Balkenköpfe, sind Motiv und Vorbild für den Zahnschnitt.

Die Doppelvoluten des jonischen Kapitells haben sich allem Anschein nach aus dem Sattelholz entwickelt.

Das Erechteion (421–406) wurde neben dem Parthenon nach dessen Fertigstellung begonnen. Mit seiner Korenhalle zeigt dieser zierlichste Bau auf der Akropolis auf charmante Weise die Nähe von Bauplastik und Architektur in der griechischen Antike: Die Säulen, ihrer Natur nach konstruktive, statische Elemente, erscheinen in Form von anmutigen Statuen junger Frauen. (Foto: Anny Galanou)

Der Parthenon auf der Akropolis in Athen, erbaut ab 447 v. Chr. Die künstlerische Leitung hatte der Bildhauer Phidias. Nahezu alle Linien sind leicht gekrümmt (z. B. Entasis = Schwellung der Säulen), die Wände waren leicht geneigt.
Die Lösung des dorischen Eckkonflikts ist klassisch: Normalerweise stehen Triglyphen genau mittig über den Säulen. Um den Abstand von Triglyphen und Metopen immer einzuhalten und jede der vier Tempelecken mit einer Triglyphe abzuschließen, verringerten die Baumeister die Abstände der vier Ecksäulen – und verliehen dem Tempel so unmerklich mehr optische Stabilität im Eckbereich. Der Parthenon blieb jahrhundertelang weitgehend unzerstört in Benutzung, zuerst als byzantinische Kirche – mit Apsis-Anbau, dann als türkische Moschee – mit Minarett. 1687 jedoch explodierte das türkische Pulvermagazin im Gebäude nach einem venezianischen Treffer. Seitdem ist der Parthenon Ruine.

Fotos: Johann Chr. Ottow

gern, Metöken und Sklaven, erhebliche Unterschiede, die Entlohnung für die Arbeiten an öffentlichen Bauten aber war für alle gleich.

Trotz der hohen und vielseitigen beruflichen Bildung gehörte im alten Griechenland der Architekt – wie alle bildenden Künstler – zur Gruppe der „banausoi". Damit waren all die gemeint, die ihren Lebensunterhalt mit ihrer Hände Arbeit verdienen mussten. Trotzdem unterschied sich seine Stellung von den Handwerkern durch seine mathematische und wissenschaftlich-technische Bildung.
Platon und Aristoteles weisen auf den Unterschied zwischen dem Architekten und dem einfachen Handwerker hin und Sokrates fragte einmal einen eingebildeten Studenten, ob er nicht Architekt werden wolle, „da ein Mann von Kenntnis auch in dieser Kunst notwendig sei".

In dem bereits erwähnten Buch „Architekten in der Welt der Antike", auf das in dieser Abhandlung immer wieder zurückgegriffen wird, stellt sein Verfasser Werner Müller fest: „In der klassischen Periode des alten Griechenland hatte der Beruf des Architekten seine noch heute gültige Prägung erhalten."

Römische Antike

Sicher verdankt das Römische Imperium seinen Erfolg und seine Dauer auch seiner militärischen Stärke und den Legionen, die mit großer Grausamkeit jeden Widerstand und jede Konkurrenz erstickten. Den größten Anteil daran aber hatte die Rationalität und die Pragmatik, die die politische Klugheit der Römer ausmachten. Sie ließen den unterworfenen Völkern ihre kulturellen und religiösen Eigenarten und übernahmen sie ganz oder teilweise, wenn sie deren Überlegenheit gegenüber den eigenen erkannten. Griechische Literatur und Philosophie machten sie zur ihrigen und ergänzten sie um die Satire, eine typisch römische Ausdrucksform.

Sie bewunderten die griechischen Skulpturen und kopierten und erweiterten sie um die Portraitähnlichkeit, eine Stärke römischer Betrachtungsweise. So auch in der Architektur, die Bedeutung und Größe römischer Baukunst lagen im Bereich der Bautechnik und der Konstruktion. Die römischen Architekten waren glänzende Bauingenieure und Logistiker. Es mag sein, dass sich ihre besondere Begabung auf diesen Feldern mit der Notwendigkeit traf, das römische Weltreich zu organisieren und mit allem Notwendigen auszustatten. Sie bauten Straßen, Brücken, Häfen, Leuchttürme, Aquädukte, Befestigungsanlagen und Kriegsmaschinen. Die römische Architektur dagegen entstand in fruchtbarer Korrespondenz mit der griechischen, deren Säulenordnungen – dorisch, jonisch, korinthisch – und deren Bautypen, wie die der Basilika, übernommen wurden.

Als Rom 168 v. Chr. nach seinem Sieg über den letzten makedonischen König Hellas seinem Reich einverleibte, wurde das römische Reich zum Hauptauftraggeber für griechische Architekten. Während sich der Schwerpunkt der Arbeit der römischen Architekten auf die technisch-konstruktive Seite verlagerte, wurde die Gestaltung – die Dekoration (!) – der Bauwerke Künstlern mit hellenistischer Ausrichtung oder griechischen Architekten übertragen. Hier vollzog sich die Trennung von Dekoration und Konstruktion, von Form und Funktion, wie sie Vitruv, der römische Architekt und Architekturtheoretiker, in seinen 10 Büchern über Architektur (de achitectura decem libri, 33 v. Chr.) beschreibt: die Architekturkategorien als unabhängig voneinander existierende Größen. Auch als das Kaiserreich neue Aufgaben stellte und mit dem Amphitheater, dem Triumphbogen und der Therme eigene römische Bautypen entwickelt wurden, bleib die Trennung von Form und Konstruktion. Sie wuchs eher noch mit der riskanten Steigerung der Spannweiten von Kuppeln und Bögen, an der das Gleichmaß des tradierten schmückenden Formenkanons nicht teilhaben konnte.

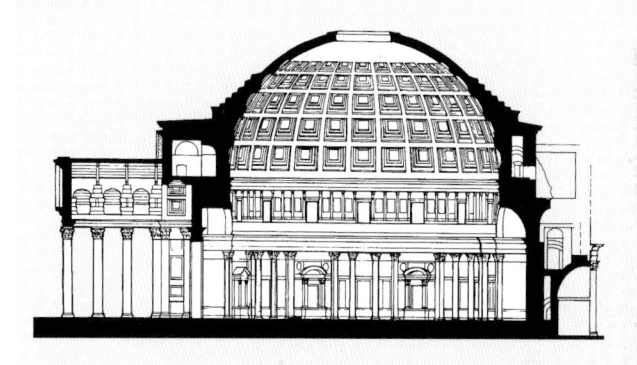

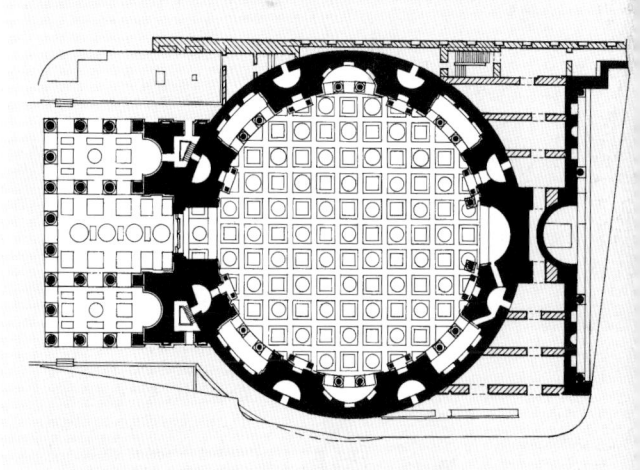

Das Pantheon in Rom (118–128) ist das einzige Gebäude, das aus der Römerzeit komplett erhalten ist. Es ist ein Hauptwerk von Apollodoros von Damaskus, dem Hofarchitekten Kaiser Trajans (s. u.) und wurde 608 zur christlichen Kirche. Die Halbkreiskuppel hat einen Durchmesser von 43,3 m. Diese Größe wurde erst mit Brunelleschis Kuppel des Florentiner Doms (1444) übertroffen.

Die Berufsbezeichnung „architectus" geht auf die bereits erwähnte Ableitung aus dem Griechischen zurück. Zum ersten Mal erscheint sie in der römischen Literatur in einer Komödie (!) bei Plautus (250–184 v. Chr.). Der Architekt ist der für die Konstruktion und Dekoration öffentlicher und privater Bauten Verantwortliche, der außerdem mechanische und hydraulische Werke berechnet und ausführt sowie Kriegsmaschinen konstruiert. Auch von Vitruv (84–10 v. Chr.) ist bekannt, dass er im Heer Caesars in Gallien den Bau von Kriegsmaschinen leitete.

Die Ausbildung der Architekten erfolgte nach umfangreichem und anspruchsvollem Programm in staatlichen Schulen. Ein römischer Architekt konnte Beamter oder Unternehmer oder beides zugleich sein. Dass fachlich ungeschulte Architekten als Unternehmer auch schlechte Arbeit lieferten, beklagt Cicero in einem Brief 54 v. Chr. an seinen Bruder Quintus und nennt neben einem gewissen Diphilos weitere Architekten griechischer Herkunft.

Auch Vitruv erhob den Vorwurf gegen Architekten, die ohne Ausbildung und Erfahrung Bauherren wegen der Aufträge umwerben. Er kritisierte die mangelnde Berechnung der Baukostenvoranschläge, so dass die Auftraggeber „zu niemals endenden Nachzahlungen veranlasst werden [...]."

Dem Umstand, dass Architekten unentbehrlich waren, verdankten sie ihre Bedeutung; sie konnten beachtliche Gewinne erzielen, dennoch nahmen sie eine weisungsgebundene, anonyme und damit eine eher untergeordnete Stellung ein. Dazu trug sicher auch ihre Anfälligkeit für Korruption und ihre gelegentlich beklagte fachliche Inkompetenz bei.

Das galt nicht für die Architekten der kaiserlichen Bauprogramme, sie standen an der Spitze der am Bau beteiligten Hierarchie aus Beamten und Handwerkern. Aber sie waren auch der Gunst und der Willkür ihrer kaiserlichen Bauherrn ausgesetzt. Dafür ein beredtes Beispiel ist Apollodoros von Damaskus

Apollodoros von Damaskus (links, ca. 60–125 n. Chr.) fiel bei Kaiser Hadrian (re., 76–138 n. Chr.) in Ungnade, weil er gewagt hatte, den von Hadrian entworfenen Doppeltempel der Venus und Roma zu kritisieren und zu spotten, die Statuen der beiden Göttinen würden sich beim Aufstehen in ihren Apsiden den Kopf stoßen. Hadrian verbannte ihn zuerst aus Rom und ließ ihn später ermorden.

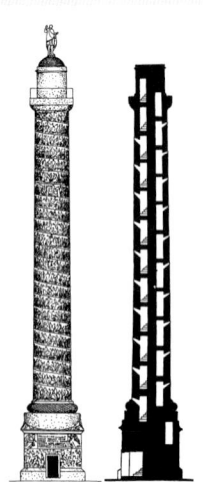

Zu Apollodorus' wichtigsten Werken gehören das Trajans-Forum (oben) und die Trajans-Säule (113 n. Chr.,l.) in Rom sowie eine teilweise steinerne Donaubrücke in Dakien (heute Rumänien), die nur noch in Resten erhalten ist. Das Kaiserstandbild auf der 42 m hohen Trajanssäule wurde 663 entfernt und 1587 durch eine Petrusstatue ersetzt.

(ca. 60–125 n. Chr.), der als hochgeachteter Staatsarchitekt alle wichtigen Bauten des Kaisers Trajan leitete und wohl der berühmteste Architekt der Kaiserzeit war. In den ersten Regierungsjahren seines Nachfolgers Hadrian fiel er in Ungnade, wurde aus Rom verbannt und schließlich zum Tode verurteilt.

Die Biografie des Apollodoros entsprach der eines kaiserlichen Architekten. Als Heeresingenieur nahm er an einem Feldzug des Trajan teil; seine dabei gewonnenen Erfahrungen mit dem Einsatz von Kriegsmaschinen veranlassten ihn zu dem Traktat „Über die Belagerungskunst". Die darin beschriebene Gerätschaft setzten die Römer in den Jahren 132–134 n. Chr. erfolgreich gegen den Aufstand der Juden ein.

Apollodoros folgte der im Bauwesen Roms üblichen Trennung von Dekor und Konstruktion; er verband hellenistische Bauformen (Säulenordnungen und Ornamente) mit den Bautechniken des römischen Ingenieurbaus (Bogen- und Gewölbekonstruktionen, Ziegel- und Gussgemengemauerwerk). Ein Höhepunkt in seinem umfangreichen Schaffen war seine Beteiligung am Bau des Pantheons in Rom nach dem Vorbild der Kuppelhallen römischer Thermen.

Das Zusammenwirken von immer gewagteren Ingenieurleistungen und griechischer Architekturtradition führte schließlich zum Höhe- und Schlusspunkt dieser Entwicklung beim Bau der Hagia Sophia in Konstantinopel – heute Istanbul – 532–537 n. Chr. (in fünf Jahren!) unter dem oströmischen Kaiser Justinian, ausgeführt von den Architekten Anthemos von Tralleis und Isidoros dem Älteren von Milet. Die besondere Bedeutung dieser besonderen Kirche, der Hauptkirche Ostroms, liegt sowohl im Bautyp als auch in ihrer absoluten Dimension.

Die beiden Architekten waren bekannte Bautheoretiker und kamen aus hellenistischer Bautradition; sie waren Mathematiker, Naturwissenschaftler und vertraut mit den bildenden Künsten und sie veröffentlichten wissenschaftliche Untersuchungen.

Die Hagia Sophia, 532–537 unter Kaiser Justinian erbaut, war zuerst Krönungskirche der oströmischen Kaiser, ab 1453 Moschee und ist seit 1934 Museum.

Der Bautyp vereinigt Langhaus und Zentralbau, die bis dahin aus unterschiedlichen kultischen Anforderungen entstanden sind, zu einem vollkommen harmonischen Innenraum.

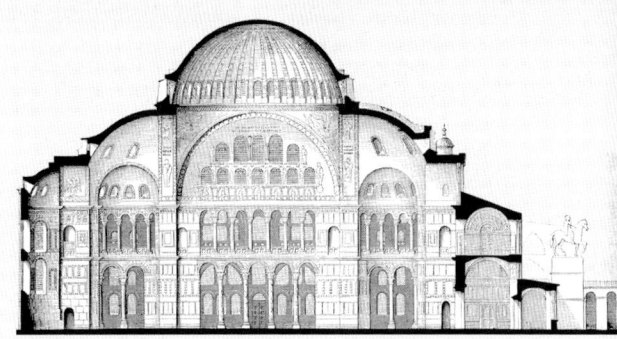

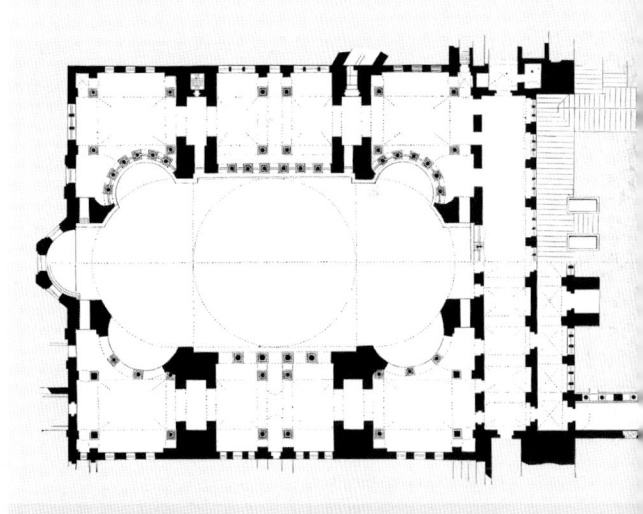

Die Abmessungen sind gewaltig: Länge 80,9 m, Breite 69,9 m, Kuppelscheitel 55,6 m und Kuppeldurchmesser 31 m. Die besondere Konstruktionsleistung ist die Loslösung der Hauptkuppel von ihrer Basis durch einen Kranz von 40 Fenstern, wodurch sie schwerelos wirkt. Prokop, der Berichterstatter am Hof Justinians, schwärmte von der Lichtfülle in der Kuppel, die gleichsam an einem „goldenen Seile" hänge.

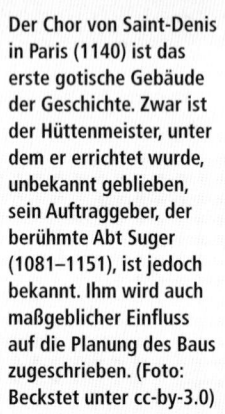

Der Chor von Saint-Denis in Paris (1140) ist das erste gotische Gebäude der Geschichte. Zwar ist der Hüttenmeister, unter dem er errichtet wurde, unbekannt geblieben, sein Auftraggeber, der berühmte Abt Suger (1081–1151), ist jedoch bekannt. Ihm wird auch maßgeblicher Einfluss auf die Planung des Baus zugeschrieben. (Foto: Beckstet unter cc-by-3.0)

Nach einem Brand 1174 wurde der Chor der Abteikirche von Canterbury von dem aus Frankreich kommenden William von Sens wieder aufgebaut. Dabei führte er den frühgotischen Stil aus Frankreich in England ein. Weil er sich 1178 bei einem Sturz vom Gerüst schwer verletzte, wurde der Chor von „William dem Engländer" vollendet.

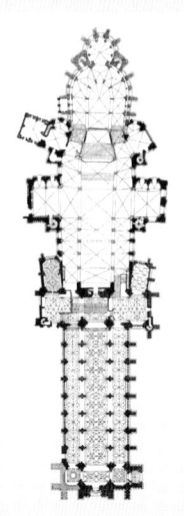

Der Beruf des Architekten im antiken Rom glich dem heutigen in vielen Merkmalen: den hohen Ansprüchen an Wissen und Erfahrung, der umfassenden Verantwortung, der Ambivalenz von Technik und Gestaltung und der Abhängigkeit von den Mächtigen. Ihr Umgang mit großen Geldsummen führte dazu, dass entsprechende Anfechtungen nicht ausblieben.

Mittelalter

In seinem Buch „Europäische Architektur", auf das zu diesem Thema mehrfach Bezug genommen wird, schreibt Nikolaus Pevsner: „Im Jahre 1140 wurde der Grundstein für den Chor der Abteikirche von St. Denis bei Paris gelegt. Der Bau wurde 1144 eingeweiht [...].
Es gibt in Europa nur wenige Bauwerke von epochemachender Bedeutung [...]. Der unbekannte Meister von St. Denis darf ohne Zögern als Schöpfer der Gotik bezeichnet werden." Die einzelnen Elemente der gotischen Architektur, Spitzbogen, Strebepfeiler und -bogen und das Rippengewölbe, waren bekannt, aber erst hier wurden sie im Dienst einer völlig neuen ästhetischen Idee zur Gotik zusammengefasst: zum einheitlichen, lichtdurchfluteten Raum. Die Romanik war mit dem Rundbogen und dem Kreuzgratgewölbe an das Quadrat im Grundriss gebunden (gebundenes System). Schwere Wände waren zur Stabilität des Baus erforderlich und trennten Schiffe, Vierung, Chor und Kapellen. Mit den konstruktiven Mitteln der Gotik, dem Spitzbogen, dem Rechteckjoch und dem Rippengewölbe, gelang es, die Massen der Wände aufzulösen, und die unterschiedlichen Raumteile intensiv zu belichten und miteinander zu verschmelzen. In der späten Gotik angekommen, nach ca. 350 Jahren, war der einheitliche Raum erreicht. „Wer war das Genie, dem wir den Entwurf für diesen Bau danken?", fragt Pevsner und vermutet, „dass nur ein Mann, dem gründliche technische Kenntnisse zur Verfügung standen, als Schöpfer des neuen Systems in Betracht kommt [...].

Der neue Typus des Architekten, derjenige, dem wir St. Denis und die späteren Kathedralen verdanken, ist der Hüttenmeister, der über den Bereich des Handwerklichen hinaus das Ansehen eines schöpferischen Künstlers genießt, und dem damit eine ungleich größere Achtung entgegengebracht wird als den Steinmetzen vorhergehender Jahrhunderte."

Im Mittelalter blieben die Architekten anonym; ihre Namen zählten nicht, wenn auch ihre Werke unsterblich waren; sie waren stolz darauf, für eine Sache zu arbeiten, die in der mittelalterlichen Gesellschaft den höchsten Rang einnahm. Die Bauhütten übernahmen den Bau geplanter Kathedralen. Das führende Gewerk war das der Steinmetze, das für Bauwerke und Bauplastik zuständig war. Die Bauhütten bestanden neben den Zünften und hatten eigene Hüttenordnungen. Sie bildeten auch aus und sorgten so für die Einheitlichkeit des Ganzen. Der Hüttenmeister (lat. magister) leitete die Bauhütte, er war über das Handwerk zum schöpferischen Künstler von hohem Ansehen geworden, damit wuchs auch sein Selbstbewusstsein. Pevsner schreibt „Damals klagte ein Priester, dass die Hüttenmeister höhere Löhne bezögen als die anderen Steinmetze, obwohl sie nur mit dem Stab in der Hand herumgehen und Anordnungen gäben. Et nihil laborant, und arbeiten tun sie nichts."

Aus der großen Zahl der unbekannten Hüttenmeister der Früh- und Hochgotik in Frankreich ragen zwei mit ihren Namen hervor und vermitteln uns eine deutlichere Vorstellung von ihrer Arbeit: Zunächst Wilhelm von Sens, der ab 1175 den Chor der Abteikirche von Canterbury nach einem Feuer neu errichtete und mit diesem epochemachenden Bau die Gotik aus Frankreich nach England brachte. Pevsner schreibt: „Hier haben wir das aufschlussreiche Bild eines Hüttenmeisters jener Zeit, fähig sowohl als Steinmetz wie als Ingenieur, war er zugleich diplomatisch geschickt in der Behandlung seiner Auftraggeber."

Die Baumeister der Romanik und Gotik blieben meist anonym. Diese Skulptur befindet sich am Ostchor des Wormser Doms. Die Figur auf seinem Kopf soll einen Affen darstellen, der die Neigung der Baumeister zum Größenwahn symbolisieren soll. Der Winkel, der seinen Beruf symbolisierte, ist leider abgebrochen.

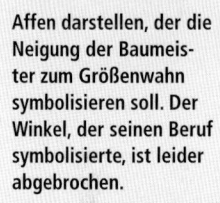

Die Büste des Baumeisters Hans von Burghausen (gest. 1432) befindet sich in der Pfarrkirche St. Martin in Landshut, einer der gewagtesten Hallenkirchen der deutschen Spätgotik.

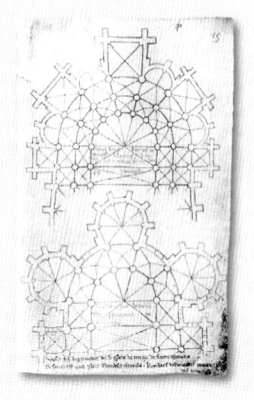

Das 33-seitige Skizzenbuch, das Villard de Honnecourt ca. 1230 verfasste, ist die einzige Quellschrift über die Baukunst der Hochgotik. Über den Autor ist lediglich bekannt, dass er in der Picardie (um Amiens und Laon) wirkte. Allerdings können ihm keine Bauwerke zugeschrieben werden.

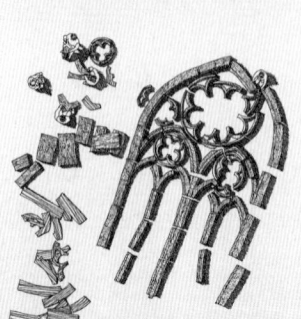

Szene in einer Bauhütte (l.). An bereits fertigen massiven Wänden einer Kathedrale wurden provisorische Holzhütten errichtet, in denen die Steinmetze Maßwerk, Figurenschmuck und Kreuzblumen mittels hölzerner Schablonen herstellten (u.). In ihnen konnte auch im Winter – der Zeit, in der nicht gemauert werden konnte – weitergearbeitet werden. (Aus dem Kinderbuch „Sie bauten eine Kathedrale" von David Macaulay)

Der Name des zweiten Hüttenmeisters Villard de Honnecourt ist durch das Skizzenbuch bekannt, das er um 1335 für seine Bauhütte zusammenstellte. Es enthält Unterweisungen im Steinmetz- und Zimmermannshandwerk, in Geometrie und Darstellung. Aber mit seinen Skizzen von Menschen und Tieren, von Erfindungen und Maschinen zeigt es die Vielseitigkeit eines Architekten und Künstlers seiner Zeit, des hohen Mittelalters. Der heizbare Apfel, den er für den Bischof entwarf, damit der sich während der Messe die Hände daran wärmen könne, lässt die Weite des Feldes ahnen, in dem sich die Erbauer der großen Kathedralen bewegten – aber auch deren Innenraumtemperaturen im Winter.

Ein französischer Hüttenmeister hatte die Gotik, ca. 50 Jahre nachdem sie in St. Denis begonnen hatte, nach England gebracht. Circa 100 Jahre waren vergangen bis sie nach Deutschland kam und der Chor des Kölner Domes 1248 begonnen wurde – nach französischem Vorbild und von französischen Meistern.

Im Gegenzug verdingten sich deutsche Steinmetze in französischen Bauhütten und brachten ihr Wissen mit nach Deutschland. Besonders bekannt wurde die schwäbische Baumeisterfamilie der Parler, deren erstes Mitglied sich seinen Namen nach dem des zweiten Meisters, des Parlier, gab. (Parlier, der nach dem Hüttenmeister „das Sagen" hatte – auf ihn führt sich der „Polier" zurück, der Vorarbeiter auf deutschen Baustellen.) Die Parler waren an der Entwicklung zur Deutschen Sondergotik entscheidend beteiligt, die im Typ der Hallenkirche ihr Raumempfinden ausdrückte. Die Tendenz des zwischen hohen schlanken Säulen sich ausbreitenden Raumes und die Neigung zu ihm sind in Deutschland unverkennbar. Das Hallenschema wurde zur nationalen Raumform Deutschlands und von den Parlern überall, wo sie bauten, verwendet; der entscheidende Bau ist der Chor der Heiligkreuzkirche in Gmünd 1351.

Von den zahlreichen Mitgliedern der Familie, die über zwei Jahrhunderte, im 14. und 15. Jahrhundert, zur Ausbreitung des „Parlerstils" beitrugen, ist Peter Parler (1330–1399) durch eine von ihm selbst gemeißelte Selbstportrait-Büste bekannt, die sich im Triforium des Veitsdoms in Prag auf gleicher Höhe mit Abbildern von Mitgliedern des kaiserlichen Hauses befindet. Dieses Architektenbildnis verrät, dass der mittelalterliche Baumeister aus der bisherigen Anonymität heraustrat und seine individuelle Persönlichkeit bekannt wurde, zudem ist es als Zeichen seines wachsenden Selbstbewusstseins und seiner hohen sozialen Stellung anzusehen.

Der mittelalterliche Hüttenmeister wuchs aus dem Handwerk der Steinmetze, seine Konzepte basierten auf seiner eigenen und der Erfahrung seiner Zunft, aber auch auf der aller am Bau Beteiligten, die er leitend zum Gesamtwerk zusammenführen musste. Dem entsprechen die Einheitlichkeit und Zusammengehörigkeit von Konstruktion und Form der Gotik, die erst 100 Jahre nach ihrem Ende in Italien von Giorgio Vasari (1511–1574) so genannt wurde, um seiner Verachtung für die Baukunst aus dem Norden Ausdruck zu verleihen, denn die Architektur des Mittelalters war in Italien nie richtig heimisch geworden, vielleicht auch, weil sie mit der germanischen „Besatzungsmacht", eben den Goten, in Verbindung gebracht wurde.

Renaissance

Vasari, Architekt der Uffizien in Florenz, Maler und Kunstgeschichtler am Hof der Medici, beschrieb ein fiktives Gespräch, das er mit seinem 200 Jahre älteren Landsmann Petrarca führte; in ihm sind sie sich darüber einig, dass die Renaissance einem „Tagesanbruch nach langer Nacht" gleichkommt, der das „finstere Mittelalter" beendet. Petrarca, von dem dieser Begriff stammen soll, gilt als Prophet und geistiger Vorbereiter des neuen Zeitalters, das die

Peter Parler d. Ä. (1330–1399) entstammt einer alten schwäbischen Baumeisterfamilie. Er lernte das Steinmetzhandwerk an der Kölner Dombauhütte, bevor er zum Baumeister des Veitsdoms in Prag (re.) wurde. Die dort im Hochchor, am unteren Triforium angeordnete Bildnisgalerie ist ein Novum; an den Porträtbüsten (o. seine eigene) war er auch als Bildhauer beteiligt. Auch die berühmte Karlsbrücke von 1357 wurde unter seiner Leitung errichtet.

Giorgio Vasari (1511–74) gilt durch seine Schriften über das Leben und Werk zeitgenössischer Meister als einer der ersten Kunsthistoriker. Von ihm stammen Stilbegriffe wie „Gotik" oder „Manierismus". Er war auch Biograf, Maler und Architekt, z. B. der Uffizien in Florenz.

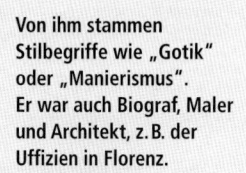

(Foto re.: Thomas Mies unter cc-by-3.0)

Gelehrten jener Zeit herbeisehnten und schon damals mit „rinascita" (Wiedergeburt) bezeichneten.

Der nachfolgende Einschub möge eine gegensätzliche Position – 500 Jahre später – deutlich machen. Frank Lloyd Wright, der die Wiederbelebung des „gotischen Geistes" für die moderne Architektur forderte und damit „dieses moderne Gefühl für den organischen Charakter von Form und Behandlung" meinte, schreibt 1957 in „Ein Testament", dass die Lektüre von Victor Hugos „Notre Dame" seinen Sinn für die Architektur entscheidend beeinflusst habe und fährt fort: „Viktor Hugo bezeichnete in dem brillantesten Essay, das bisher über Architektur geschrieben wurde, die europäische Renaissance als Sonnenuntergang, den ganz Europa für eine Morgendämmerung hielt. Nach 500 Jahren gründlicher Nachbildung klassischer Säulen, Giebel und Friese lag schließlich alles im Sterben."

Doch weiter mit dem Wechsel von Gotik zur Renaissance, der in jeder Hinsicht grundsätzlich war: Waren die mittelalterlichen Auftraggeber für den Bau von Kirchen und Kathedralen vorwiegend Klöster und Städte – die erste gotische Kirche wurde 1140 in St. Denis im Auftrag von Abt Suger begonnen – so waren es 1420, als der neue Stil mit dem Bau des Findelhauses in Florenz nach den Plänen von Filippo Brunelleschi geboren wurde, fürstliche Kaufleute, wie die Medici, die Pitti, die Rucelai und die Strozzi. Der Architekt Brunelleschi (1377–1446) war Goldschmied, aber er hatte aufgrund eines gewonnenen Wettbewerbs den Florentinern ihren Dom gebaut und mit dessen berühmter Kuppel statischen Wagemut bewiesen. Die völlig neue Entwicklung des Architektenberufes setzte schon unter Giotto di Bondone (ca. 1266–1337), einem seiner Vorgänger, ein. Seine Berufung zum Dombaumeister verdankte der Maler aus Siena seinem Ruhm und seiner Gelehrsamkeit (famosus et doctus), seine mangelnde Bauerfahrung tat nichts zur Sache. Von da an kamen Architekten nicht mehr aus einem Bauhandwerk, sondern waren

Als der Maler Giotto (ca. 1266–1337) zum Dombaumeister von Florenz berufen wurde, war er bereits 68 Jahre alt. Um noch zu Lebzeiten einen abgeschlossenen Beitrag zum Dombau leisten zu können, konzentrierte er sich nicht auf den Hauptbau, sondern auf den danebenstehenden Campanile. Der Dom selbst wurde erst 1436 vollendet.

Filippo Brunelleschi (1377–1446) hatte zunächst als Goldschmied den Wettbewerb für die Türen des Florentiner Baptisteriums gewonnen. Dann stieg er beim vermutlich ersten Architekturwettbewerb überhaupt mit seinem Vorschlag Vorschlag für die Kuppel zum Dombaumeister auf. Bereits 1419 hatte er das Heim für Findelkinder „Innocenti" errichtet, das als erstes Bauwerk der Renaissance gilt.

anerkannte freie Künstler mit wissenschaftlich-akademischen Ambitionen und den Gelehrten und Dichtern des Humanismus gleichgestellt. Im 15. und 16. Jahrhundert bestimmten Maler und Bildhauer wie Bramante, Raffael, Romano, Michelangelo, San Gallo und da Vinci die Architektur der italienischen Renaissance. Sie wurden bewundert und hoch geehrt. Von Cosimo Medici ist bekannt, dass er Michelangelo Buonarroti (1475–1564) mit „divino" anredete. Von ihm ist überliefert, dass er Rom und seinen Auftraggeber, den Papst, verließ, als er sich von dessen Beamten respektlos behandelt fühlte. Leonardo da Vinci (1425–1519) versuchte in seiner „Theorie der Kunst" den Nachweis, dass Malerei und Architektur freie Künste seien und nicht wie im Mittelalter handwerkliche Fähigkeiten.

In Italien erinnerte das bauliche Erbe Roms ständig an die vergangene Kultur der Antike. Insbesondere in der Toskana waren die Überreste römischer Kunst immer gegenwärtig, so dass es nicht überrascht, dass die Leidenschaft für ihre Wiederbelebung hier zuerst aufflammte. Hier erwachten die Bewunderung körperlicher Schönheit und harmonischer Proportionen und das Interesse an der Philosophie Platons und Aristoteles. Die Willenskraft als erste Tugend des Menschen wurde der passiven Frömmigkeit des Mittelalters gegenübergestellt. Universelle Begabung und vielseitige Ausbildung sollten den Künstler auszeichnen. Auf besondere Weise entsprach Leonardo da Vinci diesen Erwartungen, er war gleichzeitig Maler, Architekt, Ingenieur und Musiker sowie Wissenschaftler und er gewann durch seine perfekten Umgangsformen und seine charmante Konversation. Pevsner: „Einzig die Probleme der christlichen Religion haben diesen gewaltigen Geist niemals beschäftigt."

Neben den „Bildhauer- und Maler-Architekten", von denen die wichtigsten genannt wurden, gab es Wissenschaftler, die sich aus Passion mit Architektur befassten. Für sie, die „Amateurarchitekten", ver-

Brunelleschi errichtete die Domkuppel von Santa Maria Del Fiore in Florenz von 1418–1436. Sie ist nicht nur die erste, die nach über 1000 Jahren das Pantheon übertraf, sondern auch die erste zweischalige und somit begehbare Kuppel. Durch die eigens von Brunelleschi entwickelte Ziegel-Verlegetechnik konnte sie zudem ohne Lehrgerüst gebaut werden.

Leon Battista Alberti (u., 1404–1472) übernahm in seinen „De re aedificatoria decem libri" (1452/1485) Vitruvs Entwurfskategorien „firmitas" (Festigkeit), „utilitas" (Nutzbarkeit) und „venustas" (Schönheit), fügte jedoch noch eine weitere hinzu: „concinnitas" (Ausgewogenheit): „Das Wesen des Schönen ist die Harmonie und die Übereinstimmung aller Teile, die dort erreicht wird, wo nichts verändert, nichts hinzugefügt oder weggelassen werden kann, ohne dass die Vollkommenheit des Ganzen vermindert wird."

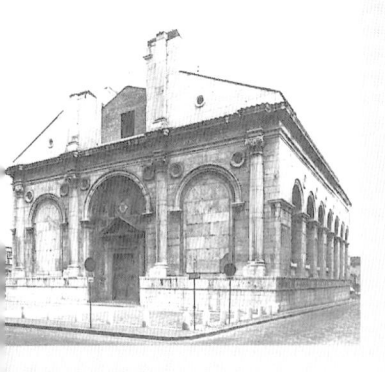

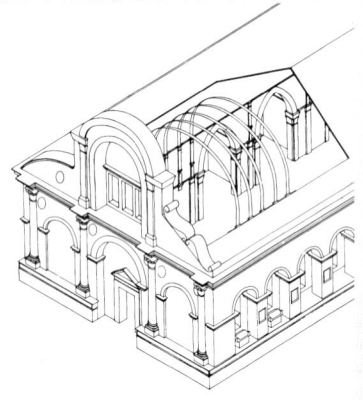

Leon Battista Alberti: Tempio Malatestiano, Rimini (1450). Ausgangssituation und Lösungsansatz sind höchst aufschlussreich. Die Eingangsfassade ist nach Art eines römischen Triumphbogens gestaltet. Obwohl nicht vollendet, zeigt dieser Bau, wie radikal Alberti die Wiederbelebung der klassischen Antike betreibt; der Innenraum gerät dabei zu einer schwer erträglichen Mischung aus beibehaltener spitzbogiger Konstruktion und römischem Dekor. Es beschäftigte Generationen von Architekturstudenten, wie Alberti den unvollendeten Tempio zum Abschluss bringen wollte – vielleicht wie S. Andrea in Mantua (li., beg. 1470)?

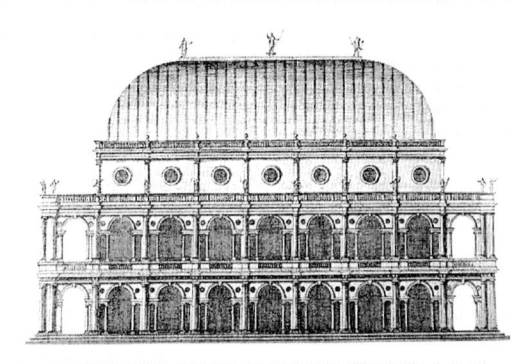

Andrea Palladio (1508–1580) war der bedeutendste Renaissance-Architekt in Oberitalien. Bei der Basilika in Vicenza (1547) wendete er zum ersten Mal jene „Palladiomotiv" genannte Kombination aus mittlerem Bogen- und seitlichen, flach überdeckten Fenstern an; über letzteren befinden sich runde Öffnungen. Sie ist eigentlich von Serlio und heißt auch „Serliomotiv".
In der Postmoderne erfreute sich das Palladiomotiv – mitunter auch in Abwandlungen – besonderen Zuspruchs (u.re.: James Stirling, Wissenschaftszentrum Berlin, 1984–87).

körperte Leon Battista Alberti (1404–1472) diesen Typus des Baumeisters. Er entstammte einer Florentiner Patrizierfamilie und erfüllte in besonderem Maß die Ansprüche der Renaissance an das Ideal vom Übermenschen. Alberti war sowohl Wissenschaftler als auch Künstler. Er war Maler, Musiker, Mathematiker, Naturwissenschaftler und nicht zuletzt Architekt und Architekturtheoretiker.

Er war ein glänzender Reiter und Sportler. Pevsner schreibt, „dass er im Schlusssprung über die Schulter eines aufrecht stehenden Mannes hinwegspringen konnte und er verstand sich auf geistreiche Konversation. Dem Maler-Architekten Brunelleschi widmete er seine Schrift ‚Della Pittura'. Als die im Mittelalter verschollenen ‚Zehn Bücher über die Architektur' von Vitruv im Kloster St. Gallen wieder aufgefunden wurden, schrieb er 1452 in Anlehnung an sie ‚Zehn Bücher über die Baukunst' und er schrieb sie aus Verehrung für das Vorbild in Latein. Von großer Bedeutung für seine Entwicklung als Architekt war seine Tätigkeit als päpstlicher Inspektor der römischen Baudenkmäler, deren Erhaltungszustand damals weit besser war als heute."

Von den sechs Bauwerken, die er entworfen hatte – um die Ausführung kümmerte er sich eher wenig –, wurden zu seinen Lebzeiten nur drei fertig. 1546 erhielt er den Auftrag, die gotische Kirche S. Franceso in Rimini zum Mausoleum für den Despoten Sigismondo Malatesta und seine Frau umzubauen.

Das Anliegen der Renaissance, den Glanz der antiken Baukunst fortzusetzen, bleibt auch in ihrer Spätzeit unverändert, aber das Berufsbild wandelt sich. Künstler- und Amateurarchitekten treten zurück, der reine Berufsarchitekt mit solider handwerklicher Ausbildung tritt wieder an seine Stelle.

Die Biographie Andrea Palladios (1508–80) ist dafür besonders typisch. Zu seiner Ausbildung als Steinmetz und Maurer in Vicenza kam das Studium von

Musik, lateinischer Literatur, Vitruvs Schriften und der antiken Baudenkmäler in Rom, zu dem ihn sein Förderer, der Dichter, Philosoph und Amateurarchitekt Trissino, ermutigte. 1547, zwei Jahre nach seiner Rückkehr aus Rom, gewann er den Wettbewerb für die Umgestaltung des Rathauses in Vicenza, der sogenannten Basilika. Er ummantelte das vorhandene massige Gebäude über beide Geschosse mit leichten, eleganten Arkaden derart, dass er in die Abstände der Pfeiler je zwei Stützen mit Bogen einstellte. Dieses Motiv stammte zwar von Serlio, ging aber von da an als vielzitiertes Palladio-Motiv in die Baugeschichte ein. Der Bau machte ihn berühmt, auch wenn er erst lange nach Palladios Tod endgültig fertig wurde. Die Folge war eine Fülle von Aufträgen für Villen, Paläste und Kirchen, die er unter Einhaltung römischer Gestaltungsregeln und harmonischer Proportionen errichtete. Dennoch fand er Zeit, seine Studien des antiken Roms 1554 als Buch herauszugeben. „Le antiquita di Roma" war 200 Jahre lang der Romführer der Gebildeten und diente auch Goethe bei seinen Romreisen als Leitfaden. 1570 schrieb er „Quattro libri d'ell architettura", in denen er seine Bauten und seine Theorien darlegte. Sein Einfluss auf die Entwicklung der europäischen Architektur war ungeheuer und führte mit dem „Palladianismus" zu einem eigenen Gattungsbegriff.

Rund 100 Jahre hatte es gedauert, bis die Gotik – aus Frankreich kommend – in Deutschland Fuß gefasst hatte; damals verdingten sich deutsche Steinmetze in französischen Bauhütten und eigneten sich so das neue Wissen an. Als sich Anfang des 16. Jahrhunderts die europäischen Länder nördlich der Alpen von ihrer mittelalterlichen Vergangenheit trennten, waren seit dem Bau des Findelhauses 1420 ebenfalls rund 100 Jahre vergangen. Die Bewegung des Humanismus, der jetzt das scholastische, kirchlich bestimmte Denken ablöste, ist nicht denkbar ohne die vorangehende Entwicklung der Renaissance in Italien. Hier wird der neue Typ des Menschen geschaffen, der sich aus eigener Kraft bewährt und sein

Sebastiano Serlio (1475–1554) machte erstmals in einem Architekturbuch Abbildungen zum Hauptgegenstand. Ältere Werke, wie Albertis „decem libri", hatten vorwiegend aus Text bestanden. In Serlios „Sieben Bücher über Architektur" (ab 1537) flossen auch Zeichnungen seines verstorbenen Lehrers Baldassare Peruzzi mit ein.

Der Philosoph und Philologe Erasmus von Rotterdam (1466–1536) war der bedeutendste und einflussreichste Repräsentant des europäischen Humanismus. Auch gilt er durch seine kirchenkritische Haltung als Vorreiter der Reformation. Die geistige Strömung, die er mit einleitete, fand ihre Entsprechung in den Bauten der Renaissance.

Die Augsburger St. Anna Kirche mit ihrer Fuggerkapelle von 1509 ist typisch für den Übergang von der Gotik zur Renaissance in Deutschland: Außen im gewohnten gotischen Stil errichtet, entfalten sich innen Räume, die von der italienischen Renaissance inspiriert sind.

Bild von Natur und Wirklichkeit durch Wissenschaft und Kunst erhält. Der unbestrittene Führer der europäischen Humanisten war Desiderus Erasmus von Rotterdam (1466–1536). Das neue Lebensgefühl – weltentdeckend und weltbejahend – faszinierte die Gebildeten des Kontinents, die vom Wesen antiker Philosophie, Literatur und Kunst begeistert waren. Der soeben erfundene Buchdruck trug zur raschen Verbreitung dieses Gedankenguts bei.

Die jedem Italiener nachvollziehbare Architektur der Renaissance, mit deren römischen Vorbildern er vertraut war, überraschte die Besucher nach beschwerlicher Reise und ließ sie staunen: Ihr Umfeld war bestimmt durch die Bauweke der heimischen Gotik.

Die Übernahme von Renaissanceelementen in die Architektur nördlich der Alpen verlief durch politische und konfessionelle Wirren uneinheitlich. Die frühen Renaissancebauten diesseits der Alpen waren von italienischen Architekten errichtet worden, denen es – trotz ihrer Herkunft aus dem Ursprungsland – nie ganz gelang, ihre Vorstellungen in reiner Form zu verwirklichen. Dass der erste Bau in der neuen Manier auf einen Auftrag der Kaufmannsfamilie Fugger zurückging, verwundert nicht, handelte es sich bei ihnen doch um einen internationalen „Multikonzern", mit besten Verbindungen ins Ausland – auch nach Italien. In der Fuggerkapelle in der St. Anna Kirche in Augsburg 1509–18 addiert sich Neues zu Altem. Es blieb noch viele Jahre lang das stilistische Nebeneinander von deutscher, gotischer Grundstruktur und italienischem Dekor. Bei der Jesuitenkirche St. Michael in München, begonnen 1583, verhält es sich nicht anders. Obwohl die Fassade nach dem Vorbild von Il Gesu in Rom von auswärtigen Architekten stammt, wird sie mitnichten römisch empfunden, sondern bleibt die welsch dekorierte deutsche Hausfront.

Die deutschen Baumeister lösten sich nur allmählich aus der mittelalterlichen Zunftbindung und traten in

Die Jesuitenkirche St. Michael in München (1583–97) von F. Sustris, W. Dietrich und W. Miller ist eines der ersten Renaissancebauwerke nördlich der Alpen und das erste der Gegenreformation in Deutschland (der Satan an der Fassade, der vom Erzengel Gabriel besiegt wird, steht für den Protestantismus). Nach dem Eindruck der Fassade überrascht der Innenraum: Ihn überspannt eines der größten Tonnengewölbe der Welt.

Elias Holl erbaute als Augsburger Stadtbaumeister ab 1610 das dortige Rathaus mit seinem Prunkstück, dem goldenen Saal. Das Bauwerk vereint Palladianische Einflüsse und Norddeutsche Strenge. 1629 wurde Holl seines Amtes enthoben – er war zum Protestantismus konvertiert.

die Dienste von Feudalherren oder Städten. Unabdingbare Pflicht war, dass sie auf einer Studienreise nach Italien die großen Vorbilder unmittelbar gesehen und studiert hatten. Diese Fahrten unternahmen nicht nur Architekten, sie waren für alle bildenden Künstler obligat, so führte Dürers erste Reise 1474 nach Venedig.

Elias Holl (1573–1646) kam aus einer reputierten Augsburger Baumeisterfamilie; er stand zunächst italienischen Einflüssen skeptisch gegenüber und lehnte die Eklektizismen, den narrativen plastischen Schmuck ab. Ein reicher Kaufmann, für den er gerade ein Haus baute, drängte in zu einer Italienreise, die ihn 1600 nach Venedig führte und eine erstaunliche Wende des Meisters bewirkte (aus „Elias Holl und Italien" von Lionello Puppi in „Elias Holl und das Augsburger Rathaus"). 1602 wurde er Stadtbaumeister in Augsburg und baute von 1610–20 das dortige Rathaus. Pevsner: „Von seinem Studium der norditalienischen Renaissance zeugen zahlreiche der von ihm verwendeten Motive. So etwa die Proportionen und die giebelförmigen Abschlüsse der Fenster, die Eckquadern, Dachbalustraden usw. Aber trotz Holls enger Beziehung zur italienischen Architektur, und obwohl gewisse frühere Entwürfe unverkennbar den Einfluss Palladios aufweisen, zeigt das Augsburger Rathaus in seiner endgültigen Ausführung doch einen so gotischen Höhendrang und eine dem Klassizismus Palladios so ferne nordisch-manieristische Unruhe […]."

Heinrich Schickhardt (1558–1634), Baumeister und Ingenieur, wurde in Herrenberg geboren; sein Großvater gleichen Namens war aus Siegen zugewandert und hatte als Bildschnitzer und Schreiner das berühmte Chorgestühl der Stiftskirche gefertigt, das sich noch heute dort befindet. Der Familie entstammen weitere bildende Künstler und Gelehrte; Schickhardts Neffe Wilhelm war Professor in Tübingen und Erfinder der ersten mechanischen Rechenmaschine der Welt.

Heinrich Schickhardt (1558–1634) erhielt 1586 den Auftrag, das mittelalterliche Fachwerk-Rathaus von Esslingen umzubauen und es mit einer „zeitgemäßen" Fassade auszustatten. Allerdings beschränkte sich das „Facelift" aus Kostengründen nur auf die Vorderseite; die Rückseite blieb Fachwerk.

Heinrich Schickhardt erfuhr seine Ausbildung zum Baumeister als Mitarbeiter des württembergischen Hofbaumeisters Georg Beer, für den er als Modellschreiner hölzerne „Visiere" (Modelle) fertigte. Das Entwerfen geschah in großem Umfang am Modell. 1585 beauftragte ihn der Rat der Stadt Esslingen mit dem Umbau des Alten Rathauses aus dem Jahr 1422. Schickhardt beließ die bisherige Fachwerkfassade nach Süden, die dem Querschnitt des Hauses genau entspricht, unverändert und ergänzt es nach Norden, zum Markt hin, um eine neue Schaufassade. „Damit brachte er Motive des herrschenden Renaissancestils nach Esslingen, die er sich 1579 bei den Arbeiten am Stuttgarter Neuen Lusthaus unter dem Baumeister Georg Beer […] nachweislich angeeignet hatte. Diese Erfahrungen hat er in Esslingen individuell interpretiert und damit seinem Jugendwerk einen unvergleichlichen Ausdruck gegeben." (zit. Peter Hövelborn aus: „H. Schickhardt, Baumeister der Renaissance")

Das Neue Lusthaus in Stuttgart (1579) von Georg Beer unter der Mitarbeit von Heinrich Schickhardt. Selten wird am selben Gebäude so deutlich der Unterschied zwischen wuchtiger mittelalterlicher Fachwerkstruktur und verspieltem Renaissancedekor gezeigt. Gesimse versuchen die Vertikalität des Giebels zu unterbrechen; Voluten und Kugeln füllen seine Stufen.
Von diesem Gebäude existiert heute nur noch die Freitreppe (links).

„Die untere Portalanlage des Tübinger Schlosses, 1606–07, gilt als eines der schönsten Kunstwerke der Renaissancezeit in Baden-Württemberg […] Der Fries des Triumphbogens wird von vier toskanischen Säulen getragen [und] zeigt in flachen Reliefs Waffen, insbesondere Geschütze. […] Der im Programm und in der Ausführung die Antike bzw. die italienische Renaissance rezipierende Bau hat mehrere Väter, beteiligt war auch Heinrich Schickhardt." (zit. Wilfried Setzler aus: „H. Schickhardt, Baumeister der Renaissance")

Schickhardt hat Italien zweimal besucht, das erste Mal allein 1598, das zweite Mal 1600 mit seinem Bauherrn, Herzog Friedrich von Württemberg. Zahlreiche Skizzen und Tagebucheinträge sprechen von der Faszination des Gesehenen, aber auch davon, dass er sich nicht nur für Paläste und Kirchen interessierte, sondern in gleichem Maße für Kanäle, Schleusen, Brunnenwerke und technische Objekte.

Das Portal des Schlosses Hohentübingen (1606–07) ist einem römischen Triumphbogen nachempfunden.
Die dargestellten Geschütze verweisen auf den neuesten Stand der Wehrtechnik, der Mauern und Wallanlagen militärisch bedeutungslos gemacht hat. Hier sind sie nur noch Hintergrund für ein kunstvolles Prunktor.

Buchdruck und Kupferstichtechnik ermöglichen zusätzlich Informationen über das neue Baugeschehen: 1550 erschien die erste deutsche Schrift zur Architektur: „Quinque Columnarum Exacta descripto et deliniato", die sich mit den fünf Säulenordnungen befasst, von Hans Blum. Sehr beliebt war auch von Wendel Dietterlin „Architectura", die 1591 mit 203 Stichen in Nürnberg herauskam. Die Traktate und Abhandlungen konnten allerdings zum Verständnis der italienischen Renaissancearchitektur nicht beitragen. Es waren katalogartige Aufzählungen von Motiven und Details, derer sich die Architekten nördlich der Alpen wohl bedienten, oftmals indem sie – wohl auf Wunsch der Auftraggeber – mittelalterliche Häuser damit schmückten und Portale und Erker in der neuen Manier hinzufügten. Sie taten das mit solchem Eifer, dass der Eindruck bleibt, sie hätten Angst vor der Leere, „horror vacui", und keine Fläche dürfte vom Ornament ausgenommen werden.

Der Westfälische Friede 1648 beendete die Katastrophe des 30jährigen Krieges. Gleichzeitig war die Renaissance zu Ende gegangen. Der Friedensschluss hinterließ einen machtlosen deutschen Kaiser und ein Deutsches Reich, das jetzt aus etwa 300 (!) souveränen Teilen bestand, darunter acht Kurfürsten und 165 Fürsten und Fürstbischöfe. Zweifellos war es deren Verdienst, dass der Wiederaufbau der Kriegszerstörungen energisch betrieben wurde, es bedeutete aber auch erheblichen Machtzuwachs für Adel und Kirche. Nach dem Vorbild Frankreichs, wo Ludwig XIV. (1643–1715) seit 1682 absolutistisch in Versailles regierte, schufen sich die deutschen Reichsfürsten aufwendige Residenzen.

Die wachsende Abhängigkeit der Architekten von ihren fürstlichen Auftraggebern hatte sich schon in der italienischen Renaissance abgezeichnet, der Absolutismus führte im Barock dazu, dass sie nun fast zum Hofstaat gezählt wurden.

Das gotische Tempelhaus am Marktplatz in Hildesheim, ein Patrizierhaus aus dem 14. Jahrhundert, erhielt 1591 seine Auslucht (Erker, der am Boden beginnt). Da es in der Renaissance offenbar kaum Bedarf für komplette Neubauten gab, sind solch unbekümmerte Anbauten häufig anzutreffen.
Wer heute eine ähnlich reizvolle Stil-Kollision zwischen einem historischen Gebäude und zeitgenössischer Architektur plant, wird auf starken Widerstand stoßen.

1591 verfasste Wendel Dietterlin (1550–99) sein Theoriewerk „Architectura – Von Ausstellung, Symmetrie und Proportion der Säulen". Dieser „Musterkatalog der Baudekoration" bestand fast komplett aus Abbildungen und fand schnell weite Verbreitung. So hatte das Werk auf die Fassadengestaltung im Deutschland von Renaissance und Manierismus großen Einfluss und Dietterlin wurde zum bedeutendsten deutschen Bautheoretiker seiner Zeit.

Die Stadtkirche von Bückeburg (1611–15) wird zwar der Weserrenaissance zugerechnet, weist aber bereits in den Barock hinein. Die Fassade zeigt deutlich den „horror vacui" (Angst vor der Leere) jener Zeit.
Die Fassadeninschrift „Exemplum Religionis, Non STrukturae" (= Fürst E-R-N-ST) lautet übersetzt: „ein Beispiel an Frömmigkeit, nicht an Baukunst", denn die Gründung war ungenügend, was dazu führte, dass Säulen im Innern schief stehen und der Weiterbau des Kirchturms aufgegeben werden musste.

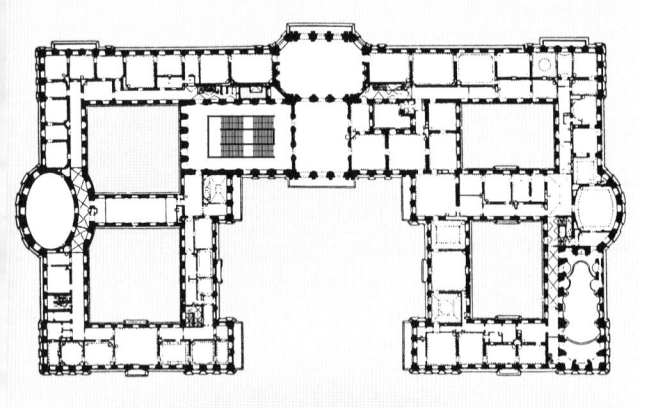

Barock

Wie schon bei der Bezeichnung der mittelalterlichen Architektur als „Gotik" durch Vasari, war auch der Stilbegriff „Barock" nicht als Schmeichelei gedacht. Er kam mit dessen Ende auf und bedeutete für den Goldschmied eine schiefe Perle. Im Klassizismus, der auf den Barock folgt, war damit verächtlich dessen Formenvielfalt und -überschwang gemeint.

Die Biographie Balthasar Neumanns (1687–1753) ist besonders geeignet, das Berufsbild eines Architekten des barocken 18. Jahrhunderts, das auch das der Aufklärung ist, beispielhaft wiederzugeben. Wie viele seiner damaligen Architektenkollegen begann seine Ausbildung zum Architekten beim Festungsbau und bei der Artillerie, wo er es bis zum Oberst der fränkischen Kreisartillerie brachte. Dem Militär blieb er bis zum Lebensende verbunden, dagegen hatte er zunächst mit der Baukunst nicht viel zu tun, gefragt war er als Ingenieur, als der er 1717 am Feldzug gegen die Türken unter Prinz Eugen teilnahm. In Wien lernte er die Architektur Lukas von Hildebrandts und Fischer von Erlachs kennen. Nach seiner Rückkehr wurde er zum fürstlich würzburgischen Ingenieurshauptmann ernannt.

Unter seinen zahlreichen Entwürfen und Bauten nahm die fürstbischöfliche Residenz in Würzburg eine besondere Stellung ein. Nicht nur, dass sie sein erstes Schlossprojekt war und gewaltige Ausmaße erhalten sollte, sein unmittelbarer Bauherr, der Fürstbischof, gehörte zudem der politisch mächtigen und künstlerisch interessierten Schönbornfamilie an, die beim Entwurf erheblich mitsprach. Sie sorgte dafür, dass Neumann 1723 Versailles besichtigen und in Paris seine Pläne dem „premier architecte du Roy" Robert de Cotte vorlegen konnte, der mit Bleistift in sie hineinkorrigierte und praktisch nichts gelten ließ. Besser kam er mit dem anderen königlichen Architekten Germain Boffrand zurecht, der mehr auf die Würzburger Gegebenheiten einging. Neumann hat-

Die fürstbischöfliche Residenz in Würzburg wurde von 1720–44 erbaut. Balthasar Neumann hatte bei Baubeginn erst ein einziges Wohnhaus errichtet. Er emanzipierte sich aber aus einer Vielzahl von einflussnehmenden Koryphäen der Zeit zum Oberbauleiter: Zwar korrigierten die französischen Hofarchitekten in seinen Plänen herum, zwar dürfte von M. von Welsch das Grundkonzept stammen und von L. von Hildebrandt die Gartenfassade, aber Neumanns Leistung ist dennoch herausragend: Neben der Integration aller Einflüsse zu einer Gesamteinheit ist sein Werk vor allem das Kernstück der Anlage, das Corps de Logis: zunächst das gedämpfte Vestibül (stützenlos, damit Kutschen darin wenden konnten), dann das berühmte Treppenhaus: hell und von räumlicher Finesse. Danach der Weiße Saal als retardierendes Element und am Ende der Kaisersaal als glanzvoller Höhepunkt.

u.: Um seine Baustellen in Würzburg überwachen zu können, ließ sich Neumann eine Aussichtskanzel („Belvedere") auf der Dachterrasse seines Wohnhauses errichten.

te dazugelernt und war in der Lage, Kritik fruchtbar in sein Konzept einzubauen. So verzichtete er – auf französischen Einspruch hin – auf das zweite – gespiegelte – Treppenhaus zum Vorteil der Raumgestaltung im Eingangsbereich. Er setzte sich aber gegen den zu Rate gezogenen Lukas von Hildebrandt aus Wien durch, der die stützenfreie Überwölbung der Treppenhalle für technisch nicht machbar hielt und ankündigte, sich daran aufzuhängen, falls sie wider Erwarten doch halten sollte. Neumann seinerseits bot im Gegenzug an, unter dem Gewölbe Kanonen abzuschießen, um seine Haltbarkeit zu beweisen. „Friedrich Carl von Schönborns Vertrauen in Neumanns technische Fähigkeit war so groß, dass er in das Gewölbe, welches eine Spannweite von 19,0 m und die erstaunlich flache Stichhöhe von nur 5,5 m hat, ausführen ließ. Neumann bewältigte dies mit einer starken Eisenarmierung und unter Verwendung von leichten Tuffsteinen im oberen, flacheren Teil der Wölbschale, während er im unteren steiler ansteigenden Teil die üblichen Ziegelsteine einsetzte. Tatsächlich hat die Wölbung 1945 sogar den Einsturz des brennenden Dachstuhls unbeschadet überstanden und somit auch das Tiepolofresko gerettet." (aus „Balthasar Neumann" von Bernhard Schütz) Internationale Teamarbeit und Wissensaustausch sind hier sichtbar erfolgreich. Die heiteren Raumfolgen täuschen in ihrem formalen Reichtum leicht darüber hinweg, dass ihr Schöpfer fundamentales konstruktives Wissen und ingnieurmäßige Erfahrung brauchte, um sie zu verwirklichen.

Von einer weiteren höchst bemerkenswerten Teamarbeit zeugt das überwätligende Deckenfresko über der Haupttreppe, für das der beste Freskomaler seiner Zeit, Giambattista Tiepolo aus Venedig, gewonnen werden konnte. Das Gesamtkunstwerk bedurfte im Barock der harmonischen Zusammenarbeit der beteiligten bildenden Künstler: Architekt, Bildhauer und Maler; die von Tiepolo an besonderer Stelle dargestellt werden: Der Architekt Neumann in der Uniform eines Artillerieoberst als Tierfreund – mit

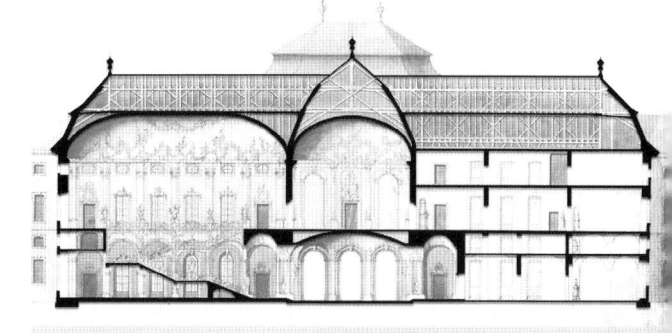

Neumanns Treppenhausgewölbe in der Würzburger Residenz wurde von dem berühmtesten Maler seiner Zeit, dem Venezianer Giovanni Battista Tiepolo, ausgemalt. Dieser stellt den Baumeister auf der dem Erdteil Europa gewidmeten Südseite als Artillerie-Oberst standesgemäß auf einem Kanonenrohr sitzend dar – samt Hund.
Tiepolo selbst platzierte sich zusammen mit seinem Sohn und Mitarbeiter in aller Bescheidenheit als kritischer Betrachter seines Werks in die Ecke der Szenerie.
Neumanns Würzburger Treppenhaus wurde so berühmt, dass er auch für den Bau besonderer Treppenhäuser bei Schlössern herangezogen wurde, die eigentlich in der Hand anderer Baumeister waren (Brühl, Bruchsal).

Die Erfahrung, dass aus dem Gewerk, das am Bau überwiegend teilhat, der planende Architekt kommt, bestätigt sich auch im Rokoko (ca. 1720–70). In dieser Phase des ausklingenden Barock ist der Anteil der Stukkaturen besonders groß und bestimmt die Planung; die Stukkateure übernehmen Aufgaben der Konzeption und Ausführung. Dabei spielt die „Wessobrunner Schule" eine führende Rolle. Aus ihr stammen im 17. und 18. Jh. bedeutende Architekten, wie z. B. Dominikus Zimmermann (1685–1766). In der Frauenkirche in Günzburg (1736–41) wird die von Zimmermann begonnene Ablösung vom Barock deutlich: statt mystischem, indirektem Licht einfache Helligkeit, statt überbordender Farben zurückhaltende weißrosa Grundstimmung.

Die weltweit erste Eisenbrücke, die 30 Meter lange „Iron Bridge" bei Coalbrookdale über den Fluss Severn, wurde 1778 von Thomas Pritchard entworfen und 1781 fertiggestellt. Da man noch keine Erfahrungen im Umgang mit derartigen Konstruktionen hatte, benutzte man zimmermannsmäßige Verbindungen.

einem großen Hund im Vordergrund – auf einem Geschützrohr sitzend; neben ihm der Bildhauer und Stukkateur Antonio Bossi und im Hintergrund – als kritischer Betrachter seines Werks: der Maler Tiepolo und sein Sohn.

Von berufsständischer Bedeutung ist die Erlaubnis, die der Fürstbischof seinem, dem Hof fest verbundenen Architekten gab, nebenbei noch als freier Architekt und Unternehmer tätig zu sein. So hatte sich Neumann – unaufgefordert – mit Plänen für die Residenzen in Stuttgart und Wien beworben. Im Steigerwald betrieb er erfolgreich eine Glashütte und seine Spiegelschleiferei in Würzburg exportierte bis nach Holland und England.

Die Baugeschichte lässt den Barock mit dem Jahr 1750 enden. Die Zeit von 1760 bis 1830, die für die Wirtschaftshistoriker die Zeit der industriellen Revolution ist, entspricht in den Handbüchern der Kunstgeschichte dem Klassizismus. Dieser Zeitabschnitt und darüber hinaus bis zum Ende des 19. Jahrhunderts wird nachfolgend unter weitgehender Bezugnahme auf die „Geschichte der Architektur des 19. und 20. Jahrhunderts", Band 1 von Leonardo Benevolo (dtv München 1964) behandelt. Die wörtlich zitierten Passagen stehen in Anführungszeichen.

Industrielle Revolution und Klassizismus

„Kennzeichnend für die industrielle Revolution sind einige grundlegende Veränderungen, die sich seit Mitte des 18. Jahrhunderts in England abzeichnen und sich mehr oder minder verspätet in den anderen europäischen Ländern wiederholen: Bevölkerungszunahme, Erhöhung der Industrieproduktion, Mechanisierung der Produktionssysteme."

Sie ist ein Kind der Aufklärung, die neben ihren unbestreitbaren Gewinnen für die Menschen auch den Nationalstaat und den Kapitalismus in ihrem Gefolge hat. So ist das 19. Jahrhundert gekennzeichnet durch Kriege und soziale Auseinandersetzungen. Adam Smith sagte in seiner Theorie des Liberalismus 1776: „Die Welt der Wirtschaft wie die Welt der Natur werden von objektiven und unpersönlichen Gesetzen regiert. Grundlage dieser Gesetze […] sind die freie Tätigkeit der von ihrem persönlichen Vorteil angetriebenen Individuen." Die Menschen spüren die Ambivalenz der Entwicklung: Fortschritte stehen Fehlschlägen entgegen. Im Jahr 1859 zieht Dickens eine überraschende Bilanz der industriellen Revolution: „Es war die beste und die schlechteste aller Zeiten."

Besonders folgenreich war die Aufhebung der Zünfte durch die konstituierende Versammlung in Paris im Jahre 1791. Auf einen Schlag waren die Arbeiter, die an Wahlen nicht teilnehmen durften, ohne Vertretung gegenüber den Auftraggebern. Der vierte Stand, der dem dritten Stand, der Bourgoisie, auf den Barrikaden der französischen Revolution die Emanzipation erstritten hatte, war ratlos und der Verelendung ausgesetzt.

Die Aufklärung des 18. Jahrhunderts hatte sich zum Ziel gesetzt, alle überlieferten Einrichtungen im Licht der Vernunft neu zu sichten. In der Architektur untersuchte der „esprit de raison" das klassische Formenarsenal. Die barocke Formensprache beruhigte sich, im gleichen Maße wurde jetzt der klassische Formenkanon strenger befolgt.

Das archäologische Erbe, dem die Renaissance, trotz der Begeisterung ihrer Humanisten, nur eine oberflächliche Aufmerksamkeit geschenkt hatte, erfuhr jetzt eine systematische Erforschung. Im Jahr 1732 wurde auf dem Capitol das erste öffentliche Museum antiker Skulpturen eröffnet. „Winckelmann, der als der Begründer der Kunstgeschichte gilt, stellt die Werke der Antike als genau nachzuahmende Modelle hin und wird zum Theoretiker des Klassizismus" (siehe S. 137). Im Zuge der Auseinandersetzung der

Johann Joachim Winckelmann (1717–1768) gilt als Begründer der Kunstgeschichte. Sein Ausspruch „edle Einfalt und stille Größe" – der Kern seiner Kunsttheorie der Antike – stammt aus einer Beschreibung der berühmten Laokoongruppe. Diese Kopie einer griechischen Skulptur aus dem 2. Jh. v. Chr. war seit dem 1. Jh. n. Chr. verschollen und hatte immer wieder Künstler angeregt, sie den Beschreibungen folgend zu rekonstruieren. Erst 1506 wurde der Laokoon in einem römischen Weinberg wiedergefunden. Winckelmann führte als Erster den Stil als Kriterium in die Betrachtung antiker Kunstwerke ein. Diese Systematisierung führte auch Gebäude wieder auf ihre Prinzipien, wie Säule, Giebel etc., zurück. Der spielerische Barock wurde vom Klassizismus abgelöst.

Eines der ältesten klassizistischen Gebäude in Deutschland – und nach dem British Museum das zweitälteste Museum der Welt – ist das Fridericianum in Kassel. 1769–79 unter Landgraf Friedrich II von Simon Louis du Ry erbaut, weist es noch die für den Barock typischen Pilaster auf.
Auch der französische Revolutionsarchitekt Claude-Nicolas Ledoux hatte einen Entwurf eingereicht, der dem etwas niedrigen Erscheinungsbild auf der Bergseite mit einer wuchtigen Attika und einem tempelartigen Aufsatz in der Mitte entgegenzuwirken versuchte.
Das Gebäude ist heute im Rahmen der „documenta" – der bedeutendsten Ausstellung zeitgenössischer Kunst – alle 5 Jahre Zentrum der internationalen Kunstszene (Abb.: „Man walking to the sky" von Jonathan Borowsky, 1992).

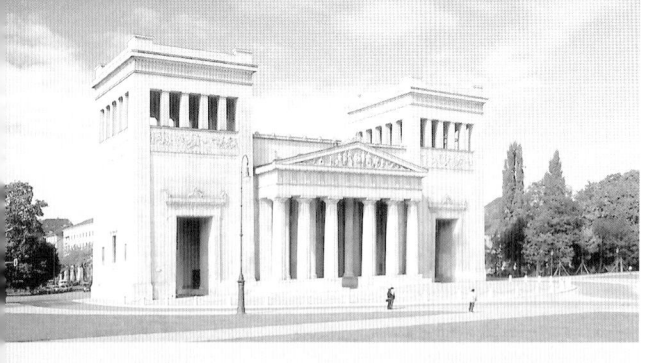

Der Königsplatz in München, geplant unter Ludwig I von Karl von Fischer, ausgeführt ab 1816 von Leo von Klenze. Das Ensemble aus Propyläen (o.), Glyptothek (m.) und Staatlicher Antikensammlung (u.) kommt bereits weitgehend ohne barocke Schmuckelemente aus. Unter dem Nationalsozialismus zum Aufmarschplatz umfunktioniert und im Volksmund als „Plattensee" verspottet, ist er heute weitgehend wieder hergestellt.

Karl Friedrich Schinkel (1781–1841) baute das Alte Museum, – ein Hauptwerk des Klassizismus in Deutschland – 1825–28 unter dem aufgeklärten Preußischen König Friedrich Wilhelm III als ersten Teil der Berliner Museumsinsel. Die Rotunde im Zentrum zitierte James Stirling 1984 in seiner Stuttgarter Neuen Staatsgalerie (siehe Seite 250).
Vor der Eingangstreppe steht eine Granitschale von Christian Gottlieb Cantian mit 6,91 m Durchmesser. Sie sollte ursprünglich in der Rotunde aufgestellt werden, passte aber nicht durch die Tür.

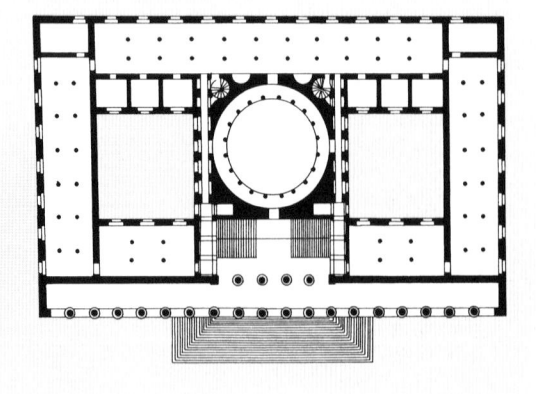

Aufklärung mit der Formenwelt der Renaissance wird ihre Rationalität erkannt. „So kommt der Säule eine Daseinsberechtigung nur zu, wenn sie frei dasteht, dem Giebelfeld nur dann, wenn hinter ihm in Wirklichkeit ein Dach steht […]." Ein Gesims ist nur dort berechtigt, wo sich dahinter ein Dachüberstand und eine Rinne befindet. Das bedeutet den völligen Verzicht auf Pilaster und Scheingebälk.

„Diese neue Haltung erweitert sich bald über die klassischen Formen hinaus. […] Sie ist auf alle Stile der Vergangenheit anwendbar. […] und so kommt es zu den verschiedenen ‚revivals'. Der Historismus […] erscheint als Epilog, der den 300jährigen Zyklus des europäischen Klassizismus schließt." Hans Sedlmayr lehnt es allerdings ab, an ein Nachlassen der stilbildenden Kraft zu glauben: „Besonders ist die oft vertretene Annahme, als hätte das 19. Jahrhundert nach Erschöpfung aller Stilmöglichkeiten die Stile der Vergangenheit in ihrer ursprünglichen Reihenfolge wiederholt – wie ein Sterbender, an dem die Phasen des Lebens in rasendem Ablauf noch einmal vorüberziehen – ohne Halt in den Tatsachen." (aus „Verlust der Mitte", 1983 Berlin)

Benevolo weiter: „Eine unmittelbare Folge des Historismus ist die Aufteilung der Aufgaben des Architekten in mehrere Zuständigkeiten. Die Spaltung in Entwurf und Ausführung beginnt während der Renaissance, als der Planer sämtliche Entscheidungen für sich in Anspruch nimmt und den anderen nur die materielle Verrichtung des Baus überlässt. […] So entsteht ein Dualismus der Kompetenzen, der noch heute in den beiden Gestalten des Architekten und des Ingenieurs seinen Ausdruck findet."

„Die [französische] Revolution ändert durch ihr Eingreifen die Lage noch mehr. Im Jahre 1793 werden sowohl die Akademie für Architektur wie die für Malerei und Plastik abgeschafft. […] Hinzu kommt, dass mit der Schließung der Akademie der Titel Architekt jeden Wert verliert; sofern er nur Steuern zahlt, kann jeder Architekturbeflissene sich Architekt nennen, unabhängig von seiner Ausbildung."

„[Diese] Maßnahmen schwächen das ohnehin schon erschütterte Ansehen der Architekten, während sich die Stellung der Ingenieure festigt, indem die ganze Fachausbildung in einer einheitlichen Organisation zusammengefasst wird. 1794/95 wird die École Polytechnique gegründet. [...] Dem Beispiel Frankreichs folgen zahlreiche andere Staaten des Kontinents, 1806 wird eine technische Hochschule in Prag gegründet, 1815 in Wien, 1825 in Karlsruhe. In diesen wie in allen späteren Schulen richten sich die Lehrpläne stets nach dem Pariser Vorbild". Zwei weitere wichtige Neuerungen haben ihren Ursprung in Frankreich: Die Erfindung der Darstellenden Geometrie 1799 und die Einführung des metrischen Dezimalsystems 1790–1801. „Napoleon hat für diese Regelung nicht viel übrig und schafft sie 1812 ab." Dennoch setzt sich die neue Maßeinheit weltweit durch und wird 1840 auch von Frankreich wieder eingeführt.

Der größte Teil der Architekten wird jetzt an den Ingenieurschulen ausgebildet. In der École Polytechnique hält J. L. N. Durand die Vorlesungen über Architektur. Was also ist sie, die den Schülern beigebracht wird, nachdem der technische Teil von den mathematischen Wissenschaften absorbiert wurde? Durand machte eine Art eklektizistische Kombinationstheorie aus ihr. Die Baumeister sollten die Disposition pflegen, die, wenn sie zweckentsprechend und wirtschaftlich ist, das Ziel der Architektur erreicht, nämlich zum „Ursprung angenehmer Empfindungen" beizutragen.

Neogotik und das Maschinenzeitalter

„Vom Jahr 1830 an überwiegt der Erfolg der Neogotik in der Architektur." Dazu trägt bei, dass die Gesellschaft durch die Fülle der Neuerungen der

Auch die Neue Wache in Berlin (1816–18) stammt von Schinkel. Ursprünglich „Haupt- und Königswache", wurde sie ab 1931 Ehrenmal für den Ersten und später zum Mahnmal beider Weltkriege.

Als Kanzler Kohl die Statuen der Generäle Scharnhorst und Bülow wieder davor aufstellen lassen wollte, drohten die Erben von Käthe Kollwitz mit der Entfernung der berühmten Pietà aus dem Innern.

Die symbolische Darstellung der Funktion eines Gebäudes war Ziel der französischen Revolutionsarchitektur. Sie griff dabei auch auf klassizistische Elemente zurück. Claude-Nicolas Ledoux' (1736–1806) Salzfabrik in Arc-et-Senans von 1779 bildet eine Idealstadt, in der alles auf das Haus des Direktors ausgerichtet ist. Seinem Auge, symbolisiert durch das runde Giebelfenster, entgeht nichts. Auch andere Symbole, wie die aus dem Stein herausfließende Sole, machen die Anlage zu „architecture parlante" – „sprechender Architektur". (Siehe S. 142)

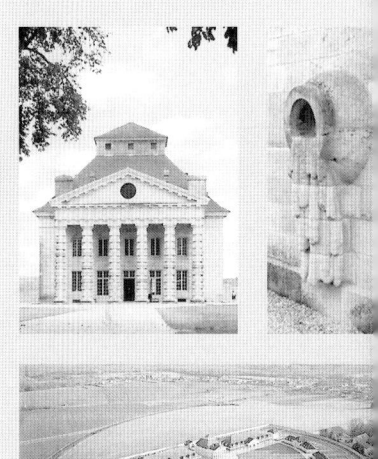

Karlfriedrich Schinkel, Friedrichswerdersche Kirche, Berlin (1824–30). Nach mehreren klassizistischen Entwürfen, die alle abgelehnt worden waren, legte Schinkel dem Bauherrn Kronprinz Friedrich Wilhelm schließlich einen Kirchenbau im „mittlealterlichen" Stil vor, der als passend empfunden wurde. Das Gebäude trägt starke klassizistische Einflüsse und ist außen eher ungotisch kompakt, unterstützt durch sein flach geneigtes Dach, das den Berlinern sogar als Aussichtsplattform diente.
Innen allerdings zitiert es die Gotik deutlicher.

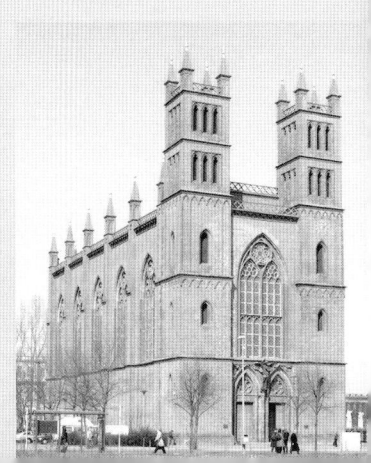

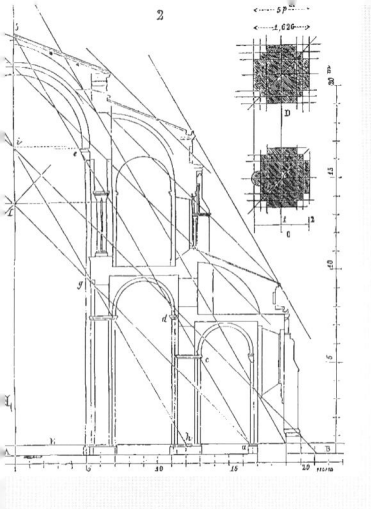

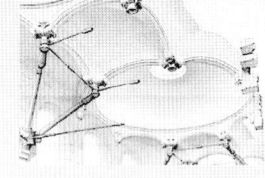

Eugène Viollet-Le-Duc (1814–79) bemühte sich seit 1830 als „Oberster Denkmalpfleger Frankreichs" um die Erhaltung und Restaurierung historischer Bauwerke. Die konstruktiven Prinzipien der Gotik, die er dabei kennenlernte, übertrug er auch in seine eigenen Entwürfe.

Henri Labroustes (1801–1875) Bibliotheque Sainte-Geneviève (1843, oben) und Bibliotheque Nationale (1855, unten) sind die ersten beiden Bauten, die ihre Eisenkonstruktionen unverhüllt zeigen. Allerdings nur innen.

Das Londoner Parlamentsgebäude wurde von Charles Barry 1840–60 nach einem Brand neu errichtet. Vorausgegangen war ein Wettbewerb, bei dem sich neogotische und klassizistische Entwürfe gegenüberstanden.

Den Zuschlag erhielt ein neogotischer Entwurf, weil dieser Stil als „englisch" und „christlich" galt, während der Klassizismus für „französisch" und „heidnisch" gehalten wurde. (siehe S. 97)

Revolution, für die der rationale Klassizismus steht, überfordert ist und sich zurücksehnt nach der scheinbar guten alten Zeit vor Humanismus und Aufklärung, auch die politische Restauration des Kaiserreichs ist nicht überraschend. Gleichzeitig wächst die Skepsis gegen den zunächst so bewunderten technischen Fortschritt, dessen wirtschaftliche und soziale Folgen sichtbar werden. Auch auf diesem Feld erfährt das Mittelalter eine mythische Verklärung. Dass unter diesen Voraussetzungen die mittelalterliche Architektur, die Gotik, Gefallen findet, verwundert nicht.

„In seinem 1831 erschienen Roman ‚Notre-Dame de Paris' verherrlicht Victor Hugo die mittelalterliche Architektur und spricht abfällig über die Baudenkmäler der Klassik. Aber noch kommt der gotische Stil über literarische Schwärmereien, Bühnenbilder, Malereien und Innenräume nicht hinaus, während die Verbindung von Klassizismus und Ingenieurbautechnik sicher und erprobt ist, fehlt es hier an baulicher Praxis."

„Die Erfahrung, welche erlaubt, die Gotik in die laufenden Bauplanungen einzubeziehen, kommt von der Restaurierung mittelalterlicher Bauten, die von der Revolution enteignet, verwüstet oder zweckentfremdet genutzt wurden. 1813 lässt Napoleon – allerdings mit verheerendem Erfolg – das Innere der Basilika Saint Denis restaurieren, um darin die Gräber seiner Familie unterzubringen. Ab 1845 ist Viollet-le-Duc in der Leitung der Bauhütte von Notre-Dame in Paris beschäftigt."

„Die Verbreitung des gotischen Stils vollzieht sich nicht, ohne auf gewichtige Widerstände zu stoßen." An der École des Beaux Arts ist das Studium der Gotik verboten. Der Höhepunkt der Polemik zwischen Klassizismus und Neogotik wird 1846 mit der Herausgabe eines Manifests durch die „Akademie Francaise" erreicht, in dem die Nachahmung der mittelalterlichen Stile als willkürlich und künstlich verurteilt wird.

„Der Disput kann naturgemäß nicht mit dem Sieg des einen oder anderen Programms enden. Von nun an halten sich die Architekten sowohl an den klassizistischen wie an den gotischen Stil als mögliche Alternativen, und natürlich nicht nur an diese beiden Stile allein, sondern an den romanischen, byzantinischen, ägyptischen, maurischen Stil, an den der Renaissance und andere. So entsteht und verbreitet sich die Haltung, die Eklektizismus genannt wird […]."

„Für die Philosophen ist dieser Aspekt der Kunstgeschichte eine Aufeinanderfolge gleichwertiger Stile; Hegel versuchte, den Ablauf der Stile dialektisch als eine Aufeinanderfolge von Thesis, Antithesis und Synthesis zu interpretieren [Klassizismus – Neogotik – Eklektizismus]. […] Daher empfiehlt er abschließend seinen Zeitgenossen den Eklektizismus."
(G.W.F. Hegel: Vorlesungen über Asthetik, Leipzig 1829)

Henri Labrouste (1801–75) ist die bedeutendste Persönlichkeit des klassizistischen Rationalismus, er war erfolgreicher Schüler der Akadémie und Rompreisträger. Die weiten Innenräume seiner beiden berühmtesten Bauten, der Bibliothèque Sainte-Geneviève (1843) und der Bibliothèque Impériale (1855), überspannt er mit grazilen Eisenkonstruktionen, es sind die ersten öffentlichen Bauten, an denen Eisen unverhüllt eingesetzt und dessen Möglichkeiten zu schlanken Profilen voll ausgeschöpft wird. Die Fassade zur Bibliothèque Sainte-Geneviève verharrt dagegen in der konventionellen Steinarchitektur der Neorenaissance.

„Wie bereits erwähnt, unterstützt Eugène Emmanuele Viollet-le-Duc (1814–79) die neugotische Richtung […] aber er hält seine Polemik frei von jeder romantischen und sentimentalen Anwandlung […]." Seine wissenschaftlichen Untersuchungen bringen ihm die Gewissheit, dass die gotische Baukunst eine rationale Bauweise und mit dem Eisen-

Das ehrgeizigste Projekt der Gotik in Deutschland war 1560 endgültig gescheitert: Der Bau des Kölner Doms – eingestellt aus Mangel an Geld und Interesse. Aber bürgerliche und national-romantische Motive führten dazu, Dombauten wie in Köln, Ulm und Freiburg zu vollenden – unter starkem Engagement des protestantischen Kaisers. Zwar waren 1811 Grundriss- und Fassadenpläne vom Kölner Dom wieder aufgetaucht; weitere Originalpläne gab es aber nicht. Deshalb fertigten Schinkel und sein Schüler E. F. Zwirner (1802–61) neue Baupläne an, nach denen der Kölner Dom 1842–80, nach 632 Jahren, fertiggestellt wurde.

Aus einem der ersten Architekturwettbewerbe in Deutschland – dem zum Bau des Hauptbahnhofs von Frankfurt am Main – waren 1881 der Architekt Herrmann Eggert als Sieger und der Ingenieur und Stahlbaupionier Johann Wilhelm Schwedler, (Schwedlerträger) als Zweiter hervorgegangen. Während Eggert das Empfangsgebäude im Neorenaissance-Stil entwarf, baute Schwedler die drei Hallen über den Gleisen und entwickelte u. a. hierfür den Dreigelenkbogen.
Der 1888 fertiggestellte Bahnhof war seinerzeit der größte Europas.

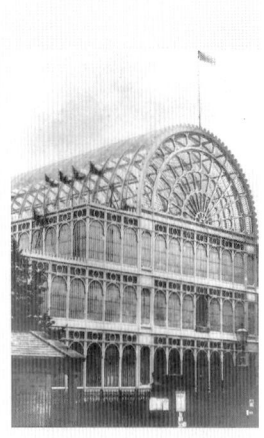

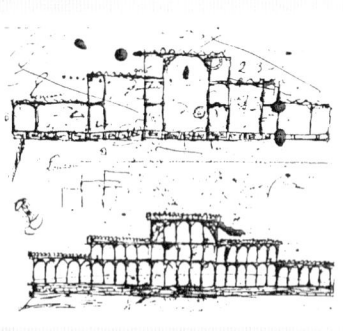

skelett vergleichbar ist. Seine Erkenntnisse fasst er in mehreren Büchern zusammen („Dictionaire raisonné de l'architecture francaise" und „Entretiens sur l'architecture"), die in der ganzen Welt gelesen werden. „Der Richtungswechsel, den Viollet le Duc der neugotischen Bewegung auferlegt, indem er sie mit dem Rationalismus in Verbindung setzt, ist außerordentlich wichtig [...]." Sie wird vom romantisch nachempfundenen Stil zur Ausgangsbewegung für die künftige Entwicklung der Baukunst aus der Konstruktion heraus und damit Vorläuferin des „art nouveau", des Jugendstils.

Mit der Neogotik wird der Architektur ein Weg in die Zukunft gewiesen, vorbei am Eklektizismus, der sich – zur Weiterentwicklung ungeeignet – als Sackgasse erweist, auch wenn er sich – durch die Gunst des Publikums und die Bevorzugung durch die Mächtigen und Herrschenden – bis zum 1. Weltkrieg halten kann. Mit der Neogotik wird dagegen eine Richtung eingeschlagen, die zum Jugendstil führt, im Expressionismus ihre Fortsetzung findet und schließlich die Moderne antizipiert. Gleichzeitig eröffnet dieses Kontinuum den am Bau beteiligten Architekten und Ingenieuren, ihre Entfremdung zu beenden.

Die Weltausstellungen

Die Fortschritte der Bautechnik in der zweiten Hälfte des 19. Jahrhunderts und der Umgang mit ihr durch Ingenieure und Architekten lassen sich deutlich an den Weltausstellungen, die seit dem Jahr 1851 veranstaltet werden, verfolgen. Die nachfolgend verwendeten Passagen in Anführungszeichen sind dem Katalog „Weltausstellungen im 19. Jahrhundet" von Christian Beutler (München 1973) und „Geschichte der Architektur des 19. und 20. Jahrhunderts" von Leonardo Benevolo entnommen.

Die erste Weltausstellung 1851 in London ist untrennbar mit dem Bau des Kristallpalastes verbun-

Joseph Paxtons Kristallpalast war das Wahrzeichen der ersten Londoner Weltausstellung von 1851. Das Gebäude hatte eigentlich ein Flachdach erhalten sollen. Sein Querschiff wurde aber mit einer gläsernen Tonne überwölbt, damit die darunter befindlichen Baumkronen Platz hatten.
Großes Bild: Der nach der Weltausstellung in Sydenham wieder aufgebaute Kristallpalast wurde noch vergrößert und erhielt zusätzlich ein Tonnengewölbe über dem Längsschiff. 1937 brannte er vollständig nieder.

den. Nach einem ergebnislos verlaufenen Wettbewerb mit 245 Bewerbern und einem eigenen stark kritisierten Entwurf der Ausstellungskommission, der ein historisierendes Fassadenkonzept aufwies, schaltete sich Joseph Paxton – unaufgefordert – mit einem Gegenvorschlag ein: „Einen gigantischen, treppenartig gestuften, rechteckigen Baukörper, der sich aus gusseisernen Stützen und Trägern, hölzernen Rahmen, gläsernen Wänden und Decken zusammensetzte [...]. Nach der Ausstellung konnte der Bau ohne Aufwand abgebrochen und ganz oder teilweise an anderer Stelle abermals verwandt werden. Als Bauplatz wählte man in London den zentral gelegenen Hyde-Park [...], dessen Bäume jedoch erhalten bleiben sollten. In nur sechs Monaten war die Montage der vorfabrizierten, vollkommen einheitlichen Teile vollendet. Die Ausmaße des Bauwerks übertrafen alles bisher übliche: Der Kristallpalast war 563 m (= 1.851 Fuß, entsprechend dem Ausstellungsjahr) lang, 124 m breit und 33 m hoch." (Beutler) Die Scheibengröße von 10 x 49 Zoll (24,7 x 122 cm) wurde der Grundmodul für das Raster des gesamten Gebäudes. Paxton hatte es der englischen Glasindustrie in langen Verhandlungen abgerungen; es sind die größten Scheiben, die bis dahin aus ungefasstem Glas hergestellt wurden. Zusammen sind es 300.000 Stück mit einer Gesamtfläche von 84.000 qm, Englands Jahresproduktion an Glas. In einem ungeahnten Ausmaß hielt damit die Industrie Einzug in die Architektur. The Times schreibt 1851: „Eine völlig neue architektonische Ordnung ist entstanden, welche durch eine unerreichte technische Geschicklichkeit die wunderbarsten und bewunderungswürdigsten Wirkungen hervorbringt, um ein Gebäude zu schaffen." Und L. Bucher, ein politischer Emigrant aus Deutschland: „Der Bau stieß auf keine Gegnerschaft, und er machte auf alle diejenigen, die ihn sahen, einen solchen Eindruck romantischer Schönheit [...]. Beim Anblick dieses ersten nicht in festem Mauerwerk errichteten Gebäudes wurde den Beschauern alsbald klar, dass die Regeln, nach denen man bisher die Architektur beurteilt hatte, ihre Gültigkeit verloren hatten."
(aus „Weltausstellungen im 19. Jahrhundert)

Der Londoner Kristallpalast fand Nachahmer auf der ganzen Welt: Bereits 1853 errichtete New York für seine Weltausstellung einen „Crystal Palace" nach seinem Vorbild. Seine Kuppel war seinerzeit die größte der westlichen Welt.
Bei dieser Weltausstellung wurde eine der wichtigsten Voraussetzungen für die Entwicklung des Hochhauses vorgestellt: der Aufzug mit automatischer Fangsicherung von Elisha Graves Otis. Obwohl er als „feuersicher" galt, war der New Yorker Kristallpalast 1858 der erste, der abbrannte – in nur 30 Minuten.

Für die Bayerische Industrieausstellung entstand 1854 im alten botanischen Garten der Münchner Glaspalast (234 m lang) von A. v. Voit und L. Werder (sein Vorbild war 563 m lang). Auch er brannte nieder, 1931. Auf die Nationalsozialisten geht der Nachfolgebau im Englischen Garten zurück, das Haus der Kunst, das 1937 mit der Ausstellung „Deutsche Kunst" eingeweiht wurde.

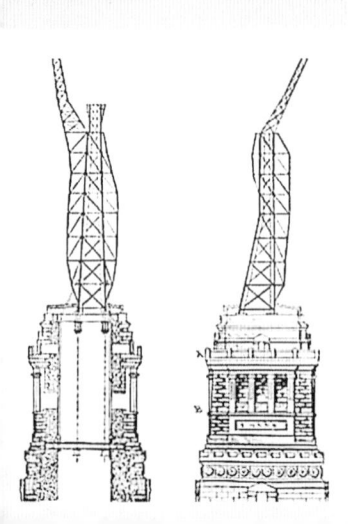

"Dieser Eindruck kommt nicht so sehr durch die Verwendung von Glas – es gab schon viele Bauten dieser Art: die Gewächshäuser von Paxton und Burton, den Jardin d'Hiver in Paris, die Bahnhöfe – als wahrscheinlich durch die geringen Ausmaße der einzelnen Bauteile im Vergleich zu den Gesamtdimensionen […]." (Benevolo)

Die Dynamik der Abfolge gleicher Teile wäre nach dem ursprünglichen Plan, der kein Querschiff aufwies, noch größer ausgefallen; es wurde hinzugefügt, um ein paar große Bäume stehen zu lassen.

Benevolo schreibt: "Der in seiner Aufrichtigkeit gewagte Londoner Kristallpalast verdankt seinen Charakter verschiedenen Umständen: dem Beruf seines Urhebers, der kein Architekt, sondern ein Experte der Gartenbaukunst ist und nicht vom Größenwahn befallen wie die Entwerfer anderer gleichartiger Bauten, die später ausgeführt wurden… und der ehrlichen Bejahung der serienmäßig hergestellten Erzeugnisse […]."

"Der Kristallpalast findet ungeheuren Anklang; ein ähnlicher Bau wird für die New Yorker Ausstellung 1853 in Aussicht genommen – auch Paxton schickt einen Entwurf ein […] 1854 wird von den Ingenieuren Voit und Werder ein Glaspalast in München erbaut. Nach der Ausstellung wird der Palast abmontiert und in Sydenham in einer ebenfalls von Paxton entworfenen Parkanlage wieder aufgebaut, dort bleibt er bis zur Brandkatastrophe 1937." (Benevolo)

Frédéric A. Bartholdi, Freiheitsstatue, Paris 1878. Die Statue war ein Geschenk des französischen Volkes zur Erinnerung an die Unabhängigkeitserklärung der Vereinigten Staaten. Kein Statikseminar verzichtet auf die Gegenüberstellung von Form und Konstruktion anhand der „Eiffel-Beispiele" Freiheitsstatue und Eiffelturm.

"Die Weltausstellungen von 1851–1900, geplant aus wirtschaftlichem Interesse und nationalem Geltungsbedürfnis waren Selbstdarstellungen in großem Format des vielumstrittenen 19. Jahrhunderts, dessen Erbe wir angetreten haben." (Beutler)

In der Folge häuften sie sich, mitunter in Abständen von nur einem Jahr und in mehreren Städten gleichzeitig. "Weltausstellungen sind Wallfahrtstätten zum Fetisch Ware", hat Walter Benjamin in seinen

Gedanken über „Paris, Hauptstadt des 19. Jahrhunderts" geschrieben.

Aber sie verkörperten zudem den unbedingten Glauben an technischen Fortschritt, wirtschaftliches Wachstum und nationale Größe, dem – mit verteilten Rollen – Ingenieure und Architekten sichtbaren Ausdruck gaben. Den rationalen Charme des Kristallpalastes konnten die Nachfolgebauten nicht mehr erreichen. Waren sich die Kritiker in ihrer Beurteilung einig, dass zwar sein Innenraum in Zweckmäßigkeit und Lichtführung beeindruckend sei, so sprachen sie der Fassade diese Bezeichnung ab, da sie keine „plastische Masse" aufzuweisen habe.
Für die Repräsentanz sorgten daher künftig die Architekten mit historischer Dekoration aus Stuck- und Steinarchitektur. Das Bedürfnis danach wuchs, wenn die Weltausstellungen auf Termine nationaler Anlässe gelegt wurden.

1876 würdigten die USA in Philadelphia mit einer Weltausstellung die 100jährige Wiederkehr ihrer Autonomie.

1878 Paris: „Als Frankreich vor zwei Jahren den von Ausstellungen ermüdeten Völkern die Abhaltung dieser Weltausstellung ankündigte, da konnte sich niemand verhehlen, dass es hierbei der Stadt Paris hauptsächlich darauf ankam, ihr Prestige als Hauptstadt der civilisierten, luxusbedürftigen Welt wiederherzustellen." (Julius Lessing: Berichte von der Pariser Weltausstellung 1878, Berlin 1878)

„Frédéric Auguste Bartholdi war der elsässische Bildhauer, der im Park auf dem Marsfeld die Kolossalbüste seiner noch unfertigen Statue errichtet hatte [...]. Die Figur (67 m hoch) wurde in Bartholdis Werkstatt aus Blechen über einem Stahlgerüst, das Gustave Eiffel konstruiert hatte, zusammengesetzt und in einem Pariser Vorort zur Probe aufgebaut, wieder auseinandergenommen [...] und nach New York verfrachtet. Ihr genauer Titel lautete: „Die Frei-

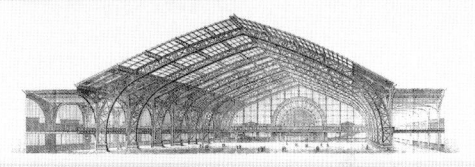

Die Galerie des Machines, erbaut 1889 von Ferdinand Dutert u. a.
Der gewaltige Raum übertraf alle Sehgewohnheiten, besonders im Bereich der Auflagerpunkte der über 60 m langen Stahlgitterbalken.
Ein Dichter soll bei seinem Anblick ausgerufen haben: „Schade, dass man ihn verschandeln wird, indem man Maschinen hineinstellt."

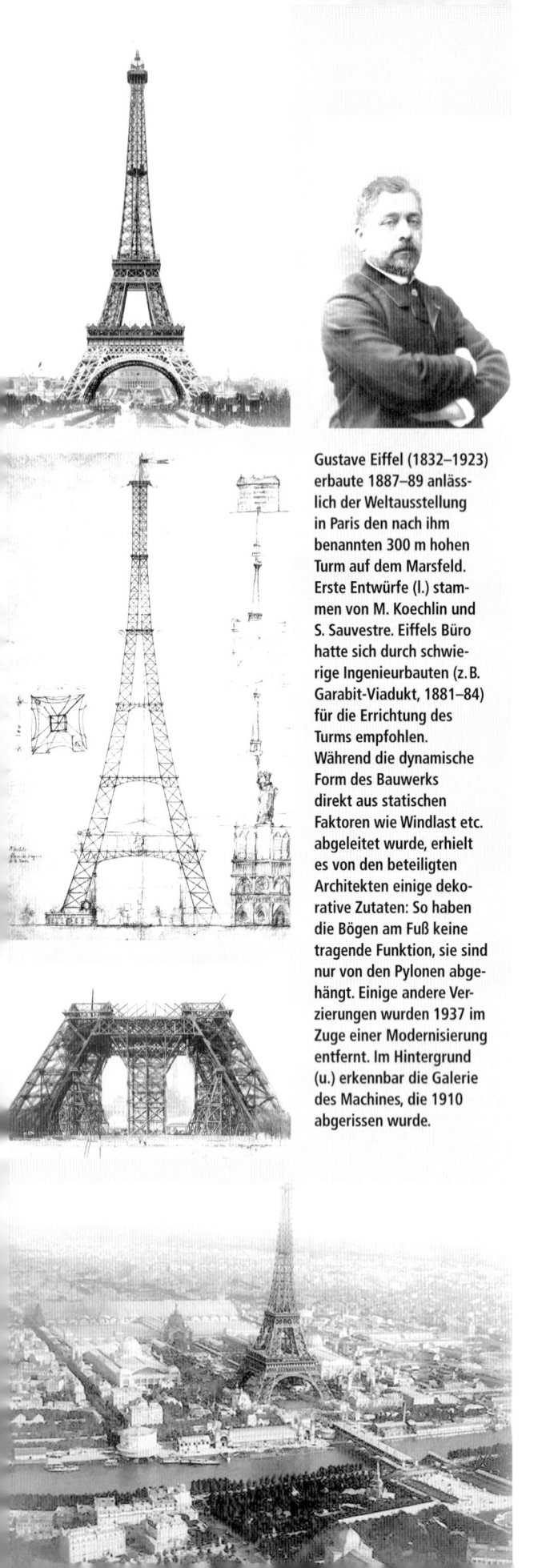

Gustave Eiffel (1832–1923) erbaute 1887–89 anlässlich der Weltausstellung in Paris den nach ihm benannten 300 m hohen Turm auf dem Marsfeld. Erste Entwürfe (l.) stammen von M. Koechlin und S. Sauvestre. Eiffels Büro hatte sich durch schwierige Ingenieurbauten (z. B. Garabit-Viadukt, 1881–84) für die Errichtung des Turms empfohlen. Während die dynamische Form des Bauwerks direkt aus statischen Faktoren wie Windlast etc. abgeleitet wurde, erhielt es von den beteiligten Architekten einige dekorative Zutaten: So haben die Bögen am Fuß keine tragende Funktion, sie sind nur von den Pylonen abgehängt. Einige andere Verzierungen wurden 1937 im Zuge einer Modernisierung entfernt. Im Hintergrund (u.) erkennbar die Galerie des Machines, die 1910 abgerissen wurde.

heit, die die Welt erleuchtet" – Glaubensbekenntnis einer zuversichtlichen Gesinnung, die auch für die Weltausstellung in Anspruch genommen wurde." (aus „Weltausstellungen im 19. Jahrh.")

„Die Pariser Ausstellung von 1889 zur Jahrhundertfeier der Erstürmung der Bastille ist in vieler Hinsicht die bedeutsamste all dieser Ausstellungen des 19. Jahrhunderts; auch sie findet auf dem Champ de Mars statt und umfasst einen in sich gegliederten Gebäudekomplex: einen U-förmigen Palast, die Galerie des Maschines, sowie den 300 m (= 1000 engl. Fuß) hohen Turm, den Eiffel auf der Achse der zum Trocadéro führenden Brücke erbaut [...]. Wenn auch die Galerie und der Turm mit nicht immer geschmackvollen Dekors überhäuft sind, so sind sie doch die konsequentesten Bauten, die bis zu der Zeit aus Eisen errichtet wurden, und stellen durch ihre Ausmaße auch neue architektonische Probleme." (Benevolo)

Der Entwurf für die Galerie des Maschines stammt von dem Architekten Ch. L. Dutert und den Ingenieuren Cotmin, Pierron und Charton. Aufgrund eines in Deutschland 1865 für Bahnhöfe entwickelten Systems, der Dreigelenkbogen-Konstruktion (siehe S. 73), gelang es ihnen, mit ihrer Halle eine Fläche von 115 x 420 m ohne Zwischenstütze zu überspannen, fast so groß, dass 38 Jahre früher der Kristallpalast darauf Platz gefunden hätte.

„Die Galerie des Machines wurde 1910 leider abgerissen, dagegen steht noch der zweite berühmte Bau der Weltausstellung von 1889, der von Eiffel erbaute 300 m hohe Turm. Mit der Ausführung betraute Eiffel 1884 zwei Ingenieure, die in seinem Betrieb beschäftigt sind: Nougier und Köchlin, und erwähnt, dass sie auf die Idee, einen Turm aus Eisen zu bauen, durch ihre gemeinsamen Studien über hohe metallene Brückenpfeiler gebracht worden waren." (Benevolo)

Der architektonische Beitrag, von dem 1937 ein Teil entfernt wurde, stammt von dem Architekten Sauvestre. „Man muss feststellen, dass Eiffel die Arbeit der Architekten, mit denen er zusammenarbeitete, stets respektiert hat und seine Arbeit durchaus nicht in Opposition zu der ihren sah. Er war immer der Ansicht, ein Bauwerk müsse verziert werden, wenn es die Konventionen erforderten." (aus „Gustave Eiffel" von B. Lemoine)

Eiffel, der seine Erfahrung im Umgang mit Eisen auf erfolgreiche – oftmals gewagte – Brückenprojekte zurückführte, musste zunächst seine Konkurrenten widerlegen, die den Turm von 300 m Höhe aus Stein bauen wollten, andere entwarfen ihn aus Ziegeln und Holz. Eine Gruppe von Künstlern und Schriftstellern protestierte in einem offenen Brief gegen den eisernen Turm. Zu den Unterzeichnern zählten u. a. Gounod, Garnier, Maupassant und Zola.

Eiffel antwortet auf diesen Protest in einem Interview, das er „Le Temps" gab und in dem er sein künstlerisches Credo gut zusammenfasste. Er antwortete Punkt für Punkt in seinem gewohnten Stil, klar und prägnant. Zur Ästhetik: „Ich glaube meinerseits, dass der Turm seine eigene Schönheit haben wird. Glaubt man, weil wir Ingenieure sind, wir kümmerten uns bei unseren Konstruktionen nicht um Schönheit, und weil wir sie solide und dauerhaft machen, gäben wir uns nicht gleichzeitig Mühe, sie elegant zu machen? Sind nicht die wahren Funktionen der Kraft den geheimen Bedingungen der Harmonie immer konform? […] Welche Bedingungen habe ich nun vor allem beim Turm zu machen? Die Windfestigkeit. Nun gut! Ich behaupte, die Kurven der vier Ständer des Monuments, wie sie die Berechnung geliefert hat […] werden den Eindruck großer Kraft und Schönheit machen." (aus: „Gustave Eiffel" von Bertrand Lemoine). Damit wiederholt er, was im 19. Jahrhundert die Ingenieure und auch er erklärt hatten, dass „die authentischen Gesetze der Kraft stets mit den geheimen Gesetzen der Harmonie übereinstimmen."

Charles Garnier (1825–98) hatte 1875 die Pariser Oper vollendet. Als Vertreter der Akadmie zählte er zu den Eklektizisten und war unmittelbarer Widerpart Eiffels (1832–1923) der sein Studium an der École Politechnique begonnen hatte.

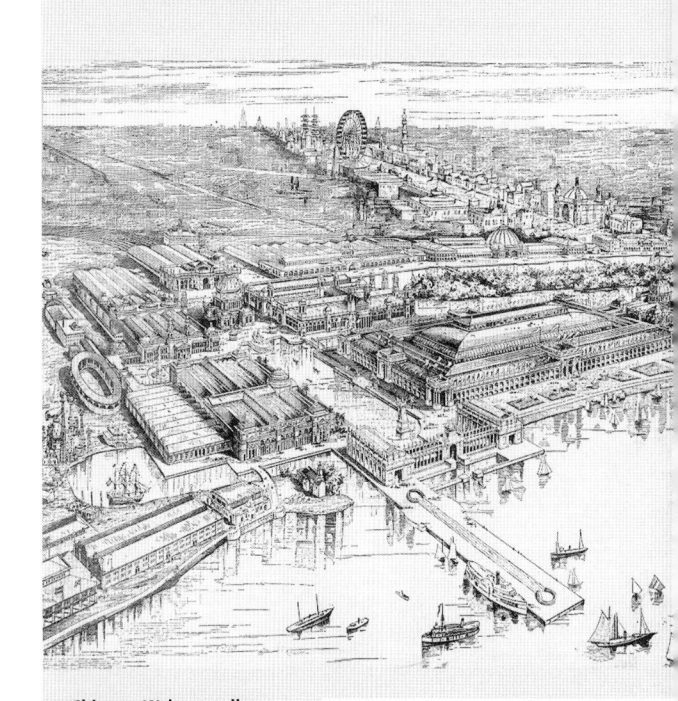

Chicago, Weltausstellungsgelände mit der neuen Galerie des Machines (o.). F. Ll. Wright schreibt 1957 in „Ein Testament": „Ich hatte 1893 gerade mein Büro im Schiller Building eröffnet, als die Katastrophe eintraf: Chicagos erste Weltausstellung […] blühender Auswuchs des theoretischen Beaux-Arts-Formalismus; Entstellung jeglicher moderner Baukunst […] ein Schimmelpilz auf unserem Fortschritt".

Als Beispiel, wie weit sich die Architektur in Chicago zur Zeit der Weltausstellung 1893 bereits entwickelt hatte, mag das Home Insurance Building von William Le Baron Jenney (1. Chicagoer Schule) aus dem Jahr 1885 dienen. Im Bauboom nach dem Stadtbrand von 1871 errichtet, gilt das 11-geschossige Gebäude mit 55 m als erstes Hochhaus der Welt. 1931 wurde es abgerissen.

Der „Grand Palais" und der „Petit Palais" (re.), errichtet anlässlich der Weltausstellung 1900 in Paris. Le Corbusier hatte bereits 1922 in „Vers une architecture" dem Grand Palais abgesprochen, Baukunst zu sein, später gab er dem Kulturminister de Gaulles, André Malraux, den Rat, den „Kasten", der übrigens nicht beheizbar ist, abzureißen. Inzwischen steht er unter Denkmalschutz. (Foto r.o.: Andreas Ewert, Foto m.l.: Michael Kleber)

Als der Turm am 15. April 1889 fertiggestellt ist, wandeln sich viele negative Reaktionen in Zustimmung. Zahlreiche namhafte Schriftsteller bleiben aber bei ihrer Ablehnung, einige verlassen des Turms wegen Paris, von einem anderen wird berichtet, dass er sich andauernd im dortigen Café aufhalte – mit der Begründung ihn dort aus den Augen zu haben.

„Die zwischen 1851 und 1889 für die Weltausstellungen errichteten Bauten zeugen zwar von großem Fortschritt, das Problem der architektonischen Kontrolle wird jedoch immer schwieriger und besorgniserregender. Als Werk der Architektur ist der Kristallpalast allen gleichartigen Bauten der Folgezeit weit überlegen […]. In den französischen Pavillons dagegen – die berühmte Galerie des Maschines von 1889 nicht ausgenommen – bemüht sich die eklektizistische Kultur auf mannigfache Weise, den Konstruktionen der Ingenieure Würde und Ansehen zu verleihen […] In den Zeitschriften lebt der alte Streit über die Verwendung der neuen Baustoffe und über die Beziehungen zwischen Kunst und Wissenschaft wieder auf." (Benevolo)

Die 400jährige Wiederkehr der Entdeckung Amerikas war der Grund für die Weltausstellung 1893. Nach der Brandkatastrophe von 1871, die Chicago fast völlig vernichtet hatte, folgte eine stürmische bauliche Entwicklung. Seine Architekten – Absolventen der École Polytechnique in Paris – setzten beim Wiederaufbau vorurteilsfrei die neuen Materialien ein und errichteten gegen 1890 die ersten Hochhäuser. Als „Schule von Chicago" wurden sie weltberühmt und Vorbild für die europäische Moderne. Dennoch kamen sie bei der Gestaltung der Weltausstellung nicht zum Zuge. Alles war zwar mehrfach größer und gigantischer als 1889 in Paris – die größte Halle übertraf noch mit 240 x 514 m ihr Vorbild, die Galerie des Maschines – aber architektonisch war diese Weltausstellung eine Enttäuschung; Renaissancefassaden und römische Triumphtore bestimmten das Bild, die Hallen zeigten sich als repräsentative, klassizistische Prunkbauten in Beaux-Arts-Manier. Die Chance, den Blick auf die Architektur der Zukunft zu richten, war vertan. Lediglich das Gebäude für Verkehrswesen von D. Adler und L.H. Sullivan, dem Lehrer und „lieben Meister" von F. L. Wright, war in „eigenartig amerikanischem Stil erbaut", urteilt ein deutscher Besucher (nach „Weltausstellungen im 19. Jahrh.").

Das Jahr 1900 sah eine Weltausstellung, die an Aufwand und Pracht alle vorhergehenden übertraf: Man feierte den Beginn des neuen Jahrhunderts. Doch die „Deutsche Rundschau" stellt im Jahr 1900 fest: „Die Pariser Weltausstellung ist die Schlussfeier des 19. Jahrhunderts und nicht die festliche Eröffnung des Zwanzigsten. [...] Das Verlangen, zu zeigen, wie herrlich weit wir es gebracht haben, drängt sich überall hervor und lässt uns Keime des Neuen und Werdenden nur mühsam erkennen. Niemals haben die retrospectiven Abtheilungen einen so großen Raum eingenommen wie jetzt. Das gilt in ganz besonderem Maße auch für die bildenden Künste."

Zwar konnte bei den Ausstellungspavillons auf die weitgespannten Stahl-Glas-Dächer der Ingenieure nicht verzichtet werden. Aber allein beim Grand Palais mühten sich gleich drei Architekten, Deglane, Louvet und Thomas, die grandiose Konstruktion gegen die Straße mit einer auftrumpfenden, eklektizistischen Prunkfassade zu verkleiden.

Für den damals elf Jahre alten Eiffelturm, der in die neue Ausstellung mit einbezogen werden sollte, fehlte es nicht an Vorschlägen dekorativer Verbrämungen. Auch der Architekt Sauvestre, der schon 1889 an seiner ursprünglichen Gestaltung mitgewirkt hatte, beteiligte sich daran. Schließlich ersparte man dem Turm diese Maskerade und verpflichtete Eiffel lediglich dazu, ihn für die Dauer der Ausstellung zu beleuchten.

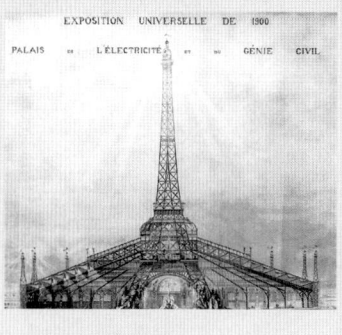

Anlässlich der Pariser Weltausstellung von 1900 gab es Pläne zur Umdekorierung und Umwidmung des inzwischen größtenteils akzeptierten Eiffelturms. Auch Architekt Sauvestre, einer seiner ursprünglichen Erbauer, reichte dazu kuriose Entwürfe ein. Derartige „Krücken" und „Reifröcke" blieben dem Turm aber glücklicherweise erspart. Mit der aufkommenden Funktechnik schätzte man seine Eignung als Fernmeldeturm. Nicht zuletzt diesem Umstand ist es zu verdanken, dass der Turm nicht einfach abgerissen wurde – schließlich war 1909 seine Standgenehmigung abgelaufen.

Die Tower Bridge in London wurde 1886–94 unter der Leitung von Horace Jones aus 11.000 Tonnen Stahl errichtet. Die Kalksteinverkleidung ihrer Türme ist lediglich Dekoration und Witterungsschutz für das eigentlich selbsttragende Stahlgerüst im Innern. Eher unglaubwürdig wirkt daher auch die „Verankerung" der Hängekonstruktion in Schießscharten und Spitzbogenfenstern.

Neben Neogotik und Klassizismus kamen weitere Neuinterpretationen vergangener Bauformen auf. Diese wurden zunächst noch stilrein eingesetzt (Historismus).
„In welchem Stile sollen wir bauen?" – diese Schrift, die der deutsche Architekt Hübsch 1828 abgefasst hatte, macht die Verunsicherung deutlich. So verwendete man für anstehende Bauaufgaben gerne den jeweils „passenden" Stil, z. B. Neogotik für Kirchen, Neo-Renaissance und Neo-Barock für Parlamente, Bahnhöfe und Theater.
o.: Semperoper, Dresden, 1871–78,
m.: Reichstag, Berlin, Paul Wallot 1884–94
u.: Reichstag, Berlin, Sir Norman Foster ass. 1995–99

Die Wege des Architekten und des Ingenieurs gehen immer weiter auseinander. „Während die Gesellschaft damit beschäftigt ist, den aus der industriellen Revolution erwachsenen dringlichen organisatorischen Aufgaben gerecht zu werden, und die Ingenieure dabei in erster Linie mitarbeiten, […] distanzieren sich die Architekten von dieser Wirklichkeit und flüchten in theoretische Diskussionen und in eine Welt der reinen Kultur, […] wo sie darüber streiten, ob man klassizistisch oder gotisch bauen soll, und sich einig nur in der Verachtung der Industrie und ihrer Produkte sind." (Benevolo)

Das trägt dazu bei, dass in der Gesellschaft ihre Kompetenz in praktischen Dingen gering angesehen ist. So lehnte noch 1841 der Berliner-Architekten-Verein die Beteiligung an einem Wettbewerb für ein Arbeiterwohnhaus ab, weil kein Interesse an einem solchen Projekt bestünde (aus „Weltausstellungen im 19. Jahrh."). Flaubert schreibt im „Dictionaire des Idees Courantes": „Architekten – alles Dummköpfe – vergessen immer die Treppen."

Wenn es allerdings um künstlerische Fassadengestaltung, Stilarchitektur oder gar dekorativen Kitsch geht, können sich die Architekten der Zustimmung aus der Bevölkerung sicher sein. Ein Beispiel dafür führt Sir Thomas Graham Jackson in seinem Aufsatz „Reason in Architecture" an, den Julius Posener in seiner Sammlung „Anfänge des Funktionalismus" aufgenommen hat (Bauwelt Fundamente Nr. 11, 1964 Frankfurt/M., Berlin): „Ein schlechtes Beispiel für den blinden Glauben des Publikums an das Konventionelle ist die Towerbrücke in London. Als das Werk des Ingenieurs dastand, eine simple Eisenkonstruktion, da hatte es Größe. Aber da der Geschmack es nun mal so nicht ertragen konnte, und da man außerdem eine Ummantelung für Fahrstühle und Treppen brauchte, so rief man den Architekten heran, und die Brückenpfeiler wurden mit ‚Burgen' aus Stein umkleidet, an denen nun die Kabel mit einer Kraft zu zerren scheinen, der sie augenscheinlich nicht gewachsen sind. […] Wenn wir Eisen zu unserem wichtigsten Bauelement machen, so müssen wir mit der Tradition von Ziegeln und Werkstein brechen und eine Art des Entwurfs finden, die dem neuen Material angemessen ist."

Der Anteil ingenieurmäßiger Arbeit am Bau nahm zu; nach bisheriger Erfahrung hätte das dazu führen müssen, dass in Zukunft der planende Architekt aus den Reihen der Ingenieure kommt.

Aber der Umfang der beiden vereinigten Wissensgebiete ist so groß, dass der Beruf sich zwangsläufig teilen muss.

Von nun an sind Architekten und Ingenieure im Interesse des gemeinsamen Werkes und des Auftraggebers zu fairer Zusammenarbeit aufgerufen.

Literatur

- Bertrand Lemonie: **Gustave Eiffel.** Birkhäuser Verlag Berlin 1978
- Henri Loryette: **Gustave Eiffel.** DVA Stuttgart 1985
- Eugene Viollet-le-Duc: **Definitionen.** Birkhäuser V. Berlin 1993
- Werner Müller: **Architekten in der Welt der Antike.** Koechler & Amelang Verlag Leipzig 1989
- Franco Borsi: **Leon Battista Alberti – The Complete Works.** Elekta/Rizzoli, Milano/New York 1986
- Leonardo Benevolo: **Geschichte der Architektur des 19. und 20. Jahrhunderts.** dtv-Verlag München 1978
- John B. Ward-Perkins: **Weltgeschichte der Architektur – Rom.** DVA Stuttgart 1988
- Heer/Freitag/Günther: **Für eine gerechte Welt – Große Dokumente der Menschheit.** Primus Verlag Darmstadt 2004
- Ingrid Severin: **Baumeister und Architekten.** Gebr. Mann Verlag Berlin 1992
- Christian Beutler: **Weltausstellungen im 19. Jahrhundert.** Staatliches Museum für angewandte Kunst München 1973
- Baer/Kruft/Roeck: **Elias Holl und das Augsburger Rathaus.** Ausstellungskatalog, Regensburg 1985
- Bernhard Schütz: **Balthasar Neumann.** Herder Verlag Freiburg/B. 1988
- David Macaulay: **Sie bauten eine Kathedrale.** dtv München 2004
- Julius Lessing: **Berichte von der Pariser Weltausstellung 1878.** E. Wasmuth Verlag 1878
- Nikolaus Pevsner: **Europäische Architektur von den Anfängen bis zur Gegenwart.** Prestel Verlag München 1994
- Frank Lloyd Wright: **Ein Testament.** Langen/Müller Verlag 1959
- Hans Sedlmayr: **Verlust der Mitte.** Ullstein Sachbuchverlag Berlin 1983

Im architektonischen Eklektizismus setzte man unterschiedliche Elemente verschiedener Epochen auch gleichzeitig am selben Bauwerk ein. Zu den bekanntesten eklektizistischen Gebäuden in Deutschland zählt das Neue Rathaus von Hannover (unten, 1901–13) von Eggert und Halmhuber.

Im Film „The Fountainhead" (dt.: „Ein Mann wie Sprengstoff", Abb. unten), gedreht 1949 von King Vidor, stellt Gary Cooper den unbeugsamen Architekten Howard Roark – The Fountainhead – dar, der nicht bereit ist, um Aufträge zu werben, und nur der Maxime folgt, dass der Architekt ausschließlich durch seine baukünstlerische Leistung überzeugen und ins Gespräch kommen darf. In der Geschichte des Architektenberufs hat es diese extreme Haltung nie gegeben. Frank Lloyd Wright, der das Vorbild für die Filmfigur gewesen sein soll, sträubte sich: „Nur ein Idiot würde sich so benehmen, aber kein Architekt."
Mehr denn je ist das heutige Bild des Architekten bestimmt von seiner Bereitschaft, flexibel und kommunikativ auf den Bauherrn zuzugehen und auf seine Leistung hinzuweisen.

Vorlage für die nebenstehende Filmdarstellung des heroischen Architekten mit seinem Werk im „Fountainhead" könnte oben stehendes Foto von Walter Gropius (1921) vor seinem Wettbewerbsentwurf für den Chicago Tribune Tower gewesen sein (siehe S. 100). Gropius jedoch war sich für Eigenwerbung nicht zu schade: Bereits 1910 hatte er z. B. an den Chef der Faguswerke in Alfeld an der Leine, Karl Benscheidt, folgendes Bewerbungsschreiben gerichtet: „Ich erlaube mir, Ihnen meine Dienste als Architekt für die bevorstehende großartige Konstruktion Ihres Industrieunternehmens anzubieten. Auf Grund meiner Tätigkeit bei Professor Behrens (neue Fabrikanlagen für die AEG) kenne ich alle Probleme und wäre in der Lage, für Sie einen wohlüberlegten Entwurf auszuarbeiten, sowohl vom Künstlerischen, wie vom Praktischen." (aus: „Walter Gropius" von Paolo Berdini)

1.4. Das Berufsbild des Architekten – heute

Das Berufsbild des Architekten unserer Zeit wird wesentlich durch zwei Ereignisse bestimmt, die Anfang des 20. Jahrhunderts stattgefunden haben: durch die Gründungen des Bundes Deutscher Architekten – BDA – 1903 in Frankfurt/Main und des Deutschen Werkbundes – DWB – 1907 in München. Das Ziel beider Vereinigungen ist die Anhebung des architektonischen Niveaus; um es zu erreichen, schlagen sie unterschiedliche Wege ein.

Der BDA will Qualitätssteigerung, indem er den Kreis derer einschränkt, die für Architektur verantwortlich sind. Nur Architekten, die eine besondere Ausbildung wahrgenommen haben und den Nachweis nennenswerter eigener Bauleistungen erbringen können, sind geeignet, Ordnung und Gestaltung unserer Umwelt verantwortungsbewusst zu übernehmen.

Dagegen haben die Mitglieder des DWB, die aus unterschiedlichen Berufen kommen – neben Architekten auch Industrielle, Künstler und Handwerker – eine gemeinsame Vorstellung von Architektur und Design der Gegenwart, die gleichermaßen von Kunst und Technik bestimmt werden sollen.

Dem nachfolgenden Teil des Kapitels, der sich mit dem BDA befasst, liegt das Heft 5–6/Juni 2003 „Der Architekt" zugrunde, die „Zeitschrift des Bundes Deutscher Architekten BDA". Wörtliche Zitate stehen in Anführungsstrichen, Verfasserinnen oder Verfasser in Klammern.

Der Bund Deutscher Architekten BDA

Das 19. Jahrhundert hatte dem Berufsstand der Architekten nicht nur die Abspaltung der Ingenieure gebracht. Auch die Berufsbezeichnung „Architekt" stand jedem offen, der sich dazu geeignet fühlte oder dem es nützlich schien. Die anspruchsvollen öffentlichen Bauaufgaben der Kultur, der Wissenschaft

---

In seiner Zeit gängige Praxis: Ende des 19. Jahrhunderts, Anfang des 20. Jahrhunderts errichtete das „Baugeschäft Heilmann und Littmann" aus München (aus: Architekturführer München, Dietrich Reimer Verlag Berlin 1994) schlüsselfertige Geschäftsbauten und Theater in aktueller Stilvielfalt. Entwurf: Littmann, Ausführung: Heilmann. Redaktionsgebäude der Münchener Neuesten Nachrichten 1905/06 in München, heutige Süddeutsche Zeitung, zwar der Historie verpflichtet, aber schmuckloses und wirkungsvolles Mauerwerksgebäude.

Kaufhaus Oberpollinger am Karlstor, 1904/05 in München.
Die dreiteilige Fassadengliederung bezieht sich auf die – damals noch – kleinteilige Altstadtbebauung, dennoch ist seine Konstruktion ein streng gerastertes Stahlskelett.

Prinzregententheater 1900/01 in München. Nachdem das von Ludwig II beauftragte und von Gottfried Semper 1866 entworfene „Richard-Wagner-Theater" nicht gebaut wurde, kam es – verspätet – doch noch dazu. Das Bayreuther Festspielhaus ist als Vorbild unverkennbar.

Doppeltheater mit Oper und Schauspiel 1907–12 in Stuttgart als Ersatz für das 1902 abgebrannte Hoftheater (Neues Lusthaus von Beer, siehe S. 64). Monumentaler Historismus mischt sich mit leichten Jugendstilelementen.

und des Verkehrs, Banken und Geschäftshäuser sowie der gehobene Wohnungsbau teilten sich die „Privatarchitekten" und die „Baubeamten", beide sahen sich als Baukünstler. Im Unterschied zu diesen repräsentativen und individuellen Bauten waren Massenwohnungs- und Zweckbauten die Aufgabe von selbstständigen Bauhandwerkern und Bauunternehmern. In der Regel befanden sich Entwurf und Ausführung in einer Hand.

„Der Berufsstand der Privatarchitekten formierte sich in Deutschland zuerst in Preußen und zwar während der 1830er Jahre [...]. Während der ersten Hälfte des 19. Jahrhunderts wurden in fast allen größeren Städten Deutschlands und Österreichs regionale Architektenvereine gegründet. Während sie sich zunächst vor allem der Frage der Architektenausbildung widmeten, mischten sie sich – durch wachsende Mitgliederzahl einflussreicher geworden – [...] immer stärker in die Diskussion über politische und wirtschaftliche Probleme des Berufsstandes ein [...]". (aus „Um 1900: Der ‚Privat-Architekt' und die Gründung des BDA", von Brigitte Reuter).

Der Berliner Architektenverein, der 1824 gegründet wurde, war der erste Architektenverein in Deutschland. Zu seinen Gründungsmitgliedern zählten der „Privatarchitekt" Eduard Knoblauch (1801–65) und der „Hofarchitekt" August Stüler (1800–65). Ein Schwerpunkt des Architektenvereins – seit 1852 „Architekten- und Ingenieurverein Berlin" – war die wissenschaftlich-künstlerische Fortbildung ihrer Mitglieder, in deren Rahmen Vorträge und Exkursionen angeboten wurden; der Verein gab zahlreiche Zeitschriften und Bücher heraus und hielt „Übungen für das Entwurfszeichnen" ab. Die gestalterisch-künstlerische Kompetenz sollte für den Privatarchitekten wesentliches Unterscheidungsmerkmal zum rein technisch ausgebildeten Ingenieur sein.

„Einen Konkurrenzkampf um lukrative Bauaufträge führte der Privatarchitekt entgegen landläufiger

Der „Privatarchitekt" Eduard Knoblauch entwarf 1859 die Hauptsynagoge der Berliner Juden in der Oranienburger Straße. „Sie war eines der großartigsten Bauwerke des späten 19. Jahrhunderts. An der Straße erhob sich der stattliche Kuppelbau, der seitlich von zwei Türmen flankiert war." (aus: Architekturführer Berlin, 1991). Ein Eisenskelett war das Tragwerk des Gebäudes, das sich durch die ungewöhnliche Farbigkeit seines maurischen Dekors auszeichnete. Knoblauch musste die Ausführung wegen Erkrankung an August Stüler weitergeben. Beide erlebten die Einweihung 1866, an der auch Bismarck teilnahm, nicht mehr.
In der Pogromnacht vom 9. – 10.11.1938 brannte die Synagoge aus. 1943 wurde sie durch Luftangriffe stark beschädigt; nur die Bauteile an der Straße sind wiederhergestellt und werden von der jüdischen Gemeinde genutzt.

Der „Hofarchitekt" und Baubeamte August Stüler, Schinkelschüler und -nachfolger, begann 1843 mit der Realisierung des Neuen Museums, seinem Hauptwerk, das nördlich an das soeben fertiggestellte Alte Museum mit einem gedeckten Gang anschließt. Wie sein Vorgänger und Lehrmeister verwendete er Elemente des Klassizismus, obwohl er bereits – wie Schinkel – „gotisch" entworfen und ausgeführt hatte. Das Neue Museum wurde im Zweiten Weltkrieg stark zerstört, die Art seines Wiederaufbaus war stark umstritten. David Chipperfield, Architekt aus England, der sich an dem Wettbewerb für den Wiederaufbau beteiligt und den Auftrag erhalten hatte, belässt authentische Bauteile und ergänzt durch moderne Elemente.

Links: „In diesem schönen Hotel habe ich gerade den Bund Deutscher Architekten gegründet [...]", Postkarte des Architekten von Below am 20. Juni 1903 an seine Tochter Doris.
(aus „Kleine Chronik des BDA")

Unten:
BDA-Satzung 1904.
(aus: „Kleine Chronik des BDA"). In der Mitgliederversammlung kommen u.a. die Ausdehnung der Kunstkritik und die Bezeichnung von Bauwerken mit dem Namen des Architekten zur Sprache.

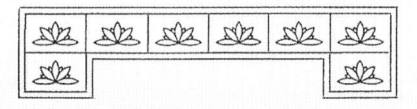

§ 1.
Der Bund deutscher Architekten – B. D. A. – bezweckt die Vereinigung der ihren Beruf als Künstler ausübenden deutschen Architekten zum Schutze ihrer Arbeit und zur Hebung ihres Ansehens.

§ 2.
Mitglied kann jeder deutsche Architekt werden, welcher nennenswerte baukünstlerische Leistungen aufzuweisen hat und sich in seinem Berufe selbständig betätigt. Jede Art Unternehmertum schließt die Mitgliedschaft aus. Als Unternehmer ist derjenige anzusehen, welcher selbständig die Herstellung von Bauten gewerbsmäßig übernimmt oder Handwerks-Gehülfen und -Lehrlinge im Baufache hält.

Für die Berechnung der Gebühren ist die Gebührenordnung des Verbandes deutscher Architekten- und Ingenieur-Vereine maßgebend.

§ 3.
Zum Eintritt in den Bund deutscher Architekten wird von dem Vorstande der zuständigen Ortsgruppe eingeladen, nachdem die Befähigung zur Aufnahme im Sinne des § 2 nachgewiesen ist.

Meinung viel seltener mit dem Bauingenieur als mit dem Baubeamten und dem Bauunternehmer [...]. So war es dem Baubeamten grundsätzlich gestattet, nebenberuflich im Privatbau tätig zu sein [...]. Durch das staatliche Salär abgesichert, konnten die Baubeamten Privataufträge ausführen und wurden [...] als ‚Königliche Baumeister' zu einer ernst zu nehmenden Konkurrenz." (Reuter) Die gleiche erwuchs ihm aus den Bauunternehmern, die neben der Bauausführung die gesamte Architektenleistung mitlieferten. Zwar hatte der Bauherr damit den Vorteil, es nur mit einem Ansprechpartner zu tun zu haben, musste aber in Kauf nehmen, dass die Bauleistungen ohne weitere Gegenangebote erbracht wurden und – unkontrollierbar – sowohl überteuert als auch minderwertig sein konnten.

Weil das berufliche Interesse der Mitglieder des Berliner Architekten- und Ingenieurvereins immer weiter auseinanderging, fühlten sich die Privatarchitekten von ihm nicht mehr ausreichend vertreten und gründeten nach dem Vorbild des „Royal Institute of British Architects" (RIBA) die „Vereinigung Berliner Architekten". Der nächste Schritt sollte die überregionale Vereinigung der Privatarchitekten in Deutschland sein.

„Der Hannoveraner Architekt F.R. Vogel weist 1899 in der ‚Deutschen Bauhütte' auf die Notwendigkeit eines freien Architektenstandes hin, der unabhängig vom Unternehmertum agiert. Dabei bezieht er sich auf die ethischen Grundsätze der Bostoner Architektenvereinigung aus dem Jahr 1895. Im Anschluss daran bildet sich in Hannover die ‚Hannoveraner Architektengilde', deren ausdrückliches Ziel die Bildung eines deutschen Architektenbundes ist. [...] am 21. Juni [finden sich] im Hotel ‚Frankfurter Hof' 29 Architekten aus verschiedenen Städten zusammen und rufen – in Anlehnung an die Satzung der Hannoveraner Architektengilde – den Bund deutscher Architekten ins Leben. Der Bund versteht sich als ‚Vereinigung der ihren Beruf als

Künstler ausübenden Architekten zum Schutze ihrer Arbeit und Hebung ihres Ansehens'. Mitglied kann [...] werden, [wer] nennenswerte baukünstlerische Leistungen aufzuweisen hat und sich in seinem Beruf selbständig betätigt. Jede Art Unternehmertum schließt die Mitgliedschaft aus." (aus: kleine Chronik des BDA 1903)

Im Februar 1904 findet in Kassel die erste ordentliche Versammlung statt. „[...] Die Versammlung fasst den Beschluss, eine Darlegung der Aufgaben des BDA zu verbreiten [...]." Die daraus resultierende Schrift trägt den Titel „Was wir wollen!" und erscheint 1904. Als Ziele werden genannt der Kampf gegen das „rücksichtslose Unternehmertum" und die „dumpfe Armut des Baupfuschertums", die Einflussnahme auf die baulichen Gepflogenheiten und Bauordnungen der Städte, die Zurückdrängung des Baubeamtentums bei der Einrichtung öffentlicher und kirchlicher Gebäude, und die „Besserung des architektonischen Konkurrenzwesens zugunsten des freien Wettbewerbs [...]." (aus: kleine Chronik des BDA 1904) Gleichzeitig diskutiert der BDA die Ausdehnung der Kunstkritik auf die Architektur und die Bezeichnung von Bauwerken mit den Namen der Architekten. 1907 hat der BDA 670 Mitglieder, zu ihnen zählen Peter Behrens, Wilhelm Kreis, Fritz Schumacher, Paul Wallot, Paul Ludwig Trost, Joseph M. Olbrich und Alfred Messel. „Jedes Mitglied hat nach der genehmigten Satzung [...] die Pflicht, sich in der Signatur als Architekt B.D.A. zu bezeichnen."

Die Arbeit des BDA in der ersten Hälfte des 20. Jahrhunderts ist ein zäher Kampf um standespolitische Positionen der „Privatarchitekten". Bereits 1909 gibt es einen Gesetzentwurf zur Einrichtung von Architektenkammern. Sie sind dem BDA ein Anliegen, das er über Jahrzehnte beharrlich verfolgt. Selbst im Kriegsjahr 1916 behandelt die BDA-Versammlung Entwürfe zu einem „Reichsgesetz über Architektenkammern", vornehmlich unter dem Gesichtspunkt der Berufsbezeichnung „Architekt", und beschließt

Oben: Das Signet des BDA verrät seine Entstehungszeit: den Jugendstil.

Rechts: Das Vorbild für die BDA-Satzung aus dem Jahr 1899.

Unten: „Was wir wollen!", Manifest des BDA aus dem Jahr 1904.

Um unsern Stand, den des selbständigen, künstlerisch schaffenden Architekten, in dessen Händen vorwiegend heute die Pflege der Baukunst als Verkünderin des Zeitgedankens ruht, in idealem Streben, aber auch in berechtigter Selbsthülfe zu befestigen und zu fördern, müssen wir uns klar sein über jene Einwirkungen, die ihn im immer heftiger werdenden Lebenskampfe unserer Tage schädigend beengen, die teilweise noch unbewußt, doch hinarbeiten, ihm zum Schaden unserer Kunstentwicklung den Lebensnerv zu durchschneiden.

Die größte Gefahr für unser Kunstleben, den schlimmsten Gegner unserer eigenen Bestrebungen sehen wir in dem rücksichtslosen Unternehmertum, das ohne Ideale, nur von Gewinnsucht beherrscht, die sonst so segensreiche Gewerbefreiheit ausbeutet. In den weiten, neuen Straßengebieten unserer Städte tritt uns überall der kalte Geschäftssinn, die stumpfe Geistesarmut des Baupfuschertums entgegen. Selten nur bemerken wir in diesen aufdringlichen oder langweiligen Häuserreihen das schüchterne Aufflackern eines echten Kunstwollens. Der künstlerisch schaffende Architekt hat längst die Einwirkung auf den Bau der Straßen unserer neuen Stadtteile verloren, hier ist das Reich des sich auf niederer Fachschulen gebildeten Unternehmers, der sich ungestraft den Namen eines Architekten zulegt, weil diese Bezeichnung ihm vorteilhaft erscheint; und die Bedauernswerten unseres Standes, die, durch die Not getrieben, für diese heute arbeiten, müssen sich mit kärglichem Lohn begnügen. Hier ist der Wirksamkeit des Bundes ein weites Feld geboten: es gilt, durch eine emsige Tätigkeit auch der einzelnen Vereinigungen, durch aufklärende Vorträge, durch die Presse und besonders durch Entsendung von Vertretern in die städtischen Kollegien einen Einfluß auf die baulichen Gepflogenheiten und auf die Bauordnungen zu gewinnen, um den von uns zu stellenden realen wie ästhetischen Forderungen ihr Recht zu sichern und dem künstlerischen Schaffen ein reiches Feld zurückzuerobern.

Wie uns eine wertvolle Mitwirkung am Bau der neuen Straßen unserer Städte durch das von unten quellende Unternehmerwesen beschränkt oder ganz verloren gegangen ist, so droht uns die gleiche Gefahr beim Bau der öffentlichen Gebäude, in der Monumentalkunst, durch das Baubeamtentum der weltlichen und kirchlichen Behörden. Es liegt uns fern, hier eine Kritik üben zu wollen an den leistungen unseres Staatsbaumeister, im Gegenteil nehmen wir gern die Gelegenheit wahr, die Verdienste anzuerkennen, die sich hervorragende Künstler in den leitenden Stellungen unseres Staatsbauwesens um die heimische Baukunst erworben haben und fortdauernd erwerben, doch in berechtigter Selbsthülfe müssen wir uns zu wehren gegen das in unserm Vaterlande in immer bedrohlicherer Weise anwachsende Baubeamtentum, durch das alle Zweige der Verwaltung bis zum kleinsten Stadtmagistrat hinab ihre Bauten entwerfen und ausführen lassen. Nur auf dem sicheren Boden einer eigenen Berufsvertretung in unserm Bunde werden wir uns mit der Lösung dieser für die Entwicklung der deutschen Baukunst so überaus wichtigen Frage beschäftigen können, selbstverständlich mit aller Rücksichtnahme auf den uns verwandten Verband deutscher Architekten- und Ingenieur-Vereine, der sich mit diesem Gegenstand in unserm Sinne nicht beschäftigen kann, weil er in der überwältigenden Mehrheit seiner Mitglieder aus Beamten des Bau- und Ingenieur-Wesens der deutschen Staaten besteht.

Eine nicht minder wichtige Aufgabe, die unsern Bund beschäftigen wird, ersteht uns in der Abwehr der mit jedem Jahre zahlreicher in unsern Stand drängenden, auf den vielen Fachschulen gebildeten Bautechniker.

Statt sich in weiser Mäßigung darauf zu beschränken, tüchtige Bauhandwerker zu erziehen, denen sich heute eine ausgedehnte, lohnende Tätigkeit bietet, suchen viele Schulen eine Ehre darin, ihren Unterricht nach der baukünstlerischen Seite emporzuschrauben, der die meist ungenügend vorgebildeten Schüler nicht gewachsen sind. Es werden in dieser Weise systematisch halbgebildete und verbildete Techniker gezüchtet, die nur geeignet sind, als geistiges Proletariat sowohl den Stand der tüchtigen Baugewerken als auch den der wirklichen Architekten zu schädigen. Wir hoffen, daß es dem Bunde gelingen werde, geeignete Wege zur Einschränkung dieses Unheils zu finden; indessen, schon bevor solches möglich ist, steht unsern Mitgliedern zu wirksamer Abwehr aller Unberufenen das Recht zu, sich durch die ihrem Namen anzuhängende Bezeichnung "B.D.A." als Mitglieder des Bundes für jedermann erkennbar hervorzuheben. Es empfiehlt sich, diese Auszeichnung für den Gebrauch baldigst allgemein einzuführen, da ein vom Staat zu erteilender Titelschutz unter den heutigen Verhältnissen schwer erreichbar erscheint, auch von seiner Einführung von mancher Seite allerlei Nachteile für unsern freien Künstlerberuf befürchtet werden.

Ferner wird sich der „B.D.A." mit der Besserung des architektonischen Konkurrenzwesens zu beschäftigen haben. Der freie Wettbewerb, der bei großen Aufgaben wohl geeignet schien, die Baukunst zu fördern, ist in seiner heutigen Ausartung nicht allein ein Mittel geworden, unsern Stand in der schnödesten Weise auszubeuten, sondern er hat auch eine Reihe anderer Mißstände gezeitigt, die der Abhülfe dringend bedürfen.

Eine besondere Aufmerksamkeit wird auch dem Bildungsgange unseres eigenen Standes gewidmet werden müssen, da die Ansicht immer mehr sich befestigt, daß die vom Staate im Hinblick auf die von ihm für notwendig gehaltene Vorbildung seiner Beamten errichteten Hochschulen in mancher Beziehung den Anforderungen widersprechen, die an die Ausbildung des Baukünstlers zu stellen sind.

Aus der Fülle der anderweitigen Aufgaben, die zum inneren Ausbau unseres Bundes gehörend, unsern Bund beschäftigen werden, wollen wir nur die Errichtung von Ehren- und Schiedsgerichten für unsern Stand hervorheben, weiterhin die Veranstaltung von Sonderausstellungen, die Vertretung unseres Standes auf den allgemeinen Ausstellungen der bildenden Künste und, nicht zu vergessen, die Einführung und Einbürgerung gleichmäßiger Gepflogenheiten für die bauliche Geschäftsführung, für die Verträge und Vertragsbedingungen mit Auftraggebern, Unternehmern und Angestellten.

Diese kurzen Darlegungen, die in keiner Weise erschöpfend sein konnten, werden genügen, um die Notwendigkeit der Gründung unseres Bundes zu erweisen, indem sie den Ausblick gewähren auf die weitesten, bisher noch unbebauten Arbeitsgebiete, so bitten wir die deutschen Architekten durch Anmeldung ihrer Mitgliedschaft bei dem unterzeichneten Vorstande ihre Bereitwilligkeit auszudrücken, als Mitglieder unseres Bundes teilnehmen zu wollen an der Festigung, Sicherung und Förderung unseres herrlichen künstlerischen Berufes.

Der Vorstand
des Bundes Deutscher Architekten

„Was wir wollen!", Manifest des BDA aus dem Jahr 1904, aus „Kleine Chronik des BDA"

die Erarbeitung von Richtlinien für die Einrichtung von Kammern. 1921 wird der Gesetzentwurf dem Reichsfinanzministerium vorgelegt, aber er wird vertagt und nicht weiterverhandelt. 1930 soll im Reichstag ein Gesetz über den Schutz der Berufsbezeichnung „Architekt" eingebracht werden. Mit einer Denkschrift will der BDA erneut die Rechte der freien Architekten gegenüber den Bauverwaltungen hervorheben: „Der Architekt vertritt die Interessen des Bauherrn". Ein Referentenentwurf, der sich 1931 darauf bezieht und die Berufsbezeichnung „Architekt und Bauanwalt" vorschlägt, wird allerdings nicht verabschiedet. Trotz jahrzehntelanger Bemühungen – von seiner Gründung im Jahr 1903 an bis zum Ende des 2. Weltkrieges – gelingt es dem BDA nicht, die politisch Verantwortlichen zu einem Architektengesetz und damit zum Schutz der Berufsbezeichnung „Architekt" zu bewegen.

Erst in der Nachkriegszeit kommt es zum Durchbruch. Der föderale Aufbau der Bundesrepublik, der die Kulturhoheit den Ländern zuweist, führt dazu, dass die Architektengesetze von den Länderparlamenten beschlossen werden müssen. 1950 wird in Rheinland-Pfalz das erste deutsche Architektengesetz verkündet, 1954 folgen Bayern und 1955 Baden-Württemberg, 1969 Nordrhein-Westfalen. Bis 1973 entstehen in allen alten Bundesländern Architektengesetze, auf Grund derer sich Architektenkammern als Körperschaften öffentlichen Rechts formieren. In den neuen Ländern folgen sie in den Jahren nach der Wiedervereinigung. 1969 wird die Bundesarchitektenkammer gegründet.

Obwohl sich in der Zeit nach dem 2. Weltkrieg mit dem „Bund Deutscher Baumeister, Architekten und Ingenieure" BDB und der „Vereinigung freischaffender Architekten Deutschlands e.V." weitere Standesvereinigungen der Architekten gebildet hatten, waren ihre Berufsbelange doch überwiegend vom BDA wahrgenommen worden. In Zukunft werden die Arbeitsgebiete Ausbildung, Wettbewerbswesen, Verträge, Versicherungen, Honorare, Altersversorgung u.a. den Kammern überantwortet, die allerdings die Mitarbeit der Verbände erwarten und koordinieren. Die Architektengesetze der Länder unterscheiden sich mitunter erheblich voneinander, so ist es eine Besonderheit der Nordrhein-Westfälischen Baukammer, dass sie sowohl für Architekten als auch Ingenieure zuständig ist. Allen gemeinsam ist aber, dass sie auf veränderte Entwicklungen eingehen und sie durch Novellierung anpassen. Das nachfolgend – in wenigen Auszügen – vorgestellte

Baukammergesetz (BauKaG NRW)

des Landes Nordrhein-Westfalen (erlassen am 16.12.2003) stellt die 2008 novellierte Fassung des Architektengesetzes in Nordrhein-Westfalen dar:

§ 2 Berufsbezeichnungen
unterscheidet in
„Architekt" und „Architektin"
„Innenarchitekt" und „Innenarchitektin"
„Landschaftsarchitekt" u. „Landschaftsarchitektin"
„Stadtplaner" und „Stadtplanerin". Sie sind in Architektenlisten und Stadtplanerlisten eingetragen, die von der Architektenkammer geführt werden.

§ 4 Eintragung
Über die Eintragung entscheidet ein Eintragungsausschuss.
Voraussetzung für die Aufnahme in die jeweilige Liste der Fachrichtung ist u.a. die Hauptwohnung bzw. der Beschäftigungsort in Nordrhein-Westfalen, der erfolgreiche Abschluss eines einschlägigen Studiums mit einer mindestens vierjährigen Regelstudienzeit, der Nachweis einer zweijährigen praktischen Tätigkeit innerhalb der Berufsaufgaben, für die die Eintragung gewünscht wird und der Nachweis erforderlicher beruflicher Weiterbildungen. Falls diese Voraussetzungen in Gänze nicht gegeben sind, prüft der Eintragungsausschuss, z.T. mit Hilfe von Gutach-

Der Landtag von Nordrhein-Westfalen, 1980–88 (Draufsicht vom nahen Fernsehturm) ging aus einem Wettbewerb hervor, den die Architekten Eller, Moser, Walter gewonnen hatten. Das ungewöhnliche und konsequent durchgehaltene Formsystem des Kreisbogens war in den 70ern schon von den Architekten Behnisch und Partner beim Wettbewerb für den Bundestag in Bonn angewendet worden, kam aber nicht zur Ausführung.

Landtag von Nordrhein-Westfalen, Plenarsaal. Das föderale System der Bundesrepublik weist die Architektengesetze den Ländern zu.

Das in Nordrhein-Westfalen „Baukammergesetz" genannte Architektengesetz wurde hier 2003 beschlossen.

Die Architektenkammer NRW baute ihr Haus im Sanierungsgebiet Rheinauhafen Düsseldorf nach einem Wettbewerb 1997. Architekten: Werk.um Architekten, Darmstadt. Im Rahmen einer geplanten „Medienmeile" entstanden hier Studios, Büros, Ateliers und Wohnungen.
Die drei Fassaden des dreieckigen Grundrisses weiten sich bogenförmig nach außen, dennoch wird offenbar: Kammerarbeit ist zu einem großen Teil Verwaltung.

Eingangsdetail Architektenkammer.
Mit seinen ruhigen Konturen beschwichtigt das Haus die benachbarte Bebauung, die einen großen Formaufwand treibt und in Teilen experimentellen Charakter hat, indem sie auf einfache vertikale Linien verzichtet. (Bürogebäude Neuer Zollhof von Frank O. Gehry 1996–98)

ten, ob die erforderliche Qualifikation für die Eintragung auf anderem Wege nachweisbar ist.

§ 12 Architektenkammer
ist eine Körperschaft öffentlichen Rechts

§14 Aufgaben der Architektenkammer
Das BauKaG NRW überträgt der Kammer eine Reihe von Aufgaben, aus denen nachfolgend einige aufgeführt werden:
1. […] das Ansehen des Berufsstandes zu wahren,
2. […] die Baukultur und das Bauwesen zu fördern,
4. die berufliche Aus-, Fort- und Weiterbildung […] zu fördern,
7. Wettbewerbe zu fördern und bei der Regelung des Wettbewerbswesens mitzuwirken.

§ 15 Versorgungswerk
(1) Die Architektenkammer kann durch Satzung für ihre Mitglieder […] ein Versorgungswerk errichten.

§ 20 Satzungen
Die Architektenkammer kann zur Regelung ihrer Angelegenheiten Satzungen erlassen. […] z.B. über
3. Die Beitragsordnung
4. Die Gebührenordnung
6. Die Sachverständigenordnung
9. Die Fort- und Weiterbildungsordnung

§ 22 Berufspflichten
(1) Die Kammermitglieder sind verpflichtet, […] alles zu unterlassen, was dem Ansehen des Berufsstandes schaden könnte.
(2) Sie sind insbesondere verpflichtet,
    4. sich […] beruflich fortzubilden […],
    5. sich ausreichend gegen Haftpflichtansprüche zu versichern,
    8. die Verordnung über die Honorare zu beachten,
    10. das geistige Eigentum anderer zu achten.

Aus der nachfolgend aufgeführten

„Verordnung zur Durchführung des Baukammergesetzes Nordrhein-Westfalens" (DVO BaukaG NRW),

die die Umsetzung des Baukammergesetzes zur Aufgabe hat, wird hier lediglich der § 19 aufgeführt:

§ 19 Versicherungspflicht für Bauvorlageberechtigte

(1) Entwurfsverfasserinnen und Entwurfsverfasser, die Bauvorlagen für die Errichtung oder Änderung von Gebäuden gemäß § 70 der Landesbauordnung durch Unterschrift anerkennen, sind nach Maßgabe der Absätze 2 bis 4 ausreichend haftpflichtversichert im Sinne § 22 BauKaG NRW.

(2) Die Mindestdeckungssummen betragen für jeden Versicherungsfall
 · 1.500.000 Euro für Personenschäden und
 · 250.000 Euro für Sach- und Vermögensschäden.

In der **Hauptsatzung**, die sich die **Architektenkammer Nordrhein-Westfalen** am 25.9.2004 gemäß dem Baukammergesetz NRW gab, legte sie im

§ 1 [als] Sitz der Architektenkammer
Nordrhein-Westfalen Düsseldorf fest.

§ 2 Rechte und Pflichten der Kammermitglieder
erklärt für zulässig, die Berufsbezeichnung nach § 2 BauKaG NRW durch Hinweise auf die Tätigkeitsart zu ergänzen, z. B.
„angestellte Architektin" oder „angestellter Architekt" und
„beamtete Architektin" oder „beamteter Architekt" und
„freischaffende Architektin" oder „freischaffender Architekt".

Sitz der Architektenkammer Rheinland-Pfalz in Mainz. Das rheinland-pfälzische Parlament hatte 1950 als erstes Länderparlament ein Architektengesetz erlassen; auch das Kammergebäude stammt aus der Zeit.

Sitz der Architektenkammer Niedersachsen im ehemaligen Wohn- und Ateleiergebäude (1822–24) des bedeutenden Architekten Georg Ludwig Friedrich Laves. Der klassizistische Bau ist ein „vorbildliches Beispiel der sensiblen Renovierung eines bedeutenden Baudenkmals unter gleichzeitiger Berücksichtigung moderner Nutzungsanforderung." (Martin Wörner, Ulrich Hägele und Sabine Kirchhof in: Architekturführer Hannover)

„Haus der Architekten", Sitz der Architektenkammer Baden-Württemberg, Architekt Michael Weindel, 1993.
Mit Gunnar Asplunds Stadtbibliothek in Stockholm 1921–28 verabschiedete sich die Rotunde als architektonisches Element und fand erst ca. 50 Jahre später mit Stirlings Erweiterung der Staatsgalerie in Stuttgart (s. Seite 250) ihre Wiederentdeckung und häufige Anwendung – auch das Kammergebäude mochte nicht darauf verzichten.

Unten: Das „Haus der Architekten" vertritt auch eine große Zahl erfolgreicher Architektinnen, die besonders im Kammerbezirk Stuttgart sehr aktiv sind.

„Haus der Architektur" in München, Sitz der Architektenkammer Bayern, Architekten Drescher und Kubina 1997–2002. Indem Neues respektvoll und selbstbewusst zum Vorhandenen addiert wird, demonstriert die Kammer beispielhaften Umgang mit dem Bestand.

§ 9 Ausschüsse

(4) Ausschüsse sind, soweit erforderlich, für folgende Sachgebiete zu bilden:
– Planen und Bauen
– Ausbildung, Fortbildung
– Innenarchitektur
– Landschaftsarchitektur
– Belange der Tätigkeitsarten
– Berufsordnung, Schlichtung
– Haushalt, Finanzen, Beitragswesen
– Öffentlichkeitsarbeit und Dienstleistungen
– Recht, Sachverständige, EDV
– Stadtplanung
– Wettbewerbs- und Vergabewesen

Per Baukammergesetz wird der Architektenkammer (§ 14) ausdrücklich aufgetragen, „Wettbewerbe zu fördern und bei der Regelung des Wettbewerbswesens mitzuwirken".

Die Architektenkammer kommt dem in § 9 (Ausschüsse) ihrer Hauptsatzung nach und bildet für das Wettbewerbswesen einen eigenen Ausschuss. Wettbewerbsregeln haben eine lange Tradition. Die ersten „Grundsätze für das Verfahren bei öffentlichen Konkurrenzen" in Deutschland sind aus dem Jahr 1868. In der Bundesrepublik wurden 1952 die „Grundsätze und Richtlinien für Wettbewerbe" (GRW 1952) eingeführt. Die Bundesarchitektenkammer entwickelte dieses Regelwerk zur GRW 1977.

Regeln für die Auslobung von Wettbewerben RAW 2004

Die nunmehr in einer Broschüre vorliegenden „Regeln für die Auslobung von Wettbewerben" RAW 2004 wurden um Inhalte des Ingenieurwesens erweitert. „Wettbewerbe in Raumplanung, Städtebau und Bauwesen sind einzigartig als Verfahren, für ein Projekt die beste Lösung […] zu finden. Nirgendwo in der Wirtschaft werden so umfangreiche Leistungen ohne die Gewissheit erbracht, dafür vergütet zu werden. [...] Aber auch Gegenleistungen werden erwartet: Es ist die Zusage, dass einer der Preisträger mit dem anschließenden Auftrag rechnen darf und das Verfahren nach fairen Spielregeln abläuft." (Aus dem Vorwort für die „Regeln für die Auslobung von Wettbewerben" RAW 2004)

Die Architektenkammern werben für die Durchführung von Wettbewerben nicht nur bei öffentlichen sondern auch bei privaten Bauaufgaben. „Der Bauherr erhält durch die Vielzahl qualitativ hochstehender Lösungen seiner Aufgabe eine Möglichkeit der Optimierung, die mit der Direktbeauftragung eines einzelnen Planers niemals zu erreichen wäre. Diese Optimierung betrifft sowohl die funktionalen und gestalterischen, aber auch die wirtschaftlichen Aspekte." (aus RAW 2004)

Es wird unterschieden zwischen „Ideen-Wettbewerb" und „Realisierungswettbewerb". Vom ersten wird eine breite Palette von Lösungsmöglichkeiten erwartet, vom zweiten eine Lösung, die unmittelbar zu verwirklichen ist.

Es gibt den „Einstufigen Wettbewerb", zu dessen Ergebnis ein Verfahren genügt, und den „Mehrstufigen Wettbewerb", der dazu mehrere Phasen benötigt.

Wettbewerbe können öffentlich ausgeschrieben werden, dann können alle Berechtigten daran teilnehmen. Ist die Ausschreibung beschränkt, so gibt es nur geladene Teilnehmer.

Der Zulassungsbereich für Wettbewerbe kann sowohl lokal, regional oder national begrenzt als auch international sein.

Über Ausschreibungen und Ergebnisse von Wettbewerben wird in der Fachpresse ausführlich berichtet. In Deutschland gibt es seit Jahrzehnten zwei Architekturzeitschriften, die sich ausschließlich mit Wett-

Karl-Marx-Allee, ehemals Stalinallee, Sitz der Architektenkammer Berlin nach der Wende (Abb. Mitte). Architekten: Herrmann Henselmann, Richard Paulick, Egon Hartmann, Kurt W. Leucht, Hanns Hopp, Karl Souradny.
Entlang dem 1,7 km langen Straßenzug entstanden 1951–60 im Rahmen des „Nationalen Aufbauwerks" der DDR 7-9-geschossige Wohnbauten, die 100–300 m lang sind. Die auf 90 m verbreiterte Straße erhielt zwei doppelreihige Baumalleen.
„Die architektonischen Ordnungen und ornamentalen Details folgen klassizistisch-eklektizistischen Vorbildern [...].
Die Sockelgeschosse wurden meist mit Werkstein, die Obergeschosse mit Keramikplatten verkleidet. Die Wohnungen sind großzügig bemessen und von anspruchsvoller Ausstattung" (Martin Wörner, Doris Mollenschott und Karl-Heinz Hüter in Architekturführer Berlin, 1991).
Der feudalistische Fomenkanon wurde im ganzen Ostblock von der Partei zur Auflage gemacht und betonte den Unterschied zur ornamentlosen Entwicklung der Moderne im Westen, wo er als „Zuckerbäckerstil" verachtet wurde. Seine Begründung, alle Bewohner hätten das Recht auf die Pracht schlossartiger Bebauung, kehrt ca. 30 Jahre später in der Postmoderne wieder.

Anfang und Ende der Straße markieren der Strausberger Platz (oben) mit den beiden Hochhäusern „Haus des Kindes" und „Haus Berlin" sowie das Frankfurter Tor (unten) mit den beiden Rundtürmen.

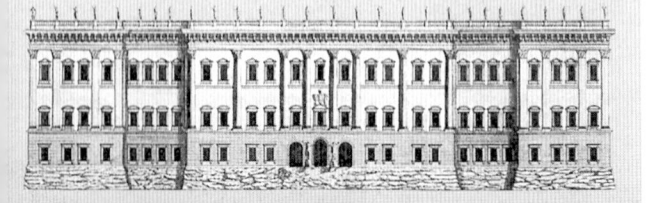

bewerben befassen: „Architektur + Wettbewerbe", Karl Krämer Verlag, Stuttgart, und „Wettbewerbe aktuell", Verlagsgesellschaft mbH, Freiburg.

Die Baukultur ihrer Zeit erfährt durch das Wettbewerbswesen starke Impulse und eine entschiedene Ausrichtung. Wettbewerbe und ihre Lösungen können emblematische Höhe- und Wendepunkte einer Bauepoche werden. Der Graphik als Medium, dem Betrachter Entwurfslösungen anschaulich zu vermitteln, fällt eine wichtige Rolle zu, der sie oft nicht gewachsen ist, indem sie der Versuchung erliegt, zu manipulieren statt zu informieren.

Aus der Geschichte der Wettbewerbe

Die ersten Wettbewerbe für Kunst und Architektur schrieb die Republik Florenz im Quattrocento aus. Filippo Brunelleschi (1377–1446), zunächst Goldschmied und Bildhauer und später bedeutendster Architekt seiner Zeit, stellte sich dreimal der Konkurrenz. Das Nordportal, eines der drei Portale des Baptisteriums vor dem Dom in Florenz, sollte eine zweiflügelige Bronzetür mit 28 quadratischen Motiven aus dem Neuen Testament erhalten. 1402 wurde zu deren Gestaltung ein Wettbewerb unter den angesehensten Künstlern ausgeschrieben. Sie bekamen zur Aufgabe, in ein auf der Spitze stehendes Quadrat, das an jeder Quadratseite durch einen Halbkreis erweitert war, die alttestamentarische Szene „Opferung Isaaks" als Basrelief einzubeschreiben. Zwar wurden die Vorschläge von Brunelleschi und Ghiberti als die besten anerkannt. Den Auftrag für die Ausführung erhielt jedoch Ghiberti. 1418 gewann Brunelleschi den Wettbewerb für die Kuppel des Domes in Florenz, die er zusammen mit Ghiberti bauen sollte. Ghiberti zog sich aber in der Folge immer mehr zurück. Als der Rohbau der Kuppel abgeschlossen war, gewann Brunelleschi, diesmal allein, die Konkurrenz um die Laterne mit einem bewundernswerten Marmoroktogon, das das Bauwerk krönt und abschließt.

Oben: Ghibertis ausgeführter Entwurf für das Nordportal des Baptisteriums in Florenz beim 1. Wettbewerb in der Geschichte der Kunst (1402). Hier die Taufe Jesu (Foto: Christa Heyduck).

Links: Die Kuppel des Domes von Florenz (1420–34) von Filippo Brunelleschi. Er gewann auch den Wettbewerb für die krönende Laterne (1418). (Foto: Wolfgang Heyduck)

Oben: Perraults realisierte Ostfassade bei der Erweiterung des Louvre in Paris, 1665.

Unten: Berninis dritter Entwurf, den die Franzosen als zu theatralisch empfanden.

Gianlorenzo Bernini (1598–1680), der führende Barockarchitekt Italiens, wurde 1665 von Ludwig XIV. nach Paris eingeladen, um an der Erweiterung des Louvre teilzunehmen. Zwischen beiden entspann sich ein intensives Gespräch über Proportionen. Dennoch gelang es ihm nicht, mit seinem sehr barocken Entwurf für die Ostfassade des Louvre den Wettbewerb gegen Claude Perrault (1613–1688) zu gewinnen. Perraults Vorschlag zeigt mit seinen aus Säulenpaaren gebildeten Kolonaden schon klassizistische Züge und trifft damit die Vorliebe der Franzosen für den Klassizismus, lange bevor er in Europa zur Epoche wird.

Als 1834 der alte Westminsterpalast abbrennt, schreibt die Auslobung des Wettbewerbs für den neuen Sitz des englischen Parlaments vor, dass der Plan im gotischen Stil vorgelegt werden müsse.
Sir Charles Barry (1795–1860) gewann 1835/36 die Ausschreibung mit einem konsequent asymmetrischen Gebäudeaufbau, der im Grundriss funktionalen Gesichtspunkten folgt und im Detail streng neogotisch ist. A.W.N. Pugin (s. Seite 104) wurde von Barry mit dem Innenausbau betraut. Das Jahr 1835 bedeutet den Durchbruch der Neogotik in Europa.

Ebenso markiert der Kristallpalast 1851 in London den Beginn einer neuartigen Konstruktionsweise aus Eisen und Glas, die bis dahin Brücken oder Gewächshäusern vorbehalten war. 1850 wird für die Ausstellungshalle ein internationaler Wettbewerb ausgeschrieben, an dem sich 245 Bewerber beteiligen, darunter 27 Franzosen. Trotz der Vergabe eines 1. Preises – bereits in Eisen und Glas – lässt sich keiner der Entwürfe verwirklichen, bis sich Joseph Paxton, ein Erbauer von Gewächshäusern, mit einem eigenen Entwurf einschaltet. Das Wettbewerbsverfahren hat – wenn auch vordergründig ohne Erfolg – die Bedingungen geschaffen, unter denen die Ausnahmelösung des Kristallpalastes entstehen konnte.

Parlamentsgebäude in London (1834–52) von Charles Barry
(Fotos: Dörte Jahnk)

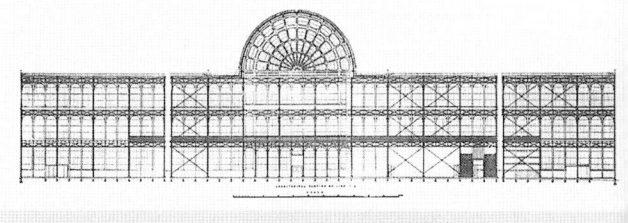

Kristallpalast (1851) in London von Joseph Paxton

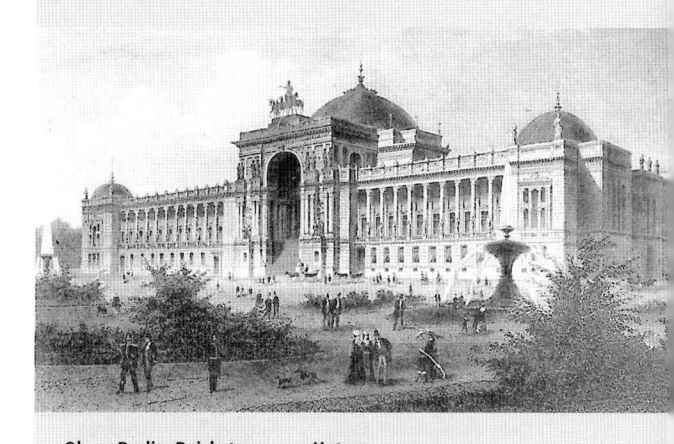

Oben: Berlin, Reichstag, 1. Wettbewerb 1872. 1. Preis Friedrich Bohnstedt. Zur Ablehnung dieser Lösung trug auch die deutsch-russische Herkunft des Preisträgers bei.

Unten: 2. Wettbewerb 1882. 1. Preis Paul Wallot, Ausführung nach langen Verhandlungen mit den Majestäten 1882–94. Ausländische Teilnehmer waren ausgeschlossen.

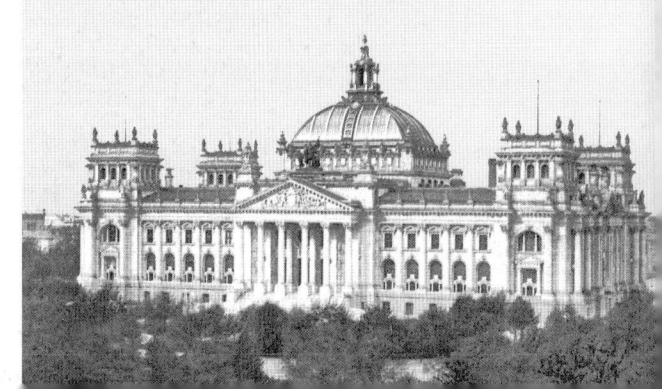

Links: Paul Wallot (1841–1912),
Mitte: Kaiser Wilhelm I. (1872–88),
Rechts: Kaiser Wilhelm II. (1888–1918)
Wilhelm II., der die parlamentarische Demokratie ablehnte, bezeichnete den Bau öffentlich als „Gipfel der Geschmacklosigkeit".
Er betrat den Reichstag nur zweimal, 1894 bei dessen Einweihung und 1906 bei der Ernennung seines Kanzlers v. Bülow. In einem privaten Brief an einen Freund schrieb er im Zusammenhang mit dem Reichstag vom „Reichsaffenhaus".

Die Inschrift „Dem Deutschen Volke", die Paul Wallot über dem Eingang vorgeschlagen hatte, fand nicht die Zustimmung des Kaisers. So blieb die vorgesehene Stelle bei der Einweihung 1894 leer. 22 Jahre später, als 1916 die Kriegsmüdigkeit zunahm, willigte er angesichts der kritischen Stimmung des Volkes ein. Allerdings nur unter der Bedingung, dass die Bronze für die Buchstaben aus erbeuteten französischen Kanonen aus den Befreiungskriegen gewonnen würde. Die Gestaltung der Schrift übernahm Peter Behrens.

Nach der Wende 1989 und der Wiederherstellung der Einheit Deutschlands wurde das Reichstagsgebäude zum Sitz des Deutschen Bundestags bestimmt. Ein Wettbewerb entschied 1993 über 80 eingereichte Arbeiten zum Um- und Ausbau, darunter zahlreiche aus dem Ausland. In der ersten Preisgruppe befanden sich ausschließlich ausländische Architekten.

3. Wettbewerb 1993, 1. Preisgruppe:
Sir Norman Foster and Partners.
Die Lösung zeichnet sich durch eine transparente Decke aus, die auf 25 Stützen ruht und das Gebäude bewahrt, zugleich aber auch energetisch wirksam ist. Die Berliner indes nannten den Entwurf „Bundestankstelle". (Modellfoto: Antonia Weiße aus: „wettbewerbe aktuell" 04/93)

Noch im Jahr der Reichsgründung in Versailles (18.1.1871) fanden Reichstagswahlen im Deutschen Reich (3.3.1871) statt und das junge Parlament beschloss in seiner ersten Sitzung am 29.3.1871 über einen Architektenwettbewerb den Bau eines eigenen Hauses sowie die Gründung einer Baukommission. Das begeisterte Anfangstempo trog, der Weg zum Reichstagsgebäude sollte sich so verschlungen und umständlich erweisen, wie der der parlamentarischen Demokratie in Deutschland. Scheinbar schnell war das Grundstück gefunden: an der Ostseite des Königsplatzes, gegenüber der Kroll-Oper, an Stelle des Palais Raczinsky. Dabei unterlief der Reichstagsbaukommission ein schwerer Fehler: Der 83jährige Graf Raczinsky erfuhr davon erst aus der Tageszeitung und lehnte jeden Verkauf ab – bis an sein Lebensende. Eine – rechtlich mögliche – Enteignung, die die Kommission diskutierte, lehnte der Kaiser, Wilhelm I., ab. Der Wettbewerb hatte, unabhängig davon, noch im selben Jahr mit der Ausschreibung seinen Anfang genommen.

Es gingen 102 Beiträge ein, davon etwa ein Drittel aus dem Ausland. Nach erheblichen Mauscheleien, die ihre Ursache in der Kontroverse zwischen Neogotik und Klassizismus hatten, aber auch in der Nationalität der Teilnehmer, erhielt Ludwig Bohnstedt aus Gotha 1872 den ersten Preis mit einer klassizistischen Lösung. Über die ungeklärten Grundstücksverhältnisse vergingen 10 Jahre gehässiger Diskussion in den Berliner Blättern. Nach dem Tod von Raczinsky gab es 1882 eine Neuauflage des Wettbewerbs, an dem nur deutschsprachige Architekten teilnehmen durften. 194 beteiligten sich mit vorwiegend klassizistischen Entwürfen. Der erste Preis ging an Paul Wallot aus Frankfurt/M. In der anschließenden Planungszeit mischte sich der Kaiser, Wilhelm I., immer stärker ein; auf seinen Einspruch hin wurde die Kuppel von ihrem ursprünglichen Platz über dem Plenarsaal auf die Eingangshalle verlagert. Erst nach dem Tod Wilhelm I. konnte die Kuppel wieder über dem Parlament plaziert werden. Wilhelm II. befasste sich noch stärker mit dem Bau als sein Vorgänger. Als er eines Tages mit den Worten: „Mein Sohn, das machen wir jetzt so", die Pläne „verbessern" wollte (Wallot war 18 Jahre älter!), widersprach Wallot: „Majestät, das geht nicht" und trug sich damit die unversöhnliche Abneigung des Kaisers ein.

1921 schrieb eine Turmhaus-Aktiengesellschaft für das Dreieck zwischen Friedrichstraße, Spree und Bahnhof Friedrichstraße den ersten Hochhaus-Wettbewerb für Berlin aus. Der Wettbewerb war Teil einer heftigen Auseinandersetzung um das umstrittene „Turmhaus" in der Innenstadt in Deutschland. Trotz hochrangiger Teilnehmer wie die Brüder Luckhardt (2. Preis), Hans Poelzig, Hugo Häring, Ludwig Mies van der Rohe und Erich Mendelsohn sowie einer Wiederholung 1929 wurde das Projekt nicht verwirklicht, seine Ergebnisse sind kaum noch auffindbar. Dennoch ist dieser Wettbewerb wegen des atemberaubenden Entwurfs von Mies van der Rohe in die Architekturgeschichte eingegangen; Mies ging mit seinen Vorstellungen bis an den Rand der konstruktiven Möglichkeiten von Beton und Glas. Der an Kuriositäten reichen Baugeschichte wird hier eine weitere Episode beigefügt: Dieser epochale Beitrag schied schon zu Anfang aus, weil der Verfasser verlangte Leistungen unvollständig erbracht hatte.

1922 wurde die Ausschreibung für den Chigaco Tribune Tower veröffentlicht. Der Wettbewerb hatte 236 Beiträge, darunter von 100 Architekten von außerhalb der USA. Deren Entwürfe waren vorwiegend der Moderne zuzurechnen. Die Europäer hatten mit Bewunderung die Entwicklung der Architektur in Chicago verfolgt und die Anregungen der 1. Chicagoer Schule aufgenommen, und so war es fast zwangsläufig, dass die europäische Avantgarde unkonventionelle, mutige Lösungen einreichte. „Der Bericht der Jury beschäftigte sich kaum mit den ausländischen Beiträgen, sondern stellte zufrieden fest, dass der Wettbewerb die führende Rolle der amerikanischen Architektur bestätigt hatte." (Aus „Architektur-Wettbewerbe 1792–1949", Cees de Jong, Erik Mattie)

3. Wettbewerb 1993, 1. Preisgruppe: Santiago Calatrava. Die einzige Lösung aus der Reihe der prämierten Arbeiten, die eine Kuppel über dem Parlamentssaal vorschlug. (Modellfoto: Antonia Weiße)

Das schließlich 1999 von Sir Norman Foster and Partners fertiggestellte Parlamentsgebäude demonstriert, dass es bei Wettbewerbsverfahren, entgegen den Erwartungen, höchst ungerecht zugehen kann: Nach Auftragsvergabe an Foster and Partners wurde aus „konservativen Kreisen" die Forderung an ihn immer lauter, auch seinen Entwurf mit einer Kuppel zu versehen. Schließlich entwarf und baute er sie. Sie ist begehbar und täglich das Ziel vieler Besucher, die in langen Schlangen geduldig warten; aber Santiago Calatrava war derjenige, der in der ersten Preisgruppe die Kuppel vorschlug und sie gerechterweise auch hätte bauen müssen. (Foto: Albrecht Dolmetsch)

Hochhaus in der Friedrichstraße, Berlin. Wettbewerbsbeitrag Ludwig Mies van der Rohes, 1921.
Ein Investor überredete 1989 Dirk Lohan, Architekt in Chicago und Enkel von Mies van der Rohe, den berühmten Entwurf zu realisieren. Lohan stellte bei der Bearbeitung fest, dass die dramatische Wirkung der berühmten Kohlezeichnung seines Großvaters nur mit einer dreifachen Erhöhung der Geschosszahl hätte erreicht werden können.

Chicago Tribune Tower, 1922

o.l.: Howells and Hoods (1. Preis),
o.r.: Eliel Saarinen (2. Preis),
m.l.: Adolf Loos
m.r.: Walter Gropius
u.l.: Max Taut
u.r.: Bruno Taut

Die Entwürfe der europäischen Teilnehmer wurden in vielen Städten der USA ausgestellt; es war die vorerst letzte Möglichkeit für die Amerikaner, die Moderne kennen zu lernen – bis zur legendären Ausstellung „International Style" 1932 im MOMA von Johnson und Hitchcock.
(Aus: Architekturwettbewerbe, deJong, Mattie, Köln 1994)

Die meisten amerikanischen Architekten beteiligten sich mit neogotischen Fassadenlösungen, auch der 1. Preis von Howells und Hood gehörte dazu. Die Entwicklung der Moderne war in den USA ins Stocken geraten, 1924 starb Louis Sullivan, ihr Initiator und der Lehrer von Frank L. Wright.

Für das Moskauer Verlagsgebäude der Leningrader Prawda wurde 1924 (im Todesjahr Lenins) ein Wettbewerb ausgeschrieben, zu dem die Architekten Ilja Golosov, Konstantin Melnikow sowie die Brüder Alexander und Viktor Wesnin eingeladen wurden. Für das Projekt stand nur ein Grundstück der Größe 6 x 6 Meter zur Verfügung. Das Preisgericht sah den Entwurf der Wesnins hauchdünn vor dem Melnikows. Alle drei Entwürfe verwenden Elemente des Konstruktivismus, Stahlbeton, Stahl und Glas. Sie bringen die Aktivität und die nervöse Unruhe der Pressearbeit im Baukörper zum Ausdruck. Presse braucht Freiheit, auch in der Architektur setzt sie – wie hier – ungestüme Kreativität frei.

Nach dem Ende des verheerenden 1. Weltkrieges beschlossen die 32 alliierten Kriegsgegner Deutschlands und 13 neutrale Staaten in Paris den Völkerbund (das Deutsche Reich trat 1926 bei und schied 1933 wieder aus). Man erhoffte sich daraus, dass solange die Völker miteinander reden, sie nicht aufeinander schießen. 1923 entschied sich der Völkerbund, einen Architektenwettbewerb für den Völkerbundpalast in Genf auszuschreiben. Die Geschichte des Wettbewerbs besteht aus einer Kette von Fehlschlägen und Skandalen. Obwohl die Jury mit hervorragenden Architekten besetzt war, unter anderem Victor Horta (Belgien) als 1. Vorsitzender, Josef Hoffmann (Österreich), Koloman Moser (Schweiz) und Hendrik Petrus Berlage (Niederlande), gelang ihm keine eindeutige Endscheidung unter den 377 Einsendungen. Schließlich gab es 9 Preisträger, von denen nur Le Corbusier das Kostenlimit einhalten konnte; prompt erklärte sich dieser zum Sieger. Darauf stellte die Jury fest, dass dessen Zeichnungen den Anforderungen nicht genügten (sie waren in Bleistift gezeichnet!). Das Preisgericht konnte sich nicht einigen, schließlich trafen vom Völkerbund beauftragte fünf Diplomaten (keine Fachleute) die Entscheidung für eine traditionalistische Lösung, die auch verwirklicht wurde. Dieser unsägliche Ablauf bedeutete schlimme Auspizien und ließ um die Arbeit der Völkerfamilie fürchten.

„Man entschied sich nicht für ein gelungenes Beispiel moderner Baukunst, sondern wählte altmodische Entwürfe, die bei ihrer Fertigstellung ebenso überholt waren, wie die Institutionen, die sie beherbergen sollten […], zwei Jahre nach Beendigung der Arbeiten am Völkerbundpalast begann der 2. Weltkrieg." (de Jong, Mattie)

Der Wettbewerb für den Palast der Sowjets in Moskau 1931–33 bildet die Entwicklung der Sowjetunion in dieser Zeit ab; die Idee dazu bestand bereits in den 1920er Jahren, als man den „Palast der Arbeit" als Symbol der Macht des Volkes plante. Lenin setzte sich für dieses Monument des neuen, revolutionären Russlands ein, und es wurde erwartet, dass die Konstruktivisten (unter ihnen die Brüder Wesnin und Melnikow) diese Vorstellung entsprechend umsetzen würden. Dennoch ging der 1. Preis an einen Traditionalisten. „Als 8 Jahre später ein neuer Architektur-Wettbewerb ausgeschrieben wurde, sandten die Konstruktivisten erneut ihre Beiträge ein und nahmen den Kampf mit den Traditionalisten auf. Aber das Klima hatte sich geändert: Der Sozialistische Realismus war zur beherrschenden Kunstform geworden, und das politische Gleichgewicht verschob sich vom Volk zum Staat. Man sprach nicht mehr vom Palast der Arbeit, sondern vom Palast der Sowjets […]" (de Jong, Mattie).

Zur ersten Runde wurden auch die Architekten Le Corbusier, Erich Mendelsohn, Walter Gropius, August Perret und Hans Poelzig geladen. Unter den 272 Einsendungen befand sich kein zur Umsetzung geeigneter Entwurf, die beiden Hauptpreise gingen an Arbeiten in traditionalistischem Stil. In der zweiten Runde wurden die Bedingungen überarbeitet:

Alexander und Viktor Wesnin: Wettbewerbsentwurf für das Moskauer Verlagsgebäude der Leningrader Prawda, 1924. Im Erdgeschoss war ein Zeitungskiosk geplant, wo Zeitungen verkauft und Annoncen aufgegeben werden sollten. Auf einem riesigen Tafelglasfenster wären die jeweils neuesten Nachrichten zu lesen gewesen. Die Fassade sollte weiter Leuchtreklame, eine Uhr, einen Projektor und einen Lautsprecher für Radiosendungen aufweisen. Im 1. OG war ein öffentlicher Lesesaal, darüber Redaktionsräume und Verwaltung vorgesehen. (Aus: Sowjetische Architekturwettbewerbe 1924–36, Catherine Cooke, Igor Kazus, Basel 1991)

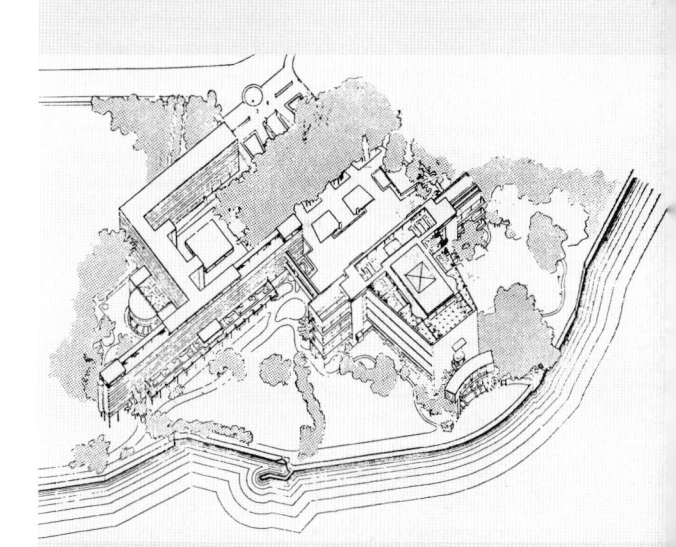

Völkerbundpalast, Genf (Wettbewerb 1927), oben: „1. Preis" von Le Corbusier

unten: Ausgeführte Lösung einer Arbeitsgemeinschaft (1927–35)

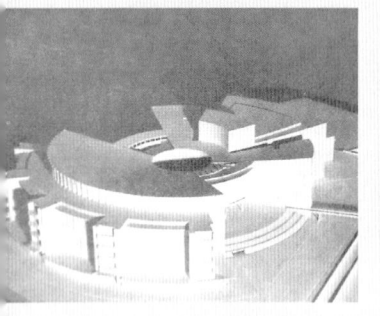

Palast der Sowjets, Moskau 1931

o.: Le Corbusier, 1. Rundg.
m.l.: W. Gropius, 1. Rundg.
m.r.: B. M. Jofan, W. A. Stschuko, W. G. Helfrich (überarbeitete Fassung nach dem Wettbewerb 1931–33)

„[…] Die erste Christus-Erlöser-Kathedrale wurde […] unweit des Kreml in der 2. Hälfte des 19. Jahrhunderts in Erinnerung an den Sieg über Napoleon im Jahre 1812 in ‚russisch-byzantinischem' Stil errichtet. Zar Nikolaj I. hatte diesen Stil zum offiziellen und patriotischen Baustil erklärt. […] Abgesehen von ihren riesigen Abmessungen wies sie nichts Bemerkenswertes auf. […] Im Jahr 1931 wurde die Kathedrale gesprengt […]. Der große Führer plante an dieser Stelle den Palast der Sowjets zu errichten […]. In Form einer riesigen Pyramide, war der Bau als Sockel für die 100 Meter hohe Lenin-Statue gedacht. Der Palast wäre mit 416 Metern zum höchsten Gebäude der Welt erwachsen […]. Der Baubeginn war 1935 […]. Nach Stalins Tod reduzierte sich das Gebäude in seinen Ausmaßen. Auf dem unergründlichen Fundament wurde ein offenes Schwimmbad errichtet, das größte der Welt."
(Aus: „Christus-Erlöser-Kathedrale", Moskau, von Dimitri Chmelnickij in Bauwelt 46/1996)

Christus-Erlöser-Kirche, Moskau. Nach der Wende betrieb der Bürgermeister von Moskau den Aufbau der Zweiten Erlöser-Kathedrale, diesmal mit einer mehrstöckigen Garage für 600 PKW, Ladenstraße und Kongresszentrum unter dem Gebäude sowie Empfangssälen für den Patriarchen.
(Foto: Wolfgang Heyduck)

Ausländische Teilnehmer waren nicht mehr zugelassen, Neues und Traditionelles sollte miteinander verbunden werden; von den 22 Teilnehmern der dritten Runde wurden 1933 zwei Traditionalisten zu Gewinnern erklärt und zu einem Team vereinigt, das bis 1941 an dem Projekt arbeitete. Inzwischen hatte die Jury noch zur Bedingung gemacht, dass der Palast von einer kolossalen Statue Lenins (75 m hoch) gekrönt werden soll; ein Zeichen für den wachsenden Personenkult in der Sowjetunion. 1954 wurde das Projekt eingestellt.

Den 1. Preis für ein Opernhaus in Sydney 1957 bekam Jörn Utzon für seinen fulminanten Entwurf, der aus einer kunstvollen Addition von Schalen besteht, die jeweils Funktionen unter sich sammeln, die Auditorien, die Bühnentürme und die Foyers, aber auch gleichzeitig die architektonische Antwort auf den Hafen von Sydney sind, in dem sich die Segel gegen Wasser und Himmel abheben. Utzon wollte das Dach als fünfte Fassade.

Die Verwendung von organischen Formen war für die Moderne nicht neu. Le Corbusier hatte 1952 die Wallfahrtskirche Ronchamp überraschend – als Antwort auf den Ort – als plastisches Gebilde konzipiert und zugleich einen eindrucksvollen Raum geschaffen. Der organisch geformte Raum war auch durch die Philharmonie 1956 in Berlin von Scharoun überzeugend eingeführt.

Der Vorsitzende des Preisgerichts war Eero Saarinen, der mit seinem Vater Eliel Saarinen, dem Erbauer des Hauptbahnhofs in Helsinki und Gewinner des 2. Preises im Wettbewerb um den Chicago Tribune Tower, ein Architekturbüro in den Staaten führte. Eero Saarinen hatte bei F. L. Wright und bei Alvar Aalto gearbeitet, den Protagonisten der organischen Architektur; 1948–56 baute er das General Motor Technical Center in Warren / Mich. in der strengen Diktion Mies van der Rohes. Aber er hatte auch bereits 1953–56 das Auditorium in Cambridge / Mass. mit einer Schale überspannt und war dadurch mit organischen Strukturen vertraut. „Angeblich war

Saarinen von einem der bereits abgelehnten Entwürfe besonders beeindruckt – vielleicht auf Grund des kühnen Formenspiels, das seinen eigenen Auffassungen von Architektur besonders nahe kam […]. Saarinen brachte die Zeichnungen erneut vor die Jury und sagte zu den anderen Mitgliedern: „Meine Herren, dies ist der 1. Preis". Der so gelobte Entwurf stammte von Utzon." (de Jong, Mattie) Mit Sicherheit wurde Saarinen durch diese Wettbewerbs-Entscheidung bestärkt, seine TWA-Terminals in Idlewild, New York und in Chantilly (1956–58) sowie seine künftigen Projekte in dieser Formensprache fortzusetzen. Der „Plastische Stil" ergänzte von da an gleichberechtigt die Moderne.

Als in Stuttgart 1977 für die Erweiterung der Staatsgalerie ein Wettbewerb ausgeschrieben wurde, war die „Postmoderne" in den USA bereits etabliert; Charles Moore hatte schon 1962 sein eigenes Haus in Orinda/Cal. (Seite 300) gebaut, eine der Inkunabeln der Postmoderne. Im gleichen Jahr war „My Mother's House" in Chestnut Hill/Pen. von Robert Venturi entstanden, ebenfalls ein Schlüsselwerk der Postmoderne. 1966 hatte er mit der Veröffentlichung von „Complexity and Contradiction" eine entscheidende Grundlage für die Postmoderne herausgebracht, die allerdings erst 1978 auf deutsch erschien. Die Entscheidung für James Stirlings eindeutig postmodernen Entwurf zum 1. Preis (Seite 250) geriet in Deutschland dennoch zu einer umstrittenen Überraschung, die aber dann doch den Durchbruch der Postmoderne darstellte.

Der Deutsche Werkbund DWB

Das Wesen und die Geschichte des Deutschen Werkbundes sind ohne die Reformbewegungen im englischen Kunstgewerbe des 19. Jahrhunderts nicht denkbar. „Der Begriff ‚Kunstgewerbe' und seine Loslösung von der reinen Kunst ist eine der Folgeerscheinungen von der industriellen Revolution und der historisierenden Kultur". (Benevolo)

Opernhaus Sydney, 1957 Jørn Utzon, 1. Preis

Obwohl der Bau der Oper 17 Jahre dauerte und von heftigen Auseinandersetzungen begleitet war, die 1966 – nach 10 Jahren – zu Utzons Rückzug führten, und obwohl das Gebäude seine ursprüngliche Aufgabe, die Aufführung von Opern, nicht leisten konnte und als Konzerthaus genutzt werden muss, ist es zu einem baulichen Fanal Sydneys, ja ganz Australiens geworden. 1985 wurde Utzon gebeten, zurückzukehren und seine Vorstellungen vom Innenausbau nachzuholen; das bedeutete vollständige Rehabilitation.

TWA-Terminal, John-F-Kennedy-Flughafen, New York 1956–57. (Foto: Eva Reber)

Erweiterung der Staatsgalerie Stuttgart 1977–82, James Stirling (1. Preis). Die Rotunde, durch die Stirlings Entwurf besonders auffiel, ist ein Zitat aus dem Alten Museum (1825–30) in Berlin von Schinkel. Sie war von Stirling schon zuvor bei ähnlichen Wettbewerben in Köln und Düsseldorf 1975 vorgeschlagen worden – ohne Erfolg. Wie erwähnt hatte die Moderne ca. 50 Jahre lang – seit der Stadtbibliothek in Stockholm von Asplund – ihren Pathos gemieden.

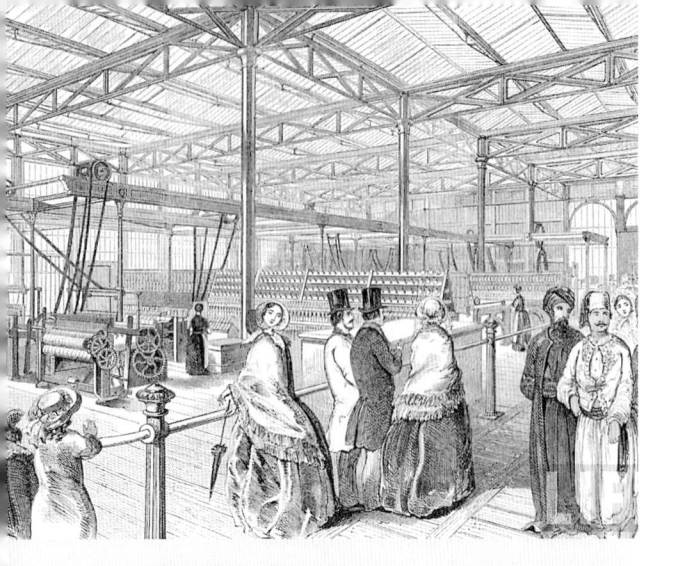

Weltausstellung 1851, London

Abbildungen aus „Packeis und Pressglas – von der Kunstgewerbebewegung zum Deutschen Werkbund" von Angelika Thiekötter und Eckhard Siepmann.
Links: Ritter als Ofen
Rechts: Ausstellungsstücke der Weltausstellung 1851:
Oben: Eisbehälter
Mitte u. unten: Telefonapparate

Die gestalterische Hilflosigkeit und Vulgarität der Industrieprodukte tritt spätestens bei der Weltausstellung 1851 in London in Erscheinung. Ist sie den einen die euphorisch bejubelte Darstellung des technischen Fortschritts, so ist sie den anderen ein beängstigendes Schockerlebnis. Sie empfinden die massenhaft hergestellten Gegenstände, die Handarbeit imitieren, als Schund und Zeichen des kulturellen Niedergangs und lehnen die maschinelle Fertigung ab. „So beginnt nach der Jahrhundertmitte die Bewegung für eine Reform des Kunstgewerbes, und zwar geht sie von England aus, wo sich die Nachteile der Serienproduktion zuerst und in größerem Maßstab bemerkbar gemacht haben." (Benevolo) Die einfachste Lösung, den Folgen der industriellen Fertigung aus dem Wege zu gehen, schien die Rückkehr zur Handarbeit; von der Belebung der mittelalterlichen Zünfte und des Handwerks erhoffte man sich auch ein Ende der bedrohlichen sozialen Verwerfungen der Fabrikarbeit. Das Mittelalter erfuhr eine sehnsüchtige Verklärung, getaucht im schönsten Licht der Erinnerung.

„A.W. Pugin (1812–52), einer der rührigsten Vertreter der Rückkehr zum Mittelalter, veröffentlicht 1836 eine Streitschrift ‚Contrasts', in der er gleichzeitig die klassischen Stile und die Industrie bekämpft, die mit ihrer Produktion alle Formen und Stile verfälsche; in einem Vortrag von 1841 beklagt er sich über die Haushaltsgegenstände, die ‚aus den unerschöpflichen Abgründen des schlechten Geschmacks, Birmingham und Sheffield [Industriezentren Verf.], hervorgehen': [...] Stufentürmchen als Tintenfässer, riesige Kreuze als Lampenschirme, an eine Türklinke gehängte Kreuzblume, vier Portale und ein Säulenbündel zur Stütze einer französischen Lampe, während ein Paar von einem Bogen gekrönter Zinnen sich ‚Kratzeisen nach gotischem Vorbild' nennt und ein Schnörkelwerk aus Vierpass und Fächer ‚Gartenbank aus einer Abtei'. Wer diese Greuel entwirft, hat kein Gefühl für Proportionen und Form, für Zweckmäßigkeit und Einheit des Stils [...]." (Zitiert nach Benevolo)

Der Kunsthistoriker John Ruskin (1819–1900) vertritt die Rückkehr zu historischen Stilen und bevorzugt vor allem das neugotische „gothic revival". 1849 erscheint sein Manifest „Seven lamps of architecture", in dem er die Imitate der Kunstproduktion kritisiert und unter drei Arten unterscheidet:
1. Das Vortäuschen einer Konstruktionsart, die nicht den Tatsachen entspricht.
2. Eine Oberflächenverkleidung, die andere Materialien als die wirklichen vortäuschen soll […].
3. Die Verwendung von maschinell hergestellten Ornamenten jeder Art.

„Dabei muss man in Betracht ziehen, dass zu Ruskins Zeit die gängige Produktion gerade darauf ausgerichtet war, mit Hilfe der Maschine den Anschein einer reichen Handarbeit vorzutäuschen, ohne die entsprechenden Kosten auf sich nehmen zu müssen." (Benevolo) Als er auf diesen Vorteil hingewiesen wird, antwortet er heftig: „Du verwendest etwas, das vorgibt, einen Wert zu haben, den es nicht hat, das vorgibt, einen Preis und eine Beschaffenheit zu haben, die es nicht besitzt; es ist eine Schande, eine Gemeinheit, eine Unverschämtheit, eine Sünde. Wirf es weg, zermalme es zu Staub […]."
(Zitiert nach Benevolo)

William Morris (1834–96) folgt getreulich den Theorien Ruskins und weicht in keinem wesentlichen Punkt von ihnen ab; er ist im eigentlichen Sinne kein Architekt. Die Pläne zu seinem Haus, dem berühmten Red House of Upton, stammen von seinem Freund Phil Webb. 1859 wird es errichtet, seine Freunde entwerfen und führen die Inneneinrichtung aus; mit ihnen gründet er 1862 ein kunstgewerbliches Atelier. Die „Firma" stellt Möbel, Teppiche, Tapeten und Gläser her; ihre Absicht ist, eine Kunst „vom Volk für das Volk" zu erzeugen. Da sie jedoch jegliche maschinelle Fertigung ablehnt, sind ihre Produkte zu teuer und können mit nur mäßigem Erfolg verkauft werden; sie wird 1875 aufgelöst. Ab 1888 veranstaltet Morris Ausstellungen unter dem Thema „Arts and Crafts"; er ist literarisch und politisch tätig und publizistisch wirksam.

Mobiliar aus Pappmaché, gegossen und gepresst mit Einlagen aus anderen Materialien. England, Mitte 19. Jh. (Aus: „Packeis und Pressglas")

Fabrikschlot von 1862 in Form eines mittelalterlichen Turms (Aus: „Packeis und Pressglas")

Oben: Einrichtungsgegenstände, Unten: Neugotische Tapete (Aus: „Geschichte der Architektur im 19. und 20. Jahrhundert" von Leonardo Benevolo)

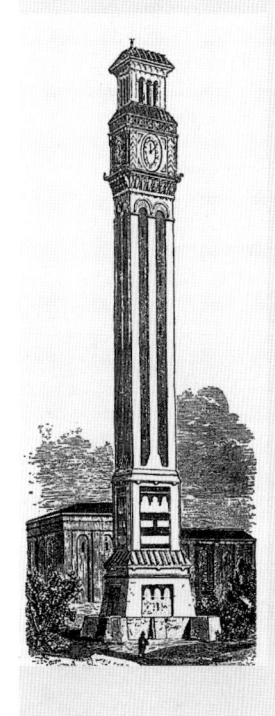

The Red House, Bexley Heath, Kent, 1859 von Phil Webb

„Die roten Backsteine und Ziegel, die dem an Putz gewöhnten Zeitgenossen fremd erscheinen, wurden sorgfältig ausgewählt." (Aus: „Arts and Crafts Architektur" von Peter Davey).

Sie gaben dem Haus den Namen. Damit wurde einer Forderung Ruskins entsprochen, welche Oberflächenverkleidungen ablehnt, die andere als die wirklichen Materialien vortäuschen. (siehe S. 105: Ruskin, „Seven Lamps of Architecture")

„Proportionen und Anordnung der Fenster richten sich nach den inneren Funktionen des Hauses und nicht nach stilistischen Regeln."

„Außen ist praktisch kein Ornament angebracht, mit Ausnahme der Spitzbögen über den Türen und Schiebefenstern […]."

Freunde und Besucher berichteten, dass die dem Hause nahen Obstbäume ihre Früchte in die Zimmer fallen ließen.

Fotos oben: Mechthild Menke

Fotos unten: Bennes Dietrich

In seinen letzten 15 Lebensjahren wird er über die Ausstellungen zum Initiator einer umfassenden Bewegung, die mit dem Ausstellungsmotto zusammenfassend bezeichnet wird; in ihr arbeitet eine große Zahl englischer Handwerker und Künstler, die mit Morris jede industrielle Fertigung ablehnen und in ihr den Grund für den Niedergang des Kunstgewerbes sehen. „Morris definiert Kunst als ‚die Art, wie der Mensch der Freude an seiner Arbeit Ausdruck verleiht' […]. Gerade in diesen Vorstellungen erblickt er die Rechtfertigung seiner Ablehnung der maschinellen Produktion; die Maschine nämlich zerstöre ‚die Freude an der Arbeit' und töte so die Kunst schlechthin. Wie Ruskin verurteilt er das Wirtschaftssystem seiner Zeit und flüchtet sich in die Betrachtung des Mittelalters, als noch ‚jeder Mensch, der einen Gegenstand herstellte, zugleich ein Kunstwerk und ein nützliches Ding schuf' […]. In seinen letzten Schriften scheint Morris seine rigorose Ablehnung einzuschränken, indem er zugibt, dass alle Maschinen nutzbringend verwendet werden dürfen, sofern nur der menschliche Geist sie beherrscht." (Benevolo)

Sein Vorhaben, selbst Architekt zu werden, gibt er früh auf, weil „die Architektur losgelöst [ist] von den elementaren Bedingungen zwischen Mensch und Baukunst". Morris formuliert den Begriff Architektur auf seine Weise: „Die Architektur umfasst die Berücksichtigung der gesamten physischen Umwelt des menschlichen Lebens, wir können uns ihr nicht entziehen, solange wir teilhaben an der Kultur […]."

Mit C. R. Ashbee, C. F. A. Voysey und W. R. Lethaby folgen auch Architekten den kulturellen Vorstellungen von Morris und Arts and Crafts. Ihre Gegenmodelle zur historisierenden viktorianischen Architektur sind Häuser von bestechender Einfachheit und handwerklicher Sachlichkeit. Sie wenden sich bewusst vom „gothic revival" ab, sind frei von stilistischen Imitationen und führen direkt zur Moderne. „Morris ist der erste, der auf dem Gebiet der Architektur den Zusammenhang von Kultur und Leben im modernen

Sinne sieht [...]; in diesem Sinne kann er mehr als irgendein anderer als der Vater der modernen Bewegung angesehen werden." (Benevolo)

Das Berufsbild des künftigen Architekten verdankt dieser Intergation einen richtungsweisenden Impuls; einen ebensowichtigen verdankt sie der Teamarbeit: Schon beim Bau seines eigenen Hauses praktizierte er die Arbeit in der Gruppe und es blieb sein Anliegen, den Gemeinschaftsgeist der beteiligten Künstler zu stärken.

Die Reform von Kunstgewerbe und Architektur in England zum Ende des 19. Jahrhunderts war das große Vorbild für den Kontinent und besonders für Deutschland. Hermann Muthesius war 1896 vom preußischen Handelsministerium nach London geschickt worden, um den Erfolg des englischen Kunstgewerbes, das dem deutschen weit überlegen war, zu studieren. Darüber hinaus galt sein Interesse der englischen Architektur, über die er 1904 in einem über 700 Seiten starken, dreibändigen Werk „Das englische Haus" berichtete. Muthesius: „Was aber am englischen Haus von eigentlichem ausschlaggebenden Werte ist, ist seine völlige Sachlichkeit. Es ist schlecht und recht ein Haus, in dem man wohnen will [...]." („Hermann Muthesius und das englische Haus 1904", von Regina Stephan)

Die Reform des Kunstgewerbes hatte um die Jahrhundertwende im Deutschen Reich begonnen und wurde von Künstlerpersönlichkeiten, wie Hermann Obrist auf der Mathildenhöhe in Darmstadt, Peter Behrens an der Kunstgewerbeschule in Düsseldorf, Hans Poelzig an der Kunst- und Gewerbeschule in Breslau, Bruno Paul an der Berliner Kunstgewerbeschule und Bernhard Pankok an den Lehr- und Versuchswerkstätten in Stuttgart, energisch betrieben.

In dieser unvollständigen Aufzählung nimmt die Sächsische Kunstgewerbeschule in Weimar, deren Gründung 1906 Henry van de Velde übertragen wird, eine besondere Rolle ein, sollte doch aus ihr 1919 die Schule des Deutschen Werkbundes, das Bauhaus werden, nach dem Vorbild der „Central

Die Schule des Deutschen Werkbundes wurde 1919 von Walter Gropius als „Staatliches Bauhaus in Weimar" in den Gebäuden der „Großherzoglichen Sächsischen Kunstgewerbeschule" (Abb. u.) und der „Großherzoglichen Sächsischen Hochschule für bildende Kunst" (Abb. o.) gegründet; beide lagen einander gegenüber. Henry van de Velde hatte sie 1906/07 errichtet und war ihr erster Direktor. Hinter dem Segmentgiebel (Abb. m.): das Atelier von Henry van de Velde (Foto: Christa Heimrich).

Als Ausländer musste er Deutschland bei Kriegsbeginn 1914 verlassen. Zu seinem Nachfolger hatte er Gropius vorgeschlagen.

Das Bauhaus in Weimar war dem Expressionismus verpflichtet.
Seine Arbeit stellte es unter den Leitsatz „Kunst und Handwerk, eine neue Einheit".
1924, nach den dritten Landtagswahlen in Thüringen, die die Rechtsparteien gewannen, waren die Arbeit und die finanzielle Zukunft des Bauhauses gefährdet. 1925 zog es nach Dessau.

Die Stadt Dessau, deren Stadtrat eine sozialdemokratische Mehrheit hatte, wurde neuer Standort des Bauhauses, nachdem auch eine Reihe anderer Städte (u. a. Frankfurt M., Mannheim, München) Angebote gemacht hatten. 1926 wurden die neuen Gebäude eingeweiht. Das Bauhaus war jetzt eine städtische Institution. „Der wichtigste Anstoß zur Überwindung des expressionistischen Bauhauses kam von Außen, von dem niederländischen Künstler Theo van Doesburg, einem der Mitbegründer des de Stijl." (Magdalena Droste, Bauhausarchiv)
Van Doesburg, der den „Zikzak-Stil" des Bauhauses verspottete und von „expressionistischer Konfitüre" sprach, hatte seinen Wohnsitz 1921 nach Weimar verlegt und gab dort De-Stjil-Kurse, die von den Bauhäuslern begeistert besucht wurden. Auf einer Ansichtskarte mit dem Weimarer Bauhaus meldete er 1921 die Eroberung des Bauhauses durch De Stijl. „Dennoch kann die Bedeutung van Doesburgs kaum überschätzt werden. Zweifellos hat sein Aufenthalt in Weimar 1921/22 die Entwicklung des Bauhauses begünstigt. Doesbergs Kritik [...] am Bauhaus bewirkte [...] und beschleunigte [...] damals die Wende des Bauhauses zu einem neuen Stil." (Droste) Hatte es 1919 noch geheißen „Kunst und Handwerk, eine neue Einheit", so lautete jetzt die neue Parole: „Kunst und Technik – eine neue Einheit".

Planung und Ausführung der Bauhausgebäude und der vier Meisterhäuser hatten das Büro Gropius und Adolf Meyer übernommen, sie wurden zu beispielhaften Höhepunkten der rationalen Architektur im 20. Jh.

School of Arts and Crafts" in London, die 1893 unter wesentlicher Mitwirkung von W.R. Lethaby gegründet worden war, und deren Leitung er als erster Direktor bis 1911 innehatte.

Im Gegensatz zum Vorbild „Arts and Crafts" bestand in Deutschland schon früh die Bereitschaft, die Maschine emanzipiert bei der Herstellung künstlerisch anspruchsvoller Produkte einzusetzen.

„Die Zusammenarbeit von Künstlern und Handwerkern und die Entwicklung neuer technischer Methoden für die künstlerischen Entwürfe fand vor allem in den 1898 von Karl Schmidt gegründeten ‚Dresdner Werkstätten für Handwerkskunst' und den gleichzeitig in München gegründeten ‚Vereinigten Werkstätten' ihren Ausdruck. [...] Während der ‚Raumkunstausstellung Dresden' des Jahres 1906 [Teil der III. Deutschen Kunstgewerbeausstellung 1906 in Dresden, Verf.] zeigten die ‚Dresdner Werkstätten' [...] die ersten ‚Maschinenmöbel' nach Entwürfen von Richard Riemerschmid. Die Anfertigung wurde im Betrieb vorgeführt." (Aus „Deutsche Gartenstadtbewegung" von Kristina Hartmann)

„Die neuartigen Möbel waren der Versuch, den maschinellen Entstehungsprozess nicht zu verwischen oder täuschend zu verbergen, sondern ostentativ zur Schau zu stellen. Ornamentlosigkeit, Geometrisierung, Flächenhaftigkeit waren ebenso künstlerisches Mittel, wie die offen angebrachten [...] Beschläge." (Aus „Die III. Deutsche Kunstgewerbeausstellung 1906 und ihre Folgen" von Markus Eisen)

Diese III. Deutsche Kunstgewerbeausstellung 1906 in Dresden folgte bereits in Teilen den Idealen und Forderungen des Deutschen Werkbundes, dessen Gründung noch ausstand. Hermann Muthesius lobte in einem Vortrag in der Handelshochschule in Berlin die sichtbaren Fortschritte der Kunstgewerbereform in der soeben beendeten Ausstellung: „Zweck, Material und Fügung geben dem modernen Kunstgewerbler die einzigen Direktiven, die er befolgt." Gleichzeitig beklagte er: „Die Bildung nach historischen Reminiszensen brachte beinahe mit Notwendigkeit eine Verletzung dieser drei Grundsätze mit sich. Das beweist das Kunstgewerbe des Zeitalters der Stilimitationen […] der zweiten Hälfte des 19. Jahrhunderts. Diese Zeit ist mit ihren rasch wechselnden Stilmoden gleichzeitig die Zeit der schlimmsten Verirrungen. […] Surrogate und Imitationen feiern ihre Triumphe."

Den schlimmen Entgleisungen stellte er in seiner äußerst provokanten Rede das „Leitmotiv des neuen Kunstgewerbes" gegenüber: „Keine Imitation irgendwelcher Art, jeder Gegenstand wirke als das, was er ist, jedes Material trete in seinem eigenen Charakter in die Erscheinung". Und er nennt die „bedeutungsvollsten Grundsätze der gewerblichen Gestaltung": „innere Wahrhaftigkeit" und „werkliche Gediegenheit". „Denn die Gediegenheit ist nichts anderes als die äußere Kundgebung der inneren Wahrhaftigkeit." (Aus „Anfänge des Funktionalismus" von Julius Posener)

Dieser Vortrag, der den scharfen Protest des „Fachverbandes für die wirtschaftlichen Interessen des Kunstgewerbes" hervorrief, wurde unmittelbar Anlass für die Gründung des Deutschen Werkbundes. Nachdem der Fachverband beim Kaiser und im Ministerium die Entlassung Muthesius' betrieb und bei seiner nächsten Delegiertentagung die Angelegenheit unter dem Tagesordnungspunkt „der Fall Muthesius" abhandeln wollte, trat eine Reihe von Firmen, darunter die Werkstätten in Dresden und München, aus dem Verband aus und kündigten die Gründung eines neuen Bundes an.

Zwölf Architekten, darunter Hermann Muthesius, Henry van de Velde, Peter Behrens, Theodor Fischer, Fritz Schumacher, Richard Riemerschmid und 12 Firmen, u.a. die Werkstätten, gründeten im Oktober 1907 im Münchner Hotel „Vier Jahreszeiten" den Deutschen Werkbund; sein Ziel lautet unter § 2 der Bundessatzung „die Veredlung der gewerblichen Arbeit im Zusammenwirken von Kunst, Industrie und Handwerk, durch Erziehung, Propaganda und geschlossene Stellungnahme zu einschlägigen Fragen."

Stühle aus dem Speisezimmer Haus Bloemenwerf, 1895 in Uccle von Henry van de Velde. „[…] so streng und zugleich leicht wie bei den Speisezimmerstühlen für Bloemenwerf hat sich Henry van de Velde kaum noch einmal zu äußern gewusst. Ganz der Funktion dienend, gewinnen sie ihre Gestalt weitgehend aus der Logik verschiedener Holzverbindungen […]." (Aus: „Henry van de Velde" von Klaus Jürgen Sembach).

In „Geschichte meines Lebens" berichtet Henry van de Velde vom Besuch Victor Hortas in seiner Werkstatt, wo er vor einem in Arbeit befindlichen Stuhle stehen blieb: „,Er wird ein Meisterwerk werden', erklärte er. Der Stuhl war keineswegs ein Meisterwerk. Er hatte gar nichts besonderes, es sei denn, dass ich bei seinem Entwurf versuchte, ihn dem sitzenden menschlichen Körper möglichst anzupassen und eine Lösung zu finden, dass er bequem getragen werden konnte."

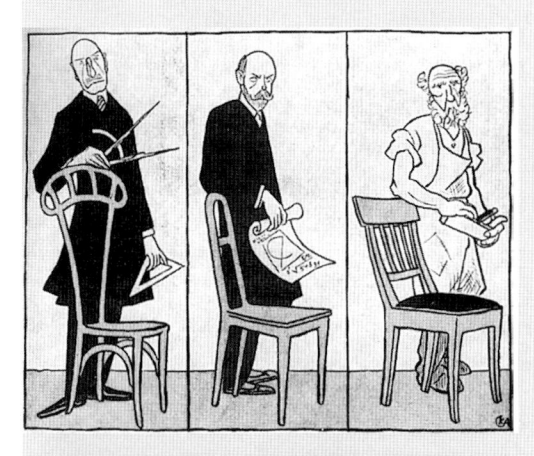

Oben: Karikatur von Karl Arnold zur Kölner Werkbund-Diskussion 1914 (Aus: „Henry van de Velde: Geschichte meines Lebens")

Unten: Stühle aus dem Maschinenmöbelprogramm 1904/06 in Hellerau nach Entwürfen von Richard Riemerschmid (Aus: „100 Jahre Deutscher Werkbund")

Modell der Werkbund-Ausstellung Köln 1914 (Werkbundarchiv – Museum der Dinge, Berlin)

Der Hauptzugang (1) führte von der Schiffsanlegestelle am Rheinufer unmittelbar auf den zentralen Platz vor der Haupthalle von Theodor Fischer (3), links am zentralen Platz die Festhalle von Peter Behrens (4) und rechts das österreichische Haus von Josef Hoffmann (5). An einer Ausbuchtung des Platzes nach links liegen das Werkbundtheater von Henry van de Velde (6) und die Musterfabrik von Walter Gropius und Adolf Meyer (7).
Der Nebenzugang (2) lag an der Endhaltestelle der Straßenbahn und führte am Vergnügungspark (8) vorbei, den der Werkbund aus finanziellen Gründen in Kauf genommen hatte.

Noch außerhalb des Ausstellungsgeländes befand sich das Glashaus von Bruno Taut (9), hinter dem Portalbau die Farbenschau von Herrmann Muthesius (10). Der Umfang der Ausstellung und ihre Akzeptanz bei Besuchern zeigten den überwältigenden Erfolg der Arbeit des Werkbundes nur sieben Jahre nach seiner Gründung 1907. Dennoch war sich die zeitgenössische Kritik darin einig, dass die Ausstellungsarchitektur über bescheidenes Mittelmaß nicht hinaus kam. Dass dennoch nachhaltige Impulse von ihr ausgingen, verdankt sie wenigen Ausnahmen. (frei nach „Wie ein verhaltenes Gähnen" von Angelika Tiekötter in „Bruno Tauts Glashaus")

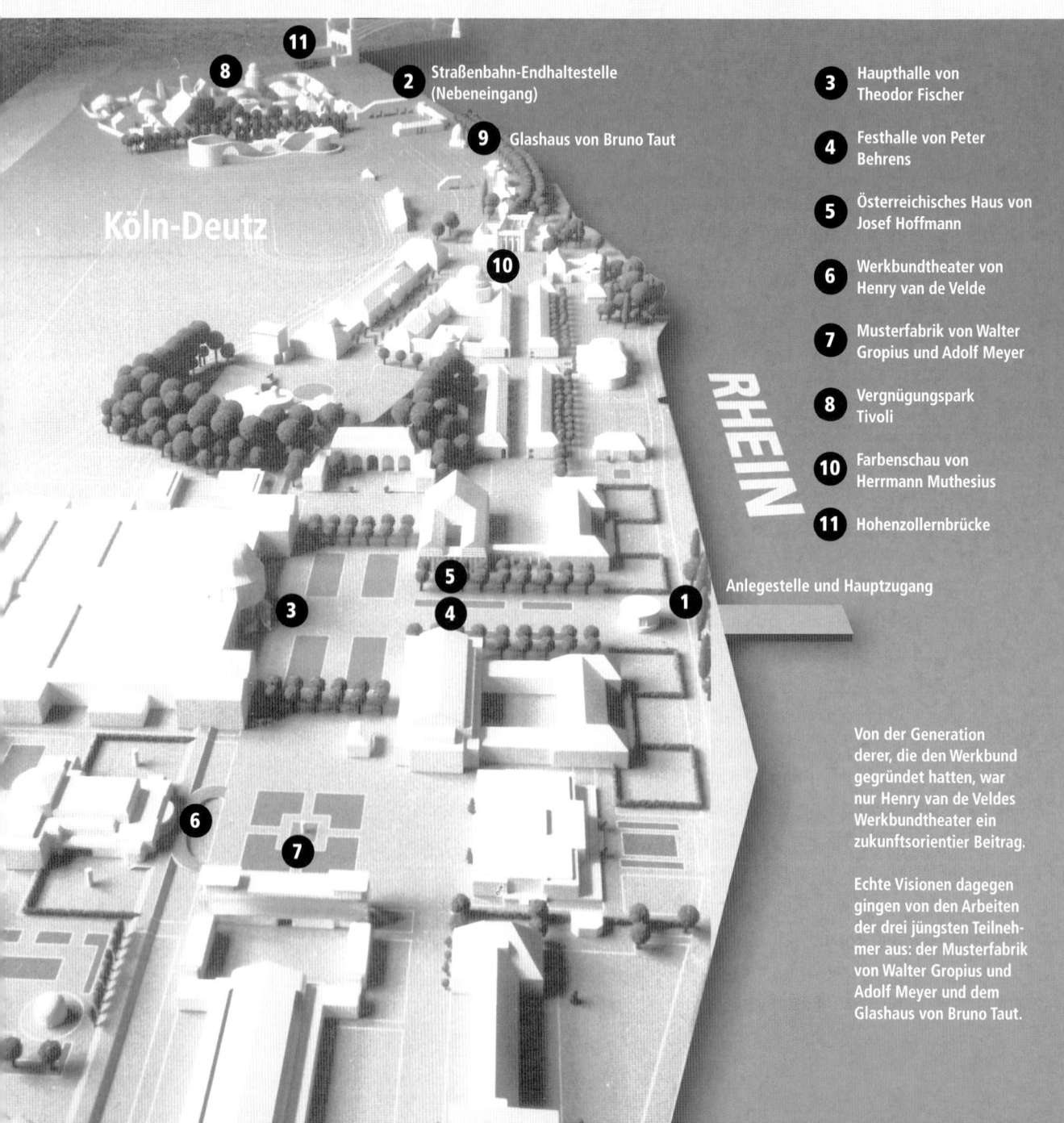

2 Straßenbahn-Endhaltestelle (Nebeneingang)
9 Glashaus von Bruno Taut
3 Haupthalle von Theodor Fischer
4 Festhalle von Peter Behrens
5 Österreichisches Haus von Josef Hoffmann
6 Werkbundtheater von Henry van de Velde
7 Musterfabrik von Walter Gropius und Adolf Meyer
8 Vergnügungspark Tivoli
10 Farbenschau von Herrmann Muthesius
11 Hohenzollernbrücke
1 Anlegestelle und Hauptzugang

Von der Generation derer, die den Werkbund gegründet hatten, war nur Henry van de Veldes Werkbundtheater ein zukunftsorientier Beitrag.

Echte Visionen dagegen gingen von den Arbeiten der drei jüngsten Teilnehmer aus: der Musterfabrik von Walter Gropius und Adolf Meyer und dem Glashaus von Bruno Taut.

Erster Vorsitzender wurde Theodor Fischer, Architekt und Professor in Stuttgart; zweiter Vorsitzender Peter Bruckmann, Besteckfabrikant in Heilbronn.

Sieben Jahre später, 1914, führte die große Werkbundausstellung am Deutzer Rheinufer in Köln vor, mit welcher Dynamik und Akzeptanz der Werkbund gearbeitet hatte. Sie zeigte die Leistungen Deutschlands auf den Gebieten Design, Architektur und Technik sowie die Rolle des Werkbundes als Vertretung des Fortschrittlichen und Vorausschauenden in Kunst, Handel, Industrie und Gewerbe. Die Werkbundmitglieder einte die gemeinsame, alles überspannende Idee, die aber heftige Kontroversen nicht ausschloss. Im Vortrag „Die Werkbundarbeit der Zukunft" auf der parallelen Werkbundtagung in Köln 1914, die das Streitgespräch über die „Typenbildung" auslöste, zitierte Muthesius einen „nahen Beobachter", der den Werkbund als eine „Vereinigung der intimsten Feinde" bezeichnet und „dass von seinen Künstlern jeder alle anderen grundsätzlich ablehne" und er fuhr fort: „Wenn dies der Fall sein sollte, so läge darin, dass wir trotzdem vereint arbeiten, vereint in schönster Harmonie unsere Tagungen abhalten, der beste Beweis für die Größe der Idee, die uns über alle persönlichen Meinungsverschiedenheiten hinweg bewegt." (Aus „Zwischen Kunst und Industie, Der Deutsche Werkbund" von Wend Fischer)

Und so bot die Ausstellung, die den Umfang und Charakter einer kleinen Weltausstellung hatte, ein sehr uneinheitliches Bild und gab die Vielzahl der individuellen und konträren Auffassungen wieder. Überraschend – aus heutiger Sicht – ist der hohe Anteil an konservativen Baubeiträgen. Die Werkbundmitglieder Peter Behrens, Theodor Fischer, Bruno Paul und Hermann Muthesius, die eigentlich eher zum progressiven Flügel zählten, gingen mit ihren Bauten kein Risiko ein. Den Anspruch, Perspektiven für die Zukunft aufzuzeigen, erfüllten nur die Musterfabrik von Walter Gropius und Adolf Meyer, das Werkbundtheater von Henry van de Velde und das

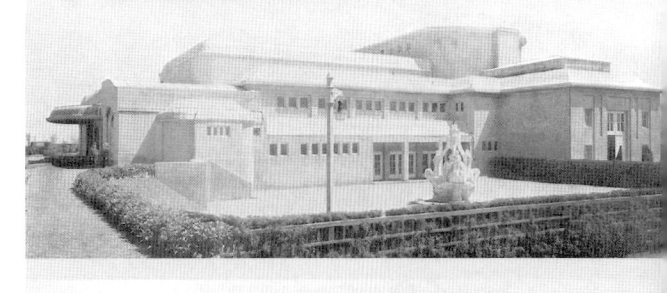

Henry van de Velde: Werkbundtheater 1914. Van de Velde hatte den Auftrag zum Bau des Theaters wegen interner Streitigkeiten des Werkbundes erst am 14. Februar 1914 erhalten, so dass die erste Aufführung erst vier Wochen nach dem Ausstellungsbeginn stattfinden konnte. Dennoch nahm er sich Zeit für Experimentelles. „Deutlichstes Merkmal war der gegliederte Aufbau, der das Äußere zum genauen Ausdruck des Inneren machte. Die Abfolge von Foyer, Saal und Bühne, begleitet von Seiteneingängen und Nebenbühnen, war offengelegt […]" (Sembach). Im Inneren beschäftigte ihn die Bühne: „Der Zuschauer sollte wirklich von einem Ort zum anderen geführt werden. So kam ich auf die dreiteilige Bühne […]" (van de Velde).

Walter Gropius, Musterfabrik 1914, Bürogebäude vom Platz (o.) und vom Hof aus (u.) gesehen. Die Glasfassade führt vor den Stützen vorbei.

„Gropius hatte sich 1910 auf Einladung von Karl Osthaus und Peter Behrens dem Werkbund angeschlossen. Sein Interesse für die industrielle Architektur, das sich in Artikeln und Beiträgen im Jahrbuch des Werkbundes und in den Vorbereitungsarbeiten zu einer Ausstellung im Volkwang-Museum von Hagen im Jahr 1912 zeigte, hatte ihn zusammen mit dem Erfolg der Fagus-Werke zur Autorität auf diesem heftig umstrittenen Sektor werden lassen." (Aus: „Walter Gropius" von Paolo Berdini)

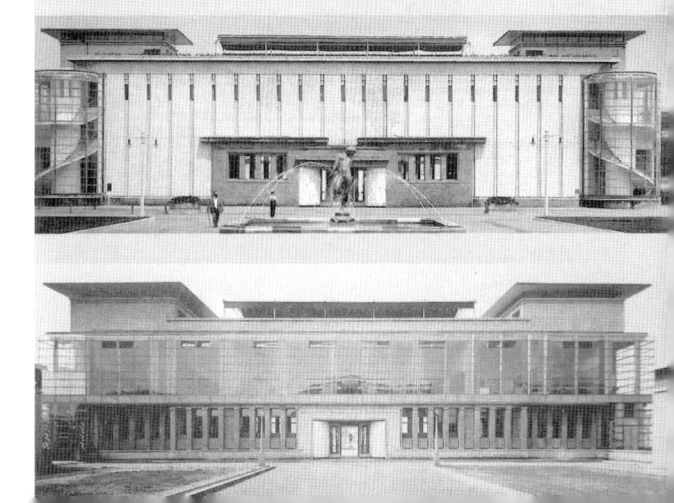

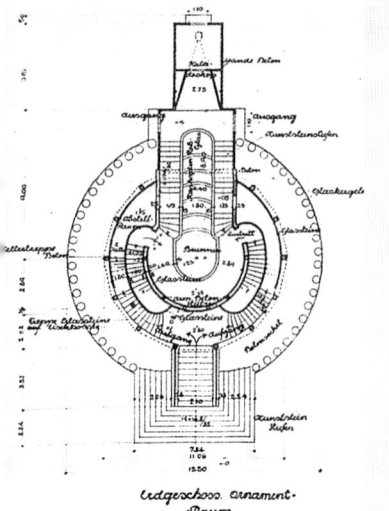

Bruno Taut, Das Glashaus, 1914.
Die Anregungen kamen gleichzeitig sowohl von der Glasindustrie, die die Möglichkeiten des Glases in der Architektur demonstrieren wollte, als auch von Paul Scheerbart, Prosaist und Lyriker des Expressionismus, der in der Transparenz gläserner Architektur die Versinnbildlichung menschlicher Lauterkeit sah. Beide trafen auf den Glasarchitekten Bruno Taut, der mit der Planung eines Glaspavillons befasst war und einschlägige Bauerfahrung hatte (Ausstellungspavillon des Stahlwerksverbandes in Leipzig 1913). Die Ausstellungsleitung zögerte mit der Zulassung des Projekts, bis sie ihm schließlich – zur tiefen Enttäuschung Tauts – zwar zustimmte, aber einen Platz außerhalb des eigentlichen Geländes zuwies.
o.: Grundriss des „Ornamentraumes", Ausschnitt aus den Genehmigungsplänen
m. und u.: Außen- und Innenansicht des fertigen Pavillons

Glashaus von Bruno Taut, das in den Abendstunden bunt leuchtete und zu einem Höhepunkt der Ausstellung wurde.

Muthesius hatte zu seinem Vortrag, „Werkbundarbeit der Zukunft", in dem er über Typenbildung sprechen wollte, vorab 10 Leitsätze verteilen lassen und damit seinen Gegnern Gelegenheit gegeben, 10 Gegenleitsätze zu formulieren. Sie führten am 3. und 4. Juli 1914 zum großen und berühmt gewordenen Kölner Streitgespräch.

Muthesius: „1. Die Architektur und mit ihr das ganze Werkbundschaffensgebiet drängt nach Typisierung und kann nur durch sie diejenige allgemeine Bedeutung wieder erlangen, die ihr in Zeiten harmonischer Kultur eigen war. 2. Nur mit der Typisierung, die als das Ergebnis einer heilsamen Konzentration aufzufassen ist, kann wieder ein allgemein geltender, sicherer Geschmack Eingang finden […]."

Henry van de Velde antwortete im Auftrag der Kollegen, die dem Jugendstil nahestanden, mit einer ebenso berühmt gewordenen Formulierung: „1. Solange es noch Künstler im Werkbund geben wird und solange diese noch einen Einfluss auf dessen Geschichte haben werden, werden sie gegen jeden Vorschlag eines Kanons oder einer Typisierung protestieren. Der Künstler ist seiner innersten Essenz nach glühender Individualist, freier spontaner Schöpfer; aus freien Stücken wird er niemals einer Disziplin sich unterordnen […]."

Die am folgenden Tag stattfindende, sehr lebhafte Diskussion, die im Tagungsbericht „Die Werkbundarbeit der Zukunft", Jena 1914, festgehalten ist, war schon damals vom Zweifel getragen, dass man aneinander vorbeirede. Aus heutiger Sicht lässt sich schon gar nicht ein Gegensatz zwischen Typisierung und Kunst ausmachen. Wiederholung und Serie waren sowohl Gestaltungsmittel als auch notwendige Antworten auf die wachsende Wohnungsnot und knapp werdende Materialien des heimgesuchten 20. Jahrhunderts. „Was in sich gut ist, wird nicht minderwertig, weil es mehrfach vorhanden ist." Diese Folgerung, die der „Einführung in das Deutsche Warenbuch" 1916 von Josef Popp entnommen wurde, lässt sich zu einer Bedingung umformen: Die notwendige Wiederholung eines Typs setzt seine besonders sorgfältige künstlerische Durchbildung voraus. Damit erfährt das Berufsbild des Architekten der Moderne seine Ausrichtung sowohl auf den unverzichtbaren freien Künstler als auch auf den kompetenten Gestalter industriell hergestellter Bautypen.

Zwar wurde Muthesius gezwungen, seine Thesen zurückzunehmen und die „Individualisten" trugen damit einen vorläufigen Sieg davon, aber der Ausbruch des 1. Weltkrieges am 01. August 1914 beendete Ausstellung und Diskussion abrupt und ließ weder Zeit noch Gelegenheit, der Forderung nach Typisierung Rechtfertigung zu verschaffen. Die sollte sie durch die künftige Entwicklung des Baugeschehens erfahren.

Taut äußerte sich später: „Zunächst sein Platz [des Glashauses, d. Verf.] auf der Ausstellung! Die Ausstellungsleitung wollte sich dem Neuen, ‚Jüngsten' in sozusagen liberaler Art ‚durchaus nicht verschließen'. Aber es in die ernsthafte Ausstellung mitten hinein an eine prominente Stelle bringen, wie ich es als das gute Recht der Sache verlangte? Nein – es mußte sich auf kahlem Felde, weit vor dem Tor der eigentlichen Ausstellung […] etablieren, […]." (Aus „Kleine Glashauschronologie" von Bettina Heid in „Bruno Tauts Glashaus")

Der finanzielle Beitrag von 10.000 Mark reichte bei weitem nicht aus, so dass das Architekturbüro Taut und Hoffmann als Bauherr und Geldgeber einspringen musste. Taut: „Als das Haus fertig war, kostete es uns nach Abrechnung aller Guthaben 20.000 Mk. Ich habe bisher keinen Bau ausgeführt, der uns soviel Sorge, Arbeit und Energie gekostet hat." (Aus „Kleine Glashauschronologie" von Bettina Heid in „Bruno Tauts Glashaus") Abb.: Kuppelkonstruktion

Von den 16 Glashaussprüchen, die Scheerbart an Taut schickt, werden 6 am Gebäude angebracht, sie enthalten – sprachlich mitunter holprig (Tauts Vorgabe waren 28 Buchstaben pro Spruch) – schwärmerische bis enthusiastische Bekenntnisse zum Glas. Z.B.: „Das Licht will durch das ganze All und ist lebendig im Kristall." und: „Ohne einen Glaspalast ist das Leben eine Last." Der Spruch über dem Eingang hatte seinen besonderen Platz sicher mit Absicht: „Das bunte Glas zerstört den Hass.", seine naive Hoffnung geht nicht Erfüllung. Am 1. Aug. 1914 beginnt der 1. Weltkrieg.

Das gesamte Ausstellungsgelände wird für die Dauer des Krieges militärisch genutzt und damit Sperrgebiet. Ab 1922 beginnt der Abbruch der Bauten.

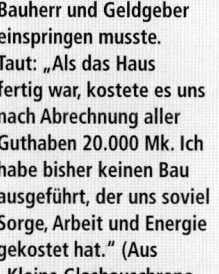

Die Glasindustrie nutzte zwar gerne den Werbeeffekt des Pavillons, seinen Abbau musste Taut jedoch weitgehend selbst finanzieren:
„Wegen ‚aesthetischer Bedenken,' die ‚dem öffentliche Interesse' widerstreben, fordert die Stadtverwaltung nun ‚unerbittlich' den Abriss der Glashausreste. [...] Die städtische Forderung stürzt den arbeitslosen Familienvater Bruno Taut [...] in Verzweiflung und Ratlosigkeit." (Aus „Destrukion" von Birgit Schulte in „Bruno Tauts Glashaus")

Die Zeit nach dem 1. Weltkrieg, in der die Not nicht zuließ, dass gebaut werden konnte, nutzte Bruno Taut, seiner gebauten Vision, dem Glashaus, geschriebene und gezeichnete Zukunftsvorstellungen folgen zu lassen. Zusammen mit 13 Architekten gründete er 1919 die „Gläserne Kette", die sich unter seiner Leitung in expressiven Artikeln und Zeichnungen Gedanken über das Leben der Menschen miteinander und in der Natur machte. Ihre Zeitung war „Frühlicht".

Literatur

- **Baukammergesetz (Bau Ka G NRW)** vom 16.12.2003, novelliert am 9.12.2008
- **Verordnung zur Durchführung des Baukammergesetzes** (DVO BauKaG)
- **Hauptsatzung der Architektenkammer Nordrhein-Westfalen** vom 25.9.2004
- **Regeln für die Auslobung von Wettbewerben** RAW 2004
- Cees de Jong, Erik Mattie: **Architekturwettbewerbe 1792–1949.** Taschen Verlag Köln 1994
- Michael S. Cullen, Uwe Kieling: **Der Deutsche Reichstag.** Berlin 1992
- **Der Architekt, Zeitschrift des Bundes Deutscher Architekten BDA.** Heft 5–6, Juni 2003
- Julius Posener: **Anfänge des Funktionalismus.** in: Bauweltfundamente Nr. 11, Berlin 1964
- Wend Fischer: **Zwischen Kunst und Industrie.** Die Neue Sammlung, München 1975
- Leonardo Benevolo: **Die Geschichte der Architektur des 19. und 20. Jahrhunderts.** München 1964
- Karl-Heinz Hüter: **Architektur in Berlin.** Dresden 1987
- Catherine Cooke, Igor Kazus: **Sowjetische Architekturwettbewerbe 1924–1936.** Basel 1991
- **Bauwelt Nr. 46/1996**
- **wettbewerbe aktuell 4/1993**
- Paolo Berdini: **Walter Gropius.** Zürich, München, 1984
- Martin Wörner, Doris Mollenschott und Karl-Heinz Hüter: **Architekturführer Berlin.** Berlin 1991
- Martin Wörner, Ulrich Hägele und Sabine Kirchhof: **Architekturführer Hannover.** Berlin 2000
- Magdalena Droste: **Bauhaus.** Berlin 1990
- Winfried Nerdinger: **100 Jahre Deutscher Werkbund.** Berlin 2007
- Angelika Thiekötter u.a.: **Bruno Tauts Glashaus.** Basel 1993
- Henry van de Velde: **Geschichte meines Lebens.** München 1959
- Klaus-Jürgen Sembach: **Henry van de Velde.** Stuttgart 1989
- Peter Davey: **Arts and Craft Architektur.** Stuttgart 1996
- Angelika Thiekötter und Eckhard Siepmann: **Packeis und Pressglas. Von der Kunstgewerbebewegung zum Deutschen Werkbund.** Gießen 1987

Taut setzte sein soziales Engagement, das das Wohl seiner Mitmenschen zum Ziel hatte, real fort, indem er in den 1920er und Anfang der 1930er Jahre Wohnungen, Häuser und Siedlungen baute, die bis in unsere Zeit als vorbildlich gelten (unten: Gartenstadt Falkenberg bei Berlin, wegen ihrer Farbigkeit auch „Tuschkasten" genannt).

li.: Der Maler, Bildhauer und Architekt Michelangelo Buonarroti (1475–1564) erklärt sein Modell von Sankt Peter dem Papst Paul III. (1534–49) (Gemälde von Domenico Cresta, gen. Passignano, Casa Buonarroti, Firenze)

re.: Der Architekt Axel Schultes erklärt der Bundestagspräsidentin Rita Süssmuth sein Modell zur Spreebogenbebauung in Berlin. Bei dem städtebaulichen Wettbewerb, hatte er zusammen mit Charlotte Frank den ersten Preis gewonnen. (Foto: Rückeis/Tagesspiegel in Bauwelt 19/1993)

Die entscheidenden Tätigkeiten des Architekten sind zweifellos Entwerfen, Konstruieren und Gestalten, aber zum Erfolg führt nur intensive Kommunikation mit allen am Bau Beteiligten: Erklären, Überzeugen, Koordinieren, Integrieren.

1.5 Tätigkeit des Architekten – nutzungsbestimmt

Systematik der Wirtschaftszweige:	Kategorien der Kunst:
1. Primärer Sektor: Landwirtschaft und Bergbau (Erzeugung)	Darstellende Künste: Tanz, Theater, Musik, Literatur
2. Sekundärer Sektor: Industrie (Verarbeitung)	Bildende Künste: Architektur, Bildhauerei, Malerei
3. Tertiärer Sektor: Handel, Banken, Dienstleistungen (Verwaltung)	

Als 1955 in Kassel die documenta – eine Kunstausstellung für die Kunst des 20. Jahrhunderts – stattfand, die sich im Abstand von 4, später 5 Jahren zu einer weltweit bedeutenden Kunstschau entwickeln sollte, gehörte Architektur nicht zu den ausgestellten Kunstgattungen.

Max Bill, Bauhausschüler, Künstler, Architekt und seit dem ersten Studienjahr 1953 Leiter der nach seinem Entwurf geplanten Hochschule für Gestaltung, stellte 4 Bilder aus, darunter „Unbegrenzt und Begrenzt" aus dem Jahr 1947.

u.: Die HFG – ebenfalls aus der Hand Max Bills – gehört einer anderen Kunstgattung an.
Foto: Carl-Michael Weipert

In der Statistik der Wirtschaftswissenschaften wird die Tätigkeit des Architekten als Dienstleistung geführt und als solche im „Tertiären Sektor" angesiedelt. Der „dritte Sektor" besteht aus Handel, Banken und Dienstleistungen. Dennoch, auf dieses sprachliche Kuriosum sei hingewiesen, ist das Ziel seiner Arbeit ganz ohne Zweifel das „Werk", was sich auch dadurch ausdrückt, dass er mit dem Bauherrn darüber einen Werkvertrag abschließt.

Architektur zählt seit jeher in der europäischen Kunstgeschichte neben Malerei und Bildhauerei zu den drei bildenden Künsten. Der Architekt ist also Dienstleister und bildender Künstler gleichermaßen.

Als Anfang des 19. Jahrhunderts die Fotografie erfunden wird, die mit ihren Portraits der Malerei einen großen Teil ihrer Malaufträge entzieht, gehen die Maler mit ihren Bildern zu selbstgewählter Thematik über. Kunst beschäftigt sich mit sich selbst, sie ist ausschließlich für sich da. L'art pour l'art. Es entsteht freie Kunst, deren Freiheit vehement gefordert und wahrgenommen wird. Architektur dagegen bleibt strikt zweckorientiert und entsteht nicht ohne einen ausdrücklichen Auftrag, sie ist zweifelsfrei Kunst, unterscheidet sich aber erheblich vom heute landläufigen Kunstbegriff.

Als die Leiterin des Deutschen Architekturmuseums in Frankfurt/M., Frau Dr. Ingeborg Flagge, 2006 vor Zuhörern der Tübinger Kunstgeschichtlichen Gesellschaft und des BDA einen Vortrag zum Thema „Ist Architektur Kunst?" begann, verneinte sie die Frage gleich im ersten Satz. Sie begründete die Antwort damit, dass Architektur „Auftragskunst" sei und sich damit wesentlich von der derzeitigen Kunst unterscheide, deren Thematik vom Künstler – ohne Auftrag – frei gewählt werde. Meist geht es dabei um seine eigene Befindlichkeit, um die der Umwelt oder die Beziehung beider zueinander. Auch die Art und Weise der künstlerischen Aussage liegt in der Entscheidung des Künstlers. Architektur dagegen ist

Baukunst mit fest umrissenen Zielen, bestehend aus einer überschaubaren Anzahl von Materialien und bekannten technischen Details.

Die Differenzierung der Kunst in „angewandte" und „freie Künste" auf die Architektur übertragen bedeutet, dass ihr – der nutzungsbestimmten „Gebrauchskunst" – eine visionäre „Konzeptkunst" gegenübersteht, die keine bauliche Verwirklichung anstrebt. Sie wird im Anschluss an dieses Kapitel in einem eigenen Abschnitt behandelt.
Die klassische Tätigkeit des Architekten ist dagegen zweckorientiert und hat immer ein konkretes Nutzungsziel. Sein Tätigkeitsfeld reicht von der Landesplanung über Regional- und Stadtplanung bis zum Gebäudeentwurf; die Vielfalt hat ein Gemeinsames: die Brauchbarkeit.

Die Unterscheidung von Planen und Entwerfen ist eher gefühlt als definiert: Man empfindet „Planen" als längerfristige Festlegung und Entscheidung für die Zukunft, in der Änderungen noch erwartet werden, „Entwerfen" dagegen als kurzfristige Unternehmung für die unmittelbare Gegenwart.

Die Bauaufgabe

Dem Entschluss zu bauen geht eine Mangelsituation voraus. Der Mangel wird zu einem Bedarf umformuliert; Bedarfsanmeldungen sind die Grundlage von Bauprogrammen, die schließlich als Raum- und Funktionsprogramme dem Architekten zur Basis für das Entwerfen werden.
Bedarfsanmeldungen konkurrieren, zwischen den Bedürfnissen entstehen Konfliktsituationen.
Bereits vor dem Entwerfen macht die Entscheidung in Konflikten einen Großteil der Tätigkeit des Architekten aus und setzt sich während des Entwerfens verstärkt fort.

Kaufhaus Sinn-Leffers, Kassel, Sep Ruf 1960/61 und Walter von Lom 1991. Kunst und Baukunst nebeneinander: Seit der documenta IX 1992 steht auf dem dorischen Portikus, einem Überbleibsel vom Vorgängerbau, dem Residenzpalais, eine Figurengruppe von Thomas Schütte, „Die Fremden". Vom Initiator der documenta, dem Maler und Leiter der Werkkunstschule in Kassel Arnold Bode, stammt der Vorschlag, die Architektur in die Ausstellung einzubeziehen. Während der documenta VII 1982 erhielt die angewandte Kunst „Architektur" ein eigenes Ausstellungsterrain. Neun Architekten beteiligten sich am Konzept und Bau eines neuen Wohngebietes am Rand des Naturschutzgebiets Dönche unter dem Titel „documenta urbana".

documenta urbana, Beitrag von Otto Steidle

documenta urbana, Beitrag von Herrmann Hertzberger

documenta urbana, Beitrag von Hinrich und Inken Baller

Kathedrale in Brasilia, Oscar Niemeyer 1959–70. Oscar Niemeyer ist der Architekt Brasilias. Zusammen mit Lucio Costa gewann er 1957 den Wettbewerb für die neue Hauptstadt in Brasilien. In seinen gekurvt-schwungvollen Bauten vereinen sich überschwängliche Fantasie und brasilianische Ingenieurbaukunst.

Der bekennende Kommunist und Atheist gestaltet die Kathedrale für „Menschen, die an Gott glauben" und setzt auf die Wirkung von Proportion, Material und Licht.

16 bumerangförmige Stützpfeiler umringen und bilden den Sakralraum; er ist das beste Beispiel für Niemeyers Diktum: „Wenn die Struktur gefunden ist, ist das Gebäude fertig."

o.: Ansicht mit dem Glockenturm

m.: Ansicht mit Apostelstatuen von Alfredo Ceschiatti

u.: Der lichtdurchflutete Innenraum mit „schwebenden" Engelsstatuen

(Fotos: Peter Hauber)

Die angeführten Architekturbeispiele sind Ergebnisse intensiver Kooperation aller an Entwurf und Bau Beteiligten. Dabei kommt dem Architekten eine Führungsrolle zu, auf die auch in der Honorarordnung ausdrücklich verwiesen wird.

Die Vielfalt der Tätigkeiten

Planungs- und Entwurfsprozesse sind hochkomplex, ihre Teilbereiche zudem voneinander abhängig und vernetzt. Erschwerend kommt hinzu: die Einmaligkeit jedes Projekts. Prototypen und Testserien sind nicht möglich, das Werk muss auf Anhieb gelingen.

Im nachfolgenden Auszug aus der Honorarordnung (HOAI, Honorarordnung für Architekten und Ingenieure) wird die ganze Breite der Anforderungen an den Architekten deutlich, dazu gehört insbesondere seine verantwortliche Verpflichtung, – in jeder der 9 Leistungsphasen – die Leistungen „anderer an der Planung Beteiligter" in die Gesamtplanung zu integrieren. Damit fällt ihm die unverzichtbare Rolle des Koordinators zu. Die Honorarordnung für Architekten und Ingenieure, **HOAI (Neufassung aus dem Jahr 2009)** gibt dies im Teil 3: „Objektplanung" unmissverständlich wieder.

In § 33 „Leistungen im Leistungsbild Gebäude und raumbildende Ausbauten" wird die Tätigkeit des Architekten in neun Leistungsphasen unterteilt, die zeitlich aufeinander folgen: 1. Grundlagenermittlung, 2. Vorplanung, 3. Entwurfsplanung, 4. Genehmigungsplanung, 5. Ausführungsplanung, 6. Vorbereitung der Vergabe, 7. Mitwirkung bei der Vergabe, 8. Objektüberwachung – Bauüberwachung, 9. Objektbetreuung und Dokumentation.

In der Anlage 11 (zu § 33) werden die einzelnen Leistungsphasen beschrieben und inhaltlich differenziert, auf die jeweils fällige Kooperation und Koordination des Architekten mit den anderen an der Planung Beteiligten wird ausdrücklich verwiesen.

Leistungsphase 1: Grundlagenermittlung
a) Klären der Aufgabenstellung,
b) Beraten [...],
c) Formulierung von Entscheidungshilfen für die Auswahl anderer an der Planung fachlich Beteiligten,
d) Zusammenfassung der Ergebnisse;

Leistungsphase 2: Vorplanung
(Projekt- und Planungsvorbereitung)
a) Analyse der Grundlagen,
b) Abstimmen der Zielvorstellungen
   (Randbedingungen, Zielkonflikte),
c) Aufstellen eines planungsbezogenen Zielkatalogs [...],
d) Erarbeiten eines Planungskonzepts [...],
e) Integrieren der Leistung anderer an der
   Planung fachlich Beteiligter,
f) Klären und Erläutern der wesentlichen [...]
   Zusammenhänge [...],
g) Vorverhandlung mit Behörden und anderen an
   der Planung fachlich Beteiligten über die Genehmigungsfähigkeit,
h) bei Freianlagen [...],
i) Kostenschätzung nach DIN 276 [...],
j) Zusammenstellung der Vorplanungsergebnisse;

Leistungsphase 3: Entwurfsplanung (System- und Integrationsplanung)
a) Durcharbeiten des Planungskonzepts [...] unter
   Verwendung der Beiträge anderer an der Planung
   fachlich Beteiligter bis zum vollständigen Entwurf,
b) Integrieren der Leistungen anderer an der
   Planung fachlich Beteiligter,
c) Objektbeschreibung [...],
d) Zeichnerische Darstellung,
e) Verhandlungen mit Behörden und anderen an
   der Planung fachlich Beteiligten über die
   Genehmigungsfähigkeit,
f) Kostenberechnung nach DIN 276 [...],
g) Kostenkontrolle [...],
h) Zusammenfassen aller Entwurfsunterlagen;

Leistungsphase 4: Genehmigungsplanung
a) Erarbeiten der Vorlagen [...] unter Verwendung
   der Beiträge anderer an der Planung fachlich
   Beteiligter [...],
b) Einreichen der Unterlagen,
c) Vervollständigen und Anpassen der Planungsunterlagen [...] unter Verwendung der Beiträge
   anderer an der Planung Beteiligter,

Bauten für die Olympischen Spiele 1972 in München.
Günter Behnisch hatte mit seinen Partnern den ersten Preis um die Sportstätten gewonnen.

Die Seilnetzkonstruktion des Zeltdaches errichtete er zusammen mit Frei Otto, der bereits 1967 mit einer solchen Konstruktion beim Bau des Deutschen Pavillons (zusammen mit Rolf Gutbrod) auf der Expo in Montreal Erfahrung gesammelt hatte.
Der dort 1967 errichtete Versuchsbau steht heute auf dem Unigelände in Stgt.-Vaihingen und ist Gebäude des Instituts für leichte Flächentragwerke.

Das gemeinsame Zeltdach besteht aus transparenten Acrylglasplatten und überspannt Stadion, Sporthalle und Schwimmhalle; diese umringen den Coubertin-Platz und geben an dessen vierter Seite den Blick auf die Landschaft („Trümmerberg") frei.

Das Dach prägte mit seinem Charme das Erscheinungsbild der „heiteren Spiele".

o.: Sportstadion
m.l.: Spannungsfreie Seilschleife (Auge)
m.r.: Eingang Schwimmhalle
u.: Olympia-Halle, Osteingang

Lloyds, London von Richard Rogers + Architects 1976–86 (Foto links: Martin Lefering)
Die lebhafte Gestaltung verdankt der an sich einfache Bau der komplett nach außen gekehrten technischen Ausrüstung. Sechs Servicetürme markieren die Grundstücksgrenzen und umringen einen rechteckigen stützenfreien Raum mit einem mittleren Atrium über alle Geschosse, das mit einer Halbtonne abgeschlossen ist. Die Türme enthalten die technische Ausrüstung, Lifte, Toiletten, Teeküchen und Fluchttreppen, die kurzlebiger als das eigentliche Bauwerk sind und besonders gewartet und ausgetauscht werden können. Deshalb schließen sie jeweils mit einer Krananlage ab. Das Management zeigte sich überrascht, dass diese nach Abschluss der Bauarbeiten nicht demontiert wurden. Dass es den Architekten deshalb den Auftrag für den Innenausbau entzog, ist allerdings reine Spekulation. (Foto unten: Mechthild Menke)

Überdachung der Kunsteisbahn auf dem Olympiagelände München, Kurt Ackermann (1981–83). Die unmittelbare Nähe der Seilnetzkonstruktion der olympischen Bauten hat nicht dazu geführt, sie zu wiederholen.

Das Konstruktionssystem besteht aus einem rund 100 m langen Dreigurt-Rohrfachwerksbogen, an dem die zwei Netze aus Stahlseilen hängen und ihrerseits dem Druckbogen seitlich Halt geben.

Leistungsphase 5: Ausführungsplanung
a) Durcharbeiten der Ergebnisse der Leistungsphasen 3 und 4 […] unter der Verwendung der Beiträge anderer an der Planung fachlich Beteiligter bis zur ausführungsreifen Lösung,
b) zeichnerische Darstellung des Objekts mit allen für die Ausführung notwendigen Einzelangaben,
c) bei raumbildenden Ausbauten: detaillierte Darstellung der Räume und Raumfolgen im Maßstab 1 : 25 bis 1 : 1 […],
d) Erarbeiten der Grundlagen für die anderen an der Planung fachlich Beteiligten und Integrieren ihrer Beiträge bis zur ausführungsreifen Lösung,
e) Fortschreiben der Ausführungsplanung während der Objektausführung;

Leistungsphase 6: Vorbereitung der Vergabe
a) Ermitteln und Zusammenstellen der Mengen als Grundlage für das Aufstellen von Leistungsbeschreibungen unter Verwendung der Beiträge anderer an der Planung fachlich Beteiligter,
b) Aufstellen von Leistungsbeschreibungen und Leistungsverzeichnissen […],
c) Abstimmen und Koordinieren der Leistungsbeschreibungen der an der Planung fachlich Beteiligten;

Leistungsphase 7: Mitwirkung bei der Vergabe
a) Zusammenstellen der Vergabe- und Vertragsunterlagen für alle Leistungsbereiche,
b) Einholen von Angeboten,
c) Prüfen und Werten der Angebote einschließlich Aufstellen eines Preisspiegels […] unter Mitwirkung aller während der Leistungsphasen 6 und 7 fachlich Beteiligten,
d) Abstimmen und Zusammenstellen der Leistungen der fachlich Beteiligten, die an der Vergabe mit wirken,
e) Verhandlung mit Bietern,
f) Kostenanschlag nach DIN 276 […],
g) Kostenkontrolle durch Vergleich des Kostenanschlags mit der Kostenrechnung,
h) Mitwirkung bei der Auftragserteilung;

Leistungsphase 8: Objektüberwachung (Bauüberwachung)
a) Überwachung des Objekts auf Übereinstimmung mit der Baugenehmigung […],
b) Überwachung der Ausführung von Tragwerken nach § 50 […],
c) Koordinieren der an der Objektüberwachung fachlich Beteiligten,
d) Überwachen und Detailkorrektur von Fertigteilen,
e) Aufstellen und Überwachen eines Zeitplanes (Balkendiagramm),
f) Führen eines Bautagebuchs,
g) Gemeinsames Aufmaß mit den bauausführenden Unternehmen,
h) Abnahme der Bauleistungen unter Mitwirken anderer an der Planung und Objektüberwachung fachlich Beteiligter […],
i) Rechnungsprüfung,
j) Kostenfeststellung nach DIN 276 […],
k) Antrag auf behördliche Abnahme und Teilnahme daran,
i) Übergabe des Objekts […],
m) Auflisten der Verjährungsfristen für Mängelansprüche,
n) Überwachung der Beseitigung der bei der Abnahme der Bauleistungen festgestellten Mängel,
o) Kostenkontrolle durch Überprüfen der Leistungsabrechnung […];

Leistungsphase 9: Objektbetreuung und Dokumentation
a) Objektbegehung zur Mängelfeststellung vor Ablauf der Verjährungsfristen […],
b) Überwachung der Beseitigung von Mängeln, die innerhalb der Verjährungsfristen […] auftreten,
c) Mitwirken bei der Freigabe von Sicherheitsleistungen,
d) Systematische Zusammenstellung der zeichnerischen Darstellungen und rechnerischen Ergebnisse des Objekts.

Flughafen Stuttgart-Echterdingen, v. Gerkan, Marg und Partner, 1986–91.
Über der großzügigen Abflughalle, deren Wände ganz verglast sind, liegt das pultförmige Dach, dessen Konstruktion dem Raum seine Unverwechselbarkeit gibt. Wie über die kleinteiligen Verzweigungen einer Baumkrone werden Lasten gesammelt, in eine Art Astwerk überführt und in Baumstützen zum Fundament geleitet. Öffnungen im Dach machen mit ihrer Lichtführung die Tragstruktur deutlich.

Leistungszentrum für Eiskunstlauf im Olympiapark München, Kurt Ackermann 1990–92, Tragwerksplanung: Schleich, Bergermann und Partner.

Ins Auge fallend ist das außenliegende Tragwerk, das an den Entwurf Mies van der Rohes für das Nationaltheater Mannheim 1952 erinnert; das dadurch reduzierte Raumvolumen ermöglicht eine wirtschaftlichere Beibehaltung des anspruchsvollen Raumklimas.

GSW-Hauptverwaltung, Berlin, Matthias Sauerbruch, Luise Hutton, 1995–99.

Das Hochhaus der Gemeinnützigen Wohnungs- und Siedlungsbaugenossenschaft der Architekten Paul Schwebes und Hans Schoszberger aus den 1950er Jahren erhielt über einen Wettbewerb, den Sauerbruch und Hutton gewannen, eine erhebliche Erweiterung. Durch die intensive Zusammenarbeit von Architekten und Ingenieuren (Ove Arup) wurde das Gebäude zu einer hochkomprimierten haustechnischen Anlage, das den Anforderungen von Ökologie und Nachhaltigkeit Rechnung trägt.

Die gekrümmte Klimafassade nach Westen hat eine gläserne Doppelhaut, das Niedrigenergiekonzept kann auf aufwendige Klimatisierung verzichten.

Die Höhe der „Pillendose" (l.), des Erweiterungsbaus mit Konferenzräumen, entspricht der geforderten Berliner Traufhöhe von 22 m.

Multihalle, Mannheim, C. N. Mutschler 1974–75. Mehrzweckhalle für die Bundesgartenschau 1975. Gestalterisches Ziel war die Anpassung an die künstliche Hügellandschaft des Parks; Mutschler konnte Frei Otto zur Kooperation gewinnen, der mit den Olympiabauten 1972 einschlägige Erfahrungen hatte.

Mit einer freitragenden Gitterschalenkonstruktion aus Holz, überdeckt mit einer lichtdurchlässigen Folie, fanden Architekt und Ingenieur eine überzeugende Lösung. Als wichtiger Beitrag zur organischen Architektur in Deutschland wurde sie 1998 unter Denkmalschutz gestellt (vgl. Architekturführer Mannheim von Andreas Schenk, Berlin 1999).

Kritische Anmerkung zu Leistungsphase 1: Die honorierte Mitwirkung des Architekten an der vollständigen und genauen Bedarfsanalyse im Vorfeld des Entwerfens muss gesondert vereinbart werden, ebenso der Mehraufwand für die Betreuung der Eigenleistungen der Nutzer (Partizipation).

Kritische Anmerkung zu Leistungsphase 9: Eine honorierte zusätzliche exakte Erfolgskontrolle des abgeschlossenen Objekts – über einen längeren Zeitraum hinweg – würde wertvollen Erfahrungsgewinn bedeuten.

Die Generalplanung

Bei großen Bauvorhaben kann das beschriebene Gesamtleistungsbild der Tätigkeit des Architekten nur von einem Team von Spezialisten, das sich zum „Generalplaner" zusammenschließt, erbracht werden.
Die jeweiligen Mitglieder sind für die Bearbeitung einzelner Leistungsphasen hoch qualifiziert und kommen aus unterschiedlichen Disziplinen. In die Teilgebiete, die vom Architekten nicht wahrgenommen werden können, arbeiten sich Bauingenieure, Maschinenbauingenieure und Elektroingenieure ein, aber auch Betriebswirtschaftler und Juristen. Es handelt sich einerseits um klassische eigene Arbeitsfelder am Bau wie Statik, Tragwerksplanung, Technischer Ausbau (mit Heizung, Sanitär, Lüftung) und Elektrotechnik, andererseits um neuere Spezialisierungen wie Bauphysik (mit Wärme- und Schallschutz), Ökologie, Raumakustik, Verkehr, Finanzen und Vertragsgestaltung. Beteiligt sind ferner Innenarchitekten beim Innenausbau, Garten- und Landschaftsarchitekten bei der Garten- und Landschaftsgestaltung.

Das Planerspektrum kann sich um weitere am Projekt Beteiligte vergrößern:
· Developer: Aufsuche von ertragsversprechenden Grundstücken und ihre Entwicklung bis zur Bebauungsfähigkeit.
· Investor: Suche nach Bauprojekten mit Gewinnerwartung.

- Facility Manager: Minimierung zu erwartender Betriebskosten.
- Projektsteurer: Bindeglied zwischen Auftraggeber, Architekt und Fachingenieur; ist verantwortlich für Organisation, Qualität, Kosten und Termine.
- Controller: Reduzierung der Baukosten.

Die Generalplanung ist ein gebündeltes und abgestimmtes Planungsinstrument, in das der Architekt seine zentralen Leistungen – Nutzung, Gestaltung und Koordination – einbringt.

Nachdem am Anfang des Projekts seine Idee und sein Konzept stehen, mit denen er den Bauwilligen zum Bauen überzeugen konnte, ist ihm aufgetragen, dafür zu sorgen, dass das gebaute Ergebnis der Erwartung entspricht. Die Teildisziplinen haben die Neigung, ihren eigenen Zwängen nachzugeben und sich damit vom ursprünglichen Projekt zu entfernen.

Der Architekt als Verantwortlicher für das Ganze muss so viel von ihnen verstehen, dass er sie in Verhandlungen zusammenführen kann und das ursprünglich ins Auge gefasste Ziel unverändert erreicht wird.

Wenn bei Schadensfällen und Mängeln zuerst bei ihm die Ursache gesucht wird, auch wenn er nicht unmittelbar an ihnen beteiligt ist, dann bedeutet es Vertrauen der Betroffenen in die Zuständigkeit und Kompetenz des Architekten.

Die Effektivität des vereinigten Generalplaners ist unbestritten, jedoch ein Mangel bleibt, es können auf diese Weise keine verlässlichen Termine und Kosten garantiert werden.

Erst der Generalunternehmer, der neben allen Planungsleistungen sämtliche Ausführungsleistungen übernimmt, ist dazu in der Lage. Für diesen Fall kommt dem Architekten die verantwortliche Aufgabe zu, darauf zu achten, dass die vereinbarten baulichen und gestalterischen Standards eingehalten werden.

Bosch-Areal Stuttgart, Roland Ostertag 1995–2001. Statik: Schleich, Bergermann und Partner.

Aus einer Ansammlung traditionsreicher Verwaltungsgebäude aus dem Jahre 1905–13, die zum Abriss standen, wurde ein attraktives Stadtquartier.

Der Innenhof und die Zwischenräume der sorgfältig sanierten Altbauten erhielten eine gläserne Überdachung auf einer Seilnetzkonstruktion. Neben dem Literaturhaus entstanden dort ein Kino, Läden, Clubs und Cafés.

Bauten für die Abgeordneten des Deutschen Bundestages in Bonn, Joachim und Margot Schürmann 1998–2000.

Die filigranen, kolonadenhaft aufgeständerten Betonbauten entlang einer begrünten Gartenstraße entstanden in unmittelbarer Nähe zum Abgeordnetenhochhaus „Langer Eugen" von Egon Eiermann. Sie bewegten das Bewusstsein der Öffentlichkeit nicht wegen ihrer hohen gestalterischen Qualität, sondern wegen der Schäden, die das Rheinhochwasser dem Rohbau zugefügt hatte. Der legendäre „Schürmann-Bau" galt in der öffentlichen Meinung als Beispiel für das vermeintliche Versagen von Architekten, zugleich auch für die von ihnen erwartete Kompetenz und Verantwortung.

Musiktheater im Revier, Gelsenkirchen, Werner Ruhnau, 1954–59.
Das Theater steht in der Blickachse der wichtigsten Straße der Stadt und schließt sie wirkungsvoll ab. Das völlig verglaste Foyer des Großen Hauses bietet einen weiten Blick in die Fußgängerzone. Im Kontrast dazu steht das wuchtige Betonrelief des englischen Bildhauers Robert Adams, hinter dem sich die Eingänge befinden.
(Foto: Andrea Wagener)

Die Faszination der monumentalen Wandbilder von Yves Klein im Foyer, monochrom in Ultra-Marinblau und mit Schwämmen reliefartig angereichert, war schon während der Herstellung so groß, dass aus den ursprünglich zwei Bildern sechs wurden.

Im Kontrast zum offenen Großen Haus liegt links anschließend das Kleine Haus, dessen Fassade mit Natursteinplatten geschlossen ist. Davor von Norbert Kricke „Großes Relief in zwei Ebenen", gebündelte Stahlrohre, 34 m lang.
(Foto: Andrea Wagener)

Im Foyer des Kleinen Hauses an gegenüberliegenden Wänden, die mit grauem Velour bespannt sind, je ein „Mechanisches Relief" von Jean Tinguely, jeweils 30 Platten von unterschiedlicher Größe, die sich unterschiedlich bewegen und mit dem Material der Wandbespannung überzogen sind. Es war der erste öffentliche Auftrag Tinguelys, einem Hauptvertreter der Kinetischen Kunst.

Theaterdoppelanlage Frankfurt/M. von Apel, Becker und Beckert 1960–63.
Blick auf den vor den beiden Theatern liegenden Foyerriegel.

Der starke Wandel innerhalb Ökonomie und Technik des Bauens macht erforderlich, das Wissen der Architekten ständig den neuesten Erkenntnissen anzupassen.

In § 14 des Baukammergesetzes (BauKaG NRW) – Aufgaben der Architektenkammer – ist die Kammer unter (4) verpflichtet, die berufliche Aus-, Fort- und Weiterbildung zu fördern (siehe Seite 92). In Nordrhein-Westfalen werden von den Mitgliedern jährlich 8 Stunden Weiterbildung verlangt, die der Kammer auf Anfrage nachzuweisen sind. Absolventen haben eine Weiterbildungspflicht und müssen vor Aufnahme in die Architektenkammer Weiterbildung im Umfang von 80 Unterrichtsstunden vorlegen. (Aus „Vor dem Kammerstart" 13 FAQs für Studierende und Absolventen, Architektenkammer NRW 2006)

Architekten und Künstler

In Baden-Württemberg bestand die Empfehlung, bei öffentlich geförderten Bauten 2 % der Bausumme für Kunst auszugeben. In der Praxis sah das oft so aus, dass kurz vor der Einweihung eines Gebäudes noch nach Bildern und Skulpturen für die künstlerische Ausstattung gesucht wurde. Im Gegensatz zu dieser „Dekoration" besteht bei frühzeitiger Kooperation mit bildenden Künstlern die einmalige Möglichkeit, sie in die Planung und ihre Arbeiten in das Gebäude zu integrieren.

Die Zusammenarbeit von Architekt mit bildenden Künstlern gelang beispielhaft beim Bau des Musiktheaters in Gelsenkirchen (1954–59). Dazu schreibt Anita Ruhnau, die Frau des Architekten Werner Ruhnau, in ihrem Beitrag „Die ‚Bauhütte' – Das Leben in der Alten Feuerwache": „Die Alte Feuerwache wurde uns von der Stadt Gelsenkirchen als Planungs- und Bauleitungsbüro [...] zur Verfügung gestellt. Neben den im Planungsbüro tätigen Ingenieuren und Architekten lebten und wirkten hier auch die Künstler während der Ausführung ihrer Arbeiten am

Theater. Besonders Paul Dierkes und Yves Klein […] experimentierten auf der Baustelle gemeinsam mit Werner Ruhnau an den Verfahren und Techniken zur Realisierung ihrer Ideen."

Im Musiktheater in Gelsenkirchen waren Architektur und Kunst miteinander entstanden. Dagegen folgte die Skulptur im Foyer der Theaterdoppelanlage in Frankfurt/Main mit deutlichem Abstand auf die Architektur und mit der erkennbaren Absicht der kritischen Ergänzung. Opernhaus und Großes Schauspielhaus haben als verbindendes Element in der ersten Etage ein völlig verglastes Foyer, das sich zum Theaterplatz hin öffnet (1960–63 Architekten O. Apel, G. Becker und H.G. Beckert). Die übergroße lichte Höhe dieses voluminösen Riegels war wohl der Anlass zur Idee, den oberen Teil des Luftraumes mit einer an der Decke hängenden Skulptur zu füllen. Den Bildhauer Zoltan Kemeny inspirierte der mächtige Raum zu einem aus Messingblech zusammen gelötetem Gewölk, das seinen Zweck überzeugend erfüllt und sowohl bei Tageslicht als auch am Abend wechselnde interessante Lichteffekte bietet. Die Frankfurter haben die Installation akzeptiert und nennen sie anerkennend „Blechtrommeln".

Die Galerie „Kubus" auf dem Theodor-Lessing-Platz 1 in Hannover, zusammen mit der VHS 1962 vom städtischen Hochbauamt und dem Architekten Dr. Müller-Hoeppe erbaut, springt weit in den Platz hinein. Den Eingang markiert ein Stahlrelief von Erich Hauser, das mit der Architektur eine harmonische Einheit bildet, so dass auf eine frühe und gute Zusammenarbeit der Beteiligten geschlossen werden kann.

Im „Mineralbad Leuze" in Stuttgart, das 1979–83 von den Architekten Ingeborg und Rudolf Geier errichtet wurde, durchdringen sich Architektur und Skulptur besonders auffällig. Der Stuttgarter Bildhauer O.F. Hajek hatte den Auftrag für die künstlerische Ausstattung des Bades sehr früh erhalten und

Theaterdoppelanlage Frankfurt/M., Foyer. Architekten O. Apel, G. Becker und H.G. Beckert 1960–63.
Blick nach oben zur hängenden Blechskulptur. Bildhauer Zoltan Kemeny.

Galerie „Kubus", Hannover. Architekt Dr. Müller-Hoeppe, 1962. Stahlrelief von Erich Hauser über dem Eingang.

Mineralbad Leuze, Stuttgart, Architekten Ingeborg und Rudolf Geier 1979–83.

Eine Großplastik von O.F. Hajek markiert den Eingang.
Blick von der Empore in den organisch gestalteten Badebereich.

Von ganz besonderer Verantwortung der Architekten gegenüber denen, denen das Haus zugedacht ist, zeugt der Bau für die forensische Psychiatrie der Karl-Bonhoeffer-Nervenklinik in Berlin, Joachim Ganz und Walter Rolfes, 1984–87. Das Programm des Wettbewerbs wollte ein „festes Haus" für unberechenbare Triebtäter, psychisch verwirrte Kriminelle und gemeingefährliche Kranke, um dem Sicherheitsbedürfnis der Öffentlichkeit entgegenzukommen.

Die gelb-rote Ziegelstruktur wiederholt das Muster der benachbarten Pavillons.

Gartenhof zwischen den Gruppenhäusern. Den Architekten gelang es, diesen restriktiven Programmvorgaben mit alternativen Lösungsvorschlägen zu begegnen und den Auftraggeber dafür zu gewinnen. Aus dem „Akut-Krankenhaus" organisierten sie mit architektonischen Mitteln eine Wohnstatt. Aus den Krankenstationen mit aufgereihten Klinikbetten wurden Wohngruppen, die um zweigeschossige, begrünte Wohnhallen angeordnet sind. Die Gruppenhäuser reihen sich kammartig um Gartenhöfe.

Gemeinsame begrünte Wohnhalle. Die geforderte 5 m hohe Sicherungsmauer mit Rucksackprofil und beidseitigem 5 m breitem Sicherheitsstreifen wird durch die Außenwände der Gebäude ersetzt, die einen parkartigen Bereich umstehen.

Blick in die Wohnhalle.

ihm seine Handschrift aufgedrückt. Die markante Skulptur über dem Eingang wurde zum „Leuze-Zeichen". Ohne Zweifel vermittelt die farbenfrohe Erscheinung des Bades Heiterkeit und Wohlgefühl und stellt ein erfreuliches Ganzes dar, dennoch bleibt der Eindruck, dass durch den „gestalterischen Vorsprung" des Bildhauers der Beitrag der Architekten eingeschränkt ist.

Die Verantwortung des Architekten

Seine Tätigkeit macht den Architekten in seinen rechtlichen und moralischen Beziehungen zu Mensch und Umwelt mittelbar und unmittelbar verantwortlich:

1. Rechtliche Beziehungen

1.1 Architekt – Bauherr (unmittelbar)

Der freiberufliche Architekt schließt im Falle eines Auftrags mit dem Auftraggeber einen Vertrag. Der Architektenvertrag ist nach dem Bürgerlichen Gesetzbuch BGB ein Werkvertrag – eben für ein „Werk", das Bauwerk – danach ist der Architekt für Fehler in Planung und Ausführung des Baues, soweit sie ihm angelastet werden können, 5–30 Jahre haftbar (§§ 631–633 BGB).

Die Formulierung dieses Vertrages, Rechte und Pflichten des Architekten gegenüber dem Bauherrn, ist als Mustervertrag von den Architektenkammern übernommen worden und liegt ihren Mitgliedern als Vordruck vor.

Schäden, die beim Bauen entstehen, sind ausnahmslos teuer, besonders wenn Personen daran beteiligt sind; daher machen die Kammern ihren Mitgliedern den Abschluss einer Haftpflichtversicherung zur Auflage (§ 19 BauKaG NRW, 1,5 Millionen € für Personen, 250.000 € für Sach- und Vermögensschäden, siehe Seite 93).

1.2 Architekt – Öffentlichkeit (mittelbar)

In § 22 des Baukammergesetzes (BauKaG NRW) – Berufspflichten – sind unter Ziffer (1) die Kammermitglieder verpflichtet, ihren Beruf unter Beachtung des Rechts auszuüben (siehe Seite 92).
Wenn diese Rechtsbeziehung auch indirekt ist, bleibt dem Architekten die Pflicht, darauf zu achten, dass Pläne und Ausführung übereinstimmen und Baugesetze eingehalten werden.
Berüchtigtes Beispiel für verbotenes Bauen im Außenbereich: das Wochenendhaus, getarnt als landwirtschaftlich genutztes Gebäude. Dem Architekten ist dringend geraten, sich an illegalen Machenschaften des Auftraggebers nicht zu beteiligen. Die Öffentlichkeit verlässt sich auf seine korrekte Arbeit.

1.3 Architekt – Bauausführende (mittelbar)

Nachdem die Verträge über die Ausführung zwischen den Firmen und dem Bauherren abgeschlossen werden, und der Architekt lediglich an der Vertragsgestaltung mitwirkt, ist seine Rechtsbeziehung hier eine indirekte; dennoch ist er für nachweisbare Fehler in der Abfassung von Verträgen haftbar.

1.4 Architekt – angestellte Mitarbeiter (unmittelbar)

Die Rechtsbezeichnung des Architekten zu seinem angestellten Mitarbeiter wird direkt über einen Dienstvertrag geregelt, d.h., der Architekt haftet voll für die Schäden und Mängel, die der in seinen Diensten stehende Mitarbeiter verursacht.
Im § 2 der Hauptsatzung der Architektenkammer Nordrhein-Westfalen – Rechte und Pflichten der Kammermitglieder – wird unter (5) festgelegt: Das Mitglied als Arbeitgeberin oder als Arbeitgeber schließt schriftlich Arbeitsverträge mit ihren oder seinen Mitarbeitern ab (siehe Seite 93).

Nach einer Führung – noch vor der Belegung – durch die Architekten Ganz und Rolfes zeigt sich Ulrich Conrads tief beeindruckt: „[...] Dass daraus nicht ein Sanatorium hervorgegangen ist, versteht sich. Ein Gefängnis bleibt ein Gefängnis. [... Hier ist] ein architektonisches Konzept entwickelt worden, das von Grund auf und in allen Teilen auf menschliche und mitmenschliche Belange Bezug nimmt. Es ist ganz einfach Architektur vom Besten, die hier in Dienst genommen ist. [...] Enormer Aufwand in jeder Hinsicht. Und nirgends vertan [...]. Keine Frage, dass dieser Bau weit über Berlin hinaus Geltung beanspruchen kann [...]. Dass unsere Gesellschaft sich solche Qualität ausgerechnet für die Verlorensten unter ihren Außenseitern leistet, nimmt wieder mal für sie ein [...]. Eine nicht vorauszusehende und schon gar nicht bestellte Architekten-Tat? Wie es auch sei, diese Tat steht und bleibt. Wir werden so leicht nichts Besseres zu sehen bekommen [...]." Aus: „Eine Architekten-Tat" von Ulrich Conrads in Bauwelt 22/1987

Die neue Anlage integriert sich völlig in das 100-jährige Pavillonkonzept der Nervenheilanstalt.

u.: Werkstätten, davor Kleingärten mit Gartenhäuschen. Fotos: Eugen Adrianowytsch

2. Ethische Beziehungen

2.1 „nach innen" zu Bauherrn und Nutzer

Vor allem anderen zeichnet sich die Tätigkeit des Architekten durch seine unbedingte Treuhänderschaft für den Bauherrn aus, der ihm den Auftrag erteilt hat. Sie wird hier eher nach innen gerichtet empfunden und betrifft den einzelnen Menschen, für den gebaut wird.

Indem Auftraggeber und Nutzer aber nicht dieselben Personen sein müssen, tut sich für den Architekten hier ein Konflikt auf: Zunächst ist er zu Loyalität gegenüber den Belangen des Bauherrn verpflichtet, dann aber zwingt ihn sein Gewissen, auch die Interessen des künftigen – noch nicht bekannten – Nutzers zu berücksichtigen. Die oft anzutreffende Konstellation, bestehend aus Auftrag erteilendem Investor auf der einen Seite und dem anonymen Nutzer auf der anderen, lässt ihm keine andere Wahl als die engagierte Suche nach Kompromissen, die von allen Beteiligten akzeptiert werden können. Hier liegen Macht und Ohnmacht des Architekten nahe beieinander; er hat Erfolg durch einen sinnvollen Ausweg oder er wird mit leeren Händen zur Zielscheibe der Kritik.

2.2 „nach außen" zu Gesellschaft und Umwelt

Die moralische Verantwortung des Architekten für „Auftraggeber und Nutzer" hat ihre Fortsetzung in seiner ungeschriebenen Fürsorge für „Gesellschaft und Umwelt". Sie verpflichtet ihn – über seinen Auftrag hinaus – die Belange der Gemeinschaft und Umwelt in seine Überlegungen mit einzubeziehen. Das kann dazu führen, die Bauabsichten des eigenen Auftraggebers kritisch zu hinterfragen.

Die Vorstellung vom Bauen ist im allgemeinen positiv besetzt, dennoch hat es eine deutlich negative Kehrseite. Bauen bedroht Kulturgut, bauliches Erbe und wichtige Orte der Erinnerung. Bauen kann vor-

---

Für ein besonderes Maß an praktizierter Verantwortung der Architekten gegenüber der Allgemeinheit und der Stadt steht das Nikolai-Centrum in Osnabrück von Erich Schneider-Wessling, Ilse Walter und Burkhard Richter 1974–84.

In einem Wettbewerb 1974 für ein Parkhaus in der Altstadt von Osnabrück schlugen sie stattdessen eine Tiefgarage vor, über der sie Läden, Büros und Wohnungen anordneten.

Eigenmächtige Programmänderungen sind in Wettbewerben riskant und führen oft zum Ausschluss aus dem Verfahren.

Hier wurde der Mut der Verfasser belohnt und traf auf Verständnis bei Preisgericht und Bauherrschaft. Der Maßstab der Altstadt wurde gewahrt, und das städtische Umfeld aufgewertet. Die 4-spurige Ringstraße spaltet sich in zwei 2-spurige Einbahnstraßen, zwischen denen das Gebäude wie eine Insel steht.

Von unten her gibt Betonsteinmauerwerk den feingegliederten Maßstab vor, der in der oben anschließenden Zinkblechverkleidung von Fassade und Dach seine Fortsetzung findet.

handene soziale Strukturen verdrängen. Es kann zur Isolierung Einzelner und zu aggressivem Verhalten ausgegrenzter Gruppen führen; schließlich kann sich Gebautes als nicht brauchbar, als unbewohnbar herausstellen (siehe Seite 40).

Bauen hat zudem immer die Gefahr von Natur- und Umweltzerstörung in sich, in seinem Gefolge droht der Verlust unwiederbringlicher Gegebenheiten der Natur. Oftmals wäre es besser, nicht zu bauen als zu bauen, aber Resignation verhindert die Katastrophe nicht. Der Architekt muss sich in den politischen Gremien zu Wort melden, in denen die Entscheidungen zum Bauen fallen.

Wenn in der Gestaltung von Umwelt und Natur die Alarmglocken schrillen, ist die erste Frage stets die nach dem Architekten. Die Gesellschaft erwartet von ihm Unterstützung und Einsatz. Dieser Hoffnung und diesem Vertrauen darf er sich nicht entziehen. Er muss auch in scheinbar aussichtslosen Gegebenheiten die Herausforderung annehmen, sich den Konflikten stellen und nach Lösungen suchen.

Der BDA, der sich 1903 konstituierte (siehe Seite 88), definierte die Rolle des Architekten als „Bauanwalt", als „Treuhänder" und „Sachwalter" des Bauherrn, des Nutzers sowie der Gesellschaft. Damit griff er auf eine Formulierung zurück, die bereits Vitruv („de architecura", ca. 33 v. Chr.) gebraucht hatte.

Dem dänischen Architekten S. E. Rasmussen genügte in seinem Vortrag in den 1970er Jahren an der TU München eine einfache Umschreibung: „Der Architekt ist ein Diener der Gesellschaft."

Architekten haben sich immer wieder – über ihre Tätigkeit als Baumeister hinaus – in öffentliche Angelegenheiten eingebracht und engagiert.

Schon im Vormärz 1848 beteiligte sich **Gottfried Semper** an kritischen Diskussionen über politische

o.: ein „Wohnweg" im 1. Stockwerk erschließt zweibündig die Split-Level-Wohnungen. Er ist mit einem gläsernen Dach überdeckt.

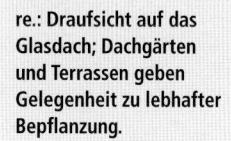

re.: Draufsicht auf das Glasdach; Dachgärten und Terrassen geben Gelegenheit zu lebhafter Bepflanzung.

re.: Die Wohnungseingänge sind mit unterschiedlichem Grün individuell gestaltbar.

u. und g. u.: Am Ende des Wohnweges der Glasschirm über dem Hotel.

Hauptbarrikade an der Wilsdruffer Gasse neben dem Restaurant „Engel" in Dresden 1849 (Ausstellungskatalog „Gottfried Semper 1803–79")

u.: Giebelfront des Reichstags in Berlin mit der 1916 angebrachten Inschrift, zu deren Gestaltung sich Peter Behrens 1915 erfolgreich beworben hatte. (siehe S. 98)

Verhältnisse, über Rede- und Pressefreiheit und das Verbot politischer Vereine; er war überzeugter Republikaner, der im Gegensatz zu Richard Wagner dem herrschenden Königshaus der Wettiner in einem künftigen Staatsgebilde keine Funktion mehr zugestehen wollte. Als sich im Frühjahr 1848 die Bürger im Deutschen Bund gegen die herrschenden Zustände erhoben, beteiligte sich auch Semper daran. Die Adelsregime, die ihren Bürgern verfasste Rechte lange verweigert hatten, trauten ihnen nun nicht mehr, und riefen im Mai 1849 preußische Truppen zur Niederschlagung der Erhebung zu Hilfe. Semper, der in Dresden in einer Scharfschützenkompanie kämpfte und eine Barrikade befehligte, hatte die Hauptbarrikade in der Wilsdruffer Gasse so verstärkt, dass sie uneinnehmbar war.

Als der Aufstand niedergeschlagen war, musste Semper fliehen. (Vgl. „Die Architektur kämpft mit dem konstitutionellen Prinzip – Jahre des Vormärz in Dresden" von Heidrun Laudel in: „Gottfried Semper 1803–79" von Winfried Nerdinger und Werner Oechslin)

Tapferkeit vor Fürstenthronen bewies **Paul Wallot**, der Architekt des Deutschen Reichstags. 1888 war Wilhelm II. Deutscher Kaiser geworden und versuchte sich am bereits im Bau befindlichen Parlamentsgebäude als Baumeister zu profilieren. So wollte er unterbinden, dass die Kuppel des Reichstags die seines Schlosses überragte. Als er den 18 Jahre älteren Wallot mit „mein Sohn" ansprach und zu Korrekturen mit grobem Blaustift in den vorgelegten Plänen ansetzte, widersprach dieser aufs Entschiedenste. Damit schuf Wallot sich einen unversöhnlichen Feind, der ihm bei jeder sich bietenden Gelegenheit Schwierigkeiten machte und auch seinen Vorschlag zur Inschrift am Eingangsgiebel „Dem Deutschen Volke" ignorierte. Daraufhin ließ der Architekt bei der Einweihung das Giebelfeld leer. Sie wurde in den ersten Kriegsjahren, 4 Jahre nach Wallots Tod, nachgeholt. (Siehe S. 98 f. und vgl. „Der Deutsche Reichstag" von Michael S. Cullen und Uwe Kieling)

Behnisch und Partner hatten mit dem Bau der Sportstätten für die Olympischen Spiele 1972 eine weltweit beachtete Meisterleistung vollbracht (siehe S. 119). Vom Jahr 2000 an sahen sie sich in die Rolle gedrängt, die Anlage gegen entstellende Umbauten verteidigen zu müssen; das Stadion sollte in eine reine Fußball-Arena umgebaut werden. Der Streit darüber steigerte sich schließlich zum Wunsch eines der Fußball-Funktionäre, ein Terrorist möge doch das Stadion in die Luft sprengen (vgl. Süddeutsche Zeitung vom 2.5.2005) – sicher nicht ernst gemeint, aber doch bezeichnend für die Heftigkeit der Auseinandersetzung. Der tapfere Widerstand der Architekten bewahrte schließlich das Stadion vor Eingriffen und erzwang gleichzeitig ein neues, reines Fußballstadion, dessen fulminantes Konzept von den Architekten Herzog und de Meuron stammt.

Michael S. Cullen, ein amerikanischer Freund, schlägt dem Künstlerpaar Christo und Jeanne-Claude 1971 mit einer Ansichtspostkarte vor, den Reichstag zu verhüllen. Ein langer Weg der Überzeugungsarbeit – reich an Rückschlägen – beginnt. Nach der Wiedervereinigung wird der Reichstag 1990 Sitz des gesamtdeutschen Parlaments. Die Befürworter der Verhüllung, zu denen maßgeblich der Bundestagsabgeordnete und Architekt **Peter Conradi** gehört, sehen in dem Zeitpunkt vor dem Umbau zum endgültigen Sitz des Bundestages den sinnvollen Termin für die künstlerische Aktion – eine Zäsur zwischen belasteter Vergangenheit und hoffnungsvoller Zukunft. Sie gewinnen die Bundestagspräsidentin Rita Süssmuth für ihre Sache. Der damalige Bundekanzler Kohl lehnt die Verhüllung ab, lässt sich aber zu einer namentlichen Abstimmung im Bundestag überreden, die nach einer denkwürdigen Debatte für die Verhüllung ausfällt. Sie wird im Juli 1995 zu einem großen harmonischen gesamtdeutschen Fest.

Seit 1993 kämpfen Stuttgarter Bürger für den Erhalt ihres Bahnhofes, der – voll funktionsfähig – wegen seiner herausragenden architektonischen Qualitäten zum UNESCO-Weltkulturerbe ansteht. Der geplante Umbau zu einem Durchgangsbahnhof führt zu erheblichen

Seilnetzkonstruktion über dem Olympiastadion in München 1972, Architekten Behnisch und Partner mit Frei Otto.

Die Deutschen feiern ein Symbol des Neuanfangs: Der Verhüllte Reichstag Berlin, 23.6.–6.7.1995

Nachteilen für die Reisenden und zerstört die Innenräumlichkeit; nach Abbruch von 2/3 der Bausubstanz bleibt ein nicht mehr genutzter Torso. Stattdessen wird der Rosensteinpark, die einzige Grünverbindung von der Stadtmitte zum Neckar, auf seiner ganzen Breite überbaut. Und dies zu horrenden Kosten, die ständig nach oben korrigiert werden müssen, und der Aussicht auf 10–12 Jahre Bauzeit für täglich 300.000 Reisende. Architekten, unter ihnen **Roland Ostertag**, erarbeiten für die Bürgerinitiative konstruktive Alternativen.

Die in West-Ost-Richtung liegende obere Bahnsteighalle des neuen Kreuzungsbahnhofs Berlin Mitte ist ganz verglast und sollte die Länge eines ICEs (ca. 430 m) haben. Um den Fertigstellungstermin vorzuverlegen, wurden auf Veranlassung der Bundesbahn die Hallenenden um je 55 m gekürzt. Damit sind nicht nur die Proportionen des Bauwerks empfindlich gestört, spürbarer noch sind die Folgen für die Reisenden 1. Klasse, deren Abteile jeweils am Anfang oder Ende eines Zuges sind. Beim Warten, Ein- und Aussteigen sind sie dem Wetter ausgesetzt. Der Kampf der Architekten **von Gerkan, Marg und Partner** um die Vervollständigung des Daches hält an.

Hauptbahnhof Stuttgart, Paul Bonatz, Friedrich Scholer, 1914–28, ein epochales Hauptwerk der Moderne. Die Addition monumentaler Kuben führt sich auf deren funktionale Bedeutung zurück: große und kleine Schalterhalle, Querbahnsteighalle und Turm.

Hauptbahnhof Berlin, von Gerkan, Marg und Partner, 2006. Größter Deutscher Kreuzungsbahnhof; über der obenliegenden West-Ost-Verbindung befindet sich ein Glasdach, das deutlich gekürzt erscheint. Im Untergeschoss verläuft der Nord-Süd-Tunnel.

Literatur

- **HOAI, Honorarordnung für Architekten und Ingenieure**, Köln 2009
- Michael Hesse und Michael Bockemühl: **Das Gelsenkirchener Musiktheater und die Blauen Reliefs von Yves Klein.** Ostfildern 1995
- Werner Ruhnau: **Baukunst.** Essen 1992
- Rolf Keller: **Bauen als Umweltzerstörung.** Zürich 1977
- Architektenkammer Nordrhein-Westfalen (Hg.): **Vor dem Kammerstart, 13 FAQs für Studierende und Architekten**. Düsseldorf 2006
- **Glasforum 1/85.** Schorndorf 1985
- **Glasforum 2/93.** Schorndorf 1993
- **Architekturjahrbuch DAM 2000.** München 2000
- Andreas Denk u. Ingeborg Flagge: **Architekturführer Bonn.** Berlin 1997
- **Bauwelt 22/87.** Berlin 1987
- **Bauwelt 19/93.** Berlin 1993
- Winfried Nerdinger und Werner Oechslin: **Gottfried Semper 1803–1879.** München 2003, Zürich 2003–2004
- Michael S. Cullen und Uwe Kieling: **Der Deutsche Reichstag.** Berlin 1990
- Andreas Schenk: **Architekturführer Mannheim.** Berlin 1999

Zwei junge Architekten, Antonio Sant'Elia und Mario Ciattone, stellen 1914 in Mailand Zeichnungen zu einer „Neuen Stadt" aus. Im Vorwort des Katalogs stehen die radikalen Gedanken Antonio Sant'Elias, die F.T. Marinetti, der Wortführer der italienischen Futuristen, zum „Manifest der Futuristischen Architektur" umdeutet und ergänzt.

„[…] Wir fühlen, dass wir nicht länger die Menschen der Kathedralen, der Paläste und der Gerichtshallen sind, sondern die Menschen der großen Hotels, der Bahnhöfe, der ungeheuren Straßen, der riesigen Häfen, der Markthallen, der erleuchteten Bogengänge, des Wiederaufbaus und der Sanierung.
Wir müssen die futuristische Stadt erfinden und erbauen – sie muss einer großen lärmenden Werft gleichen und in allen ihren Teilen flink, beweglich, dynamisch sein; das futuristische Haus muss wie eine riesige Maschine sein. Der Aufzug soll sich nicht mehr wie ein Bandwurm im Schacht des Treppenhauses verbergen; […]. Das Haus aus Beton, aus Glas und aus Eisen ohne Malerei und Verzierung, reich allein durch die Schönheit seiner Linien und Formen, […] soll sich über dem Geheul eines lärmenden Abgrundes erheben: […]

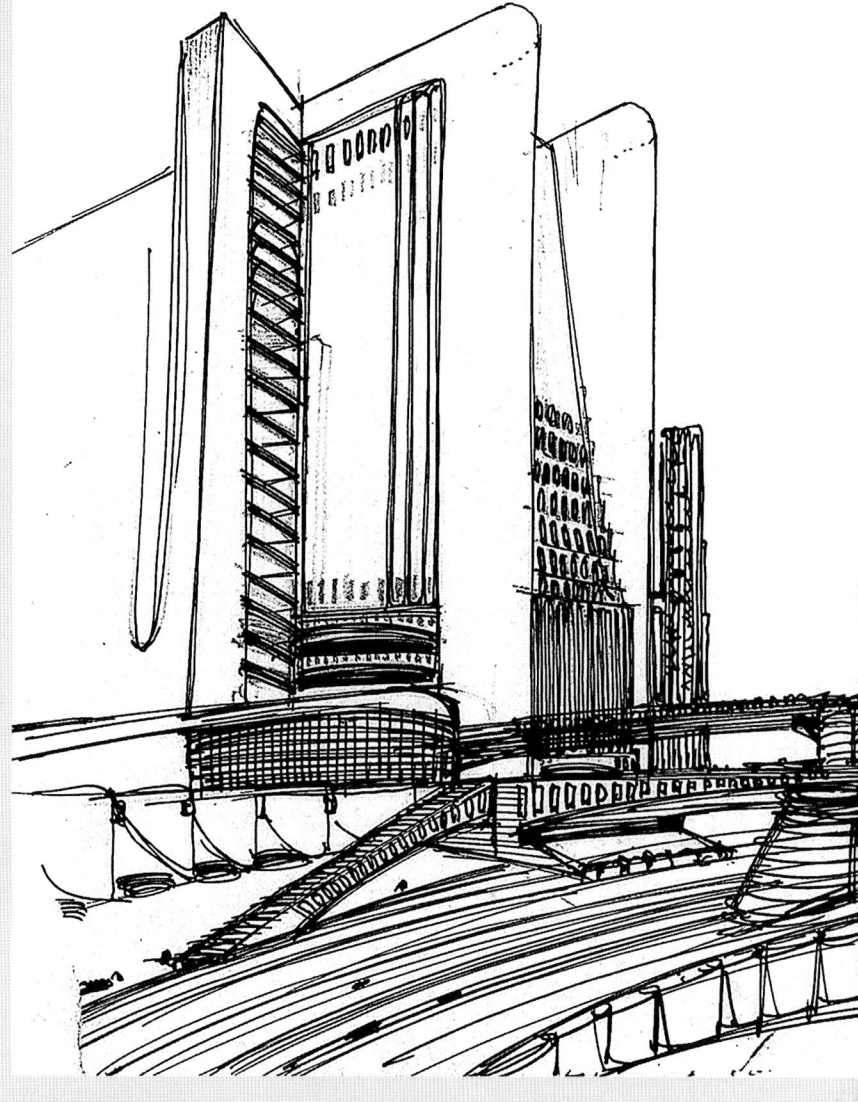

Es ist Zeit, die traurige Gedächtnisarchitektur abzuschaffen […]. Das Leben des Hauses wird nicht so lange währen wie das unsere, jede Generation wird sich ihre Stadt bauen müssen. Diese ständige Erneuerung der baulichen Umwelt wird zum Sieg des Futurismus beitragen, […]."

(Auszüge aus dem Manifest „Futuristische Architektur" von Antonio Sant'Elia und Filippo Tommaso Marinetti). Abb.: Antonio Sant'Elia: Studie

1.6 Tätigkeit des Architekten – visionär

Adolf Loos (1870–1933)

„[…] Ich bin einfach Architekt. Ich werde die Welt aus ihrer grauen Verzauberung lösen." Dieses visionäre Versprechen legt Arthur Schnitzler (1862–1931) in seinem Dramenfragment „Das Wort", das erst 1969 uraufgeführt wurde, dem Architekten Adolf Loos in den Mund. Die Visionen der Architekten gelten den Menschen und deren Zukunft.

Eine Ausnahme sind die Visionen des Giovanni Battista Piranesi, die sich mit der römischen Antike befassen und damit in der Vergangenheit angesiedelt sind.

Sein Werk ist die visionäre Überhöhung römischer Architekturszenarien, deren Ruinen ihn, den Nachfahren und Erben, überall umgeben und begleiten.

Seine rauschhafte Verehrung und Bewunderung übersetzt er in dramatische Monumentalität oder romantische Idylle.

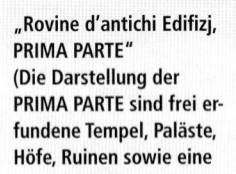

Giovanni Battista Piranesi, Stich von Felice Polanzani

„Rovine d'antichi Edifizj, PRIMA PARTE"
(Die Darstellung der PRIMA PARTE sind frei erfundene Tempel, Paläste, Höfe, Ruinen sowie eine Brücke, ein Grabmal und ein Gefängnis.)

Die „Vedute" ist eine Ableitung aus dem Italienischen – vedere: sehen – und meint das Gesehene, aber auch den Anblick und die Aussicht. Sie ist die authentische Wiedergabe von realen, erkennbaren Landschaften, Stadtansichen und Gebäuden. Veduten sind beliebte Mitbringsel des gebildeten Reisenden, der sich gerne erinnert und nicht selbst zu Zeichenblock und Stift greifen konnte, und sie befördern die Neugier und die Reiselust der zuhause gebliebenen.

Die Tätigkeit des Architekten hat nicht immer ein kurzfristig gebautes Ergebnis zum Ziel. Nachdem seine Sprache die Zeichnung, das Bild und das Modell ist, sieht er sich auch als Zeichner, Maler und Bildhauer und drückt mit deren Mitteln aus, was ihn bewegt und was er mitteilen will. So sahen sich die nachfolgend behandelten Architekten – und selbst Le Corbusier war der Ansicht, ein größerer Maler als ein Architekt zu sein.

Giovanni Battista Piranesi (1720–78)

wurde in Venedig geboren. Er war Zeichner, Radierer, Drucker, Verleger, Architekt, Archäologe, Kunsttheoretiker, Sammler, Restaurator und Kunsthändler. Er starb – erst 58-jährig – in Rom, nach einem rastlosen, arbeitsreichen Leben.

Die Angaben über sein Leben und seine Arbeit sind dem Buch „Giovanni Battista Piranesi, die poetische Wahrheit" von Corinna Höper entnommen (Ausstellungs-Katalog der Staatsgalerie Stuttgart 1999, Verlag Gerd Hatje, Ostfildern-Ruit 1999). Wörtliche Zitate in Anführungsstrichen.

Neben seiner Ausbildung als Architekt bei seinem Onkel Matteo Lucchesi und in verschiedenen Werkstätten erlernt er Radiertechnik, Perspektive und die Kunst der „Vedute", der Stadtansicht. „Mit den Werken antiker Schriftsteller und der römischen Geschichte macht ihn sein Bruder Angelo, ein Kartäusermönch, vertraut. Legrand [ein Biograph, Verf.] berichtet, Piranesi sei von der römischen Historie derart begeistert gewesen, dass er nachts davon träumte und ihn ein heftiges Verlangen packte, nach Rom zu reisen und die berühmten Antiken kennen zu lernen und zu zeichnen."

1740, als 20-Jähriger, ist er zum ersten Mal in Rom, als Zeichner im Gefolge des venezianischen Botschafters aus Anlass eines Besuchs beim Papst Benedikt XIV. Die Stadt, die er die „Königlichste aller Städte" nennt, versetzt ihn in atemloses Staunen und die römischen Ruinen faszinieren ihn.

„Schließlich tritt er in die Werkstatt von Guiseppe Vasi ein, dem damals berühmtesten Vedutenzeichner und -radierer Roms. Sein erstes eigenständiges Werk: PRIMA PARTE DI ARCHITETTURO E PROSPETIVE, gibt er 1743 heraus und lässt sich endgültig in Rom nieder. In den VEDUTE DI ROMA erhöht Piranesi die Wirkung der Ruine durch dramaturgische Effekte wie Lichtführung, Blickwinkel und malerische Arrangements und übersteigert sie im Sinne der „magnificenza" des antiken Rom […]. In diesen, während seines ganzen Lebens entstandenen Ansichten, lässt sich der Stilwandel Piranesis wie in einem Bilderbuch ablesen […]

Der Aufenthalt in Tiepolos Werkstatt 1744 verändert seine Radiertechnik unter dem Einfluss des Meisters entscheidend […]." „Die Phantasie ist das Mittel zum Zweck. Bezüge zu konkreten antiken Architekturen sind zwar vorhanden, doch wird fast alles übersteigert und phantasievoll kombiniert. Die Großartigkeit (magnificenza) des antiken Rom wird nicht rekonstruiert, sondern Piranesi denkt im Geist diese Größe weiter […]. Die Übersteigerungen seiner Raumvorstellungen erreicht er mit Mitteln der Perspektive, die ihm aus der Kenntnis der Bühnenbildgestaltung erwachsen sind.

In Piranesis Vorstellung erscheint Architektur als Ausdrucksträger von Stimmung, von schöpferischer Phantasie, die auf den Betrachter überspringt […]. Damit erreichen seine Architekturdarstellungen eine neue Wahrnehmung von Raum, die so in der Realität nie erfahrbar sein kann."

Eine nochmalige Steigerung findet in den „CARCERI" statt, offensichtlich unterirdische Räume mit nicht erkennbarem Zuschnitt, durch ein Gewirr von Treppen, Leitern und Stegen erschlossen. Rauch steigt auf und Licht fällt durch Luken von oben

Sepolco antico (PRIMA PARTE)

In Goethes Haus am Frauenplan in Weimar sind sie noch heute zu besichtigen und, wie er in seiner Autobiographie „Dichtung und Wahrheit" schreibt, kennt er sie aus dem elterlichen Haus am Hirschgraben in Frankfurt. „[…] Innerhalb des Hauses zog mein Blick am meisten eine Reihe römischer Prospekte auf sich, mit welchen der Vater einen Vorsaal ausgeschmückt hatte, gestochen von einigen geschickten Vorgängern des Piranesi, die sich auf Architektur und Perspektive wohl verstanden, […].

Hier sah ich täglich die Pizza del Populo, das Coliseo, den Petersplatz, die Peterskirche von außen und innen, die Engelsburg und so manches andere."

Ponte coperto (PRIMA PARTE)

Tempio antico (PRIMA PARTE)

o.: Der Ziehbrunnen (CARCERI)

m.: Das rauchende Feuer (CARCERI)

Die CARCERI sind Piranesis bekanntestes Werk, aber auch das, das unter zahllosen Deutungsversuchen gelitten hat.

u.: Der gotische Bogen (CARCERI)

dramatisch herab. Mit dem virtuosen Können des Meisters, aber auch mit Lust und Übermut, erzeugt Piranesi albtraumhafte Raumeindrücke und genießt offensichtlich deren gelungene Wirkung auf den erschreckten Betrachter. Er geht bis an die Grenze seiner expressiven Möglichkeiten und beschwichtigt den aufatmenden Adressaten erst zum Schluss mit dem Titel der Erstausgabe: „Inventione capricci di carceri" 1750 (Launige Erfindung von Kerkern). Die „Carceri" wurden bereits von seinen Biographen als Ausdruck von Dämonie und Exzentrik missverstanden. Dieses Bild prägt den Mythos Piranesi und hat sich bis heute erhalten.

„Zahllose Interpretationen mussten an der scheinbaren Bedrohlichkeit des Themas Kerker und an der Unfassbarkeit der Darstellungen scheitern, […] Betrachtet man sie jedoch innerhalb der Werkgenese Piranesis, so sind auch sie ein weiteres Experiment zum Thema Raumvariation, […] zur Glorifizierung der ‚magnificenza' des antiken Rom."

„Piranesi erforscht, ergräbt, vermisst in diesen Jahren zahllose Bauten mit bewundernswerter Ausdauer und Genauigkeit. Höhepunkt dieser Tätigkeit ist die vierbändige Ausgabe „ANTICHITA ROMANE" […] (1754) In den Antichita Romane kommt Piranesi als Architekt weitaus mehr zum Zuge als in den vorangegangenen Folgen […]. Und doch steht auch hier der Visionär im Vordergrund […]." Die abenteuerlichen Rekonstruktionen nach den Vorstellungen Piranesis vom antiken Rom hatten mit der archäologisch messbaren Realität nichts mehr zu tun.

In den 1760er Jahren gab es eine heftige internationale Auseinandersetzung um die Vorherrschaft der antiken griechischen oder römischen Architektur; die griechische wird als die erste und wahre dargestellt, dagegen die römische als die nachgeahmte, ja kopierte.

Im Streit um die wahre Antike – Griechenland oder Rom – standen sich der „Grieche" Johann Joachim Winckelmann, der 1755 nach Rom gekommen war, und der „Römer" Giovanni Battista Piranesi gegenüber. „Die leidenschaftlichen Entgegnungen […] Piranesis schlugen sich in höchst polemischen Schriften nieder, die mit Radierungen angereichert waren, die vor allem die eigenständigen Leistungen der römischen Bau- und Ingenieurskunst, sowie die Vielfalt des Dekors propagierten. Piranesi wird zu einer Art Volkstribun in der Verteidigung ‚seiner' Antike.

Piranesi, der Architekt, signierte seine Blätter größtenteils mit dieser Berufsbezeichnung; er baute nur wenig, vorwiegend Umgestaltungen und Ausstattungen; sein gewaltiges Werk von 1020 Radierungen sollte nicht zu ausgeführten Bauwerken führen, sondern hatte einzig die visionäre Verherrlichung der römischen Antike zum Ziel.

Architekten wie Etienne-Louis Boullée und Claude-Nicolas Ledoux, haben sich in ihren imaginären Entwürfen einer ‚architecture parlante' unter moralisch-erzieherischen Intentionen der Ideen Piranesis ebenso bemächtigt wie die Erbauer realer Gefängnisse […]." (Corinna Höper)

Die französische Revolutionsarchitektur (Ende 18. Jahrhundert)

ETIENNE-LOUIS BOULLÉE   1728–1799
CLAUDE-NICOLAS LEDOUX   1736–1806
JRAN-JAQUES LEQUEU   1757–1825

Beim Lesen dieser Überschrift könnte man vermuten, dass es sich um den Zusammenschluss gleichgesinnter, antimonarchischer Architekten handelt, die mit einem gemeinsamen Manifest und durch ihre Bauten zum Gelingen der französischen Revolution beitragen wollten.

Veduta del Pantheon (VEDUTE DI ROMA)

Im Vorwort, unter dem Titel „PREFAZIONE AGLI STUDIOSI DELLA ANTICHITA ROMANE", bescheibt Piranesi ausführlich, was ihn zu dieser Publikation geführt habe und was er mit ihr bezwecke:
„Da ich sah, dass die Überreste der antiken Bauten Roms, die zum großen Teil über die Gärten und andere landwirtschaftlich genutzte Flächen zerstreut sind, von Tag zu Tag mehr zusammenschrumpfen, teils durch die Verwüstungen der Zeit, teils durch die Habgier der Besitzer, die mit barbarischem Gleichmut die Ruinen heimlich abreißen und die Steine zur Verwendung bei Neubauten verkaufen, habe ich mir vorgesetzt, sie durch den Druck zu bewahren […]."

Veduta dell' Anfiteatro Flavio, detto il Colosseo

Die VEDUTE DI ROMA sind eine Serie von Einzelblättern in großem Format, für die es unter Romreisenden einen großen Absatzmarkt gab.

Winckelmann hatte 1755 – lediglich nach Kupferstichvorlagen – seine erste Abhandlung über griechische Bildhauerei der Laokoongruppe gewidmet und sie im Spannungsfeld der Gegenpole „Schönheit" und „Ausdruck" beschrieben. Bereits im ersten Satz seiner Interpretation verwendete er die These von „Edler Einfalt und stiller Größe", die ihn berühmt gemacht hat.

Veduta dell' Arco di Settimio Severo (VEDUTE DI ROMA)

Rotunde am Parc Monceau, Paris 1785–89, Claude Nicola Ledoux, Ansicht.

Die bei Weitem umfangreichste Anlage der damals so noch nicht bezeichneten Revolutionsarchitektur war eine Zwangsmaßnahme des Absolutismus: Die Pariser Zollmauer 1785–89. Den Auftrag zu ihrer Errichtung erhielt Ledoux am Vorabend der Französischen Revolution. Es gab zwar bereits einen hölzernen Palisadenzaun, aber mit der Mauer und einem 100 Meter breiten Streifen Niemandsland davor sollte wirksam die Hinterziehung des Zolls, der bei der Einfuhr von Waren in die Stadt anfiel, unterbunden werden. Damit erhöhte sich die ohnehin hohe Abgabenlast des Dritten Standes, denn Erster und Zweiter Stand, Adel und Geistlichkeit, blieben steuerfrei. Ledoux erkannte die Zwangsmerkmale der rund 25 km langen Mauer nicht und deutete sie aus der Sicht des Künstlers als willkommene Gelegenheit, die rund 55 Einlässe, die „propyleés", zu repräsentativen Stadttoren der Hauptstadt zu machen.

Im Norden von Paris streifte die Zollmauer den berühmten Parc Monceau des Herzogs von Orleans, in dem Ledoux eine Rotunde als Abfertigungsgebäude baute. Der Herzog handelte pragmatisch und ließ das Obergeschoss mit Dachterrasse für sich ausbauen und beteiligte sich an den Kosten.

Die Rotunde im Parc Monceau gibt es heute noch. In ihr sind Aufenthaltsräume für die Parkwächter untergebracht. (Foto: Steffi Wiebusch)

In Wirklichkeit sind sie und ihre gleichgesinnten Schüler Auftragnehmer von König und Aristokratie; sie entwerfen und bauen in der gewünschten barock-klassizistischen Manier. Die Arbeit für das Ancien Régime bringt Ledoux 1793 sogar vor das Revolutionstribunal, nur knapp entkommt er der Guillotine. Es eint sie die gemeinsame Zugehörigkeit zum Zeitalter der Rationalität und Aufklärung und deren Einwirkung auf die Architektur. Als Maler und Zeichner bringen sie ihre Utopien von einer neuen Architektur zu Papier, die den Bruch mit der herkömmlichen darstellt und in den allermeisten Fällen nicht verwirklicht wird.

„Ledoux fürchtet die lähmende Wirkung der überkommenen Regeln [...]. ‚Die Kenntnis all dessen, was uns vorausging, ist ohne Zweifel notwendig, aber sie führt uns selten zu jenem glücklichen Rausch, der den nach Neuigkeiten verlangenden Beobachter anregt und vorantreibt', er verabscheut den Barock [...]. An Stelle dieser gezielten Kompliziertheit strebt Ledoux die Einfachheit und Sparsamkeit der Formen an: ‚Alles was nicht unerlässlich ist, ermüdet die Augen, beeinträchtigt das Denken und fügt dem Ganzen nichts hinzu'. Nachdem er die lähmenden Traditionen und das ‚überflüssige Beiwerk' hinweggefegt hat, denkt Ledoux als Zeitgenosse der Aufklärung seine Überlegungen zu Ende, er will die Grundelemente architektonischer Schönheit entdecken [...]. ‚Kreis und Quadrat, das sind die Buchstaben des Alphabets, welche die Autoren beim Aufbau ihrer besten Werke benutzen [...]'.

Ledoux bezieht sich gern auf die ‚schönen Massen'. Diese Massen wirken durch die einfachen und deutlichen Schatten, welche sie auf die benachbarten Massen werfen. Hierin trifft sich das Denken Ledoux' mit demjenigen Boullées. Schlechte Architektur erkennt man daran, dass sie ‚mit entschiedenen Schatten' [...] geizt." (Jean-Claude Lemaguy im Ausstellungskatalog „Revolutionsarchitektur" 1970)

Die Nähe zu Le Corbusier, der Architektur als Geometrie beschrieb und sie als das großartige Spiel der Massen im Licht definierte, ist unverkennbar.

In den frühen 1970er Jahren ging die Ausstellung „Revolutionsarchitektur" durch die Bundesrepublik. Die Redaktion und wissenschaftliche Bearbeitung des Katalogs lag in den Händen von Günter Metken, der in dem Artikel „Utopien auf dem Papier" schreibt: „Es bleibt das Verdienst Emil Kaufmanns, Leben und Leistung der drei ausgestellten Architekten […] erforscht zu haben, was er ‚Autonome Architektur' nannte. In seiner Abhandlung ‚Architektonische Entwürfe aus der Zeit der Französischen Revolution' (1929–30) gibt er die bis heute gültige Definition dieses Stils. Er nennt, in der Formulierung Johannes Langners, als konstituierte Merkmale: ‚den Verzicht auf Dekor, das unverhüllte Bekenntnis zu den einfachsten stereometrischen Gebilden, die Absage an die bewegte Modellierung des Baukörpers zugunsten einer starken, harten Führung, die strenge eindeutige Begrenzung der gebauten Form, ihre Isolierung gegenüber der ungebundenen Natur, das Streben nach schroffer Monumentalität, die Absicht dem Gebäude eine symbolische Gestalt zu verleihen, die Aufhebung der feudal begründeten Einschränkung und Wertstufung der Bauaufgaben, das alles im rationalistischen und demokratischen Geist der Aufklärung, in entschiedener Abkehr von den Vorstellungen des Barock.'

Die Beziehungen zur kommenden Moderne sind unübersehbar, sie regten Emil Kaufmann zu seinem durchschlagenden Buch ‚Von Ledoux bis Le Corbusier' an. Die Entwerfer dachten an die moralische Wirkung ihrer Bauten. Sie luden sie mit emotionalen Qualitäten und sprechenden Details auf […]. Auch die Tatsache, dass […] [sie] von langen erläuternden Kommentaren begleitet werden, bei Boullée und Ledoux in Form von Traktaten, bei Lequeu als Bildunterschriften, weist in diese Richtung. Man will durch Architektur erziehen, überzeugen, bessern."

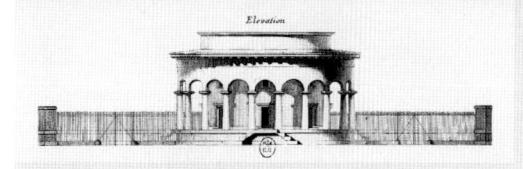

Ledoux verwandte bei den Zollhäusern immer wieder das Prinzip der Rotunde, wie hier bei der Porte Reuilly, die verschwunden ist; dennoch glich keine der anderen.

Die aufwendige Gestaltung führte zu deutlichen Mehrkosten, die Ledoux ins Kreuzfeuer der Kritik brachten. Die Presse erregte sich: „Für Jedermanns Auge empörend ist, wie man die Schlupfwinkel des Fiskus in Säulenpaläste verwandelt hat, die richtiggehende Festungen sind. […] Wahrlich, Monsieur Ledoux, Sie sind ein schrecklicher Architekt […]."

Beim Ausbruch der Revolution rächte sich die Menge zuerst an der verhassten Mauer und zündete eine Reihe von Zollgebäuden an (re.: Der Brand der Zollschranke von La Conferance, 14. Juli 1789). Ledoux wurde inhaftiert und angeklagt, der drohenden Todesstrafe entkam er nur durch den Hinweis auf den Bau der Saline in Chaux (siehe S. 142/143), dem er Prinzipien von Arbeit und Wohnen zugrunde gelegt und feudale Hierarchien vermieden hatte.

Der Konvent beschloss später, die „Propyläen" in Denkmäler für die Revolution umzuwandeln, wozu es allerdings nie kam. Im Zuge der Hausmann'schen Stadterweiterungen wurden die meisten 1860 abgerissen; vier blieben bis heute, zwei davon sind charakteristische Rundbauten.

Rotonde de la Villette in Paris, 1885–89, heutiger Zustand. (Foto: Steffi Wiebusch)

Ledoux nahm sich hier Palladios Villa Rotonda in Vicenza zum Vorbild, die er im Original nie gesehen hatte, sondern von englischen Beispielen her kannte. Auf dem quadratischen Baukörper, der jeweils nach allen vier Seiten einen Portikus hat, ruht ein mächtiger Zylinder mit Doppelsäulenumgang.

Die Revolution ist bürgerlich, sie will die Gleichberechtigung des 3. Standes, die Befreiung des „Citoyen" und seine verantwortliche Beteiligung am Gemeinwesen.

Noch ist die beruflich-ständische Sozial- und Wirtschaftsstruktur, von der die Architekten ausgehen, unverändert. Das von der Aufklärung freigesetzte Individuum bleibt ihre Maßeinheit. Die proletarischen Massen des Industriezeitalters sind noch nicht sichtbar. Die proletarische Revolution des 4. Standes wird erst mehr als 100 Jahre später in Russland die Ideen der Architekten beflügeln.

Boullée, „Kenotaph Newtons" 1784
Das ausgehende 18. Jahrhundert war vom Grabmal besessen. Bei den Intellektuellen löste der Kult der großen Männer und des Nachruhms den Glauben ab. „Nachwelt ist für Philosophen das, was für den religiösen Menschen das Jenseits ist", schrieb Diderot. Garanten des Weiterlebens im Gedächtnis kommender Generationen sind die Denkmäler, in erster Linie die Gräber. Das Monument bekommt sprechende Funktion. Isaac Newton (1643–1727) erklärte mit Hilfe des von ihm gefundenen Gravitationsgesetzes die Bewegung der Planeten und der Sonne.

In Frankreich setzten sich seine Erkenntnisse am Ende des 18. Jahrhunderts endgültig durch und führten zu einem fast gottähnlichen Kult, dessen bestechendste Formulierung das Newton-Denkmal ist. Es steht in der Tradition römischer Mausoleen (Augustus, Hadrian) und übernimmt von dort auch die Zypressenalleen. „Neu ist die reine Kugelform, eine Erfindung der Revolutionsarchitektur, die Boullée für sich in Anspruch nimmt."

Boullée, „Stadteingang",
„Boullée bezweifelte, dass Militärbauten rein funktional sein müssten. Er glaubte, dass befestigte Stadttore, Forts und Zeughäuser eine künstlerische Behandlung verdienten, die ihre abschreckende Wirkung noch verstärken würde."

Kenotaph Newtons, Ansicht bei Tag.

Boullée: „Durch Deine Kenntnisse und Dein Genie hast Du die Gestalt der Erde bestimmt, meine Absicht war, Dich mit Deiner Entdeckung zu umgeben, Dich mit Dir selbst zu umgeben. Dies war nur mit einer Kugel möglich, die als vollkommene Form das Universum abbildet."

Kenotaph Newtons, Innenraum, Nachteffekt.

Boullée: „Ich wollte Newton in den Himmel stellen." Der etwas erhöht platzierte Sarkophag ist der einzige Anhaltspunkt in der leeren Kugel, welche die Unendlichkeit des kosmischen Raums wiedergibt. Löcher in der Kalotte lassen das Tageslicht so einfallen, dass der Eindruck des gestirnten Himmels entsteht.

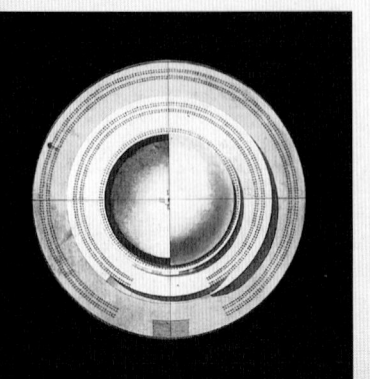

Kenotaph Newtons, Draufsicht.
Die linke Hälfte zeigt den Raum, die rechte Hälfte die Wölbung.

Boullée „Entwurf eines Lesesaales als Erweiterung der Bibliothèque Nationale" 1785.
„Nachdem ein erster Plan Boullées für den Neubau der Pariser Nationalbibliothek als zu kostspielig abgelehnt worden war, schlug er vor, den Hof der Bibliothèque du Roi [...] mit einer kassettierten Tonne zu überwölben [...]. Das geistige [...] Modell ist Raffaels Fresko ‚Die Schule von Athen', was die Halle, den Stufenbau und die antik drapierten Leser anlangt."
Boullée: „Der Plan besteht darin, den 300 Fuß langen und 90 Fuß breiten Hof in eine riesige, von oben beleuchtete Basilika zu verwandeln [...]. Ich wollte für unsere literarischen Reichtümer einen möglichst schönen Rahmen erstellen. Nichts, so schien mir, wäre grandioser, edler, ungewöhnlicher und prachtvoller anzusehen als ein großes Amphitheater aus Büchern."

Ledoux „Haus der Flurwächter" in Mapertuis 1780.
Eigentlich lautete der Auftrag an Ledoux, ein Schloss mit Gesinde- und Nutzbauten sowie eine Parkanlage zu planen. Doch wie bei ihm und seiner Phantasie nicht anders zu erwarten, wurde eine kleine Stadt daraus, zu der auch das Haus der Flurwächter gehörte; doch damit waren die Möglichkeiten seines Auftraggebers weit überschätzt und so wurden auch nur Teile davon ausgeführt, die bis auf eine Pyramide – eine der beiden von Ledoux besonders geschätzten Grundformen – wieder verschwunden sind. Die andere – die Kugel – hatte er dem Haus der Flurwächter zugedacht, das nicht verwirklicht wurde. Vermutungen über seine Nutzung führen zu nichts, sie sind durch Türen und Treppen lediglich angedeutet. Vorrangige Idee war, die Natur durch ihr Symbol, die Kugel, darzustellen.

Ledoux, „Gefängnis für Aix-en-Provence" 1785
„Das abweisende, festungsartige Äußere mit den schweren Ecktürmen betont symbolisch die Unerbittlichkeit des Strafvollzugs. Auch die Tore mit ihrem gedrückten Portikus sind so massiv gehalten, dass kein Entkommen möglich scheint. Schmucklose,

Boulée, Stadttor. Seine Entwürfe enthalten symbolische Dekorationen: Die Kriegstrophäen werden von Kanonenkugeln getragen, Geschützlafetten bilden die Archivolten des Tores.

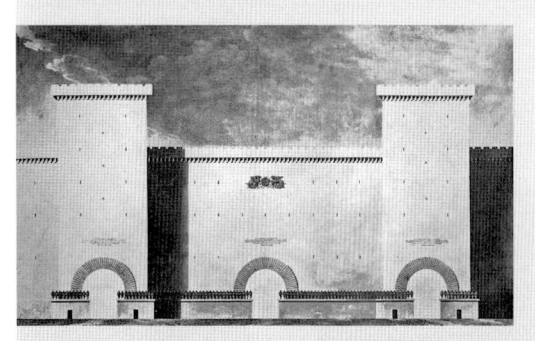

Boulée, Stadteingang: „Das Stadttor, dessen Entwurf ich hier vorlege, besteht aus Mauern, die unzerstörbar scheinen. Auf dem Sockel, der als Mauerzier dient, haben Krieger nebeneinander Aufstellung genommen, die man für unbesiegbar halten muss. [...] Die Anordnung soll dem Betrachter sagen: ‚Die Mauern sind nichts, fürchtet den Mut der Bewohner'."

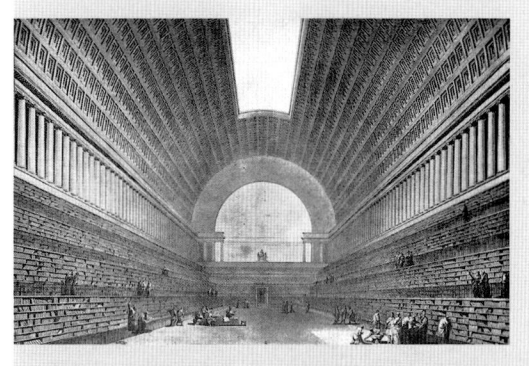

Boulée, Entwurf eines Lesesaals als Erweiterung der Bibliothèque Nationale: „Man sollte vom Autor des Plans keine Auskunft darüber verlangen, wie dieses Monument zu dekorieren ist. Die riesigen Ausmaße wären sein einziger Schmuck."

Unten: Ledoux, Haus der Flurwächter in Mapertuis. Die Kugel war für Ledoux die vollkommene Verkörperung des Erhabenen.

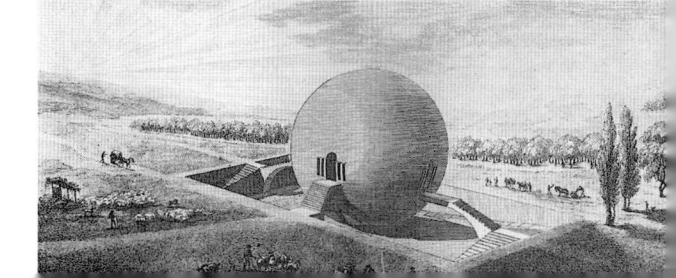

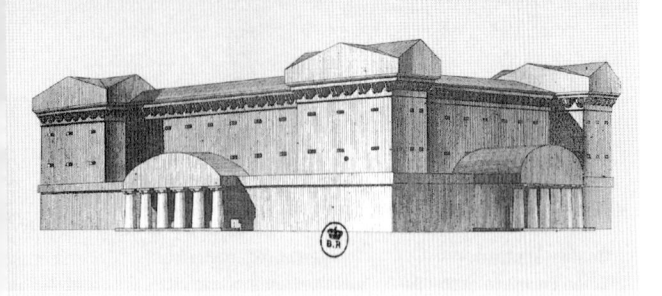

Ledoux, Gefängnis für Aix-en-Provence, Baubeginn 1785.

Die Bauarbeiten wurden 1790 während der Revolution eingestellt und nicht zu Ende geführt.

Ledoux, Saline von Chaux, perspektivische Ansicht. Für die Lage im Wald von Chaux sprach die Nähe zum Brennmaterial, mit dem die Sole eingedampft wurde, sie kam in hölzernen Röhren aus der 15 km entfernten Quelle.

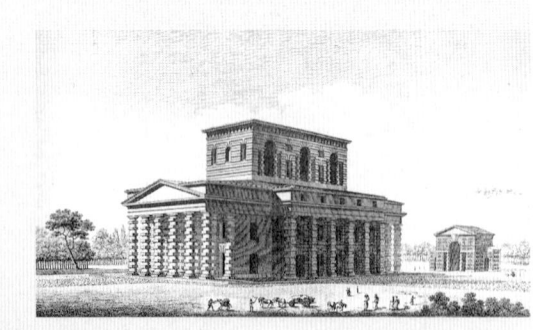

Ledoux, Haus des Direktors, ursprüngliche Planung (o.), ausgeführte Version (u.) Das majestätische Treppenhaus ist zugleich Kapelle und bekommt sein Licht von oben. (Foto li.: Wolfgang Heyduck)

nackte Mauern, die nur von Fensterschlitzen durchbrochen werden, lassen die ernste Formgebung Ledoux' zu sprechender Wirkung gelangen. Dem quadratischen Plan liegt das viertürmige mittelalterliche Schloss zugrunde."

Der Inhalt dieser derartig sprechenden Architektur teilt sich unmissverständlich mit.

Ledoux, „Die Stadt Chaux" 1785

1771 wurde Ledoux Inspektor der Salinen, 1773 beauftragte man ihn, eine neue Salzfabrik im Wald von Chaux, zwischen den Dörfern Arc und Senans, zu errichten. Er plante eine ideale Stadt mit Nutz- und Wohnbauten in Form einer Ellipse, die den Gemeinschaftgedanken symbolisch ausdrückte und eine stetige Ausdehnung der Stadt – an radial ausstrahlenden Avenuen – gestattete.

Nach vier Jahren ist immerhin die Hälfte vom Kern des Ganzen, nämlich der innere Halbkreis, verwirklicht und die Salzproduktion wird aufgenommen (eingestellt 1895). 1779 zwingen die Finanznöte der Staatskasse zur Einstellung der Bauarbeiten. Doch Ledoux plant weiter, mitten in den Wirren der herannahenden Revolution. Aus dem konkreten Projekt wird mehr und mehr „La ville idéale de Chaux", eine der wichtigsten Architekturutopien der Neuzeit.

„Das prinzipiell Neue an Ledoux' Konzept besteht gerade darin, dass der Arbeitsprozess (der Salzgewinnung) buchstäblich zum Mittelpunkt und Leitmotiv des Stadtaufbaus gemacht wird. Nicht die Kirche, nicht ein Schloss, nicht das Rathaus sind das Zentrum, sondern die beiden großen Werksgebäude, in denen das Eindampfen der Sole und das Abpacken der Salze in Fässern durchgeführt wird. Der Salinendirektor hat sein Haus zwischen diesen beiden Werkgebäuden [...]. Wenn in dieser Ovalanlage noch hierarchische Stufen deutlich werden, dann sind es ausschließlich Hierarchien der Arbeit – und nicht mehr sakrale oder politische Hierarchien." (Aus „Russische und Französische Revolutionsarchitektur 1917·1789" von A.M. Vogt)

Das Haus des Direktors hat im Zentrum eine monumentale Treppe, die auch als Kapelle benutzt wird; ihr Licht erhält sie über eine Apsis von oben.

Die wichtigsten Arbeitsgattungen bei der Salzgewinnung waren damals die Holzfäller, die Köhler und die Küfer. Ihre Behausungen entwirft Ledoux als „sprechende Unterkünfte", indem sie aussagen, womit ihre Bewohner zu tun haben. Bei den Häusern der Holzfäller und Köhler verwendet er das Gestaltungselement „Baumstamm" als Säule und in Palisadenwänden, in pyramidenförmigen Holzstapeln und Meilern. Die Unterkünfte der Küfer dagegen gehen auf die Form der Metallringe für die Salzfässer zurück; allen vier Fassadenseiten liegt das Kreismotiv zugrunde.

„Diese drei Beispiele, die durch eine Reihe weiterer ergänzt werden könnten, belegen Ledoux' Bemühung, Arbeit irgendwie zum Leitmotiv seiner Salinenstadt zu machen." (A.M. Vogt) Die nur zur Hälfte errichtete „Idealstadt" beginnt hinter einem Eingangsgebäude mit sechs dorischen Säulen; trotz ihrer – gegenüber den Plänen – vereinfachten Ausführung ist sie eine imponierende Stätte der Arbeit und der Arbeiter. Sie gehört zu den wenigen ausgeführten und erhaltenen Beispielen der Französischen Revolutionsarchitektur und zählt zum Weltkulturerbe der UNESCO.

Lequeu, „Nach Süden gelegener Kuhstall auf einer frischen Wiese"
Der Vollständigkeit halber sei noch ein Projekt von Lequeu aufgeführt, ein Architekt mit übermächtiger Phantasie, der durch seine Architekturzeichnungen berühmt wurde und von dessen wenigen Bauten keins geblieben ist.

Die Molkerei in Form einer Kuh ist erzählende Architektur und hat weder ein religiöses noch ein feudales Motiv, sondern eines der Arbeitswelt und erfüllt damit ein Anliegen der Revolution.

Ledoux, Haus und Werkstatt des Holzfällers; Meiler und Holzstapel sind die der Gestaltung zu Grunde liegenden Muster.

Ledoux, Haus und Werkstatt der Reifenmacher; hier werden die eisernen Reifen für die Fässer hergestellt, in denen das Salz der Saline von Chaux verschickt wird.

re.: Ledoux, Betriebsgebäude in Chaux, Urne mit herausquellender Sole zur Wandgliederung.

u.: Ledoux, Wache; Ludwig XV. und der Hof waren bei der Vorstellung der Pläne geschockt: „Warum so viele Säulen?" (Fotos Saline: Wolfgang Heyduck)

"Für die französische Revolutionsarchitektur ist es ohne Zweifel Jean-Jacques Rousseau, der die Thesen des Naturrechts mit intensivster Wirkung vorzutragen vermochte. Sein ‚Contract social' hat in den nachfolgenden Generationen die Überzeugung geweckt, dass Arbeit gerechterweise der einzige Rechtstitel auf Besitz sein sollte. Wenn also Claude-Nicolas Ledoux es zwei Jahrzehnte später unternimmt, eine Arbeitssymbolik [...] in seiner Architektur zum Ausdruck zu bringen, dann ist er, wie so viele andere in seiner Generation, zum Schüler Rousseaus geworden." (A. M. Vogt)

DER FUTURISMUS UND ANTONIO SANT'ELIA (1888–1916)

Zunächst war es eine Gruppe Gleichgesinnter, Literaten und Maler, die sich in Italien von der technischen Entwicklung fasziniert zeigten. Bewegung und Geschwindigkeit sollten künftig auch die Kunst bestimmen. Zu ihnen stieß ein junger Architekt aus Como, Antonio Sant'Elia, der 1913 mit seinem großen Projekt der „Cittá Nuova" begonnen hatte.

„[...] Es entstanden formensprachlich reduzierte, perspektivisch gezeichnete oder skizzierte Visionen einer utopischen Zukunftsmetropole: terrassierte Wolkenkratzer mit nach oben hin freigelegtem Innengerüst und vom Baukörper losgelösten Aufzugsschächten; grandiose Verkehrsadern, deren Fahrbahnen einander auf verschiedenen Ebenen kreuzen; schlanke Brücken aus Stahl oder Beton, die Schächte, Wohnblöcke und Trassen miteinander verbinden; kühne monumentale, schräg abgestützte Baukörper als abstrakte Formstudien ohne klare Funktionsbestimmung. [...]"
(Aus „Antonio Sant'Elia" von V. Magnago Lampugnani)

Lequeu, Nach Süden gelegener Kuhstall auf einer frischen Wiese.
Die Postmoderne der 1970er Jahre kommt mit dem „Dekorierten Schuppen" zu einer ähnlichen Differenzierung: Die Funktionserfüllung leistet der Schuppen, die architektonische Aussage übernimmt ein Bedeutungsträger, z. B. eine „Ente". (vergl. „Complexity and Contradiction in Architecture", 1966 und „Learning from Las Vegas", 1972 von Robert Venturi und Denise Scott-Brown)

A. Sant'Elia, Cittá Nuova, 1914, Wohnblock mit Außenaufzügen, Galerie, überdachter Passage über drei Verkehrsebenen (Straßenbahn, Autostraße, Laufsteg) mit Leucht- und Funktürmen.
Das typische Mietshaus der Cittá Nuova, das auf der Ausstellung „Nuove Tendenze" als „Casa Nuova" vorgestellt wurde.

1914, anlässlich einer Ausstellung der Bewegung in Mailand, erschien das Manifest des Futurismus „L'architettura futurista", an dem Sant'Elia beteiligt war und das er mit unterschrieben hatte. In diesem Aufruf, der großes Aufsehen erregte, wurde die Vergangenheit als überwunden dargestellt, die moderne Welt der Technik verherrlicht und eine neue, revolutionäre Architektur gefordert.

„[…] Die futuristische Architekturtheorie beeinflusste die gesamte Moderne des 20. Jahrhunderts; und die gesamte Moderne des 20. Jahrhunderts schwankte zwischen Rationalität und Irrationalität, Objektivität und Subjektivität, Sachlichkeit und Pathos. Vor allem aber schwankte sie zwischen der symbolischen und der wörtlichen Widerspiegelung der Welt der Technik […] – und das trifft für die meisten großen Werke der Architekturavantgarde der 20er Jahre zu. Es sind keine wirklich technischen Objekte, sondern ästhetische Metaphern einer Technologie, die sie romantisch verklären und künstlerisch sublimieren." (Lampugnani)

Der Schriftsteller F.T. Marinetti, Mitverfasser und -unterzeichner des „Manifesto dell'Architettura Futurista", machte die russische Avantgarde bei einem Besuch Moskaus und St. Petersburgs mit dem Gedankengut des Futurismus bekannt, das nach der Revolution 1917 seine eigenen Auswirkungen erzielte.

RUSSISCHE REVOLUTIONSARCHITEKUR 1917–24

„In der ersten und einzigen Ausgabe der Moskauer ‚Futuristenzeitung' rief der russische Dichter Wladimir Majakowski die sowjetischen Revolutionäre dazu auf, eine neue Kunst zu schaffen. In dem 1918 erschienen ‚Offenen Brief an die Arbeiter' schreibt er, von Leidenschaft beflügelt:
‚Die doppelte Feuersbrunst des Krieges und der Revolution hat unser Inneres und unsere Städte verwüstet […]. Mit welch fantastischen Bauwerken wer-

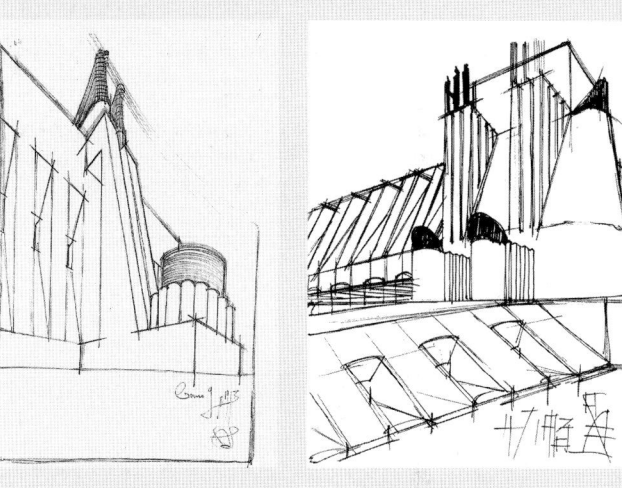

Antonio Sant'Elia, Studien für Elektrizitätswerke (1913)

Experimentelle Entwürfe:
von oben nach unten:

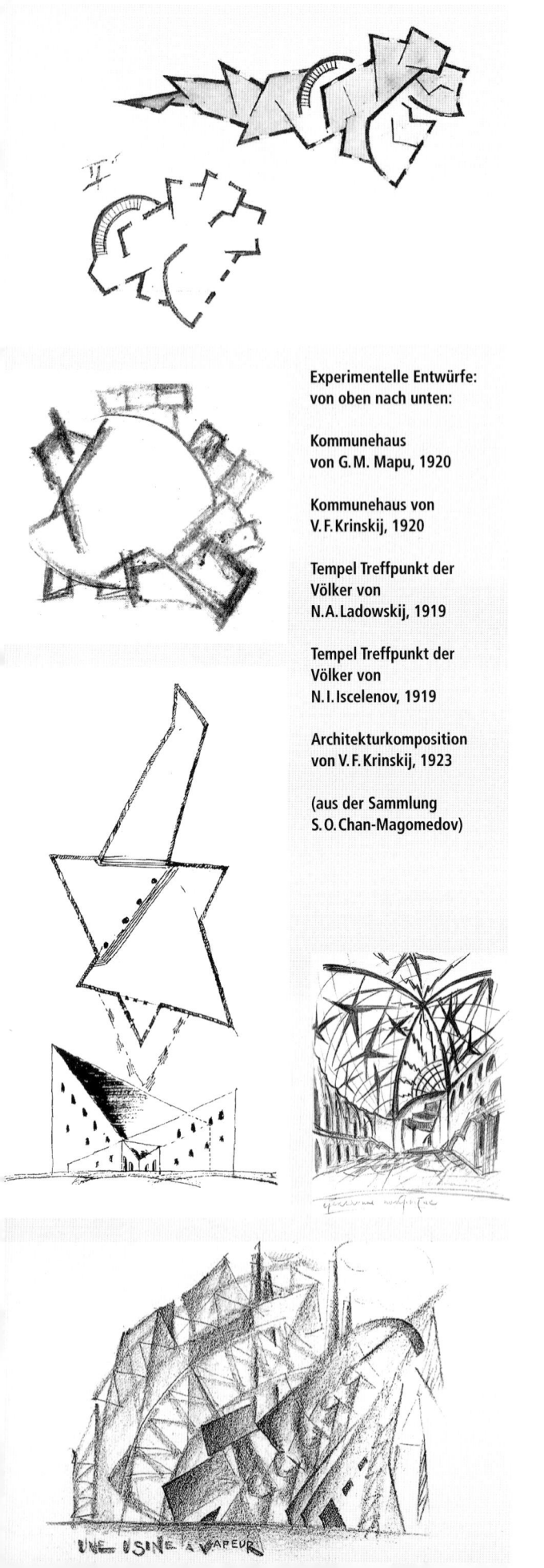

Kommunehaus
von G. M. Mapu, 1920

Kommunehaus von
V. F. Krinskij, 1920

Tempel Treffpunkt der
Völker von
N. A. Ladowskij, 1919

Tempel Treffpunkt der
Völker von
N. I. Iscelenov, 1919

Architekturkomposition
von V. F. Krinskij, 1923

(aus der Sammlung
S. O. Chan-Magomedov)

det ihr die Brandstätten von gestern bestecken? Nur die Sprengkraft einer Revolution des Geistes wird uns säubern vom Trödelkram der alten Kunst [...]. Eine Revolution des Inhalts ist undenkbar ohne eine Revolution der Form.'

Sein Appell hat gewirkt – bei den Künstlern, bei den Architekten und bei denen, [...] die man heute Designer nennt. Der gesamte Kulturbetrieb im nachrevolutionären Russland versetzte sich in eine Aufbruchstimmung ohnegleichen. Es wurde fieberhaft gemalt, gezeichnet, entworfen: für eine neue Gesellschaft, für eine vermeintlich paradiesische Zukunft, allerdings auf der Grundlage einer zerrütteten und rückständigen Wirtschaft. Doch der allgegenwärtige Mangel beflügelte die Gedanken der ‚revolutionären' Künstler nur umso mehr; die ‚phantastischen Bauwerke', die Majakowski gefordert hatte, gerieten auf dem Papier desto phantastischer, je klarer war, dass sie zunächst überhaupt nicht zu verwirklichen sein würden. Künstler und Architekten griffen in ihrem Enthusiasmus weit in die Zukunft." (Aus „Die Zeit" vom 2.8.1991, Besprechung der Ausstellung „Die russisch-sowjetische Architektur Avantgarde" in Tübingen und Rostock von Christian Marquart)

Der Wettbewerb für den Palast der Arbeit 1922/23 in Moskau bot die Gelegenheit, antizipatorische Ideen vorzulegen. Die öffentliche Meinung rechnete mit revolutionären Lösungen, die dem Umstand Rechnung tragen sollten, dass sich im Lande eine völlige Umgestaltung der sozialen Verhältnisse vollzog.

In der Presse wurde über den in den USA durchgeführten Wettbewerb für das Gebäude der „Chicago Tribune" berichtet und darauf aufmerksam gemacht, dass ein Entwurf im Stil der englischen Gotik von den Architekten Howells/Hood den ersten Preis erhalten habe und dass der Entwurf von Gropius, ein Beispiel für den zeitgenössischen Funktionalismus, nicht einmal eine Erwähnung fand (siehe Seite 100).

Die Jury hatte die Warnung aber nicht begriffen und vergab den ersten Preis an eine Lösung mit traditionellen Architekturformen, eine plumpe Komposition, dem romanischen Stil angenähert.

„In Wirklichkeit hätte der innovative Entwurf der Brüder Vesnin den Sieg in diesem Wettbewerb davontragen sollen, aber die Jury aus traditionalistischen Architekten hatte ihn nicht verstanden [...]. Ungeachtet dessen ging der Entwurf Vesnins als eigentlicher Sieger hervor, errang als Manifest der architektonischen Neuerer Einfluss auf die gesamte Entwicklung der sowjetischen Architektur und bewirkte ihre Wende. Im Entwurf der Brüder Vesnin zeigte sich der Konstruktivismus zum ersten Mal als eine selbständige schöpferische Richtung. Sein Programm verkörperte nicht nur einen neuen sozialen Inhalt (die Idee der Herrschaft des Volkes), sondern stellte zum ersten Mal und in beispielhafter künstlerischer Form das Prinzip des Konstruktivismus in der Architektur vor [...]. Dies war die erste Erfahrung mit der Gestaltung eines Gebäudes in einer neuen konstruktiven Struktur – dem Eisenbetonskelett."
(Aus „Allrussischer Wettbewerb zum Projekt ‚Palast der Arbeit' in Moskau 1922/23" von Igor A. Kazus im Katalog zur Ausstellung „Russisch-sowjetische Architektur 1900–1923" in Tübingen und Rostock 1991)

Selim O. Chan-Magomedov, hervorragender Kenner der russisch-sowjetischen Architektur und Verfasser des einschlägigen Standardwerks, nennt in der Einführung zu o.a. Ausstellung das Jahr 1923 die „Trennungslinie", von der an die avantgardistische Architektur selbst die führende Rolle bei der Ausprägung des neuen Stils übernimmt, und bezeichnet die folgenden 10 Jahre (die Zeit nach Lenin und vor Stalin!) als das „goldene Zeitalter" in der Erneuerung der Architektur. Er schreibt: „In der sowjetischen Avantgarde-Architektur gibt es zwei Hauptströmungen, den sogenannten RATIONALISMUS und den KONSTRUKTIVISMUS. Sie bildeten sich Anfang der zwanziger Jahre heraus [...]. Geistiger Vater des Rationalismus ist Nikolaj Ladovskij [...] [siehe Seite 14].

Wettbewerb zum Palast der Arbeit, Moskau 1923 (Katalog „Avantgarde I – Russisch-sowjetische Architektur 1900–1923")

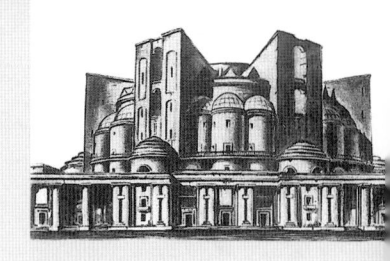

Ganz oben: Erster Preis von N.A. Trockij

Zweiter von oben: Dritter Preis der Gebrüder Vesnin

Mitte links: Vierter Preis von M.S. Reismann, D.P. Buryskin, N.D. Kacenelenbogen

Mitte rechts: Ankauf von M.J. Ginzburg, A.S. Grinberg

Unten: Fünfter Preis von I.A. Golosov

Haus der Kongresse der UDSSR, Studienarbeit an den VChUTEMAS (Atelier N. Ladovskij, R. Smolenskaja, 1928)

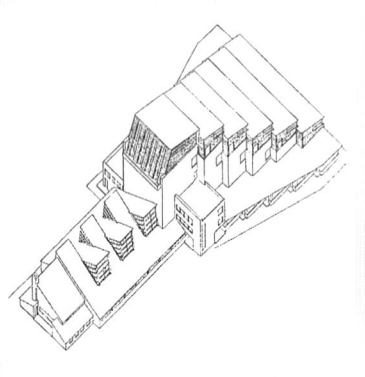

Industriesiedlung Kostino bei Moskau, Klub, N. Ladowskij, 1927–29

u.: Wettbewerbsentwurf (Erster Durchgang) für den Palast der Soviets in Moskau, N. Ladovskij, 1931

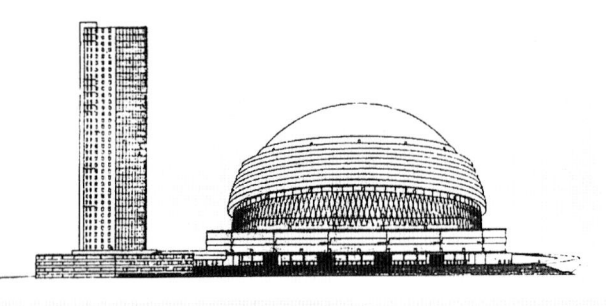

Wettbewerbsentwurf für das Theater des Gebietssowjets der Gewerkschaften (MOSPS), N. Ladovskij, 1932

Horizontaler Wolkenkratzer für Moskau, Wolkenbügel, El Lissitzky, 1923–25
(siehe auch S. 14)

Ladovskijs Gestaltungskonzept ist durch das besondere Interesse für die Raumproblematik und die Wahrnehmungspsychologie gekennzeichnet. Ein zentraler Platz nimmt die Wechselbeziehung zwischen Architektur und Technik ein [...]. In einer Zeit der allgemeinen Technikeuphorie war Ladovskij wohl der erste, der die Gefahren des einseitig ingenieurtechnischen Zugangs zur Architekturform erkannte [...]. Dieses theoretische Konzept Ladovskijs, das auf der Anerkennung der neuen Konstruktionen beruht, ihr Potential für die Formbildung aber unter dem künstlerischen Aspekt des architektonischen Gestaltens zu nutzen sucht, hat das Wesen des Rationalismus [...] entscheidend geprägt."

Mit gleichgesinnten Architekten gründet er 1923 die „Assoziation neuer Architekten" (ASNOVA), der sich 1925 der aus dem Ausland zurückkehrende Lissitzky anschließt. Die führenden Vertreter des Rationalismus lehrten an der VChUTEMAS, den „Höheren künstlerisch-technischen Werkstätten" in Moskau. Dadurch erfuhr das Formbildungskonzept des Rationalismus eine große Verbreitung.

„Die zweite Hauptströmung in der sowjetischen Architektur der 20er Jahre, der ‚Konstruktivismus', ging aus dem Konstruktivismus in der bildenden Kunst [...] hervor.

Führender Kopf des Architektur-Konstruktivismus war Aleksander Vesnin [...]. Zusammen mit seinen Brüdern Victor und Leonid nahm er [...] aktiv an der Formierung der Architektur-Avantgarde teil. Erster Meilenstein in der Entwicklung des Konstruktivismus war der Vesninsche Wettbewerbsentwurf für den Palast der Arbeit 1922/23 [...]. Wenn der sowjetische Architektur-Konstruktivismus über ein Jahrzehnt hinweg seine künstlerische Originalität bewahren konnte, dann ist das ein großer Verdienst der Brüder Vesnin, [...] mit ihren Entwürfen 1923 bis 1925 [...]. Außer dem erwähnten Wettbewerbsbeitrag sind dafür die Entwürfe für die Moskauer Filiale der ‚Leningrader Prawda' [Siehe S. 101], für einen Flugzeughangar, für die Aktiengesellschaft ARCOS, für das zentrale Telegrafenamt und für ein Warenhaus in Moskau zu nennen. Man kann sagen, dass mit diesen sechs Entwürfen das Fundament gelegt wurde, auf dem sich der Architektur-Konstruktivismus als selbständig künstlerische Richtung entfalten konnte." (Selim O. Chan-Magomedov)

„Im Gegensatz zu den Rationalisten gaben die Konstruktivisten eine Zeitschrift heraus, die ‚SA' (Moderne Architektur). In der 1926 erschienen ersten Nummer der ‚SA' stand der Leitsatz: ‚Die moderne Architektur muss die neue sozialistische Lebensweise kristallisieren.' Hatten im Frühstadium des Konstruktivismus seine Vertreter das Augenmerk vor allem auf konstruktive Zweckmäßigkeit gelegt, so lag ihnen nun vor allem an funktioneller Zweckmäßigkeit […]. Im Ganzen lässt sich jedoch sagen, dass die Konstruktivisten bei Anwendung der funktionellen Methoden das Gewicht nicht auf die utilitäre sondern auf die soziale Funktion legten.

Ilja Golosov […] begeisterte sich für die von den Konstruktivisten erarbeiteten Methoden zur Schaffung der künstlerischen Gestalt und nahm an ihrer Ausarbeitung aktiv teil. Sichtbares Skelett und reichlich Glasflächen wurden ab 1925 charakteristisch für seine Entwürfe."

W. Tatlin, Maler, Bildhauer und Erfinder, hatte 1913 ein gemeinsames Atelier mit A. Vesnin in Moskau; von ihm stammt ein Hauptwerk des Konstruktivismus, das über fünf Meter hohe Modell des Denkmals der III. Internationale 1919/20. „Unter den Architekten, die sich keinerlei Architekturgruppierung anschlossen, aber dennoch großen Einfluss auf die Entwicklung der modernen Architektur genommen haben, behauptet den ersten Platz zweifellos Konstantin Melnikov […]. Der sowjetische Pavillon auf der Internationalen Ausstellung der dekorativen und angewandten Kunst begründete Melnikovs Weltruhm." (Selim O. Chan Magomedov)

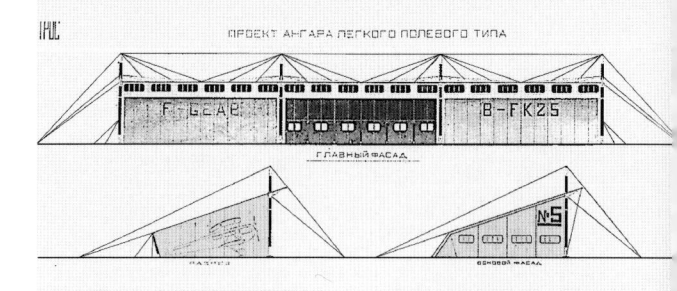

o.: Entwurf für einen Hangar für Flugzeuge, A. und W. Vesnin, 1924, Ansichten und Schnitt

re.: Wettbewerbsentwurf (1. Preis) für die Filiale der Aktiengesellschaft ARCOS in Moskau, A., W. und L. Vesnin, 1924

re.: Wettbewerbsentwurf für das Zentrale Telegrafenamt in Moskau, Perspektive, A. und L. Vesnin, 1925

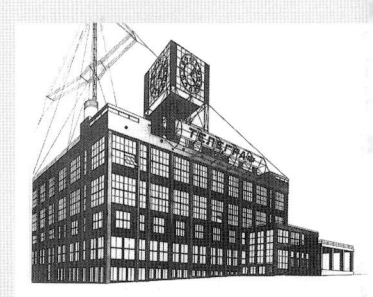

li.: Entwurf für ein Kaufhaus in Moskau, Perspektive, Gebr. Vesnin, 1925

u.: Entwurf für den Sujew-Klub in Moskau, Perspektive, I. Golosov, 1929

li.: Denkmal der Dritten Internationalen, Ostfassade, V. Tatlin, 1919/20

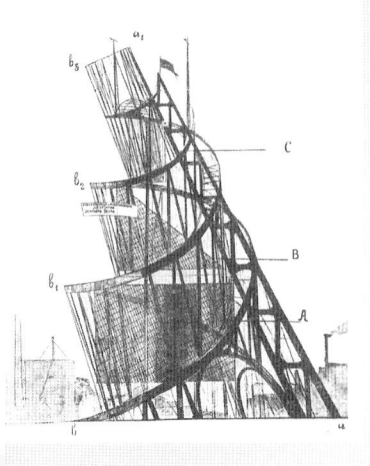

Der Turm, der gläserne Veranstaltungsräume aufnehmen sollte, knüpft mit seinen geplanten 300 m Höhe an die Progressivität des Eiffelturmes an, übertrifft ihn aber bei Weitem an Dynamik.

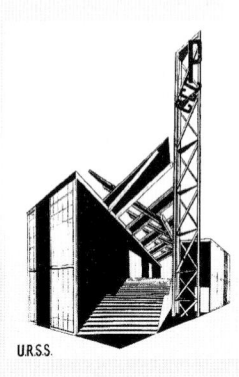

re.: Sowjetischer Pavillon auf der Internationalen Ausstellung in Paris, K. Melnikov, 1925

u.: Gartenstadt Falkenberg, Akazienhof, Reihenhäuser, Bruno Taut, 1913. Taut sah das Interesse der Bewohner an der ganzen Siedlung als wichtigste Voraussetzung für die Planung an. Um dieses Interesse hervorzurufen und wachzuhalten, war die Bildung einer Genossenschaft, der jeder als Mitglied angehören musste, unerlässlich. Ihre Tätigkeit war streng gemeinnützig, Rechte und Pflichten bestanden gleichermaßen. Die Siedlungsgemeinschaft war unmittelbar an Planung und Entscheidungen beteiligt.

„[...] Der Künstler ist Bruder aller Weltwesen und zunächst seiner Mitwesen, der Menschen. Er ist immer von vornherein seiner Natur nach Sozialist und Kommunist. Sozialismus heißt Gefährtentum, Brüderlichkeit. Und wenn alle Menschen wahre Sozialisten sind, dann wird es keine einzelnen Künstler mehr geben, sondern alle Menschen werden Künstler sein. Dann erst sind sie doch Menschen mit Menschen-Herz und -Sinn, geöffnet dem Großen, bewusst ihrer Gemeinschaft und bereit, ihre Gemeinschaft so zu formen, dass kein Einzelner egoistisch zu sein braucht, nicht mehr egoistisch sein kann."
(Aus: „Die Wahrheit der Kunst" von Bruno Taut, in: „Die Revolution, unabhängiges sozialdemokratisches Jahrbuch 1920")

Gegen große Widerstände hat in der russisch-sowjetischen Architektur die von Majakovski beschworene „Revolution der Form" stattgefunden. Die Architekten haben in der kurzen Zeit, die ihnen zur Verfügung stand – von der Revolution 1917 bis zur Machtübernahme Stalins 1935 – beispiellose Architekturvisionen entwickelt. Ihre Auswirkungen auf die Architektur der westlichen Welt halten bis heute an, während die Ergebnisse der „Revolution des Inhalts" ständig zurückgenommen werden mussten.

BRUNO TAUT (1880–1938) UTOPIEN

Bruno Tauts Utopien haben eine Vorgeschichte, sie gehen zurück auf seine politische Haltung als Sozialist und seine Arbeit an der Gartenstadt Falkenberg.

„Bruno Taut hatte sich in die Reihe der progressiven Sozialreformer gestellt. Er teilte mit ihnen den Optimismus der ‚sozialen Idee'. Er wurde deshalb von der Deutschen Gartenstadtgesellschaft (DGG) 1913 als Architekt ihrer Berliner Renommier-Siedlung [Gartenstadt Falkenberg bei Grünau, Verf.] gerufen. [...] Seitdem er 1908/09 an der Charlottenburger Technischen Hochschule [...] Städtebau studiert hatte, war er überzeugter Anhänger und Mitkämpfer einer ‚sozialen Umwelt'. Sein gesellschaftskritisches Engagement war vorerst primär auf die Schaffung einer sozialen Wohn- und Lebensumwelt gerichtet." (Aus „Deutsche Gartenstadtbewegung" von Kristina Hartmann)

Zur Einfachheit und Sparsamkeit der Grundrisse kam zum ersten Mal eine expressive Farbigkeit der Fassaden, mit der Individualität gegen die Uniformität der Reihenhäuser gewonnen wurde. Die Farbe übernahm – besonders kostengünstig – die Aufgabe der Ornamentierung. „Die Farben, die Taut anwendete, sind außer dem weiß vornehmlich ein lichtes Rot, ein stumpfes Olivgrün, ein kräftiges Blau und ein helles hellbraun." (Adolf Behne in „Bedeutung der Farbe")

Taut berichtet darüber: „Am Anfang erweckte das farbige Bild viel Befremden, da die früher überall vorhandene Tradition der Farbe ganz und gar verlorengegangen war. Besonders der aus den grauen Mietskasernenvierteln kommende Berliner [...] erklärte den Architekten mehrfach für ‚verhaftungswürdig'. Inzwischen scheinen sich aber die Wellen der Empörung zu glätten und man beginnt wohl einzusehen, dass man auch mit der Farbe bauen kann und bauen soll. [...] Die Bewohner der Kolonie übrigens haben sich rasch in das farbige Bild hineingefunden, freuen sich über den Spitznamen ihres Wohnortes ‚Kolonie Tuschkasten'." (in „Drei Siedlungen", Wasmuths Monatshefte für Baukunst 4, 1919/20)

Mit der Farbe hatte Taut – noch vor dem Weltkrieg – sein wichtiges Ausdrucksmittel für die Vorstellung seiner Utopien gefunden. Das zweite war Glas, aus dem er 1913 ein Haus plante, ehe er – im selben Jahr – auf Paul Scheerbart traf, der ihn in dieser Arbeit bestärkte. Scheerbart, ein expressionistischer Literat, hatte sich jahrelang in schwärmerischen Beiträgen mit phantastischen Glasbauten befasst und war auf der Suche nach einem „Glas-Architekten", den er durch Vermittlung der Glasindustrie in Taut fand. Zusammen mit ihr realisierten sie den aufsehenerregenden Glaspavillon auf der Werkbundausstellung 1914 in Köln (siehe Seiten 112–114). Taut beginnt den „Erläuterungsbericht zur Entwicklung eines Glashauses auf dem Ausstellungsgelände in Cöln am Rhein": „Der Zweck dieses Gebäudes ist, die gesamte Glasindustrie in ihren verschiedenartigen Erscheinungsformen würdig zu vertreten und im Besonderen die Erzeugnisse in ausgewählter Qualität unter Berücksichtigung der architektonischen und dekorativen Möglichkeiten zur Schau zu stellen."

Der 1. Weltkrieg hatte nicht nur zum schroffen Abbruch der Werkbundausstellung geführt, er stellte sich auch als ein Krieg heraus, der alles bis dahin Bekannte und Vorstellbare übertraf; entsprechend war die Nachkriegszeit verzweifelt und hoffnungslos.

o.: Gartenstadt Falkenberg, Akazienhof, Reihenhäuser 1913. Die Häuser des Akazienhofes bilden einen Wohnhof nach englischem Gartenstadtvorbild; es gibt keinen Durchgangsverkehr, spielende Kinder und Fußgänger sind auf diese Weise geschützt, das Miteinander erhält einen besonderen Freiraum.

re.: Gartenstadt Falkenberg, am Eingang des Akazienhofes steht das einzige Haus, das nicht von Bruno Taut geplant wurde. Es stammt von Heinrich Tessenow und diente der Gartenstadtgesellschaft als Wohnung für ihren Generaldirektor und für Bürozwecke.

re.: Gartenstadt Falkenberg, Gartenstadtstraße, Reihenhäuser 1914. Der zweite Bauabschnitt weist eine noch stärkere Farbigkeit auf.

u.: Das Berliner Tageblatt wundert sich: „Fast am Ende der Gartenstadtstraße erhebt sich ein Mehrfamilienhaus ganz in Schwarz, in tiefstem Pechrabenschwarz [...]. Dafür leuchten die Fensterkreuze in Weiß, die Umrahmungen der Türen und Fenster in hellem Rot [...]."

Großes Palmenhaus im Botanischen Garten in Berlin-Dahlem, Alfred Koerner 1905–07
Wie sehr sich Paul Scheerbart über seine Tätigkeit als Schriftsteller hinaus mit Architektur befasste, zeigt folgender Auszug aus seinem Artikel „Der Botanische Garten zu Dahlem", erschienen in: „Glasarchitektur 1914": „Eine Glasarchitektur besitzen wir bereits – und zwar in den Botanischen Gärten. Der Botanische Garten zu Dahlem zeigt, dass bereits ganz imposante Glaspaläste aufgeführt sind. Allerdings – es fehlt die Farbe. Aber in der Abendsonne wirkt das Palmenhaus [...] so herrlich, dass man wohl einen Begriff bekommt, was zu erzielen ist, wenn die Farben auch am Tage da sind."

Das Kristallhaus (Blatt 3, Ausschnitt)
Bruno Taut erinnert sich im Vorwort an Gespräche mit Paul Scheerbart über dieses Werk: „Wir sprachen oft über die Ausführungsmöglichkeit, die gewaltigen Geldmittel, Arbeitskräfte und Opfer waren ihm nichts anderes als eine Bestätigung seines Gedankens [...]. Wir rechneten aus, dass die Gerüste für einen Berg viele Millionen kosten würden – das ist gerade gut und es ist eine Bestätigung des Wertes der Sache, wenn wirklich nicht weniger Mittel und Menschenmassen notwendig sind, als der Weltkrieg verschlingt. Eines hat Europa jedenfalls in dem Krieg bewiesen, zu welchen Leistungen an Nervenkraft und Energie es fähig ist. Und wenn es gelingt, diese Kräfte in eine andere, schönere Bahn zu leiten, dann wird die Erde wirklich eine gute Wohnung sein."

u.: Das Baugebiet (Blatt 17, Ausschnitt)

ALPINE ARCHITEKTUR 1917–18

Paul Scheerbart war 1915 gestorben. Die Erinnerung an ihn und die gemeinsame Arbeit dämpfte die Niedergeschlagenheit Tauts. Wie von Scheerbart angeregt und zu seinem Gedächtnis, plante er ein Werk, das „ein Lobgesang auf die Herrlichkeit der Welt" sein sollte. Taut fühlte sich immer als Maler und Zeichner, phasenweise mehr denn als Architekt. In über 30 Aquarellen und Zeichnungen, zum Teil eng mit Erläuterungen beschriftet, entwirft er die Überbauung der Alpen mit Glas und Kristall und nennt konkrete Orte: Monte Rosa, Matterhorn und Riviera. Das Blatt, welches „das Baugebiet von Monte Generoso aus gesehen" zeigt, enthält schwärmerische Beschreibungen von gestaffelter, von oben mosaikartig wirkender Glasarchitektur und von „glücklichen und frohen Menschen in seligen Augenblicken." „Unsere Erde, bisher eine schlechte Wohnung, werde eine gute Wohnung".

In seinem Vorwort begründet er sein Tun: „Und mag diese Idee für den Anfang absonderlich genug anmuten – wie man auch grübelt und sinnt: es gibt doch wohl keinen anderen Ausweg aus dem großen Weltweh. Und gibt es diesen Ausweg, dann hat er jedenfalls etwas herrlich Beglückendes, so dass diese Arbeit schönster Trost und reinste Hoffnung in dem Zeitgejammer ist".
„Alpine Architektur" umfasst nur einen Teil der Visionen, mit denen sich Taut rastlos beschäftigt. Neben seiner Zeitschrift „Frühlicht" arbeitet er an einer Fülle von Veröffentlichungen, u. a. „Die Stadtkrone", „Der Weltbaumeister", „Die Auflösung der Städte" u. a.

Die in Anführungsstrichen stehenden Passagen sind dem Vorwort des Herausgebers (Bruno Taut) zu „Alpine Architektur" entnommen, erschienen in „Bruno Taut – Natur und Phantasie – 1880–1938" von Manfred Speidel.

GLÄSERNE KETTE 1919–20

Taut suchte Gleichgesinnte und bot ihnen Gedankenaustausch über einen geheimen Briefwechsel an, zwölf sagten zu. Die Mitgliedschaft war anonym; u.a. sind Scharoun, die Brüder Luckhardt, Gropius und Max Taut, jeweils unter einem Pseudonym, beteiligt. „Der Name [Gläserne Kette] war eine Hommage an den Initiator Bruno Taut, dessen Pseudonym „Glas" war und an die Bedeutung, welche die Gruppe dem Material Glas beimaß, aber auch an die Werke des „Glasdichters" Paul Scheerbart." (Aus „Gläserne Kette" von Max Speidel und Frank Schmitz, in: „Bruno Taut – Natur und Phantasie – 1880–1938)

„Mit Zeichnungen und Texten tauschten die Mitglieder ihre Vorstellungen von der Zukunft aus. Sie forderten den Bruch mit der Vergangenheit und einen Neubeginn." Entwürfe und Beiträge der Mitglieder veröffentlichte Taut – zuerst auch anonym – in den „Frühlicht"-Beilagen 1920. „[…] Als Taut am 5. Oktober 1920 an die Runde schrieb, das Ende der ‚Utopien in principio' sei gekommen, also auch das Ende des Geheimbundes, dessen Ziel eben diese prinzipiellen Utopien gewesen waren, hatte er bereits eine neue Aktivität für diesen Kreis im Sinne. […] Tauts Berufung zum Stadtbaumeister von Magdeburg im Frühjahr 1921 unterbrach all diese Pläne.

Taut hatte nun andere Ziele und Aufgaben. Er gab erneut das ‚Frühlicht' heraus, aber als eine Zeitschrift zur Verwirklichung des ‚Neuen Baugedankens'. Trotzdem wurden visionäre und konzeptionelle Arbeiten der Mitglieder der ‚Gläsernen Kette' noch bis Mitte 1922 […] neben realisierten Architekturprojekten veröffentlicht."

Der Monte-Rosa-Bau (Blatt 19)
In seinem Vorwort zu „Alpine Architektur" wendet sich Bruno Taut pathetisch an die Völker Europas: „Bildet Euch die heiligsten Güter – baut! Seid ein Gedanke Eures Sterns der Erde, die sich schmücken will – durch Euch! […] seid friedfertig! Predigt die soziale Idee: Ihr seid alle Brüder."

Vier Beiträge zur Gläsernen Kette:

o. li.: Haus des Nachtfremden von Hans Scharoun („Hannes")

o. re.: Drehbares Haus von Max Taut („Kein Name")

re.: Kultbau/Festhalle aus Glas von Wassili Luckhart („Zacken")

u.: Wolkenkuckucksheim von Hermann Finsterlin („Prometh")

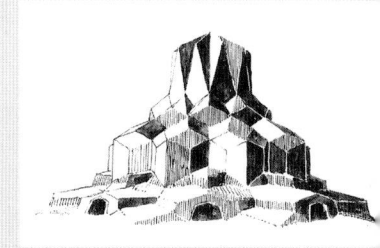

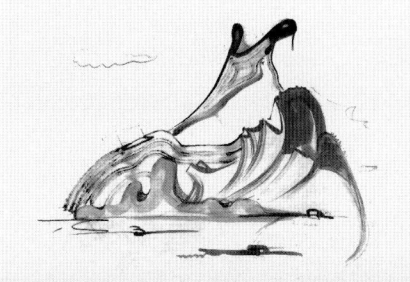

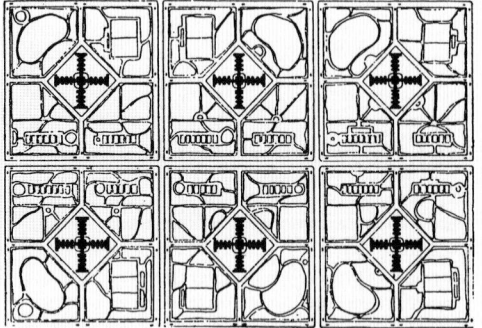

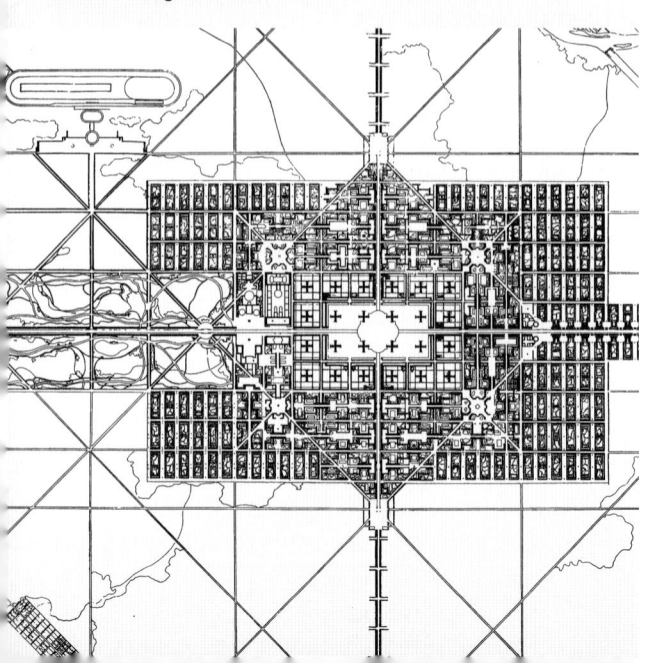

LE CORBUSIER (1887–1965)
STADTUTOPIEN 1925

Wenn Le Corbusier in dieser Reihe „Architekturvisionen" erscheint, geschieht das vermutlich gegen seinen Willen. 1925 schreibt er in „Urbanisme", Leitsätze des Städtebaus: „Als ich im Auftrag des Herbstsalons das Diorama einer Stadt mit drei Millionen Einwohnern entwarf, vertraute ich mich den sicheren Bahnen der Vernunft an, […] ich hatte die Empfindung, mich dem zu verbünden, was ich an unserer Zeit liebe. Erstaunt zu sehen, dass ich also kühn über die augenblicklichen Möglichkeiten hinwegsprang, meinten meine Freunde: ‚Du beschäftigst Dich mit dem Jahre 2000?' Überall schrieben die Journalisten: ‚Die Stadt der Zukunft'. Ich aber hatte diese Arbeit ‚eine Stadt der Gegenwart' genannt, der Gegenwart, denn das Morgen gehört keinem."

Dieser schroffe Hinweis auf das Hier und Heute seiner Überlegungen passt zu seiner Entschlossenheit, eine als gut erkannte Idee unter allen Umständen zu verwirklichen. Bei aller Rationalität seiner Überlegungen, sie sind jedoch so ungewöhnlich neu und seine begeisterte Art für sie zu werben so schwärmerisch visionär, dass ihre Erwähnung in dieser Aufzählung architektonischer Visionen unverzichtbar ist.

1923 brachte Le Corbusier ein Buch mit dem Titel „Vers une Architecture" heraus. Es bestand aus einer Sammlung von Artikeln aus seiner Zeitschrift „Esprit Nouveaux", in denen er sich mit der Entwicklung der künftigen Architektur befasst hatte (1926 erschien es auf deutsch, zunächst unter dem Titel „Kommende Architektur" später unter „Ausblick auf eine Architektur").

1925 wandte er sich mit einer grundlegenden Schrift – wiederum in „Esprit Nouveau" – dem Städtebau zu: in „Urbanisme", wie in „Vers une Architecture", stellt er den einzelnen Kapiteln ultimativ Leitsätze voraus, z.B.:

Turmstädte, Le Corbusier 1920

Mit der Idee der Turmstädte will Le Corbusier gleichzeitig die Parkfläche vergrößern und die Nutzungsdichte verfünf- bis verzehnfachen. Die Türme sollen 60 Stockwerke haben und ca. 220 m hoch sein. Sie sind im Zentrum der Städte für Büros und Verwaltung gedacht, ihr Abstand voneinander 150–200 m.

Une Ville Contemporaine (Eine zeitgemäße Stadt): eine Stadt für 3 Mio. Einwohner.

Die Bevölkerungsdichte und die Grünflächen sollen vergrößert werden, ebenso die Verkehrsmittel bei kürzeren Wegen. In der Mitte der 24 kreuzförmigen Wolkenkratzer, die für Geschäftsfunktionen bestimmt sind, der Platz für den Bahnhof, wo auch Flugzeuge landen. Im Osten öffentliche Gebäude, Museen, Galerien und der Englische Garten. Im Umkreis stark verdichteter Wohnungsbau in offener und geschlossener Bauweise sowie als Gartenstädte.

„Die Stadt ist ein Arbeitswerkzeug [...]."
„Eine Stadt! Sie ist die Beschlagnahme der Natur durch den Menschen [...]."
„Die Geometrie ist das Mittel, das wir uns selbst geschaffen haben, um die Umwelt zu erfassen und uns auszudrücken [...]."
(Aus „Leitsätze des Städtebaus" von Le Corbusier, in: „Programme und Manifeste" zur Architektur des 20. Jahrhunderts, 1975, Ulrich Conrads)

Bereits 1922 hatte er im „Herbstsalon" in Paris (Salon d'automne) den Entwurf einer modernen Stadt (une ville contemporaine) für drei Millionen Einwohner ausgestellt. Durch die Verwendung von Wolkenkratzern (gratte-ciel) will er die beiden gegensätzlichen Prinzipien „Natur" und „Stadt" zum Wohl der Bewohner vereinen.
Nur mit Hilfe von Hochhäusern erreicht er einen kleinen Anteil bebauter Fläche (12 %) und eine hohe Bevölkerungsdichte (1000 EW/ha, zum Vergleich: Paris City 2007: 208 EW/ha). Neben den Erschließungsflächen bleiben große Anteile für parkartige Grünanlagen.

1925 zeigte Le Corbusier im Pavillon d'Esprit Nouveau während der „Exposition Internationale des Arts Decorativ" in Paris den „Plan Voisin de Paris". Er fürchtet den Substanzverlust der Zentralstadt durch Satelliten- und Trabantenstädte, dem er mit einer enormen Verdichtung durch Hochhäuser entgegenwirken will (3.200 EW/ha statt 600 EW/ha bisher). Mit dem „Projekt für die Urbanisierung von Paris", wie er es nennt, soll jeglicher Dezentralisation, jeder Verlegung der Geschäftsstadt in die Vororte zuvorgekommen werden, dabei sollen alle historisch bedeutsamen Bauten erhalten bleiben.

1930 legt Le Corbusier das Konzept der „Strahlenden Stadt" (La ville radieuse) dem CIAM-Kongress in Brüssel vor. Der für die Zukunft wichtigste Aspekt der „Strahlenden Stadt" sind die koordinierten Verkehrswege. Rasche Erreichbarkeit und

Une Ville Contemporaine, 1922: Autostraßen

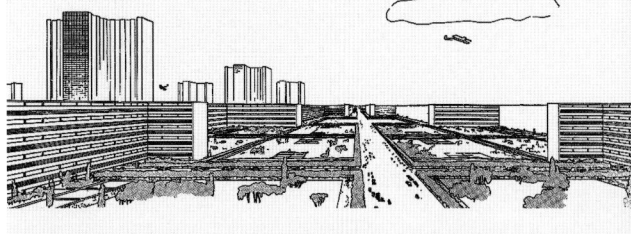

Une Ville Contemporaine, 1922: Wohnstraßen

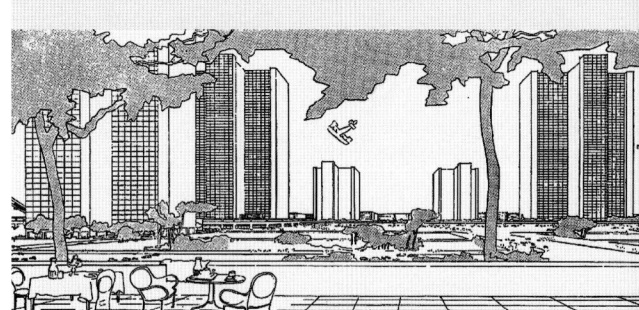

Une Ville Contemporaine, 1922: Blick zum Zentrum

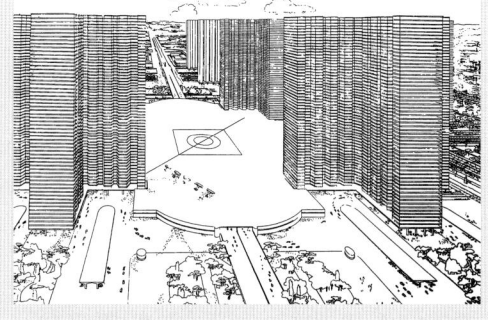

Plan Voisin de Paris, 1925: Blick zum Zentralbahnhof

Plan Voisin de Paris, 1925 (Ausschnitt)

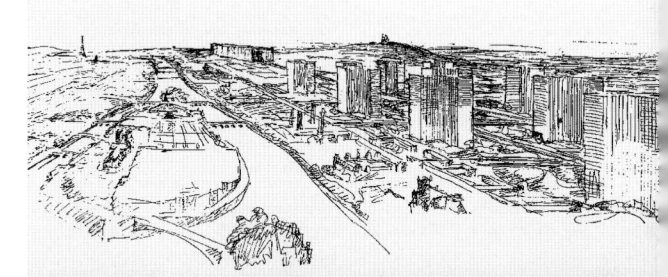

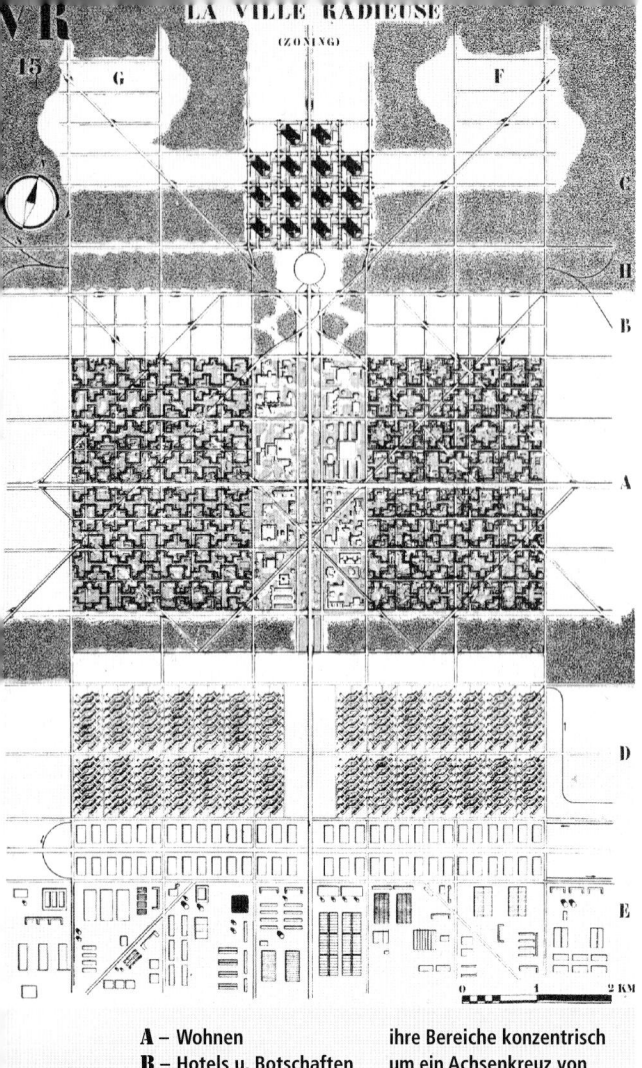

leichte Auffindbarkeit der einzelnen Bereiche sind von zentraler Bedeutung. Auf den Autostraßen sollen hohe Geschwindigkeiten möglich sein, die Wege der Fußgänger sind dagegen völlig autofrei.

Obwohl sich Le Corbusier 1922 über die Reaktion auf die „Dreimillionenstadt" noch enttäuscht zeigt und sein Projekt mit einer „Predigt in der Wüste" vergleicht, erregen seine Thesen Aufsehen, sie werden heftig abgelehnt, finden gleichzeitig begeisterte Zustimmung und sie beschäftigen die Städtebauer bis heute.

Le Corbusier verwahrt sich energisch dagegen, wenn seine Projekte als Utopien bezeichnet werden; dennoch wirbt er für sie mit phantastischen Bildern: „Die Stadt ist drei- bis viermal dichter bewohnt als heute; die Entfernungen, die zu durchmessen sind, sind also drei- bis viermal so klein und die Ermüdung des Einzelnen hat sich um ein Drei- bis Vierfaches verringert. Die Gebäude bedecken nur 5 bis 10 % der Oberfläche dieses Stadtteils; das ist der Grund, weshalb Du jetzt in einem Park bist und weshalb die Autostraßen so weit von Dir entfernt sind. […] Durch die Zweige, die wie im Kino den Vordergrund abgeben, erblickt man hinter den Hügeln die Kristallprismen der ungeheuren Bureauhäuser […]. Ein Meer von Bäumen und hier und da, dort unten, weiter fort, immer und überall das majestätische Kristall, in reinen, gewaltigen, klaren Prismen. Beständigkeit, Unbeweglichkeit, Ruhe, Raum, Himmel, Licht, Heiterkeit […]." (Le Corbusier aus „Plan voisin" de Paris, La rue, Mai 1929)

DIE METABOLISTEN (1960)

„Metabolisten" nennt sich eine Gruppe von japanischen Architekten und Planern, die die menschliche Gesellschaft als lebendigen Prozess versteht und eine aktive „metabolistische" Entwicklung durch ihre Entwürfe vorschlägt („Metabolismus" = Wechsel, Wandel). Zum internationalen Design Kon-

---

A – Wohnen
B – Hotels u. Botschaften
C – City
D – Fabriken und Lagerhäuser
E – Schwerindustrie

La Ville Radieuse, die „Strahlende Stadt", Le Corbusier 1930. Im Unterschied zur „Zeitgenössischen Stadt", die ihre Bereiche konzentrisch um ein Achsenkreuz von Straßen anordnet, sind sie jetzt linear aufgereiht und können sich seitlich ausdehnen. Die hier praktizierte Differenzierung der Stadtfunktionen, ihre „Entmischung", wird zu einem bestimmenden Merkmal des Städtebaus im 20. Jahrhundert.

Am Beginn der „Unitès d'habitation" steht schwärmerische Begeisterung. L.C. beschreibt sie als eine Stadt im Grünen, 50 m hoch, für 2000 Personen: „ein Ereignis von umwälzender Bedeutung, Sonne, Raum, Grünflächen […]." Die erste wird 1947 in Marseilles begonnen, die letzte der insgesamt fünf 1967 in Firminy Vert (u.) eingeweiht.
Foto: Uli Lingemann

gress in Tokyo im Jahr 1960 tritt die Gruppe erstmals mit der Ausstellung „Metabolism" an die Öffentlichkeit. Ihre urbanistischen Ziele liegen in der einmaligen Situation Japans begründet. Die nicht bebaubaren Teile des Landes verhalten sich zu den bebaubaren wie 7:3. Mit damals 97 Millionen Einwohnern gehört es damit zu den am dichtest besiedelten Ländern der Erde. Zudem ist es rundum von Wasser umgeben, alle Grenzen sind Küsten. Die Überlegungen, schwimmende Städte anzulegen oder Stadterweiterungen auf dem Wasser zu projektieren, sind naheliegend.

Neben den ausgestellten Entwürfen erscheint ein Manifest: „Metabolism 1960 – The Proposal for Urbanism". Zu den Metabolisten zählen Kiyonori Kikutake und später Noriaki Kurokawa, 1964 kommen Kenzo Tange und Arata Isozaki hinzu. Sie sehen in der Gesellschaft einen vitalen Prozess, dessen metabolistischen Ablauf sie durch geeignete Projekte fördern wollen.

Ihre Überlegungen fassen sie in drei Punkten zusammen:
1. Die Gesellschaft ist einem dauernden Wandel unterworfen.
2. Die meist autoritären Entscheidungen im „Master Planning" werden durch das angepasste „System Planning" ersetzt.
3. Die zugrunde gelegten Systeme müssen zukünftiges Wachstum berücksichtigen.

CLUSTERS IN THE AIR, TOKIO 1960–62
VON ARATA ISOZAKI

„Das Joint-Care-System, ursprünglich für städtisches Wohnen entwickelt, war ein radikal neues Prinzip der Anordnung von Hausgruppen in der Luft über bestehenden Wohngebieten. [...] Nach der Auswahl eines geeigneten Grundstücks sollten die Vertikalen an Stellen errichtet werden, an denen sie

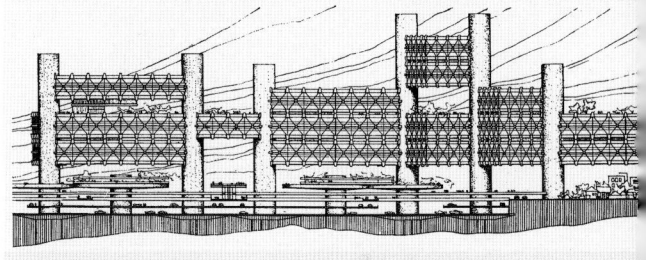

157

Clusters in the air, Tokio, Arata Isozaki, 1960–62
o.: Modell
m.: Räumliches Konstruktionssystem, Ansicht
u.: Modell

Arata Isozaki ist der jüngste unter den Metabolisten (geboren 1931) und kommt aus dem Büro Kenzo Tanges.

Mit seinem Vorschlag „Cluster in der Luft" will er zusätzliche Bebauungsflächen aktivieren:

Unter der Erde:
Service und Parken

Auf der Erde: lokaler Verkehr und Gemeinschaftseinrichtungen

Über der Erde:
Wohnungen

den Straßen- oder Fußgängerverkehr nicht behinderten. ‚Zweige' (Strecken horizontaler Energieversorgung) und ‚Blätter' (Hauseinheiten) wachsen auf den ‚Stämmen' dieser ‚Bäume', die alle miteinander verbunden sind, in den Himmel." (Aus „Arata Isozaki", Architektur 1960–1990)

HELIX CITY FOR TOKYO, 1961
VON NORIAKI (KISHO) KUROKAWA

„Eine der spektakulärsten Stadtutopien seiner Zeit entwarf Kurokawa 1961: Der ‚Helix Plan for Tokyo' war eine gigantische Rahmenkonstruktion, die sich wie eine DNA-Spirale in den Himmel schraubte. In den schwindelerregenden Drehungen der Helix sollten, hunderte von Metern über dem Meer hängend, vorfabrizierte Wohneinheiten Platz finden." (Niklas Maak in der Besprechung einer Ausstellung über Kurokawa in der Süddeutschen Zeitung vom 10.2.1999)

In seinem Buch „From the Age of the Machine to the Age of Life" erläutert Kurokawa seine metabolistischen Ziele: „Hier werden städtische Strukturen zweifach entwickelt, vertikal und horizontal […]."

„Die Helix-Struktur ist eine Spiralstruktur, die als drittes oder alternatives räumliches System für den Stadtraum vorgeschlagen wird. Wie im Fall der Chromosomen (DNA) im Organismus wirken die Helix Strukturen als räumlicher Rahmen zur Datenübertragung. Diese Struktur hat die Form eines dreidimensionalen Clustersystems." (Aus „Kisho Kurokawa, Metabolism in Architecture" 1977)

Kurokawa beließ es nicht bei der bloßen Utopie; er entwickelte mit Containerfirmen vorgefertigte Wohnzellen und Modularbüros und überlegte Transport- und Montagesysteme.

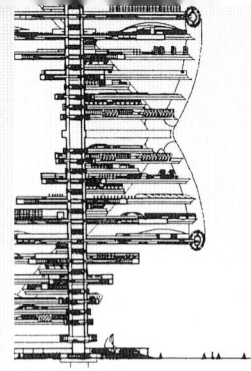

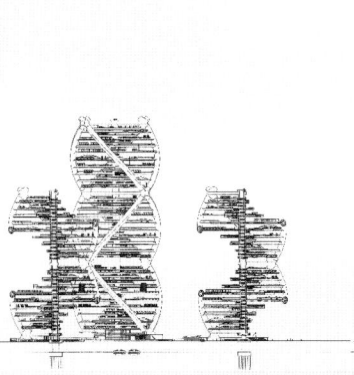

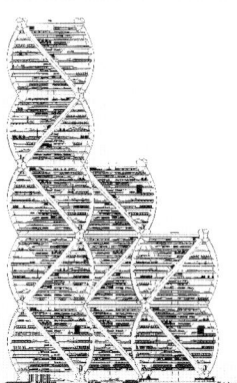

Helix City, Plan for Tokyo, Noriaki Kurokawa, 1961.
o.li.: Modell
u.: Ansicht und Schnitte
o.re: Ausschnitt

Die wenigen gebauten Prototypen, wie der Nagakin Capsule Tower in Tokyo und der Sony Tower 1972 in Osaka wurden zwar zu Ikonen des Metabolismus, verdeutlichten aber auch dessen Fragwürdigkeit.

Sony Tower, Osaka, Noriaki Kurokawa, 1972

Nagakin Capsule Tower, Tokyo, Noriaki Kurokawa, 1970

MARINE CITY 1959 VON KIYONORI KIKUTAKE

Wohnturm-Cluster, das Modell zeigt unterschiedliche Stadien der Entstehung. Die Vorschläge Kikutakes befassen sich mit der schwimmenden Stadt, die nicht an einen bestimmten Ort gebunden, sondern frei beweglich ist. Es sind Visionen einer Meeres-Zivilisation. „Mit anderen Worten, individueller Lebensraum befindet sich für Tausende in der zukünftigen Metropole auf ‚Künstlicher Erde', die nur als Gesamtheit eine Beziehung zur ‚natürlichen Erde' hat." (Günter Nitschke in Bauwelt 18/19, 1964)

Kurokawa, der sich in seinem Buch „Metabolism in Architecture" ausführlich mit Kikutakes „Ocean City" befasst, räumt aber gleichzeitig ein: „Unsere Pläne wollten aufzeigen, wie Städte künftig sein sollten; sie enthalten Visionen, die derzeit noch nicht verwirklicht werden können."

EIN PLAN FÜR TOKYO 1960 – VORSCHLAG EINER STRUKTURELLEN NEUORDNUNG, KENZO-TANGE-TEAM (U.A. ARATA ISOZAKI U. NORIAKI KUROKAWA)

„Wohl die konzentrierteste Form [...] finden die Gedanken der ‚Metabolisten' in dieser Team-Arbeit, die dazu führt, dass jetzt Kenzo Tange, obgleich er einer anderen Generation angehört [...] zum Wortführer der ganzen Gruppe wird.
Das Bewusstsein des dauernden Wandels [...] unterliegt [...] allen Teilen des Vorschlags."
Im 1. Schritt: Bestandsaufnahme,
im 2. Schritt: Bestandsanalyse,
im 3. Schritt: Konkrete Strukturen.
„Das schrittweise aber radikale Umwandeln des bestehenden Stadtzentrums (Metropolitan Civic Centre) in eine Art Stadtachse (Civic Axis), die sich aus dem existierenden Zentrum herauszieht und langsam über die Tokyo Bay wächst, ein metaphorischer Wandel von einer zentripetalen Struktur [...] zu einer linearen Struktur [...]." (Günter Nitschke in Bauwelt 18/19, 1964)

Wohnturmcluster, Modell mit verschiedenen Bau- und Ausbaustadien.

Die schwimmende Stadt ist nicht an einen bestimmten Ort gebunden, sondern frei beweglich.

Ein Plan für Tokyo, 1960. Tokyo entstand, wie alle Städte, aus der Mitte heraus; die zentrale Erschließung verdichtet das Zentrum und blockiert die Erweiterung. Der Vorschlag des Kenzo-Tange-Teams ist, eine lineare Erschließungsstruktur aus der Mitte heraus über die Bay hinweg zum anderen Ufer zu führen und damit – über dem Wasser – neue Stadträume zu erschließen.

unten: Ausschnitt, die Kommunalachse oben, Wohngebiete rechts unten, Gemeinschaftseinrichtungen links unten.

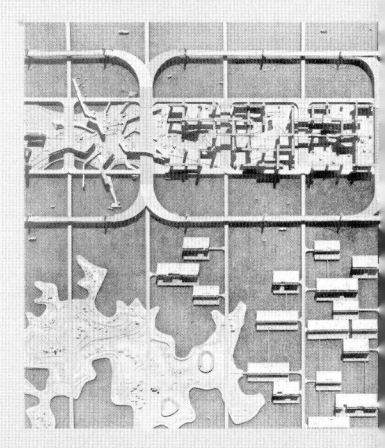

u.: Modell des Gesamtplans.

li.: Richard Hamiltons Collage „Just what is it, that makes today's homes so different, so appealing." von 1956 mit dem namensgebenden Lollipop. (Kunsthalle Tübingen)

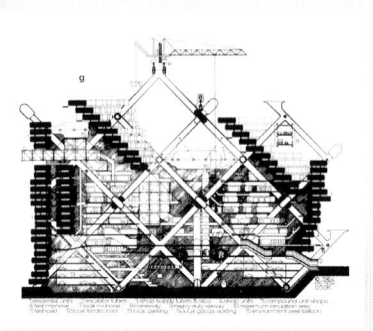

o. li.: Plug-in-City, Schnitt durch eine typische Struktur von Peter Cook 1964

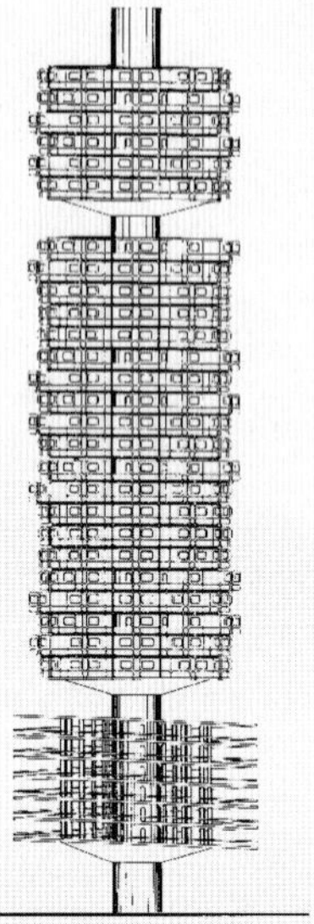

o.: Turm mit Wohnkapseln von Warren Chalk

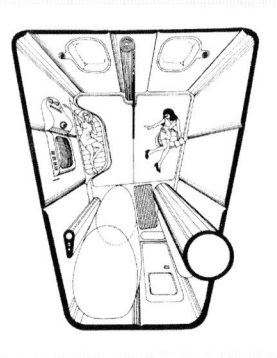

Definition: Die Plug-in-City besteht aus einem großmaßstäblichen regelmäßigen Tragwerk, das alle technischen Dienste und alle Erschließungswege zu jedwedem Ort enthält. In jedes Tragwerk werden Wohneinheiten mit allen Funktionen eingehängt. Die Wohneinheiten sind so geplant, dass sie, wenn veraltet, entfernt werden können.

Blick in eine Wohnkapsel, von Warren Chalk 1964. Die komplett vorgefertigte Raumkapsel ist das ideale Element zum Auffüllen der Megastruktur.

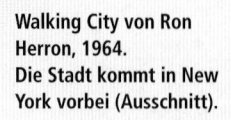

Walking City von Ron Herron, 1964. Die Stadt kommt in New York vorbei (Ausschnitt).

Herron: „Die stolzen Errungenschaften von Cape Kennedy sind der Beweis dafür, dass wir fähig sind, auch die schwierigsten Probleme zu lösen. Sie sind zugleich eine Anklage gegen diejenigen, die sich weigern, die Not unserer Städte mit ähnlichen Anstrengungen zu bekämpfen."

ARCHIGRAM 1–12 (1960–72)

Piranesi ausgenommen, haben alle Architekten ihre Phantasien in der Zukunft angesiedelt.
Archigram dagegen will den „Ausbruch in die wirkliche Welt". Ihre Architektur soll sich „auf der Höhe der Zeit" befinden (aus dem Vorwort zur Neuauflage ihres Buches „Archigram" 1991) und sich sowohl der neuesten technischen Standards bedienen als auch das Lebensgefühl der 1960er Jahre wiedergeben. Richard Hamilton zeigte 1956 in Whitechapel Gallery in London seine Ausstellung „This is tomorrow" und in ihr das Bild, das der Pop-Art den Namen gab: „Just what is it, that makes today's homes so different, so appealing."

Das Trauma des 2. Weltkrieges ist dabei zu verblassen. Es beginnt das Jahrzehnt von Swinging London, die Zeit der Carnaby Street, der Beatles und der „roaring sixties". Der Film „Blow Up" zeigt die ausgelassene Lebensfreude der jungen Generation. Gleichzeitig ist es die Zeit bejubelter technischer Höhepunkte: wie die erste Erdumkreisung durch den Sateliten Sputnik 1961 und die Landung auf dem Mond 1969 mit Neil Armstrong.

Den Part der Architektur in dieser aufregenden, überschwänglichen Phase der Neuerungen übernehmen 6 junge Architekten: Peter Cook, Warren Chalk, Denis Crompton, David Green, Ron Herron und Mike Webb. Ihre wilden Collagen künden von einem neuen Lebensstil und totaler Vernarrtheit in die Technik, damit wenden sie sich von der ernsten Nachkriegsmoderne ab und führen die Architektur ins Pop-Zeitalter.

Sie tun sich nach dem Studium, das sie größtenteils an der berühmten AA, Architectural Association, absolvierten, zusammen und geben von 1961–72 jährlich das Heft „archigram" (1–12) heraus, in dem sie ihre Projekte vortragen. „Der Titel sollte, im Gegensatz zu einer Zeitschrift, etwas Dringliches und zugleich Einfaches signalisieren, etwas wie ‚Telegramm' oder ‚Aerogramm', deshalb also ‚Archi(tectur)-gram'. Man wollte wirkliche und imaginäre, formale und inhaltliche Schranken niederreißen, auf dem Papier genauso wie in gebauter Form." (1972 aus ihrem Buch „Archigram")

Die überraschte Öffentlichkeit reagierte mit begeisterter Zustimmung. „Mit legendären Projekten wie ‚Plug-In City', ‚Walking City' und ‚Instant City' – allesamt Pläne für städtische Behausungen eines zukunftssehnsüchtigen Lifestyle mit flexiblen und technikverliebten Megastrukturen – zielten Cook und seine Freunde auf Leichtigkeit, Veränderbarkeit und Fröhlichkeit in der Architektur ab." (aus „Süddeutsche Zeitung" Besprechung der Ausstellung „Die Zukunft von gestern" 15.10.2001 von Johann Reidemeister)

Die Entwicklung der High-Tech-Architektur ist ohne die Vorarbeit „Archigrams" nicht denkbar. Die Arbeit von Archigram ist bestimmt vom heiteren Glauben an Gegenwart und nahe Zukunft; dennoch lassen sich warnende Deutungen ausmachen, z. B. das bedrohliche Szenario einer unbewohnbar gewordenen Erde und Walking City als Überlebensstrategie. „Die riesigen ‚City-Beetles' wirkten schon 1964 trotz ihrer furchterregenden technologischen Vollkommenheit, eher wie hilflose Relikte einer von technischem Fortschrittoptimismus geprägten Epoche. Die collagierte Darstellung ihrer Wanderung durch die Wüste ist nicht frei von melancholischen Endzeitvisionen." (Hans-Peter Schwarz in „Vision der Moderne", 1986)

Mit den „roaring sixties" endet der Optimismus in der Einschätzung der technischen Entwicklung und ihre Auswirkungen und wandelt sich in Skepsis und Besorgnis. „In der Folge der späten sechziger Jahre wurden Architektur und Kunst zu einem Medium der Umweltkritik. Und ganz im Sinne der Generation wurde das Publikum aus der Rolle betrachtender Illusionierung herausgeholt und in die Rolle der

Tuned suburb (hochgerüstete Vorstadt) von Ron Harron

Instant City ist die Projektbezeichnung, unter der Archigram vorhandene Stadtstrukturen hochtechnisch so ausrüstet, dass die Wohnqualität neuesten Ansprüchen genügt. Mit einbezogen werden Kunst und Kultur, Sport und Spaß, Kommunikation und Unterhaltung. Archigram definiert z. B. als zu erreichende Ziele Komfort: „Der natürliche Instinkt für Wohlbehagen ist Komfort. Vielleicht ist Wohlbehagen die beste Rechtfertigung für Architektur, für die vom Menschen hergestellte Umgebung", oder z. B. Emanzipation: „Wir nähern uns der Zeit, in der alle unsere Hoffnungen verwirklicht werden können. […] Endlich scheint es sinnvoll, Häuser wie Konsumartikel anzusehen, und der eigentliche Sinn von Konsumartikeln liegt darin, dass sie den Menschen die Möglichkeit geben, zu wählen."

Das Kunsthaus Graz von Peter Cook und Colin Furnier (2003) ist ohne die Vorgeschichte von Archigram in seiner jetzigen Form nicht vorstellbar. Das ungewöhnliche Gebäude, von seinen Architekten „Friendly Alien" genannt, hat zur Innenstadt hin eine rund 900 qm große BIX-Fassade der Künstlergruppe „realities united", deren Bezeichnung sich aus „Big" und „Pixel" zusammensetzt und wie ein großer Bildschirm wirkt.
(Fotos: Karl-Heinz Markert)

Vanille-Zukunft, Plakat 1969.

„Zukunft ist für viele Leute furchterregend. Voll von grausamen Robotern, geheimnisvollen Strahlen und künstlichen Katastrophen. Zukunft, wie wir sie sehen, ist hellgelb. Wie Vanille-Eiskrem. Erfrischend, gut riechend, weich. Vanille-Zukunft."

Einweckglas, 1970 (Ausstellung „Cover – Überleben in verschmutzter Umwelt", 1971)
„Unter Smogdecken sind Städte begraben. [...] Die Straßen haben sich in Gaskammern, die Flüsse in zähe Giftbrühen verwandelt. [...] Mit großem technischem Aufwand werden künstliche Klimazonen errichtet werden müssen, um die Voraussetzung für menschliches Leben zu sichern."

„Im Unterschied zu ‚Cover' betrachten wir nun die Veränderungen nicht mehr negativ [...]. Das gipfelt darin, dass so einmalige Naturereignisse wie das Matterhorn beliebig oft reproduzierbar sein könnten und an jedem Ort aufstellbar wären."
Der Weg zum Matterhorn wird ins Absurde verkehrt, indem der Berg nicht mehr bestiegen wird, sondern sein Gipfel mit Seilzügen zum Betrachter herabkommt."

Beteiligten gebracht. [...] Viele Arbeiten von Haus-Rucker-Co zielten in dieselbe Richtung; das Thema konzentrierte sich auf die Bewusstmachung einer gefährdeten Umwelt." (Heinrich Klotz in „Moderne und Postmoderne", 1984)

HAUS-RUCKER-CO (1967–1987)

Aus dem Ausstellungskatalog „Haus-Rucker-Co" zur Ausstellung 1992 in der Kunsthalle Wien von Dieter Bogner und Martina Kandeler-Fritsch: „Vor 25 Jahren, 1967, schlossen sich in Wien zwei junge Architekten, Laurids Ortner und Günter Zamp Kelp, mit dem Maler Klaus Pinter zu einer Arbeitsgemeinschaft zusammen. Den Namen der Gruppe, Haus-Rucker-Co, leiteten sie von einem Bergzug in ihrer oberösterreichischen Heimat ab, gleichzeitig sollte er auf ihr Ziel verweisen, traditionelle architektonische und künstlerische Konzepte durch radikal neue Gestaltungsideen zu ersetzen." 1969 übersiedelte die Gruppe nach Düsseldorf, 1971 trat ihr Manfred Ortner bei, 1973 bekam sie schließlich eine Niederlassung in New York.

„Zwei der wichtigsten übergreifenden konzeptionellen Ziele der Gruppe lassen sich durch die Begriffe ‚Bewusstseinserweiterung' und ‚Stadtgestaltung' bezeichnen. [...] Bewusstseinserweiterung als Form der Stadtgestaltung prägt das ‚Mind-Expanding-Program' der späten sechziger und frühen siebziger Jahre, Stadtgestaltung als Form der Bewusstseinserweiterung entwickelte sich daraus und bestimmte [...] die Werke der ‚Provisorischen Architektur' [...]. ‚Provisorische Architektur' hat die Funktion, als ‚Instrument der Wahrnehmung' in stadträumliche Zusammenhänge bewusstseinsbildend einzugreifen. [...]

Haus-Rucker-Co hat [...] räumliche Objekte und Installationen entwickelt, sowie Aktionen und Ausstellungen organisiert, die sie als Instrumente zur

Förderung der Bewusstheit für gesellschaftliche, ökologische, stadträumliche oder kulturelle Zusammenhänge betrachtete. […] An Stelle ästhetischer sollten bewusstseins- und damit gesellschaftsverändernde Impulse vom Kunstwerk ausgehen.

Die unbekümmerte Stimmung der sechziger Jahre, die von Haus-Rucker-Co durch das Schlagwort ‚Vanille-Zukunft' vermittelt wurde […], wandelte sich am Beginn der siebziger Jahre in Reaktion auf die […] Ökologiediskussion in eine kritische Haltung."

„Die […] Projekte, die Haus-Rucker-Co ab den frühen siebziger Jahren entwickelte, stehen im Zusammenhang mit einem ab 1970 zunehmend einsetzenden Stimmungswandel in der öffentlichen Diskussion über Fragen des unbegrenzten Fortschritts, der radikalen Industriealisierung und deren Auswirkungen auf die Umwelt. In Verbindung mit einem vor allem durch die politische Alternativ-Szene getragenen Wissenschafts- und Technologie-Skeptizismus erreichte die Auseinandersetzung mit Umweltfragen mit dem Bericht des Club of Rome ‚Die Grenzen des Wachstums' und mit dem ‚Öl-Schock' von 1973 einen ersten Höhepunkt." (Dieter Bogner in „Haus-Rucker-Co", 1992)

„Gegen Ende der sechziger Jahre formierten sich in fast allen westeuropäischen Ländern programmatische Arbeitsgruppen, die, bestehend aus Architekten und Designern […], der als bedrohlich empfundenen Industriegesellschaft mit […] literarischen Manifesten und grafischen Idealentwürfen einen dialektischen Spiegel vorhalten.

Dies verbindet Gruppen wie Archigram in England, Haus-Rucker-Co, Coop Himmelblau […] in Österreich, […] Studio 65 und Superstudio in Italien, um nur die wichtigsten zu nennen." (Volker Fischer in „Die Revision der Moderne", 1984)

Rahmenbau, Documenta VI, 1977, Schöne Aussicht Kassel
„Von einer Freitreppe gelangt der Betrachter auf einen Stahlsteg, der ihn auf einen 13 x 13 m großen Rahmen aus Stahlgittern zuführt. Optisch grenzt der Rahmen einen bestimmten Ausschnitt der dahinter liegenden Landschaft ab, es entsteht das detailgerechte Abbild einer Realität, die vorher scheinbar nicht existierte. […] ‚Rahmen-Bauten' sind Architektur zur Wahrnehmung und Ergänzung irdischer Umwelt." (alle Zitate aus dem Ausstellungskatalog „Haus-Rucker-Co" zur Ausstellung 1992)

1996 baute Zamp Kelp mit Julius Krauss und Arno Brandlhuber das Neandertalmuseum zwischen Düsseldorf und Mettmann, wo 1856 die Reste des Urmenschen aufgefunden wurden. Nach der Teilnahme an einem Wettbewerb hatten sie den Auftrag erhalten.

„Günter Zamp Kelp mit Julius Krauss und Arno Brandlhuber beschwören die Magie von Ort und Anlass. […] In den Windungen schraubt sich eine Rampe aus der Erde […] als mysteriöse Großplastik […] grünlich schimmernd wie ein eiszeitlicher Gletscherrest. Eine solche Selbstthematisierung des Architektonischen kennzeichnet viele Arbeiten des legendären Architekten- und Künstlertrios Haus-Rucker-Co, welchem Zamp Kelp bis zur Auflösung 1992 angehörte."
(Axel Drieschner in DAM Architekturjahrbuch 1997)
(Foto: Jacob Enos unter cc-by-2.0)

o.: „New New York", aus dem Zyklus „Il Monumento Continuo", 1969

u.: „La Prima Città" aus dem Zyklus „Le Dodici Città Ideali" 1971

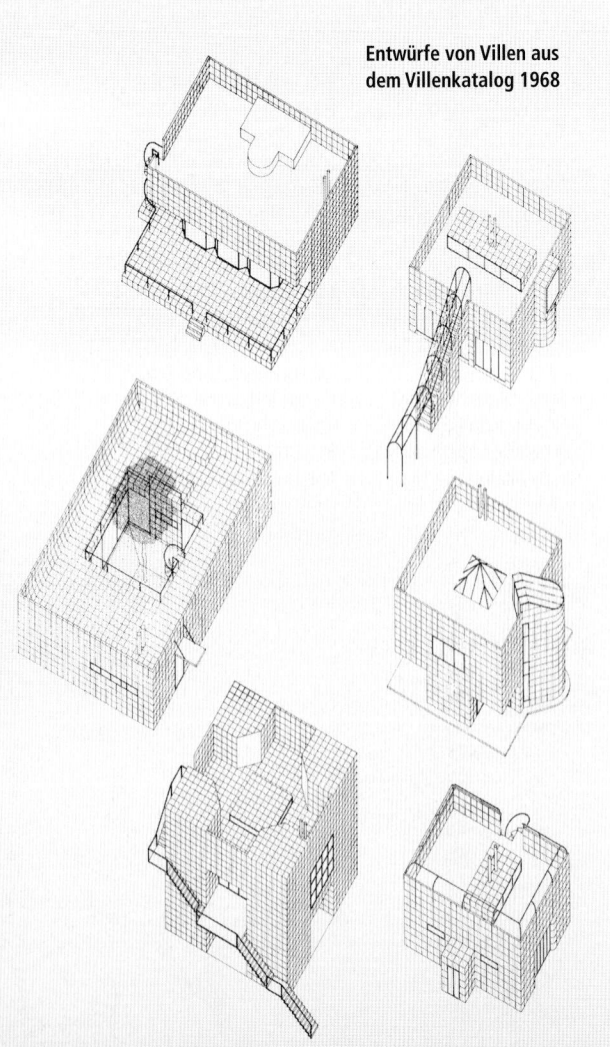

Entwürfe von Villen aus dem Villenkatalog 1968

ADOLFO NATALINI UND SUPERSTUDIO (1965)

„Die Vielseitigkeit dieses Architekten und Künstlers wie auch des Superstudios insgesamt findet kaum einen Vergleich […]. Allenfalls die in Düsseldorf ansässige Gruppe Haus-Rucker-Co kommt an diese Vielseitigkeit heran." (Heinrich Klotz in „Moderne und Postmoderne", 1984)

Superstudio entstand 1965 in Florenz. In großen lithographisch vervielfältigten Fotomontage-Zyklen versuchte diese Gruppe, die vorhandene Architektur einer überbordenden Zivilisation mit von ihnen entwickelten Megastrukturen zusammenzudenken.

„In dem Zyklus ‚Il Monumento Continuo' von 1969 durchzieht eine quadrierte weiße Superstruktur ursprüngliche Landschaften oder auch megalomane Metropolen wie New York gleichermaßen wie die übriggebliebenen Glazialschelfe einer futuristischen Eiszeit. In einer zwei Jahre später realisierten Serie ‚Le Dodici Città Ideali' hat sich diese weiße, landschaftsüberspannende Architektur zu einem bis zum Horizont reichenden Gitternetz konkretisiert, das nahezu den ganzen Globus quadriert." (Volker Fischer in „Revision der Moderne", 1984)

„Natalini visierte, wie so viele andere seiner Generation, eine Gesellschaft an, die der Architektur nicht mehr bedarf […]. Doch indem er diese Feststellung trifft, macht er eine Fülle sehr persönlicher und prägnanter Formvorschläge, die der entgegengesetzten Richtung Rechnung tragen. Für diesen gespaltenen Zustand […] war bereits sein erstes Projekt, sein Villenkatalog von 1968–70 ein besonders signifikantes Beispiel. […] [Diese Villen sind] alle mit einem Rasternetz überzogen, das das äußere Zeichen einer Rationalität darstellt. […] Natalini hat diese Rechenkästchenflächen, die um 1970 zu einer Art Markenzeichen von Superstudio geworden waren, auf alles übertragen, und letztlich eine Welt als Quadratnetz vorgestellt […].

Superstudio hat diese Gefahren und Konflikte zwischen der ‚natürlichen Natur' und einer vom Menschen geschaffenen ‚Natur' drastisch dargestellt und seine ganze Argumentationskraft auf die Vermenschlichung der Welt gewendet, die mit der Überwindung des Rasternetzes verbunden war. [...] Die Doppeldeutigkeit der Form, die sowohl für die Aufgeklärtheit der Ratio einstehen kann, als auch für die Uniformität der Gewalt, hat Natalini nicht unterdrückt sondern hervorgehoben." (Heinrich Klotz in „Moderne und Postmoderne", 1984)

COOP HIMMELBLAU (1968)

„Coop ist die Kurzform von Zusammenarbeit, Himmelblau bedeutet soviel wie gute Laune. Coop Himmelblau ist keine Farbe, sondern die Idee, Architektur mit Phantasie leicht und veränderbar wie Wolken zu machen." Mit dieser programmatischen Selbstdefinition schließen sich 1968 in Wien Rainer Michael Holzer, Wolf-Dieter Prix und Helmut Swiczinsky zu einer Gruppe zusammen. Es sind angehende Architekten, die sich vom Studium her kennen und für Unruhe im Architekturgeschehen Österreichs sorgen.

„Nach den kompakten Studienarbeiten der Jahre 1966/67 und nach der Teamgründung stehen auch bei Coop Himmelblau die ‚pneumatischen' Visionen im Vordergrund. [...] Die bedeutendste Arbeit dieser frühen Stunde ist die ‚Villa Rosa' und deren mannigfaltige Varianten. [...] Diese ‚pneumatische Wohneinheit' soll sich wie ‚Wolken verändern' durch den neuen Baustoff Luft. [...] Die Idee der ‚Villa Rosa' wird bei der ‚Wolke Himmelblau' ausgeweitet. [...] Das Projekt in seinen verschiedenen Varianten und Darstellungen beschäftigt die Coop lange Zeit, von 1968 bis 1972." (Günther Feuerstein in „Visionäre Architektur", Wien 1958–1988)

„Rainer Michael Holzer, der 1971 die Gruppe verließ, Wolf D. Prix und Helmut Swiczinsky nahmen den Hö-

Stadthaus Saalgasse, Frankfurt/Main, Adolfo Natalini 1984
Der Römerberg-Wettbewerb der Stadt Frankfurt am Main sah sowohl historische Rekonstruktion (z. B. Ostzeile) als auch Neubebauung vor, z. B. der Saalgasse, deren Altstadtcharakter trotz modernen Vokabulars erhalten bleiben sollte. Natalinis strenge Fassadenteilung des Hauses Nr. 22 erinnert an seinen Villenkatalog aus dem Jahre 1968 und verbindet die moderne Oberfläche mit der historischen Figuration.

Villa Rosa, Modell, Fotomontage 1968
„Der pneumatische Prototyp besteht aus drei Räumen [...] mit drehbarem Bett, Projektionen und Tonprogrammen. Mit der Zuluft werden dem wechselnden audio-visuellen Programm entsprechende Gerüche eingeblasen." (Coop Himmelblau)

„Wolke II", Schnitt 1968
„Die Idee der ‚Villa Rosa' wird bei der ‚Wolke Himmelblau' ausgeweitet. [...] Die Wolke wird für die Studie ‚Wohnformen der Zukunft' entworfen und ist als Realisation für die Documenta V 1972 gedacht – leider wurde sie nie ausgeführt." (Coop Himmelblau)

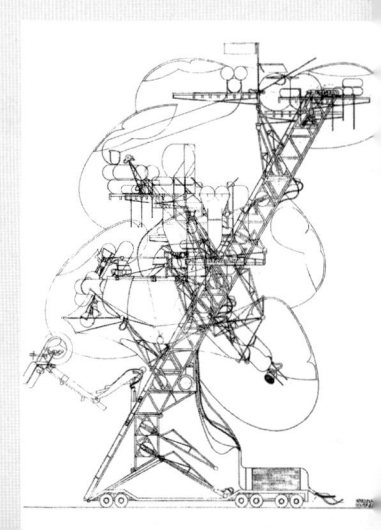

"Hot Flat" Stadtwohnhaus, Axonometrie 1978
Eine konkrete Baustelle wird ausgewählt: Der Autolift Neuer Markt (ein Garagenbau Karl Schwanzers aus dem Jahr 1958, der zum Abbruch bestimmt ist).

Erweiterung der Merz-Schule Stuttgart, 1981
o.: Skizze, u.: Modell

"Die Erweiterung der Merz-Schule [...] ist ein Exempel dafür, dass horizontal und vertikal, dass der rechte Winkel und die Schwerkraft, als Grundprinzipien der Architektur in Frage gestellt werden." (Coop Himmelblau)

henflug der Phantasie, der Architektur bis ins Blau des Himmels entführen [...] sollte, teilweise ganz wörtlich, sei es in ihrem frühen (1968–72) Projekt einer mobilen und aufblasbaren ‚Wohnwolke' oder der ‚Großen Wolkenkulisse' für den Supersommer 1976." (Hans-Peter Schwarz in „Vision der Moderne", 1984)

„Im Zwischenfeld von Realität und Vision [...] entwickelt sich das Projekt ‚Hot Flat'. [...] Coop Himmelblau lässt durch den Eckbaublock schräg einen Balken schießen, der an seinem Ende von einer Flammenstruktur umwabert wird. [...] Als Rudiment dieser Idee entsteht 1980 das Projekt ‚Flammenflügel'." (Günther Feuerstein).

„Das Hot-Flat-Projekt [...] markiert einen Wendepunkt in der Entwicklung von Coop Himmelblau. Analog zur Verschärfung der städtischen Umwelt wird auch ihre Architektur, werden ihre Forderungen nach Veränderung radikaler, aggressiver. War es 1968 noch die Phantasie, die die Veränderung herbeiführen sollte, und war der ‚leichte Atem der fliegenden Städte' das adäquate Bild dafür, so imaginieren sie jetzt (1980) Verletzungen und die zerstörende Kraft des Feuers. ‚Wir wollen Architektur, [...] die blutet, die erschöpft, [...] wenn sie kalt ist, dann kalt wie ein Eisblock. Wenn sie heiß ist, dann so heiß wie ein Flammenflügel. Architektur muss brennen'. Sie wenden sich gegen die biedermeierliche Anpassungsarchitektur, als die sie die Bauten ihrer postmodernen Kollegen denunzieren: ‚Wir haben es satt, Palladio und andere historische Masken zu sehen.'" (Hans-Peter Schwarz)

„Mit den achtziger Jahren öffnet sich für die Coop Himmelblau eine neue Phase der Arbeit, die konkrete Auseinandersetzung mit dem Bauwerk hat endgültig Fuß gefasst." (Günther Feuerstein)

„[...] die auf Realisierung angelegten Projekte, wie die Merzschule für Stuttgart [...] [sind] weniger radikal als die ephemeren Aktionen der Coop Himmelblau. Aber auch hier bleiben sie ihrer Maxime treu, Unruhe zu stiften, sich der Anpassung zu widersetzen, […]. Die Merz-Schule thematisiert mit ihrem offenen System […] das pädagogische Konzept ihres Internats, das ‚ein Herauswachsen aus der Behütung' fördern soll. Coop Himmelblau nennen ihr Projekt deshalb ‚Internat Merz – oder wie ein Vogel fliegen lernt'." (Hans-Peter Schwarz)

„Während des Entwurfs hatten wir die Vorstellung eines Hauses, das kein Haus mehr ist, sondern ein frei begehbares Volumen, das auf der einen Seite Zurückgezogenheit erlaubt, auf der anderen Seite ein Architekturabenteuer ist: Die Auflösung und Veränderung eines Hauses zu einem selbstbewussten, frechen, offenen System." (Coop Himmelblau)

REM KOOHLHAAS und OMA (1975)

1975 gründet Rem Koohlhaas zusammen mit Elia Zenghelis, Zoe Zenghelis und Madelon Vriesendorp, seiner späteren Frau, das niederländische „Office for Metropolitan Architecture" (OMA) mit Büros in London und Amsterdam, 1980 kommt noch ein Büro in Rotterdam dazu. Der Gruppenname spielt auf den Scherznamen seines Lehrers Oswald Mathias Ungers „OMU" an, vielleicht auch auf das „Museum of Modern Art" (MOMA) in New York. Rem Koolhaas – bis dahin Journalist und freier Filmautor – studierte 1968–1972 an der „Architectural Association School" (AA) in London. Von 1972–1975 arbeitete er am Lehrstuhl Ungers an der Cornell University (Ithaca, USA). In „Moderne und Postmoderne" 1984 rechnet ihn Heinrich Klotz den Rationalisten zu.

Die Gruppe begreift „die Metropolen des 20. Jahrhunderts als den dominanten Lebens- und Erfahrungsraum der Gegenwart und die Erfahrungs- und Wahrnehmungsmöglichkeiten in diesen Großstädten als fragmentarisch, collagiert, assoziativ und symbolisch. Bevor sie sich auf das Bauen einließ, hat diese Gruppe mit einem theoretischen und gleichzeitig unmittelbar visuellen Manifest reüssiert. 1978 erschien ihr ‚Retroaktives Manifest' ‚Delirious New York', eine

BMW-Welt München, Coop Himmelb(l)au 2001–2007. Coop Himmelb(l)au erhielt den Auftrag für den Bau der BMW-Welt über einen 2001 ausgeschriebenen Wettbewerb. Wolf D. Prix sah im weitgespannten Hallendach ihres Entwurfs die Metapher einer Wolke und erinnert damit an aufmüpfige, kritische Himmelblau-Zeiten. Dass sie in der heutigen Wirklichkeit angekommen sind, beteuern sie jetzt als Coop Himmelb(l)au (aus „blau" mach „bau"). Zeugen dafür, dass in der Architektur von Coop Himmelb(l)au noch sehr viel mehr von dem anarchischen Geist ihrer frühen Jahre schlummert, als man bisher angenommen hat? In diesem Fall könnte einem die BMW-Welt plötzlich rundherum sympathisch werden."

o.: Ansicht über den Mittleren Ring,
u.: Blick zum Eingangsbereich (Foto: Matthias Marxreiter unter cc-by-sa-2.0-DE)

Jan Friedrich ist sich in seiner Kritik in der Bauwelt 31/2007 nicht ganz sicher und fragt: „Was, wenn die Architekten die ganze Angelegenheit nicht halb so ernst nehmen, wie es den Anschein hat? Wären dann die albernen Ausbuchtungen des Fußgängerstegs, die seltsam zugespitzten Einbauleuchten oder die einer riesigen weiblichen Brust gleichende Decke des Doppelkegels

New York, Blick auf den East River, aufgenommen vom WTC am 8.9.2001 (Foto: Andreas Satzer)

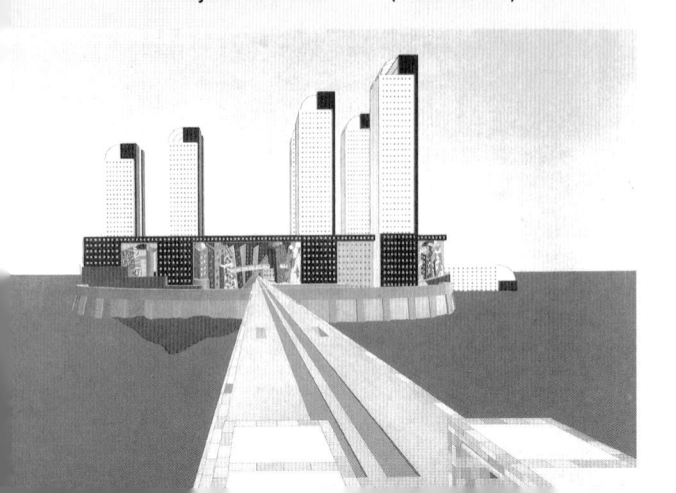

Sammlung von Zeichnungen, die gleichzeitig im Guggenheim-Museum gezeigt wurde. [...] das Phänomen ‚Großstadt' mit all seinen Ängsten, Sehnsüchten und Phobien, Hoffnungen und Aggressionen [wird] als detaillierte Architekurfiktion dargestellt". (Volker Fischer in „Vision der Moderne" 1986)

„Das Blatt ‚die Stadt des gefesselten Erdballs' zeigt ein graues Straßenraster mit rechteckigen Granitsockeln, aus denen ein subjektives Kaleidoskop separierter ‚Architekturwelten' erwächst [...]. Prototypische Architektur-Leitbilder des 20. Jahrhunderts wie Bauhaus (Corbusier und Mies), Revolutionsarchitektur (Leonidow und El Lissitzky), Expressionismus (Pölzig), Surrealismus (Dali) und die 60er Jahre (Superstudio) werden den Lehmtürmen traditioneller Naturgesellschaften und einem ‚Naturfragment' mit Teichen und Bäumen gegenübergestellt.

In dem Blatt ‚Traum der Freiheit' wird vollends eine Endzeit der Metropole beschworen. Madelon Vriesendorp schildert ein auf den ersten Blick gespenstisches Szenarium. Wie nach einem ‚Krieg der Sterne' ist der Globus leergefegt, halb von einer neuen Eiszeit, halb von neuer Wüstenei überzogen und vom schwarzen Weltraum aus mit niedergehenden Blitzkaskaden bedroht. Wie mythisch-archäologische ‚Skyscraper' sind im Sand Sphinx und Pyramiden übriggeblieben, während im Eis nur ein paar Hochhäuser überlebt haben. Das Chrysler-Building ragt hervor, seine Spitze ist abgebrochen, herabgefallen. Weitere Hochhausköpfe schauen aus dem Eis und werfen endzeitliche Schlagschatten. [...]

Das ‚Welfare-Palace-Hotel', Teil eines weiteren OMA-Projektes, ‚New Welfare Island' (1975/76), besteht aus sechs Hochhäusern und einem horizontalen ‚Wasserkratzer'." (Volker Fischer in „Die Revision der Moderne" 1984)

„Ab dem Ende der 70er Jahre beteiligt sich die Gruppe zunehmend an Wettbewerben und Realisie-

---

The City of the captive Globe, Zoe Zenghelis 1976
„In der Mitte dieser Anlage zeigt ein abgeschrägter Durchblick, wie in einem Fenster, den Erdball, der so eingezwängt – als Gefangener sich entpuppt." (Volker Fischer)

Dream of Liberty, Madelon Vriesendorp 1974
„Wie in einem Gefängnis eingezwängt erscheint im Hochhausstumpf des Chrysler-Gebäudes die vergrößerte Freiheitsstatue aus Ziegeln gemauert – ein neuer Prometheus, der, zwar gefesselt, immer noch versucht, die Fackel der Freiheit hochzuhalten und sich aus der Umklammerung der offensichtlich negativ ausgegangenen (Architektur-)Geschichte zu befreien. Der Mensch wird auf der Erde wieder abwesend sein, nur noch gespiegelt in den ruinösen Artefakten seiner Kultur- und Zivilisationsgeschichte." (Volker Fischer)

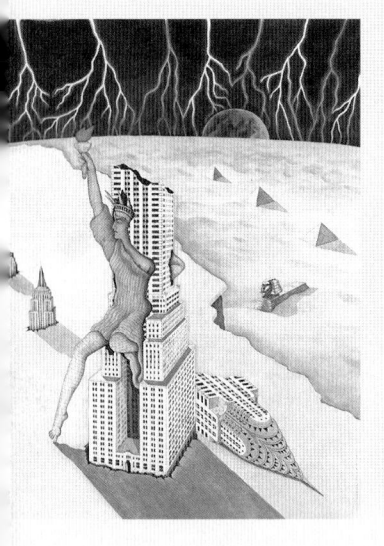

Welfare Palace Hotel, Rem Koolhaas und Madelon Vriesendorp 1975
„Das Projekt will Manhattans Mythos wiederbeleben, seine massenkulturelle Attraktivität und Archetypie für die westlichen Industriegesellschaften." (Volker Fischer)

rungen. Sie ist darin sehr erfolgreich und wird zum bekanntesten Büro der Niederlande.

Literatur

- Corina Höper: **Giovanni Battista Piranesi. Die poetische Wahrheit.** Staatsgalerie Stuttgart, Ostfildern-Ruit 1999
- Günter Metken und Klaus Gallwitz: **Revolutionsarchitektur, Boullée, Ledoux.** Staatliche Kunsthalle Baden-Baden 1970
- Adolf Max Vogt: **Russische und französische Revolutionsarchitektur 1917 · 1789.** Braunschweig 1990
- Vittorio Magnago Lampugnani: **Antonio Sant'Elia, Gezeichnete Architektur.** München 1992
- Selim O. Chan Magomedov, Christian Schädlich: **Avantgarde I. 1900–1923. Russisch-sowjetische Architektur.** Institut für Auslandsbeziehungen, Stuttgart 1991
- Selim O. Chan Magomedov, Christian Schädlich: **Avantgarde II. 1924–1937. Sowjetische Architektur.** Institut für Auslandsbeziehungen, Stuttgart 1993
- Kristina Hartmann: **Deutsche Gartenstadtbewegung.** München 1976
- Manfred Speidel: **Bruno Taut. Natur und Phantasie. 1880–1938.** Berlin 1995
- Ulrich Conrads: **Programme und Manifeste zur Architektur des 20. Jahrhunderts.** Braunschweig 1975
- Le Corbusier: **oeuvre complète. Volume 1. 1910–29.** Zürich 1964
- Peter Cook: **Archigram.** Basel 1991
- Heinrich Klotz: **Vision der Moderne.** Deutsches Architekturmuseum Frankfurt/M., München 1986
- Heinrich Klotz: **Moderne und Postmoderne.** Deutsches Architekturmuseum Frankfurt/M., Braunschweig/Wiesbaden 1984
- Dieter Bogner: **Haus-Rucker-Co.** Kunsthalle Wien, Klagenfurt 1992
- Günther Feuerstein: **Visionäre Architektur. Wien 1958–1988** Berlin 1988
- Heinrich Klotz: **Die Revision der Moderne. Postmoderne Architektur 1960–1980.** Deutsches Architekturmuseum Frankfurt/M. München, 1984
- **Bauwelt 18/19 „Eki" im Bewusstsein des Wandels: Die Metabolisten,** Berlin 1964
- Kisho Kurokawa: **Metabolism in Architecture.** London 1991
- Richard Koshalek, David B. Stewart, Hajime Yatsuka: **Arata Isozaki, Architektur 1960–1990.** Stuttgart 1991
- Dennis Sharp: **Kisho Kurokawa, From the Age of the Machine to the Age of Life.** London 1998
- Andrew Ayers: **The Architecture of Paris.** Stuttgart/London 2004

o.: Kunsthalle Rotterdam vom Westzeedijk aus, Office for Metropolitan Architecture 1992.

Metropolitane Architektur in der fragmentierten städtischen Umwelt. Hans van Dijk übertitelt seine Besprechung der neu eingeweihten Kunsthalle mit „Prinzipien metropolitaner Architektur" und schreibt: „Das Gebäude ist vor allem deshalb interessant, weil die Prinzipien der ‚metropolitanen' Architektur hier ausprobiert werden." (aus Bauwelt 46/1993)

Educatorium, Hörsalgebäude auf dem Campus von Utrecht, OMA 1997, o.: Eingangsbereich u.: Hörsäle und Mensa (Fotos: Mechthild Menke) Der bestehende Campus entstand in den 1960er Jahren: Technokratisch entwickelte Architektur, eine Addition von Institutsgebäuden mit Waschbetonfassaden auf der Grünen Wiese. OMA analysierte einen „Katalog von Improvisationen" und beschrieb die eigene Planung als „spekulativen Impuls" zur Weiterentwicklung; in diesem Zusammenhang entstand das Educatorium für alle 14 Fakultäten mit der charakteristischen „Half-Pipe" über der Mensa.

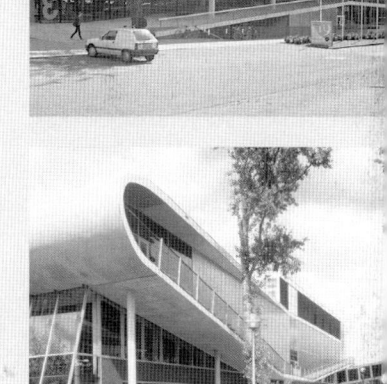

Kgl.-Niederländische Botschaft in Berlin von Rem Koolhaas 2003, Ansicht Klosterstraße/Spreeufer.

Der auf den ersten Blick übersichtlich erscheinende Würfel enthält ein dichtes Konglomerat unterschiedlich gestalteter und dimensionierter Räume, die an einer Spirale, hier als „Trajekt" bezeichnet, aufgereiht sind; dieser Erschließungsweg führt durch alle Geschosse und bietet immer neue Raum- und Seherlebnisse.

Das Tragwerk richtet sich ausschließlich nach dem Raumgefüge, das eine tragende Struktur ist. Keine Wand, keine Stütze führt über die gesamte Gebäudehöhe, ausgenommen ein Kern für den Aufzug.

1) Röm. Gutshof, Schlafzimmer im EG-Eckrisalit mit der für das 2. Jahrhundert typischen Wandbemalung (nach Verputzresten)

2) Röm. Gutshof, Wohnzimmer im EG-Eckrisalit, beleuchtet mit Kerzen in Kandelabern und Öllampen

3) Röm. Gutshof, Speisezimmer (Triclinium) im OG-Eckrisalit

4) Römisches Stadthaus, Peristyl (Innenhof)

5) Römisches Stadthaus, Schlafraum

6) Bauernhaus 1590, Wohnraum (Stube), einzig beheizbarer Aufenthaltsraum im Haus, hinter dem Tisch der Hergottswinkel

7) Bauernhaus 1590, Schlafraum (Kammer) mit Himmelbett, Schrank und Wiege

Fotos 1 bis 3:
Römischer Gutshof Hechingen-Stein
1.–3. Jahrhundert n. Chr. (Rekonstruktion)

Fotos 4 und 5:
Römische Stadt Kaiseraugst 44 v. Chr.–4. Jh. n. Chr. (Rekonstruktion)

Fotos 6 und 7:
Hippenseppenhof 1590, Museum Vogtsbauernhof, Gutach/Schwarzwald.

1.7
Wohn- und Schlafräume

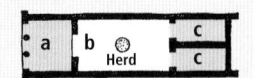

Griechisches Einraumhaus

a) Vorhalle mit seitlichen Anten, meist mit 2 Stützen
b) Hauptraum (Megaron mit Herd)
c) 1–2 Nebenräume

Das Prinzip des Einraumhauses gilt für den ganzen Mittelmeerraum der Antike, darüber hinaus stellt es den Anfang menschlicher Behausung dar. Besonders ausgeprägt ist es in Griechenland (Megaron) und in den von Griechen besiedelten Gebieten. Nachdem die Götter in der Vorstellung der Menschen in Häuser lebten, wie sie es selbst taten, wird das Megaron zur Ausgangsform der griechischen Antentempel.

Auch wenn die Grundrisse mit wachsendem Wohlstand differenzierter werden, bleibt das Einraumhaus – in Reihen oder Gruppen zusammengefasst – die Unterkunft der einfachen Leute.

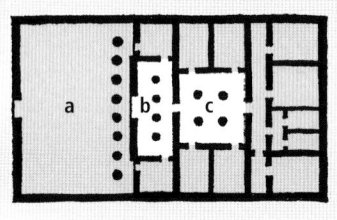

Ägyptisches Wohnhaus.

a) Vorhof / Vorhalle
b) Querhalle
c) Haupthalle

Auffällig ist der deutliche Wechsel von Quer- und Längsraum. Diese Abfolge wird im Tempelbau aufgenommen. Die Schlafräume befinden sich in der Tiefe des Hauses.

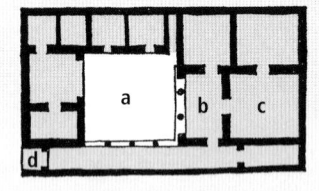

Griechisches Wohnhaus

a) Hof
b) Vorhalle
c) Megaron
d) Eingang

Römisches Wohnhaus

Mit zunehmendem Luxus wird der Speisesaal (Tablinum) durch das Triclinium ergänzt. Drei Seiten des Raumes nehmen Liegen (Cline) ein, die vierte dient dem Servieren des opulenten Gastmahls.

a) Vorhaus
b) Atrium (Innenhof)
c) Impluvium (Zisterne)
d) Alae (Flügel)
e) Tablinum (Hauptraum)
f) Triclinium (Speiseraum)
g) Gang
h) Hortus (Garten)
(vergl.: Hans Koepf, Bildwörterbuch der Architektur)

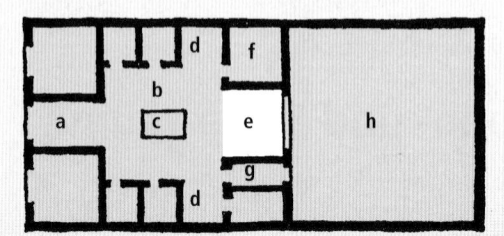

Die Geschichte von Wohn- und Schlafräumen ist eine Geschichte mit offenem Ende, die sich in der Rückschau in vielen Entwicklungsstufen darstellt und in deren letzten wir uns gerade befinden. Sie beginnt in allen Kulturkreisen mit der frühzeitlichen Einraumwohnung für alle Wohnfunktionen: Aufenthalt, Kochen, Essen, Schlafen.

Im griechischen Einraumhaus, dem Megaronhaus, sammelte sich die Familie um die Herdstelle, die in der Mitte des Rechteckraums lag, in dessen Tiefe sich ein bis zwei Abstellräume befinden konnten (siehe Seite 184). Wachsender Wohlstand und gehobene Ansprüche führten zum differenzierten Grundriss des antiken griechischen Wohnhauses. Dabei blieb das Megaron Hauptwohnraum, ihm wurden eine Vorhalle und ein Vorhof zugeordnet, von dem aus man die deutlich kleineren Schlafräume erreichte.

Eine ähnliche Entwicklung nimmt das römische Wohnhaus, allerdings mit dem Ergebnis, dass aus dem Atrium, bis dahin rauchgeschwärztes (ater = schwarz) Einraumhaus, ein Innenhof mit mittiger Regenwasserzisterne wird. Daran anliegend der Hauptwohnraum und Essraum. Auch hier sind die kleinen Schlafkammern unmittelbar vom Innenhof zugänglich.

In den Provinzen baute sich die römische Oberschicht Gutshöfe, deren Herrenhäuser auf den italienischen Bautyp der „villa rustica" zurückgehen. Wohn- und Schlafräume sind überwiegend in den Eckrisaliten der „Kastellvillen" untergebracht. Mit der Renaissance werden sie zum Prototyp römischer Villenbauten (siehe Seite 305).

Palladio gilt als authentischer Vermittler zwischen römischer Antike und zunächst seiner eigenen Gegenwart. Sein 1754 verfasstes Buch „Le antichita di Roma" ist 200 Jahre lang Führer zu Roms antiken Ruinen für die gebildeten Stände. Auch Goethe hatte ihn auf seinen Italienreisen bei sich.

Die Villen Palladios sind in Grund- und Aufriss streng symmetrisch angelegt, von ihnen geht feierliche Würde aus. Die Hausmitte nimmt der Wohnraum ein, der unmittelbar hinter dem Eingang liegt und auf der Gegenseite eine direkte Verbindung zum Garten hat; es ist der größte Raum des Erdgeschosses und er hat immer eine besondere Form. Im Falle der Villa Coronaro in Piombino (fertig ca. 1555) ist es ein Quadrat mit vier eingestellten Säulen. Die Raumhöhe ist abhängig von den Raumabmessungen und liegt zwischen Raumbreite und -länge. Hier im quadratischen Hauptraum der Villa Coronaro beschreibt sie Palladio in seinen „Quattro libri dell' architettura" (1570) als so hoch wie der Säulenabstand. Die Schlafräume liegen oftmals auf Halbgeschossen.

So sehr Palladio in den Beschreibungen seiner Villen immer wieder betont, dass er den Wohn- und Repräsentationsbereich harmonisch miteinander verschmelzen möchte, ist der überwiegende Zweck des Wohnbereichs doch unverkennbar: Er ist Empfängen und Festen sowie Lesungen und Konzerten vorbehalten. Die oftmals prachtvoll ausgestatteten Räume sind folglich nicht sehr bequem zu bewohnen. Palladios Villen werden aber Vorbilder für die Bauten des Adels und des Großbürgertums in Europa und Nordamerika.

Im 17. und 18. Jahrhundert herrschte in England der „Palladianismus" 200 Jahre lang über das Architekturgeschehen. Er verbannte mit seiner künstlichen Axialität jede Behaglichkeit aus den Räumen. Deswegen rührte sich auch hier zuerst Widerstand gegen die, jetzt als fremd empfundene, prunkvolle aber unbequeme Wohnatmosphäre. Unter dem Einfluss der kunstgewerblichen Bemühungen von William Morris entstand die „Arts and Crafts"-Bewegung (siehe S. 105 f.), die die mittelalterliche Handwerkskunst wiederbeleben wollte und der sich viele englische Architekten anschlossen. Sie begannen ab 1860 einen Typ des Landhauses zu entwickeln, der an die additiven Raumkonglomerate des Mittelal-

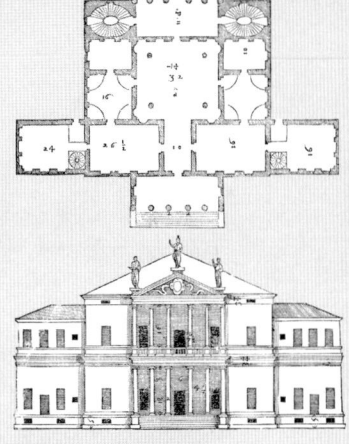

Villa Cornaro in Piombino Dese (Treviso), Andrea Palladio, 1551–53. Die Wirtschaftsflügel – zum ersten Mal in den Baukörper integriert – wurden erst 1590, nach Palladios Tod ausgeführt. „[…] Der Hauptsaal ist im Innersten des Hauses angelegt, damit er vor Hitze und Kälte geschützt ist. […] Auf der einen Seite befinden sich Küche und Vorratskammern, auf der anderen Seite Räume der Dienerschaft." (Quattro Libri dell Architettura)

Palladios Formensprache fand im 17. Jh. durch das Wirken des genialen Architekten Inigo Jones besondere Verbreitung; als Palladianismus führte sie zu einer Blüte englischer Rennaissancearchitektur und erfasste Deutschland und Nordeuropa. Im 18. Jh. wurde sie als Neopalladianismus wiederbelebt; jetzt gelangte Palladios römische Villenarchitektur auch nach Nordamerika – unter besonderer Förderung des Präsidenten und Architekten Thomas Jefferson.

Schloss Wörlitz, Friedrich Wilhelm von Erdmannsdorf, 1769–73. Seine Bezeichnung „Englisches Landhaus" verrät den Weg, den es genommen hat. Es steht im ersten großen englischen Landschaftsgarten auf dem Kontinent.

Neopalladianismus in den USA. Palladios Kolonnaden sind in den Südstaaten besonders verbreitet, wirkungsvoll in Szene gesetzt in zahlreichen Filmen, hier in „Vom Winde verweht", 1941, nach Margret Mitchells Roman.

"The Orchard", Voyseys Haus in Corleywood, Hetfordshire, nordwestlich von London.

Dieses vielpublizierte und nachgeahmte Haus baute Voysey für seine Familie. Er verhielt sich dabei noch zurückhaltender und bescheidener als für seine anderen Auftraggeber und gestaltete es in der Art, wie er schon immer seine Häuser geformt hatte:

Über einem einfachen Rechteck befindet sich ein ausgeprägtes Dach, das mit einem Zwerchgiebel abgeschlossen ist. Dazu kommen die üblichen Elemente eines Voysey-Hauses: Vorhalle, Veranda, Erker und Mansardfenster. An der Ostseite ist die Dachneigung so gewählt dass das Dach bis zum Erdgeschoss heruntereicht; auch das ein von Voysey gerne verwendetes Detail.

The Orchard, Erd- und 1. OG.
Die Zeitschrift „Country Life" veröffentlichte eine kurze Beschreibung des Hauses, noch während es gebaut wurde:
„Dieses erfreuliche kleine Haus […] wir sehen nichts, was man sich noch wünschen würde. […] Die angenehme Rustikalität dieses Hauses geht Hand in Hand mit dem schönsten Verständnis für das leibliche Wohl."
(vgl. „C.A.F.Voysey, an Architect of individuality" von Duncan Simpson)

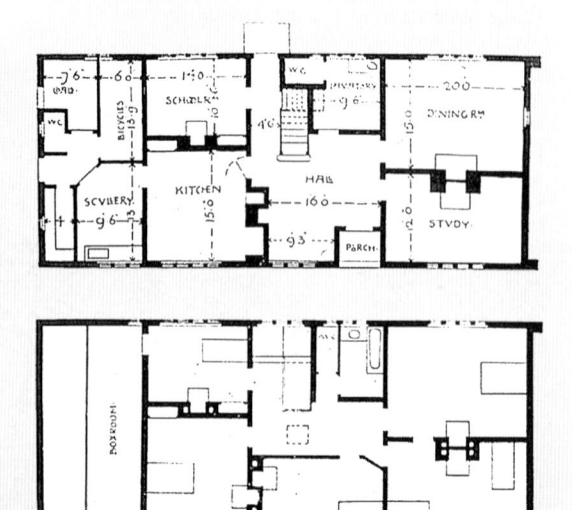

ters, an das „Manorhaus", anknüpft; aber sie folgten nicht der seit Anfang des 19. Jahrhunderts gängigen Wiederbelebung der Gotik, dem „gothic revival", sondern entwickelten den englischen „Free Style", ausschließlich der Nutzung und der Konstruktion verpflichtet, eine Vorwegnahme der Moderne.

C.F.A. Voysey, der führende Architekt und Kunstgewerbler der Bewegung nach Morris, schreibt 1906 in seinem Aufsatz „Vernunft als Grundlage der Kunst": „[…] Man gehe einmal in einen Raum von guten Verhältnissen, mit geweißten Wänden, einem Teppich ohne Muster und einfachen Eichenmöbeln, in einen Raum, indem sich nichts befindet als das, was man braucht, und ein einziges reines Schmuckstück, sagen wir eine Blumenvase, die nicht einen Allerweltshaufen von Blüten enthält, sondern einen oder zwei Stengel einer Pflanze. Dann wird man finden, dass Gedanken im Hirn zu tanzen anfangen; […] Und dann gehe man in einen unserer üblichen Räume mit ihrer Vielfalt von Farben, Formen und Texturen, von nützlichen und nutzlosen Gegenständen, […]. Da bleibt kein Raum für erfrischende Gedanken; man ist müde und überwältigt von Eindrücken, […]. Der Geist wird unterdrückt und zum Schweigen gebracht durch das rein Materielle, […]."

Hermann Muthesius, der der deutschen Botschaft in London von 1896–1903 als Attaché für das Bauwesen zugeteilt war, ist von diesen Häusern fasziniert und dokumentiert sie (1904) in dem dreibändigen Buch „Das englische Haus". Es ist zugleich ein Manifest, dem er den programmatischen Satz von Francis Bacon „Houses are built to live in, not to look at" vorausstellt (1597 Essay über die Baukunst).

„Der Zeitabschnitt […] des Palladianismus stellt sich durchaus als der einer formalistischen Abschweifung von den wahren Zielen des Wohnhausbaues dar. Die Bereitwilligkeit, mit welcher man alle Rücksichten der Behaglichkeit […] einem Wahngebilde von abstrakter Schönheit opferte, fällt doppelt auf in einem Land wie England, das durch seinen Sinn für Komfort und seinen praktischen Verstand berühmt geworden ist." (Aus: „Das englische Haus" von Hermann Muthesius)

In seinem Vortrag zur Eröffnung einer Muthesiusausstellung in der Akademie der Künste 1977 in Berlin (Akademie-Katalog 117) sagte Julius Posener: „[…] Das Landhaus ist breit gelagert, offen zum Garten, den man von den Wohnräumen zu ebener Erde betritt, während die bürgerliche Villa aufgestelzt wirkt, weil Küche und Dienstbotenzimmer im sous sol liegen. Die Villa ist formal, das Landhaus ist frei, große Fenster stehen neben kleinen, wie der Gebrauch es verlangt, und das Haus streckt seine Erker, Pergolen, gedeckten Sitzplätze in den Garten hinaus. Der wesentliche Unterschied aber ist der: Das Landhaus ist etwas, die Villa stellt etwas vor. […] So hat Muthesius es aufgefasst: […] Funktionale Kriterien in der Architektur: Orientierung, Lage zur Straße und zum Gelände, Beziehung der Räume zueinander und zum Garten; aber auch […] vermehrter Eindruck von Licht und Schatten, unbedingt zweckmäßige Gestaltung des Raumes, Vermeidung aller unnützer Anhängsel in der Dekoration […]."

Das sind manifeste Forderungen der Moderne an das Wohnen, die er in den Deutschen Werkbund hineinträgt, als er ihn 1907 in München zusammen mit Henry van de Velde, Theodor Fischer, Fritz Schumacher, Richard Riemerschmid und anderen gründet.

Die zweite große Werkbundausstellung war 1927 auf dem Stuttgarter Weißenhof dem Thema „Wohnen" gewidmet (siehe S. 255). Zwei der Plakate, mit denen auf die Ausstellung aufmerksam gemacht wurde, zeigten ein herkömmliches, dunkles und muffiges Zimmer, das der für die gesamte grafische Gestaltung der Weißenhofsiedlung zuständige Maler und Grafiker Willi Baumeister mit einem dicken roten Kreuz hatte durchstreichen lassen.

Landhaus Von Seefeld, Berlin-Zehlenfeld, Hermann Muthesius 1904–05.
„Das erste Haus nach der Rückkehr aus England. Englischer Plan; aber Wohnzimmer und Musikzimmer sind durch eine Schiebetür verbunden. Eingangshof. Unterm Schleppdach vom Podest zugänglich das Arbeitszimmer des Hausherrn. 1905 erregte das ‚Englische Landhaus' in Zehlendorf Aufsehen." (Aus: „Hermann Muthesius", Akademiekatalog 117. Foto: Edgar Sauter)

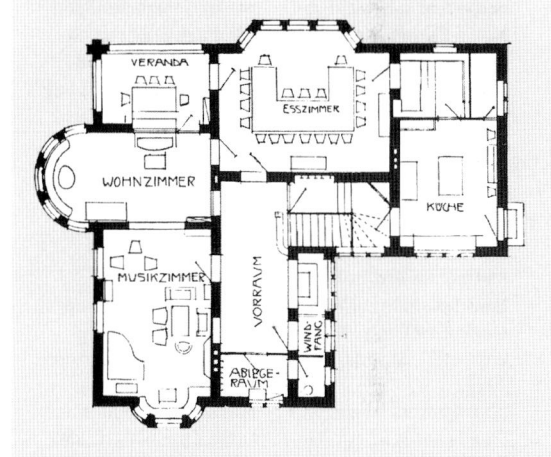

Plakat der Werkbundausstellung „Wie wohnen?", Stuttgart 1927. Herrenzimmereinrichtung, Entwurf Willi Baumeister.

Die Plakatvorlage – abzulehnende Zimmer mit überholten Inneneinrichtungen – hatte Mies van der Rohe, nach mehrfachem Anmahnen der Ausstellungsleitung des Deutschen Werkbundes, aus der „Dame", einer eleganten Modezeitung, entnommen. Die genaue Quelle blieb unbekannt. Offensichtlich entschied man sich für zwei

Plakatvorschläge. Die so detaillierte Darstellung dessen, was durch die Ausstellung überwunden werden sollte, wurde lebhaft diskutiert.

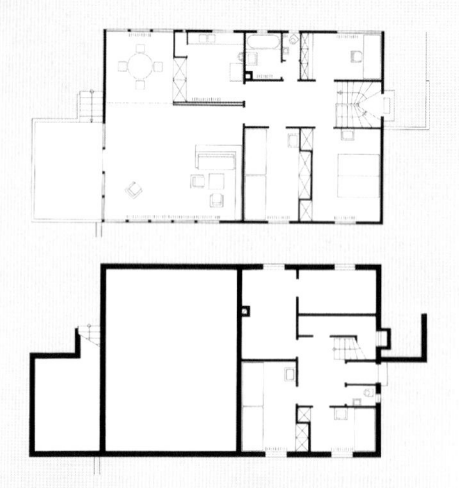

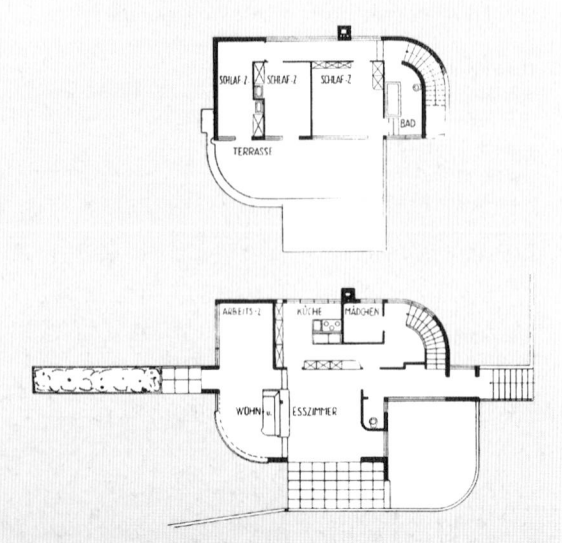

Auch wenn die Prinzipien des neuen Wohnens unbestritten waren, hatte der Funktionalismus zwei unterschiedliche Lösungsansätze, sie zu erreichen:

Die streng folgerichtig aus den Bedürfnissen abgeleiteten Grundrisse der Rationalisten führen zu einer brauchbaren und bequemen Architektur. Die Weißenhofsiedlung zeigt überwiegend Lösungsansätze dieser Art, für die das Haus Nr. 18 von Ludwig Hilberseimer beispielhaft ist.

Für organisch geformte Räume, die dem Bedarf liebevoll nachgezeichnet sind, steht das Haus Nr. 33 von Hans Scharoun. Zwischen Scharoun und Hugo Häring bestand ein jahrelanger Gedankenaustausch und reger Briefwechsel, der zu einer weitgehenden Übereinstimmung ihrer „Funktionalismusauffassung" führte. Hugo Häring war zwar im frühen Stadium an der Vorbereitung der Weißenhofsiedlung beteiligt gewesen, schied jedoch ohne einen eigenen Beitrag aus.

Die Umsetzung von Funktionalität in architektonische Form beherrschte Härings Arbeit von Anfang an; er bezeichnet die Moderne als das „Neue Bauen", das aus zwei Gestaltstufen besteht. Gelingt es, ein bauliches Konzept so zu entwickeln, dass es all das leistet, was von ihm an Zweckmäßigkeit verlangt wird, dann ist die entstandene Form die „Leistungsform". Die darüber hinausgehende Gestaltung, die das Verständnis von der Bauaufgabe, ihre inneren Zusammenhänge, ihr Wesen erhellt, nennt Häring die „Wesensform".

Hugo Häring arbeitete in den 1920er Jahren im Büro Mies van der Rohes. Die Unterschiedlichkeit ihrer Auffassungen von Funktionalismus und dessen Umsetzung in gebaute Form kann kaum größer gewesen sein. Eine Anekdote, von der Posener wusste, beschreibt nicht ganz ernst die Problematik ihrer Differenzen; Mies van der Rohe zu Hugo Häring: „Mach' doch die Räume groß, dann kannst Du alles darin machen".

Einfamilienhaus Nr. 18, Erd- und Untergeschoss. Beitrag des Architekten Ludwig Hilberseimer zur Werkbundausstellung „Wie Wohnen?", Stuttgart 1927. Das Haus zeigt die strenge Konsequenz des Architekten und erfuhr sehr viel Lob; Mängel traten durch die vom Originalplan abweichende Ausführung auf: das Fenster im Bad und das ungeschützte Außenfenster des Mädchenzimmers an der Straße. Hilberseimer hatte seine Vorstellungen für die Werkbundpublikation „Bau und Wohnung" exakt formuliert: Die beste Wohnung wird die sein, die zu einem vollkommenen Gebrauchsgegenstand geworden ist und damit die Widerstände des täglichen Lebens auf ein Minimum reduziert […]."

Einfamilienhaus Nr. 33, Erd- und Obergeschoss. Beitrag des Architekten Hans Scharoun zur Werkbundausstellung „Wie Wohnen?", Stuttgart 1927.
„Das Haus 33 ist aus Freude am Spiel mit neuem Material und neuen Forderungen an den Raum geworden. Das Organisatorische eines Wirtschaftsflügels, das kabinenhafte des Schlafnutzraumes, die Verbundenheit von Innen- und Außenraum, die Möglichkeit des einander Zuwendens und voneinander Abwendens im Wohnraum sind Ausgangspunkte für die Gestaltung gewesen." (Hans Scharoun in der Werkbundschrift „Bau und Wohnung")

Die Erfahrung zeigt, dass die von Häring seinen Räumen zugrunde gelegten Lebensvorgänge überraschend durch neue, nicht vorhersehbare Gewohnheiten abgelöst werden können – durch neue Familien- und Partnerschaftsstrukturen, durch Haustechnik und Ökologie, aber auch durch Mode, Trend und „life style". Mies van der Rohe hat der engen Bindung der architektonischen Form an die Augenblicksnutzung nicht getraut; er wollte mit seinem Konzept für Nutzungsänderungen offen sein.

Die beiden hier vorgestellten Entwürfe:
Entwurf für ein Wohnhaus 1946 von Hugo Häring und Glashaus mit vier Säulen 1950 von Mies van der Rohe, die viele Jahre später – nach dem 2. Weltkrieg – entstanden, zeigen die ganze Divergenz ihrer Auffassungen, sie sind programmatische Äußerungen zum Raumverständnis ihrer Verfasser – und Projekte geblieben.

In seinem Buch „Eine Mustersprache" sagt Christopher Alexander: „Ein Gebäude mit durchlaufend gleichen Raumhöhen ist praktisch außerstande, Wohlbefinden zu vermitteln". Er fährt fort: „In gewisser Weise stehen niedrige Decken für Intimität und hohe für Formalität. […] Die Raumhöhe sollte auf die Länge und Breite des Raumes abgestimmt sein, weil es sich um ein Proportionsproblem handelt; die Menschen fühlen sich je nach den Proportionen eines Raumes wohl oder unbehaglich […]."

Seine Empfehlung: „Wechsle im gesamten Gebäude die Raumhöhen, […] Mach' jene Räume hoch, die […] für größere Zusammenkünfte dienen sollten (3,0–3,7 m); jene für kleinere Zusammenkünfte niedrig (2,15–2,75 m) und die Zimmer oder Nischen für eine oder zwei Personen sehr niedrig (1,85–2,15 m)."

In der traditionellen japanischen Architektur wird über eine einfache Faustregel ein direkter Bezug zwischen Bodenfläche und Raumhöhe hergestellt.

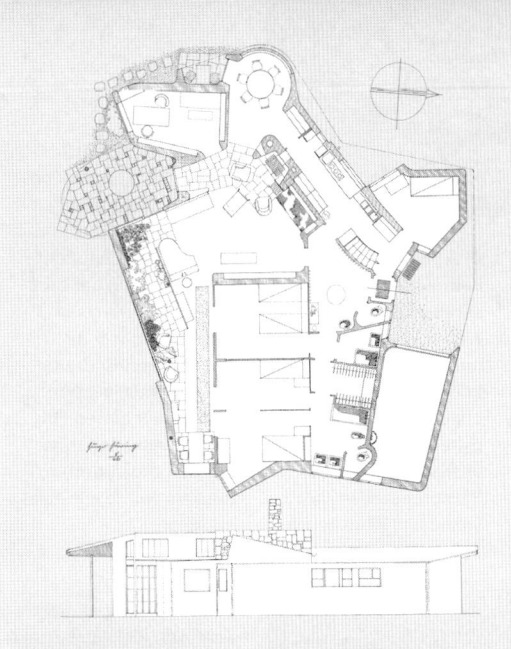

Entwurf für ein Wohnhaus, Hugo Häring 1946, Erdgeschoss und Ansicht von Osten.
Härings Entwurf entsteht in völliger Abhängigkeit vom Inhalt, er ist nur vorstellbar als Abbild des ihm zugedachten Wohnens und geht auf jede funktionelle Einschränkung ein. Um sich in das Haus hineinversetzen zu können, werden liebevoll Material, Möblierung und Oberflächen dargestellt. Allerdings ist eine andere Nutzung, als die in den Räumen festgeschriebene, nicht möglch.

Entwurf für ein Glashaus auf 4 Stützen, Ludwig Mies van der Rohe 1950, Erdgeschoss und Modellansicht von Süden.

Das Haus, das eine quadratische Dachplatte von 50 Fuß hat, verdankt seine Form der ihm abverlangten Flexibilität und entlastet den Architekten vom Nachdenken über funktionelle Probleme, die jetzt beim Nutzer liegen. Der an diesem Projekt mitarbeitende Myron Goldsmith sah den offenen Grundriss für eine Familie mit Kindern skeptisch an und fragte Mies nach seiner Meinung. Der hielt es für machbar, sofern es sich um einen abenteuerlustigen Bauherrn handele.

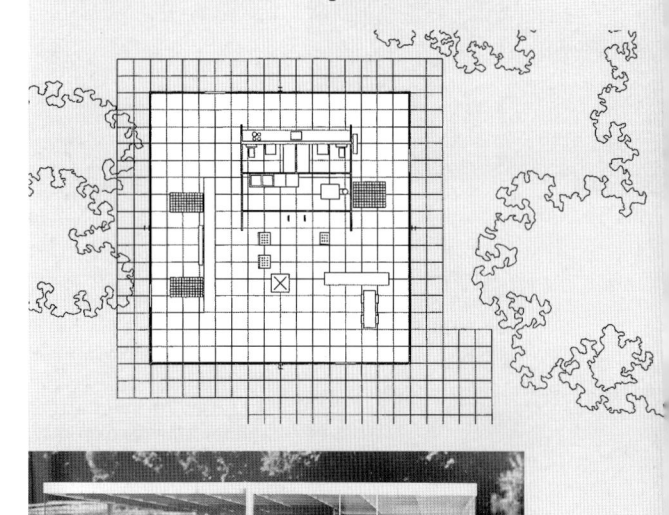

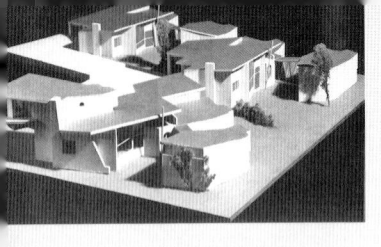

Drei Einfamilienhäuser, Beitrag der Architekten Sergius Ruegenberg und Wolf von Möllendorf zur Interbau Berlin 1957. In der Entwurfsbeschreibung begründen die Architekten den lebhaften oberen Abschluss der Hausgruppe: „Je nach Sonne und Wind heben und senken sich die Dächer. Zum feierabendlichen Freiraum steigen sie an, so dass hier ein hohes Fenster entsteht [...]." (Katalog der Interbau 1957) Ruegenberg war ab 1945 freier Mitarbeiter bei Scharoun, dessen Einfluss auf diesen Entwurf unverkennbar ist. Von den projektierten 3 Häusern wurde nur eines ausgeführt.

Red House, Bexley Heath, Kent, von Phil Webb 1859 (Siehe S. 106), Eingangshalle (Aus: „Häuser" 4/89. Fotos: Antonio Martinelli)

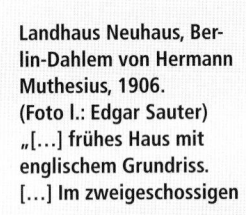

Landhaus Neuhaus, Berlin-Dahlem von Hermann Muthesius, 1906. (Foto l.: Edgar Sauter) „[...] frühes Haus mit englischem Grundriss. [...] Im zweigeschossigen Teil der Halle Kaminplatz vor dem Podest-Balkon. Blickerker von einem der Schlafzimmer." (Aus: „Hermann Muthesius", Akademiekatalog 117)

u.: Landhaus Schminke in Löbau von Hans Scharoun, 1930, Eingangshalle.

„Der Essplatz ist in die Eingangshalle einbezogen, die ihrerseits fließend in den Wohnraum übergeht [...]." (vgl. „Hans Scharoun", Schriftenreihe der Akademie der Künste Nr. 10)

Auch die europäische Baugeschichte kennt die „angemessene" Raumhöhe. Im Kapitel 23 des ersten seiner „Vier Bücher zur Architektur" schreibt Palladio „Über die Höhe der Zimmer": „[...] Bei Flachdecken soll die Höhe des Zimmers zwischen Fußboden und Balkenwerk so groß wie die Breite des Zimmers sein. [...] Werden sie gewölbt [...], so sollte die Gewölbehöhe bei quadratischen Zimmern um ein Drittel größer als die Breite sein. Hingegen bei den Zimmern, die länger als breit sind, sei man bestrebt, aus Länge und Breite die richtige Höhe zu finden, damit alles in einer guten Proportion zueinander stehe [...]." Palladio führt für jeden Fall rechnerische und geometrische Methoden an und endet schließlich mit dem Rat: „[...] doch muss sich der Architekt solcher Berechnungen nach seinem eigenen Urteil und nach Maßgabe der Zweckmäßigkeit bedienen."

Die moderne Architekturdiskussion kommt an der „individuellen Raumhöhe" nicht vorbei. Julius Posener beginnt seinen Artikel „Der Raumplan, Vorläufer und Zeitgenossen von Adolf Loos" (Akademie-Katalog 140): „Sergius Ruegenberg, lange Jahre Mitarbeiter Mies van der Rohes teilt mit, Mies habe gesagt, in der Architektur spiele sich alles zwischen zwei horizontalen Ebenen ab. Er Rügenberg verwahre sich gegen diese Auffassung: Erst wenn man die Ebenen durchbreche, sagte er, entdecke man die dritte Dimension, die Dimension der Architektur.

Es hat in der Tat diese beiden Gruppen von Architekten gegeben: An der Begrenzung durch die Horizontale hat Mies gehangen, im Grunde auch Frank Lloyd Wright, für die Aufhebung dieser Grenzen standen Le Corbusier und natürlich Scharoun. Loos aber, der entschiedener Vertreter dieser Auffassung war, ist nicht der erste gewesen, der sie praktiziert hat [...]." Posener sieht die Vorläufer in den zweigeschossigen Hallen der englischen Landhäuser von Architekten wie Webb und Shaw, die durch Muthesius in Deutschland bekannt wurden, sowie in dessen Landhäusern.

Im selben Akademie-Katalog 140 schreibt Dietrich Worbs in „Der Raumplan im Wohnungsbau von Adolf Loos": „[…] In seinen Augen war die historische […] Architektur von einem entscheidenden Mangel geprägt, sie erschien ihm bloß eben, zweidimensional, in der Fläche der Fassaden, der Grundrisse gedacht, nicht jedoch räumlich dreidimensional konzipiert. Diese Kritik am fehlenden räumlichen Denken seiner Zeit um 1900 führte ihn zur Entdeckung und Entwicklung seines eigenen architektonischen Konzepts, des Raumplans. […]

Dies ist der zentrale Anspruch der Loosschen Theorie […], die bessere, zweckvollere, ökonomischere Raumnutzung soll zusammenfallen mit der räumlich durchgebildeteren, differenzierteren Architektur."

Loos in seinem berühmten Vortrag „Mein Haus am Michaeler Platz" vom 11. Dezember 1911: „[…] gibt man jedem Raum nur die Höhe, die ihm seiner Natur nach zukommt, kann man ökonomisch bauen" (siehe S. 336). Er beklagte, dass er von der Teilnahme an der Werkbundausstellung Weißenhofsiedlung 1927 in Stuttgart ausgeschlossen worden war: „Ich hätte etwas auszustellen gehabt, nämlich die Lösung einer Einteilung der Wohnzimmer im Raum, nicht in der Fläche, wie es Stockwerk um Stockwerk bisher geschah […]."

Seinem Mitarbeiter, dem tschechischen Architekten Karel Lhota erläuterte er am Haus Müller: „Ich entwerfe keine Grundrisse, Fassaden, Schnitte, ich entwerfe Raum. […] Jeder Raum benötigt eine bestimmte Höhe – der Essraum eine andere als die Speisekammer – darum liegen die Decken auf verschiedenen Höhen."

Nach dem Zweiten Weltkrieg wurden Wohn- und Schlafräume durch eine DIN-Norm geregelt. Die **„DIN 18 011 Stellflächen, Abstände und Bewegungsflächen im Wohnungsbau"** aus dem Jahr 1951, überarbeitet 1967, ist geprägt von der Zeit, in der sie

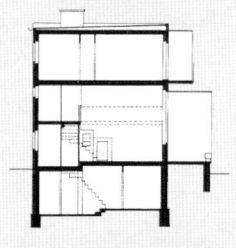

Beitrag zur Wiener Werkbundsiedlung von Adolf Loos und Heinrich Kulka, 1932.
Die Wiener Werkbundausstellung 1932 war eine alternative Ergänzung zur Stuttgarter Ausstellung 1927. Architekten, die man in Stuttgart vermisst hatte, kamen jetzt zum Zuge – auch Adolf Loos. Ihn hatte man seinerzeit nicht eingeladen, weil seine Auseinandersetzungen gefürchtet waren. Mit seinen telefonischen Anweisungen (aus Übersee!) an den Partner „entwerfen Sie ein Galeriehaus, 2–3 Stufen hinauf und wieder hinunter" wollte er die Räume nicht zu hoch, sondern gemütlich machen.

Haus Franz und Milada Müller von Adolf Loos, Prag 1928. Nordostansicht (Foto Ladislav Bezdek). Im Vorwort zum Begleitbuch „Haus Müller in Prag" bezeichnet Vladimir Slapeta den Raumplan als Loosens grundsätzlich konzeptionellen Beitrag zur Neuen Architektur. „Denn gerade im Haus Müller kulminierte die Entwicklung seines Raumplans."

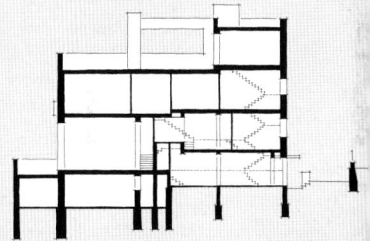

Haus Tristan Tzara, von Adolf Loos, Paris 1926–27.
Für die Einladung nach Paris und die Erteilung des Auftrags war Tzara unmittelbar verantwortlich. Aus künstlerischen Gründen konnte die Wahl nicht glücklicher getroffen werden. Loos nahm die Gelegenheit wahr, das Haus mit seinen sechs Geschossen nach den Prinzipien seines Raumplans zu entwerfen. (Foto: Steffie Wiebusch)

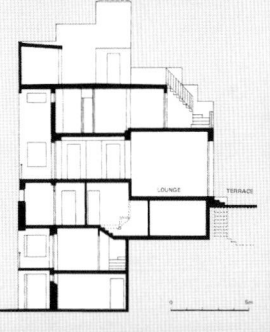

Die DIN 18011 in der Fassung vom März 1967 war Voraussetzung für den öffentlich geförderten Wohnungsbau. Sie wurde 1984 zurückgezogen und ist seitdem für die Planung nicht mehr verbindlich. Ihr Inhalt gehört aber zum Grundwissen der Wohnungsplanung und wird deshalb nachfolgend in Teilen zitiert.

Kommunikationsbereich, Maßstab 1 : 100
Wohnzimmer m. Essplatz
für 4 Personen 20 qm
für 6 Personen 24 qm

Die Anordnung des Essplatzes in einem selbständigen Raum ist erwünscht.

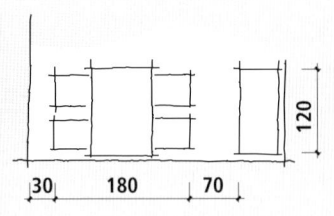

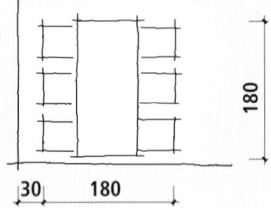

Individualbereich Eltern, Maßstab 1 : 100

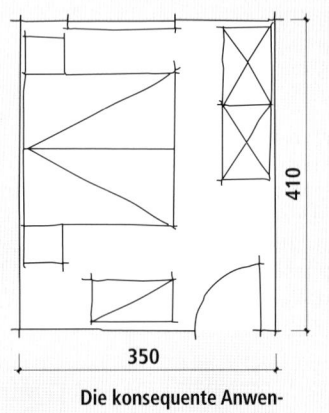

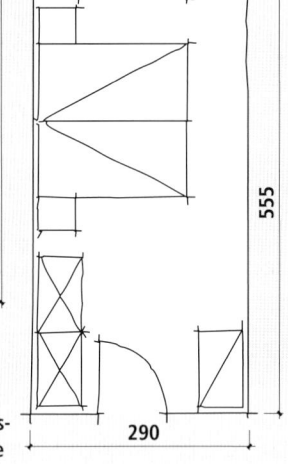

Die konsequente Anwendung der DIN 18011 führt zwar zu sparsamen Grundrissen, hat aber auch deutliche Nutzungsmängel zur Folge.

Individualbereich Kinder, Maßstab 1 : 100

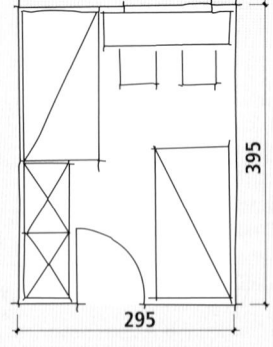

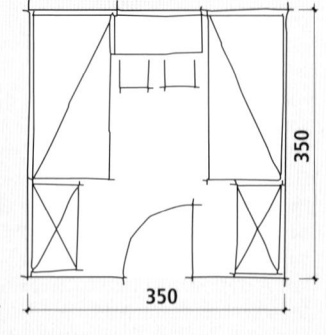

Unvermeidlich: Der erste Blick aufs Bett. Kollision von Tür- und Schranktüraufschlägen; Stühle zur Kleiderablage fehlen, Nachtschränkchen können nicht aufgestellt werden; Sonne fällt voll aufs Bett und für intimere Rückzugsbereiche fehlt der Platz.

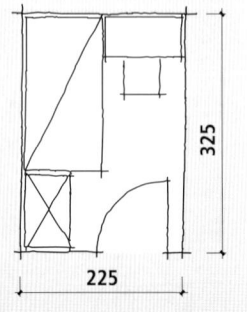

entstand. Ihre Standards wurden zum Grundwissen der Architekten und der Wohnungswirtschaft in der Nachkriegszeit. Ihre Beachtung war Voraussetzung für den öffentlich geförderten Wohnungsbau. Zur Norm gehörten Merkblätter mit Möblierungsvorschlägen, die die genau vorgeschriebenen Einrichtungsteile (= Stellflächen!), die Entfernung, die sie untereinander oder von der Wand einhalten mussten (= Abstände!) und die zu ihrer Benutzung notwendigen Flächen (= Bewegungsflächen!) beispielhaft darstellten. Ihre Minimierung sorgte für sparsames Bauen. Umso mehr überraschte 1984 die Begründung, mit der ihre überarbeitete Fassung – trotz Einspruchs der Bundesarchitektenkammer – zurückgezogen wurde: „Der vorliegende Normenentwurf [...] führt zu einer Vergrößerung der Wohnflächen, bei einer Vierpersonen-Wohnung um mindestens 4,0 qm, bei einer Fünfpersonenwohnung um 5,1 qm. Damit widerspricht die Norm den Bestrebungen des kostensparenden Bauens."

Dennoch wurde der Wegfall der Norm von den entwerfenden Architekten begrüßt. Der oft unkritische Umgang mit ihr hatte zu gedankenlosem Schematismus geführt. Die einerseits sinnvollen Mindestabmessungen einer Standardmöblierung, fixiert durch die Lage der Steckdosen, ließen andererseits Nutzungsvarianten nur mit Einschränkungen zu. Die wünschenswerten Zonungen des Wohnraumes in Essplatz und Sitzplatz, des Elternschlafzimmers in Schlaf- und Umkleidebereich und der Kinderzimmer in Schlaf- und Aufenthaltsbereich, mussten an der Flächenbegrenzung scheitern. Als besonders schwerfällig erwies sich zudem die von der Norm empfohlene Raumhierarchie, Wohnraum – Elternschlafraum – Kinderzimmer, beim Problem der wachsenden und schrumpfenden Familie.

Wohngemeinschaften, Patchworkfamilien, Partnerschaften, aber auch die herkömmliche Kleinfamilie wollen inzwischen die Räume ihrer Wohnung selbstbestimmt und flexibel nutzen; durch die normengerechte Struktur der Räume fühlten sie sich daran gehindert. Die großzügige bürgerliche Wohnung des

19. Jahrhunderts – lange von der Moderne als überholt angesehen – mit ungefähr gleich großen Räumen, die an einem Flur liegen, kommt den jüngsten Wohnansprüchen mehr entgegen.

Die Elemente Grundfläche, Höhe, Fenster und Tür definieren den Raum. Aber die den Wohn- und Schlafräumen zugedachten Nutzungen sind nur durch die eingetragenen Möblierungen nachvollziehbar, die bei ausreichender lichter Raumhöhe auch in die Höhe, zu einer weiteren, oberen Nutzungsebene, reichen kann. Die Wand bietet Schutz und Rückhalt, das Fenster Licht und Ausblick, schließlich bestimmt die Tür, durch die von ihr beim Öffnen eingeschlagene Bewegungstendenz, Wege und Orte im Raum.

Literatur

- Hans Koepf: **Bildwörterbuch der Architektur.** Stuttgart 1968
- Andrea Palladio: **Die vier Bücher zur Architektur.** Zürich und München 1983
- Christa Otto: **Hugo Häring in seiner Zeit, Bauen in unserer Zeit.** Stuttgart 1983
- Heinrich Lauterbach und Jürgen Joedicke: **Hugo Häring, Schriften, Entwürfe, Bauten.** Stuttgart 1984
- Phyllis Lambert: **Mies van der Rohe in America.** New York 2001, Montreal 2002, Chicago 2002
- Christopher Alexander: **Eine Mustersprache.** Wien 1995
- **Adolf Loos 1870–1933.** Akademie der Künste, Akademie-Katalog 140, Berlin 1984
- Julius Posener: **Anfänge des Funktionalismus. Von Arts and Crafts zum Deutschen Werkbund.** Bauwelt Fundamente 11, Berlin 1964
- **Hermann Muthesius.** Akademie-Katalog 117, Berlin 1977
- Jürgen Bracker: **Bauen nach der Natur. Palladio: Die Erben Palladios in Nordeuropa.** Ostfildern 1997
- Duncan Simpson: **C. A. F. Voysey. An Architect of Individuality.** London 1979
- Karin Kirsch: **Die Weissenhofsiedlung. Werkbundausstellung „Die Wohnung" Stuttgart 1927.** Stuttgart 1987
- **Interbau Berlin 1957. Amtlicher Katalog.** Berlin 1957
- **Hans Scharoun.** Schriftenreihe der Akademie der Künste, Band 10, Berlin 1959
- **Häuser, 4/1989. Magazin für internationales Wohnen**
- Adolf Krischanitz, Otto Kapfinger: **Die Wiener Werkbundsiedlung.** Wien 1985
- **Haus Müller.** Museum der Hauptstadt Prag 2002
- Kenneth Frampton: **Modern Architecture 1920–45.** Tokyo 1983
- **Stellflächen, Abstände und Bewegungsflächen im Wohnungsbau, ehem. DIN 18 011.** März 1967, zurückgezogen 1991
- Reinhard Gieselmann: **Arbeitsblätter des Instituts für Wohnungsbau.** TU Wien, 1985
- Friederike Schneider: **Grundrissatlas Wohnungsbau.** Basel, Berlin, Boston, 1994
- Walter Gropius: **Die Gebrauchswohnung.** Ausstellung Karlsruhe-Dammerstocksiedlung, 1929

Die Nutzung von Wohn- und Schlafräumen ist abhängig von ihrer Lage im Grundriss und ihrer Beziehung zueinander. Das Bedürfnis zur Kommunikation oder sich in einer Wohnung zurückzuziehen ist je nach Altersstruktur einer Familie oder einer Nutzergruppe unterschiedlich. Diesen Ansprüchen können die Grundrisse nicht gleichermaßen nachkommen.

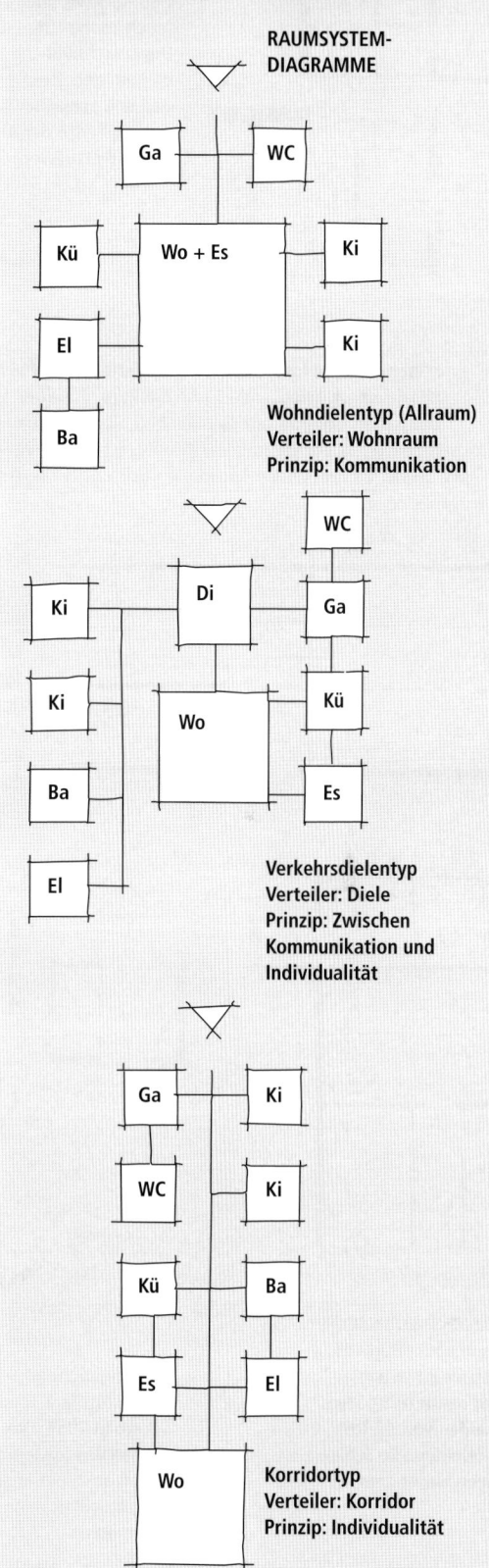

RAUMSYSTEM-DIAGRAMME

Wohndielentyp (Allraum)
Verteiler: Wohnraum
Prinzip: Kommunikation

Verkehrsdielentyp
Verteiler: Diele
Prinzip: Zwischen Kommunikation und Individualität

Korridortyp
Verteiler: Korridor
Prinzip: Individualität

Geschosswohnungsgrundrisse unterscheiden sich in der Anordnung von Wohn- und Schlafräumen zueinander. Sie reichen vom Korridortyp mit einem hohen Maß an Individualität bis zum Wohndielentyp, der sich durch Kommunikation auszeichnet. Dazwischen bietet der Verkehrsdielentyp – je nach Lage der Schlafräume vor oder hinter dem Wohnraum – individuelle und kommunikative Nutzung an.

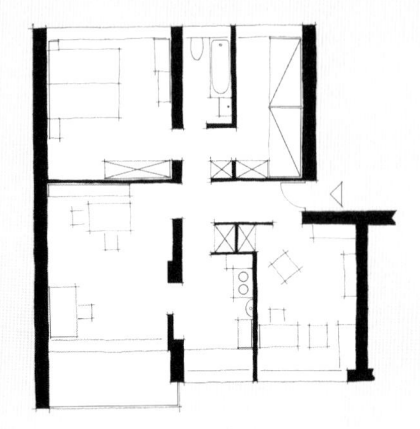

Wohnzeile Karlsruhe-Dammerstock, Walter Gropius 1929. Zwei Jahre nach der Werkbundausstellung „Die Wohnung" in Stuttgart veranstaltete Karlsruhe die Ausstellung „Die Gebrauchswohnung" in Dammerstock. Die Leitung der Ausstellung hatte Walter Gropius (noch Bauhausdirektor bis 1928) übernommen, von ihm stammte auch der Bebauungsplan. Die ausschließliche Verwendung von Zeilen erklärte er im Ausstellungskatalog mit der für alle Wohnungen gleichermaßen erreichten Besonnung und Belüftung. Korridortyp, Schlafräume mit Bad und Schlafflur waren zu einer „Raumgruppe" zusammengefasst. Eine solche Zusammenfassung hatte der Architekt Alexander Klein 1925 in einem vom Moskauer Sowjet ausgeschriebenen Wettbewerb für Typenentwürfe im Wohnungsbau zum ersten Mal vorgestellt.

Wohnscheibe Interbau Berlin, Walter Gropius 1957. Die Interbau Berlin gab 12 Jahre nach Kriegsende 53 Architekten, darunter 19 aus dem Ausland (auch deutschen Emigranten), Gelegenheit, über die Zukunft des Wohnungsbaus zu experimentieren. Der Beitrag von Gropius ist überraschend konservativ und kehrt nach 30 Jahren zum reinen Korridor zurück – unter Verzicht auf eine Raumgruppe.

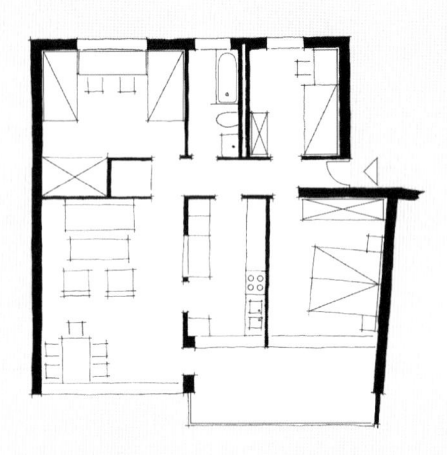

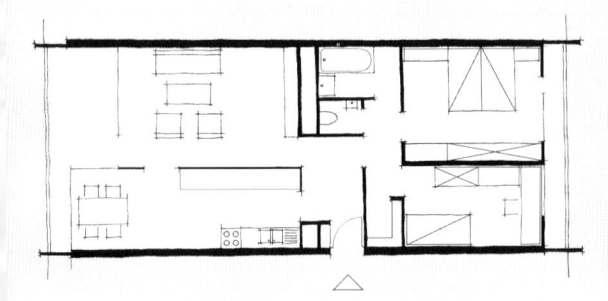

Wohnscheibe Hanibal, Stuttgart, Otto Jäger, Werner Müller und H.P. Wirth, 1959. Die Wohnstadt für 2000 Einwohner entstand unter dem Einfluss der Unités d'Habitation von Le Corbusier (siehe S. 156). Ursprünglich 650 m lang und mit 22 Geschossen geplant, wurde die Wohnscheibe nach heftigen Bürgerprotesten dreigeteilt. Verkehrsdielentyp, die Schlafräume liegen vor dem Wohnraum.

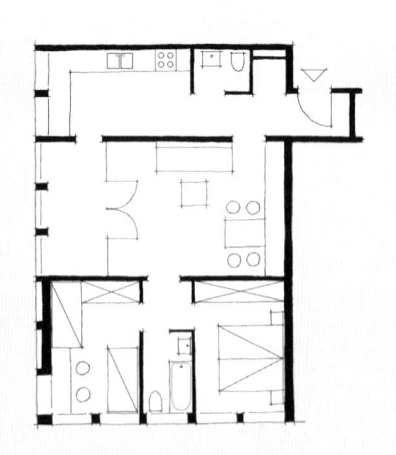

Wohnhochhaus Interbau Berlin, Gustav Hassenpflug 1957. Das Punkthaus ist streng gerastert und damit für spätere Veränderungen vorbereitet. Verkehrsdielentyp, die Schlafräume liegen hinter dem Wohnraum.

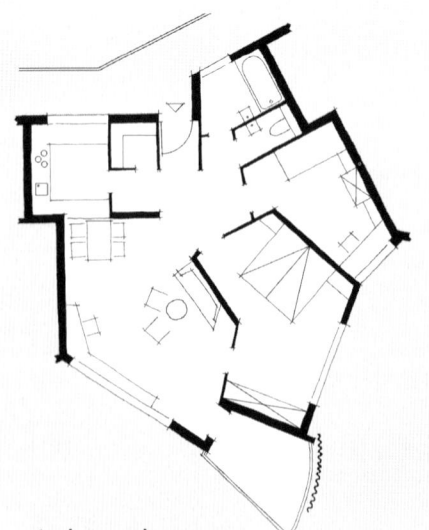

Laubenganghaus Julia, Stuttgart, Hans Scharoun 1956. Die Abkehr vom orthogonalen System führt zu reizvollen Raumkonstellationen. Verkehrsdielentyp, Schlafräume liegen vor dem Wohnraum.

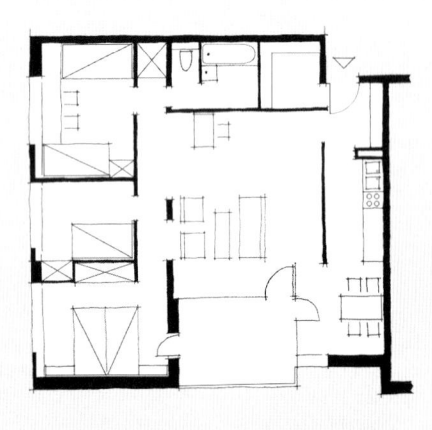

Wohnscheibe Interbau Berlin, Alvar Aalto 1957. Alle Räume der Wohnung werden vom zentralen Wohnraum, dem Allraum aus erschlossen, der nach den Worten Aaltos den „Marktplatz der Familie" bildet. Wohndielentyp, der Schlafraum ist wahlweise dem Wohnraum zuzuschlagen.

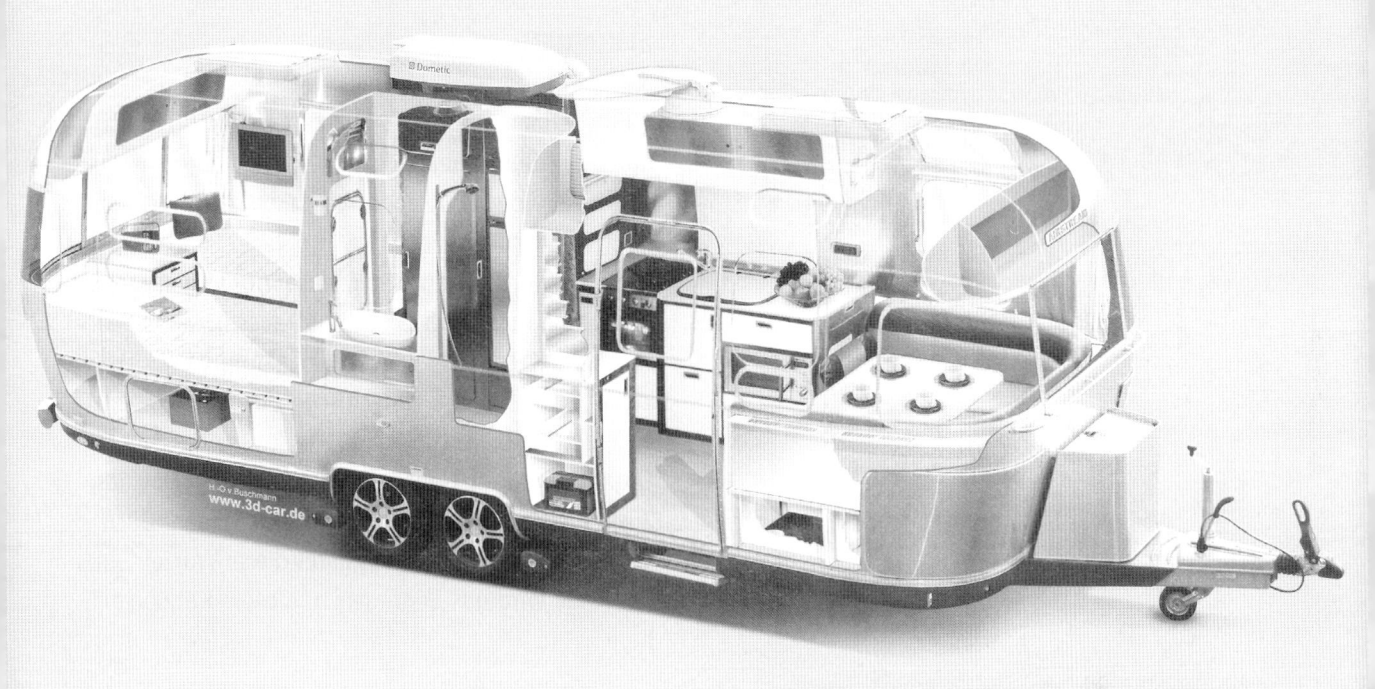

Luxus-Wohnanhänger der Firma Airstream (siehe auch S. 311).

Küche, Essplatz, Waschraum, Dusche, Toilette, Wohn- und Schlafzimmer – Wohnmobile und Wohnanhänger bieten alle Notwendigkeiten und viele Annehmlichkeiten auf engstem Raum – und das in einem beweglichen Gefährt.

Dass dabei Platzersparnis und Mehrfachnutzung des zur Verfügung stehenden Raums oberstes Gebot sind, liegt auf der Hand. So sind die Nasszellen von Wohnmobilen meist kaum einen Quadratmeter groß, und zum Duschen müssen mitunter das Waschbecken und das WC zur Seite geklappt werden. Auch die Kücheneinheiten nutzen jeden Quadratzentimeter Fläche möglichst mehrfach: Ein Deckel für das Waschbecken, und schon vergrößert sich die Fläche der Anrichte. (Abb.: www.3d-car.de, © DoldeMedien)

1.8 Küchen, Bäder und WCs

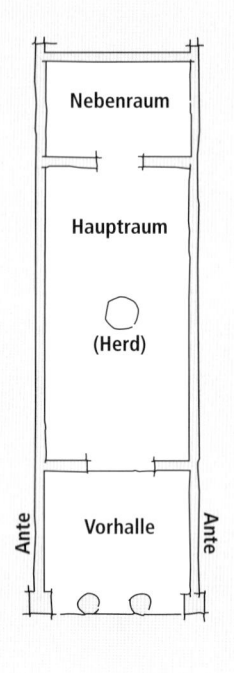

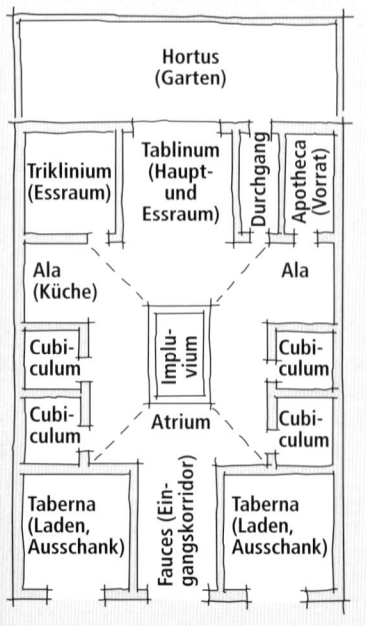

a) KÜCHEN

1992 begann die Ausstellung „Oikos" ihren Zug durch die Bundesrepublik Deutschland. Organisiert wurde sie vom Deutschen Werkbund, ihr Untertitel „Von der Feuerstelle zur Mikrowelle" bezeichnet den Wandel des häuslichen Zusammenlebens und die Veränderungen in Küche und Keller. In der Einleitung zum Katalog erläutert Michael Andritzky: „Das Wort ‚Oikos', das im Griechischen das Haus ebenso meint wie die häusliche Wirtschaft, die innere Organisation der Haushaltung und die Regeln des Zusammenlebens der Menschen unter einem Dach. Der Begriff Ökonomie entstammt dieser Wurzel." In der Folge wird aus Beiträgen zu diesem Katalog zitiert:

Die Geschichte der Küche

„Die Küche als isolierten, vom übrigen Wohnen abgetrennten Wirtschaftsraum gibt es in Europa erst seit einigen Jahrhunderten. Bis in die Mitte des 16. Jahrhunderts hinein – im bäuerlichen Bereich noch sehr viel länger – spielte sich in einem einzigen zentralen Raum das ganze Leben der großen Haushaltsfamilien ab [...]. Das Zentrum dieses Raumes war der Herd mit dem offenen Feuer, von dem Wärme und Licht ausgingen, auf dem gekocht und gebraten wurde, der jedoch auch Rauch und Ruß und im Sommer unerträgliche Hitze verbreitete. Als man in den folgenden Jahrhunderten verschiedentlich Stube und Kammer abzutrennen begann, blieb der Raum trotzdem, vor allem für einfache Leute, Aufenthaltsraum und Produktionsraum. Hier wurden auch die dem Essen kochen vorausgehenden Tätigkeiten ausgeführt [...]. Das Wasser wurde vom Brunnen geholt. Manche Küchen verfügten über eine eigene Pumpe, wie beispielsweise das Elternhaus Goethes in Frankfurt. Die Küchengeräte standen in offenen Regalen, das Geschirr auf Tellerborden [...]. Selbst in Städten blieb das offene Feuer über die Mitte des

Megaronhaus
Als „Megaron" bezeichneten die Griechen den Hauptraum ihres Hauses, in dem sich das Feuer befand und in dem gewohnt und gegessen wurde. Der Herdraum ist das Zentrum des familiären Lebens. Das Megaron hat ägäische Vorbilder und ist seinerseits mit seiner Vorhalle, den seitlichen Wandscheiben und den beiden eingestellten Säulen der Prototyp des griechischen Tempels. Ab 400 v. Chr. differenziert sich das Einraumhaus, unterschiedliche Nutzungen bekommen eigene Räume (Siehe S. 172).

Altitalisches Haus, Pompeji, 2.–1. Jh. v. Chr.
Das Atrium geht auf den großen Mittelraum zurück, der – wie das griechische Megaron – Wohnraum der Familie, Essraum und Standort des Herdes war. Er war rauchgeschwärzt und erhielt von Ater (lat. = schwarz) seinen Namen. Der auffällige Funktionswechsel des Atriums vom Einraum zur zentralen Erschließungs- und Belichtungsfläche des italischen Hauses erklärt sich auch aus dem wachsenden Wohlstand der Bewohner und den fast unbegrenzt zur Verfügung stehenden Dienstboten (Sklaven!).

Das Tablinum, der Hauptraum der Familie, ist auch Essraum. Es hat ein Fenster zum Garten und kann mit Falttüren vom Atrium abgegrenzt werden. Das Triklinium dagegen ist der Raum für das Gastmahl. Drei (lat.: tri) Liegen (griech.: clinai) mit Polstern umstehen den Esstisch. Gekocht wird in den Alae, den „Flügeln" des Atriums. Der Rauch zieht über die Öffnung im Dach, dem Compluvium, ab. Am Atrium liegen auch die Cubiculi, die Schlafräume (vgl.: DTV-Atlas zur Baukunst, Band 1).

19. Jahrhunderts hinaus üblich, und in ländlichen Gegenden wurde noch im 20. Jahrhundert, vereinzelt sogar noch nach dem Zweiten Weltkrieg am offenen Feuer gekocht […].

Die Küchen in städtischen Villen der Gründerzeit wurden oftmals im Souterrain untergebracht und durch Speiseaufzug und Sprachrohr mit dem darüberliegenden Speisezimmer verbunden. In den Etagenwohnungen der besseren Mietshäuser wurde die Küche möglichst von den Wohnräumen abgetrennt […]. Separate Eingänge schieden damit gleichzeitig das Personal von der Familie […]. Die Dienstboten wechselten oft den Arbeitsplatz und bevorzugten wegen der größeren Freiheit und geregelter Arbeitszeit die Arbeit in der Fabrik. Mit arbeitssparenden Haushaltsgeräten hoffte man, gute Dienstboten halten oder auf Personal verzichten zu können." (Aus „Oikos" 1992 von Eva Stille)

Die bürgerlich-städtische Haushaltung der Goethezeit – nach einem Beitrag aus „Oikos" 1992 von Margarete Freudenthal

„Wir haben es hier mit einem Haushalt zu tun, der zwar aus dem Zustand der vollen hauswirtschaftlichen Autarkie längst herausgetreten und nur noch in wenigen Punkten eine Selbstversorgung war […]. Einmal spielt der Kauf nur eine geringe Rolle, während Eigenproduktion und Eigenverarbeitung […] im Vordergrund stehen. Zweitens erfolgt die Güterbeschaffung in großen Quantitäten und auf lange Sicht […]. Damit hängt aufs engste der Personenkreis zusammen, der diesem Haushalt zur Verfügung stand […]. Zu den ständig im Haushalt beschäftigten Personen gehörten eine Köchin, zwei Hausmädchen und ein Diener. Darüber hinaus gab es einen Kreis nicht ständig beschäftigter Personen, die aber trotzdem in dauerndem Zusammenhang mit dem Haushalt blieben und in festem Sold standen: Die Waschfrau, die Reinemachefrau, die Näherin,

Behrens-Haus, Darmstadt, Peter Behrens 1901.
Die darmstädter Künstlerkolonie Mathildenhöhe ging auf die Idee und Förderung des Großherzogs Ernst Ludwig von Hessen zurück. Die überwiegende Zahl ihrer Häuser, die zu einer Ausstellung gehörten, baute Josef Maria Olbrich. Peter Behrens, einer der beteiligten Künstler, entwarf sein Haus selbst und erläuterte es den Besuchern mit einer eigenen Broschüre. Die Kunstwelt zeigte sich begeistert: „[…] ein innig gefügtes Gebilde, eine große Form, die eine neue Schönheit atmet […]". Von der Küche war nicht die Rede. Sie befand sich unter dem Speisezimmer im Kellergeschoss.

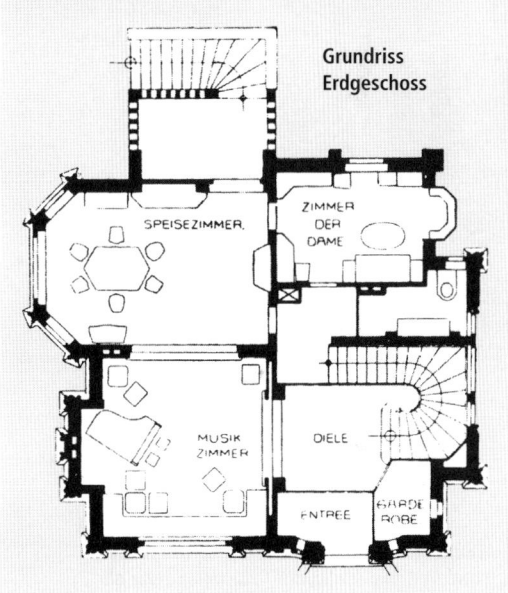

Grundriss Erdgeschoss

Goethes Elternhaus, Frankfurt am Main, Großer Hirschgraben 23, 1755, rekonstruiert 1949–51, Hofansicht.

Um seine detailgenaue Wiederherstellung entstand eine weit über Frankfurt hinausgehende Diskussion (siehe S. 324).

Goethes Elternhaus, Frankfurt am Main, Küche.
Auf dem Herdblock konnten mehrere Feuer gleichzeitig unterhalten werden. Das gemauerte Gewölbe darunter diente nur der Aufbewahrung von Brennmaterial.

Unten: Essplatz der Bediensteten mit Wasserpumpe. Im Allgemeinen wurde Wasser vom nächsten Brunnen geholt. Mit der Pumpe in der Küche stellt das Goethehaus eine Ausnahme dar. Der Tisch war sowohl Arbeitsfläche als auch Essplatz der Bediensteten.

Arbeiterküche.
(Foto: Museum für Hamburgische Geschichte)

„Arbeiterfamilien besaßen zwar nur die notwendigsten Küchengerätschaften, da ihnen aber […] weniger Stauraum zur Verfügung stand, waren sie […] nicht in der Lage, sämtlichen Hausrat in den Schränken unterzubringen. Häufig verwendete Küchenutensilien wurden nach funktionalen Kriterien dort angebracht, wo sie gebraucht wurden […]. Regale und direkt an der Wand befestigter Hausrat prägten somit auch die Arbeiterküche […]." (Bettina Günter)

der Schuster, die Schneiderin […]. Es war ein großer Apparat, gleichsam eine Magazinverwaltung, die Frau Rat zu bewältigen hatte […]. Die Kunst des Kochens scheint Frau Rat nicht bekannt oder nicht sympathisch gewesen zu sein; als ihre Köchin einmal krank war, musste sie auswärts essen, da sie ‚nichts ordentliches bei sich zu essen hatte'." (Aus „Oikos" 1992 von Margarete Freudenthal. Dabei wird auf ihre unvollendete Dissertation aus den Jahren 1929–1932 zurückgegriffen, die wegen ihrer Flucht vor den Nazis keinen Abschluss fand.)

Die bürgerliche Küche des 18. und 19. Jahrhunderts wird zur reinen Arbeitsküche, in der lediglich die Hausangestellten essen; sie ist aus der Mitte des Hauses an den Rand gerückt – und sie wird zunehmend zur weißen Küche, nachdem das offene Feuer und damit Rauch und Ruß verschwunden sind. Die Küche des „Dritten Standes" folgt dem Vorbild des Adels, der nach der französischen Revolution zunehmend vom Bürgertum nachgeahmt wird. Es setzt sich im 19. Jahrhundert bewusst von der Arbeiterklasse, dem „Vierten Stand", ab. Dessen Küchen haben zwangsläufig eigene Aufgaben und Dimensionen.

Küchen vor dem ersten Weltkrieg, Arbeiter- und Bürgerküchen in der Stadt – nach einem Beitrag für „Oikos" 1992 von Bettina Günter

„An der monofunktionalen Nutzung der Bürgerküche zur alleinigen Vor- und Nachbereitung der Mahlzeiten hat sich in vielen Haushalten bis heute wenig verändert. Ganz anders sahen die Wohnverhältnisse der Arbeiter bis zum Ersten Weltkrieg aus […]. Arbeiter nutzten die Küche als multifunktionale Wohnküche […]. Im Gegensatz zur Bürgerküche wurde dort auch (in einer tragbaren Zinkwanne) gebadet, Wäsche gewaschen und getrocknet. Arbeiter und Bürger nutzten ihre Küche, trotz ähnlicher Einrichtung, auf Grund verschiedener Lebensweisen unterschiedlich. Bürgerliche Familien aßen nicht am Küchentisch, sondern im Speise- oder Wohnzimmer. Der Küchentisch war jedoch der Eßplatz des Dienstmädchens. Während im „ganzen Haus" (der mittelalterlichen oder bäuerlichen Familie) das Gesinde mit der Familie gemeinsam am Tisch saß, distanzierte sich die bürgerliche Familie – auch räumlich – vom familienfremden Dienstpersonal. In proletarischen Haushalten hingegen war der Tisch nicht nur eine einfache Arbeitsfläche, sondern Mittelpunkt der Wohnung (Erst mit der Einbauküche, der Frankfurter Küche, 1926, setzten sich allmählich Arbeitsplatten an der Wand durch) [...]. Die Sitzgruppe war zwar Mittelpunkt des häuslichen Lebens, dennoch täuscht das weitverbreitete Bild von der Familie, die gezwungen war, in der Wohnküche [...] beisammen zu sein [...]. Ebenso wie die Kinder waren auch die erwerbstätigen Familienmitglieder durch ihre langen Arbeitszeiten selten in der Wohnung [...].

Im Gegensatz zu den Küchen des Bürgertums sind auf Fotos von Arbeiterküchen um 1900 keine weißlackierten, sondern naturfarbene oder braun gestrichene Küchenmöbel zu sehen [...]. Die Farbe weiß hätte in der mulitfunktional genutzten Arbeiterküche [...] den Eindruck von Wohnlichkeit gestört."
(Aus „Oikos" 1992 von Bettina Günter)

Parallel zur Entwicklung der Küche unter sozialen Aspekten wird der Umgang mit dem Feuer und die Technik seiner Nutzung immer perfekter.
Die existentielle Bedeutung des Feuers und seine Beherrschung im Herd zeigen sich auch durch die Benennung einer eigenen Gottheit für diesen Ort im Haus. Die Griechen verehrten in „Hesta" die jungfräuliche Göttin des Herdfeuers als Bewahrerin des häuslichen Friedens; in Rom wurde daraus „Vesta", ihre Priesterinnen waren die Vestalinnen. Auch die heilbringenden Hausgeister, die „Laren und Penaten", wurden am häuslichen Herd verehrt. Der Unterhalt des Feuers lag in der Veranwortung der Frauen.

Arbeiterküche. (Foto: Museum für Hamburgische Geschichte)
„Wandschoner waren keine einfachen weißen Tücher, sondern wurden dekorativ mit Spitzen umrahmt und mit ausgestickten Motiven versehen. [...] Eigener Herd ist Goldes wert. [...] Proletarische Frauen fertigten den Wandschmuck vor der Ehe als Teil der Aussteuer an und brachten so den Wunsch nach einem eigenen Hausstand an." (Günter)

Bürgerliche Küche um 1910, Hausfrau mit Dienstmädchen (links). (Foto: Noel Matoff, Hamburg)
„Gekachelte Wände und ein emaillierter Herdaufsatz ersetzen in der Bürgerküche an besonders beanspruchten Wandflächen die besonders beanspruchten textilen Wandschoner." (Günter)

Der Tempel der Vesta, Rom, ca. 200 n. Chr., glich dem hier abgebildeten Rundtempel am Tiber, der immer dafür gehalten wurde.
„[...] den Mittelpunkt bildet der Herd mit dem ewigen Feuer, das nie ausgehen durfte und das von den Vestalinnen unterhalten wurde. Am Neujahrstag wurde das Herdfeuer des römischen Hauses mit einer Fackel neu entzündet, die vom Vestatempel gebracht wurde [...]. Der Tempel war ein von 20 korinthischen Säulen umschlossener Rundbau. [...] Das Dach hatte als Rauchabzug eine Rundöffnung." (Baugeschichte in 5 Jahrtausenden, Hans Koepf)

Der Vestatempel war Vorbild für zahlreiche Rundtempel in der europäischen Baugeschichte, so z. B. für den Monopteros im Englischen Garten in München, 1832–37 von Leo von Klenze.

Das feierliche Zeremoniell der Vestalinnen um den Unterhalt des Feuers lässt den dazu nötigen Aufwand unbeachtet, erst recht im täglichen Haushalt, wo die Pflege des Feuers eine ganze Arbeitskraft beansprucht. Eduard Möricke (1804–75) beginnt sein Gedicht „Das verlassene Mägdlein" mit dessen Klage:

„Früh wenn die Hähne krähen
Eh' die Sternlein verschwinden,
Muss ich am Herde stehen,
Muss Feuer zünden [...]."

Spätbronzezeitliches Pfahlbaudorf in Unteruhldingen/Bodensee (1050 v. Chr., Rekonstr.)

Neben der Herdstelle ein Kuppelofen zum Brotbacken mit zusätzlicher Bedeutung als Wärmequelle im Winter. Unter dem First im Giebel die dreieckige Öffnung als Rauchabzug. Das dreieckige „Windauge" gab im Englischen den Namen für das Fenster: window und erhielt magische Bedeutung.

Keltengehöft in Hochdorf/Enz, Rauchhaus, 550 v. Chr. (Rekonstruktion)

Die Herdstelle und der Essplatz sind in einer Ecke des zweigeschossigen Hauses mit freiem Rauchabzug, ohne Kamin. Die Einrichtung entspricht den Fundstücken aus dem nahen unberaubten Fürstengrab.

Feuerstelle in der frühkeltischen Siedlung auf der Heuneburg, 4.– 5. Jh. v. Chr. (Rekonstruktion). Je näher das Feuer am Boden, desto mühevoller das Kochen und die Wartung.

Zur Geschichte des Herdes – nach einem Beitrag für „Oikos" 1992 von Margret Tränkle

Offenes Feuer

„[...] Schon lange bevor der Haushalt am Morgen in Gang kam, musste die Glut vom Vortag neu entfacht werden für die Morgensuppe. Dafür musste Brennmaterial zugerichtet und gestapelt, die Feuerstelle von Aschenresten gesäubert und das Feuer auf die richtige Hitze gebracht werden.

Das waren seit archaischen Zeiten geübte Handgriffe, zu denen es bis vor 150 Jahren keine Alternative gab: Kochen und Braten konnte man bis in die Mitte des 19. Jahrhunderts hinein gar nicht anders [...] als über hoch brennender Flamme oder offen schwelender Glut [...]. Seit den ersten Feuerstellen der Urmenschen hatte sich da im Prinzip wenig verändert [...].

Die urtümlichste Form des Kochplatzes ist die Feuerstelle am Boden: Zuerst als Lagerfeuer im Freien, später in der einfachen Behausung. Der Rauch zog einfach über ein Loch in der Zeltspitze oder durch Lücken in der Dachdeckung ab [...]. Vor allem in bäuerlichen Haustypen haben die Volkskundler Herdfeuer ohne Kaminanschluss bis fast in die Neuzeit hinein gefunden, sie sprechen hier von Rauchhäusern und Rauchküchen [...]. Wie das Lagerfeuer im Freien, so übten auch die Feuer im Haus noch zwei Funktionen gleichzeitig aus: Kochen und Heizen [...]. Die Installation von Kaminen erfolgte erstmals (im Mittelalter) zwischen dem 10. und 12. Jahrhundert [...]. (Die Feuerstelle – bisher frei im Raum – rückte an die Wand mit dem Kamin und erhielt nach oben hin einen abgewalmten Rauchfang; diese Anordnung existiert bis heute als offener Kamin.) [...] Auf alten Abbildungen sieht man jedoch häufig, wie im Kaminfeuer gekocht wird. Allerdings war das eine unbequeme Prozedur, man konnte an der Kaminfeuerstelle am Boden nur kniend, hockend oder gebückt hantieren.

Eine bequemere Alternative zum Kochen ist der gemauerte Herdblock [...]. Mit ihm beginnt die Geschichte des spezialisierten Raumes zum Kochen – der Küche.

Der Herdblock wurde als Sockel in Knöchel-, Knie- oder Tischhöhe massiv aufgemauert [...]. Auf seiner Oberfläche konnten Feuerstellen und Gluthaufen aufgeschichtet werden. Den aufsteigenden Rauch fing man in einer Überdachung der Herdblocks auf, und von dort zog er in den Kamin ab. Der abgewalmte oder gewölbte Kaminhut bot auf seinem Rand Platz zum Aufstellen von Geschirr. Im massiv gemauerten Sockel war ein Bogengewölbe ausgespart zum Lagern und Vortrocknen des Holzes. Das Bild des Herdes als Block mit dem Kaminhut darüber war so prägend, dass es bis heute geblieben ist: Bis in die moderne Einbauküche hinein wird an einem kubischen Herdblock gekocht, mit einer Dunstabzugshaube darüber, die vorzugsweise noch die alte abgewalmte Form besitzt [...]. Auf dem gemauerten Herd brannten oft gleichzeitig ein hoch loderndes Feuer [...] daneben mehrere kleinere Gluthaufen [...]. Etwas dosieren ließ sich die Wärmezufuhr durch die Nähe oder Entfernung des Kochguts zum Feuer: man hängte den Topf am eingesägten Halter [...] einfach ein paar Kerben höher, wenn man weniger Hitze brauchte [...]."

Umschlossenes Feuer
„Lösungen für die völlige Einschließung des Feuers wurden erst im Lauf des 18. Jahrhunderts gefunden [...]. Nicht die Handwerker, also die Ofenbauer, waren die Väter der neuen Herdtechnik, sondern Wissenschaftler und geschulte Denker wie der französische Architekt Cuvillies, der englische Physiker Graf Rumford, der bayrische Geistliche Rat Danzer [...]. Der erste Schritt, das Feuer unter die Herdplatte zu versenken, gelang 1735 Cuvillies mit dem Castrolherd. Er deckte die rundum geschlossene Feuerkammer mit einer Platte ab, die mit Löchern versehbar war. Aus diesen Löchern heraus brannte

Herdblock in der Villa Rustica, Hechingen-Stein, (1.–2. Jh. n. Chr.) Die „Technik" des Kochens auf der Herdplatte mit offenem Feuer hat sich über Jahrhunderte nicht verändert. Die hier dargestellte Zeitspanne vom 1.–2. Jahrhundert nach Christus (röm. Gutshof, oben) bis Mitte 18. Jahrhundert (Goethes Elternhaus, unten) beträgt ca. 1700 Jahre! Das Gewölbe unter der Herdplatte ist für den Holzvorrat, der Eindruck eines Feuerlochs ist irreführend.

„Sparherd" im Hippenseppenhof, Freilichtmuseum Vogtsbauernhof, Gutach im Schwarzwald. Auf dem Weg vom offenen zum umschlossenen Feuer liegt die Erfindung des Konstanzer Ratsherrn Zwick 1556, die das Feuer von drei Seiten umschließt und von ihm „Holzersparungskunst" genannt wurde.

„Castrolherd, Detailstudie. Das Kochgefäß wird über ein Eisengestell direkt in das Feuerloch gehängt, das rund oder eckig ist und ohne Abdeckung bleibt."
(Liebigmuseum Gießen, Foto: M. Tränkle)

Das Feuer wird nach oben durch den Topf verschlossen, damit die Hitze ohne Verlust ausgenutzt wird.

Zwei eiserne Sparherde (o: Eiserner Spar-Kochherd, um 1850, von H. Drescher aus Altenburg). „[…] Das Feuer brannte auf Rosten im Herdinneren, […] Aschenschieber dienten der bequemen Entsorgung […]. Die Feuerlöcher konnte man durch ein System von Herdringen verengen, erweitern oder ganz abdecken. Diese neuen Herde setzten sich ab den 1860er Jahren allgemein durch […]. Mit dem offenen Feuer verschwindet auch der große Kessel. Viele kleinere Töpfe, Kacheln und Pfannen gehören nun zur Grundausstattung am Sparherd; […] mit dem großen Topf verschwinden auch die für ihn typischen Gerichte […] Eintopfgerichte, Suppen, Breie, […]. Stattdessen wird getrennt gekocht und der Weg zum mehrgängigen Menü ist nun auch in der bürgerlichen Küche offen. Auf den verschiedenen Herdlöchern konnten zur gleichen Zeit in mehreren Töpfen Gerichte schmoren, die leicht von einer Person überwacht werden konnten. Eine Fülle von Kochbüchern machte im 19. Jahrhundert das bürgerliche Publikum mit den Geheimnissen einer feineren Küche vertraut." (M. Tränkle)

Gasherd. Das Gas brachte die offene Flamme, wenn auch in gezähmter Form, wieder ins Haus. Eine einzige Drehung am Gashahn genügte, um sie an- und auszustellen oder sie zu regulieren. (Foto: Museum der Arbeit Hamburg)

das Feuer und umflammte die darüberstehenden Kochgefäße […]. Damit war eine wichtige Zäsur in der Entwicklung des Haushalts erreicht, denn nun war […] das offene Feuer endgültig aus der Küche verschwunden. Mit diesem Herd war eine allgemeine, geradezu revolutionäre Umwälzung beim Kochen und in der Ernährung verbunden. Siegfried Giedeon schreibt ihm sogar eine Pionierfunktion innerhalb der technischen Entwicklung des 19. Jahrhunderts zu: ‚Dampfkessel und Eisenherd sind ebenso typisch für das 19. Jahrhundert wie Wasserkraft und Elektrizität für unseres'. Sparherd war ein treffender Name für die neuen Herde […]. Auch der Name ‚Kochmaschine' ist vielsagend. Der Herd funktionierte wie ein ausgeklügelter, technischer Apparat […]."

Gasherd

Fast gleichzeitig mit der gusseisernen Kochmaschine war der Gasherd auf der Bildfläche erschienen. Gas wurde als alternativer Brennstoff in den 1830er Jahren in England erstmals für die Herdbefeuerung nutzbar gemacht […]. Man wusste seine Vorteile zu schätzen: ‚In erster Linie befreit der Gasherd von der niederen Arbeit' (Davidis Kochbuch-Ausgabe von 1924). Er erspare ‚Herbeischaffung der Kohle, des Holzes, Anfeuerungsmaterials usw., Anfeuern, Reinigen, Wegschaffen der Asche […] reduziert die Arbeit derart, dass in den meisten Fällen ein Mädchen eingespart werden kann' (Zitiert nach ‚Beruf der Jungfrau'). Zwar feierte man die Befreiung von Schmutz und Arbeit, aber es wurden allmählich auch Defizite bewusst: ‚Der Kohleofen war nicht nur eine Feuerstelle zur Nahrungszubereitung. Er wärmte auch das Wasser, […] erhitzte das Bügeleisen wie das Waffeleisen und die Steine, die als Heizung mit ins Bett genommen wurden. Abfälle wurden im Ofen verbrannt, nasse Kleidung an ihm getrocknet.'" (Gerda Tornieporth 1988)

So sauber und bequem ist die Arbeit in der Küche, wenn sich die Hausfrau die Vorteile von **gasbeheizten Apparaten** zunutze macht.

Moderne Neubau-Küche

Elektroherd

„Der Gasherd hatte sich in den Haushalten erst vereinzelt durchgesetzt, da wurde gegen Ende des 19. Jahrhunderts bereits eine neue Energie zum Kochen erschlossen: der Strom. Auf der Weltausstellung von 1893 in Chicago wurde erstmals ein Elektroherd vorgestellt [...]. Es dauerte weitere 30 Jahre, bis die elektrische Kochplatte ausgereift war [...]. Auf breiter Front aber setzte sich [...] der Elektroherd erst ab den fünfziger Jahren durch."

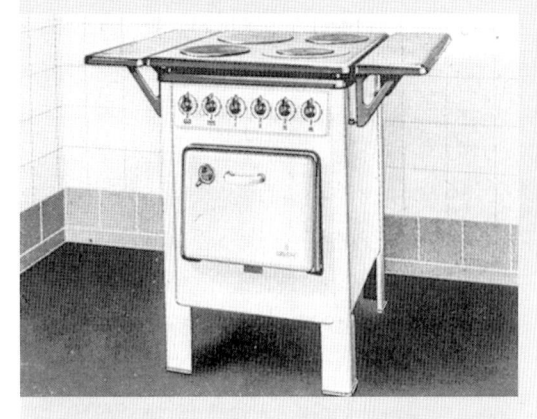

Elektroherd von 1935. In dieser Version erfuhr der Elektroherd seine erste größere Verbreitung. Das Modell ist in seinem Design nahezu identisch mit Gasherden derselben Baujahre. (Foto: Siemens, München).

Mikrowelle

„Die Mikrowelle, die Ende der 80er Jahre einen Absatzboom erlebte, wird in der Regel nur als zusätzliches Kochgerät installiert, Sie ist zwar erst in 20 % [sic!] der Haushalte vorhanden, doch spricht vieles dafür, dass sie einen neuen Trend beim Essen und Kochen einleitet [...]. Das bedeutet, dass die Mitglieder einer Familie zu unterschiedlichen Zeiten unterschiedliche Gerichte aus der Tiefkühltruhe in die Mikrowelle schieben, sich also auch die noch vorhandenen Reste eines [...] familiären Tischrituals allmählich auflösen werden."

1947 erfunden, ist der Mikrowellenherd heute viel weiter verbreitet als im nebestehenden Text angegeben. In den USA sind 95 % der Haushalte damit ausgerüstet, in Deutschland dürfte der Wert nur wenig darunter liegen. Um die Speisen an allen Stellen gleichmäßig zu erwärmen, stehen sie auf einem Drehteller. Besonders beliebt sind heute Kombigeräte mit Umluft- und Oberhitzenofen, so dass nicht nur gekocht und gegart, sondern auch gebraten werden kann. Zwar warnen Gegner vor möglichen Gefahren durch die Erhitzung mit Hilfe von Strahlen, bewiesen sind diese jedoch bisher nicht. Die ca. 10 cm langen Wellen werden vom Metallgehäuse abgeschirmt; der Verfall von Nährstoffen und Vitaminen soll nicht stärker sein als bei anderen Erhitzungsverfahren.

Heim und Technik in Amerika – nach einem Beitrag für „Oikos" 1992 von Eva Scheid

„1920 erschien in Deutschland die erste Auflage von Christine Fredericks Buch ‚Die rationelle Haushaltsführung. Betriebswissenschaftliche Studien' in einer Übersetzung der sozialdemokratischen Reichstagsabgeordneten Irene Witte. Dieses Buch steht am Anfang der ebenfalls in Deutschland einsetzenden – zwar zeitlich verschobenen – Bewegung zur Rationalisierung des Haushalts. Begeistert wurden hier die neuen, eher für amerikanische Verhältnisse entwickelten Standards aufgenommen. Unter dem Motto: ‚Entlastet die Frau von der Hausarbeit. Die Befreiung der Frau wird erst vollständig durchgeführt sein, wenn sie von der Sklaverei der Küche erlöst ist'.

Amerikanisches Küchenbuffet mit Arbeitstisch und Zusatzschränken (Irene Witte: „Heim und Technik in Amerika", Berlin 1928)

So weitete sich die Rationalisierungsbewegung für den Haushalt auf der Grundlage von Erfahrungen, die in den USA gemacht worden waren, auch in Deutschland zu einer bedeutenden Bewegung aus. (Dazu mag die besondere Rolle der Frau im Einwandererland USA und die daraus herrührende Machtposition der Frauenverbände beigetragen haben) […].

Die sozialreformerisch intendierte Rationalisierungsbewegung speiste sich aus den verschiedensten Wissenschaftsdisziplinen. Besonders geprägt wurde sie von den neuen arbeitswissenschaftlichen Erkenntnissen in der industriellen Produktion. Tayloristische Arbeitsmethoden sollten auch der Hausfrau das Arbeiten in Küche und Haushalt erleichtern. ‚Die Küche – die Fabrik des Hauses' wurde Gegenstand von Arbeitsplatzanalysen, Zeit und Bewegungsstudien; Speisewagen und Schiffsküchen dienten als Vorbilder."

„Wie Frederick Winslow Taylor (1865–1915) versucht hatte, mittels Zeit und Bewegungsstudien Arbeitsplätze und -abläufe so zu planen, dass bei größter Produktivität die geringsten gesundheitlichen Schäden bei den Arbeitenden auftauchten, so untersuchte Christine Frederick die Küche, die Waschküche und die sonstigen Einrichtungen des Wohnhauses und der Wohnung. Dr. Erna Meyer griff diese Gedanken auf, erweiterte und veranschaulichte sie durch Abbildungen, Hinweise auf Geräte und Firmen. Sie veröffentlichte 1926 das Buch ‚Der neue Haushalt'. Es erreichte bis 1928 schon zum Teil wesentlich erweiterte 29 Neuauflagen […]. Sie übernahm die Beratung der Architekten bei Fragen zur Küche in den Häusern der Weißenhofsiedlung […]."
(Aus „Die Weißenhofsiedlung" von Karin Kirsch, DVA Stuttgart 1987)

Unterteilter Küchenschrank, 1923. Der komplette Schrank enthält Abteilungen für Vorräte, Geschirr und Putzmittel (Giedeon)

Anpassung der Arbeitshöhe an die Größe der Arbeitenden aufgrund von Untersuchungen des amerikanischen Landwirtschaftsministeriums.

Amerikanische „Kitchenette", um 1920. In einer Ecke des Kamins sind Herd, Spülvorrichtung, Kühl- und Vorratsschrank zusammengefasst. (Erna Meyer: „Der neue Haushalt", Stuttgart 1926)

Catherine Beecher

Scheid: „Bereits Catherine Beecher hatte 1869 erkannt, worauf es bei einem gut organisierten Arbeitsprozess im Haushalt ankommt und stellt hierzu die Ausstattung einer Schiffsküche vor. Die Schiffsküche in einem Dampfer hat alle Hilfsmittel und Einrichtungen für die Zubereitung von Mahlzeiten für 200 Personen in einem kleinen Raum […], der so konzentriert angeordnet ist, dass der Koch mit einem oder zwei Schritten alles erreichen kann, was er braucht. Die Autorin stellt dann Grundriss und Schemazeichnung einer von ihr entworfenen Küche vor, der bereits eine arbeitsökonomische Anordnung vorsieht: Der große Küchenschrank und das isolierte Küchenbüfett sind verschwunden. Als Ersatz für den Küchentisch dienen längs den Fenstern angeordnete Arbeitsflächen, das Küchenbüfett ist aufgeteilt in Wandregale und in Schubladen und andere Behälter, die unter den Arbeitsflächen fortlaufen. […] Aufbewahrung, Zubereitung, Reinigung und Kochen sind die wichtigsten Arbeitszentren. Die drei ersten sind bei Beecher klar und einheitlich zusammengefasst und definiert. Nur der gusseiserne Herd musste noch abseits stehen wegen seiner starken Wärmeausstrahlung. […] Analog der Zerlegung eines Arbeitsvorgangs beim Fließband ging man nun daran, die uralten Arbeitsvorgänge im Haushalt zu untersuchen, durch Bewegungsstudien bei den einzelnen Verrichtungen.

Frauenbewegung und Haushaltsrationalisierung

Die Initiative zur Haushaltsreform (Home Economic Movement) ging vom amerikanischen Frauenkongress aus, der 1893 auf der Chicagoer Weltaustellung tagte. Fazit des Kongresses war, dass die Dinge, die den Haushalt betrafen, nicht mit dem Verlauf des Fortschritts Schritt gehalten hätten. Zur Abhilfe wurde die ‚National Household Economic Association' gegründet. Ellen H. Richards formulierte eines der Hauptziele: ‚Die Nutzung aller Mittel der modernen Wissenschaft, um das häusliche Leben zu verbessern […]'.

oben: Vorbereitungszentrum einer Küche, Entwurf Catherine Beecher, 1869. (Giedeon: „Die Herrschaft der Mechanisierung")

rechts: Grundriss der Küche von Catherine Beecher von 1869. Der gusseiserne Herd steht wegen seiner starken Wärmeausstrahlung noch in einem separaten Herdraum (Giedeon)

unten: Amerikanischer Küchenschrank, Reklame aus einer Zeitschrift von 1915.

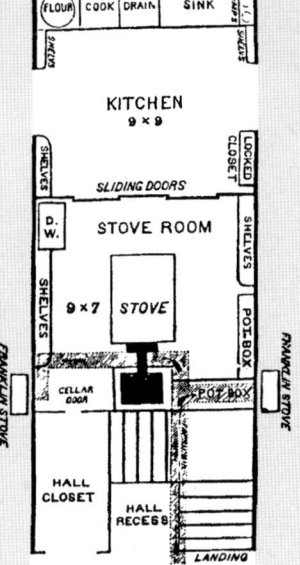

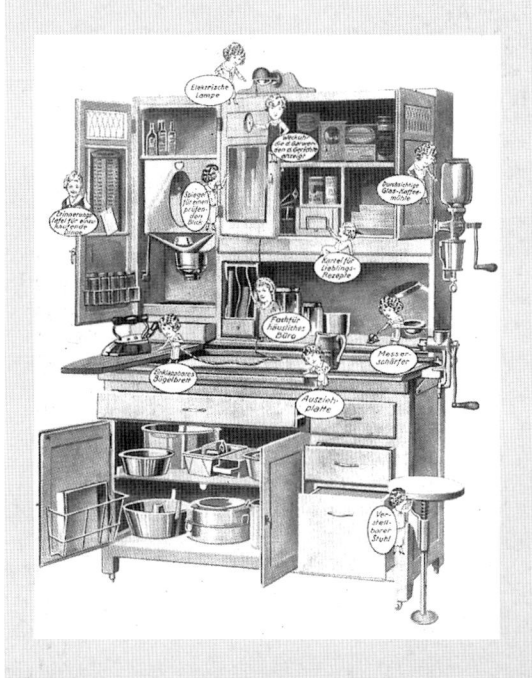

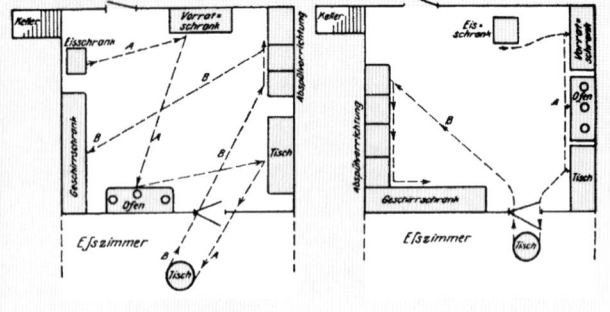

oben: Arbeitswege in der Küche, Gegenüberstellung vor und nach der Rationalisierung in der Küche. (Christine Frederick 1922)

links: Amerikanische „Streamline-Küche"

unten l.+r.: Küche des Harald Tribune Institute (Meyer)

Foto aus einem Küchenstudio. In diesem Zusammenhang ist ein Bericht von John Tagliabue in der New York Times vom 15.5.2006 interessant; er beweist den permanenten Austausch von Ideen und Gütern zwischen Neuer und Alter Welt; unter der Überschrift: „The Hightech-American Kitchen by way of Germany" wird auf das zunehmende Interesse amerikanischer Hausbesitzer am Euro-Look ihrer Küchen verwiesen: Gerade Linien, kostbare Furniere, Granit-Arbeitsplatten und funkelnder Edelstahl. Ein vierspaltiges Foto einer Ausstellungsküche mit staunenden Besuchern hat die Bildunterschrift, dass Herd, Backofen, Geschirrspüler und Kaffeemaschine per Fernbedienung gesteuert werden.

Mechanisierung des Haushalts

Wie die Arbeitsvorgänge in der Küche sinngemäß aneinanderzureihen sind, wurde nach 1910 genau analysiert und weitestgehend gelöst. Nicht gelöst war die Ausstattung der Küche. Kein Gerät passte zum anderen [...] ohne einheitliche Maße [...] und ohne Bezug zur Arbeitsorganisation des Haushalts.

Christine Frederick

Christine Frederick, die sich in mehreren Publikationen mit Fragen der Haushaltsrationalisierung auseinandersetzte und eine breite Leserschaft fand, verwies besonders auf die Hotelküchen [...]. Ebenso müsse die Küche im Haus der Zukunft durch standardisierte, arbeitssparende Ausrüstung und geregelten Arbeitsvorgang leistungsfähig gemacht werden [...]. Den Anfang machte der Küchenschrank, der nun eingebaut und gleichzeitig mit einem schmalen Besenkasten, Geschirrschrank etc. verbunden wurde. Das war bereits die Vorstufe zur Kompakt-/Einbauküche. Um 1930 wurden dann standardisierte Einheiten hergestellt, die Rücksicht auf die Arbeitsvorgänge nahmen [...]. So entstand die ‚Streamlineküche' [...]. Die Teile sind kombinierbar und passen zu allen anderen Teilen einer Einheit. Der Herd, der Ausguss und die Schränke können wahlweise an einer Wand, an zwei Wänden (L-Form) oder an drei Wänden (U-Form) aufgestellt werden. Alle Elemente haben eine einheitliche Arbeitshöhe.

Die ‚zweite Entdeckung Amerikas'

In den Jahren nach der Inflation setzte eine Welle von Amerikareisen deutscher Ingenieure, Wissenschaftler und Publizisten ein, von denen jeder auf seinem Gebiet Amerika für sich entdeckte. Mit dieser ‚zweiten Entdeckung Amerikas' verband man das Ziel, die dort entwickelten Techniken und Organisationsformen kennenzulernen und für deutsche Verhältnisse zu nutzen." (Aus „Oikos" 1992 von Eva Scheid)

Aus Amerika stammt auch die Idee des Service- und Boardinghauses, in dem die Küchenfunktionen zentral organisiert werden. Die Wohnungen haben zwar noch kleine Küchen, vorwiegend für das Frühstück (oftmals wie eine Bar in den Wohnraum integriert und bekannt aus amerikanischen TV-Serien), werden aber auf Wunsch durch eine gemeinsame Küche versorgt, ein Komfort, der nur begüterten Schichten zugänglich ist.

Le Corbusier kommt – auf seine radikale Art, ein Problem zu durchdenken – zu einem ähnlichen Ergebnis. Er bezweifelt den ökonomischen Sinn, jede Wohnung mit einer eigenen Küche auszustatten. 1922 zeichnet und schreibt er in L'Esprit Nouveau: „Großer Miethausblock. Die folgenden Zeichnungen zeigen die Anordnung von 100 Villen, die in fünf Lagen übereinander gebaut sind; es sind Villen von je zwei Stockwerken mit eigenem Garten. Eine Hotel-Organisation übernimmt die gewöhnlichen Dienstleistungen für den Block und löst das Dienstbotenproblem [...]. Die Dienstboten sind nicht mehr zwangsläufig an den Haushalt gefesselt; sie kommen herein wie in eine Fabrik um ihre 8-Stunden-Arbeit zu verrichten, und Tag und Nacht steht dienstefriges Personal zur Verfügung [...]. Eine riesige Küche versorgt nach Belieben die Villen oder ein Restaurant."

Die Frankfurter Küche – nach einem Beitrag für „Oikos" 1993 von Joachim Krausse.

„[...] In Frankfurt entsteht der Prototyp der modernen Küche im Zusammenhang mit dem Siedlungswerk und Wohnungsbauprogramm, das Ernst May als Baudezernent zwischen 1925 und 1930 leitet und das unter dem Namen ‚Das neue Frankfurt' berühmt geworden ist. Die Küche ist nicht etwa ein Anhängsel dieses Programms, sondern das Herzstück. Ausgehend von der Küche und der Hauswirtschaft wird die neue Wohnung gestaltet [...]. Ernst May 1928: ‚Die äußere Form der Frankfurter Siedlungen

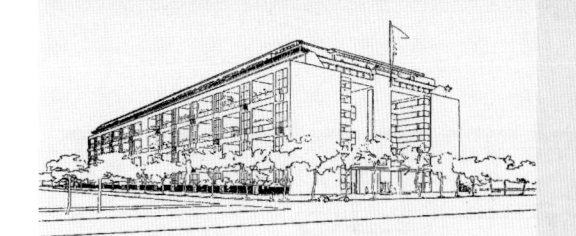

oben: „Villen-Block": Ansicht eines Blocks (120 Villen über- und nebeneinander), Le Corbusier 1922

Überlegungen, die Frauen bei ihrer Arbeit im Haushalt zu entlasten, werden auch in der jungen Sowjetunion angestellt. Bei einem entsprechenden Beschluss des VIII. Parteitages der KPR aus dem Jahr 1919 geht es nicht nur um die formale Gleichberechtigung der Frauen, sondern um praktische Vorschläge, wie sie von der Last der veralteten Hauswirtschaft – von der „häuslichen Sklaverei" – befreit werden. Sie soll ersetzt werden durch Kommunehäuser, öffentliche Speisegaststätten, zentrale Wäschereien und Kinderkrippen.

Lenin war selbst an der Formulierung dieses Programms „Die große Initiative" aus dem gleichen Jahr 1919 beteiligt. Nach seiner Auffassung beginnt die wahre Befreiung der Frau, der wahre Kommunismus, erst dort, wo der Kampf gegen die Kleinarbeit der Hauswirtschaft aufgenommen wird.

Großküche (fabrika-kuchnja), Moskau, A. Meskov 1929.

Grete Lihotzky 1926/27. „Schrittersparnis in der Frankfurter Küche (rechts) gegenüber einer herkömmlichen Küche (links)."

1 Vorratsschrank
2 Topfschrank
3 Arbeitstisch
4 Spülbecken
[...]

7 Herd
8 Kochkiste
9 Abstellplatte
10 Heizkörper
11 Müll- und Besenschrank
12 Drehhocker
13 Speiseschrank
14 Abfalleinwurf

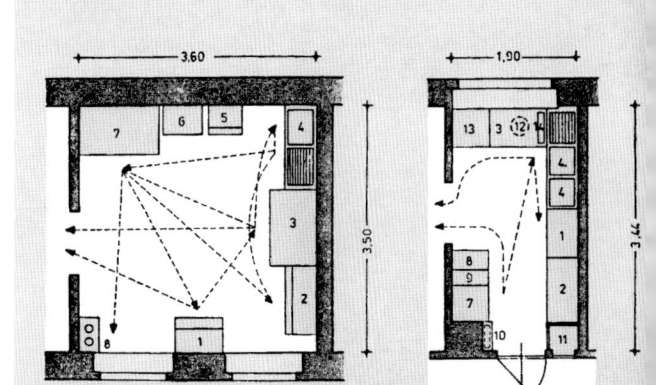

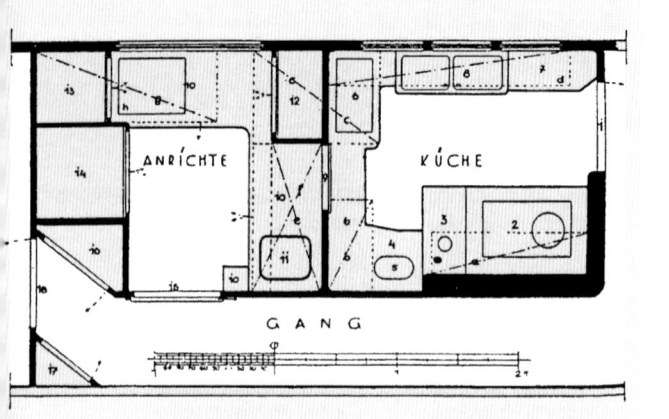

Vorbild für die moderne Arbeitsküche: Mitropa-Speisewagenküche, sie wurde auch ein Jahr später in der Stuttgarter Werkbundausstellung „Die Wohnung" gezeigt. Hohe Dichte von Arbeitsgeräten und Aufbewahrungsmöglichkeiten auf engstem Raum (Siehe auch Seite 200).

Die Höhe aller Arbeitstische beträgt 86,5 cm über Fußboden

Küche:
1 Tür
2 Herd m. Ringöffnung
3 Wasserschiff
4 Unter der Platte Kohlenkasten
5 Schornstein
6 Arbeitstisch
7 Arbeitstisch, darunter Regal
8 Zweiteiliger Spülkasten, darunter Wasserreservoir
9 Durchreicheklappe

a Tellerwärmer u. 2 Regale f. Kochgeschirr
b Boiler f. Warmwasser
c Eisschrank f. Küchenvorräte
d Schrank über den Fenstern

Anrichte:
10 Arbeitstisch
11 Gläserspüle
12 Teller- und Silberschrank
13 Wäscheschrank
14 Großer Eisschrank für Getränke
15 Schiebetür zum Gang
e Schrank ab 2 m über Fußboden
f Schrank unter d. Tisch
g Eisschrank mit Klappen und Tür

Gang:
16 Garderobenschrank für Personal
17 Schrank, unten Ständerkorb f. gebrauchte Tischwäsche
18 Eingang zum Speiseraum

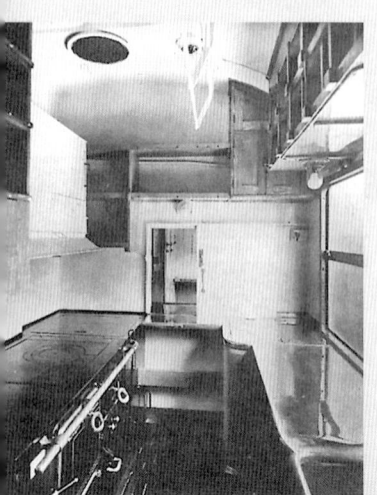

Blick auf die Durchreiche zur Anrichte, links Herdplatte, rechts Arbeitsplatte mit Spüle, Aufnahme 1928. (Foto: Priv. Eisenbahnarchiv E. Bündgen, Köln)

ist aus den Gegebenheiten des inneren Aufbaus entwickelt [...].' ‚Man muss also', formulierte die Reichstagsabgeordnete Lüders, ‚endlich dazu kommen, vom Kochtopf zur Fassade zu bauen'. Das Beispiel dafür hatte die Frankfurter Küche gegeben. Um ‚vom Kochtopf zur Fassade' bauen zu können, holte sich Ernst May eine sachverständige Frau ins Hochbauamt der Stadt, die Architektin Grete Lihotzky aus Wien. Nach ihrer Heirat 1927 mit dem Architekten W. Schütte, heißt sie Schütte-Lihotzky.

Als sie die Aufgabe in Frankfurt übernimmt, hat sie schon fünf Jahre lang an dem Problem der modernen Küche für die Kleinwohnung gearbeitet [...]. Sie hat [...] ab 1921 als Mitarbeiterin von Adolf Loos die avancierten Konzeptionen der modernen Architektur kennengelernt. Sie hatte einen Hintergrund sowohl vom methodischen wie vom sozialen Verständnis, als sie 1922 das Buch von Christine Frederick (‚Die rationelle Haushaltsführung, Betriebswirtschaftliche Studien') in die Hand bekam. In einer Gegenüberstellung des alten und neuen Küchentyps stellte sie für einen demonstrativen Kochvorgang gravierende Unterschiede in den zurückgelegten Wegen fest: Für die alte Küche 19 Meter, für die neue lediglich 6 Meter, also weniger als ein Drittel. ‚Die Küche einst und jetzt' wurde so das Demonstrationsschema für Vorträge, Ausstellungen, Artikel und Film.

Die im Rahmen der Frankfurter Frühjahrsmesse 1926 präsentierte Ausstellung ‚Die neue Wohnung und ihr Innenausbau' sowie die vom Frankfurter Hausfrauenverein angegliederte Sonderschau ‚Der neuzeitliche Haushalt', wurden beide von Grete Schütte-Lihotzky konzipiert, realisiert und verantwortet. Als für die Hausfrau besonders lehrreiches Beispiel für Schritt- und Grifferspanis wurde eine Speisewagenküche der Mitropa mit kompletter Einrichtung gezeigt [...]. Die ganze Küche misst 2.90 m auf 1.90 m, der Gang 0.90 m. Küchen- und Gangbreite kehren in der Frankfurter Küche wieder.

Ihre Leitbilder für den Küchentyp der neuen Zeit sind Labor und Apotheke. ‚Eine Küche ist eigentlich nichts anderes als ein Laboratorium, und es ließe sich auch viel besser darin arbeiten, wenn sie als solches betrachtet, auch so ähnlich eingerichtet wäre […].'

Es ging darum, die beste organisatorische Lösung für die Küchen der geplanten 10–12.000 Wohnungen in den ‚May-Siedlungen' in Frankfurt zu finden. Zur Wahl standen Arbeits- und Wohnküche.

Arbeitsküche/Wohnküche

May selbst setzt sich noch 1925 in einem Aufsatz für die Wohnküche ein: ‚[…] Für die Hausfrau, die ohne Hausbedienstete in der Kleinstwohnung wirtschaftet, bleibt nun einmal die Wohnküche die bequemste Basis zur Organisation des Haushalts. Das Problem kann daher nur so formuliert werden, eine Wohnküche zu schaffen, die zwar denkbar einfache Bewirtschaftung und gute Übersicht über den Hausbetrieb gewährleistet, jedoch so angeordnet ist, dass die Dämpfe und Gerüche […] möglichst vollkommen beseitigt werden […] und Sauberkeit und Wohnlichkeit der Wohnküche nicht dauernd durch Herumstehen von Küchengerät beeinträchtigt wird. Dieses Problem ist unschwer zu lösen durch eine organisatorische Gliederung der Wohnküche in einen Kochteil'.

In der ersten großen Erläuterung seines Wohnungsbauprogramms 1927 bleibt May dabei: ‚Zum Mittelpunkt der Wohnung wurde eine Wohnküche gemacht, die aber […] tatsächlich indessen eine gänzliche Abtrennung des Wirtschaftsteils vom Wohnteil ermöglicht'.

Im selben Heft des ‚Neuen Frankfurt' erläuterte Grete Schütte-Lihotzky: ‚Alle Küchen sind zwecks Arbeitsersparnis klein und vom Wohnraum vollkommen abtrennbar. Die alte Form der Wohnküche erscheint überholt'.

Um 1900 stellte F. Ll. Wright zwei Entwürfe für Präriehäuser vor, bei denen es ihm um Eingliederung in die Landschaft ging. Im Jahr darauf wurden sie im „Ladies Home Journal" veröffentlicht; Wright schreibt dazu: „[…] Deshalb entwarf ich das ganze Erdgeschoss als einen einzigen Raum, isolierte die Küche als Laboratorium und trennte verschiedene Bereiche, wie das Ess-, das Lese- und das Empfangszimmer ab."
Die Vorstellung von der Küche als Labor lag sozusagen in der Luft.

In ihrem Buch „Die Frankfurter Küche" setzt sich Grete Schütte-Lihotzky im Nachhinein mit den unterschiedlichen Küchentypen auseinander, mit denen sie zu tun hatte und beginnt mit den Fragen: „Wo kocht man, wo isst man, wo wohnt man? Es gab vier Möglichkeiten:

a) Die Wohnküche, der Raum, in dem die Familie kocht, wohnt und isst, mit anschließender Spülküche, entwickelte sich aus der alten Bauernstube, in der mit Holz und Kohle geheizt wurde, so dass der Herd die Wärmequelle für den Raum darstellte, in dem sich die ganze Familie aufhielt.

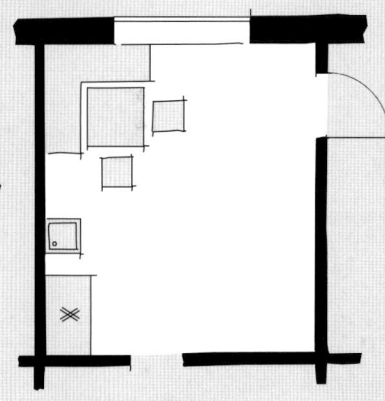

b) Die Kochnische. Solange man noch keine Zentralheizung hatte, jedoch schon Gasherde verwendete, war es logisch, offene Kochnischen zu bauen, die vom Ofen im Wohn- und Esszimmer mitbeheizt werden konnten.

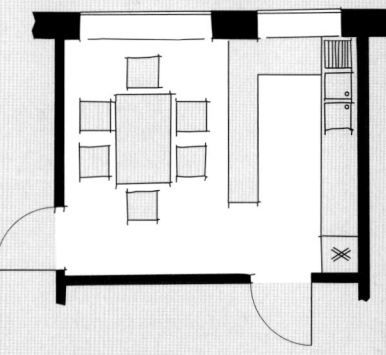

c) Die Arbeitsküche. Die wichtigste bauliche Grundlage aber stellte, […] die breite Öffnung zum Wohn- und Essraum hin dar, die durch eine Schiebetür verschließbar war. Auf diese Weise konnte die Frau, während sie ihrer Arbeit in der Küche nachging, mit den Familienmitgliedern im Wohnzimmer sprechen, die Kinder dort beaufsichtigen usw. […]. Tatsache ist, dass die Schiebetüren fast immer offen standen, so dass die Küche und das Wohnzimmer die notwendige Einheit bildeten.

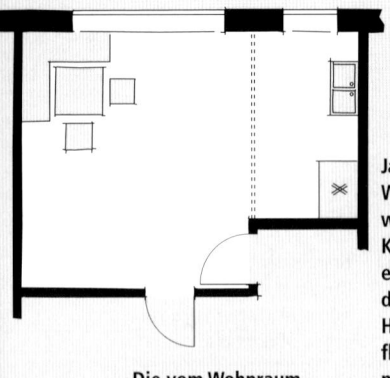

Die vom Wohnraum durch eine breite Schiebetüre abtrennbare Nur-Arbeitsküche stellte deshalb im Frankfurt der 2. Hälfte der 20er Jahre die einzig richtige Wohnform dar, denn sie war so angelegt, dass Küche und Wohnraum eine Einheit bildeten und die Entfernung zwischen Herd, Arbeits- und Spülfläche zum Esstisch nicht mehr als 3,40 m betrug. So konnten Kleinkinder, die sich im Wohnraum befanden, von der Küche aus beaufsichtigt werden.

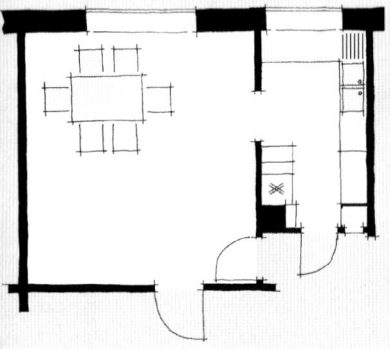

d) Die Essküche, das heißt eine Küche mit Essplatz für die ganze Familie und dem Wohnplatz im Wohnzimmer wäre schon damals das Ideal gewesen. Das aber konnte ich bei der Stadtverwaltung nicht durchsetzen, da diese Lösung mit 2 Sitzplätzen 6–7 qm Bodenfläche pro Wohnung gekostet hätte. Ein Jahrzehnt später haben die Schweden bei ihren zahlreichen Genossenschaftswohnbauten solche Essküchen gebaut, wobei sie sich immer auf die Frankfurter Küche beriefen."

Maisonette in der Gemeindewohnhausanlage „Arbeiterterrassenblock Winarskyhof" von Adolf Loos (Projekt, Wien XX, 1923) „Er versucht, die spezifischen Wohnbedürfnisse der Arbeiter zu erkennen und sie in entsprechende Wohnformen zu übersetzen. Er verwirft die Einrichtung kleinbürgerlicher Wohnzimmer und baut Wohnküchen, in denen viele Funktionen zusammengefasst sind." (Aus: „Der Raumplan im Wohnungsbau von Adolf Loos" von Dieter Worbs)

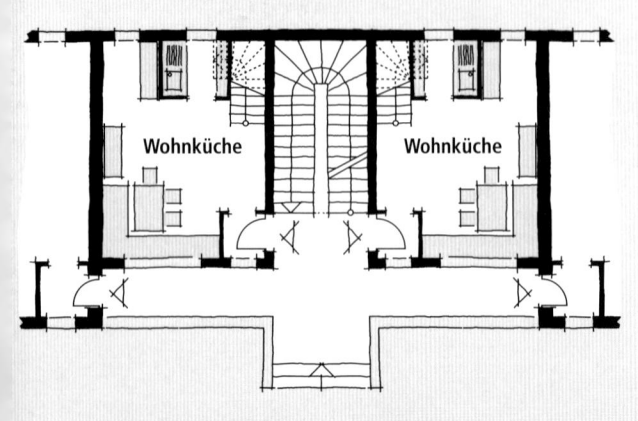

Ein Jahr später hatte sich auch bei Ernst May diese Sicht des Küchenproblems durchgesetzt: ‚Grundsätzlich wurde die sogenannte Wohnküche als den Forderungen einer zeitgemäßen Wohnkultur widersprechend ausgeschaltet und durch die Doppelzelle, Einbauküche – Wohnzimmer, ersetzt'.

Die ferne Entwicklung der Wohnungstypen hat die Absonderung der Arbeitsküche ebenso bestätigt wie die Entwicklung der Wohnweise [...]. Erst etwa 50 Jahre später, als sich in nahezu jedem Haushalt die gesonderte Arbeitsküche durchgesetzt hatte, spürte man den Verlust, der mit der Trennung von Wohnen und Wirtschaften einhergegangen war. Der Verlust [...] wird deutlich, wenn wir uns eine programmatische Äußerung über die Wohnküche vergegenwärtigen, die Adolf Loos – im Widerspruch zum Trend des Neuen Bauens – in dem Jahr vorträgt, in dem seine ehemalige Mitarbeiterin die Frankfurter Küche entwirft: ‚[...] je vornehmer gespeist wird, desto mehr wird bei Tisch gekocht. Ich frage mich, warum der Proletarier von dieser schönen Sache ausgeschlossen sein sollen? Vor tausend Jahren hat jeder Deutsche in der Küche gegessen. Das ganze Weihnachtsfest spielte sich in der Küche ab, sie war der schönste und geeignetste Raum [...]. Man weiß sehr gut, warum sich Kinder am allerliebsten in der Küche aufhalten. Das Feuer ist etwas Schönes. Die Wärme des Feuers durchdringt den Raum und das Haus, es geht nichts an Wärme verloren. Die Küche durchwärmt das Haus, und das Feuer ist, was es sein soll, der Mittelpunkt des Hauses [...]. Aus all diesen Gründen baue ich die Wohnküche, die die Hausfrau entlastet und ihr einen stärkeren Anteil an der Wohnung gibt, als wenn sie die Zeit des Kochens in der Küche verbringen muss'."

Die Reform der Küche gestaltete sich als Aufgabe des Jahrzehnts; in den 1920er Jahren schlug die Stunde des Funktionalismus und die Küche wurde zum willkommenen Arbeitsfeld, seine Maximen anzuwenden, nämlich Räume, deren Funktionen genau erfasst werden konnten, auf die sparsamsten Flächen zu reduzieren. So war es selbstverständlich, dass den Küchen auf der

Werkbundausstellung „Die Wohnung"
1927 Stuttgart

große Aufmerksamkeit zukam. Karin Kirsch in „Die Weißenhofsiedlung": „Neben den Küchen in den ausgestellten Wohnungen und Wohnhäusern, die von ihren Architekten – und auf Wunsch unter Beratung von Frau Dr. Erna Meyer, München (Der neue Haushalt 1926) – entworfen wurden, zeigten Hersteller in den Ausstellungshallen die von ihnen entwickelten Musterküchen.

So die ‚Eschbacher Reformküche', die auf amerikanische Vorbilder zurückging, ebenfalls unter Mitwirkung von Erna Meyer gestaltet – und deren besonderer Stolz die Schütten aus Pressglas waren.

Und die ‚Haarer Küche', eine Entwicklung des Ingenieurs (!) Otto Haarer zusammen mit seiner Frau und seinen Brüdern. In ihr war eine Reihe patentierter Neuerungen eingebaut, so die berühmte ‚Haarer Schütte' aus Aluminium, eine Attraktion, die die Möglichkeiten einer Schublade mit denen einer Kanne kombiniert und bereits 1925 im ‚Haarer Küchenschrank für städtische Haushalte' auf Haushaltsausstellungen präsentiert wird. Hier werden Ernst May und Grete Schütte-Lihotzky auf sie aufmerksam und übernehmen sie in die ‚Frankfurter Küche'. Nach der Mitwirkung vom Frankfurter Hochbauamt und Grete Schütte-Lihotzky erhält sie ihre endgültige Form und wird zum besonders augenfälligen Merkmal der ‚Frankfurter Küche' – meistens in drei Reihen zu je sechs Schütten im Unterschrank.

Das Konzept der ‚Frankfurter Küche' ist ausgereift und umfassend und zweifelsohne ein Vorbild für alle anderen Küchen der Ausstellung. Auf 1,87 m x 3,44 m ist alles untergebracht, was eine Küche für eine Durchschnittsfamilie ausmacht, angereichert mit einer Fülle liebevoller Details, die die Arbeit erleichtern, bis hin zur Farbe blau, die von den Fliegen gemieden wird. Richard Döcker, der bauleitende Architekt der Weißenhofsiedlung bestätigt es im Heft 11/1928 der Bauwelt." (Aus „Die Weißenhofsiedlung" von Karin Kirsch, DVA Stuttgart 1987)

Doppelhaus in der Weissenhofsiedlung Stuttgart, Le Corbusier 1927. Erna Meyer beschwerte sich beim künstlerischen Oberleiter der Weißenhofsiedlung, Mies van der Rohe, über die Küchen in den Wohnungen von Le Corbusier und wurde von ihm mit dem Hinweis auf dessen Exklusivität und Empfindlichkeit beschwichtigt. Vermutlich zu Recht, denn 30 Jahre später zog sich Le Corbusier aus seinem Projekt „Unité d'Habitation" für die Interbau Berlin 1957 zurück, weil die Ausführung nicht mit seiner Planung übereinstimmte (siehe auch S. 258). Foto: Andreas Praefcke unter cc-by-3.0

Haarer-Küchenschrank für städtische Haushalte; oben Vorratsschrank mit Schütten, unten Topfschrank. 1925.

u.: Haarer-Schütte, Modell 1926. Endgültige Form nach der Zusammenarbeit mit dem Frankfurter Hochbauamt, besonders mit Grete Lihotzky.

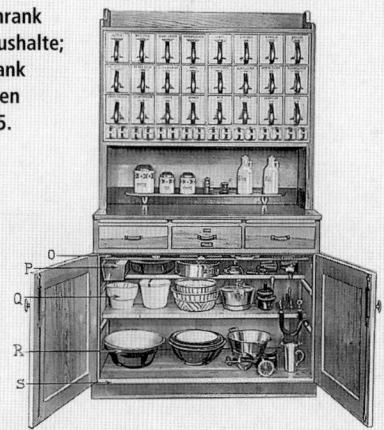

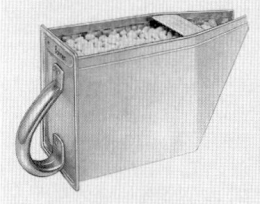

Die Frau des Küchenherstellers Otto Haarer, Anni, demonstriert die Haarer-Schütte, einen Vorratsbehälter aus Aluminium, der die Vorteile von Schublade und Gießkanne kombiniert.

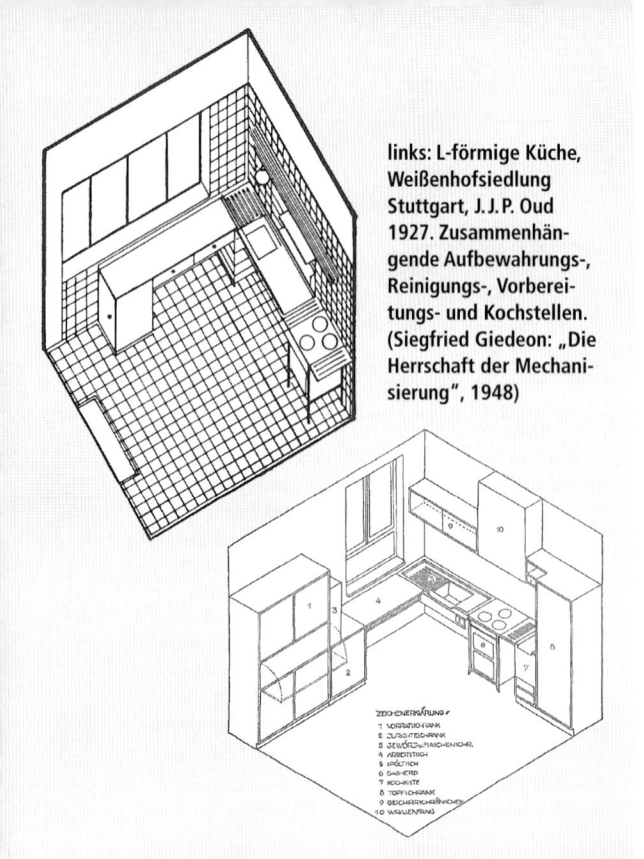

links: L-förmige Küche, Weißenhofsiedlung Stuttgart, J. J. P. Oud 1927. Zusammenhängende Aufbewahrungs-, Reinigungs-, Vorbereitungs- und Kochstellen. (Siegfried Giedeon: „Die Herrschaft der Mechanisierung", 1948)

oben: Stuttgarter Kleinküche, isometrische Darstellung. Architekt: Keuerleber in Zusamenarbeit mit Hilde Zimmermann und Erna Meyer („Stein–Holz–Eisen", 1927)

rechts: Mitropa-Speisewagenküche („Die Form", 1927)

„In einer Werbeschrift für die Siedlungsausstellung in München 1934 wird der Nachweis angekündigt, dass dem deutschen Menschen [...] das eigene Heim ein Quell immer neuer Lebensfreude werden kann. Nach einer Propagandaschrift für die Ausstellung ‚Schaffendes Volk' in Düsseldorf 1937 [...] soll versucht werden, das Wesen einer nationalsozialistischen Stadt [...] aufzuzeigen. In der Vorbereitung für die ‚Deutsche Siedlungsausstellung Frankfurt/Main 1938' wird an die Äußerung des späteren Gauleiters erinnert: ‚Wer keine Heimat hat, ist auch nicht bereit, zu ihrer Verteidigung das Schwert zu ziehen'." (Cramer/Gutschow)

Zum gleichen Ergebnis kommt ein Bericht der Reichsforschungsgesellschaft 1929, der den Einfluss der Frankfurter Küche auf die Küchen der Weißenhofsiedlung für unverkennbar hält (vergl. „Frankfurter und Stuttgarter Küchen", ein Beitrag für „Oikos" 1992 von Franz J. Much).

Die ebenfalls ausgestellte „Stuttgarter Kleinküche" – entworfen von Erna Meyer, zusammen mit Hilde Zimmermann (Hauswirtschaftslehrerin) und ihrem Bruder Hans Zimmermann (Architekt) – kombiniert Spüle und Herd in der Folge von links nach rechts: Abtropffläche – Spüle – Arbeitsfläche – Herd – Arbeitsfläche. Diese Anordnung, die auch in einer Reihe weiterer „Weißenhof-Küchen" auffällt, und die später in die Küchennorm aufgenommen wird, unterscheidet sich erheblich von der „Frankfurter Küche", die Herd und Spüle jeweils gegenüber an den Längsseiten anordnet.

Das Interesse an den Musterküchen war so groß, dass ein Großteil von ihnen auf weiteren Ausstellungen im Reich gezeigt wurde.

Extra für die Werkbundausstellung angefertigt worden war eine Mitropa-Speisewagenküche. Die Küchen der Schnellzüge waren Leitbilder für Generationen von Küchenplanern. Schon 1869 wurde in den USA ein Pullmann Speisewagen patentiert, und Grete Schütte-Lihotzky bekannte sich zum Einfluss dieser Küchen auf ihre Entwurfsarbeit. Die Leistungsfähigkeit der Mitropaküche wurde mit 400 Bestellungen pro Fahrt angegeben und war nur möglich, weil mit den Abmessungen von ca. 2.0 x 2.0 m jeweils für Küche und Anrichte, keine zeitraubenden Schritte nötig waren und alles vom zentralen Arbeitsplatz aus mit einem Handgriff erreicht wurde (siehe S. 196).

Die 25 Einfamilienhäuser der Holzsiedlung am Kochenhof Stuttgart 1933

Die Bemühungen zur rationalen, arbeitssparenden Haushaltsführung sind untrennbar mit der „Moderne" und dem „Neuen Bauen" verbunden.

Mit der Machtergreifung der Nationalsozialisten ist diese fruchtbare und erfolgreiche Phase abrupt beendet. Im Vergleich zu den zahlreichen Bauausstellungen der Weimarer Republik, die von der Begeisterung und von der Zuversicht zum Neuen getragen wurden, lassen die unverholenen Kriegsvorbereitungen, mit denen sofort begonnen wird, dem Dritten Reich wenig Zeit und Geld.

Wenn es zu Ausstellungen kommt, geht es den Nationalsozialisten um die Durchsetzung ihrer Vorstellung von Gesellschaft, Stadt und Siedlung. Die in ihrem Gefolge arbeitenden Architekten sind dagegen froh, ihre traditionellen Konzepte verwirklichen zu können, die ihnen in den 20er Jahren verwehrt worden waren, und sie rechnen mit den vermeintlichen „Irrtümern der Moderne" ab. Nach der Machtübernahme am 30. Januar 1933 werden ohne Verzug am 29. Mai 1933 die Baueingaben eingereicht und die Siedlung am 25. September 1933 eröffnet.

Paul Schmitthenner als Vertreter der konservativen Stuttgarter Architekturschule formulierte bereits 1927 in den Zielen für die Versuchssiedlung am Kochenhof – als Gegenentwurf zur Weißenhofsiedlung – u. a.: „Sehr wichtig ist weiter, dass einwandfrei die zur Zeit vielumstrittene Frage des Daches objektiv untersucht wird und ebenso die Fragen, die sich auf die Vereinfachung der Hauswirtschaft beziehen."

Doch zur Einlösung dieser Ankündigung (vor allem hinsichtlich der Hauswirtschaft) kommt es nicht. „Von dem großzügigen Vergleichsprogramm des Jahres 1927, bei dem soziale und finanzielle Fragen im Vordergrund standen […] blieb im April 1933 nur ein einziger Aspekt übrig: mit handwerklicher Weiterentwicklung überkommener Erfahrung sollte ‚das alte städtische Bürgerhaus' wieder zum Leben erweckt werden." („Bauausstellungen", Cramer/Gutschow, Stuttgart 1984)

Der Wiederaufbau in den 50er Jahren bedeutet auch wachsendes Interesse für die rationale Gestaltung der Hauswirtschaft. Im Geleitwort zur

Haus 2 und 3 von Paul Schmitthenner in der Kochenhofsiedlung Stuttgart 1933.
Unter „Aufgabe und Ziel der Siedlung" steht im Ausstellungskatalog: „[…] dem deutschen Holz als Baustoff wieder zu seinem Recht zu verhelfen. […] Die Bauten sollen das Stadthaus aus Holz zeigen."
Über eine effiziente Küche den Frauen die Möglichkeit einzuräumen, neben dem Haushalt einen Beruf auszuüben, lag nicht in der Absicht der Nationalsozialisten. So war es den Teilen der Bevölkerung, auf die sie Zugriff hatten, z. B. Beamte und Soldaten, verboten, dass beide Elternteile einen Beruf ausübten.

u.: Grundriss EG mit Küche (Ziff. 7)

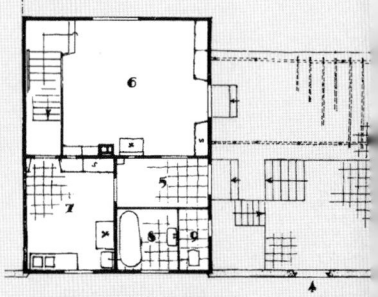

Constructa-Block, von F.W. Kraemer und Konstanty Gutschow 1951.

Der neungeschossige Laubengangbau war Schwerpunkt der Bauausstellung und weithin sichtbares Zeichen des Wiederaufbaus.

Aus dem Geleitwort von Theodor Heuss, dem architektursinnigen Bundespräsidenten, zur Constructa-Bauausstellung: „Das Wagnis war noch nicht zu Ende gekommen, da es von Gesinnungen, die in einem ganz anderen Raum wurzelten, gewaltsam beendet wurde. Nun wird es in einem neuen, schwieriger gewordenen Ansatz wiederaufgenommen. Sein Gelingen ist in die Hand des Meisters gelegt."
(Cramer/Gutschow)

„Constructa Bauaustellung 1951" in Hannover
ermutigt der damalige Bundespräsident Theodor Heuss die Generation der jungen Architekten, das Experiment der Moderne fortzusetzen. Der Terminus „Constructa" steht noch Jahrzehnte nach der Ausstellung für moderne Haushaltsgeräte.

Das „Experiment der Moderne" hatte in den Ländern, die der nationalsozialistischen Okkupation entgingen, seine Fortsetzung gefunden – oft unter Mitwirkung deutscher Emigranten. In Skandinavien, der Schweiz und den USA war die Entwicklung des „Neuen Bauens" vorangekommen und mit ihm die der modernen Küche.

Besonders Schweden, bekannt für seine selbstbewussten und aktiven Frauen, hatte sich darin besondere Verdienste erworben. Der schwedische Film „Küchengeschichten" aus dem Jahre 2003 nimmt Untersuchungen für die rationelle Küche als Story für die humorvolle Auseinandersetzung der beiden benachbarten Länder Norwegen und Schweden. Offensichtlich sind die Schweden für ihre Küchenstudien aus den 50er Jahren bis heute in Skandinavien bekannt und damit für die Norweger ein anhaltender Grund zum Spott über die Nachbarn.

Interbau Berlin 1957
Der damalige Bausenator erläuterte die Ziele: „[…] So soll die Ausstellung keine Baumesse sein, sondern ein klares Bekenntnis der Architektur zur westlichen Welt. Sie soll zeigen, was wir unter modernem Städtebau und anständigem Wohnungsbau verstehen im Gegensatz zum falschen Prunk der Stalinallee." Der Auswahlausschuss lud 54 Architekten aus 13 Ländern zur Teilnahme an der Internationalen Bauausstellung in Berlin ein, die den Wiederaufbau des Hansaviertels zum Inhalt hatte. Unter den teilnehmenden Architekten waren auch Emigranten wie Walter Gropius aus den USA und Fritz Jaenecke – ehemaliger Partner von Egon Eiermann, der 1933 nach Schweden emigrierte und dort mit Sten Samuelson eine Partnerschaft einging.

Szenenbild aus dem Film „Kitchen stories", 2003

„Allein schon die Story ist ein Ausbund an bizarrem Humor. Da hat in den 50er Jahren das schwedische Forschungsinstitut für Heim und Haushalt durch ständige Beobachtungen festgestellt, dass eine schwedische Hausfrau pro Jahr in der Küche eine Strecke bis zum Kongo zurücklegt. Dank dieser Studien konnte man die Anordnung der Gerätschaften in der Küche […] so verbessern, dass die Hausfrau im Jahr darauf nur noch eine Strecke bis nach Norditalien zurücklegte."
(Filmbesprechung aus www.imdb.com)
Die genaue Beobachtung der Küche und der in ihr stattfindenden Tätigkeiten erfolgt von einem Hochstuhl aus. Zwischen Beobachter und Proband darf nicht gesprochen werden.

Zehngeschossiges Wohnhochhaus auf der Interbau Berlin 1957 von Fritz Jaenecke und Sten Samuelson. Süd- und Nordseite.

Der Beitrag von Fritz Jaenecke und Sten Samuelson, eine zehngeschossige Wohnhochhausscheibe mit 68 Wohnungen, war bei den Besuchern sehr beliebt und hieß kurz „Das Schwedenhaus"

Im Katalog der Interbau Berlin 57 steht unter „Beispielhafte Küchen": „Die Küchen des Hansaviertels sind durchweg als Einbauküchen ausgeführt. Es ist zu hoffen, dass Einbauküchen bald zum Allgemeingut des Sozialen Wohnungsbaus werden. Der deutsche Wohnungsbau ist hier zweifellos hinter den Entwicklungen, vor allem der skandinavischen Länder zurückgeblieben. Im schwedischen Wohnungsbau ist es seit Jahrzehnten eine Selbstverständlichkeit, dass die Küchen mit komplettem Schrankeinbau geliefert werden. Es ist weiterhin selbstverständlich, dass die Räume so bemessen sind, dass es möglich ist, die in einer vorbildlichen Weise standardisierten Küchenelemente bequem einzubauen.
Schwedische Küchen werden im Objekt 15, dem ‚Schwedenhaus' gezeigt, und zwar als Arbeitsküche, Essküche und als in Verbindung mit dem Wohnraum stehender Küchenteil [...]."

Von den selben Architekten ist ein weiteres „schwedisches" Küchenbeispiel in einem Reihenhaus in Sandviken aus den Jahren 1955/56. Die platz- und arbeitssparende zweizeilige Arbeitsküche ist eingebaut und zu einer Essküche ausgeweitet. Für das Essen in einem größeren Kreis gibt es noch einen Essplatz im Wohnzimmer.

Dazu Grete Schütte-Lihotzky in ihrem Buch „Die Frankfurter Küche" aus der Sammlung des MAK (Museum für Angewandte Kunst, Wien): „Die Essküche, das heißt eine Küche mit Essplatz für die ganze Familie [...] wäre schon damals das Ideal gewesen. Ein Jahrzehnt später haben die Schweden bei ihren zahlreichen Genossenschaftswohnungen solche Essküchen gebaut, wobei sie sich immer wieder auf die Frankfurter Küche beriefen."

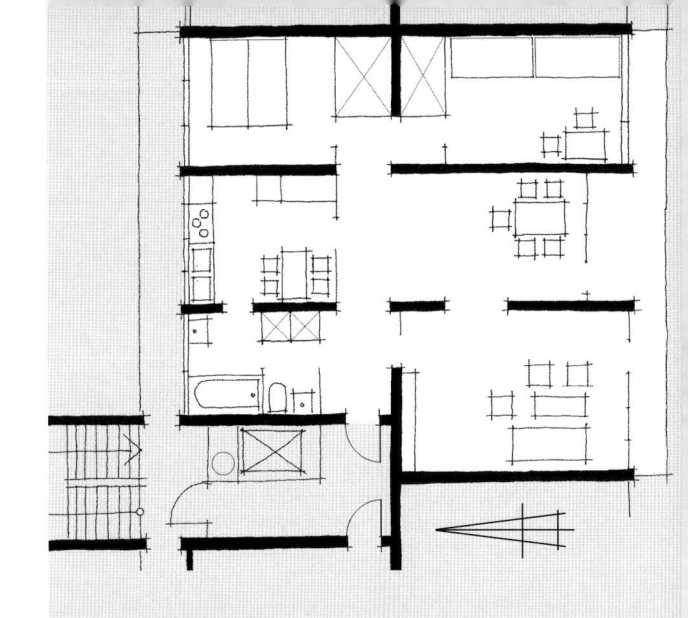

Das „Schwedenhaus", Wohnungsgrundriss im Maßstab 1:200, gehörte zu einer Gruppe von Wohnhochhäusern in der Ausstellung, die als Typ so neu waren, dass es noch kein Baurecht für sie gab. Lediglich die englische Besatzungsmacht hatte sich darüber hinweggesetzt und von 1949 bis 1956 in Hamburg die Grindel-Hochhäuser für ihre Angehörigen errichtet.

Neu waren auch die Gemeinschaftseinrichtungen im EG, die „Schwedenküche" und der „Allraum". Im IBA-Katalog steht dazu: „Angestrebt wurde ein enger Kontakt zwischen der Küche und dem davor liegenden Raum, der in Schweden Allraum heißt. Hier spielt sich das tägliche Leben der Familie ab [...] beispielsweise als Spielraum für Kinder oder als Arbeitsraum."

Reihenhaus in Sandviken von Fritz Jaenecke und Sten Samuelson 1955/56, EG und Schnitt, Maßstab 1:200.

Die Topografie wird vom Haus vorbildlich aufgenommen: Das Gefälle entspricht fünf Stufen.

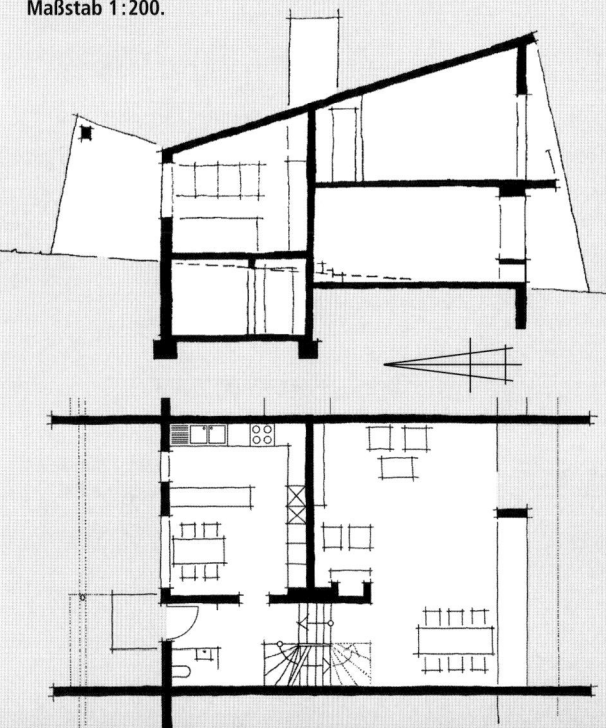

Eckausbildungen für den Fall des U-förmigen Abschlusses der Unterschränke.

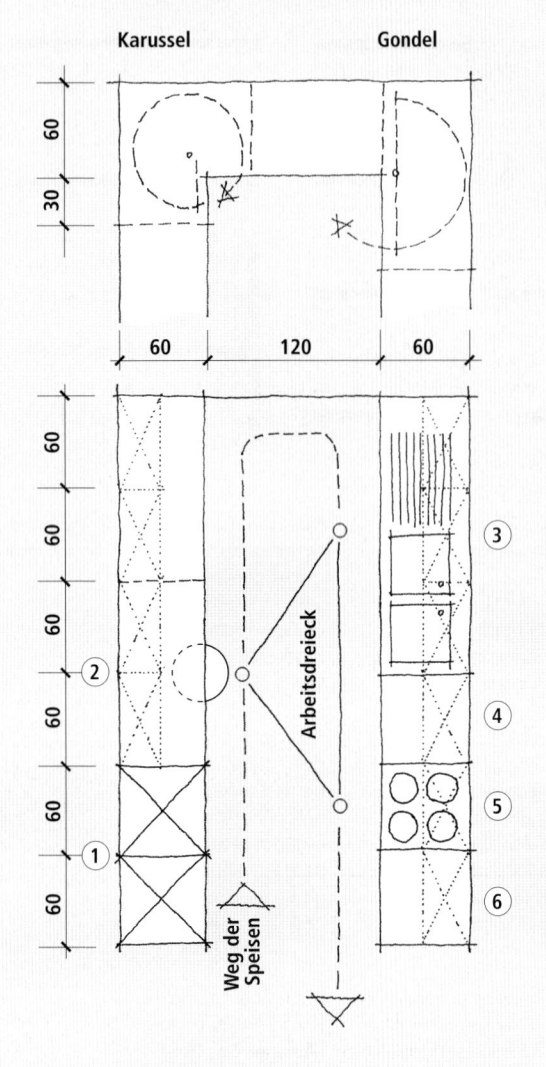

Karussel   Gondel

Zweizeilige Küche, Maßstab 1:50, nach DIN 66354 und AMK (Arbeitskreis Moderne Küche)

1) Hochschränke für Vorräte, aber auch Kühlschrank und Backofen in Augenhöhe!
2) Große Arbeitsfläche als beinfreier Sitzplatz, darüber Hängeschränke.
3) Spültisch mit 2 Spülbecken und Abtropffläche, darunter Geschirrspülmaschine, darüber Hängeschränke.
4) Kleine Arbeitsfläche, Vorbereitung; darunter auch Geschirrspülmaschine möglich, darüber Hängeschrank.
5) Herd, darunter Backofen oder Unterschrank, darüber Dunsthaube.
6) Abstellfläche, darüber Hängeschrank.

Für die Ausstattung und Einrichtung einer Küche für den Durchschnittshaushalt (4 Personen) wird mindestens eine Stellfläche von insgesamt 7 m Länge bei 60 cm Wandabstand benötigt (AMK).

DIN 18022 – Küchen, Bäder und WCs im Wohnungsbau (letzte Fassung Nov. 1989, 2007 zurückgezogen),
DIN 66354 – Kücheneinrichtungen (letzte Fassung Dez. 1986) und
die Merkblätter AMK S 003 und S 004 (Arbeitsgemeinschaft „Die moderne Küche e.V.")

Vieles von dem, was diese Regelwerke enthalten, ist inzwischen zum selbstverständlichen Standard geworden.

Die Unterteilung der Küche in Stell- und Bewegungsflächen ist unverändert sinnvoll:
Stellflächen geben den Platzbedarf der Einrichtungen im Grundriss nach Tiefe und Breite an. Die Tiefe ist einheitlich mit 60 cm empfohlen, Reduzierungen auf 55 cm oder 50 cm sind möglich, sofern es entsprechende Geräte gibt. Für die Breite gilt überwiegend 60 cm, aber auch 30, 90 und 120 cm und bei Anschlussmaßen zur nächsten Wand der 10er-Modul.

Die Abstände zwischen den Stellflächen oder zur nächsten Wand betragen 120 cm. Damit wird der vergleichbare Abstand in der Frankfurter Küche (90 cm) deutlich übertroffen.

Auch bei der Zuordnung der Einrichtungen kommen alle drei Regelwerke zu gleichen Empfehlungen. Die DIN 18022 empfiehlt daher von rechts nach links (weil die Rechtshänderin von rechts nach links ablegt!):
Abstellfläche (b = 30 cm, besser 60 cm)
Herd (b = 60 cm, bis 90 cm)
Arbeitsfläche (b = 60 cm)
Spüle (b = 90–120 cm)
Abstellfläche (b = 60 cm)
Mit der Begründung, dass die überwiegende Zahl der Menschen rechtshändig ist und daher von links nach rechts arbeitet, kommt man zum gleichen Ergebnis.

In einem wichtigen Punkt wird das Vorbild der „Frankfurter Küche", in der Herd und Spüle gegenüberliegen, verlassen. Einheitlich wird der Herd immer rechts von der Spüle positioniert. Die Höhe der Arbeitsflächen ist ständig gestiegen und derzeit bei 92 cm angekommen.

Das Merkblatt AMK ergänzt die genannten Küchennormen um praktische Vorschläge. Zum Beispiel empfiehlt es, den Einbaubackofen in Augen- und Arbeitshöhe anzuordnen, damit werden seine Handhabung und Überwachung erleichtert. Die gleichen Vorteile gelten auch für den Kühlschrank in Augenhöhe, der zugehörige Unterschrank kann ein Gefrierschrank mit Schubladen sein. Das Merkblatt enthält zudem eine Aufstellung aller notwendigen Möbel und Geräte in der Küche eines Durchschnittshaushalts und kommt auf eine Abwicklungslänge aller Stellflächen von 7,0 lfm; eine hilfreiche Festlegung im Frühstadium des Entwurfs.

Die zweiseitige Küche, die die DIN 66 354 beispielhaft anführt, legt die Arbeitsschwerpunkte: Spüle, Herd, großer Arbeitsplatz (gegenüber) so zueinander, dass die Wege zwischen ihnen annähernd gleich lang sind und ein gleichseitiges „Arbeitsdreieck" bilden. Für unterschiedliche Haushalte und Küchengrößen führt die Norm unterschiedliche Kombinationen der Küchenzeilen auf.

Ernst May, noch ehe ihn Grete Schütte-Lihotzky mit Kostengründen zur „Doppelzelle", d.h. Arbeitsküche mit durch Schiebetür angeschlossenem Wohnraum, überzeugte, verteidigte 1925 die Wohnküche mit dem Hinweis darauf, „dass die Dämpfe und Gerüche, die den Speisen auf dem Herd entströmen, möglichst vollkommen beseitigt werden und gleichzeitig [...] dafür gesorgt wird, dass Sauberkeit und Wohnlichkeit der Wohnküche [...] nicht [...] beeinträchtigt werden".

Stadt- und Univeritätsbibliothek 1959–64 von Ferdinand Kramer. Kramer, einer der Begründer des „Neuen Frankfurt" der 20er Jahre, erinnert sich an eine Bemerkung seiner Mutter: „Ich bin zu demokratisch, um vor einer Gans niederzuknien. Die brate ich erst wieder, wenn der Backofen auf Augenhöhe hängt."

Varianten zur Kücheneinrichtung gemäß DIN 66354:

Einzeilige Küche als Teil einer Wohnküche

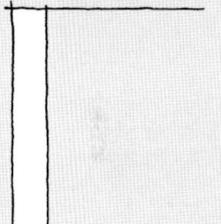

Zweizeilige Küche als Teil eines Wohnraumes

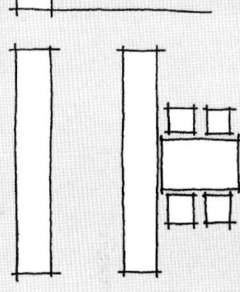

U-Küche als reine Arbeitsküche

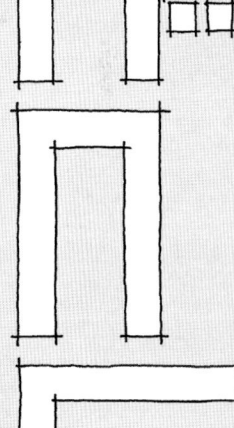

L-Küche mit Essplatz

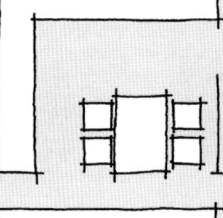

G-Küche mit Frühstücksbar

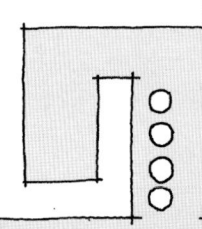

Entwicklungsstudie von moll design

oben: Ensemble aus vier Einheiten

links: Kocheinheit

unten links: Vorbereitungseinheit

unten rechts: Vorratseinheit

ganz unten: Aufbewahrungseinheit

Die technischen Möglichkeiten, die von May hierzu vorausgesetzt wurden, waren allerdings noch unzulänglich. So war die damals gebräuchliche Auftriebslüftung bei bestimmten Wetterlagen unbrauchbar und schmutziges Geschirr musste erst einmal gespült werden, ehe es weggeräumt werden konnte. Dagegen regt der heutige Stand der Küchentechnik, der solche Beeinträchtigungen ausschließt, zu einer Vielzahl von Wohnküchenkombinationen an.

Unter der Überschrift „Eine Küche für den neuen Lebensstil" wirft Michael Andritzky in seinem Beitrag für „Oikos 93" einen Blick auf die Zukunft der Küche, die bereits mit der Entwicklungsstudie von „moll design" begonnen hat. „Das Heidelberger Sinus-Institut, das seit vielen Jahren Wandlungen des Lebensstils [...] analysiert, hat die Arbeit der Designer angeregt und begleitet [...]. Die Küche ist viergliedrig aufgebaut, jede der vier Einheiten: Vorbereiten, Kochen, Vorrat halten und Aufbewahren, stellt für sich ein Benutzerzentrum dar, das jeweils individuell gestaltet ist [...].

Die Kocheinheit versteht sich als zeitgemäße Umsetzung der archetypischen Feuerstelle [...]. Sie kann frei im Raum stehen [...] und ist klar auf die Vorbereitungseinheit bezogen und bildet mit ihr einen gemeinsamen Arbeitsbereich [...]. In ergonomisch richtiger Steharbeitshöhe lädt sie zum Benutzen von allen Seiten ein und fordert im Zusammenspiel mit der Kocheinheit geradezu zum Kochen mit mehreren Personen auf."

Das Kochen als gemeinsames Projekt kann zum wichtigen Teil hausgemeinschaftlicher Kommunikation werden. Es kehrt damit zurück zur bäuerlichen Küche, in der alle verfügbaren häuslichen Mitglieder am Vor- und Zubereiten der Speisen beteiligt waren – aber jetzt ohne den existentiellen Druck von einst und befreit von schwerer und schmutziger Arbeit. Statt Teil des „Überlebenskampfes" wird gemeinsames Kochen und Essen zum Ausdruck von

heutigem „life style". Das neue Lebensgefühl verstärkt seinen Ausdruck in der Küche durch „High-Tech-Design" und kostbare Materialien wie Holz, Granit und Edelstahl. Die neuen „Küchencontainer" für die vier Küchenbereiche können in jedem Raum der Wohnung stehen oder in einem offenen Raumgefüge eine neue Mitte bilden.
Die Umwandlung des vormaligen Rauchfangs in eine augenfällig gestaltete Dunstabzugshaube weist den Herd sichtbar als Mitte aus, wo er in der Geschichte des Hauses schon immer war.

So futuristisch das Design, so simpel und unverändert ist die Botschaft zur Wohnküche, wie sie Adolf Loos einst beschrieb und forderte und damit recht behielt.

b) BÄDER

Den Ausführungen über die Geschichte des Bades und der Toilette liegt die hansgrohe-Schriftenreihe
Band 1: „Das private Hausbad",
Band 2: „Installateur – ein Handwerk mit Geschichte",
Band 3: „Aus erster Quelle …" zu Grunde.

Die Geschichte des Bades
Mesopotamien
Zusammen mit den bewunderswerten wassertechnischen Einrichtungen, zu denen die Völker zwischen Euphrat und Tigris schon fähig waren, Deiche, Dämme, Speicherbecken und Kanäle, gibt es Hinweise auf Bäder. Im mesopotamischen Mari, der Hauptstadt des gleichnamigen Reiches, das fast 1000 Jahre existierte, ehe es der Assyrer Hammurabi (1728–1686 v. Chr.) eroberte, fand man bei den Gemächern der Herrscherin Bade- und Umkleideräume. Neben einer Art Dusche gab es zwei halb in den Boden eingelassene Wannen, eine zum Waschen, die andere für das anschließende Bad in parfümiertem Wasser. Außerdem konnte man in Wandnischen Kleider und Badeutensilien ablegen und das Wasser

„Die Verehrung des Wassers durch die Menschen von Mari machte eine Plastik besonders deutlich, [der französische Archäologe] Parrot nannte sie die Göttin mit dem Wasser spendenden Gefäß. Es ist eine knapp 1,5 m hohe Frauenfigur, in deren Innerem eine Steigleitung zum Gefäß führt, das sie in Händen hält." („Aus erster Quelle …")

„Von der uralten Badekultur des Orients zeugt der Palast im mesopotamischen Mari aus dem 2. Jahrtausend v. Chr., der über ein Badezimmer mit Ofen zum Erwärmen von Wasser und zwei kleine, halb in den Boden eingelassene Badewannen aus Ton verfügte." („Das Buch vom Bad")

„Zur Morgentoilette einer ägyptischen Prinzessin gehörten Haar- und Mundpflege. Ob die kosmetischen Bemühungen zu ihrer Zufriedenheit ausfielen, konnte sie im Handspiegel kontrollieren." („Aus erster Quelle …")

In Mykene, auf dem griechischen Festland, wurden Badewannen der kretischen Art gefunden und belegen den Einfluss Kretas auf die vorklassische, mykenische Kultur. Agamemnon, der sagenhafte Anführer der Griechen im trojanischen Krieg, lebte hier auf seiner Königsburg und wurde – wie Homer berichtet – von seiner Frau Klytemnästra und seinem Nebenbuhler Aegist im Bad erschlagen, das ihm aus Anlass seiner Heimkehr bereitet worden war.

Der Milliardär Onassis war von den bunt mit Wasserpflanzen und Fischen bemalten Sitzbadewannen so begeistert, dass er sich eine Nachbildung anfertigen ließ.

wurde in dort aufgestellten Öfen erwärmt. Das Baden geschah durch Übergießen der in der flachen Wanne Sitzenden mit warmem Wasser und war ein Privileg der Begüterten, die über eine entsprechende Dienerschaft verfügten.

Ägypten

So auch in Ägypten, wo in allen Palästen und Villen Bäder untergebracht waren, die immer an die Schlafgemächer angrenzten. Daneben befand sich jeweils der Salbraum, in dem auf kleinen gemauerten Bänken ein Sklave Massagen mit parfümierten Ölen vornahm.

Griechenland

Die ersten Bäder Europas sind in den Ruinen der Adelspaläste auf Kreta nachweisbar. Die erste europäische Hochkultur, die minoische, entsteht in der Bronzezeit; benannt nach dem mythischen König Minos, erfuhr sie 1450 v. Chr. ihre letzte Blüte. Die Palastanlagen von Knossos, der Sage nach errichtet vom Architekten Daidalos, wurden mit Trinkwasser aus entfernten klaren Quellen versorgt, das bis zu den Entnahmestellen in Küchen, Bädern und sanitären Anlagen geleitet wurde. Der perfekten Wasserversorgung entsprach die Abwasserentsorgung, die durch Rohre aus Ton unter dem Boden geführt wurde; sie hatten zum Teil noch Henkel, die auf ihre Entwicklung aus Krügen schließen lassen.

Im Palast des Minos wurde ein in den Boden eingelassenes Badebecken gefunden, in das eine Treppe hinunterführt und das mit Alabaster verkleidet war. Im sogenannten Appartment der Königin, dessen einstige Gestalt sich erfolgreich nachweisen ließ, wurde eine Badewanne entdeckt, deren einstige Pracht nur noch geahnt werden kann.

Archäologische Funde zeigen den hohen Stellenwert der Badekultur in der klassisch griechischen Antike. Hinweise auf den griechischen Alltag und speziell auf die Badegewohnheiten des 8. Jahrh. v. Chr.

Knossos, Palast, 2000–1400 v. Chr. (Foto: Martin Lefering) „Mit einer Unzahl von Höfen und Zimmern, die mit Fresken geschmückt waren […]. Luftheizung und Schwemmkanalisation waren ebenso bekannt wie kostbare Badeeinrichtungen." (Hans Koepf)

Alabasterverkleidetes Lustralbad (mit modernen Ergänzungen) im Südosten des Palastes

o.: Badewanne aus dem sog. Apartement der Königin.
Homer beschreibt in der Odyssee die Ankunft des Odysseus im Haus der Circe, die ihn mit einem Bad empfängt: „Und nachdem das Wasser gekocht in blinkendem Erze | Setzte sie mich in das Bad und goss aus dem mächtigen Dreifuß | Lieblich gemischtes Wasser über das Haupt und die Schultern | Bis sie die Glieder gelöst von herzergreifender Mattheit | Da sie mich aber gebadet und mich gesalbt mit dem Öle […]" („Das Buch vom Bad")
u.: Kanalisation im Palast von Knossos.

li. + S. 207 u.: Bemalte Terracottawannen im Museum von Heraklion (Fotos: Martin Lefering)

lassen sich auch den beiden großen Epen, Ilias und Odysee, entnehmen, die Homer 720 v. Chr. über den Trojanischen Krieg und die Heimfahrt des Odysseus geschrieben hatte – rund 500 Jahre nach den Ereignissen.

„Zum Standard der Wohnungen gehörte nun die Wanne, in der die Badenden im Sitzen mit warmem Wasser übergossen wurden, aufgeheizt in einem Kessel mit Dreifuß über offenem Feuer. Über die Wannen heißt es bei Homer, sie seien ‚schön geglättet' gewesen, was auch Fundstücke belegen. Ja, der Dichter berichtet sogar von silbernen Wannen und liefert damit den ersten Beleg für metallene Exemplare […]." (Aus „Aus erster Quelle")

Auch wenn nicht alle Häuser einen eigenen Baderaum aufwiesen, standen überall die typischen, etwa hüfthohen Waschbecken, steinerne, gelegentlich auch metallene Schalen von rund einem Meter Durchmesser mit glattem oder Wulstrand. Die Becken ruhten auf einem Sockel – die Griechen wuschen sich stehend – und wurden durch Eingießen gefüllt, in einigen Häusern fand man auch Zuleitungen durch das Innere des Sockels.

Römisches Imperium

Die Geschichte des Bades ist zugleich die Geschichte der ausreichenden Versorgung der Städte mit frischem Trinkwasser, seiner problemlosen Erwärmung und der hygienischen Entsorgung der Abwässer. In allen drei Bereichen leisteten die Römer Vorbildliches.

„Seit dem 4. Jahrh. v. Chr. war die Wasserversorgung Roms die Angelegenheit des Staates und in der Kaiserzeit die der Kaiser. So ließ sich Kaiser Augustus (62. v. Chr.–14 n. Chr., reg. ab 31. v. Chr.) von seinem Jugendfreund und Schwiegersohn Agrippa (6–12 v. Chr.) das Wassernetz ausbauen, zu dessen ständiger Wartung eine Mannschaft von 240 ‚aquarii' (mit Wasserleitungsbau beauftragte Sklaven) aufgestellt wurde.

„Zeichnung eines Privatbades mit Wanne und Waschbecken, wie sie in den Häusern der Stadt Olynth gefunden wurden."
(„Aus erster Quelle …")

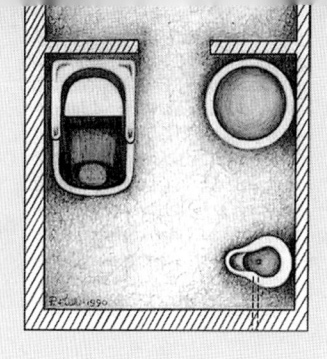

re.: „Auf einem Sockel standen gewöhnlich die Waschbecken im klassischen Griechenland. […] Terracottafigur aus dem 4. vorchristlichen Jahrhundert."

u.: „Darstellungen von badenden oder sich waschenden Menschen finden sich sehr häufig in der antiken griechischen Kunst."
(„Aus erster Quelle …")

u.: Kreuzung der römischen Fernwasserleitungen Aqua Marcia, Aqua Claudia und Anio Novus vor den Stadtgrenzen Roms. Gemälde von Zeno Diemer, Deutsches Museum München.

Nachdem unter Kaiser Claudius (reg. 41–54 n. Chr.) zwei neue Fernwasserleitungen, darunter die nach ihm benannte Aqua Claudia, fertiggestellt worden waren, erfuhren Agrippas 240 ‚aquarii' eine Aufstockung um weitere 460 kaiserliche Stellen. „Der Schriftsteller Plinius der Jüngere (61 – 113 n. Chr.) schwärmte über die Bauwerke, ‚dass es auf der ganzen Erde nichts Bewunderungswürdigeres gibt'. Zu seinen Zeiten wurde Rom von fünf großen Fernwasserleitungen, die täglich bis zu 635.000 cbm bestes Quellwasser aus den umliegenden Bergen heranschaffen, versorgt. Bei etwa einer Million Einwohnern von Rom ergab dies einen Verbrauch von 635 Litern Trinkwasser pro Kopf und Tag." („Installateur")

Die Wasserversorgung bis in jedes einzelne Haus erfolgte in den antiken Städten über Bleirohre. Vom Hauptwasserrohr, das in der Erde straßenbegleitend geführt wurde, zweigten Nebenstränge in die Häuser hinein ab; sie konnten durch Absperrhähne geschlossen werden. Dass von den Bleirohren auch Gefahren für die Gesundheit ausgingen, war den Römern bekannt. Vitruv schrieb: „Die Vorteile tönerner Rohrleitungen bestehen darin, dass ernstlich jedermann das, was daran schadhaft wird, ausbessern kann; und dann, dass auch das Wasser daraus weit gesünder ist, als das aus bleiernen Röhren [...]. Meiner Ansicht nach darf also ein Wasser, das gesund sein soll, nicht in bleiernen Röhren geführt werden." Es gibt die sarkastische Vermutung von ernstzunehmenden Historikern, dass das römische Reich an einer schleichenden Bleivergiftung untergegangen sei.

Die römischen Armaturen aus Bronze hatten einen hohen technischen Standard. In Pompeji fanden sich sowohl drosselbare Durchlaufhähne als auch Auslaufhähne. Die zusammen mit Herculaneum und Stabiae durch den Vesuvausbruch 79 n. Chr., dem auch der Chronist der frühen Kaiserzeit Plinius d. Ä. (23–79 n. Chr.) zum Opfer fiel, verschüttete Stadt erlaubt

Die Aqua Claudia wurde 52 n. Chr., gleichzeitig mit Anio Novus, während der Regierungszeit des Kaisers Claudius eingeweiht.

Begonnen hatte die Wasserversorgung der Hauptstadt 312 v. Chr. mit der Aqua Appia. Rund 500 Jahre später erreichten die Aquädukte ihre Maximalzahl. Elf Trassen schafften täglich 1,5 Mio Liter Wasser nach Rom.

Wasserversorgung und Wasserentsorgung einer antiken Stadt. Links das bleierne Hauptwasserrohr mit Nebenstrang und Absperrhahn. In der Bildmitte Abwasserkanal mit Hauptanschluss.

Römische Wasserversorgungsleitungen aus Blei, Herculaneum, vor 79 n. Chr.
Goethe notierte 1787 beim Besuch der ersten freigelegten Areale von Pompeii: „Es ist viel Unheil in der Welt geschehen, aber so wenig, das den Nachkommen so viel Freude gemacht hat."
u.: Römische Bronzearmaturen

seit ihrer systematischen Ausgrabung ab 1860 präzise Einblicke in den römischen Alltag jener Zeit. So wurde in Pompeji in einer privaten Therme eine Heißwasseranlage gefunden. Die Wassertemperatur ließ sich in römischen Bädern über Sperrventile exakt regeln, so dass man von Mischventilen sprechen kann.

„Das Baden in warmem und kaltem Wasser, das Schwitzen in erhitzter Luft gehörte zu den Grundbedürfnissen des freien Römers. Für den Normalbürger war der Besuch der öffentlichen Thermen Teil des Tagesablaufs. Die großen Bäder waren sozialer Mittelpunkt der Gesellschaft und Nachrichtenbörse für die neuesten Tagesereignisse. Für den reichen Römer war um Christi Geburt das private Bad in der eigenen Villa eine Selbstverständlichkeit." („Installateur")

Die klimatischen Voraussetzungen im Römischen Reich südlich der Alpen erlaubten es, auf installierte Raumheizungen zu verzichten; in den südlicheren Breiten genügten für das Winterhalbjahr Holzkohlebecken. Dagegen entwickelten die Römer für ihre Bäder ein perfektes Heizsystem, die Fußbodenheizung „Hypokaustum". Plinius d. Ä. meint auch den Erfinder zu kennen: C. Sergius Orata; dieser baute für seine Fischzucht 80 v. Chr. Wasserbecken mit doppeltem Boden, in den er heiße Luft einleitete. Nachdem er auch solcherart beheizte Badewannen baute, interessierten sich die öffentlichen Badeunternehmen dafür, und es erfolgte die Ausweitung des Prinzips auf das Beheizen ganzer Räume, ja Hallen.

Kleine Pfeiler aus aufeinander gelegten Ziegeln oder auch massive Steinpfeiler (ca. 0,40–1,20 m hoch) waren die Auflager von jeweils vier Fußbodenplatten (ca. 0,50–0,70 m groß), die mit ihren Ecken auf ihnen zusammenstießen. Darüber trug man einen Estrich aus Kalkmörtel und Ziegelsplit auf. Von einem eigenen, von außen zu bedienenden Feuerungsraum stieg die heiße Luft in den Zwischenraum

„In den südlicheren Breiten genügten zur Raumheizung gewöhnlich Holzkohlebecken wie dieses, das im Säulengang eines Hauses in Pompeii gefunden wurde." („Aus erster Quelle ...")

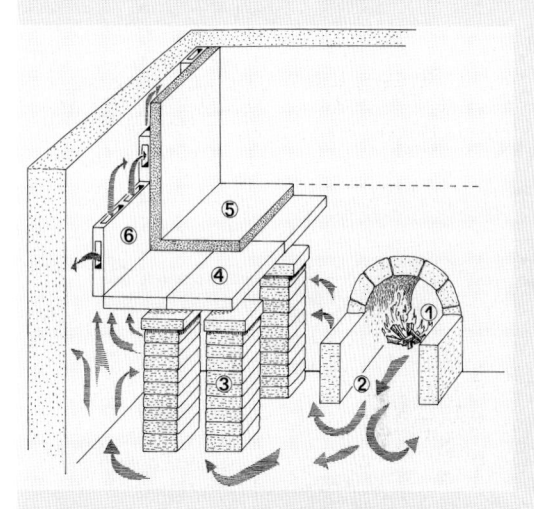

Schema einer Hypocaustenanlage:
1 Feuerungsanlage
2 Heizkanal
3 Hypocaustenpfeiler
4 Suspensuraplatten (Ziegel oder Naturstein)
5 Fußboden
6 Wandheizungsziegel (Tubuli)

„Das für das Badebecken benötigte heiße Wasser wurde in besonders hierfür eingebauten Metallbehältern erwärmt, die unmittelbar über den Heizkanälen eingebaut worden waren." („Die Römer in Baden-Württemberg")

Badehaus zu einem römischen Gutshof in Weinsberg/Mittlerer Neckar, ein Gebiet, das ab dem ersten Jahrhundert n. Chr. zum römischen Imperium gehörte. (Domitian, 81–96 n. Chr.) Die konservierten Gebäudeteile erhielten ein Schutzdach, das die Figuration des Bauwerks nachzeichnet; im Hintergrund die Burg Weibertreu. Links der Auskleideraum, in dem die halblebensgroße Statue der Göttin Fortuna balnearis gefunden wurde, vorn die halbrunde Apside des Kaltwasserbeckens.

o.: Badehaus in Weinsberg, Rekonstruktionszeichnung (nach Paret; vgl. vorige Seite).

li.: Hypocaust-Anlage im Badehaus – links das rechteckige Wasserbecken.

li. u.: Restaurierte Hypocaust-Anlage im Hauptgebäude.

Badevorgang in einer römischen Therme:
1 Auskleideraum
2 Kaltbad (frigidarium)
3 Schwitzbad (sudatorium)
4 Laubad (tepidarium)
5 Warmbad (Hauptraum jeder Therme, caldarium)

u.: Römisches Waschbecken in einer Villa (Rekonstruktion). Kaiseraugst 14 v. Chr. bis 4. Jh. n. Chr.

Kaiserthermen Trier, Baubeginn 293 n. Chr. unter Constantius I., dem Vater Konstantins des Großen. Trier war die Hauptstadt des römischen Westreiches; Konstantin der Große regierte zeitweilig von hier aus (306–316 n. Chr.) und betrieb ihren Ausbau zu imperialer Größe, dazu gehörte diese Therme, die allerdings über den Rohbau nie hinaus kam.

Die immer noch 19 m hohen Apsiden sollten die Becken des Caldariums umfassen.

und erzeugte gleichmäßige Zimmertemperatur ohne Rauchbelästigung. In den Warmbädern wurde sie zusätzlich durch vierkantige Röhren an den Wänden hochgeführt.

Private wie öffentliche Thermen verbrauchten kontinuierlich große Mengen an Energie. „Das Hypokaustensystem einer römischen Villa konnte pro Stunde 140 kg Holz verschlingen oder mehr als zwei Festmeter pro Tag. Dieser immense Holzverbrauch, zusätzlich zum Verbrauch für Schiffbau und Industrie, führte innerhalb weniger Jahrzehnte zu einem radikalen Kahlschlag der Apenninenhalbinsel […]. Die […] Brennmittelknappheit hatte […] dazu geführt, dass die Eisenminen auf Elba geschlossen werden mussten. Im ersten nachchristlichen Jahrhundert musste Brennholz zum Teil über mehr als 2000 km von jenseits des Kaukasus eingeführt werden." (Aus „Installateur")

Im Gegensatz zu den römischen Villen in ihrem Stammland hatten die nördlich der Alpen gelegenen römischen Gutshöfe ein bis zwei Räume, die mit einer Hypokaustenanlage beheizt waren. Das Badhaus war häufig in einem eigenen Gebäude untergebracht. Zeichneten sich die Kastellvillen durch mächtige Ecktürme und die sie verbindenden Arkaden aus, so waren die Badegebäude an einer oder zwei Apsiden zu erkennen, die ihnen ihr charakteristisches Aussehen gaben. In ihnen befanden sich im allgemeinen Kalt- oder Warmwasserbäder.

Die Versorgung mit Wasser – in großen Mengen notwendig – erfolgte über Wasserleitungen. Die Abwässer, auch die der Toiletten, flossen in eine Art zentrale Kanalisation. So gelangte römische Ingenieurkunst von hohem Standard in die Provinz. Die Millionenstadt Rom wurde auf beispielhafte Weise mit großen Mengen Trinkwasser versorgt. Die im gleichen Umfang anfallenden Schmutzwässer der privaten Haushalte und Thermen, der Märkte und Latrinen erfuhren eine nicht minder vorbildliche Entsorgung durch die Kanalisation, die Cloaka Maxima. Zunächst von örtlichen Quellen durchspült, bekam sie bereits 312 v. Chr. eine eigene Wasserleitung, mit der das Schmutzwasser in den Tiber gespült wurde.

Europäisches Mittelalter

Mit dem Ende des römischen Westreiches (476 n. Chr.) gingen nicht nur die hohen Standards bürgerlichen Zusammenlebens verloren, sondern auch Ess- und Badegewohnheiten. Obwohl Germanen als Söldner in römischen Diensten gestanden hatten und auch in höhere Ränge gelangt waren, blieb ihnen das römische Leben fremd. Nachdem der Limes im 3. Jahrhundert nach Christus von ihnen überrannt worden war, und die Gutshöfe mit ihren Badehäusern leerstanden, fiel ihnen nur ein, sie auszuplündern und in Brand zu stecken. Statt die Häuser zu übernehmen, errichteten sie ihre hölzernen Hütten neben den Ruinen. Dennoch waren sie dem Wasser sehr zugetan. „Der römische Geschichtsschreiber Tacitus (um 55–115 n. Chr.) berichtete von den Germanen ‚[…] sogleich nach dem Schlafe, den sie meist bis in den hellen Tag ausdehnen, waschen sie sich und zwar gewöhnlich mit warmem Wasser, weil es ja dort den größten Teil des Jahres Winter ist.' Cäsar (100–44 v. Chr.) erwähnte in seinen Schriften über den Gallischen Krieg das gemeinsame Bad von Männern und Frauen. Die altgermanische Vorliebe für das Wasser und Baden wird auch von anderen römischen Schriftstellern hervorgehoben." (Aus „Installateur")

Zwar sahen sich die Franken als die Erben des „Heiligen Römischen Reiches", nunmehr „Deutscher Nation", die ihre Kaiser in Rom krönen ließen, aber gleichzeitig zerfielen römische Stadt- und Zivilisationsstrukturen. Das christliche Abendland scheute das antike Erbe, weil es heidnisch war; mit fundamentalistischem Eifer wurden gezielt antikes Gedankengut, Literatur und Philosophie vernichtet; auch Viturvs „De architectura decem libri" überstand diesen ersten christlichen Bildersturm mit nur einem Exemplar im Kloster (!) St. Gallen, wo es erst

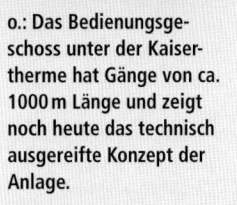

o.: Das Bedienungsgeschoss unter der Kaiserthermen hat Gänge von ca. 1000 m Länge und zeigt noch heute das technisch ausgereifte Konzept der Anlage.

o. re.: Die Warmbadehalle von Außen

re.: Das halbkreisförmige Badebecken des Laubades (tepidarium)

u.: Unter der Grünfläche im Vordergrund befinden sich die Reste des riesigen Kaltbades (Frigidarium), das während der Bauarbeiten kaum über die Fundamente hinausgekommen war.

re.: Umsorgt von Frauen nimmt ein Ritter ein warmes Wannenbad – Illustration aus der Großen Heidelberger Liederhandschrift.

u.: Sehr beliebt und viel gescholten: Die gern besuchten Badehäuser. Kritiker klagten, sie förderten die Sittenlosigkeit. Mittelalterliches Kalenderblatt.

„Bad in einem großen Zuber, über den als Tisch ein Tablett und ein Leinentuch gebreitet wurden. Man badete zwar nackt, aber Kopfschmuck und Putz durften nicht fehlen, bei ausgiebiger Plauderei, die ein Lautenspieler musikalisch untermalte. Die Alkoven dienten übrigens nicht nur der Ruhe nach dem Bad, sondern auch galanten Seitensprüngen." („Das Buch vom Bad")

„Mittelalterliche Straßenszene um 1550. Trotz Verboten und ohne Rücksicht auf Passanten wurden Essensreste, Kot und anderer Unrat auf die Straßen entleert." („Das private Hausbad")

„Die Badelust erfährt einen jahrhundertelangen Niedergang. Dennoch: Obwohl das Baden im 17. Jh. generell als gesundheitsschädlich verschrien war, wurden in den Adelssitzen nach wie vor prachtvolle Baderäume eingerichtet, […]. Die ausgefallene Badenburg, die der Kurprinz von Bayern 1718–21 im Park von Schloss Nymphenburg in München ausführen ließ, verfügt über ein tiefes, mit Delfter Kacheln verziertes Becken. Von der umlaufenden Galerie aus konnte man die Badenden beobachten." („Das Buch vom Bad") Foto: Christel Beutter Das spätbarocke Gebäude von Josef Effner enthält einen Festsaal, ein Appartement und weitere Bade- und Ruheräume, seine Fassade wurde von Leo von Klenze im 19. Jh. klassizistisch umgestaltet.

im 15. Jahrhundert (rechtzeitig zur Renaissance) entdeckt wurde.
Als der Karolinger Pippin II., fränkischer König von 751–768 und Vater Karls des Großen, erstmals nach Aachen kam, ließ er eine heidnische Kultstätte an den heißen Quellen zerstören und an ihrer Stelle eine Kapelle bauen.

Obwohl die fränkischen Ritter spätestens seit den Kreuzzügen das arabische Bad „hammam" kennengelernt hatten, fand es in Palästen und Burgen keine Nachahmung, üblich war nur das Wannenbad.
Dagegen entwickelte sich in den aufblühenden Städten ein öffentliches Badewesen, dessen ungeniertes Treiben – Frauen und Männer badeten gemeinsam – in zahlreichen Darstellungen festgehalten ist. Die Badehäuser wurden von professionellen Badern betrieben, die ab 1548 eine eigene Zunft bildeten. Ihr Erfolg war groß, ablesbar am sprunghaften Anstieg der Badestuben. In Augsburg verdoppelte sich ihre Zahl vom 13. zum 14. Jahrhundert auf 10; in der gleichen Zeit gab es in Basel 16 und in Frankfurt am Main 29 davon.
Durch die Pest – der „schwarze Tod" erreichte Europa 1348 – verloren sie viele ihrer Kunden; ein Viertel der Bevölkerung fiel ihr in wenigen Jahren zum Opfer.

Die hygienischen Verhältnisse der mittelalterlichen Städte in Europa waren verheerend. Abfälle wurden durch Fenster und Türen entsorgt, Nachttöpfe und Waschzuber auf die Straße gekippt. „Gare l'eau!" war die einzige Warnung für Passanten, bis heute eine Redewendung für „Kopf weg". Öffentliche Bedürfnisanstalten gab es nicht, auch dafür musste die Straße herhalten, dazu kam der Mist, den der tägliche Viehtrieb durch die Stadt mit sich brachte.

„Ab dem 16. Jahrhundert war in Mitteleuropa das Baden […] verpönt. Die Schulmedizin vertrat die Ansicht, dass Krankheiten, insbesondere die von Söldnern aus der ‚Neuen Welt' importierte Syphilis und andere Seuchen mit dem Badewasser durch die Poren der Haut in den Körper eingeschwemmt würden. Das Konzil von Trient (1545–1563) verhängte ein kirchliches Badeverbot." („Installateur")

„Überall [...] kamen [...] Bäder und das Wasser überhaupt in Verruf. Bald füllte man nur noch Brunnenbecken und betrieb Wasserspiele. Ganz wie die Körperpflege, die sich nur auf Gesicht und Hände beschränkte, diente es nur noch dem schönen Schein [...]." („Das Buch vom Bad")

Vereinzelt regten sich allerdings noch Gegenstimmen. „So schrieb Michel de Montaigne (1533–92) in seinen Essays: ,Allgemein schätze ich, dass Baden gesund ist, und ich glaube, dass wir unserer Gesundheit ein wenig schaden, weil wir diese in allen Ländern verbreitete Gewohnheit aufgegeben haben [...], sich jeden Tag den Körper zu waschen'. Trotz dieser Ermahnungen verschwanden die Bäder zusehends. Zwei Jahrhunderte lang begnügte man sich mit einer Körperpflege ohne Wasser [...]." („Das Buch vom Bad").

Mit der Aufklärung entstand ein neues Hygienebewusstsein. Rousseaus Forderung „Zurück zur Natur" in der Mitte des 18. Jahrhunderts drückt das allmähliche Umdenken aus. Körpergeruch mit Puder und Parfum zu überdecken, galt jetzt als Zeichen aristokratischer Dekadenz. Die Reinigungsfunktion von Bad und Dusche wird erst nach der französischen Revolution wiederentdeckt.

„[...] Man kehrte zur Natürlichkeit zurück, und das Jahrhundert der Aufklärung dachte die Natur wieder als Ganzes, dessen integraler Bestandteil der Mensch ist. Hinzu kam, dass man zu einer neuen Hygieneauffassung fand, die auf körperliche Ertüchtigung und Reinigungsbädern beruhte [...]. Mit der Wiedereinführung der Bäder kehrte ein lang vergessenes Vergnügen zurück. [...] Man badete wieder nackt und genoss die Wohltat parfümierten Wassers [...].

Die 25-jährige Charlotte Corday ermordete 1793 den seinerzeit mächtigsten Mann der französischen Revolution, Jean Paul Marat, in einer „Sabot"-Badewanne, die ihre Bezeichnung von „sabot" (franz.: Holzschuh) herleitete. Vier Tage nach ihrer Tat, mit der sie den „terreur" beenden wollte, wurde sie hingerichtet. Der heroische Maler Jacques-Louis David verlegte in seinem Bild 1793 „Der ermordete Marat" die Tat in eine dekorativere Wanne.

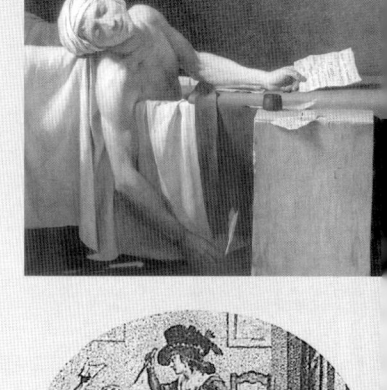

„Das türkische Bad" von Jean Auguste Dominique Ingres. Die wiederentdeckte Nacktheit war für die Kunst nichts Neues.

„Zu Beginn des 19. Jh. wurde das Bidet zu einem typisch weiblichen Gebrauchsgegenstand. [...] Das Bidet wurde in ganz Südeuropa eingeführt, in England jedoch nie (und später in den USA ebensowenig), da ihm der Ruf eines ,ungehörigen' Gegenstandes anhaftete." („Das Buch vom Bad")

In seinem Buch „Die Lage der arbeitenden Klasse in England" aus dem Jahr 1845 schildert Friedrich Engels die mangelnde Hygiene der Häuser und das Fehlen jeglicher Gesetzgebung. Der Ausbruch der Cholera beschleunigte die Einrichtung sozialer und hygienischer Maßnahmen gegen das Elend (z. B. erster Public Health Act 1848). In Preußen, das die Cholera 1831 gleichzeitig mit England erreicht, sterben 41.738 Menschen, darunter der Philosoph Hegel.

Die Cholera-Epidemie von 1848 während der Märzrevolution forderte 5000 Menschenleben, die Barrikadenkämpfe dagegen nur 200.

li.: Übliche Art der Trinkwasserversorgung von Stadthäusern in Deutschland: Durch Pumpbrunnen je Etage aus dem Erdreich: Das Grundwasser wurde durch die hauseigene Fäkaliengrube, die in der Regel nicht dicht war, vergiftet. Krankheit und Seuchen waren die Folge. „Als eine britische Kommission 1842 zu Studienzwecken […] die Überreste der antiken Wasserversorgungs- und Entwässerungsanlagen Roms untersuchte, stellte sie neidvoll fest, dass die antiken Einrichtungen weitaus fortschrittlicher und hygienischer angelegt waren, als die des viktorianischen Inselreichs." („Das private Hausbad")

Grundwasserentnahme Fäkaliengrube

Bis in die Mitte des 19. Jh. war sauberes Trinkwasser in Europa das Privileg einiger Weniger. Eine Kanalisation im heutigen Sinn gab es nicht.

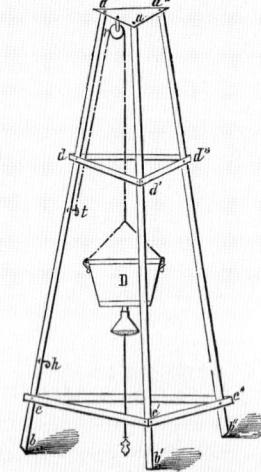

o.: „Flache Schwammwannen waren die Vorgänger der Heimbrausen."

re.: „Pfarrer Lechlers Volksbrause – ein Patent um 1890. Der Wunsch nach einer Brause beflügelte den zeitgenössischen Erfindergeist."

„Dittmanns Wellenbadschaukel wurde als universelles Multitalent vermarktet." („Das private Hausbad")

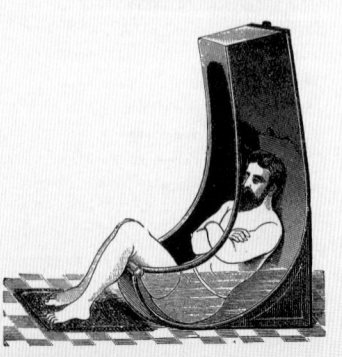

Nicht von ungefähr wurde in dieser Zeit der Wiedereinführung der Bäder und dem damit verbundenen Vergnügen am Baden das Bidet eingeführt, ein Sitzwaschbecken […]." (Das Buch vom Bad).

Im Gefolge der Aufklärung verändert die Industrielle Revolution (1760–1830) die bisher vorwiegend agrarisch strukturierte Gesellschaft vollständig. Die stürmische Industrialisierung verlangt den ständigen Zuzug von Arbeitskräften. Dadurch dehnen sich die Städte in bis dahin unvorstellbare Dimensionen aus; es entstehen Elendsquartiere mit einer Fülle sozialer und logistischer Probleme.

In der Zeit von 1830–50 werden die gesetzlichen und baulichen Grundlagen in Angriff genommen, die das Zusammenleben der Menschen in Ballungsräumen erträglich machen sollen. „Diese Zeit […] ist die Geburtsstunde des modernen Städtebaus." (Benevolo). 1831 bricht in England die Cholera aus, die zwei Jahrzehnte in Europa wütet, vorwiegend in den Armenvierteln. Der Hauptgrund für die Verbreitung der Seuche ist die Verwendung von verschmutztem Wasser aus belastetem Grundwasser.
Erst jetzt beginnen die europäischen Großstädte mit dem Bau von Abwasserkanälen und Trinkwasserleitungen und knüpfen an Standards antiker Städte und römischer Ingenieurleistungen an, die bis zu 1300 Jahre zurückliegen.

Mit einer leistungsfähigen Trinkwasserversorgung und Abwasserentsorgung wird erst die Möglichkeit geschaffen, in größerem Umfang und hygienisch einwandfrei, Bäder und Toiletten einzurichten.

Ende des 19. Jahrhunderts entstanden in den Städten für die arbeitende Bevölkerung öffentliche Badeeinrichtungen. Das wohlhabende Bürgertum orientierte sich an den privaten Hausbädern der Briten. Fehlte es in den Wohnungen an Raum, bestand die Möglichkeit, Blechwannen für eine bestimmte Zeit auszuleihen. Selbst Wilhelm II., Deutscher Kaiser

(1888–1918), machte vom Leihangebot Gebrauch und ließ sich regelmäßig Wanne und warmes Wasser aus dem Hotel Adlon beschaffen.

So alt wie das Baden ist das Duschen. Das Militär trug zur Verbreitung der Dusche als Reinigungsbad bei, es hatte hygienische und praktische Vorzüge vor dem Wannenbad, für das man um 1900 mit einem Verbrauch von 350 Litern erwärmten Wassers rechnete, für das Brausebad benötigte man dagegen um 20–30 Liter.

In der Frühzeit des privaten Hausbades bestanden die Wannen vorwiegend aus Holz. Mit der wieder auflebenden Badekultur im 18. Jahrhundert kamen leichte Kupfer- und Bronzewannen in Mode, später preiswerte, vom Klempner gefertigte Zinn- oder Zinkblechwannen. Die Bereitstellung des Badewassers blieb problematisch, in den wohlhabenden Häusern gehörte sie zu den Aufgaben des Personals.

Die 1889 von Carl Dittmann als Patent angemeldete Schaukelbadewanne sollte für zwei Jahrzehnte der Renner in badezimmerlosen Haushalten werden. Stand in den Wohnungen ausreichend Raum zur Verfügung, erhielten die Badewannen einen festen Platz in den Ankleidezimmern besser gestellter Familien.
In den Komfortbädern der Reichen standen gewichtige Steingutwannen aus Sanitärporzellan, ab 1890 gusseiserne und emailierte Badewannen.

Für wenig Begüterte gab es ab 1926 die geschweißte und feuerverzinkte „Volksbadewanne". Sie war leicht zu verstauen und wurde an Badetagen zumeist in der Wohn- aber auch in der Waschküche aufgestellt und von der ganzen Familie, in Reihenfolge der familiären Hierarchie, benutzt.

Dass Kriege neben unendlichem Leid für Menschen, Tiere und Natur eine durch nichts zu rechtfertigende Vernichtung von Zivilisation und Volksvermögen im Gefolge haben, ist auch am Beispiel der Ausstattung von Wohnungen mit Bädern offensichtlich:

o:. Komfortbadezimmer um 1920, Wanne, Waschbecken und Beckenüberbau aus Feuerton, Gasdurchlauferhitzer.

u.: Waschkücheninstallation als Behelfsbad im gemeinnützigen Wohnungsbau Anfang der 20er Jahre. […] Wohnungsbaugesellschaften schufen in den Jahren der Weimarer Republik in ihren Siedlungsneubauten Gemeinschaftswaschküchen, die gleichzeitig als Behelfsbäder geplant waren.

Werbezeichnung von Heinrich Zille für einen Erfurter Wannenhersteller. Samstag Nachmittag – Badezeit. Das wöchentliche Baderitual in der Wohnküche einfacher Haushalte gehörte noch bis in die 50er Jahre zu den festen Gewohnheiten deutschen Familienlebens.

Badezimmer mit Badeofen aus der Zeit 1930–40. […] Der Badeofen wurde mit Holz geheizt und erwärmte gleichzeitig das Badezimmer. Das Brausebad war in seiner Bedeutung dem Wannenbad gleichgestellt.

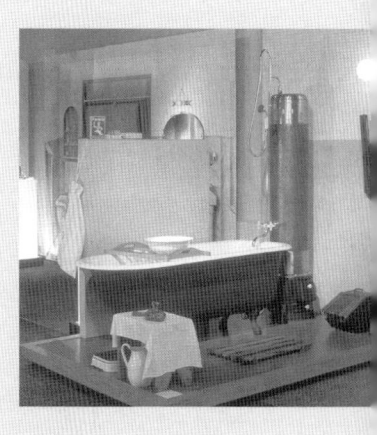

Die in dieser Bildspalte gezeigten Inszenierungen sind dem Buch „Das private Hausbad" von Klaus Kramer entnommen und geben Ausstellungsinhalte des „Hansgrohe-Museums – Wasser, Bad, Design" in Schiltach wieder.

Auch wenn die DIN 18022 im Jahr 2007 zurückgezogen wurde und damit nicht mehr verbindlich ist, bleiben ihre – hier leicht modifizierten – Empfehlungen für Stell- und Bewegungsflächen in Bädern, Duschen und WCs eine wertvolle Entwurfshilfe. Bewegungsflächen und Abstände haben Mindestabmessungen.

Zeichnungen nach der DIN 18022 im Maßstab 1 : 50

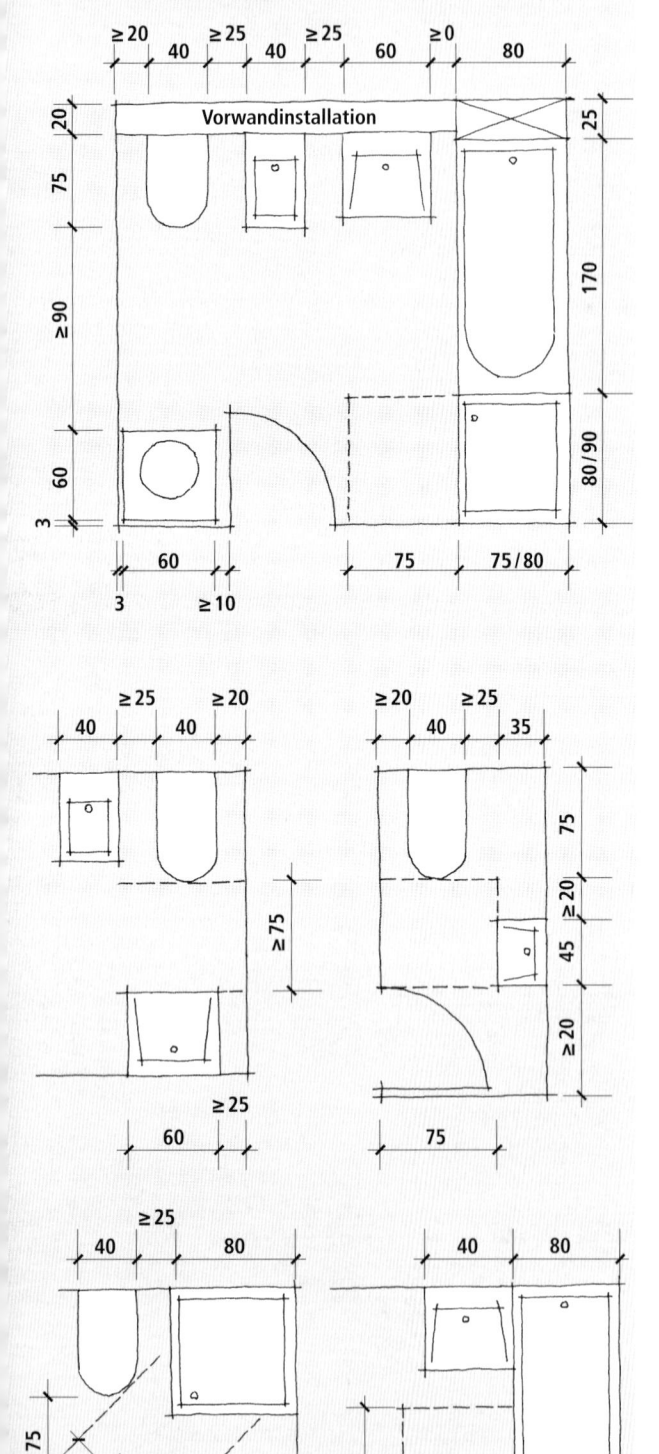

Vor dem 1. Weltkrieg wurden z.B. in Hamburg in den Jahren 1911/12 fast 40 %, 1914 sogar 64,5 % aller Neubauwohnungen mit Bädern ausgestattet; im Nachkriegsjahr 1919 waren es nur noch 8,5 % und im Jahr 1920 sogar bloß noch 4,5 %.

Vor dem 2. Weltkrieg (1936) hatten rund ein Drittel aller Wohnungen in Berlin und Hamburg eigene Bäder; für das ganze Reich lag diese Zahl zwischen 10 und 25 %. Diese bescheidene Sanitärentwicklung wurde durch den Krieg unterbrochen. 45 % aller Wohnungen waren bei Kriegsende 1945 zerstört.

Das Bad heute

Beim Wiederaufbau, der zunächst nur dem Dach über dem Kopf gegolten hatte, wurde das Bad in der Wohnung zur Regel und schließlich zur Pflicht. Die Landesbauordnung Nordrhein-Westfalen LBO NRW schreibt in § 50 lapidar und ohne Umschweife vor: „Jede Wohnung muss ein Bad mit Badewanne oder Dusche haben." Damit ist das Bad zu einem selbstverständlichen Teil der Daseinsfürsorge geworden, sein Mangel wäre einklagbar.

Mit der DIN 18022 „Küchen, Bäder und WCs im Wohnungsbau" (letzte Ausgabe Nov. 1989) wurde die Grundlage geschaffen, mit dem die Planung von Bädern erleichtert wird. Den Entwerfenden werden für die Konzeption der Sanitärräume wichtige Informationen und Vorgaben geliefert, die nun nicht mehr eigens ermittelt werden müssen. Dass in Wohnungen für mehrere Personen jeweils ein vom Bad getrenntes WC empfohlen wird, entspricht praktischer Lebenserfahrung.

Mit den „Stellflächen" gibt es eine angenäherte Vorabinformation über die Abmessungen der Sanitärgegenstände und ihre Abstände untereinander (25 cm) sowie ihre Abstände von der Wand (20 cm). Die Flächen, die zu ihrem Gebrauch notwendig sind, die „Bewegungsflächen", betragen vor Waschbecken, Bade- und Duschwanne sowie WC 75 cm, vor Waschautomaten, die man – im ungünstigsten Fall – als Front- und nicht als Toplader annimmt, 90 cm. Unter Beachtung der in der Norm aufgeführten Stellflächen, Abstände und Bewegungsflächen, ergeben sich für die Sanitärräume Mindestabmessungen, die nicht unterschritten werden sollten. Verstöße gegen sie beeinträchtigen ihre Brauchbarkeit und damit die Lebensqualität ihrer Nutzer.

Eine besonders störende Einschränkung des Gebrauchs erfolgt, wenn sich die Bewegungsfläche einer sich öffnenden Tür und die eines sanitären Gegenstandes überschneiden.

Vitruvs Forderung, Badewannen an das Fenster zu stellen – der Wärme wegen und damit sie nicht im Wege stehen – hat heute nur bedingte Richtigkeit. Zwar vermeiden Wärmeschutzgläser den Wärmeabfall unter dem Fenster, der einst als lästiger Zug empfunden wurde, aber auf die leichte Zugänglichkeit zum Öffnen darf nicht verzichtet werden.
Die Zuordnung von Baderaum und Schlafräumen in römischen Villen, auf die Vitruv hinweist, ist bis heute unverändert sinnvoll. Damals mag es noch keine störenden Installationsgeräusche gegeben haben; heute sind diese durch die Lage der Installationswände im Grundriss und durch Vorwandinstallationen vermeidbar.

c) WCS

Die Geschichte der Toilette
Solange die Urbevölkerung – Jäger und Sammler – verstreut in Familieneinheiten lebte und gleichsam ein Teil der Natur war, gab es mit ihren Ausscheidungen keine Probleme; sie wurden wie bei einer Tierherde vom Erdreich aufgenommen. In der Jungsteinzeit (8. Jahrtausend v. Chr.) verbesserten sich die Lebensbedingungen der Menschen, aus Jägern und Sammlern wurden Ackerbauern und Viehzüch-

Alltag in einer Höhle zur Zeit des Frühmesolithikum (Beuronien) um 7000 v. Chr. in Baden-Württemberg. Die Beuronien-Leute wohnten außer in Höhlen auch unter Felsdächern, sowie in Zelten und Hütten. („Deutschland in der Steinzeit" von Ernst Probst)

Zeltlager von Rentierjägern der Hamburger Kultur vor mehr als 14.000 Jahren in der Gegend von Hamburg („Deutschland in der Steinzeit" von Ernst Probst)

u.: Das Goldene Kalb, Illustration von Schnorr von Carolsfeld und Phil. Schuhmacher (Kath. Bilder-Bibel).

Der Erzählung „Das Gesetz" von Thomas Mann liegen die Bücher Mose zugrunde, in denen berichtet wird, wie Moses aus einem „Gehudel" ein dem Herrn heiliges Volk formte und dabei manchen Rückschlag erleiden musste. Dem mit den Gesetztafeln vom Berg Horeb zurückkehrenden Mose bot sich ein schlimmes Bild:
„Das Volk war los. Es hatte alles abgeworfen, was [er] ihnen heiligend auferlegt, die ganze Gottesgesittung. Es wälzte sich in haarsträubender Rückfälligkeit. [...] Andere lagen bei ihrer Schwester, und das öffentlich [...]. Wieder andere saßen da einfach und leerten sich aus, des Schäufeleins uneingedenk."

Im Palast des Minos auf Kreta zeichneten sich die sanitären Anlagen durch ständige Spülung der Toiletten aus. Die Abwässer wurden in Sickergruben geleitet, nicht in den nahen Fluss, und auch nicht in das nahe Meer. (Foto: Martin Lefering)

Die Kanalisation lag weitgehend unter Flur und bestand aus Rohren oder U-förmigen Rinnen, die mit Platten abgedeckt waren.

Rom, öffentliche Latrine, durch Verbindung mit öffentlichen Bädern mit Überlaufwasser durchspült.

ter; ihre Zahl stieg an. Die „neolithische Revolution" veränderte die menschliche Existenz von Grund auf, auch dadurch, dass sie sich in Stämmen und Völkern organisierte. Spätestens jetzt bedurfte das Leben miteinander strenger Regeln, u. a. auch über den Verbleib menschlicher Verdauungsrückstände.

Überlebensnotwendige Verhaltensgebote haben eher Aussicht auf Befolgung, wenn sie allem Anschein nach von Gott selbst ausgehen und ihre Einhaltung von ihm überwacht wird, anschaulich überliefert beim Hirtenvolk Israel, das ca. 1250 v. Chr. von Moses aus der ägyptischen Gefangenschaft geführt wird.
Die Gesetze – die fünf Bücher Mose – die Gott über Moses an das Volk Israel weitergibt, regeln sämtliche Beziehungen der Menschen zu Gott und zueinander. Darunter fällt auch die Vorschrift, wie sie mit ihren Ausscheidungen verfahren sollen.

Im 3. Buch Mose 13, 14 steht unmissverständlich in der Übersetzung und Sprache Luthers: „13. Und du sollst draußen vor dem Lager einen Ort haben, dahin du zur Not hinaus gehest.
14. Und du sollst eine Schaufel haben, und wenn du dich draußen setzen willst, sollst du damit graben; und wenn du gesessen hast, sollst du zuscharren, was von dir gegangen ist."

Archäologisch ergiebiger sind sanitäre Anlagen, die auf Kreta in den minoischen Palästen aufgefunden wurden. Sie zeichneten sich durch Spülung mit parfümiertem Wasser aus, das unter den Toiletten durchgeleitet wurde. Ihre unmittelbare Nähe zu den Bädern war nicht nur von der Nutzung her praktikabel, sondern ergab sich auch aus der Wasserführung; überschüssiges Badewasser wurde zur Toilettenspülung verwendet.

In den Häusern des ägyptischen Amarna, das von Echnaton ab 1350 v. Chr. kurzfristig zur Hauptstadt ausgebaut wurde, finden sich Bäder mit angeschlossenen Toiletten, aber durch Sichtblenden getrennt. Es sind „Steinsitze mit nach vorn gekerbtem Loch, unter die das Geschirr geschoben wurde." („Aus erster Quelle …")

Auf der griechischen Insel Kos, wo der Heilgott Asklepios (röm. Äskulap) verehrt wurde, sind neben imponierenden Badeanlagen auch große öffentliche Toiletten freigelegt worden, die durch ein schweres Erdbeben im 5. und 6. Jahrh. v. Chr. zerstört worden waren. Sie zeigen den Entwicklungsstand sanitärer Anlagen dieser Zeit in Griechenland. Vor den etwa 40 cm hohen Toilettensitzen, die an einem Umgang aufgereiht waren, befand sich eine Rinne mit fließendem Frischwasser zur Reinigung; unter den Sitzen führte ein Spülkanal entlang. Einrichtungen dieser Art wurden im 1. Jahrh. v. Chr. von Rom übernommen und zu einer besonderen Toilettenkultur gesteigert.

Durch Siege in Makedonien (168 v. Chr.) und über Karthago (146 v. Chr.) waren Roms Macht am Mittelmeer und sein Wohlstand weiter gewachsen. Das führte u.a. dazu, dass die kommunalen Einrichtungen, zu denen auch die öffentlichen Toiletten „latrinas" gehörten, weiter ausgebaut wurden. Zunächst waren es Amphoren als Pissoirs in Straßennischen, die ein städtischer Reinigungsdienst, bestehend aus Sklaven, d.h. Kriegsgefangenen, leerte. Der Harn war begehrtes Ausgangsprodukt für Ammoniak, mit dem Wäschereien Stoffe reinigten.

„Im Gegensatz zu den öffentlichen ‚latrinas' hießen die Toiletten in den Privathäusern ‚sellae pertusae', also durchlöcherte Sitze […]. Damit waren die Platten gemeint, die oben eine runde Öffnung hatten und vorne einen senkrechten Schlitz, in den ein Reinigungsschwamm geklemmt wurde. Ähnlich konstruiert waren die hölzernen Leibstühle, genannt ‚lasanum' […]." („Aus erster Quelle …") „[…] Während die Villen über thronartige Abortsessel verfügten, waren die weniger betuchten Bewoh-

Römische Mehrplatz-Latrinenanlage in Ostia, gegenüber den Forumsthermen.

re.: Schnitt durch Spülrinne und Abwasserkanal

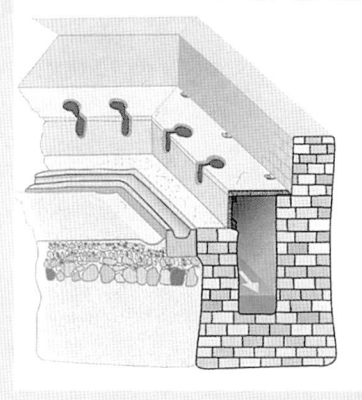

Römische Toilette in der germanischen Provinz. Villa rustica, Hechingen-Stein, 1.–2. Jh. nach Christus. Teilrekonstruktion. „Eine Abortanlage wird in Raum 5 des Badehauses vermutet. Die Größe des Raumes lässt darauf schließen, dass es eine mehrsitzige Anlage war. […] Zur Entsorgung läuft fließendes Wasser unter den Sitzen in einen Abwasserkanal. Nach abgeschlossener Sitzung erfolgt die Körperreinigung mittels eines Schwammes, der in eine fließend Wasser führende Rinne direkt zu Füßen der Sitzenden getaucht werden konnte." (Aus: „Leben im römischen Gutshof Hechingen-Stein")

„Abortsessel aus rotem Marmor. Der ‚Thron' ist aus einem Marmorblock herausgearbeitet und stand vermutlich über einem bewässerten Kanal."
(„Aus erster Quelle …")

Ausschnitt aus dem Gemälde „Die Völlerei" (eine der sieben Hauptsünden!) von Hieronymus Bosch (1450–1516). Der Leibstuhl am Rande der Szenerie zeigt, was am Ende von der sinnlosen Prasserei der Oberschicht bleibt.

Staufische Burgruine Leofels, um 1235, bei der Stadt Ilshofen.
Die Abtritte der mittelalterlichen Höhenburgen wachsen oftmals aus den Schildmauern heraus und öffnen sich nach unten in den Burggraben. Die Ruine Leofels mit ihrem typisch staufischen Bossenmauerwerk hat allein zwei davon auf einer Seite. Die Innenansicht vermittelt den geringen Komfort des Ortes.
(Fotos: Valery Kreissl)

„Nachtmänner hatten in den Städten die Aufgabe, während der Nachtstunden die Fäkaliengruben der Häuser zu leeren."
(„Das private Hausbad")

ner kleinerer Häuser und Wohnblocks auf öffentliche Gemeinschaftslatrinen angewiesen. Um 300 n. Chr. existierten in Rom 144 solcher Anlagen mit permanenter Wasserspülung. Massenaborte waren beliebte Treffpunkte und Zentren römischer Kommunikation. Während man ungeniert nebeneinandersitzend seinen natürlichen Geschäften nachkam, ließ es sich gut über Tagespolitik, den Nachbarn und die Welt plaudern." („Installateur") Noch zeigten christliche Prüderie und Leibfeindlichkeit keine Wirkung.

Kaiser Vespasian (69–79 n. Chr.), der nach Nero das römische Reich übernahm, kehrte nach einer Epoche großer Verschwendungen zu soliden Staatsfinanzen zurück. In diesem Zusammenhang mussten künftig auch die öffentlichen Bedürfnisanstalten Steuern zahlen.
Vorhaltungen seines Sohnes und Nachfolgers Titus entgegnete er, dass Geld nicht stinke, „pecunia non olet".
In den Thermen, in denen gesonderte Toiletten eher die Ausnahme waren, wurden spezielle Toilettenräume mit Waschgelegenheit die Regel, sie nutzten das abfließende Wasser der Bäder zur Spülung.

Im Islam „[…] waren schon im 10. Jahrh. allen Bädern und Moscheen öffentliche Toilettenanlagen angeschlossen, weil vor dem Besuch des Gottesdienstes ohnehin eine Waschung angeboten war und weil in den Bädern reichlich Abwasser zur Spülung anfiel […]. Im Unterschied zu den frei aufgereihten Toilettensitzen der Römer befanden sich die Hockaborte der Araber in durch mannshohe Zwischenwände getrennte Einzelzellen mit verschließbaren Türen […]. Der Benutzer hockte über einem einen Meter langen und zwanzig Zentimeter breiten Schlitz, unter dem eine ständig gespülte Rinne mit ausreichendem Gefälle zur Entwässerungsleitung verlief […]. Wie in den Bädern waren die zum Moscheekomplex gehörenden Abortanlagen – in den großen Moscheen von Mosul und Damaskus mit bis zu 50 Einzelzellen –

meist privatisiert und wurden von Angestellten der Pächter gewartet." („Aus erster Quelle …")

Die um diese Zeit, dem 10. und 11. Jahrhundert, entstehenden Höhenburgen in Europa ließen vergleichsweise Komfort bei Bad und Küche vermissen, stattdessen begnügte man sich mit Holzzuber und Leibstuhl. Mitunter hingen Toilettenzellen an den Außenmauern hoch über dem Burggraben, der die aus großer Höhe anfallenden Exkremente aufnimmt.

Die antiken Ansiedlungen hatten bereits über großzügige Abwassernetze und perfekte Trinkwasserversorgungen verfügt, die in dem Augenblick dem Verfall preisgegeben waren, in dem die römischen Legionen abzogen. Die Bewohner kehrten zurück zum Brunnen und zur Fäkaliengrube.

Die Lage in den europäischen Städten des Mittelalters verbesserte sich nicht, nach wie vor geschah die Entsorgung der Fäkalien durch städtische Bedienstete, die während der Nachtstunden die Abortgruben der Häuser leerten. Obwohl verboten, entledigte man sich Abfällen aller Art und Exkrementen über Rinnstein und Gosse in die Straßen.

Durch die Verdoppelung der Einwohnerzahlen innerhalb 50 Jahren im 19. Jahrhundert versanken die Großstädte Europas in Schmutz und Kot. Als der britische Nationalökonom Arthur Young in den Jahren 1787–89 Frankreich bereiste, schrieb er, dass er in den Straßen von Paris fast erstickt sei.

Das Umdenken, das schließlich zu einer geregelten Kanalisation und einer funktionierenden Trinkwasserversorgung führte, hatte die Cholera in Gang gesetzt, die von 1830–50 grassierte und Tausende von Toten forderte. Diese für die Stadthygiene unverzichtbaren Projekte sind die technischen und sozialen Glanzlichter des 19. Jahrhunderts. Nur in ihrem Gefolge konnten in den Häusern anspruchsvollere sanitäre Einrichtungen entstehen.

Die Probleme um den Verbleib der Überreste menschlicher Verdauung sind seit der Steinzeit bis heute gleich geblieben.

Dazu schreibt Frank Kürschner-Pelkmann in der Süddeutschen Zeitung vom 11.11.2006 unter der Überschrift „Tödliche Kloaken – weil Sanitäranlagen fehlen, sterben weltweit Millionen Kinder" und geht auf einen Bericht der UN-Entwicklungsorganisation UNDP ein: „Wegen des Mangels an sauberem Wasser und auch Toiletten sterben demnach jährlich 1,8 Millionen Kinder an den Folgen von Durchfall – das sind 4.900 Todesfälle pro Tag."

„Fast die Hälfte der Menschen in Afrika, Asien oder Lateinamerika leben ohne Toilette. Abwasser landet deshalb zwangsläufig im nächsten Bach oder auf der Straße. […] Mädchen und Frauen sind zusätzlich betroffen, wenn Toiletten fehlen. Gibt es in Schulen keine benutzbaren Sanitäranlagen, so bricht ein großer Teil der älteren Mädchen […] aus Scham den Schulbesuch ab."

In vielen Gesellschaften besteht die Schwierigkeit darin, dass sanitäre Themen als Tabuthema angesehen werden, über das man nicht spricht.

Im UN-Bericht wird der Schriftsteller Victor Hugo zur Bedeutung guter sanitärer Verhältnisse mit Worten aus „Die Elenden" zitiert: „Die Kloake ist das Gewissen der Stadt."

Tagelöhnerhaus „Wirtstonis" aus dem Jahr 1819 im Schwarzwälder Freilichtmuseum Vogtsbauernhof Gutach.

Das „Plumpsklo" (Sprachgebrauch des Museumsführers) ist deutlich vom Haus getrennt und löst so das Problem der Geruchsbelästigung.

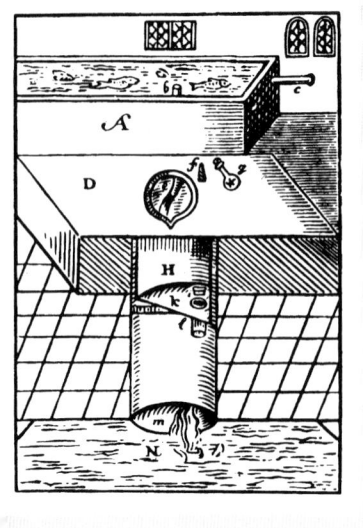

„Hat der Handwerker alles richtig zusammengebaut, sieht das fertige Klosett so aus", schrieb Sir John Harington 1596 in einer Broschüre, in der er den Selbstbau seines Wasserklosetts propagierte." („Das private Hausbad")

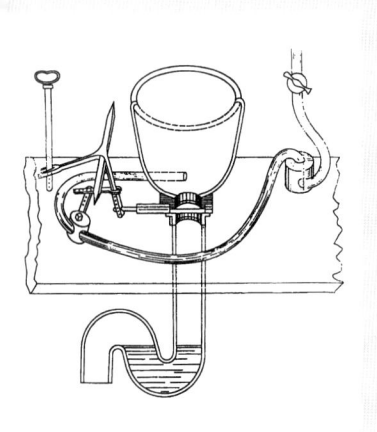

Schema des Spülaborts mit Wasserzuleitung und Wassergeruchverschluss nach Cummings, 1775. Seine Erfindung galt nicht der Spülvorrichtung, die gab es bereits in verschiedenen Ausführungen, sondern den aus den Ablaufleitungen aufsteigenden Dünsten. Cummings Patent enthält erstmalig einen Siphon als Geruchsverschluss; Sein Spülabort setzt sich im nächsten Jahrhundert weltweit durch.

Patentzeichnung für Abortsitz mit Wassergeruchsverschluss von Madame Benoist, 1823. („Aus erster Quelle ...")

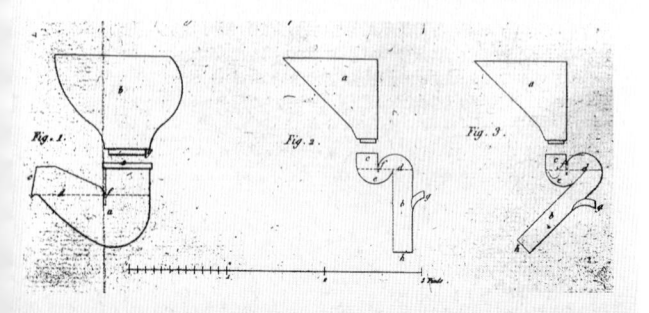

Der aus Geruchsgründen notwendige große Abstand zwischen den Aufenthaltsräumen und der Toilette blieb ein die Ansprüche nach Komfort und Bequemlichkeit störendes Problem. Ohne permanente, womöglich parfümierte Wasserspülung, wie in der Antike praktiziert, half nur die Einhaltung eines ausreichenden Zwischenraumes. In der Stadt befanden sich die Toiletten seitab über dem Hof; auf dem Land außerhalb in den entfernt liegenden Häuschen mit jenem Herz in der Tür, das mitnichten gemeint, sondern die ungelenke Abstraktion eines menschlichen Gesäßes war. Es war der Hinweis auf den Zweck des Bauwerkes.

Die Geschichte des WCs

Um 1450 hatte Thomas Brightfield ein mit Regenwasser durchspültes Klosett aus Stein in London gebaut. Außer dem Ruf eines Sonderlings brachte es ihm nichts ein.

Der erste geruchsarme Toilettenraum – nach den erfolgreichen Demonstrationen der Kreter, Römer und Araber – gelang ca. 150 Jahre später seinem Landsmann Sir John Harington von Kelston. Der illegitime Enkel Heinrich VIII. und Patensohn Elisabeths I. erfand ihn während der Verbannung in Kelston, wohin er wegen Verbreitung schlüpfriger Gedichte bei Hofe geschickt worden war. Die Königin, die ihn 1596 dort besuchte, war von seiner Erfindung so angetan, dass sie sich das Modell, das einen Barrel (163,5 Liter) Wasser für einen Spülvorgang benötigte, für ihr Schloss Richmond nachbauen ließ.

Nach diesen ersten Spülklosetts in der jüngeren europäischen Sanitärgeschichte mussten noch einmal fast 200 Jahre vergehen, ehe der britische Uhrmacher Alexander Cummings 1775 das erste königliche Patent (Nr. 1105) auf ein Wasserklosett anmeldete, das seinen Namen aus der technischen Neuerung ableitet. Mittels einer doppelten Krümmung des Abfallrohres entsteht ein Syphon, der mit seinem Wasserpuffer die aus der Kanalisation kommenden Gerüche am Aufsteigen hindert. Dieser Geruchsverschluss durch Wasser war die herausragende Idee Cummings und führte zur treffenden Bezeichnung „water closet" (wc!).

Eine entscheidende Weiterentwicklung dieser Erfindung gelang Madame Benoist 1823 in Frankreich mit ihrer Patentanmeldung „Geruchsfreier Abortsitz zur Verbesserung der Hygiene in Toiletten". Weil ihre Konstruktion eine deutliche Verbesserung des Wassergeruchsverschlusses darstellte, wurde das Patent unter der Nummer 1335 erteilt. Frau Benoist nämlich baute den Verschluss direkt an das Toilettenbecken an; und als sich dafür ab 1870 glasiertes Steingut durchgesetzt hatte, wurde der Wassergeruchsverschluss aus dem gleichen Material angeformt.

Um 1880 kam das Toilettenpapier auf, das die Chinesen bereits um die Zeitenwende erfunden hatten. Die Japaner kannten es seit dem 8., die Araber seit dem 9. Jahrhundert; es löste das bis dahin übliche Tuch oder den Schwamm ab. Das Rollenpapier setzte sich schließlich gegenüber gestapelten Blättchen durch, die in der Erfindung unserer Tage als feuchtes Toilettenpapier wiederkehren.

Das WC heute

Mit den geruchsfreien Räumen für Bad und WC und der geräuscharmen Vorwandinstallation stehen dem Architekten vielfältige Raumkombinationen und -zuordnungen zur Verfügung.

Die schon im 19. Jahrhundert aufkommende Kontroverse zwischen Befürwortern des Tiefspülklosetts und denen des Flachspülklosetts hat sich versachlicht. Das Flachspülklosett war zunächst sehr erfolgreich, bis es in den wärmeren Ländern als unhygienisch galt und teilweise auch verboten wurde, so wie in den USA, wo es nur in Hospitälern zugelassen ist. Sein Vorteil, dass es die medizinisch sinnvolle Vorsorgekontrolle des Stuhles ermöglicht, wird dort besonders geschätzt und ist das letzte verbliebene Argument für seinen Einbau in privaten Haushalten.

Die Fertigung keramischer Spülaborte nahm ab 1870 einen stürmischen Verlauf. Sie wurden mit einer hölzernen Ummantelung versehen oder auch freistehend installiert.

WCs blieben an die hundert Jahre gleich, eher hygienisch weiß und ohne Ornamentik, mit oben hängendem Spülkasten und Zugkette, durch die der Spülvorgang ausgelöst werden konnte. Ein „Benimmbuch" der 50er Jahre empfahl, mit der Kette – deshalb spöttisch „Etikette" genannt – Spülgeräusche zu erzeugen, um damit Benutzungsgeräusche zu übertönen.

re.: Wandhängendes Tiefspülklosett, vorwandinstalliert. Villeroy & Boch / Geberit

u.: Wandhängendes Tiefspülklosett, kombiniert mit Bidet. Duravit/Geberit

Barrierefreie Sanitärräume nach dem Planungshandbuch von Geberit (M: 1 : 100)

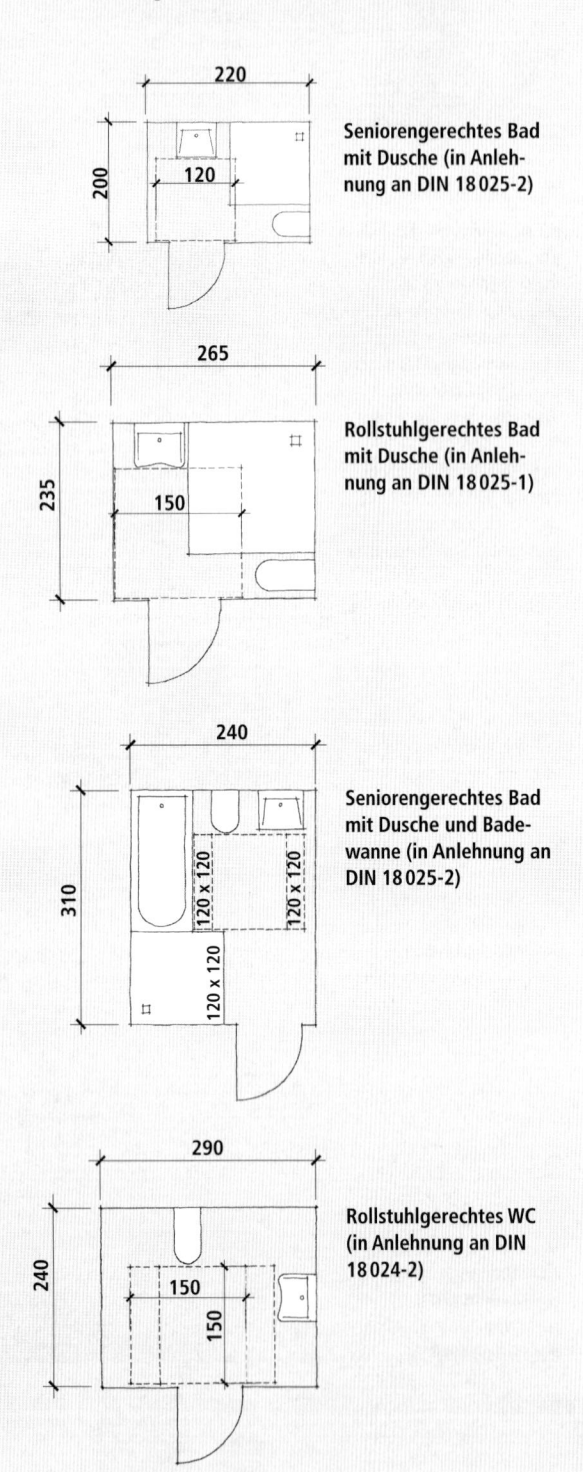

Seniorengerechtes Bad mit Dusche (in Anlehnung an DIN 18 025-2)

Rollstuhlgerechtes Bad mit Dusche (in Anlehnung an DIN 18 025-1)

Seniorengerechtes Bad mit Dusche und Badewanne (in Anlehnung an DIN 18 025-2)

Rollstuhlgerechtes WC (in Anlehnung an DIN 18 024-2)

Türen (80 oder 90 cm breit) nach außen aufgehend,
Dusche bodengleich,
Waschtische 80 cm hoch, voll unterfahrbar
WC-Sitzhöhe 48 cm

Die Überlegenheit des Tiefspülklosetts liegt in der frühen Geruchsbindung, offensichtlich der Grund für seine weite Verbreitung.

Die neue Spültechnik ist geräuscharm und wassersparend. Je nach Bedarf besteht neuerdings aus ökologischen Gründen die Wahl für je eine größere oder kleinere Spülwassermenge.

Die Vorteile des wandhängenden WCs sind so eindeutig, dass es wo immer möglich Verwendung finden sollte. Die dadurch entstehende freie Fußbodenfläche ist hygienisch einwandfrei und leicht zu reinigen.

Der § 50 der Landesbauordnung Nordrhein-Westfalen, der schon das Bad zwingend vorschreibt, tut dies auch für die Toilette:

„(2) Jede Wohnung [...] muss mindestens eine Toilette haben. Sie muss mit Wasserspülung versehen sein, wenn sie an eine dafür geeignete Sammelkanalisation oder an eine Kleinkläranlage angeschlossen werden kann. In Bädern von Wohnungen dürfen nur Toiletten mit Wasserspülung angeschlossen werden. Toilettenräume für Wohnungen müssen innerhalb der Wohnung liegen."

Die DIN 18 022 „Küchen, Bäder und WCs im Wohnungsbau" (letzte Ausgabe Nov. 1989) empfiehlt: „In Wohnungen für mehrere Personen ist die Anordnung eines vom Bad getrennten WCs zweckmäßig. Mindestmaße ergeben sich aus Stellflächen und den Abständen."

Die Breite einer WC-Zelle (80 cm) beispielsweise bestimmt sich aus der Breite der Stellfläche (40 cm) und den beiden Abständen links und rechts (je 20 cm), ihre Länge (135 cm) aus der Länge der Stellfläche (60 cm) und dem Abstand (75 cm). Auch hier gilt: Die Bewegungsfläche einer Tür darf nicht auf die Abstandsfläche (= Bewegungsfläche) schlagen.

Die demographische Entwicklung führt durch steigende Lebenserwartung und rückläufige Geburtenzahlen zu einem höheren Anteil der über 65-Jährigen – derzeit 20% – mit Aussicht auf weiteres Wachstum. Mit Zunahme des Lebensalters nimmt die Wahrscheinlichkeit zu, pflege- und hilfsbedürftig zu werden. Das Kuratorium Deutsche Altenhilfe schätzt, dass die Zahl der hilfsbedürftigen Personen sich in den kommenden Jahren nahezu verdoppeln wird. Der § 49 der LBO NRW schreibt unter „Wohnungen" vor, dass in Gebäuden mit mehr als 2 Wohnungen die Wohnungen eines Geschosses barrierefrei erreichbar sein und in ihrer Ausstattung den Kriterien für barrierefreies Wohnen genügen müssen. Die DIN 18024 „Barrierefreie Umwelt" vom Januar 1998 und die DIN 18025 „Barrierefreies Wohnen" vom Dezember 1992 enthalten die zugehörigen Planungsgrundlagen.

Die Zukunft des WCs
hat in Japan bereits begonnen. In der „Süddeutschen Zeitung" vom 16.9.2006 schreibt Angela Köhler, Tokio, unter der Überschrift „Kult ums Klo, die japanische Besessenheit von Hightech" über den Standard japanischer Toiletten. Zwei Drittel der Japaner stehen auf komfortable Toiletten – die Europäer sind dagegen vergleichsweise verklemmt.
Nachfolgender Bericht geht auf ihren Artikel zurück, wörtliche Zitate stehen in Anführungsstrichen: „Kaum ein ausländischer Japanbesucher kann sich dieser Fazination am stillen Örtchen entziehen. Wen die vielen Tasten auf dem Cockpit nicht stören [...] mag den Luxus japanischer Klos nicht mehr missen [...]. Ein Druck auf den blauen Knopf mit den runden Pobacken [das Herz in der Tür! Verf.] über der Wasserfontaine und der Allerwerteste wird warm und weich berieselt, erst ‚geputzt', dann umspült. Ein Klick auf die gelbe Welle und ein Föhn trocknet die delikate Körperregion sanft [...]. Dazwischen steht ein Bidet zur Auswahl, leicht zu erkennen an der stilisierten Dame auf dem Thron."

Der japanische Marktführer Toto verkaufte bereits deutlich über 20 Millionen ‚washlets' und in einem Drittel der japanischen Haushalte befindet sich ein

Aus der Werbung von Toto für den „Washlet GL":
Die verstellbare Düse ermöglicht einen oszillierenden Wasserstrahl für vordere und hintere Waschpositionen. Zudem lassen sich der Wasserdruck und die Temperatur einstellen. Die Düse reinigt sich nach jeder Benutzung von selbst. Das Washlet GL bietet außerdem einen Deckel mit Absenkautomatik und einen Sitzring, der auf Ihre Wunschtemperatur erwärmt werden kann. Die Regelung dieser Funktionen erfolgt über die elegante und einfach zu handhabende Fernbedienung.

Die integrierte Lufterfrischungsfunktion beginnt mit der Luftreinigung, sobald eine Nutzung erfasst wurde."

Beim Modell „Washlet Neorest Series/SE" wird zudem auf die sensoraktivierte automatische Öffnung des Deckels hingewiesen sowie auf die automatische Spülung. Die verschiedenen Reinigungsmodi enthalten auch eine Trocknungsfunktion mit warmer Luft. Für die Fernbedienung seitlich in Griffweite des Nutzers betont die Werbebroschüre die ergonomische Qualität.

Hightech-Klosett. „Die Toto-Sprecherin Kumi Goto: ‚In anderen Ländern ist das Thema eher peinlich und tabu.' […] In Europa wird der Markt langsam erschlossen. Hier hindert der aus japanischer Sicht seltsame Umstand, dass Toilette und Bad nicht getrennt sind […]. Auf dem Klo sind die Europäer eher rückständig."

Literatur

- Werner Müller, Gunther Vogel: **dtv-Atlas zur Baukunst.** Band 1, München 1974
- Alan Windsor: **Peter Behrens, Architekt und Designer.** Stuttgart 1985
- Michael Andritzky: **Oikos. Von der Feuerstelle zur Mikrowelle.** Stuttgart, Zürich 1992
- Hans Koepf: **Baukunst in fünf Jahrtausenden.** Stuttgart 1990
- Hermann Schilli: **Vogtsbauernhof. Führer durch das Museum.** Offenburg 1981
- Margarete Schütte-Lihotzky: **Die Frankfurter Küche.** Museum für Angewandte Kunst, Wien
- **Die 25 Einfamilienhäuser der Holzsiedlung am Kochenhof.** Neuausgabe Katalogbuch Stuttgart 2006
- Dieter Worbs: **Adolf Loos 1870–1933. Raumplan. Wohnungsbau.** Berlin 1984
- Johannes Cramer, Niels Gutschow: **Bauausstellungen. Eine Architekturgeschichte des 20. Jahrhunderts.** Stuttgart 1984
- **Interbau Berlin 1957. Amtlicher Katalog.** Berlin 1957
- Klaus Kramer: **Das private Hausbad 1850–1950.** Hansgrohe Schriftenreihe Band 1, Schiltach 1997
- Klaus Kramer: **Installateur – ein Handwerk mit Geschichte.** Hansgrohe Schriftenreihe Band 2, Schiltach 1998
- Udo Pfriemer, Friedemann Bedürftig: **Aus erster Quelle ...** Hansgrohe Schriftenreihe Band 3, Schiltach 2001
- Francoise de Bonneville: **Das Buch vom Bad.** München 1998
- Harald Siebenmorgen: **Im Labyrinth des Minos.** München 2001
- John Ward-Perkins: **Weltgeschichte der Architektur. Rom.** Stuttgart 1988
- Ernst Probst: **Deutschland in der Steinzeit.** München 1991
- **Katholische Bilderbibel.** Augsburg 1998
- Thomas Mann: **Die Erzählungen.** Frankfurt/M 2005
- **Küchen, Bäder und WCs im Wohnungsbau. Ehemalige DIN 18022.** Nov. 1989 (zurückgezogen 2007)
- **Barrierefreie Umwelt. DIN 18024.** Januar 1998
- **Barrierefreies Wohnen. DIN 18025.** Dezember 1992
- **Bauordnung Nordrhein-Westfalen.** Stand 1. September 2005
- **Planen und Bauen mit Geberit.** Geberit Vertriebs-GmbH Pfullendorf
- **Washlet – Clean Technology since 1917.** Toto Europe GmbH, Düsseldorf
- **Kücheneinrichtungen. DIN 66354.** Dez. 1986
- **Die Arbeitsgemeinschaft moderne Küche e.V.** A M K
- Le Corbusier: **Ausblick auf eine Architektur.** Erstausgabe 1923, Braunschweig 1982
- **Sowjetische Architektur. Avantgarde II. 1924–32.** Scusev-Architekturmuseum Moskau 1993
- Adolf Max Vogt: **Russische und französische Revolutionsarchitektur, 1917 · 1789.** Braunschweig 1945

1.9 Baurechtliche Einschränkungen
BauGB, LBO NW, Arbeitsstätten

Der Neubau des Bundesverfassungsgerichts in Karsruhe wurde 1965–69 von Paul Baumgarten errichtet.

„Vom Gesellschaftsvertrag oder Prinzipien des Staatsrechts" von J. J. Rousseau, 1762:
Das Gesetz ist der Ausdruck des allgemeinen Willens der Bürger zum Wohle aller.

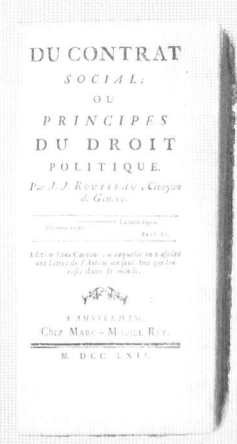

Oben: Versandhaus Neckermann Frankfurt/M. 1959, Architekt Egon Eiermann: Die Anforderungen an die Fluchtwege dürften einen wesentlichen Anstoß zur lebhaften Gestaltung der Fassade gegeben haben. (Foto: Arch.)

Links: Deutsche Genossenschaftsbank Frankfurt/M. (heute Union-Investment-Gebäude), 1974. Architekt D. Praeckel im Büro Speerplan: Brandschutzverordnungen waren an der prägnanten Anordnung der notwendigen Treppen in den Ecken beteiligt.

Technologiezentrum Gelsenkirchen, 1995, Architekt U. Kiessler + Partner. Gesetzliche Abstandsregeln bestimmen die Distanz der Baukörper und damit die Proportionen der eingeschlossenen Gartenhöfe.

Dem entwerfenden Architekten sind baurechtliche Bestimmungen fast immer lästig, sie scheinen ihm Hindernisse auf dem Weg zur kreativen Gestaltung.

In größerem Zusammenhang gesehen sind alle baurechtlichen Vorschriften Teile eines komplexen Rechtssystems, das das Zusammenleben der Menschen regelt.

Nach Rousseau (1712–1778) ist es der „contract social", der „Gesellschaftsvertrag", der notwendig wurde, als das ursprünglich friedliche und sittliche Zusammenleben der „hommes naturels" durch die Entstehung von Arbeitsteilung und Eigentum sein Ende fand. Die entstandene Ungleichheit wird durch den auf das Gemeinwohl zielende „volonté général" beseitigt. Rousseau sieht in ihm den einheitlichen Gemein- und Gesamtwillen, der auf der inneren Übereinstimmung der „citoyens", der Bürger, beruht. Der Staat gründet sich aus der Sicht Rousseaus auf einen Vertrag, den freie Menschen miteinander abschließen, und der dem allgemeinen Willen zugrunde liegt. „Sie geben freilich die Ungebundenheit des Naturzustandes auf, aber sie tauschen sie gegen die wahre Freiheit ein, die in der Bindung aller an das Gesetz besteht." Der Gehorsam gegenüber dem Gesetz, das man sich vorgeschrieben hat, ist Freiheit.

So gesehen mag die Akzeptanz gesetzlicher Regelwerke leichter fallen, zumal ihre Einengungen zu besonderen Lösungsansätzen führen können, was nebenstehende Beispiele verdeutlichen.

In der Mitte des 19. Jahrhunderts begannen durch Gewerbefreiheit und Industrialisierung die Städte sich stürmisch zu entwickeln. Dem drohenden baulichen Chaos konnte man nur mit vorausschauender Planung entgegentreten, die gesetzlich fundiert sein musste.

Bis zu diesem Zeitpunkt bestand das öffentliche Baurecht aus den Vorschriften des Baupolizeirechts. Für Regelungen der Nutzung von Grund und Boden bestand wenig Anlass, solange die Städte innerhalb der Befestigungsanlagen blieben, ihrem jahrhundertelangen Territorium, und Stadterweiterungen als „Vorstadt" oder „Neustadt" überschaubar hinzugefügt wurden.

Zur planerischen Bewältigung der sich ungeordnet ins Umland der Städte ausbreitenden Wohn- und Gewerbebauten bedurfte es dagegen eines gesetzlichen Instrumentariums.

Mit dem badischen Fluchtliniengesetz von 1868 und dem preußischen Fluchtliniengesetz von 1875 entstanden die Anfänge eines Planungsrechts, das sich aus dem bisherigen Baupolizeirecht zu einer eigenständigen Materie entwickelte, die man als Städtebaurecht bezeichnet und die sich mit der städtebaulichen Planung und deren Durchführung befasst.

Trotz dieser Trennung ist ein enger Sachzusammenhang zwischen Baupolizei- und Städtebaurecht unverkennbar, aber auch notwendig. So werden z.B. die Abstandsflächen und die Vollgeschosse im Bauordnungsrecht definiert und derart im Städtebaurecht verwendet.

Das Städtebaurecht regelt die Nutzung von Grund und Boden. Es bestimmt, ob und in welcher Weise ein Grundstück bebaut werden darf. Es wird vom Bund herausgegeben, vom Bundestag verabschiedet und nach Bedarf novelliert, d.h. den neuen Entwicklungen angepasst.

Das Bauordnungsrecht, das Baupolizeirecht, ist föderalistisch strukturiert; es hat die Ausführung baulicher Anlagen auf dem Grundstück zum Gegenstand und ist Sache der Länder. Die Landesbauordnungen folgen einer von einer Sachverständigenkommission aufgestellten Musterbauordnung; sie berücksichtigen regionale Unterschiede und werden von den jeweiligen Landesparlamenten beschlossen und bei Bedarf novelliert.

Im Folgenden wird zunächst das Baugesetzbuch (BauGB) mit einigen charakteristischen Paragrafen

Spätestens mit der Umwidmung ihrer Befestigungsanlagen zu Grüngürteln und Promenaden überschritten die Städte ihre angestammten Grenzen. Der Bauhistoriker Georg Hoeltje deutete den damals einsetzenden Bau von Prunktoren, die keine Torfunktion mehr ausübten (prominentestes Beispiel: Brandenburger Tor, Berlin, 1788–91 von Langhans), als den Versuch, die sich ausbreitenden Städte durch Zäsuren überschaubar zu machen.
(Foto: Axel Mauruszat)

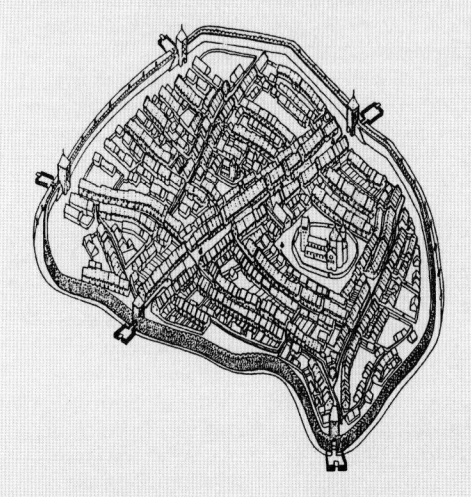

Das frühe Baurecht galt in erster Linie der Verteidigung und Sicherheit, aber auch der Hygiene und Ästhetik.

Zur Verteidigung der Stadt war es notwendig, zwischen Häusern und Stadtmauer einen Zwischenraum festzulegen, der per Gesetz von Bebauung freigehalten wurde.

„Rekonstruktion des Freiburger Stadtbildes im Mittelalter: Der Abstand zwischen der Mauer und den Häusern ist deutlich zu erkennen." (Aus: „Die Entwicklung des Befestigungswesens bis zur Mitte des 18. Jahrhunderts" von Rolf Süß).
Die „Zinnengärten" mussten für den Verteidigungsfall zur Verfügung stehen.

„Ursprünglich waren fast alle Straßen Bolognas von Säulengängen gesäumt. Eine städtische Verordnung legte für diese eine Mindesthöhe von 7 Bologneser Fuß (2,66 m) fest, damit man zu Pferd hindurchreiten konnte." (Aus: Leonardo Benevolo: „Die Geschichte der Stadt")

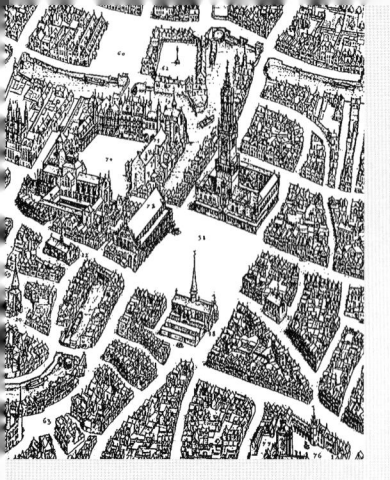

Das Stadtzentrum Brügges: Detail des großen perspektivischen Plans von 1562. „Um der Brandgefahr vorzubeugen, waren nur Ziegeldächer erlaubt, an deren Kosten sich jedoch die Stadt zu einem Drittel beteiligte [...]." (Aus: „Die Geschichte der Stadt" von Leonardo Benevolo)

Im Jahr 1986 wurde das bundeseinheitliche Städtebaurecht, bis dahin „Bundesbauordnung", als „Baugesetzbuch" (BauGB) herausgebracht. Der damalige Bauminister Schneider, der sich diese Neufassung zur Aufgabe gemacht hatte, stellte es der Presse vor und erläuterte seinen Unterschied zu den Landesbauordnungen so:
Das BauGB regelt „wo", die Landesbauordnungen „wie" gebaut werden muss.

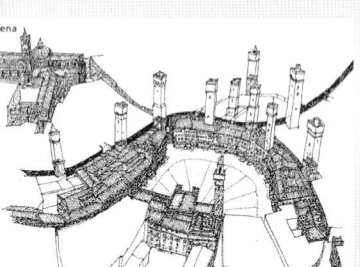

Siena, Piazza del Campo. „Mit präzisen Vorschriften wird im 13. Jahrhundert die Gestaltung der Platzwände akribisch geregelt und eingehalten. [...] u. a. sollen alle Fenster gleiche Außenmaße und Drillingsbögen wie der Palazzo Pubblico haben. ‚Sensa Ordine non si fa alcuna cosa buona!' – ohne Ordnung keine Schönheit – ist die Richtlinie eines eigens berufenen ‚Schönheitsamtes'." (Aus: „Florenz – Die steinerne Lilie" von Diedrich Praeckel)
Zeichnung: Diedrich Praeckel

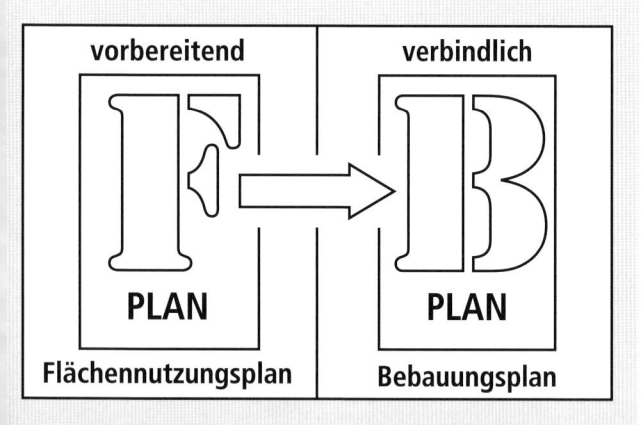

vorbereitend → verbindlich
F-PLAN Flächennutzungsplan → B-PLAN Bebauungsplan

behandelt. Den Ausführungen liegt das „Baugesetz für Planer" von Folkert Kiepe und Arnulf von Heyl mit den Zeichnungen von Birgit Schlechtriemen zugrunde.

A. BAUGESETZBUCH (BauGB)

1. Kapitel Allgemeines Stadtbaurecht

1. Teil Bauleitplanung

§ 1 Aufgabe, Begriff und
  Grundsätze der Bauleitplanung
(2) Bauleitpläne sind
der Flächennutzungsplan (vorbereitend) und
der Bebauungsplan (verbindlich).
(5) Die Bauleitpläne sollen eine nachhaltige städtebauliche Entwicklung [...], auch in Verantwortung gegenüber künftigen Generationen [...] gewährleisten. Sie sollen dazu beitragen, eine menschenwürdige Umwelt zu sichern [...] auch in Verantwortung für den allgemeinen Klimaschutz [...] und das Orts- und Landschaftsbild baukulturell zu erhalten.
(6) Bei der Aufstellung der Bauleitpläne sind besonders zu berücksichtigen:
1. [...] gesunde Wohn- und Arbeitsverhältnisse [...],
3. die sozialen und kulturellen Bedürfnisse [...] der Familien, der jungen, alten und behinderten Menschen [...],
5. die Belange der Baukultur, des Denkmalschutzes [...], des Orts- und Landschaftsbildes,
7. die Belange des Umweltschutzes, einschließlich des Naturschutzes und der Landschaftspflege [...],
8. die Belange der Wirtschaft [...], der Erhaltung [...] von Arbeitsplätzen, [...]

§ 1a Ergänzende Vorschriften zum Umweltschutz
(2) Mit Grund und Boden soll sparsam umgegangen werden; dabei sind [...] Wiedernutzbarmachung von Flächen, Nachverdichtung [...] zu nutzen, sowie Bodenversiegelungen [...] zu begrenzen.

§ 2 Aufstellung der Bauleitpläne
(1) [...] von der Gemeinde in eigener Verantwortung aufzustellen, [...]

§ 3 Beteiligung der Öffentlichkeit
(1) Die Öffentlichkeit ist möglichst frühzeitig über die [...] Zwecke und Ziele der Planung [...] zu unterrichten; ihr ist Gelegenheit zur Äußerung und Erörterung zu geben [...].
(2) Die Entwürfe der Bauleitpläne sind [...] für die Dauer eines Monats öffentlich auszulegen [...].

§ 5 Inhalt des Flächennutzungsplanes
(vorbereitender Bauleitplan)
(1) Im Flächennutzungsplan ist für das ganze Gemeindegebiet die [...] Art der Bodennutzung [...] darzustellen. Der Flächennutzungsplan soll spätestens 15 Jahre nach seiner [...] Aufstellung überprüft werden.
(2) Im Flächennutzungsplan können insbesondere dargestellt werden:
1. die für die Bebauung vorgesehenen Flächen [...]
3. die Flächen für den überörtlichen Verkehr [...]
5. die Grünflächen, wie Parkanlagen, [...]
9. die Flächen für die Landwirtschaft [...];

§ 6 Genehmigung des Flächennutzungsplans
(1) Der Flächennutzungsplan bedarf der Genehmigung der höheren Verwaltungsbehörde.
(5) Die Erteilung der Genehmigung ist ortsüblich bekanntzumachen. Mit der Bekanntmachung wird der Flächennutzungsplan wirksam.

§ 9 Inhalt des Bebauungsplans
(Verbindlicher Bauleitplan)
(1) Im Bebauungsplan können [...] festgesetzt werden:
1. die Art und das Maß baulicher Nutzung;
2. die Bauweise, die überbaubaren und die nicht überbaubaren Grundstücksflächen [...],
4. die Flächen für Nebenanlagen [...] wie Spiel-, Freizeit- und Erholungsflächen, sowie die Flächen für Stellplätze und Garagen [...],
11. die Verkehrsflächen [...],

Der Begriff „Bürgerbeteiligung" wurde ohne inhaltliche Änderung durch „Beteiligung der Öffentlichkeit" ersetzt.

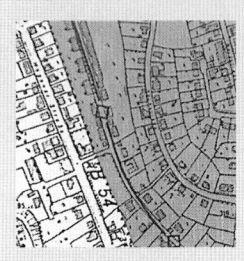

§5 Inhalt des Flächennutzungsplans

§ 5 (2) Art der baulichen Nutzung
Wohnbaufläche

§ 5 (2) Art der baulichen Nutzung
Gemischte Baufläche

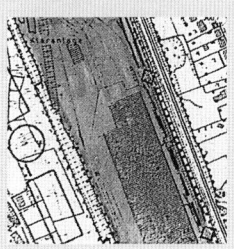

§ 5 (2) Art der baulichen Nutzung
Gewerbliche Baufläche

§ 5 (2) Art der baulichen Nutzung
Flächen für den überörtlichen Verkehr
Die Flächennutzungspläne der 60er und 70er Jahre enthielten oftmals umfangreiche Flächen für Straßenbauprojekte, die sich bei Überprüfung als überzogen erwiesen und den Kommunen für Grünprojekte willkommen waren.
(Beispiele aus: „Baugesetzbuch für Planer", Kiepe/von Heyl)

§ 9 Inhalt des Bebauungsplans

§ 9 (1) 1. Art und Maß der baulichen Nutzung:

Reines Wohngebiet WR
Grundflächenzahl 0,3
Geschossflächenzahl 0,6
Vollgeschosse I

§ 9 (1) 2. Bauweise:

offene Bauweise o
nur Einzelhäuser zulässig E
Satteldach, Dachneigung 35–45°
Drempelhöhe 1,0 m

Der Beschluss eines Bebauungsplans als Satzung erfolgt durch das Gemeinde- oder Stadtparlament. Die elementare Bedeutung der kommunalen Selbstverwaltung und -bestimmung bildet sich in der bevorzugten Gestaltung von Rathäusern und Ratssälen ab, wobei auch die Moderne auf monumentale Mittel nicht verzichten mag.

Rathaus Mainz, 1970–73, Architekten: Arne Jacobsen mit Hans Dissing und Otto Weitling.

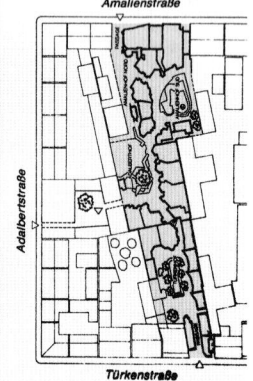

Der § 34 trägt dem entwerfenden Architekten auf, sich mit seinem Projekt analog zur benachbarten Bebauung zu verhalten. Die Baulücke ist der Ort, wo er besonders nachvollziehbar angewendet werden kann. Eingangsgebäude zur Amalienpassage in der Türkenstraße in München 1975–77. Architekten: Jürgen von Gagern, Gordon Ludwig, Udo von den Mühlen (Lageplan aus: „Bauten und Plätze in München", Callwey 1985).

Landwirtschaftliche Betriebe im Außenbereich: Der Vetterhof in Lustenau/Vorarlberg (o., 1992–96, Architekt Roland Gnaiger): Produktion und Vermarktung ökologischer Produkte. u.: Das Uriaprojekt in Balingen-Ostdorf/ Schwäb. Alb pflegt fairen und rücksichtsvollen Umgang mit dem Tier.

15. die öffentlichen und privaten Grünflächen,
20. die Flächen […] zum Schutz […] von Natur und Landschaft;

§ 10 Beschluss, Genehmigung und Inkrafttreten des Bebauungsplans

(1) Die Gemeinde beschließt den Bebauungsplan als Satzung.
(2) Bebauungspläne […] bedürfen der Genehmigung der höheren Verwaltungsbehörde.
(3) […], der Beschluss des Bebauungsplans […] ist ortsüblich bekannt zu machen. Mit der Bekanntmachung tritt der Bebauungsplan in Kraft.

§ 34 Zulässigkeit von Vorhaben innerhalb der im Zusammenhang bebauten Ortsteile

(1) Innerhalb der im Zusammenhang bebauten Ortsteile ist ein Vorhaben zulässig, wenn es sich nach Art und Maß der baulichen Nutzung, der Bauweise und der Grundstücksfläche, die überbaut werden soll, in die Eigenart der näheren Umgebung einfügt […]

§ 35 Bauten im Außenbereich

(1) Im Außenbereich ist ein Vorhaben nur zulässig, […] wenn es
1. einem land- oder forstwirtschaftlichen Betrieb dient […]
2. einem Betrieb der gartenbaulichen Erzeugung dient, […]
5. der Erforschung, Entwicklung und Nutzung der Wind- oder Wasserenergie dient, […]

§ 136 Städtebauliche Sanierungsmaßnahmen
(2) […] sind Maßnahmen, durch die ein Gebiet […] wesentlich verbessert oder umgestaltet wird.

§ 172 Erhaltung baulicher Anlagen und der Eigenart von Gebieten (Erhaltungssatzung)

§ 247 Sonderregelung für Berlin als Hauptstadt

234

BAUNUTZUNGSVERORDNUNG (BauNVO)
(in der Fassung von 1990, geändert 1993)

Erster Abschnitt
Art der baulichen Nutzung

§ 1 Allgemeine Vorschriften für Bauflächen und Baugebiete

(1) Im Flächennutzungsplan können die für die Bebauung vorgesehenen Flächen nach der allgemeinen Art ihrer baulichen Nutzung (Bauflächen) dargestellt werden als:
1. Wohnbauflächen (W)
2. gemischte Bauflächen (M)
3. gewerbliche Bauflächen (G)
4. Sonderbauflächen (S)

(2) Die für die Bebauung vorgesehenen Flächen können nach der besonderen Art ihrer baulichen Nutzung (Baugebiete) dargestellt werden als:
1. Kleinsiedlungsgebiete (WS)
2. reine Wohngebiete (WR)
3. allgemeine Wohngebiete (WA)
4. besondere Wohngebiete (WB)
5. Dorfgebiete (MD)
6. Mischgebiete (MI)
7. Kerngebiete (AK)
8. Gewerbegebiete (GE)
9. Industriegebiete (GI)
10. Sondergebiete (SO)

§§ 2–11 Diese Paragrafen behandeln der Reihe nach die o. a. Baugebiete, beschreiben zunächst ihre Bestimmung und ihre Aufgabe, dann ihre zulässige Bebauung und schließlich ihre ausnahmsweise zulässige Bebauung.

Mit der Erwähnung der §§ 136 und 172 will die vorliegende Einführung in das BauGB auf die Bandbreite dieser Gesetzessammlung hinweisen und auf den aktuellen Stand ihrer Inhalte, die mit den neuesten Themen des Baugeschehens befasst sind.
Die Nennung des § 247 mag zudem noch einen Eindruck vom Umfang der Materie vermitteln.

Die Verordnung über die bauliche Nutzung der Grundstücke definiert und erklärt die Nutzungsbegriffe aus dem BauGB:

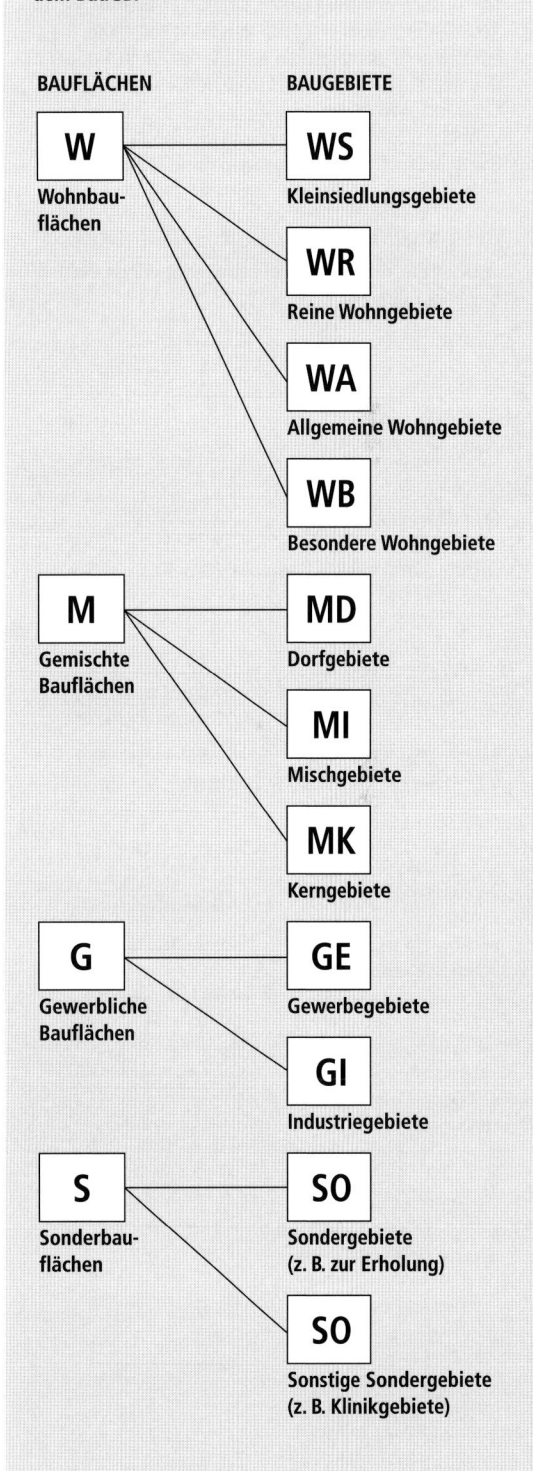

BAUFLÄCHEN — **BAUGEBIETE**

- **W** Wohnbauflächen
  - **WS** Kleinsiedlungsgebiete
  - **WR** Reine Wohngebiete
  - **WA** Allgemeine Wohngebiete
  - **WB** Besondere Wohngebiete
- **M** Gemischte Bauflächen
  - **MD** Dorfgebiete
  - **MI** Mischgebiete
  - **MK** Kerngebiete
- **G** Gewerbliche Bauflächen
  - **GE** Gewerbegebiete
  - **GI** Industriegebiete
- **S** Sonderbauflächen
  - **SO** Sondergebiete (z. B. zur Erholung)
  - **SO** Sonstige Sondergebiete (z. B. Klinikgebiete)

In den §§ 2–11 wird jedes einzelne Baugebiet exakt beschrieben; herausgegriffen sei folgendes Beispiel:

§ 3 Reine Wohngebiete

(1) Reine Wohngebiete dienen dem Wohnen

(2) Zulässig sind Wohngebäude

(3) Ausnahmsweise können zugelassen werden:
1. Läden und nicht störende Handwerksbetriebe, die zur Deckung des täglichen Bedarfs für die Bewohner des Gebiets dienen sowie kleine Betriebe des Beherbergungsgewerbes.
2. Anlagen für soziale Zwecke sowie den Bedürfnissen der Bewohner dienende Anlagen für kirchliche, kulturelle, gesundheitliche und sportliche Zwecke.

(4) Zu den [...] zulässigen Wohngebäuden gehören auch solche, die der Betreuung und der Pflege der Bewohner dienen.

$$\text{Grundflächenzahl} = \frac{\text{Grundfläche}}{\text{Grundstücksfläche}}$$

wichtig: Zur Grundflächenzahl zählen die Grundflächen von Garagen und Zufahrten

$$\text{Geschossflächenzahl} = \frac{\text{Vollgeschossfläche}}{\text{Grundstücksfläche}}$$

wichtig: Die Vollgeschossfläche definiert sich nach § 2 (5) der LBO NRW (auf S. 238 in diesem Kapitel)

$$\text{Baumassenzahl} = \frac{\text{Baumasse}}{\text{Grundstücksfläche}}$$

wichtig: Unabhängig von Geschosshöhen tatsächliche Baumasse ermitteln

Zweiter Abschnitt
Maß der baulichen Nutzung

(2) Im Bebauungsplan kann das Maß baulicher Nutzung bestimmt werden durch Festsetzung
1. der Grundflächenzahl [...],
2. der Geschossflächenzahl [...], der Baumassenzahl,
3. der Zahl der Vollgeschosse,
4. der Höhe der baulichen Anlagen.

§ 18 Höhe baulicher Anlagen
(1) Bei Festsetzung der Höhe baulicher Anlagen sind die erforderlichen Bezugspunkte zu bestimmen.

§ 19 Grundflächenzahl, zulässige Grundfläche
(1) Die Grundflächenzahl gibt an, wieviel Quadratmeter Grundfläche je Quadratmeter Grundstücksfläche [...] zulässig sind.
(2) Zulässige Grundfläche ist der [...] Anteil des Baugrundstücks, der von baulichen Anlagen überdeckt werden darf.
(4) Bei der Ermittlung der Grundfläche sind die Grundflächen von
1. Garagen und Stellplätzen mit ihren Zufahrten [...] mitzurechnen.

§ 20 Vollgeschosse, Geschossflächenzahl, Geschossfläche
(1) Als Vollgeschosse gelten Geschosse, die nach landesrechtlichen Vorschriften Vollgeschosse sind [...]
(2) Die Geschossflächenzahl gibt an, wieviel Quadratmeter Geschossfläche je Quadratmeter Grundstücksfläche [...] zulässig ist.
(3) Die Geschossfläche ist nach den Außenmaßen des Gebäudes in allen Vollgeschossen zu ermitteln [...]
(4) Bei der Ermittlung der Geschossfläche bleiben Nebenanlagen [...], Balkone, Loggien, Terrassen sowie bauliche Anlagen [...] in den Abstandsflächen [...] unberücksichtigt.

§ 21 Baumassenzahl, Baumasse
(1) Die Baumassenzahl gibt an, wieviel Kubikmeter Baumasse je Quadratmeter Grundstücksfläche […] zulässig sind.
(2) Die Baumasse ist nach den Außenmaßen der Gebäude vom Fußboden des untersten Vollgeschosses zu ermitteln […].

Dritter Abschnitt
Bauweise, überbaubare Grundstücksfläche

§ 22 Bauweise
(1) Im Bebauungsplan kann die Bauweise als offene oder geschlossene Bauweise festgesetzt werden.
(2) In der offenen Bauweise werden die Gebäude mit seitlichem Grenzabstand als Einzelhäuser, Doppelhäuser oder Hausgruppen errichtet. Die Länge […] darf höchstens 50 m betragen.
(3) In der geschlossenen Bauweise werden die Gebäude ohne seitlichen Grenzabstand errichtet.

§ 23 Überbaubare Grundstücksfläche
(1) Die überbaubaren Grundstücksflächen können durch die Festsetzung von Baulinien, Baugrenzen […] bestimmt werden.
(2) Ist die Baulinie festgesetzt, so muss auf diese Linie gebaut werden.
(3) Ist eine Baugrenze festgesetzt, so dürfen Gebäude und Gebäudeteile diese nicht überschreiten.

Zur Ausarbeitung von Bauleitplänen und Darstellung des Planinhalts hat der Bundesminister für Raumordnung, Bauwesen und Städtebau die

PLANZEICHNUNGSVERORDNUNG 1990
(Planz. V 90)

erlassen, mit der die bundesweite Vereinheitlichung und die erleichterte Lesbarkeit der Flächennutzungs- und Bebauungspläne erreicht werden sollen.

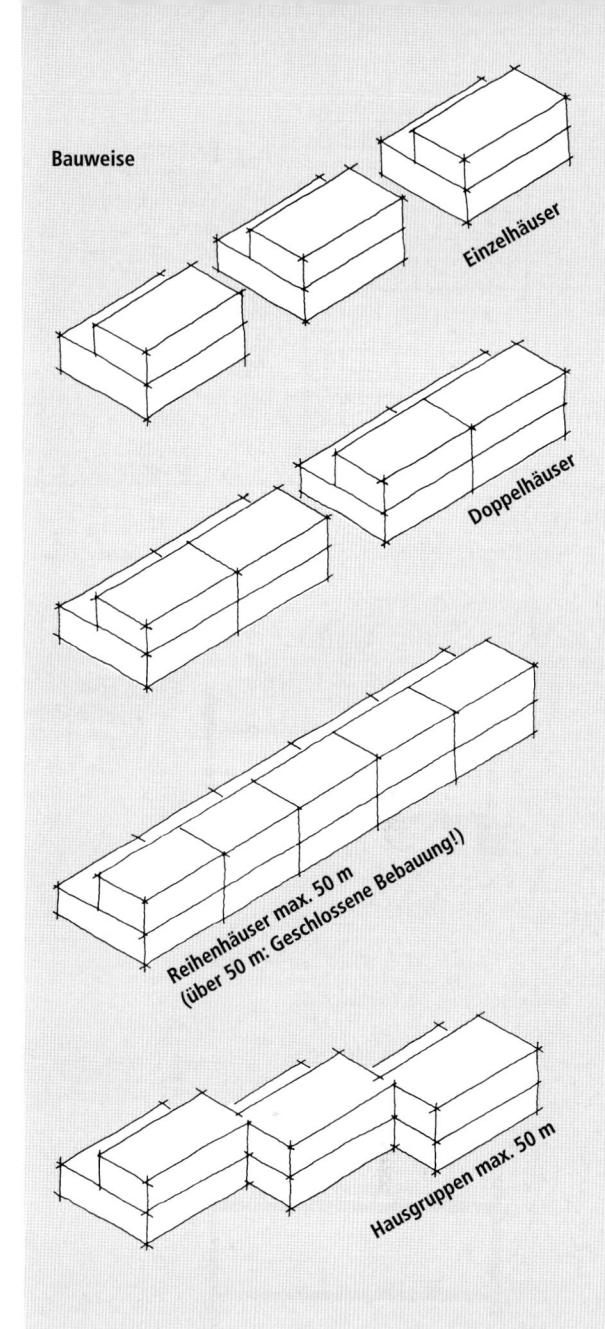

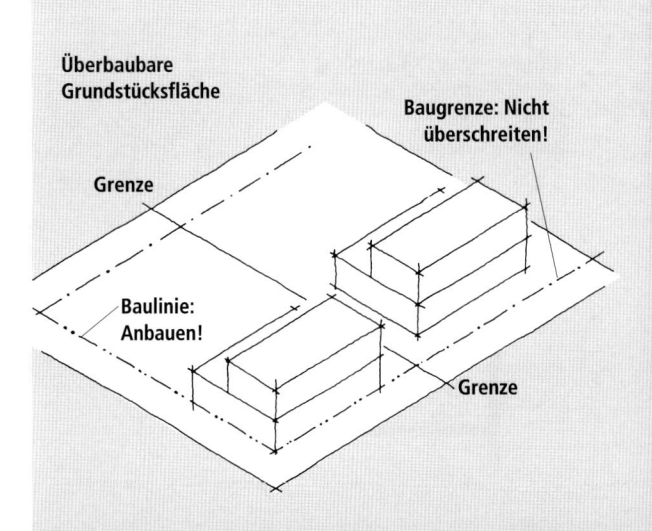

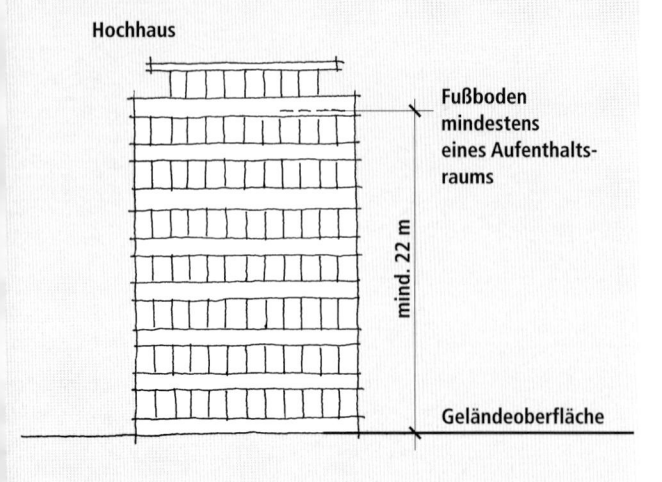

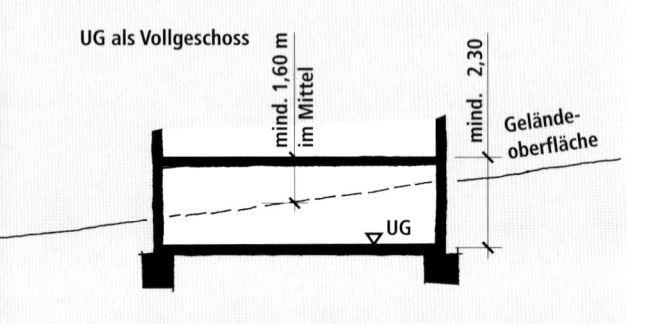

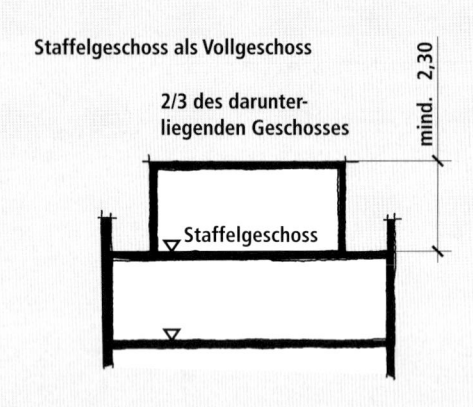

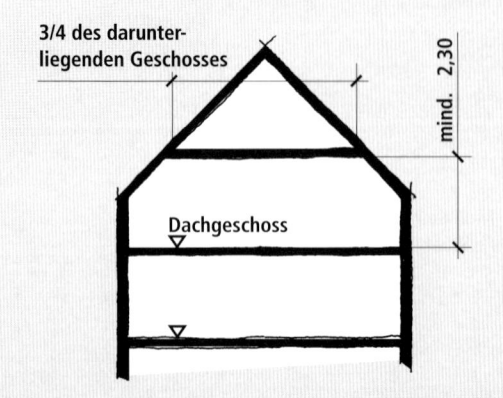

B. LANDESBAUORDNUNG
Nordrhein-Westfalen (LBO NRW)

ERSTER TEIL
Allgemeine Vorschriften

§ 2 Begriffe

(3) Gebäude geringer Höhe sind Gebäude, bei denen der Fußboden keines Geschosses mehr als 7 m über der Geländeoberfläche liegt. Gebäude mittlerer Höhe sind Gebäude, bei denen der Fußboden [...] mehr als 7 m und nicht mehr als 22 m über der Geländeoberfläche liegt. Hochhäuser sind Gebäude, bei denen der Fußboden mindestens eines Aufenthaltsraumes mehr als 22 m über Geländeoberfläche liegt.

(4) Geländeoberfläche ist die Fläche, die sich aus der Baugenehmigung oder den Festsetzungen des Bebauungsplanes ergibt, im übrigen die natürliche Geländeoberfläche.

(5) Vollgeschosse sind Geschosse, deren Deckenoberkante mehr als 1,60 m im Mittel über die Geländeoberfläche hinausragt und die eine Höhe von mehr als 2,30 m haben. Ein [...] zurückgesetztes oberstes Geschoss (Staffelgeschoss) ist nur dann ein Vollgeschoss, wenn es diese Höhe über mehr als zwei Drittel der Grundfläche des darunter liegenden Geschosses hat. Ein Geschoss mit geneigten Dachflächen ist nur dann ein Vollgeschoss, wenn es diese Höhe über mehr als drei Viertel seiner Grundfläche hat. Die Höhe der Geschosse wird von Oberkante Fußboden bis Oberkante Fußboden der darüberliegenden Decke, bei Geschossen mit Dachflächen bis Oberkante Dachhaut gemessen.

(7) Aufenthaltsräume sind Räume, die zum nicht vorübergehenden Aufenthalt bestimmt oder geeignet sind.

ZWEITER TEIL
Das Grundstück und seine Bebauung

§ 6 Abstandsflächen

(1) Vor Außenwänden von Gebäuden sind Flächen […] freizuhalten (Abstandsflächen). […] nicht erforderlich vor Außenwänden […] an der Nachbargrenze

(2) Die Abstandsflächen müssen auf dem Grundstück selbst liegen. […] dürfen auch auf öffentlichen Verkehrsflächen, […] Grünflächen […] liegen, jedoch nur bis zu deren Mitte.

(3) Die Abstandsflächen dürfen sich nicht überdecken, dies gilt nicht für
1. Außenwände, die in einem Winkel von mehr als 75° zueinander stehen.
2. Außenwände zu einem […] Gartenhof […]

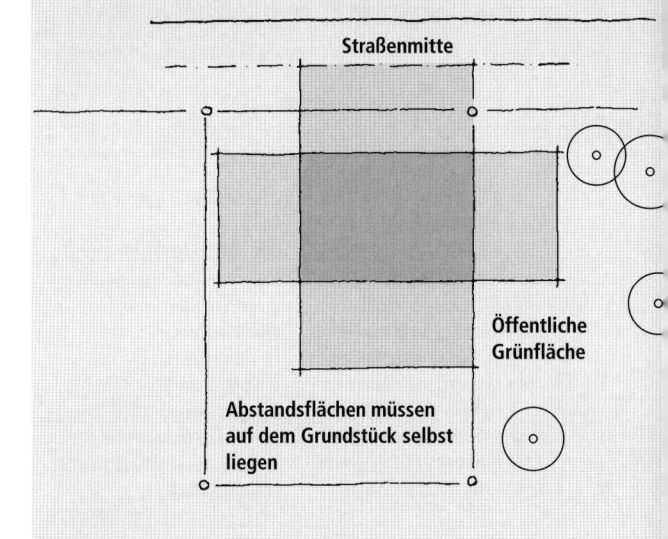

(4) Die Tiefe der Abstandsfläche bemisst sich nach der Wandhöhe; sie wird senkrecht zur Wand gemessen. Als Wandhöhe gilt das Maß von der Geländeoberfläche bis zur Schnittlinie der Wand mit der Dachhaut […]. Zur Wandhöhe werden hinzugerechnet:
1. voll die Höhe von Dächern […] mit einer Dachneigung von mehr als 70°,
2. zu einem Drittel die Höhe von Dächern […] mit einer Dachneigung von mehr als 45°, […]. Das sich ergebende Maß ist H.

(5) Die Tiefe der Abstandsfläche beträgt
- 0,8 H,
- 0,5 H in Kerngebieten,
- 0,25 H in Gewerbe- und Industriegebieten, […]
In allen Fällen muss die Tiefe der Abstandsfläche mindestens 3.0 m betragen.

(6) Auf einer Länge der Außenwände und von Teilen der Außenwände von nicht mehr als 16 m genügt gegenüber jeder Grundstücksgrenze und gegenüber jedem Gebäude auf demselben Grundstück als Tiefe der Abstandflächen 0,4 H, (0,25 H in MK), mindestens jedoch 3 m. […] (ehem. Schmalseitenprivileg, geändert 6.12.06).

(7) […] Dachvorsprünge, Blumenfenster, Hauseingangstreppen und deren Überdachungen sowie […] Erker und Balkone bleiben bei der Bemessung außer Betracht, wenn sie nicht mehr als 1,5 m vortreten.

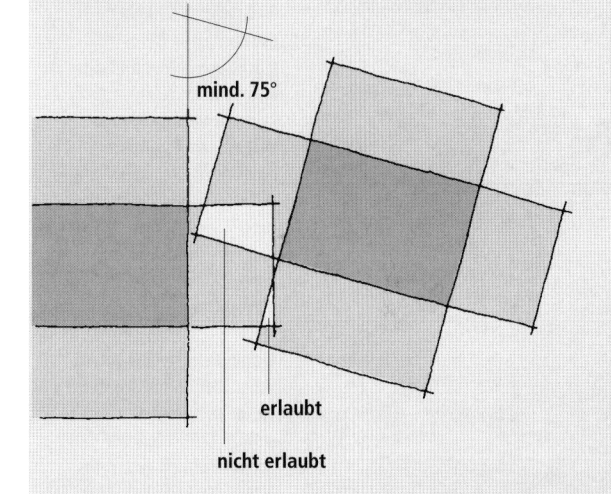

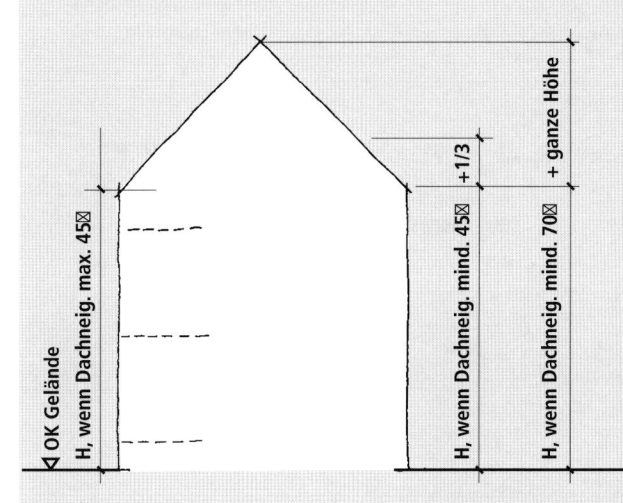

Im § 9 der LBO NRW wird zwar für Gebäude mit Wohnungen die Forderung nach einer Spielfläche für Kleinkinder erhoben, gleichzeitig aber auch eine Reihe von Möglichkeiten aufgezeigt, mit denen auf einen Spielplatz auf dem Grundstück selbst verzichtet werden kann. Dagegen sind die Bestimmungen der Garagenverordnung GarVO (siehe Seite 244 dieses Kapitels) eindeutig, sie schreiben mindestens einen Stellplatz pro Wohnung vor, das sind ca. 22 qm einschließlich anteiliger Zufahrt. Mutmaßungen über den Stellenwert von Kind und Auto in unserer Gesellschaft sind unvermeidlich.

Der Gestaltungsparagraf der Landesbauordnung ist gut gemeint aber wirkungslos. Er konnte die baulichen Beeinträchtigungen von Stadt und Land im Nachkriegsdeutschland nicht verhindern. Es gibt keine objektiven Maßstäbe, mittels derer eine „Verunstaltung" zweifelsfrei erkannt und verurteilt werden kann. „Kunst-Raststätte" Illertal-Ost

Modernisiertes bürgerliches Wohnhaus aus dem 19. Jh. in Kassel. Die Verunstaltung rührt aus der Gegensätzlichkeit zwischen vertikaler Grundstruktur und horizontaler modernistischer Ergänzung.

Mündungen von Kaminen oder Abgasleitungen müssen den First mindestens 0,4 m überragen oder vom Dach mindestens 1,0 m entfernt sein.

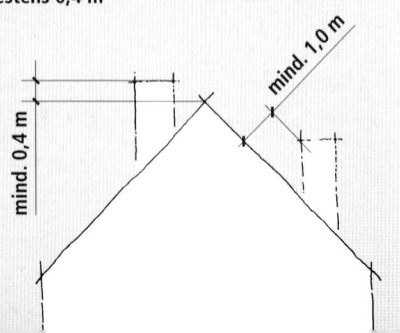

(11) In den Abstandsflächen eines Gebäudes [...] sind zulässig:
1. [...] überdachte Stellplätze und Garagen bis zu einer Länge von 9,00 m [...], die mittlere Wandhöhe [...] darf nicht mehr als 3.0 m über Geländeoberfläche an der Grenze betragen.

§ 9 Nicht überbaute Flächen, Spielflächen, Geländeoberflächen
(1) Die nicht überbauten Flächen der bebauten Grundstücke sind wasseraufnahmefähig zu belassen oder herzustellen, zu begrünen, [...]
(2) Ein Gebäude mit Wohnungen darf nur errichtet werden, wenn eine ausreichende Spielfläche für Kleinkinder auf dem Grundstück bereitgestellt wird.

DRITTER TEIL
Bauliche Anlagen

§ 12 Gestaltung
(1) Bauliche Anlagen [...] müssen nach Form, Maßstab, Verhältnis der Baumassen und Bauteile zueinander, Werkstoff und Farbe so gestaltet sein, dass sie nicht verunstaltet wirken.
(2) Bauliche Anlagen [...] sind mit ihrer Umgebung so in Einklang zu bringen, dass sie das Straßen-, Orts-, oder Landschaftsbild nicht verunstalten [...]

§ 32 Gebäudetrennwände
(1) Ausgedehnte Gebäude sind durch Gebäudetrennwände in höchstens 40 m lange Gebäudeabschnitte (Brandabschnitte) zu unterteilen [...].

§ 33 Brandwände
(1) Brandwände müssen in der Feuerwiderstandsklasse F 90 [...] hergestellt sein; [...].

§ 35 Dächer
(1) Die Bedachung muss gegen Flugfeuer und strahlende Wärme widerstandsfähig sein (harte Bedachung).

§ 36 Treppen
(1) Jedes nicht zur ebenen Erde liegende Geschoss […] muss über mindestens eine Treppe zugänglich sein (notwendige Treppe);
(3) Die tragenden Teile notwendiger Treppen sind in der Feuerwiderstandsklasse F 90 […] herzustellen.
(4) In Gebäuden mit mehr als zwei Geschossen […] sind die notwendigen Treppen in einem Zuge […] zu führen; […]
(5) Die benutzbare Breite der Treppen […] muss mindestens 1 m betragen; […] mit nicht mehr als zwei Wohnungen genügt 0,80 m.
(8) Auf Handläufe und Geländer kann […] bei Treppen bis zu fünf Stufen verzichtet werden, […].
(9) Treppengeländer müssen mindestens 0,90 m, bei Treppen mit mehr als 12 m Absturzhöhe mindestens 1,10 m hoch sein.
(10) Eine Treppe darf nicht unmittelbar hinter einer Tür beginnen […], zwischen Treppe und Tür ist ein Treppenabsatz anzuordnen, der mindestens so tief sein soll, wie die Tür breit ist.

§ 37 Treppenräume
(1) Jede notwendige Treppe muss in einem eigenen durchgehenden Treppenraum liegen. […]
(2) Von jeder Stelle eines Aufenthaltsraumes […] muss der Treppenraum mindestens einer notwendigen Treppe oder ein Ausgang in höchstens 35 m Entfernung erreichbar sein […].
(4) Notwendige Treppenräume müssen durchgehend sein und an einer Außenwand liegen. Notwendige Treppenräume, die nicht an einer Außenwand liegen, sind zulässig, wenn ihre Benutzung durch Raucheintritt nicht gefährdet werden kann.
(5) Jeder notwendige Treppenraum muss einen sicheren Ausgang ins Freie haben. Der Ausgang […] muss mindestens so breit sein wie die zugehörigen Treppen, […].
(7) Die Wände von notwendigen Treppenräumen sind
1. in Gebäuden geringer Höhe in […] F90 und
2. in anderen Gebäuden in der Bauart von Brandwänden herzustellen.

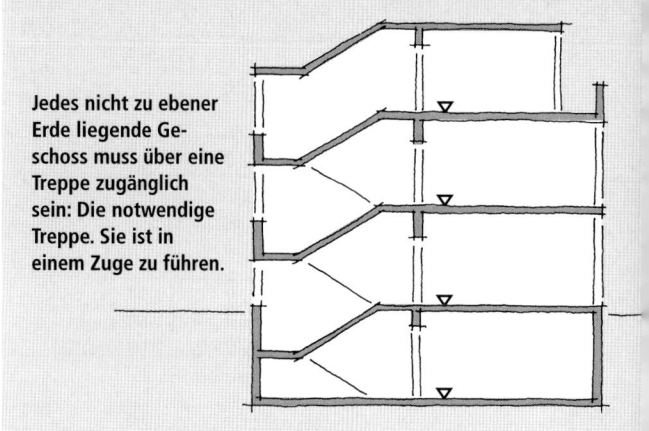

Jedes nicht zu ebener Erde liegende Geschoss muss über eine Treppe zugänglich sein: Die notwendige Treppe. Sie ist in einem Zuge zu führen.

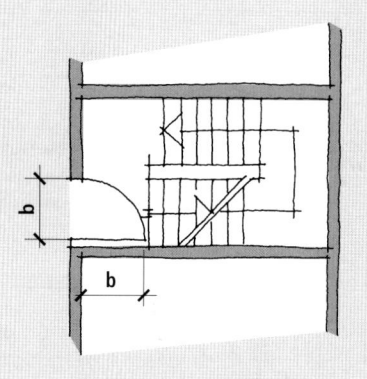

Das Podest zwischen Tür und Treppe muss mindestens so breit sein wie die Tür breit ist.

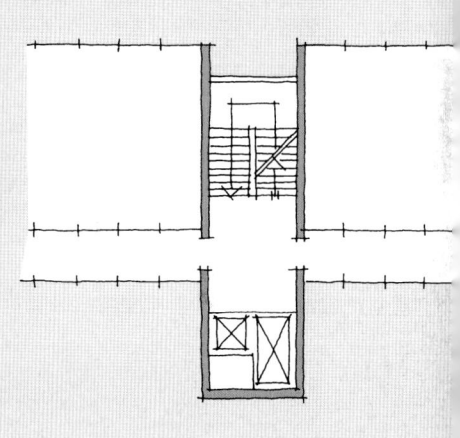

Notwendige Treppenräume müssen durchgehend sein und an einer Außenwand liegen.

Sie müssen in jedem Geschoss Fenster von mind. 0,5 qm Größe haben, die geöffnet werden können.

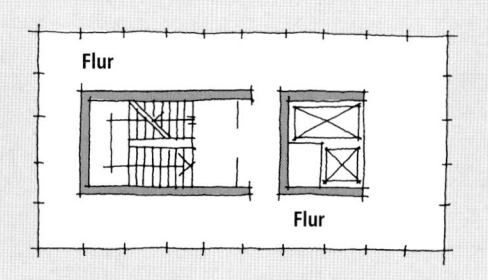

Für notwendige Treppenräume, die nicht an einer Außenwand liegen, muss ein besonderer Nachweis geführt werden, dass ihre Nutzung duch Raucheintritt nicht gefährdet wird.

Von jeder Stelle eines Aufenthaltsraumes darf der Treppenraum einer notwendigen Treppe höchstens 35 Meter entfernt sein.

Vorgelagerte Vorbauten zulässig

Aufenthaltsräume mindestens 2,40 m im Lichten hoch

mind. 2,40 m

Notwendige Fenster mindestens 1/8 der Grundfläche

Links: Küche ohne Fenster zulässig, wenn Sichtverbindung zu einem Aufenthaltsraum mit notwendigen Fenstern besteht.

Unten: Toilettenanlagen für zahlreiche Personen müssen einen eigenen Vorraum mit Waschbecken besitzen.

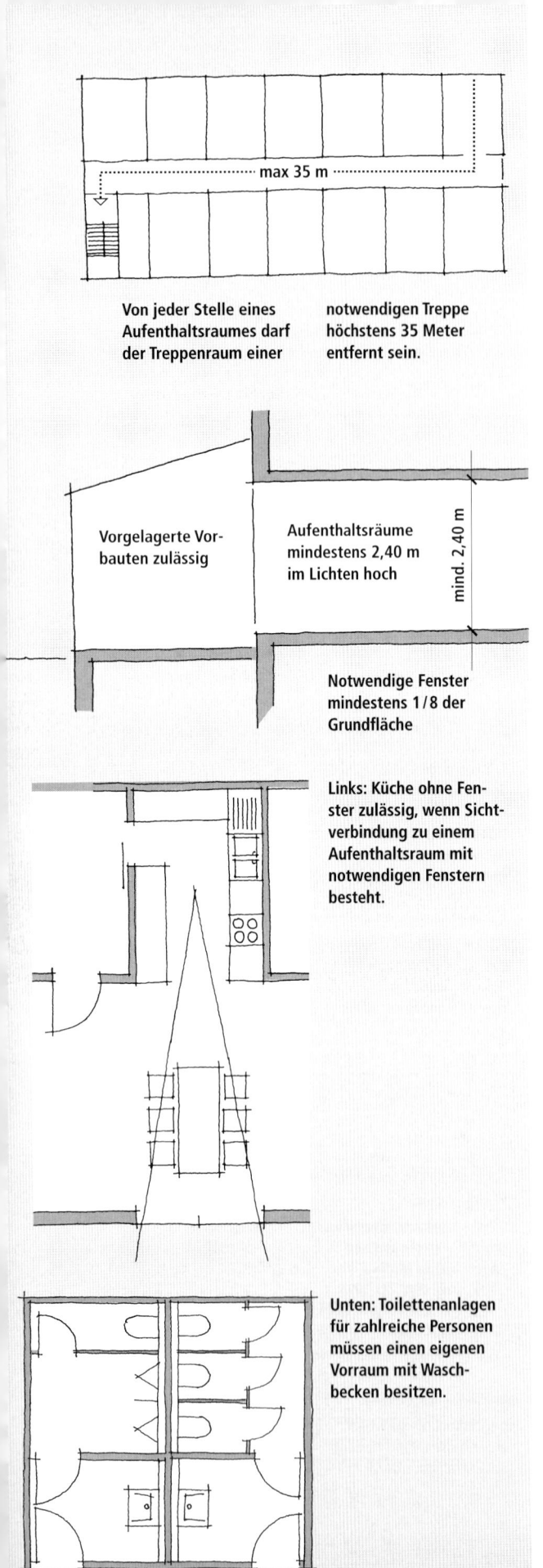

(11) Notwendige Treppenräume, die an einer Außenwand liegen, müssen in jedem Geschoss Fenster mit einer Größe von mindestens 0,5 qm haben, die geöffnet werden können. Innenliegende notwendige Treppenräume müssen […] eine Sicherheitsbeleuchtung haben.

§ 39 Aufzüge
(6) In Gebäuden mit mehr als fünf Geschossen über der Geländeoberfläche müssen Aufzüge in ausreichender Zahl eingebaut werden, von denen einer auch zur Aufnahme von […] Lasten und Krankentragen geeignet sein muss.
(7) […] Von mehreren Aufzügen muss mindestens einer zur Aufnahme von Rollstühlen geeignet sein.

§ 41 Umwehrungen
(4) Notwendige Umwehrungen müssen folgende Mindesthöhe haben:
1. […] mit einer Absturzhöhe von 1–12 m: 0,90 m
2. […] mit mehr als 12 m Absturzhöhe: 1,10 m
(5) Fensterbrüstungen müssen bei einer Absturzhöhe bis zu 12 m mindestens 0,80 m, darüber mindestens 0,90 m hoch sein.

§ 48 Aufenthaltsräume
(1) Aufenthaltsräume müssen […] eine lichte Höhe von mindestens 2,40 m haben.
(2) […] müssen unmittelbar ins Freie führende Fenster […] haben, dass die Räume ausreichend Tageslicht erhalten und belüftet werden können (notwendige Fenster). Das Rohbaumaß der Fensteröffnungen muss mindestens ein Achtel der Grundfläche des Raumes betragen; […]
(3) Verglaste Vorbauten und Loggien sind vor notwendigen Fenstern zulässig […]
(4) […] Küchen sind ohne eigene Fenster zulässig, wenn sie eine Sichtverbindung zu einem Aufenthaltsraum mit Fenstern […] haben […].

§ 50 Bäder und Toilettenräume
(1) Jede Wohnung muss ein Bad mit Badewanne oder Dusche haben.
(2) Toilettenräume müssen innerhalb der Wohnung liegen.
(3) Toilettenanlagen, die für zahlreiche Personen oder für die Öffentlichkeit bestimmt sind, müssen nach Geschlechtern getrennte Räume haben. Die Räume müssen einen eigenen Vorraum mit Waschbecken haben.

§ 55 Barrierefreiheit öffentlich zugänglicher baulicher Anlagen
(1) Bauliche Anlagen […] müssen […] von Menschen mit Behinderungen, alten Menschen und Personen mit kleinen Kindern […] ohne fremde Hilfe zweckentsprechend genutzt und barrierefrei erreicht werden können.

VIERTER TEIL
Die am Bau Beteiligten

§ 57 Bauherrin, Bauherr

§ 58 Entwurfsverfasserin, Entwurfsverfasser

§ 59 Unternehmerin, Unternehmer

FÜNFTER TEIL
Bauaufsichtsbehörden und Verwaltungsverfahren

§ 60 Bauaufsichtsbehörden

§ 63 Genehmigungsbedürftige Vorhaben

§ 65 Genehmigungsfreie Vorhaben

§ 69 Bauantrag

§ 70 Bauvorlageberechtigung
Bauvorlagen für die Errichtung und Änderung von Gebäuden müssen von einer Entwurfsverfasserin oder einem Entwurfsverfasser, welche oder welcher bauvorlageberechtigt ist, durch Unterschrift anerkannt sein.

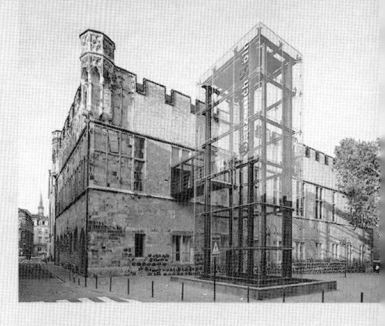

Die Anzahl der Menschen, die auf irgendeine Weise behindert sind, nimmt zu. Der Grund dafür liegt zum einen in der höheren Lebenserwartung, die zum Anstieg altersbedingter Behinderungen führt, und zum anderen in der hohen Zahl von bei Verkehrsunfällen Verletzten (jährlich etwa eine Viertel Million), von denen ein Teil bleibende Schäden davonträgt.

Sie alle sind auf ein barrierefreies Umfeld angewiesen, das auch Menschen mit Kleinkindern zu Gute kommt. Die Landesbauordnung nimmt sich der Barrierefreiheit öffentlich zugänglicher Bauten ausführlich an und schreibt in § 55 (4) ihre Beschaffenheit vor.

o.: Der historische Kölner Festsaal „Gürzenich" (1441–1447) erhielt im Zuge eines barrierefreien Umbaus 1996–1998 einen Aufzug für Behinderte (Architekten Kraemer, Sieverts & Partner).

re.: Mensa als Ergänzung des Albert-Einstein-Gymnasiums in Reutlingen 2006, Architekten Hartmaier und Partner. Die Bewirtschaftung wird von einer Behinderteneinrichtung übernommen.

re.: Seniorenwohnanlage in Stuttgart-Sonnenberg 2006, Architekten Reichl, Sassenscheidt und Partner. Ein rollstuhlgerechter Rundweg umgibt die Hausgruppe; Balkone und Terrassen haben schwellenlose Zugänge. Dadurch wird optimale Selbstständigkeit erreicht, zugleich besteht jedoch jederzeit die Möglichkeit, Hilfe herbeizuholen.

Beide o.g. Projekte erhielten 2007 den Preis der Architektenkammer BW für „Beispielhaftes barrierefreies Bauen".

u.: Generationenhaus West in Stuttgart 2001, Architekten Kohlhoff und Kohlhoff.

Das Miteinander mehrerer Generationen unter einem Dach ist nur möglich, weil weitgehend Barrierefreiheit erreicht wurde. Die Lage im städtischen Umfeld erlaubt den Bewohnern – mit oder ohne fremde Hilfe – am öffentlichen Leben teilzunehmen.

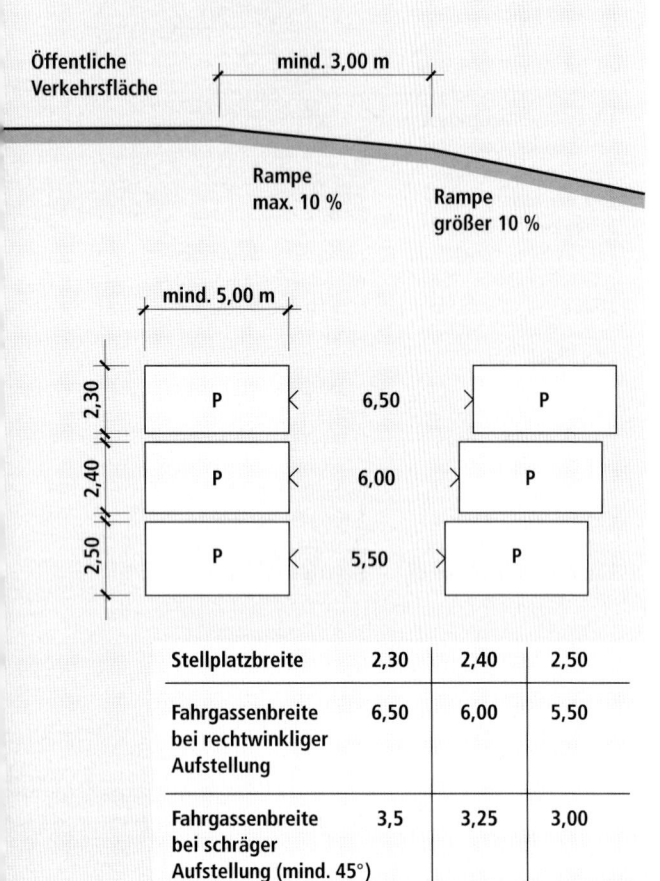

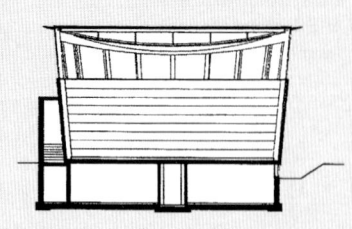

Öffentliche Verkehrsfläche — mind. 3,00 m
Rampe max. 10 %
Rampe größer 10 %

mind. 5,00 m

Stellplatzbreite	2,30	2,40	2,50
Fahrgassenbreite bei rechtwinkliger Aufstellung	6,50	6,00	5,50
Fahrgassenbreite bei schräger Aufstellung (mind. 45°)	3,5	3,25	3,00

Johann-Ender-Saal (1991–95), Mäder/Vorarlberg. Architekten: Carlo Baumschlager und Dietmar Eberle. Neben dem kleineren Saal im Eingangskubus der aus akustischen Gründen gerundete Veranstaltungssaal für 470 Personen.

(3) Bauvorlageberechtigt ist, wer
1. Die Berufsbezeichnung „Architektin" oder „Architekt" führen darf, [...]
2. Als Angehörige oder Angehöriger der Fachrichtung Bauingenieurwesen Mitglied einer Ingenieurkammer ist [...]

§ 74 Beteiligung der Angrenzer

§ 77 Geltungsdauer der Genehmigung

§ 86 Örtliche Bauvorschriften
Die Gemeinden können örtliche Bauvorschriften als Satzungen erlassen über
(1) Die äußere Gestaltung baulicher Anlagen [...]
Die Landesbauordnung wird durch eine Reihe von Verordnungen ergänzt, so z. B. Garagenverordnung und Versammlungsstättenverordnung:

GARAGENVERORDNUNG (GarVo)
20. Feb. 2000

§ 4 Rampen
(2) Zwischen öffentlicher Verkehrsfläche und einer Rampe mit mehr als 10 % Neigung muss eine geringer geneigte Fläche von mindestens 3 m Länge liegen.

§ 6 Einstellplätze
(1) Ein Einstellplatz muss mindestens 5 m lang sein. Seine Breite muss mindestens betragen
1. 2,30 m, wenn keine Längsseite,
2. 2,40 m, wenn eine Längsseite und
3. 2,50 m, wenn beide Längsseiten [...] einen Abstand von weniger als 0,10 m zu begrenzenden Wänden, Stützen [...] aufweisen,
4. 3,50 m, [...] für Behinderte bestimmt.
(2) Die Breite von Fahrgassen muss, soweit sie unmittelbar der Zu- oder Abfahrt dienen, mindestens die Anforderungen der nebenstehenden Tabelle erfüllen.

VV Bau O NRW Stand Dez. 2000
Richtzahlen für den Stellplatzbedarf

Nr.	Nutzungsart	Stellplätze	Anteil Besucher
1.	Wohngebäude und Wohnheime		
1.1	Gebäude mit Wohnungen	1 Stpl. je Wohnung	–
1.3	Altenwohnheime	1 Stpl. je 10–17 Plätze (3 Stpl. mindestens)	75 %
2.	Gebäude mit Büro-, Verwaltungs- und Praxisräumen		
2.1	Büro- und Verwalt. allgem.	1 Stpl. je 30–40 qm Nutzfl.	20 %
4.	Versammlungsstätten (außer Sport)		
4.1	Versammlungsstätten	1 Stpl. je 5–10 Sitzplätze	90 %
4.2	Kirchen	1 Stpl. je 10–30 Sitzplätze	90 %
5.	Sportstätten		
5.6	Fitnesscenter	1 Stpl. je 15 qm Sportfläche	–
6.	Gaststätten		
6.1	Gaststätten	1 Stpl. je 6–12 qm Gastraum	75 %
6.2	Hotels, Pensionen, Kurheime	1 Stpl. je 2–6 Betten	75 %
7	Krankenanstalten		
7.2	Krankenhäuser, Kliniken, Kureinrichtungen	1 Stpl. je 2–6 Betten	60 %
7.3	Pflegeheime	1 Stpl. je 10–15 Plätze	75 %
9.	Gewerbliche Anlagen		
9.1	Handwerks- u. Industriebetriebe	1 Stpl. je 50–70 qm Nutzfläche oder je 3 Beschäftigte	10–30 %
10.	Verschiedenes		
10.3	Sonnenstudios	1 Stpl. je 4 Sonnenbänke, jedoch mind. 2 Stpl.	–

Die notwendige Anzahl der Stellplätze wird mittels einer Verwaltungsvorschrift festgelegt. Nachfolgend ein Auszug:

VERSAMMLUNGSSTÄTTEN-VERORDNUNG (V Stätt VO) vom 20. Sept. 2002

aus dem Inhalt:

§ 6 Führung der Rettungswege

§ 8 Treppen

§ 9 Türen und Tore

§ 10 Bestuhlung, Gänge und Stufengänge

§ 19 Feuerlöscheinrichtungen und Anlagen

§ 22 Bühnenhaus

Veranstaltungssaal „Kulturkubus" (1994–98), Wolfurt/Vorarlberg. Architekten: Lothar Huber, Andreas Cukrowicz, Anton Nachbaur-Sturm. Das hohe Bandfenster im Norden nimmt die Höhe der Holzfachwerkbinder ein.

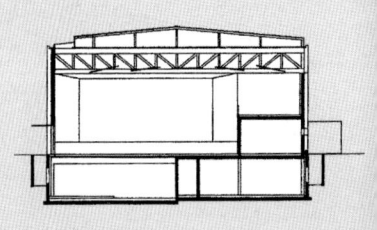

Druckerei in Lohr am Main, LHVH Architekten Köln (Frank Lohner, Arno Hartmann, Jens Voss, Frank Holschbach), 2004. Oben: Von links nach rechts reihen sich Lager, Produktion, Nebenräume und das Grafikatelier (li.).

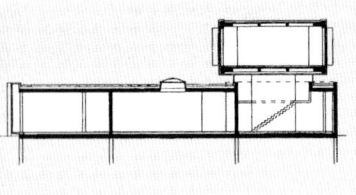

Betriebsgebäude Elmar Graf, 1994–95 in Dornbirn/Vorarlberg. Architekten: Carlo Baumschlager und Dietmar Eberle. Über dem eingeschossigen – nicht belastbaren – Altbau liegt mit deutlichem Abstand auf eigenen Stützen das neue Obergeschoss.

Betriebsgebäude Lagertechnik GmbH, 1993, Wolfert/Vorarlberg. Architekten: Carlo Baumschlager und Dietmar Eberle. Zur Straße hin das Firmenprodukt – ein dezent mit Gussglas umhülltes Hochregallager für Autos – als Signatur des Gebäudes.

ARBEITSSTÄTTENVERORDNUNG
(Arb Stätt V) Aug. 2004

Durch die Übernahme europäischer Bestimmungen mussten die Anforderungen der Arbeitsstättenverordnung erheblichen Veränderungen unterzogen werden. Nachdem sie durch das Bundesministerium für Wirtschaft und Arbeit dem Euro-Standard angepasst worden war, wurde sie durch den Bundestag 2004 novelliert.

Aus dem Inhalt:

§ 1 Ziel, Anwendungsbereich

§ 2 Begriffsbestimmungen

§ 3 Einrichten und Betreiben von Arbeitsstätten

§ 4 Besondere Anforderungen an das Betreiben von Arbeitsstätten

§ 5 Nichtraucherschutz

§ 6 Arbeitsräume, Sanitärräume, Pausen- und Bereitschaftsräume, Erste-Hilfe-Räume, Unterkünfte

§ 7 Ausschuss für Arbeitsstätten

§ 8 Übergangsvorschriften
     Anhang nach § 3 Abs. 1

Die Arbeitsstättenrichtlinien, die sich bisher unmittelbar auf die Paragrafen der Arbeitsstättenverordnung bezogen und eine Art Ausführungsbestimmung darstellten, werden in Zukunft durch neue „Technische Regeln" ersetzt, die der in § 7 beschriebene „Ausschuss für Arbeitsstätten", bestehend aus Vertretern der Arbeitgeber, Arbeitnehmer, Wissenschaft, Behörden und Unfallversicherungsträgern, erarbeitet. Zu dessen Aufgabe gehört, zu ermitteln, wie die in der Verordnung gestellten Anforderungen erfüllt werden können. Bis zum Abschluss der „Technischen Regeln" gelten die bisherigen „Richtlinien". In der Folge werden exemplarisch einige Arbeitsstättenrichtlinien aufgeführt, um deren mögliche Einwirkungen auf die Arbeit des entwerfenden Architekten aufzuzeigen:

Arbeitsstättenrichtlinie 5 (10/1979) –
Lüftung
Diese Richtlinie regelt die maximal zulässige Raumtiefe in Abhängigkeit von der Raumhöhe.

Arbeitsstättenrichtlinie 7/1 (04/1976) –
Sichtverbindung nach außen
bestimmt Lage und Abmessung von Fenstern.

Arbeitsstättenrichtlinie 29/1–4 (05/1977) –
Pausenräume
schreibt deren Lage (in fünf Minuten erreichbar), Beschaffenheit (1 qm je Arbeitnehmer) und Einrichtung vor.

Literatur

- Peter Prechtel und Franz-Peter Burkard: **Metzler Philosopie Lexikon.** Stuttgart 1999
- Wilhelm Weischedel: **Die philosophische Hintertreppe.** München 1986
- Kiepe/von Heyl: **Baugesetzbuch für Planer, grafisch umgesetzt.** Köln 2004
- **Bauordnung für das Land Nordrhein-Westfalen.** Stand 1.9.2005
- Loewe/Müller-Büsching: **Landesbauordnung Nordrhein-Westfalen, Bebilderte Bauordnung.** Düsseldorf 2002
- **Arbeitsstättenverordnung und Arbeitsstätten-Richtlinien.** Stand 2004, Dortmund, Berlin, Dresden 2005
- Leonardo Benevolo: **Die Geschichte der Stadt.** Frankfurt/M. 1983
- Rolf Süß: **Die Entwicklung des Befestigungsbaus bis zur Mitte des 18. Jahrhunderts.** Freiburg 1988
- Otto Kapfinger: **Baukunst in Vorarlberg seit 1980.** Ostfildern-Ruit 1999

„Man klagt in Österreich gerne über das unterentwickelte Architekturbewusstsein von Industrie und Gewerbe. In Vorarlberg wird dies seit gut 10 Jahren von vielen kleinen und mittleren Betrieben bis zu großen Anlagen eindeutig widerlegt."
Aus „Baukunst in Vorarlberg seit 1980" von Otto Kapfinger, 1999

Tischlerei Ritsch 1993–94 in Dornbirn/Vorarlberg. Architekt: Wolfgang Ritsch. Die vorhandene Werkstatt erhielt zur Straße hin Präsentations- u. Büroräume.

Bergmann Anlagenbau, 1996–97, Hörbranz/Vorarlberg. Architekt: Ulrich Grassmann. Die glänzende Schallschutzfassade – mit Löchern – resultiert aus der Nähe zu einem Autobahnknoten und wird zur Signatur des Gebäudes.

Kaufmann Holzbauwerk, 1986–92, Reuthe/Vorarlberg. Architekt Hermann Kaufmann.
Die bewegte Dachkontur entsteht durch die Reihung von flachen, unterspannten Tonnendächern aus Intrallam-Platten und integriert die Baumasse am Ufer der Bregenzach in die Landschaft.

Die Deutsche Bundesbank in Frankfurt/M. (1968–72) wurde von den Architekten Beckert und Becker errichtet, nachdem diese in einem Wettbewerb den 1. Preis gewonnen hatten. Die gestalterisch-konstruktive Eigenheit des Bauwerks ist die vor der Fensterwand liegende Konstruktion aus Stützen und Unterzügen.

Das Bauwesen ist ein Wirtschaftsfaktor, und Kosten und Ertrag sind bedeutsame Komponenten des Bauens; für den perfekten Umgang mit ihnen steht das nachfolgend behandelte umfangreiche Instrumentarium zur Verfügung.

1.10 Planwerte nach DIN 277
Kosten nach DIN 276

Wettbewerb Erweiterung Staatsgalerie Stuttgart, 1977, Fertigstellung 1984.

1. Preis James Stirling und Partner, London

Alles an der vorgeschlagenen Lösung ist neu und ungewöhnlich: So die sorgfältige Ergänzung der vorhandenen Stadtbausituation durch die neuen Baukörper. Sie stellt eine Art von „Stadtreparatur" dar, wie sie in den Jahren danach zum Programm der Postmoderne gehört und bei der internationalen Bauausstellung 1987 (IBA) Berlin besonders praktiziert wird.

Über den Ort hinaus sucht die Postmoderne in der Geschichte nach einschlägigen Beispielen und lässt sie als Zitate wiederkehren. So ist die hier so augenfällige Rotunde ein Zitat aus dem Alten Museum in Berlin 1830 von Schinkel (siehe Seite 70). Als Monumentale Form war sie von der Moderne 50 Jahre lang gemieden worden, nachdem sie bei der Stadtbibliothek von Stockholm 1924 von Asplund zum vorläufig letzten Mal Verwendung gefunden hatte.

James Stirling, den Philip Johnson 1973 in einem Gespräch mit Heinrich Klotz einen „strengen Modernisten" genannt hatte und dessen wunderbare Bauten unter dieser Überschrift bereits in die Baugeschichte eingegangen waren, überraschte und schockierte mit dieser Lösung, die er bereits 1975 vergeblich für die Landeskunstsammlung in Düsseldorf angeboten hatte.

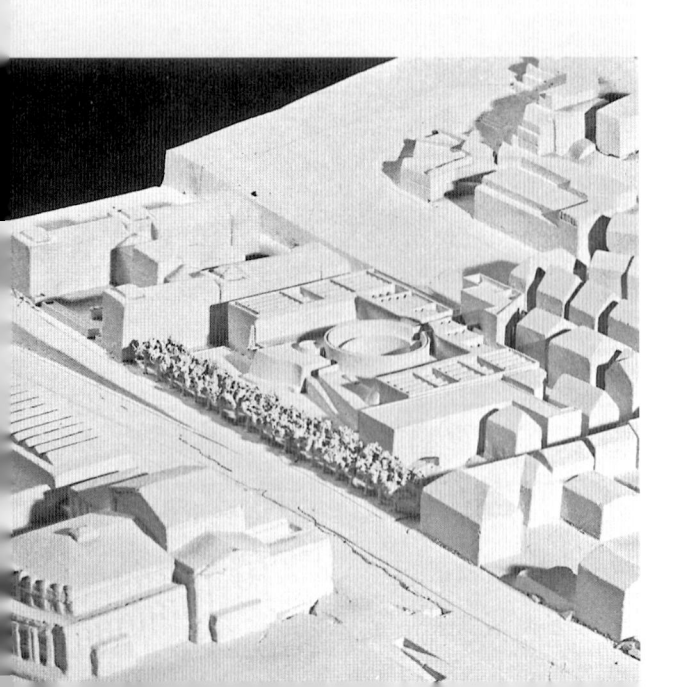

Von der außerordentlichen Schwierigkeit, Architektur von der Gestalt her zu beurteilen, wird im zweiten Band unter „Entwurfsmethodik" noch die Rede sein. Qualitativer Vergleich und die Aufstellung einer Rangfolge konkurrierender Entwürfe können nur argumentativ erzielt werden und sind nicht beweisbar.

Ganz anders verhält es sich mit dem quantitativen Vergleich, der – unter Einhaltung von vereinbarten Berechnungsregeln – zu einer Rangfolge führt. Die DIN 277 – Grundflächen und Rauminhalte im Hochbau (April 05) – ist eine solche Berechnungsregel; sie ermöglicht Feststellung und Vergleich von Flächen und Volumen unterschiedlicher Entwürfe und Bauten und darüber hinaus, zusammen mit der DIN 276 – Kosten im Hochbau (Dezember 09) –, die Ermittlung von Baukosten vorab.

Jedes Wettbewerbsergebnis könnte herangezogen werden, um diesen Umstand zu verdeutlichen. Die hier vorgestellten Ergebnisse des berühmt gewordenen Wettbewerbs zur Erweiterung der Staatsgalerie 1977 in Stuttgart, durch den die Postmoderne in Deutschland ihren Einzug hielt, zeigt die ganze Unterschiedlichkeit, zu der architektonische Konzepte – innerhalb einer Aufgabenstellung – fähig sind. Der Größenvergleich ihrer Grundflächen und Rauminhalte – ihrer Planwerte – ist dagegen ein reiner Rechenvorgang und leicht möglich. Er spielte in diesem Falle – in dem es um eine architektonische Grundsatzentscheidung mit extrem gegensätzlichen Standpunkten ging – vermutlich eine nachgeordnete Rolle.

Dennoch, das Regelwerk der DIN 277 und der DIN 276 ist eine unverzichtbare Hilfe, sowohl im Vergleich von Entwürfen und Bauwerken als auch bei der Ermittlung von Kosten für einen Vorentwurf, Entwurf oder ein Projekt.

Die exakte Vorhersage zu erwartender Baukosten ist für den Auftraggeber von existenzieller Bedeutung und für die Architekten ein Problem seit jeher, wie nachfolgende römische Geschichte deutlich macht: „Eine aufschlussreiche Szene enthält ein von Aulus Gellius um 175 n. Chr. verfasstes Sammelwerk mit Geschichten aus verschiedenen Wissensgebieten: Als der Autor dem Cornelius Fronto einen Krankenbesuch machen wollte, habe dieser gerade ein Gastmahl abgehalten. Es seien auch einige Architekten dabei gewesen. Sie hätten auf Pergament gezeichnete Entwürfe zu verschiedenen Typen von Bädern mitgebracht. Der Gastgeber habe sich den nach seiner Meinung nach besten herausgesucht und den Architekten nach den Gesamtbaukosten gefragt. Dieser schätzte sie auf etwa 300 000 Sesterzen. Da habe einer der Gäste dazwischen gerufen: ‚Und so ebenhin noch weitere 50 000!'"

Vitruv kritisiert die mangelnde Sorgfalt bei Berechnung und Abfassung der Baukostenanschläge, so dass die Auftraggeber „zu niemals endenden Nachzahlungen veranlasst werden und mancher dabei sein Vermögen verliert." (Aus „Architekten in der Welt der Antike" von Werner Müller)

Die sorgfältige Anwendung der beiden DIN-Vorschriften, die die Kosten bis ins Detail erfassen, ersparen den heutigen Architektinnen und Architekten die nachträgliche, peinliche Revision der Baukosten nach oben. Dem Bauherrn ist damit Sicherheit gegeben, einen Finanzierungsplan für die realen Gestaltungskosten aufzustellen, um die es immer schon ging, wie aus einem Gleichnis Jesu in Lukas 14, 28–30 zu entnehmen ist: „Wer aber ist unter Euch, der einen Turm bauen will, und sitzt nicht zuvor und überschlägt die Kosten, ob er's habe, hinauszuführen? Auf dass nicht, wo er den Grund gelegt hat und kann's nicht hinausführen, alle, die es sehen, fangen an, seiner zu spotten, und sagen: Dieser Mensch hob an zu bauen, und kann's nicht hinausführen."

Der Bedeutung der DIN 277 und DIN 276 entspricht die Wahl der beiden prominenten Architekturbeispiele, an denen hier ihre Anwendung demonstriert

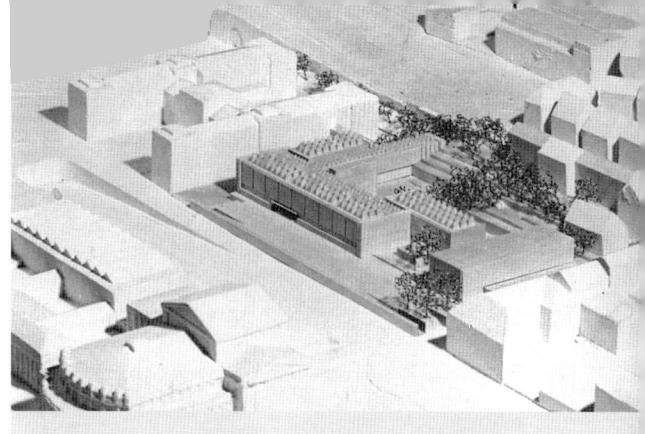

2. Preis: Jörgen Bo, Vilhelm Wohlert, Kopenhagen

Diese Lösung zeigt sich als typische Figuration der Moderne, die den Kontrast zur Umgebung sucht und gestaltet. Die ausgewogene Gruppe der Baukörper folgt der differenzierten Aufgabenstellung. Das Preisgericht: „Die noble Komposition belässt dem historischen Bau seine dominante Position."

Ihre Architekten, Jörgen Bo und Vilhelm Wohlert hatten 1958 den Bau des Louisiana-Museums für Moderne Kunst in Humlebæk (35 km nördlich von Kopenhagen) begonnen, der 1991 abgeschlossen wurde. Dieses legendäre Museum besteht aus einer klassizistischen Villa in Südstaatenmanier und ihren Anbauten, die sich rücksichtsvoll durch den Park zum Steilufer des Öresund erstrecken, wo eine Caféterrasse mit herrlichem Ausblick den einmaligen Kunstweg durch die Natur – oft um alte Bäume herum und über Wasserflächen – abschließt.

3. Preis: Arbeitsgemeinschaft Behnisch + Partner, Kammerer, Belz + Partner, Stuttgart

Die Verfasser bringen das ganze Raumprogramm in einem großmaßstäblichen Baukörper unter. Sie bezeichnen es als „technisches Gerät, mit dem Museum und Theater arbeiten können". Damit entsteht eine dritte, vollkommen andere Baukörpersituation. War beim ersten Preis die Baukörperfiguration aus dem baulichen Kontext verständlich, beim zweiten Preis ein den Aufgaben entsprechendes Konglomerat, so ist sie hier eine Großform, die unterschiedliche Nutzungen ermöglicht. Die Architekten und vor allem Günther Behnisch sind bekannt für ihre streng am Raum orientierte Architektur. Seine Handschrift ist unverkennbar, und er ist der maßgebliche Architekt der olympischen Bauten in München 1972.

Aus „Wettbewerbe aktuell 12/77". Modellfotos: Adalbert Helwig

Seagram Building, New York 1958 von Ludwig Mies van der Rohe und Philip Johnson

Es ist nicht das erste Gebäude des Internationalen Stils, das in New York entstanden ist. Ebenfalls an der Park Avenue, schräg gegenüber, war 1952 – 6 Jahre früher – das Lever House von SOM gebaut worden. Das Seagram Building ist ein anerkanntes Meisterwerk und einer der elegantesten Wolkenkratzer in New York.
Die Art und Weise, wie Mies van der Rohe den Auftrag erhielt, ist wert, erzählt zu werden, zudem sie die Rolle des Auftraggebers für das Entstehen guter Architektur deutlich macht: Phyllis Lambert (geb. 1927 und damals ca. 30 Jahre alt), Tochter des Präsidenten der Joseph F. Seagram Corporation, Samuel Bronfman, las während eines Europaaufenthaltes von den Neubauplänen ihres Vaters an der Park Avenue, für die es bereits einen Entwurf der angesehenen New Yorker Architekten Kahn und Jacobs gab.
Sie kehrte sofort nach Hause zurück und äußerte ihre Vorbehalte gegenüber dieser Lösung. Mit dem Ergebnis, dass sie freie Hand bekam, einen Architekten zu suchen. Philip Johnson, der am MOMA die Architekturabteilung leitete, half ihr dabei, indem er eine Liste von 6 Architekten zusammenstellte, unter denen auch Mies van der Rohe war. Rund 25 Jahre früher hatte Philip Johnson zusammen mit Henry-Russell Hitchcock die berühmt gewordene Ausstellung „International Style" am MOMA organisiert, auf der auch Arbeiten von Mies zu sehen gewesen waren. Die Suche dauerte zweieinhalb Monate. Danach entschied sich Phyllis Lambert für Mies. Da er in New York nicht als Architekt registriert war, bat er Philip Johnson um seine Mitarbeit.
(Fotos o.: Georg Bathe, Foto u.: Itta Gebbing)

werden soll: Das Seagram Building, 1958 in New York von Ludwig Mies van der Rohe, und das Wohnhaus in der Weißenhofsiedlung in Stuttgart, 1927 von Le Corbusier.

DIN 277 – TEIL 1: GRUNDFLÄCHEN UND RAUMINHALTE VON BAUWERKEN IM HOCHBAU

1. Anwendungsbereich
Hier wird ausdrücklich auf die maßgebende Bedeutung dieser Norm bei der Ermittlung der Kosten von Hochbauten und beim Vergleich von Bauwerken hingewiesen.

2. Normative Verweisungen
auf die DIN 277 Teil 2 „Gliederung der Nutzflächen" und die DIN 276 „Kosten im Hochbau"

3. Begriffe
Definition der in der Norm verwendeten Begriffe:

3.1 Brutto-Grundfläche (BGF) ist die Summe aller Grundflächen in allen Grundrissebenen eines Bauwerks; sie setzt sich zusammen aus der Konstruktions-Grundfläche und der Netto-Grundfläche.

3.2 Netto-Grundfläche (NGF) ist die nutzbare Fläche aller Grundrissebenen eines Bauwerks; sie gliedert sich in Nutzfläche, Technische Funktionsfläche und Verkehrsfläche.

3.3 Konstruktive Grundlfäche (KGF) ist die Grundfläche aller Wände, Stützen und Pfeiler; sie enthält auch Türöffnungen, nicht begehbare Schächte und Installationshohlräume.

3.4 Nutzfläche (NF) ist Teil der Netto-Grundfläche; die möglichen Nutzungsarten 1–7 sind in der DIN 277 Teil 2 aufgelistet.

3.5 Technische Funktionsfläche (TFF) ist die Netto-Grundfläche, in der technische Anlagen untergebracht werden.

3.6 Verkehrsfläche (VF) ist der Teil der Netto-Grundfläche, der der inneren Erschließung dient.

3.7 Brutto-Rauminhalt (BRI) ist der Rauminhalt des Bauwerks; er ist von seinen äußeren Begrenzungsflächen umschlossen. Die Norm nennt alle Bauteile, die nicht dazugehören, z.B. Eingangsüberdachungen, Außentreppen, Schornsteinköpfe usw.

3.8 Netto-Rauminhalt (NRI) ist die Summe aller Rauminhalte über Netto-Grundflächen. Nicht dazu gehören die Rauminhalte über abgehängten Decken und zwischen mehrschaligen Fassaden.

4. Ermittlungsgrundlagen

4.1 Allgemeines
4.1.1 Die Ermittlung der Grundflächen und Rauminhalte erfolgt entsprechend dem Planungsfortschritt und anhand der Planungsgrundlagen. In der HOAI (Honorarordnung für Architekten und Ingenieure) § 15 wird für die Teilleistungen
„2. Vorplanung" und
„3. Entwurfsplanung"
ausdrücklich auf die Ermittlung der Baukosten verwiesen, die zu diesem Zeitpunkt nur aus den aktuellen Planungsunterlagen und Planwerten abgeleitet werden können.

4.1.2 Grundflächen und Rauminhalte sind nach ihrer Zugehörigkeit zu den folgenden Bereichen getrennt zu ermitteln.

Bereich a) überdeckt und allseitig in voller Höhe umschlossen,

Bereich b) überdeckt, jedoch nicht allseitig in voller Höhe umschlossen,

Bereich c) nicht überdeckt, jedoch allseitig in voller Höhe umschlossen,

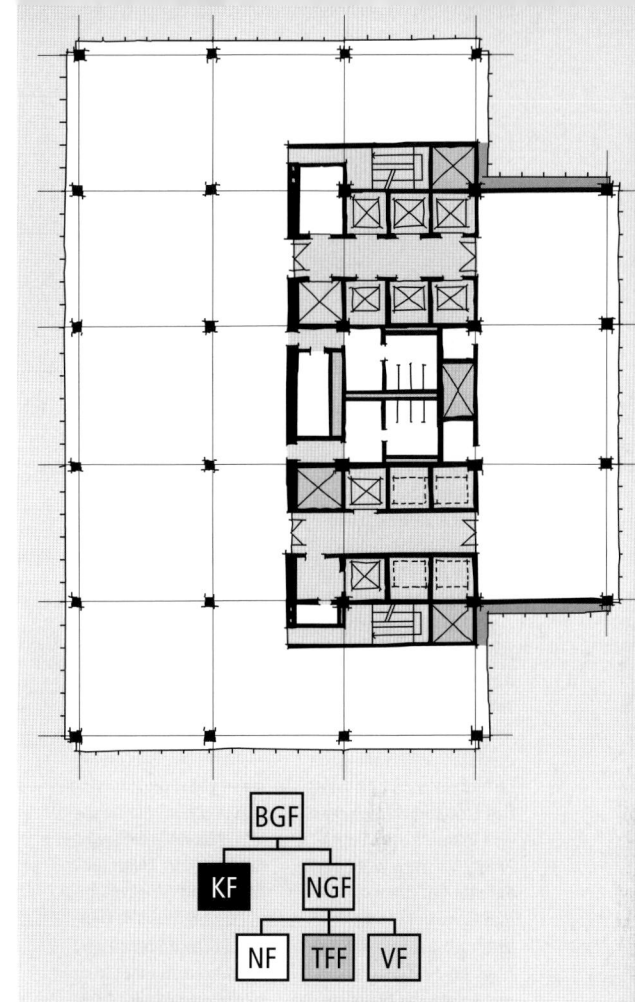

Die Absicht Mies van der Rohes, Architektur und Konstruktion konsequent miteinander in Einklang zu bringen, ist hier vielleicht am weitesten gediehen. Dennoch wird dieses Ziel gelegentlich – zugunsten der Architektur – vernachlässigt. Die „Weniger-ist-mehr-Architektur" wird hier mit den kostbaren Materialien Bronze und Travertin unterlaufen und veranlasste Henry Russell Hitchcock zu der Bemerkung, er habe „nie mehr weniger gesehen".
Die Curtain-Wall-Fassade war bereits bei vorausgegangenen Projekten so weit vor die Konstruktion gesetzt worden, dass ausschließlich gleiche Fassadenelemente verwendet werden konnten, und die berühmte Mies-Ecke entstand. Die H-Profile, die jeweils vor jeder Fassadenachse angebracht waren, gerieten früh als funktionslos in die Kritik, so dass Mies sie mit „zwei Gründen" verteidigte: „Es war sehr wichtig, den Rhythmus zu erhalten und fortzuführen […] das ist der wirkliche Grund. […] Außerdem brauchten wir sie als Verstärkung. Das ist natürlich ein sehr guter Grund."
Diese Rechtfertigung ist eine rein formale, die von David Spaeth kunstvoll abgeschwächt wird: „Die Sprossen vermitteln ein Erscheinungsbild der Konstruktion, wenn auch nicht deren Realität selbst." Wie hier zeigt sich immer aufs Neue, dass die großen Wegbereiter der Modernen Architektur ihre Maximen unbekümmert verlassen, wenn es ihnen angebracht erscheint, während sich ihre Epigonen ängstlich daran halten.

So auch beim nächsten Beispiel: Philip Johnson berichtete, dass die Ingenieure wegen der großen Windbelastung weitere Wandscheiben und für die Klimaanlage zusätzliche Vertikalschächte ausgerechnet in der Fassade verlangten. Auf den Hinweis von John W. Cook, dass es am Seagram Building eine flache Fassade gäbe, entgegnete er: „Absolut, das ist nämlich eine massive Wand." Und auf die Frage „Warum wurden die Fenster auf der massiven Wand vorgetäuscht?", antwortet Johnson: „Weil Mies an ein Glasgebäude mit einem bestimmten Pfostenabstand dachte [...]."
Es ist aus heutiger Sicht ein versöhnlicher Umstand, dass auch die „strengen Modernisten" den formalen Versuchungen erliegen.
Die Platzierung des Baukörpers mit der Längsseite parallel zur Park Avenue und um 27 m zurückversetzt war für Manhattan völlig neu. David Speeth schreibt: „Da fast die Hälfte des Grundstücks als offener Platz erhalten blieb, konnte das Gebäude als einfacher Turm mit den Proportionen 5:3 ohne Rücksprünge errichtet werden. Die Plaza war eine großzügige, kostspielige und humane Geste [...]. Zwei Wasserbecken mit Brunnen, Marmorbänke und Gingkobäume in Efeubeeten beleben den Bereich und laden Passanten zu einer kurzen, erholsamen Pause [...]."
Ph. Johnson zur von Heinrich Klotz angesprochenen Plaza: „Das war eine große Geste von Sam [Bronfman], er verlor dadurch 1 Million Dollar im Jahr an Rendite [...] das ist eine Größe, die an die Medici erinnert."

Bei einem Bummel durch Manhattan setzen sich in dem 1961 entstandenen Film „Frühstück bei Tiffany" Audrey Hepburn und George Peppard an eines der Wasserbecken auf der Plaza, die inzwischen zu einem markanten Ort geworden ist.
In dem bereits mehrfach zitierten Gespräch äußert sich Ph. Johnson dazu: „Wir haben die Beckeneinfassung vor dem Seagram Building so entworfen, dass man nicht darauf sitzen kann. Aber die Leute wollten das unbedingt und sitzen trotzdem darauf [...]. Sie mögen den Ort so sehr, dass sie hinaufkriechen. [...]. Wir haben das Wasser so nahe an das Marmorgesims geführt, weil wir dachten, die Leute würden dann hineinfallen. Sie fallen nicht hinein, trotz allem sitzen sie dort [...]. Mies hatte nie daran gedacht. Er sagte mir nachher, er hätte sich nie vorgestellt, dass Leute dort sitzen wollten."

und für jede Grundrissebene getrennt; so kann bei der Ermittlung der Kosten auf den unterschiedlichen Ausbau der jeweiligen Grundrissebene eingegangen werden.

4.2 Ermittlung der Grundflächen
4.2.1 Brutto-Grundfläche. Für die Ermittlung der Brutto-Grundfläche sind die äußeren Maße der Bauteile [...] anzusetzen.

4.2.2 Netto-Grundfläche, Nutz-, Technische Funktions- und Verkehrsfläche. Für die Ermittlung dieser Flächen sind die lichten Maße zwischen den Bauteilen [...] anzusetzen. Die Grundflächen von Aufzugschächten und von begehbaren Installationsschächten werden in jeder Grundrissebene ermittelt.

4.2.3 Konstruktions-Grundfläche ist die Summe aller Grundflächen der aufgehenden Bauteile in Fußbodenhöhe, dabei ist von Fertigmaßen auszugehen [...]. Sie darf auch als Differenz aus Brutto- und Netto-Grundfläche ermittelt werden.

4.3 Ermittlung von Rauminhalten
4.3.1 Brutto-Rauminhalt – ist aus den Brutto-Grundflächen und den zugehörigen Höhen zu ermitteln.
Als Höhen gelten die Abstände von Oberkante Fußboden der jeweiligen Grundrissebene bis zur Oberkante Fußboden der darüberliegenden Grundrissebene, bei Dächern bis Oberfläche des Dachbelags.

Für die Höhen des Bereichs c sind die Oberkanten begrenzender Bauteile, z. B. Brüstungen, Attiken und Geländer, maßgebend.

Bei untersten Geschossen gilt als Höhe der Abstand von der Unterfläche der konstruktiven Bauwerkssohle bis zur Oberkante des Bodenbelages der darüberliegenden Grundrissebene (entsprechend wird bei „Luftgeschossen" verfahren, die in dieser neuesten Fassung der Norm nicht mehr besonders erwähnt werden).

4.3.2 Netto-Rauminhalt ist aus den lichten Höhen (gemäß 4.3.1) zu ermitteln. Er ist Grundlage für die Dimensionierung von Heizungs- und Lüftungsanlagen.

DIN 277 – Teil 2

Tabelle 1: Gliederung der Netto-Grundflächen nach Nutzungsgruppen

Nr.	Netto-Grundfl.	Nutzungsgruppe
1	Nutzfl. (NF)	Wohnen und Aufenthalt
2	"	Büroarbeit
3	"	Produktion
4	"	Lagern, Verteilen
5	"	Bildung, Unterricht
6	"	Heilen und Pflegen
7	"	Sonstige Nutzfläche
8	Techn. Funktionsfläche (TFF)	Technische Anlagen
9	Verkehrsfl. (VF)	Innere Erschließung

Tabelle 2: hier werden die Nutzungsgruppen weiter differenziert und mit zahlreichen exemplarischen Beispielen erläutert.
Wenn ein Entwurf seiner Nutzungsgruppe exakt zugeschrieben werden kann und seine Planwerte (Volumen, Flächen) feststehen, lassen sich seine voraussichtlichen Kosten durch eine hierfür eigens aufgestellte und immer auf dem neuesten Stand befindliche Baukostendatenbank sehr zuverlässig vorhersagen.

Das Baukosteninformationszentrum Deutscher Architektenkammern (BKI) ist die zentrale Service-Einrichtung für über 100.000 Architektinnen und Architekten in Deutschland. Die Baukostendatenbank umfasst derzeit über 1200 abgerechnete Beispiele zu Neu- und Altbauten, energiesparenden Bauten und Freianlagen; sie wird ständig ergänzt und aktualisiert und ist Grundlage für die Erstellung des deutschen Baupreisindexes.

Einfamilienhaus 1927 Weißenhofsiedlung Stuttgart von Le Corbusier und Pierre Jeanneret (siehe Seite 175 f.)

Die Informationen zu diesem Haus sind größtenteils dem Buch „Die Weißenhofsiedlung" von Karin Kirsch entnommen, das sowohl bemerkenswert gründliche Dokumentation ist als auch auf spannende Art die Zeit des Aufbruchs und der Widerstände schildert. Der Deutsche Werkbund war 1907 in München mit der Maxime gegründet worden, „die gewerbliche Arbeit im Zusammenwirken von Kunst, Industrie und Handwerk zu veredeln".
Die verheißungsvolle Werkbundausstellung 1914 in Köln wurde durch den Beginn des 1. Weltkriegs abgebrochen.
Die Wohnungsnot nach Kriegsende war auch eine Aufgabe, der sich der Deutsche Werkbund annahm. 1926 erläuterte der 1. Vorsitzende Peter Bruckmann dem Gemeinderat der Stadt Stuttgart die Ziele der 1927 hier vorgesehenen Ausstellung „Die Wohnung", nämlich „[...] die Errungenschaften zu zeigen, die auf dem Gebiet des traditionellen Wohnens, des praktischen, sparsamen, bequemen, guten Wohnens gemacht worden sind." Finanziert wurde die Gesamtanlage durch die Stadt Stuttgart im Rahmen der kommunalen Wohnbauförderung. Von Ludwig Mies van der Rohe, dem 2. Vorsitzenden, stammte der Bebauungsplan für das Weißenhofgelände; er übernahm die künstlerische Oberleitung und die Auswahl der beteiligten Architekten, „deren Arbeit interessante Beiträge zur Frage der neuen Wohnung erwarten ließen."

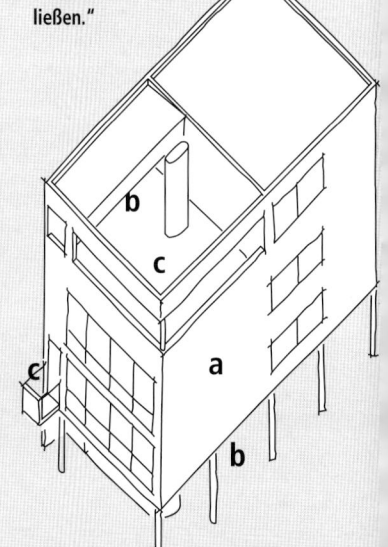

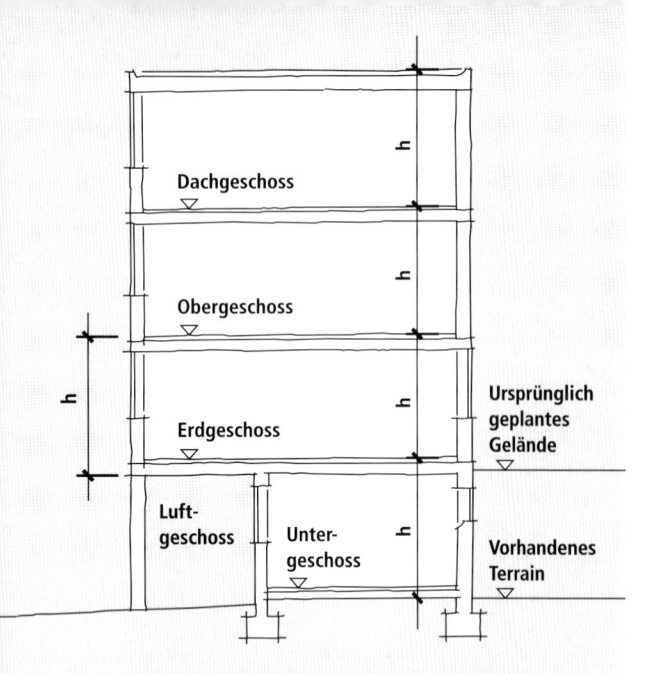

Ohne den Rückgriff auf die Regelwerke

- DIN 277 (Grundflächen und Rauminhalte von Bauwerken im Hochbau),
- Bau NVO (Baunutzungsverordnung) und
- WoFlV (Wohnflächenverordnung),

besteht die Gefahr, dass das Entwerfen seinen Bezug zur Wirklichkeit verliert.

Und nachdem sie ähnlich lautende Begriffe haben, muss auf ihre Unterschiedlichkeit geachtet werden:

„Grundflächen und Rauminhalte" definiert die DIN 277 als entscheidenden Bestandteil der Kostenermittlung, also gehören z. B. die „Grundflächen" der Untergeschosse dazu. Sie sind ein Kostenfaktor. Dagegen gehört die „Geschossfläche" der Baunutzungsverordnung zu den Vollgeschossen, so wie sie die Landesbauordnungen (LBO) für den „ständigen Aufenthalt von Menschen geeignet" definieren. Die Untergeschosse z. B. zählen nicht zum „Maß der baulichen Nutzung".

Die „Grundfläche" der DIN 277 ist also etwas grundlegend anderes als die „Geschossfläche" der BauNVO.

Schließlich ist die „Wohnfläche (WF)" einer Wohnung nach der Wohnflächenverordnung (WoFlV) nicht identisch mit ihrer Grundfläche nach DIN 277.

Den Brief, mit dem van der Rohe Le Corbusier einlädt, beendet er mit der Bitte: „Ich würde mich freuen, von Ihnen recht bald einen zusagenden Bescheid zu erhalten […] da in Deutschland das größte Interesse für Ihre Arbeit vorhanden ist und ich würde es als schwere Lücke empfinden, wenn Sie bei dieser Demonstration fehlen würden."
In der Tat wäre eine Ausstellung über das Neue Bauen ohne Le Corbusier nicht möglich gewesen, wenn sie internationale Aufmerksamkeit und Anerkennung hätte finden wollen.

Ab 1920 wurden seine und Amédée Ozenfants Gedanken in der Zeitschrift „Esprit Nouveau" veröffentlicht und 1922 in dem Buch „Vers une architecture" zusammengefasst. 1926 war es in der deutschen Übersetzung unter dem Titel „Kommende Architektur" in der Deutschen Verlagsanstalt Stuttgart erschienen. Le Corbusier, der gerade an dem Wettbewerb für den Völkerbundpalast in Genf arbeitete, antwortete: „J'accepte avec plaisir."
Er nahm die Gelegenheit wahr, das 1921 in „Esprit Nouveau" provokant vorgestellte „Typenhaus Citrohan" dem „Maison à Stuttgart" zugrunde zu legen.
„[…] Citrohan (um nicht Citroen zu sagen), mit anderen Worten ein Haus wie ein Auto. […] Man muss das Haus als Wohnmaschine, als Werkzeug betrachten."
Der Begriff „Wohnmaschine", um den eine weltweite Diskussion einsetzte, dem euphorisch zugestimmt und der radikal abgelehnt wurde, hätte heute die Chance, zum Unwort des Jahres zu werden.

DIN 276 – KOSTEN IM HOCHBAU

Aus dem unter Ziffer 1 beschriebenen Anwendungsbereich geht hervor, dass diese Norm den gesamten Planungs- und Herstellungsprozess eines Gebäudes von seinen Kosten her strukturiert und begleitet. Der hier nachfolgende Auszug beschränkt sich auf die Rolle, die sie zusammen mit der DIN 277 in der Entwurfsphase übernimmt.

Unter „3.4 Stufen der Kostenermittlung" definiert sie die Kostenschätzung und die Kostenberechnung als entscheidende Schritte im Entwurfsprozess, die auch im § 33 der HOAI (Honorarordnung für Architekten und Ingenieure) als Leistungsteil ausdrücklich verlangt werden.

3.4 Stufen der Kostenermittlung

3.4.1 Kostenrahmen
[…] dient als eine Grundlage für die Entscheidung über die Bedarfsplanung sowie für grundsätzliche Wirtschaftlichkeits- und Finanzierungsüberlegungen und zur Festlegung der Kostenvorgabe.

3.4.2 Kostenschätzung
[…] dient als eine Grundlage für die Entscheidung über die Vorplanung.

3.4.3. Kostenberechnung
[…] dient als eine Grundlage für die Entscheidung über die Entwurfsplanung.

3.4.4 Kostenanschlag
[…] dient als eine Grundlage für die Entscheidung über die Ausführungsplanung und die Vorbereitung der Vergabe.

3.4.5 Kostenfeststellung
[…] dient zum Nachweis der entstandenen Kosten sowie gegebenenfalls zu Vergleichen und Dokumentationen.

Das Interesse an Le Corbusier war groß, Mitglieder des Württembergischen Arbeitskreises, des D.W.B., besuchten ihn 1925 in seinem Atelier in Paris und besichtigten seinen Pavillon de l'esprit nouveau auf der Exposition des Artes decoratifs, dessen eigenmächtige Verhüllung durch die Ausstellungsleitung erst durch ein ministerielles Machtwort aufgehoben wurde.
Die Begegnung Mies van der Rohes mit Le Corbusier im Nov. 1926 erfuhr große Beachtung. Das bekannte Foto zeigte eigentlich noch Mart Stam als Dritten, der wurde aber wegretuschiert, weil er unvorteilhaft getroffen war (u.).
Mit dem Bebauungsplan hatte Le Corbusier 3 Geländeprofile und Hinweise auf die drei Ausichtsseiten erhalten; dennoch gelingt die Einordnung in die Topografie nicht wie vorgesehen mit dem Eingang im Erdgeschoss über eine Brücke, in die der Kohleneinwurf ins Untergeschoss eingebaut werden sollte.
Um das Konzept zu retten, findet L.C. gewagte und gelungene Kompromisse, wie den Eingang durch das Untergeschoss und den Kohleneinwurf über einen von Alfred Roth so genannten „Schemel". Die termingerechte Fertigstellung und Dokumentation ist dem übergroßen Engagement Alfred Roths zu verdanken, den Le Corbusier aus Paris nach Stuttgart schickte. Er kündigte ihn als „seinen besten Mann" an. Alfred Roth korrigierte während eines Vortrages 1984 im DAM in Frankfurt/M. aber, er sei auch der Einzige gewesen.

Kurz vor Eröffnung schrieb Roth auf Bitten eines Verlages ein Sonderheft über Le-Corbusier-Häuser. Willy Baumeister besorgte die Typografie. L.C. hatte seine Einwilligung erteilt und die Bitte ausgesprochen, die „Fünf Punkte einer Neuen Architektur" an den Anfang zu stellen. Titel des „cahier extra": „Zwei Wohnhäuser von Le Corbusier und Pierre Jeanneret" durch Alfred Roth.
1977 wurde es vom Karl Krämer Verlag in Stuttgart – zum 50-jährigen Bestehen der Weißenhofsiedlung – wieder aufgelegt.

Seit ihrer programmatischen Forderung in „Vers une architecture" 1922 wurden hier zum ersten Mal die „Fünf Punkte einer Neuen Architektur" in einem Bauwerk umgesetzt:

1. Das Haus auf Stützen (Pilotis)
2. Der Dachgarten
3. Der Freie Grundriss
4. Die Freie Fassade
5. Das lange Fenster (Fensterband)

Schwer nachzuvollziehen sind Lage (gefangen hinter der Küche, s. u.) und Größe (ca. 6,0 qm) des Mädchenzimmers. Mies van der Rohe dämpfte aufkommende Kritik, so z. B. die der hinzugezogenen Küchenspezialistin, mit dem Hinweis auf die Gefahr, dass L.C. abspringen könnte (siehe auch S. 199).

Dass diese Sorge berechtigt war, zeigte sich 30 Jahre später. Sein Beitrag zur Interbau in Berlin 1957, die „Unite d'habitation", Typ Berlin, (o.) wurde von der Berliner Baubehörde eigenmächtig verändert: L.C. hatte ein System unterschiedlicher Fensterteilungen entworfen, um bei dem Gebäude mit seinen 17 Geschossen und 557 Wohnungen des Typs Citrohan dem Eindruck der Gleichförmigkeit entgegenzuwirken. Aus Kostengründen baute man jedoch überall gleiche Fenster ein. Dies und der Umstand, dass man sich nicht komplett an sein Modulor-Maßsystem gehalten hatte (die lichte Raumhöhe von 2,26 m widersprach den Bauvorschriften und wurde auf 2,40 m erhöht), veranlassten ihn, aus dem Projekt auszusteigen.

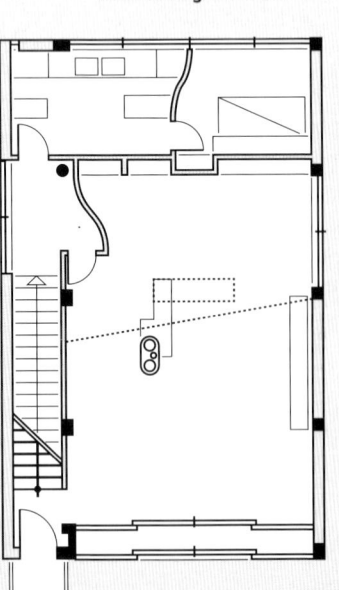

L.C. hatte diese Wohneinheit, die in Stuttgart 1927 als Einfamilienhaus getestet wurde, immer als ein Element gesehen, das zu größeren Blocks addiert werden konnte. Seine ersten Versuche unternahm er bereits 1922, als er einen „Villen-Block" aus 120 Villen in 5 Geschossen (siehe S. 195) projektierte. Jede Villa besteht aus 2 Stockwerken und hat einen eigenen „hängenden" Garten.

Das Urteil eines großen Architekten, der selbst an der Weißenhofsiedlung Teil genommen hatte, über L.C.s Beitrag ist besonders wertvoll:
Sergius Ruegenberg, ein Mitarbeiter im Büro Mies van der Rohes in Berlin und 1927 an der Planung des Barcelona-Pavillon tätig, erzählt, wie Mies beschwingt aus Stuttgart zurückkehrte: „Der schönste und bedeutendste der Stuttgarter Bauten ist der von Le Corbusier. Von Ruegenberg auf die Qualität seines eigenen Beitrags hingewiesen, winkte er entschieden ab." (aus db 10/1983)

4 Kostengliederung

4.1 Aufbau der Kostengliederung
In der 1. Ebene der Kostengliederung werden die Gesamtkosten in folgende sieben Kostengruppen unterteilt:

100 Grundstück
200 Herrichten und Erschließen
300 Bauwerk – Baukonstruktionen
400 Bauwerk – Technische Anlagen
500 Außenanlagen
600 Ausstattung und Kunstwerke
700 Baunebenkosten

Literatur

· **DIN 277 – Teil 1–3 Grundflächen und Rauminhalte von Bauwerken im Hochbau.** Anfang 2005 novelliert
· **DIN 276 – Kosten im Hochbau.** 1981 und 1993, novelliert 2009
· Ulrich Elwert: **Ermittlung von Flächen und Rauminhalten.** Deutsches Architektenblatt 01 und 02/2006
· **Baukosteninformationszentrum Deutscher Architektenkammern** BKI 05/2005
· **Wettbewerbe aktuell 12/1977**
· David Spaeth: **Mies van der Rohe.** Stuttgart 1986
· Le Corbusier: **oevre complète 1910–29**, Zürich 1964
· Werner Müller: **Architekten in der Welt der Antike.** Zürich und München 1989
· Thomas Koebner, Kerstin-Luise Neumann: **Filmklassiker.** Stuttgart 2002
· Heinrich Klotz und John W. Cook: **Architektur im Widerspruch.** Zürich 1974
· Karin Kirsch: **Die Weißenhofsiedlung.** DVA Stuttgart 1987
· Jörgen Sestoft, Jörgen Hegner Christiansen: **Danish Architecture.** Copenhagen 1991

li. o.: Eingang zur Fuggerei in der Jakoberstraße in Augsburg. Die Jahreskaltmiete für eine Wohnung beträgt noch immer den Nominalwert eines Rheinischen Guldens (0,88 €) sowie täglich drei Gebete für den Stifter und die Familie Fugger.

In den 140 Wohnungen der 67 Häuser leben derzeit 150 Menschen. Der prominenteste Bewohner der Fuggerei war der Maurermeister Franz Mozart. Der Urgroßvater des Komponisten W. A. Mozart lebte von 1681 bis 1694 im Haus Nr. 14.

Noch immer wird die Sozialsiedlung, die „älteste der Welt", durch die Stiftung finanziert. Und bis heute gilt ihre Konzeption als mustergültig. Jakob Fugger machte die Bewohner nicht zu Almosenempfängern, sondern leistete Hilfe zur Selbsthilfe.

Nach 22.00 Uhr ist die Nachtpforte in der Ochsengasse der einzige Zugang zur Sozialsiedlung. Hier lässt ein Nachtwächter nach Torschluss heimkehrende Bewohner ein. Sie geben ihm dafür einen kleinen Obulus.

u.: Die Klingelzüge an den Hauseingängen der Fuggerei wurden angeblich deshalb individuell gestaltet, um sicherzustellen, dass die Bewohner nachts bei unbeleuchteten Gassen den richtigen Eingang ertasten.

Alle Wohnungen der Fuggerei haben einen eigenen Hauseingang. Dadurch haben die Bewohner die Gewissheit, im eigenen Haus zu wohnen und „Hausherr" zu sein. Damit verbunden ist auch der Schutz vor sichtbarer Armut.

(Textauszüge aus dem Fuggerei-Führer von Ulrich Graf Fugger von Glött.)

1.11 Die Wohnungsbaugesetze und der Soziale Wohnungsbau

Geschichte

Mit „Sozialem Wohnungsbau" bezeichnet das II. Wohnungsbaugesetz aus dem Jahr 1956 im §1 den staatlich geförderten Bau von „Wohnungen, die nach Größe, Ausstattung und Miete oder Belastung für die breiten Schichten des Volkes bestimmt oder geeignet sind". Der Begriff „Sozialer Wohnungsbau" stammt aus der Nachkriegszeit, aber dem Wesen nach reicht seine Geschichte weit zurück.

Europas Werte sind durch das Christentum eingeführt und auch in atheistischen Ordnungen maßgebend. Wo sie gefährdet sind, erhebt sich solidarischer Widerstand. Nietzsche bezweifelt zwar den Wert der Moral für das Leben und kritisiert die christlich-abendländischen Werte, wie Mitleid, Nächstenliebe und Wohlwollen als Schwächen gegenüber dem Leben. Dennoch zeichnet sich die europäische Geschichte dadurch aus, dass sie von diesen Werten geprägt und ihnen auf Dauer verpflichtet ist, wenn auch nicht verhindert werden konnte, dass immer wieder aufs Schlimmste gegen sie gehandelt wurde und wird.

Aus den Vorstellungen christlicher Nächstenliebe entstanden vom Mittelalter an Bauten für Gruppen von Bedürftigen, für Waisen, Alte und Kranke (Findelhäuser, Seuchenstationen, Hospitäler, Altenheime). Die Träger waren Klöster, städtische und private Stiftungen von Wohlhabenden.

Ein frühes Beispiel sozialer Wohnfürsorge ist die „Fuggerei" in Augsburg, die sich in ihrer Informationsbroschüre als „älteste Sozialsiedlung der Welt" bezeichnet. Sie wurde 1521 als Wohnsiedlung für bedürftige Bürger Augsburgs von Jakob Fugger „dem Reichen" gegründet und erfüllt bis heute die ihr zugedachte Aufgabe (siehe Titelblatt dieses Kapitels).

Mit dem Gleichnis „Der barmherzige Samariter" (Lukas 10, 25–37) erklärt Jesus einem Schriftgelehrten, nachdem dieser ihn gefragt hatte, wer sein Nächster sei. Danach ist es der, der unmittelbar Hilfe braucht. Nächstenliebe ist die tragende Empfindung und Aufgabe der Christen, die so früh wie möglich Kindern nahegebracht wird, hier sehr eindringlich mit einer Illustration von Kees de Kort, herausgegeben von der Deutschen Bibelstiftung, Stuttgart 1968.

Nietzsches Rückkehr zum Mitleid ereignet sich unter dramatischen Umständen. 1888 umarmte er weinend auf dem Marktplatz von Turin ein Pferd, das von seinem Besitzer geschlagen worden war. Es ist der Beginn seiner geistigen Verwirrung, die ihn bis zu seinem Tod nicht mehr verlassen sollte. Giorgio de Chirico malte diese Szene 1914 in surrealer Beklemmung als „Plakatentwurf für die Galerie Guillaume": Menschenleere Flächen, lang fallende Schatten, den Turm, den Nietzsche täglich von seinem Zimmer aus sah, und das Pferd mit Scheuklappen, das er weinend umarmt hatte.

Hauptkreuzung in der Fuggerei mit einem gusseisernen Schalenbrunnen. Der Vorgängerbrunnen – ein hölzerner Springbrunnen – war erster Wasseranschluss der Sozialsiedlung.

Die europäische Aufklärung ist Teil der christlichen Geschichte und behält ihre Wertvorstellungen, wenn auch säkularisiert und mit neuer Gewichtung, vor allem „Liberté" neben „Egalité und Fraternité". Vor allem die Freiheit macht aus der bisherigen agrarisch-feudalen eine kapitalistisch-industrielle Gesellschaft. Mit der lang ersehnten Freiheit entfallen auch die sozialen Sicherungen der Großfamilie, der Zünfte, der Grundherren und der Patriarchen. Die Auswüchse des kapitalistischen Wirtschaftssystems, die Zunahme der Bevölkerung und die Landflucht führen zu krassen sozialen Missständen und zur Verelendung der Arbeiterklasse.

In England, wo die Industrialisierung (ab 1760) begonnen hatte, setzten die verheerenden Folgen zuerst ein. Das Leben in den Slums führt zu Krankheit und Seuchen. Durch die immer aufs Neue ausbrechende Cholera wird der Druck der öffentlichen Meinung so stark, dass das Parlament 1848 den ersten „Public Health Act" verabschiedet. Unter den eingeleiteten Maßnahmen, das Schicksal der notleidenden Menschen zu mildern, wird 1851 zum ersten Mal auch eine subventionierte Bautätigkeit beschlossen: Städte mit mehr als 10.000 Einwohnern haben die Möglichkeit, für die arbeitende Bevölkerung verbilligte Häuser zu bauen. Wenn auch die örtlichen Behörden diese Vergünstigungen nur in geringem Umfang wahrnehmen können, ist dies die Geburtsstunde des sozialen Wohnungsbaus, der in weiteren Gesetzen gefestigt wird: 1866 „Artisans' and Labourers' Dwelling Act" 1857 und 1890 „Housing of Worker Class Act" (nach Benevolo).

Wohnungsnot und Lösungsansätze in Deutschland

Im folgenden Abschnitt wird auf das Buch „Deutsche Gartenstadtbewegung" von Kristiana Hartmann zurückgegriffen, wörtliche Wiedergabe steht in Anführungsstrichen.

Das berühmteste der vier Reliefs auf dem Triumphbogen in Paris (1806–36, Arch.: Jean-Francois Chalgrin) ist von Francois Rude und zeigt den Aufbruch von revolutionären Freiwilligen (Marseillaise 1792). Die Skulptur vermittelt die ungeheure Dynamik, mit der die Französische Revolution ihre Ideale – Freiheit, Gleichheit, Brüderlichkeit – in die Gesellschaft hineinträgt. Vor allem der ungewohnte Umgang mit der Freiheit führt zu verhängnisvollen Fehlentwicklungen. Die hemmungslose Macht des Kapitals in Verbindung mit Industrie und Technik bestimmen von da an das Leben und ermöglichen Reichtum und Elend.
(Foto: Steffie Wiebusch)

Der Schauplatz der industriellen Revolution. „Eine Ansicht Londons, die im Jahr 1851 von der Fa. Banks und Co. veröffentlicht wurde. Die monumentalen Bauten, die Häuser und die Betriebe sind zu einem unübersichtlichen Gewirr zusammengewachsen." (Aus „Die Geschichte der Stadt" von Leonardo Benevolo)

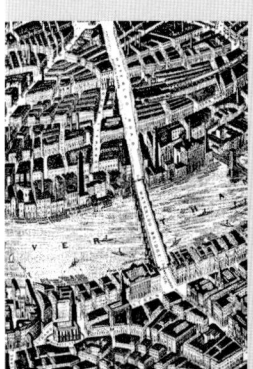

Stiche von Gustave Doré
o.: Ein zwischen Eisenbahnbrücken gelegenes Armenviertel in London.
u.: Die Dudley Street in einem Armenviertel Londons.

Entwürfe der „Berliner Gemeinnützigen Bau-Gesellschaft"

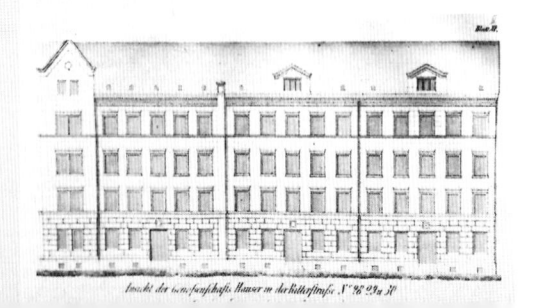

„Vorschläge zur Wohnungsreform der ‚ärmeren Klassen' werden in Deutschland seit Mitte des 19. Jahrhunderts gemacht. Die meisten dieser Überlegungen [...] gingen von der Überzeugung aus, die Wohnungsnot sei das primäre Elend der arbeitenden Klassen. Von der Abschaffung dieser Not erwartete man die Aufhebung der sich abzeichnenden Proletarisierung [...]. Friedrich Engels analysierte: ‚In einer solchen Gesellschaft ist Wohnungsnot kein Zufall [...] sie kann [...] nur beseitigt werden, wenn die ganze Gesellschaftsordnung, der sie entspringt, von Grund aus umgewälzt wird' (aus ‚Über die Umwelt der arbeitenden Klassen'). Damit kritisiert er den ‚Bourgoisiesozialismus', dessen Bemühungen um die Beseitigung der Wohnungsnot nicht weit genug gehen und ihre Vertreter, der Philologe Victor Aimé Huber (geb. 1800) mit seinem Hauptwerk ‚Die Selbsthülfe der arbeitenden Klasse durch Wirtschaftsvereine und innere Ansiedlung' (1848) und C.W. Hoffmann, einem königlich-preußischen Landbaumeister, der 1841 dem Berliner Architektenverein vorgeschlagen hatte, sich an Entwürfen für gute Arbeiterwohnungen zu beteiligen. Der Vorschlag wurde aber wegen zu geringen architekonischen Interesses abgelehnt.

Zusammen gründeten sie 1847 die Berliner Gemeinnützige Bau-Gesellschaft, deren Hauptmotto war, wie Hoffmann immer hervorhob: ‚Die Verwandlung von eigenthumslosen Arbeitern in arbeitende Eigenthümer'.

Die eifrigen Bemühungen der beiden wichtigsten Vertreter der Gesellschaft, Hubers und Hoffmanns, scheiterten am verständnislosen Verhalten ihrer eigenen Standesgenossen. Resigniert verließen beide Berlin 1852."

Die Wohnungsreform der Unternehmer

„Der Staat und die Gemeinden kümmerten sich bis auf wenige Ausnahmen kaum um das Wohl jener immer breiter werdenen Massen von Arbeitern. Die Proletarisierung und Verelendung wäre unaufhaltsam gewachsen. Nur die expandierenden Fabriken […] setzen dieser Entwicklung eine gewisse Grenze. […] Es entstanden in allen industrialisierten Ländern die spezifischen Arbeitersiedlungen, die […] später zu Unrecht mit der Gartenstadtidee gleichgesetzt worden sind".

In der Tat sind sich die äußeren Merkmale einer Arbeitersiedlung und einer Gartenstadt sehr ähnlich: Bei beiden handelt es sich immer um ein neu geplantes Gesamtareal, um eine begrenzte Höhenentwicklung der Geschosswohnungen und um einen großen Eigenheimanteil mit Garten; gemeinsam ist ihnen oftmals die bewußte künstlerische Gestaltung und die Durchgrünung, schließlich die Mitte mit zentralen Gemeinschaftsanlagen.

Die Wohnung in einer Fabrikantensiedlung bedeutete allerdings für den Arbeiter noch intensivere Abhängigkeit von seinem Brotherrn, dem damit ein weiteres Druckmittel in die Hand gegeben war. Dennoch müssen die sozialpolitischen Intentionen der Unternehmer anerkannt werden.

Durch die Passivität der Kommunen blieben die Arbeitersiedlungen die einzigen Alternativen zu den Mietskasernen der Spekulanten. Wenn bedeutende und engagierte Architekten zu ihrem Bau gewonnen werden konnten, entstanden architektonische Glanzlichter wie beim nachfolgend beschriebenen Beispiel.

Die Arbeitersiedlung „Margarethenhöhe" in Essen

wurde 1909 begonnen. Nachfolgende Abhandlung ist dem Buch „Der große Wurf. Margarethenhöhe" von Hans G. Kösters entnommen, wörtlicher Beitrag steht in Anführungsstrichen. Margarete Krupp grün-

Der städtebauliche Schwerpunkt der Siedlung Margarethenhöhe in Essen ist der rechteckige Marktplatz; eine Schmalseite wird vom Gasthaus (1911/12) eingenommen, das spielerisch dem Jugendstil folgt.

Das Warenhaus gegenüber wurde von der Krupp'schen Konsumanstalt betrieben und ist bis heute zentraler Versorgungsmarkt der Siedlung. Er gehört inzwischen zu einer aktuellen Discountkette und wurde barrierefrei umgebaut.

Auf den Jugendstil des Gasthauses vor dem ersten Weltkrieg folgt der Expressionismus der Nachkriegszeit, nicht ohne Monumentalität, der Bedeutung der Bauaufgabe entsprechend und unterstützt durch die axiale Freitreppe.

Die beiden Längsseiten des Marktplatzes bestehen aus traufständigen Reihenhäusern, die Wohneinheiten werden durch geschweifte Zwerchgiebel markiert. Parkende Autos sind heute ein Problem.

Die Siedlung ist durch eine Brücke über den Mühlbach mit der Stadt verbunden. Im Gegensatz zur üblichen Praxis, ein Tragwerk in der Mitte geringfügig zu erhöhen, ihm einen „Stich" zu geben, dass es auf keinen Fall durchhängend wirkt, senkte Metzendorf die Brücke mittig ab, um das Torhaus zur Siedlung höher erscheinen zu lassen. Zusätzlich unterstützen eine aufwendige Freitreppe und Stützmauern aus Bruchstein die monumentale Eingangssituation und vermitteln Bewohnern und Stiftern das Gefühl von Erhabenheit.

Obwohl die Ein- und Zweifamilienhäuser fast gleichzeitig gebaut wurden und gleich groß sind, unterscheiden sie sich lebhaft in Dachformen und Einzelheiten: „Durch die Abweichung von der geraden Baulinie und das Vor- und Zurückspringen der Hauskörper, durch die glückliche Anordnung von Giebeln und Gauben, Laubengängen, Ecktürmen und Eingangsloggien, durch die reizvolle Einzelbehandlung der Fassaden entstehen […] malerische Baumassenkompositionen, […]. Der stadtbaukünstlerische Effekt wird dabei ganz wesentlich geprägt durch die Beschränkung auf wenige Materialien, Formen und Farben. […] Bei immer gleicher Größe der Türöffnungen wird das Türblatt selbst in immer wechselnden Details aufwendig handwerklich gearbeitet." (Zitat: Walter Buschmann; Fotos, außer 2. v. o.: Mechthild Menke)

dete aus Anlass der Vermählung ihrer ältesten Tochter Bertha mit Gustav von Bohlen und Halbach eine Stiftung zur Wohnungsfürsorge. Die Suche nach dem geeigneten Architekten, zu der auch der Rat Theodor Fischers in Stuttgart eingeholt wurde, erstreckte sich über ganz Deutschland. Aus der Vorschlagsliste mit 12 Namen, auf der auch der berühmt gewordene Bruno Taut stand, wurde schließlich Georg Metzendorf (1875–1934) gewählt, wegen seiner Erfahrungen und innovativen Ideen im Wohnungsbau. Bei der Hessischen Landesausstellung 1908 auf der Mathildenhöhe in Darmstadt, deren Gebäude um die Jahrhundertwende Josef Maria Olbrich errichtet hatte, war er mit einem Muster-Kleinwohnhaus erfolgreich.

Auf einer Hügelkuppe gelegen, folgt die städtebauliche Idee Metzendorfs den romantischen Vorstellungen von einer mittelalterlichen Kleinstadt, mit monumentalen Ausformungen am Torhaus des Eingangs und am Marktplatz sowie straßenbegleitender Bebauung. Sie erfüllt damit städtebauliche Anforderungen, die Camillo Sitte 1898 in seinem aufsehenerregenden Buch „Der Städtebau nach seinen künstlerischen Grundsätzen" erhoben hatte und das mit äußerster Polemik die schematischen Stadterweiterungen der Gründerzeit kritisierte. Metzendorf setzte in den Grundrissen seine Überlegungen, die er 1908 in Darmstadt begonnen hatte, fort: „Das jahrzehntelang im Arbeiterwohnungsbau erörterte Thema, ob es dem Familienleben dienlicher sei, eine geräumige Wohnküche, oder getrennt Küche und Wohnstube anzubieten, bereicherte Metzendorf mit einer überaus interessanten Variante […]. Die Küche als das damalige Zentrum des Familienlebens konnte wohnlicher gestaltet und genutzt werden […] und durch die Badewanne in der Spülküche war erstmals in Deutschland eine ganze Wohnanlage vollständig mit häuslichen Badeeinrichtungen versehen worden." (Walter Buschmann)

Die Arbeiterkolonie „Gmindersdorf" in Reutlingen

ist ein Beispiel aus der großen Zahl der Arbeitersiedlungen jener Zeit. Die hier folgende Beschreibung geht auf den Inhalt der Broschüre „Arbeiterkolonie Gmindersdorf – Geht ein Kulturdenkmal unter?" von Gabriele Howaldt und Erich Jakobi zurück; wörtlicher Beitrag steht in Anführungsstrichen.

Als Architekten beauftragte 1903 der Seniorchef Louis Gminder den Architekten Theodor Fischer mit dem Bau von Wohnungen für die Arbeiter seiner Textilfabrik in Reutlingen. Theodor Fischer (1862–1938), einer der profiliertesten Baumeister seiner Zeit und Lehrer einer Reihe von bedeutenden traditionellen und modernen Architekten, wie Paul Bonatz, Martin Elsässer, Bruno Taut und Walter Gropius, lehrte 1903–09 an der Technischen Hochschule in Stuttgart und war Mitbegründer der „Stuttgarter Schule". Theodor Fischer, der aus dem Historismus kam, gehörte 1907 zu den Gründern des Deutschen Werkbundes. Gmindersdorf war das erste Projekt dieser Art, mit dem er sich auseinandersetzte. „Es war Louis Gminder, der zur Verwirklichung seiner Vorstellungen von einer freundlichen, gemeinschaftsbezogenen ‚Heimstätte' für seine Arbeiter nur die Form eines Dorfes für geeignet hielt. Fischer selbst hätte eine mehr städtische Anlage mit Reihenhäusern bevorzugt. Da also die Wohnungen für die Arbeiter der Textilfabrik in einem Dorf zusammengefasst werden sollten, stellte sich die Frage, wie eine Dorfanlage des 20. Jahr., die zudem nur dem Wohnen und der Freizeitgestaltung dient, aussehen könnte […] Fischer gestaltete bis 1908 17 verschiedene […] Doppelhaustypen." Vorbild war das mittel- und süddeutsche Bauernhaus, dessen Grundmotiv die quadratische Eckwohnstube ist. Die gestalterischen Elemente entstammen dem mittelalterlichen Fachwerkhaus und dem Jugendstil.

Das Gasthaus mit großem Biergarten liegt an der Straße, die an Gmindersdorf vorbeiführt und ist Treffpunkt der Bewohner, aber auch bestimmt für Besucher und Gäste.

Östliche und westliche Platzwand. Vom Gasthaus führen zwei Dorfstraßen zum Marktplatz, heute Theodor-Fischer-Platz, wo Fischer seine Vorstellungen von geschlossener, verdichteter Bebauung verwirklichen konnte. Hier sind drei- bis viergeschossige Reihenhäuser und zentrale Einrichtungen wie Läden, Vereinsräume und ein Kinderhort untergebracht.

An den Marktplatz schließt der Wohnhof für Alte an. Halbkreisförmig umstehen Reihenhauswohnungen für Ehepaare eine große Wiese. Ledige und Verwitwete wohnen im Hauptbau, wo sich auch ein Gemeinschaftszentrum befindet. Altenhof und zentrale Bauten gingen in den Besitz der Stadt über. Sie wurden unter Denkmalschutz gestellt und vorbildlich renoviert. Eine ähnliche Vorgehensweise für Wohnbebauung scheiterte an den Bewohnern, die um ihre – inzwischen „modernisierten" – Häuser fürchteten.

Das hier abgebildete Doppelhaus ist das Einzige, das von seinen Besitzern behutsam im Sinne Theodor Fischers erneuert wurde. Alle übrigen Bauten mussten schlimme Entstellungen hinnehmen (Ornament der Akzeptanz?).

li.: Ebenezer Howard (1850–1928)
o: Diagramm einer Gartenstadt aus Howards Buch „To-morrow", 1898
m.: „Die Drei Magnete", die Gartenstadt als Ideallösung zwischen einer Stadt- und einer Landsiedlung.
u.: Sozialstädte und Städtegruppen

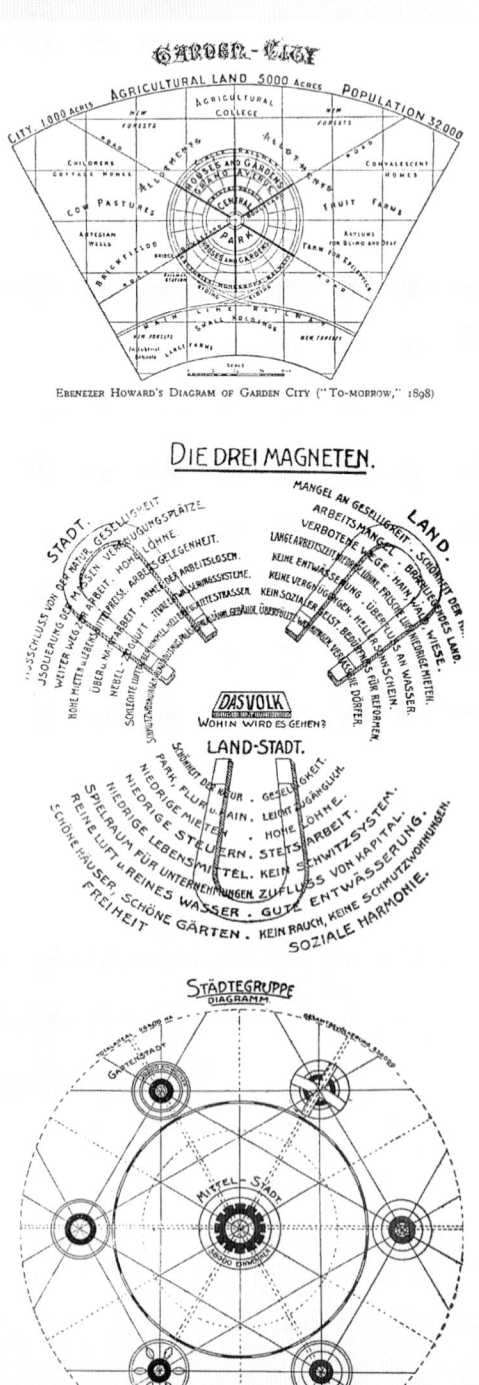

„Keine der bisherigen Reformbestrebungen konnte der Intensivierung der städtischen Wohnungsnot einen echten Widerstand entgegensetzen. Die Mietskaserne, das Produkt der politischen Verhältnisse, beherrschte die Großstadt." (Hartmann)

Die Idee der Gartenstadt in England

wird von Ebenezer Howard, einem Gerichtsangestellten in London entwickelt und 1898 in einem Buch, das zunächst „To-morrow" später, 1903 „Garden Cities of Tomorrow" heißt, veröffentlicht. Sie hat ihre Wurzeln einerseits in sozialen Utopien, die in der 1. Hälfte des 19. Jahrhunderts aufkommen und andererseits in den immer drängender werdenden Forderungen der Zeit, das Leben der Familien in der Stadt durch Gärten und Grün angenehmer zu machen.

An den Vorschlägen, das Stadtleben zu verschönen, beteiligt sich auch John Ruskin, dessen Abneigung gegen die Großstadt bekannt ist, und dem seine Popularität hilft, Unternehmer für diese Ideale zu gewinnen. So wird mit Hilfe des Seifenfabrikanten M. Lever aus Port Sunlight bei Liverpool eine „Gartenvorstadt" mit 600 Häuschen im gotischen Stil und G. Cadbury wiederholt dieses Experiment mit 500 Häusern in Bourneville bei Birmingham. Es sind Stadterweiterungen ins Grüne. Die sogenannte Gartenvorstadt liegt im Unterschied zur späteren Gartenstadt Howards so nahe an der herkömmlichen Stadt, dass dort Arbeitsplätze wahrgenommen und deren zentrale Einrichtungen von den neu hinzugekommenen Nachbarn mitgenutzt werden können.

Howards Modell einer Gartenstadt sieht eine Gartenstadtgesellschaft vor, der alle Bewohner genossenschaftlich angehören. Die Gesellschaft ist Eigentümerin des Geländes, nicht aber der Häuser und Betriebseinrichtungen. Für das Wohnen, die Gewerbebetriebe und die Landwirtschaft wird der Boden lediglich pachtweise abgegeben. Die Stadt soll die

Größe einer Mittelstadt mit ca. 35.000 Einwohnern haben und mit eigenen Versorgungs- und Freizeiteinrichtungen ausgestattet sein; sie bietet eigene Arbeitsplätze und versorgt sich selbst. Der Abstand zur nächsten Großstadt soll so groß sein, dass ihre eigene Attraktivität gewahrt bleibt.

Das Buch war in der Öffentlichkeit und der Presse ein großer Erfolg und wurde begeistert gelesen. Es führte 1903 zur Gründung der „Garden-Cities-Association" und zur Planung und zum Bau der ersten englischen Gartenstadt in Letchworth etwa 50 km von London entfernt (nach Benevolo).
Eine kurze Definition der „Garden City and Town Ass." aus dem Jahr 1919, an deren Formulierung auch Howard beteiligt war, gibt Kristina Hartmann in ihrem Buch die „Deutsche Gartenstadtbewegung" wieder: „Eine Gartenstadt ist eine Stadt, die für gesundes Leben und für Arbeit geplant ist, groß genug um ein volles gesellschaftliches Leben zu ermöglichen, aber nicht größer; umgeben von einem Gürtel offenen (landwirtschaftlich genutzten) Landes; die Böden des gesamten Stadtgebietes befinden sich in öffentlicher Hand oder werden von einer Gesellschaft für die Gemeinschaft der Einwohner verwaltet."
„Im Jahr 1919, nach dem ersten Weltkrieg, macht Howard einen zweiten Versuch, gründet eine zweite Gesellschaft und beginnt mit dem Bau der Stadt Welwyn, ungefähr halbwegs zwischen Letchworth und London […]. So erweist im Gegensatz zu den früheren Utopien die Gartenstadt ihre Lebenskraft, aber sie wird schließlich zu einer Stadt wie jede andere, der Anziehungskraft der Hauptstadt unterworfen […].
Howards Bewegung hat einen starken Einfluss in Europa, nach 1900 wird eine große Anzahl von Vororten europäischer Großstädte als Gartenstadt gestaltet – darunter die (bereits erwähnte) Margarethenhöhe in Essen (1906), Hampstead bei London (1907) u. a. […]." (Benevolo)

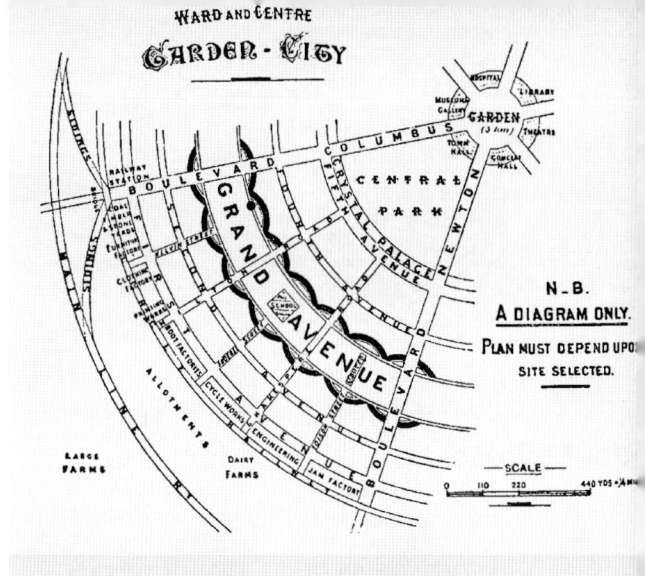

„Das 1899 in diesem Buch von Howard veröffentlichte theoretische Schema der Gartenstadt: In der Mitte liegt ein Park mit einem Glashaus („Kristallpalast"), in dem sich öffentliche Gebäude – das Rathaus, ein Theater, die Bibliothek und ein Museum befinden; um diesen Park herum sind kreisförmig die Wohnviertel mit den Schulen angelegt; weiter außen dann die Fabriken, die landwirtschaftlich genutzen Flächen, der Bahnhof und die Anschlüsse an die Hauptstraßen." (Benevolo)

o.: Einkaufszentrum von Letchworth

re. + u.: Reihenhäuser in Welwyn
(Fotos aus Leonardo Benevolo: „Geschichte der Architektur des 19. und 20. Jahrhunderts")

Einküchenhäuser, Berlin-Lichterfelde, Herrmann Muthesius 1910.

„Auch die Einküchenbewegung geht von England aus: In der ersten Gartenstadt Letchworth gab es einen Einküchenhof, eine Wohngemeinschaft, in der die Mahlzeiten in einem gemeinsamen Esssaal eingenommen wurden. Soweit gingen die in Deutschland verwirklichten Vorschläge nicht. In beiden Häusern, welche Muthesius an der Straße ‚Unter den Eichen' gebaut hat, wurde lediglich – zur Entlastung der Hausfrauen – das Essen in der gemeinsamen Küche eines der Häuser zubereitet. [...] Selbst in dieser Form ist das Projekt gescheitert. Nach ziemlich kurzer Zeit ließen sich alle Mieter die vom Architekten vorgesehene Tee- oder Aufwärmküche in eine richtige Küche umbauen." (Akademie-Katalog Nr. 117)

Dresdner Werkstätten für Handwerkskunst 1906. Richard Riemerschmid, der Architekt, der die Gartenstadt Hellerau von den Anfängen her plante, baute gleichzeitig die Fabrikanlage; dabei vermied er konsequent die Verwendung von Industriebauformen, sondern gab ihr einen bäuerlich-ländlichen Charakter. (Siehe S. 109)

Die Deutsche Gartenstadtgesellschaft

„Im September 1902 wurde in Anlehnung an die englische ‚Garden Cities Association' die ‚Deutsche Gartenstadtgesellschaft' (DGG) gegründet. Der kulturelle ‚Edel-Sozialismus' der Berliner ‚Neuen Gemeinschaft', eines literarischen Kreises [...] begeisterte sich an der englischen Idee. Es war weniger der handfeste, praktische Reformgedanke des howardschen Konzeptes, der den schwärmerischen Intellektuellen gefallen hatte. Sie nahmen das englische Gartenstadtkonzept auf, weil sie in ihm verwandte Momente ihrer Naturbegeisterung und des in Schlachtensee praktizierten Kommune-Lebens sahen." (Hartmann)

Zwar war das Konzept der „Neuen Gemeinschaft" an der „Einküche", an die besondere Erwartungen geknüpft worden waren, gescheitert. (Der wöchentliche Wechsel der Damen in der Oberleitung verhinderte einen befriedigenden Betrieb der Küche.) Dennoch blieb der „sozialistische Idealismus" der „Neuen Gemeinschaft" die Hauptantriebskraft im Wirken der DGG.

Die erste deutsche Gartenstadt Hellerau

entand 1906 bei Dresden; ihr Initiator war der Begründer und Eigentümer der „Dresdner Werkstätten für Handwerkskunst" Karl Schmidt. Der Reformgeist jener Zeit manifestierte sich auch in der Gründung des „Deutschen Werkbundes" 1907 in München und dem Zusammenschluss der befreundeten Dresdner und Münchener Werkstätten zu den „Deutschen Werkstätten GmbH Dresden-Hellerau und München". Die Arbeit der Werkstätten war so erfolgreich, dass Karl Schmidt bis 1908 500 Arbeiter beschäftigte und sich mit dem Gedanken trug, den Betrieb aufs Land auszusiedeln.

„Die Idee, den Tischlereibetrieb im Sinne der Gartenstadtbewegung mit einer angegliederten Wohnsiedlung in eine außerstädtische Zone zu verlegen, war

für Karl Schmidt und dessen Freunde eine willkommene Möglichkeit, ihre Ziele zu verwirklichen [...]
Die Korrespondenz zwischen dem Bauherrn Karl Schmidt und dem Architekten Richard Riemerschmid begann im September 1906.
Die Gartenstadt Hellerau [...] bekam jedoch einen von den Fabrikanten-Siedlungen grundsätzlich verschiedenen Charakter, da Schmidt die Entscheidungsgewalt an die Gartenstadt-Gesellschaft übertrug."
Eine offenkundige Anregung des Architekten Riemerschmid war, die Lebensverhältnisse, Bedürfnisse und Wünsche der Arbeiter zu ermitteln:
„Ein ausgearbeiteter Fragebogen [...] wollte a. ‚die bisherigen Wohnverhältnisse der Arbeiter der Dresdner Werkstätten' ermitteln und b. ‚ihre Wünsche betreffs der in Hellerau zu bauenden Wohnhäuser' erfragen."

Die Ablehnung des liberalistischen und materialistischen Städtebaus, dessen Auswirkungen überall schmerzhaft ins Auge fielen, war groß, und alle Sorge galt, ihn zu verhindern. Deshalb bekam die Gartenstadt Hellerau eigene Bau- und Gestaltungsvorschriften, die über die allgemeinen hinausgingen. Die unabhängige „Bau- und Kunstkommission Hellerau", der mit Theodor Fischer, Stuttgart, Hermann Muthesius, Berlin, Richard Riemerschmid, München und Fritz Schumacher, Hamburg, die bedeutendsten Architekten und Städtbauer angehörten, war an ihrer Formulierung beteiligt und überwachte ihre Einhaltung. Die städtische Gesamtplanung stammte von Richard Riemerschmid, der sie ganz im Sinne Camillo Sittes und dessen „künstlerischen Grundsätzen" vornahm. Leitbild war die mittelalterliche Stadt mit ihren gekrümmten Straßen und gestalteten Plätzen.

Der junge Mecklenburger Heinrich Tessenow, der sich mit seiner sachlichen, puritanischen Reihenhausgruppe bereits erheblich von den romantischen Bauten Riemerschmids unterschied, sorgte für einen Eklat, als er 1910 den nach klassizistischen Merk-

Die Fragebögen Riemerschmids zu den Bedürfnissen und Wünschen der künftigen Mieter stellen den ersten wichtigen Schritt zu deren Beteiligung an Entwurf und Bau dar. Im letzten Drittel des 20. Jahrhunderts ist sie als „Partizipation" selbstverständlich und unverzichtbar geworden.

Für den „Grünen Zipfel", ein Kleinhausviertel der Gartenstadt Hellerau, das 1909 begonnen wurde, entwarf Riemerschmid eine Reihe von Baugruppen, die – trotz unterschiedlicher Wohngrundrisse – formal Ähnlichkeit aufweisen.

Auszüge der Baubeschreibung Riemerschmids:
„Die Fassadenfront ist leicht vom Straßenrand zurückgesetzt, so dass die Straßenerweiterung eine noch größere Wirkung hat. Die der Schwingung des Straßenzuges angeschmiegte Baugruppe I ist aus fünf verschiedenen Typenhäusern zusammengesetzt. [...] Nur die gekoppelten vier Türpaare unterbrechen die betonte Horizontalwirkung. [...] Die beiden flankierenden Eckbauten am nördlichen und südlichen Ende heben die Horizontalwirkung. Das südliche Eckhaus ist ein würfelförmiges großes Zweifamilienhaus mit einem steil geneigten Zeltdach. [...] Im Unterschied zur Baugruppe I ist [bei Baugruppe II, d. Verf.] der Mittelteil nur aus einem Bautypus [...]. Seine besondere Gestaltung wird durch die Geländebewegung erhöht [...]. Die beiden rahmenden Eckbauten weisen eine ähnliche Gestaltung wie die der Baugruppe I auf [...]."

malen konzipierten Entwurf für die „Bildungsanstalt Dalcroze" vorlegte. Riemerschmid, Muthesius und Fischer traten mit Protest aus der Bau- und Kunstkommission aus. Erst als der Schulhausbau aus der Mitte des Gartenstadtgeländes, wo er eigentlich als Gemeinschaftshaus hingehört hätte, an den Rand verlegt wurde, konnte er genehmigt werden. Auch durch die periphere Lage, aber vor allem durch den elitären Anspruch blieb der Bildungsanstalt die angestrebte Integration in die Gartenstadt verwehrt.

Dafür wurde sie nach dem 1. Weltkrieg zum international bedeutsamen Treffpunkt kulturellen Lebens; die „Schule für Rythmus, Musik und Körperbildung Hellerau" war weithin bekannt als Ort künstlerischer, geistiger Auseinandersetzung. Kaum ein großer Geist der Zeit, der nicht in einer Beziehung zu ihr gestanden hätte.
1937 machten die Nationalsozialisten die Anlage zu einer Polizeikaserne und 1945 zog die Rote Armee dort ein.

Bis zum 1. Weltkrieg hatte die Gartenstadtbewegung ihre reformerischen Ideen ins Bewusstsein gebracht; es war der Geist der Genossenschaft und der Gemeinschaft, der die Gartenstädter einte und sie elementar von einer Mieterversammlung unterschied. Die Widerstände von Unternehmern und Vermietern blieben groß. Dagegen kam die Befürwortung der Gartenstadtidee als „innenkoloniale" Landnahme zur Verbreitung der deutschen Sprache in den Ostgebieten überraschend und war wenig hilfreich.

„Nur der Druck der politischen Linken und die moralischen Aufrufe der reformerischen Kräfte, nicht aber die Einsicht in ein solidarisches Handeln, zwang den legislativen Organen zögernde Bereitschaft ab, für die Hebung der Arbeits- und Lebensverhältnisse der ökonomisch und politisch schwachen Gruppen nach und nach gesetzliche Maßnahmen zu treffen [...]; nachdem in langwierigen Verhandlungen der städtischen Stadtverordnungsversammlungen der benö-

Tessenows Entwürfe für ein „Festspielhaus" der Gartenstadt Hellerau bei Dresden gehen zurück auf die Bemühungen der Gartenstadtbewegung, sie als Ort der kulturellen Erneuerung zu konzipieren.

Mit dem Bau des Gebäudes gelang es, die Genfer Rhythmik-Schule von Emile Jaques-Dalcroze nach Hellerau zu bewegen. In den wenigen Jahren bis zum Ersten Weltkrieg entwickelte er sein Institut zur führenden Ausbildungsstätte für Tanz und Bühnenkunst. An den Hellerauer Festspielen 1912 nahmen mehr als 4000 Besucher aus aller Welt teil, 1913 waren es bereits über 5000. Zu den zahlreichen prominenten Gästen gehörte Le Corbusier, der sich begeistert äußerte.

Im Juni 1914 leitete Dalcroze, der Schweizer war, die Festspiele in Genf und wurde dort vom Beginn des Ersten Weltkriegs überrascht. Deutsche beschossen die Kathedrale von Reims, ein Wunderwerk der Gotik. Aus Protest gegen Krieg und Gewalt kehrte er nicht nach Hellerau zurück.

Ein zu DDR-Zeiten versteckt gemachtes Foto zeigt im Giebelfeld anstelle des Hellerauer Emblems von Alexander von Salzmann den Sowjetstern.

Arkadenreihe für das Kaufhaus. Der höhere Abschlussbau wird durch einen Krüppelwalm betont.

tigte Grund und Boden zugesichert war, [konnten] an vielen Orten Gartenstadtgründungen verbucht werden." (Hartmann)
In der Praxis entfernten sie sich aber immer weiter von den ursprünglich bodenreformerischen und gesellschaftspolitischen Zielen der Gartenstadt.

Das Kaiserreich hinterließ der ihm nachfolgenden Weimarer Republik ein katastrophales Erbe, den Schrecken des Krieges in seinen Folgen: Hunger, Elend, Kriegskrüppel, Arbeitslosigkeit und Wohnungsnot. Ohne die Hilfe des neuen Staatsgebildes, das die Verantwortung in dieser nahezu aussichtslosen Lage übernahm, ohne den „Sozialen Wohnungsbau" der 1920er Jahre, hätten die Schwierigkeiten im Reich nicht bewältigt werden können.
In einem beispiellosen Kraftakt schuf die Weimarer Republik eine Reihe von Siedlungen, die die schlimmste Not lindern konnten. Von entscheidender Bedeutung für die Fördermaßnahmen war, welchen Händen sie anvertraut worden waren.

Eine besonders glückliche Konstellation ergab sich für Berlin, wo Martin Wagner (1885–1957) 1926 Stadtbaurat für Groß-Berlin geworden war (bis 1933!). Er gehörte zu den Mitbegründern des ersten gewerkschaftseigenen Wohnungsbauunternehmens, der „Deutschen Wohnfürsorge AG". Eine Tochtergesellschaft dieser AG, die Gehag, war die Bauherrin der „Hufeisen-Siedlung" in Britz, Berlin-Neukölln, die erste Groß-Siedlung (insgesamt 1000 Wohnungen in den Jahren 1925–31) unter der Regie von Martin Wagner, die er zusammen mit dem Architekten Bruno Taut (1880–1938) errichtete.
Bruno Taut, ein Schüler Theodor Fischers (1862–1938), war durch sein Studium an der Charlottenburger Technischen Hochschule 1908/09 zum progressiven Sozialreformer geworden. 1912 hatte er von der Deutschen Gartenstadtgesellschaft den Planungsauftrag für die Gartenstadt Falkenberg (siehe S. 150 f.) in Groß-Berlin erhalten, wo er sein ganzes sozialkritisches Engagement einbrachte und

Von der geplanten Bebauung des Marktplatzes, die neben Läden und Dienstleistungsbetrieben auch das Hellerauer Rathaus und den Sitz der Gartenstadtverwaltung enthalten sollte, wurden nur das Kaufhaus und die Läden (links) gebaut. Dazwischen eine besonders akzentuierte Straßendurchfahrt.

Riemerschmid hatte für die Marktbebauung das gleiche Gestaltungsprinzip wie bei seinen Reihenhäusern verwendet, den Wechsel zwischen niedrigeren und höheren Bauteilen, und damit eine einheitliche und geschlossene Stadtmitte projektiert.

Die hufeisenförmige, dreigeschossige Reihenhausbebauung umschließt den parkartigen Innenraum mit einem Teich.

Bruno Taut knüpft an Gartenstadtideen Richard Riemerschmids an, der städtisches und ländliches Leben verbindet.

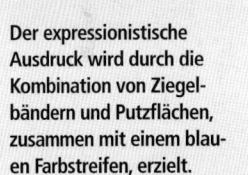

Der expressionistische Ausdruck wird durch die Kombination von Ziegelbändern und Putzflächen, zusammen mit einem blauen Farbstreifen, erzielt.

"Onkel-Toms-Hütte", Bruno Taut, 1926–32.

o.: Verwaltungsgebäude der „GEHAG – Gemeinnützige Heimstätten-AG", die die Siedlung errichtete.

l.: In der Mitte der Siedlung die U-Bahn-Station von Alfred Grenander und das integrierte Einkaufszentrum von Otto Rudolf Salvisberg.

Mit typisierten Grundrissen und rationalisierten Bauweisen wurden die Kosten der Mauerwerksbauten niedrig gehalten. Wie schon in seiner Gartenstadt Falkenberg (1913–15) setzte Taut die Farbe als wichtigstes Gestaltungsmittel ein. Zeitgenössische Urteile wie „Papageiensiedlung" oder „Farbtopf" kennzeichnen die anfängliche Wirkung in der Öffentlichkeit, inzwischen sind sie allgemeiner Bewunderung gewichen.

„Zahlreiche Wohnhäuser erhielten bereits aufgrund einer umfassenden Analyse des Architekten Helge Pitz zwischen 1976 und 81 ihre ursprüngliche Farbigkeit zurück." (Architekturführer Berlin)

mit einer völlig neuartigen, vielbeachteten Farbigkeit ausdrückte. Jetzt übernahm Taut für die Hufeisen-Siedlung organisatorische und gestalterische Elemente aus der Gartenstadt sowie die Gemeinschaftseinrichtungen, die Trennung von Verkehrs- und Wohnstraßen, die Mietergärten und den Außenwohnraum – und eben die Farbe als „billigstes Gestaltungsmittel".

Die Groß-Siedlung „Onkel Toms Hütte" für ca. 15.000 Bewohner in den Jahren 1926–32 (benannt nach einem nahegelegenen Ausflugslokal), wieder in der Zusammenarbeit von Wagner und Taut, wurde zu einer der hervorragendsten baulichen Leistungen der Weimarer Republik. Wie bereits in Britz verknüpfte Taut hier Ideen der Gartenstadt mit großstädtischen Elementen. Das Zentrum sind die U-Bahn-Station (1929 von Alfred Grenander) und die angeschlossenen Ladenzeilen (1930 von R.O. Salvisberg). Unter Wagners Regie entstanden zeitgleich weitere Großsiedlungen; in Reinickendorf, die „Weisse Stadt" u.a. mit dem Architekten Otto Rudolf Salvisberg und die „Ringsiedlung" mit den Architekten Hans Scharoun, Hugo Häring und Walter Gropius.

Ähnlich glückliche Umstände bescherten in den 1920er Jahren Frankfurt/M. Sternstunden des Sozialen Wohnungsbaus. Hier entstanden im Rahmen des „Neuen Frankfurt" acht beispielhafte Siedlungen mit rund 12.000 Wohnungen.

„Was war das ‚Neue Frankfurt'? […] ein Wohnungsbauprogramm, […] mit dessen Hilfe für Jahre später tatsächlich 10 % der Frankfurter nicht nur in neuen, sondern auch in völlig neuartigen Wohnungen und Stadtteilen wohnen konnten […]. Und da ist auch der Versuch, gesellschaftlich und kulturell neue und emanzipatorische Akzente zu setzen, in dem erstmals jene Bevölkerungsschichten in das städtische Leben einbezogen wurden, die vor dem 1. Weltkrieg davon ausgeschlossen waren […]. Theater und Musik, das aufkommende Kino und Radio, Einheitsschule […] sowie die Herausgabe der Monatsschrift ‚Das Neue Frankfurt' waren Elemente dieser Politik.

Das Neue Frankfurt fand seinen sichtbarsten Ausdruck in der kompromisslosen Gestaltung seiner Bauten und Alltagsprodukte [...]. Die alte [...] Formgebung sollte durch eine neue, von der industriellen Massenfertigung geprägte und die Gleichheit aller Individuen ausdrückende Ästhetik überwunden werden.

Obwohl eine Vielzahl von Architekten [...] beteiligt waren, lassen sich doch einige wiederkehrende Elemente der Gestaltung ausmachen: der einfache Kubus [...], das flache Dach [...], das liegende Fenster [...], das horizontale Fensterband in Abwechslung mit dem senkrechten Treppenhausschlitz." (Aus „May-Siedlungen" von DW Dreysse)

Ernst May (1886–1970) wurde 1925 (bis 1930!) Stadtbaurat – auch er ein Schüler Theodor Fischers – und schuf unter vorübergehend günstigen politischen Umständen, mit einer sozial engagierten Architekten-Avantgarde u. a. Mart Stam, Walter Gropius, Max Taut, Ferdinand Kramer und der Küchenspezialistin Grete Schütte-Lihotzky, Bewunderungswürdiges, das weltweit Beachtung fand. Es blieb ihnen bis zur Machtergreifung der Nationalsozialisten 1933 nicht viel Zeit, danach hatten sie nur noch die Wahl zwischen Flucht oder Untergrund, wenn sie sich nicht anpassen wollten.

Die Verhältnisse nach dem 2. Weltkrieg übertrafen die nach dem 1. Weltkreig auf bis dahin unvorstellbare Weise, so wie es überhaupt schwer nachvollziehbar ist, dass die Völker Europas, die den 1. Weltkrieg mit 9.5 Millionen Toten und undenkbarem Grauen bezahlten, nach nur 20 Jahren den 2. Weltkrieg nicht scheuten, der den ersten in allem überbot und 55 Millionen Menschen das Leben kostete. Für Deutschland kam besonders erschwerend hinzu, dass rund die Hälfte aller Wohnungen zerstört war und 13 Millionen Vertriebene aus den Ostgebieten untergebracht werden mussten.

Das Dritte Reich, das die hoffnungsvollen Ansätze des Wohnungsbaus in der Weimarer Republik mit

Die Siedlung Römerstadt im Niddatal, 1927–28 befindet sich in etwa dort, wo die römische Kolonie Nida lag. Sie öffnet sich zur Talaue mit vorgelagerten Bastionen (r.), die an die römischen Wehranlagen erinnern. An den größtenteils geschwungenen Straßen stehen zweigeschossige Reihenhäuser und dreigeschossige Mietshäuser. Auffällig ist die vielfältige Gestaltung der Freiflächen vom Haus- und Mietgarten zu großflächigen, gemeinsam nutzbaren Parkanlagen. Das Geschäfts- und Dienstleistungszentrum in Siedlungsmitte (o.) zeigt deutliche Dampfermotive.

Die Siedlung Niederrad entstand 1926–27 im Auftrtag der „AG für kleine Wohnungen". Um die Wohnungen optimal zu belichten, wurden sie sägezahnartig versetzt. Diese expressive Struktur führte dazu, dass die Anlage im Volksmund „Zickzackhausen" genannt wurde. Im Inneren des Blocks sind die Nutzgärten für die Mieter des Erd- und ersten Obergeschosses ebenfalls versetzt. Die Mieter des zweiten Obergeschosses haben einen Dachgarten.

Parkstadt Bogenhausen, die erste geschlossene Wohnsiedlung nach dem Krieg in München, 1955–56. Architekten: Franz Ruf, Helmut von Werz, Matthä Schmölz, Johannes Ludwig, Hans Knapp-Schachleiter.

In den Geschossbauten, zu denen die ersten Wohnhochhäuser Münchens mit 9–12 Geschossen gehören, befinden sich rund 2000 Wohnungen, aufgeteilt in 15 verschiedene Wohnungstypen. Aus den großzügig bemessenen Freiflächen wurde ein üppiger Park.

Die Parkstadt verfügt über zentrale Versorgungseinrichtungen, wie Kindertagesstätte und Schule, Einkaufszentrum und Fernheizwerk.

Durch die von den Architekten erarbeiteten gemeinsamen Details konnten sowohl Kosten gesenkt als auch eine große Einheitlichkeit erreicht werden.

der Machtübernahme rüde unterbrochen hatte, hinterließ nach lediglich 12 Jahren ein unübersehbares Trümmerfeld.

Mit dem I. Wohnungsbaugesetz 1953 gelang es der Bundesregierung in Bonn, drei Millionen Wohnungen als öffentlich geförderten, sozialen Wohnungsbau und als steuerbegünstigten Wohnungsbau zu errichten.

Das II. Wohnungsbaugesetz 1956 verbesserte erkannte Nachteile, indem es den Schwerpunkt auf Familienheime legte nach der Maxime „Soviel Eigenheime wie möglich, soviel Mietwohnungen wie nötig". Dem II. Wohnungsbaugesetz angeschlossen ist eine Verordnung zur Wirtschaftlichkeitsberechnung: die II. Berechnungsverordnung. Die Bedingungen, die zur Teilhabe am öffentlich geförderten Wohnungsbau berechtigen, wurden der aktuellen Situation immer angepasst, d.h. die Einkommensgrenzen wurden erhöht und die Wohnflächen angehoben. In der letzten Neufassung vom 14.8.1990 wird auf den unveränderten Zweck des Gesetzes hingewiesen:

§ 1 Wohnungsbauförderung als öffentliche Aufgabe
(1) Bund, Länder, Gemeinden und Gemeindeverbände haben den Wohnungsbau unter besonderer Bevorzugung des Baus von Wohnungen, die nach Größe, Ausstattung und Miete oder Belastung für die breiten Schichten des Volkes bestimmt und geeignet sind (sozialer Wohungsbau) als vordringliche Aufgabe zu fördern. (2) Die Förderung des Wohnungsbaus hat das Ziel, den Wohnungmangel zu beseitigen.

Über die Größe der zu fördernden Wohnungen wird ausgesagt: § 39 Wohnungsgrößen (1) Mit öffentlichen Mitteln soll nur der Bau von angemessen großen Wohnungen innerhalb der nahestehenden Größen gefördert werden:

1. Familienheime mit nur einer Wohnung 130 qm
2. Familienheime mit zwei Wohnungen 200 qm
3. Eigengenutzte Eigentumswohnungen 120 qm

Der Soziale Wohnungsbau am Ende des 20. Jahrhunderts

Mit dem Wechsel der FDP aus der sozialliberalen in die christlichliberale Regierungskoalition 1983 wurde die Wohnungspolitik zunehmend marktwirtschaftlich ausgerichtet. Die Versorgung mit Wohnraum sollte sich über Angebot und Nachfrage regeln; das Vertrauen in die Kräfte des Marktes war groß – aber auch die Profit-Erwartung der Hausbesitzer und Vermieter. Die Folge war, dass Wohnraum jetzt zur Handelsware wurde und in die Hände von Investoren geriet, und dass er nur noch unter Renditeüberlegungen geschaffen und vertrieben wurde. Gleichzeitig war davon die Rede, dass in der Bundesrepublik eine Million Wohnungen leer stünden. Obwohl die 1987 folgende Volkszählung den Beweis dafür nicht erbrachte, war der Rückzug des Bundes aus dem Wohnraumförderprogramm unaufhaltbar, zumal die Wende 1989 einen nunmehr deutlich sichtbaren Leerstand in den neuen Bundesländern brachte. Aber den gibt es regional auch im Westen, so stehen z.B. derzeit in Duisburg 14.000 Wohnungen leer. Dennoch verbleibt Bedarf an bezahlbaren Wohnungen für eine wachsende Zahl von Bedürftigen.

Trotzdem geht die Förderung ständig zurück, auch weil es an erschwinglichen Grundstücken fehlt, deren Bereitstellung in der Regel den ersten Förderschritt darstellt.

Am 1. Jan. 2002 wurde das II. Wohnungsbaugesetz außer Kraft gesetzt; seit 13.9.2001 gibt es das Wohnraumförderungsgesetz (WoFG), schließlich trat am 1.1.2004 die zugehörige Wohnflächenverordnung (WoFlV) in Kraft, deren Vorschriften bei der Berechnung der Wohnfläche nach dem Wohnraumförderungsgesetz (WoFG) anzuwenden sind; sie ersetzt die II. Berechnungsverordnung (II. BV) und kann auch im privaten Wohnungsbau vereinbart werden.

Neuperlach im Süden Münchens ist eine Trabantenstadt in gewaltigen Ausmaßen für 60.000 Bewohner. Architekten: Bernt Lauter und Manfred Zimmer 1967–82.

Wohngebäude von 9 bis 18 Stockwerken Höhe und für 4000 Menschen bilden den achteckigen „Wohnring", der einen Hof von 450 m Durchmesser einschließt.

Im autofreien und parkartig gestalteten Wohnring befinden sich zentrale Einrichtungen: Kindertagesstätte, Grundschule und Kirchenzentrum. Er wird unterbrochen vom Weg zur U-Bahnstation; dort liegen auch Versorgungseinrichtungen, Kaufhäuser, Läden, Praxen und Gaststätten.

Die lange Bauzeit bildet sich in unterschiedlich gestalteten Bauphasen ab, sie reichen bis zur Postmoderne.

Trotz seines Rückgangs bleibt dem sozialen Wohnungsbau die Herausforderung für Neues und Besseres.

Im Wettbewerb für öffentlich geförderte Wohnungen 1983 in Darmstadt gewannen die Architekten Kramm + Strigl den 1. Preis, den sie 1988 bauten.

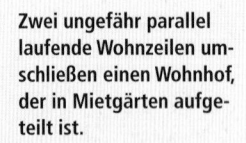

Zwei ungefähr parallel laufende Wohnzeilen umschließen einen Wohnhof, der in Mietgärten aufgeteilt ist.

Die Gestaltung unterwarfen die Architekten der Maxime „Vielfalt im Einfachen", dabei entstanden lebhafte Treppenhausverglasungen und Fensterteilungen. Wintergärten auf der Südseite wirken wie Sonnenkollektoren.

Sozialer Wohnungsbau heute

Nicht nur, dass Sozialwohnungen kaum noch gefördert werden, auch ihr Bestand ist in hohem Maße gefährdet. Die Wochenzeitung „DIE ZEIT" übertitelt in ihrer Ausgabe vom 5. Januar 2006 ein Dossier: „Wenn der Investor klingelt", und der Verfasser Roland Kirbach fährt fort: „Aus der Traum vom humanen Wohnen für alle. Mit dem Verkauf von Millionen Sozialwohnungen an internationale Fonds verraten deutsche Städte ein Jahrhundertwerk."

Die nachfolgenden Passagen in Anführungszeichen sind wörtliche Zitate. Eines von Kirbachs Beispielen ist die berühmte Groß-Siedlung Onkel Toms Hütte, rund 75 Jahre nach ihrer Herstellung durch die Gehag, Martin Wagner und Bruno Taut. „Die Gehag, 1924 als Gemeinnützige Heimstätten-, Spar- und Bau-Aktiengesellschaft gegründet, ist mit ihren 21.000 Wohnungen Anfang des Jahres 2005 an die in Los Angeles ansässige Investmentgesellschaft Oaktree verkauft worden. Wie fast alle ‚Heuschrecken' legt Oaktree Pensionsgelder in Unternehmensbeteiligungen und Immobilien an […]. Seit wenigen Jahren stürzen sich Fondsgesellschaften, zumeist aus den USA und Großbritanien, geradezu auf deutsche Mietwohnungen […]. Rund 600.000 Mietwohnungen haben die Investoren in den vergangenen fünf Jahren erworben, zumeist von Kommunen. Und es sollen weit mehr werden. Auf die 3.3 Millionen Wohnungen, die Kommunen und Länder derzeit noch halten, haben sie es abgesehen. So manche Stadt kann der Versuchung nicht widerstehen, auf diese Weise ihre desolate Haushaltslage zu verbessern."

Der Präsident des Bundesverbandes deutscher Wohnungs- und Immobilienunternehmen Lutz Freitag: „Wir haben den qualitativ besten Mietwohnbestand der Welt […] Die frühere Wohnungsgemeinnützigkeit und der erfolgreiche soziale Wohnungsbau der Nachkriegszeit haben Schätze geschaffen, die jetzt gehoben werden." Er ist allerdings der Meinung, dass die sozialen Folgekosten dieser Verkäufe die Kommunen noch teuer zu stehen kommen. Die Investoren sind nur an kurzfristigen, hohen Gewinnen interessiert. „Eine Rendite von 20 Prozent und mehr gilt als branchenüblich."

Die Beurteilung dieses Zustandes sei dem Berliner Soziologen Hartmut Häußermann überlassen; Auszüge aus einem Interview mit Roland Kirbach: „Wohnen wird noch stärker kommerziellen Aspekten unterworfen, als es ohnehin schon ist. Wohnen ist ein soziales Gut, eine Dienstleistung. In den sechziger Jahren gab es die Parole ‚Wohnen darf nicht Ware sein' […]. Hinzu kommt, dass die Kommunen sich durch solche Wohnungsverkäufe […] mutwillig aus der Steuerung der Stadtentwicklung zurückziehen […]. Man könnte ebenso eine andere Grundsatzentscheidung treffen ‚Der Staat hat Haushalte mit niedrigen Einkommen mit preiswertem Wohnraum zu versorgen'. Eine Wohnungspolitik rechtfertigt sich dadurch, dass sie eine bestimmte Vorstellung hat von Mindestqualität […] für angemessenes Wohnen in unserer Gesellschaft […]. Der unregulierte Markt würde aber dafür sorgen, dass ein guter Teil der Bevölkerung unter Bedingungen lebt, die wir als nicht menschenwürdig betrachten. Das war im 19. Jahrhundert – bis 1918, der Fall."

Wenn das Ende des öffentlich geförderten Wohnungsbaus auch unbefriedigend, ja ärgerlich verläuft, so sind seine sozialen Leistungen in der Rückschau doch unübertroffen. Unter der Überschrift „Ende einer großen Vision" schreibt Gert Kähler in der Süddeutschen Zeitung vom 21. Nov. 2005: „[…] Die Menschen […] haben noch nie so gut gewohnt wie heute. Die unstrittigen Schönheiten der gründerzeitlichen Stadtquartiere […] und […] der mittelalterlichen Städte […] blenden aus, dass rund ein Drittel der Stadtbewohner dort keinen Raum fanden […]. Und den zutreffenden Satz Heinrich Zilles, man könne einen Menschen mit einer Wohnung erschlagen wie mit einer Axt, hat er bei der Betrachtung

Ökologischer Wohnungsbau, Frankfurt/M. Bonames. Architekten Kramm + Strigl 1995.

Die fünf Baukörper sind konsequent nach Süden orientiert. Sie werden von Norden erschlossen. Über den südlich vorgelagerten Loggien- und Wintergartenbereich wird Energie gewonnen.

Mit der Kombination aus sozialem Wohnungsbau und Niedrigenergiebauweise kommen die Architekten ihrer unveränderten Aufgabe für Mensch und Umwelt nach.

Die Räume zwischen den Zeilen sind autofrei und begrünt, Autos befinden sich in den Tiefgaragen.

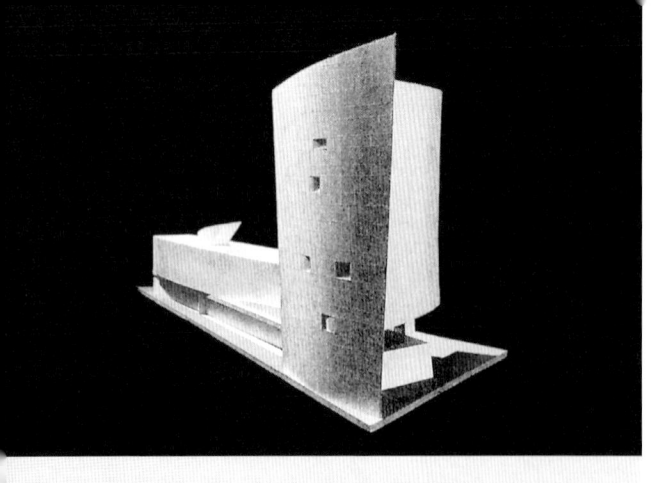

Internationale Bauausstellung Berlin 1987, ca. 90 öffentlich geförderte Wohnungen mit den Zielen:

„Städtebauliche Rekonstruktion des Blocks als Teil eines innerstädtischen Quartiers [...] und Realisierung neuer emanzipatorischer Wohnformen und experimenteller Wohnungstypen: Kinderorientiertes Wohnen, Wohnformen und Wohngemeinschaften für Alleinerziehende, Entwicklung von Grundrissen und Wohnumfeld nach frauenspezifischen Belangen, [...]."

o.: Modellstudie der Ecke Stresemann-/Dessauer Straße von Zaha Hadid.

2.v.o.: Blick von der Stresemannstraße auf das Hochhaus.

li.: Hochhaus in der Blockecke Stresemann-/Dessauer Straße.

u.: Dreigeschossiger Bauteil entlang der Stresemannstraße.

[...] der Gründerzeitquartiere gewonnen [...] und in den Arbeitervierteln (wohnten) auf 40 Quadratmetern sechs, acht oder gar zehn Personen. Heute entspricht das [...] in Deutschland der durchschnittlichen Wohnfläche einer einzigen Person. Tatsächlich, an allen früheren Zeiten gemessen, sind wir heute ein Volk von Luxuswohnern. Das 20. Jahrhundert war das erste in der langen Geschichte der Menscheit, in der das menschenwürdige Wohnen zu einem Recht wurde [...]." In der Tat: Es würde der Bundesrepublik Deutschland zur Ehre gereichen, wenn sie in der – nach der Wiedervereinigung immer noch ausstehenden – Verfassung das „Recht auf Wohnen" zu einem einklagbaren Grundrecht machte.

Dazu gibt es Beispielhaftes aus Frankreich, wo das Parlament ein Gesetz über das einklagbare Recht auf Wohnraum verabschiedet hat. Es trat am 1.12.2008 in Kraft (zweite Stufe 1.1.2012). „Dieser lange Weg zu würdigen vier Wänden" (Stuttgarter Zeitung vom 24.2.2007) ist dem Schauspieler Augustin Legrand und seiner Bürgerinitiative „Kinder des Don Quichotte" zu verdanken, die Ende Dezember 2006 hunderte von Obdachlosen in Zelten am Kanal Saint-Martin mitten in Paris unterbrachte.

Zur Entwicklung der Architektur hat der Soziale Wohnungsbau erheblich beigetragen. Seine Aufgaben haben die Architekten immer motiviert und als eine besondere Herausforderung angesehen. Die Zusammenarbeit mit dem – in der Regel engagierten – Auftraggeber führte immer wieder zu ambitionierten, ungewöhnlichen Beiträgen für das Architekturgeschehen. Die zahlreichen Bauausstellungen des 20. Jahrhunderts in Deutschland, deren Projekte in die Zukunft zeigten, waren Veranstaltungen des Sozialen Wohnungsbaus, von dem Zaha Hadid sagte, er sei „die Arena der Möglichkeiten für architektonische Erneuerungen".

Literatur

- **II. Wohnungsbaugesetz (II. WoBauG)** gültig bis 1.1.2002
- **II. Berechnungsverordnung (II. BV)** gültig bis 31.12.2003
- **Wohnraumförderungsgesetz (WoFG)** vom 30.9.2001
- **Wohnflächenverordnung (WoFlV)** vom 25.11.2003
- Leonardo Benevolo: **Geschichte der Architektur des 19. und 20. Jahrhunderts.** München 1964
- Kristina Hartmann: **Deutsche Gartenstadtbewegung.** München 1976
- Haus G. Kösters: **Der Große Wurf. Margarethenhöhe.** Essen 1991
- Gabriele Howaldt, Erich Jakobi: **Arbeiterkolonie Gmindersdorf. Geht ein Kulturdenkmal unter?** Reutlingen 1975
- Martin Wörner und Doris Mollenschott: **Architekturführer Berlin.** Berlin 1990
- DW Dreysse: **May-Siedlungen, Architekturführer durch acht Siedlungen des Neuen Frankfurt 1926–30.** Frankfurt 1987
- **Der Barmherzige Samariter.** Zeichnungen von Kees de Kort, Deutsche Bibelstiftung, Stuttgart 1968
- Leonardo Benevolo: **Die Geschichte der Stadt.** Frankfurt/Main 1982
- Winfried Nerdinger: **Theodor Fischer. Architekt und Städtebauer 1862–1938.** München 1988
- **Hermann Muthesius 1861–1927. Akademiekatalog 117.** Akademie der Künste Berlin
- **Heinrich Tessenow 1876–1950.** Begleitheft des Deutschen Architekturmuseums Frankfurt/Main 1991
- Hans-Jürgen Sarfert: **Hellerau – Die Gartenstadt und Künstlerkolonie.** Dresden 1993
- Martin Wörner, Doris Mollenschott: **Architekturführer Berlin.** Karl-Heinz Hüter, Berlin 1991
- Bernd Kalusche und Wolf-Christian Setzepfandt: **Architekturführer Frankfurt/Main.** Berlin 1997
- **Internationale Bauausstellung Berlin 1987, Projektübersicht**, Berlin 1987
- Katharina Blohm, Ulrich Heiß, Christoph Hölz, Birgit-Verena Karnapp, Regina Prinz, Dagmar Rinker: **Architekturführer München.** Berlin 1994

Grabkapelle auf dem Württemberg bei Stuttgart (1820) von Giovanni Salucci (1769–1845).

König Wilhelm I. (1781–1864) ließ sie vom Hofarchitekten für seine früh verstorbene Frau Katharina (1788–1819) auf dem „Wirttemberg" errichten. Die noch gut erhaltene Stammburg wurde dafür abgerissen. Die lebhafte Diskussion um die Gestalt der Kapelle, die nach Vorstellung des Königs in „teutsch-gotischem Stil" erbaut werden sollte, zeigt die Spannung zwischen ausklingendem Klassizismus und heraufziehender Neogotik zu Anfang des 19. Jahrhunderts. Schließlich konnte Salucci den Auftraggeber mit dem Hinweis überzeugen, dass die antike Formensprache insbesondere beim Grabmonument die überlegene sei. Der ausgeführte Entwurf geht auf Elemente des Pantheons in Rom und der Villa Rotonda in Vicenza zurück.

1.12 Bauen in der Landschaft

Anzeige des NABU – Naturschutzbund Deutschland e.V. zum Flächenverbrauch in Deutschland (SZ vom 22.6.2005).

DER FLÄCHENVERBRAUCH IN DER TAGESPRESSE:

Süddt. Zeitung vom 6.11.1987, Kurz und aktuell:
„Täglich wird in der Bundesrepublik Deutschland mehr als ein Quadratkilometer Land neu überbaut, betoniert oder asphaltiert. Obwohl die Bevölkerungszahl seit 10 Jahren abnimmt, hat sich der ‚Landschaftsverbrauch‘ noch gesteigert […]."

Süddeutsche Zeitung vom 4./5.2.1995, Aktuelles Lexikon:
„Bodenversiegelung: Es ist eine Ursache für die sich häufenden Überschwemmungen, dass immer mehr Erdboden mit Asphalt, Beton, Pflaster und Kunststoffbelag bedeckt oder überbaut wird, wofür sich der Begriff ‚Bodenversiegelung‘ eingebürgert hat. Der jährliche Bodenverbrauch in Deutschland entspricht ungefähr der Fläche des Bodensees. […] Nun richten sich einige Hoffnungen auf das Bodenschutzgesetz."

Stuttgarter Nachrichten vom 4.7.1997:
„Die Bundestags-Enquetekommission ‚Schutz des Menschen und der Umwelt‘ will den Flächenverbrauch in Deutschland im kommenden Jahrzehnt drastisch reduzieren […]. Bis zum Jahr 2010 solle die Neuversiegelung des Bodens auf 10 Prozent des heutigen Niveaus eingeschränkt werden. In der Bundesrepublik werden derzeit Tag für Tag rund 100 Hektar Boden neu bebaut. Dieser Wert soll […] in den nächsten Jahren auf 10 Hektar pro Tag reduziert werden."

Südwestpresse vom 8.4.2001:
„Das Lamento ist so alt wie die Umweltbewegung […]. Allein, es scheint nicht viel gebracht zu haben […]. Anfang der neunziger Jahre hat der Flächenfraß wieder erheblich zugenommen: 120 Hektar (oder 170 Fussballfelder) gehen der Natur bundesweit pro Tag verloren […]."

Stuttgarter Zeitung vom 31.5.2006:
„Merkel bekennt sich zum Naturschutz – Kanzlerin fordert Umdenken: […] Um die Lebensräume zu erhalten und die Zersiedlung der Landschaft zu stoppen, müsse der Flächenverbrauch in Deutschland von heute bis 2020 von 100 Hektar am Tag auf 30 Hektar verringert werden."

Den Menschen blieb keine Wahl, sie mussten ihre Behausungen in der Natur einrichten und bekamen so ein inniges Verhältnis zur Natur, ja sie wurden ein Teil von ihr.

Die Natur als Lebensgrundlage

Die erste Beziehung des Menschen zur Natur ist seine uneingeschränkte Abhängigkeit von ihr; sie ist seine notwendige und unersetzliche Lebensgrundlage. Ohne Luft, Wasser und Nahrung ist Leben unmöglich und – diese Abhängigkeit ist durchaus einseitig:
So sehr der Mensch die Natur braucht, so wenig braucht die Natur den Menschen; im Gegenteil, seine Eingriffe in natürliche Systeme und Kreisläufe sind überwiegend störend, ja zerstörend und damit gefährlich für seine eigene Existenz. Naturvölker – und dazu gehören sicher auch die Vorfahren der heutigen Industrienationen – bauen im Einklang mit der Natur und kommen damit ihrem ureigensten Interesse nach.
Die industrielle Revolution hat die Möglichkeiten, in Natur einzugreifen, drastisch ausgeweitet. Der Einsatz von Maschinen erleichtert heute das Fällen ganzer Wälder, die Begradigung von Flüssen, die Versiegelung der Böden und die Trockenlegung von Feuchtgebieten. Doch es gibt auch Beispiele für frühe Eingriffe in die Natur mit schlimmen irreparablen Folgen: Die Versteppung des Libanon z.B. lässt sich zurückführen auf die gnadenlose Abholzung der Zedernwälder durch die Römer, die das Holz zum Schiffbau verwendeten.

Dem technischen Fortschritt geschuldet ist zudem die Verschmutzung der Flüsse durch eingeleitete Abwässer, die Belastung der Luft durch Abgase, Feinstaub, Stickoxyde und Kohlendioxyd sowie der ständige Landverbrauch.

Die Möglichkeiten der Architekten, auf diese verhängnisvolle Entwicklung insgesamt einzuwirken, sind begrenzt und nur über verantwortliches persönliches Verhalten des Einzelnen oder politische Willensbildung in der Gesellschaft möglich. Mit ihren Konzepten können sie jedoch konstruktive Vorschläge für den sinnvollen Energieeinsatz und gegen den hohen Flächenverbrauch liefern.

Das Bewusstsein für die Gefahr, die von der Verwendung fossiler Brennstoffe ausgeht, ist inzwischen international geschärft. Im Kyoto-Protokoll (1999) verpflichten sich die Unterzeichnerländer, ihre Produktion von CO_2 zu reduzieren, um dem von ihm ausgelösten Klimawandel entgegenzuwirken. Da ein großer Teil des Kohlendioxyds aus den Heizungen der Wohnungen stammt, hat die Bundesregierung für Deutschland 2002 die Energie-Einsparungsverordnung erlassen (EnEV 2002), durch die Bauherren und Architekten verpflichtet werden, Energie einzusparen, um dadurch die Entstehung von CO_2 zu verringern.

Das Instrumentarium hierzu reicht von intensiver Dämmung bis zum Einsatz alternativer Energien. Hier öffnet sich dem Entwerfer ein weites Feld, diesen Ansprüchen eine gestalterische Form zu geben, die die Eigenschaft des Hauses, Energie einzusparen, erkennbar macht. Die politischen Vorgaben, den Landverbrauch einzudämmen, sind noch verhalten. Landverbrauch bedeutet Verlust von Natur, Artenschwund, Veränderung des Kleinklimas, Bodenversiegelung und damit Gefährdung durch Hochwasser. Ein Bauverbot in den Überflutungsgebieten besteht derzeit nur teilweise, aber darüber hinaus existiert bereits eine Reihe von Möglichkeiten, den Verbrauch von Land zu reduzieren, die der Planer beratend und aufklärend einbringen kann. Nachverdichtendes Bauen in den Ortskernen spart nicht nur Bauland im Außenbereich, sondern bringt auch eine wünschenswerte Belebung in die Innenstädte.

Das Gleiche gilt für die Bebauung von Industrie- und Militärbrachen, mit der der Landverbrauch eingedämmt werden kann. Die Wahl von mehrgeschossiger statt eingeschossiger Bauweise und verdichteter Baugruppen statt Einzelhaus-Streubebauung spart nicht nur Baugrund, sondern auch aufwendige Erschließungsflächen.

Illustrationen aus dem Kinderbuch „Ohijésa – Jugenderinnerungen eines Sioux-Indianers" von Dr. C. A. Eastman, 1912

Rekonstruktion bronzezeitlicher Pfahlbauten, Unteruhldingen/Bodensee, Pfahlbaumuseum.

Nach der Entdeckung von Baumstümpfen, die 1853 bei Niedrigwasser aus dem Zürichsee herausragten, wurden am Bodensee und anderswo Pfahlbauten rekonstruiert. Dabei lies man sich von Reisebeschreibungen über Plattformdörfer in Neuguinea sowie altgriechischen Berichten über persische Pfahlbauten inspirieren. Die hier verwirklichte Version des Plattformdorfes im Wasser wurde inzwischen durch Ausgrabungen von Ufersiedlungen in moorigen Gebieten relativiert.

Henri Rousseau (1844–1910): „Der Traum", 1910. In Rousseaus Gemälden existieren Mensch, Tier und Pflanze konfliktlos und gleichberechtigt nebeneinander, so dass die Szenerien wie paradiesisch erscheinen. Unterstützt wird dieser Eindruck noch von der Licht- und Farbführung, die jeden Gegenstand für sich strahlen lässt und jedem Lebewesen ein Eigenleben gibt.

Ein Neubaugebiet entsteht: Gleichzeitig das Ende einer Streuobstwiese am Fuß der Schwäbischen Alb (2006).

Jean-Jacques Rousseau (1712–1778) hatte von der Akademie von Dijon bereits 1750 einen 1. Preis für seine negative Antwort auf die Frage erhalten, ob die wissenschaftlichen und künstlerischen Errungenschaften zu einer Reinigung der Gesellschaft geführt hätten.

Die Antworten, die er 1755 auf die nebenstehend erwähnte neue Preisfrage der Akademie gab, machten ihn nicht nur bei der Obrigkeit verdächtig, sondern auch zu einem der Väter des europäischen Sozialismus.

Der Kampf um den Erhalt der Natur als unserer Lebensgrundlage ist noch nicht gewonnen. Ihre Bedrohung reicht weltweit und wirft die Frage auf, wie es so weit kommen konnte.

Alles hatte doch in der Schöpfungsgeschichte so gut begonnen mit Vers 28 aus dem 1. Buch Mose 1: „Und Gott segnete sie und sprach zu ihnen: Seid fruchtbar und mehret Euch und füllet die Erde und machtet sie Euch untertan und herrscht über die Fische im Meer und über die Vögel unter dem Himmel und über alles Getier, das auf Erden kriecht." Und im Vers 15 aus dem 1. Buch Mose 2: „Und Gott der Herr nahm den Menschen und setzte ihn in den Garten Eden, dass er ihn baue und bewahre."

Die Menschen haben offensichtlich das „herrschen" falsch verstanden und das „bewahren" ganz überhört, denn sie behandeln die Erde rücksichtslos wie ihr Eigentum – auch gegen ihre eigenen Interessen.

Rousseau schreibt im 2. Discours 1755, in dem die Akademie von Dijon die Frage nach dem Ursprung der Ungleichheit unter den Menschen stellt:

„Der erste, dem es in den Sinn kam, ein Grundstück einzuhegen und zu behaupten: Das gehört mir und der Menschen fand, einfältig genug, ihm zu glauben, war der eigentliche Gründer der Gesellschaft [...]. Wieviel hätte der Mann dem Menschengeschlecht erspart, der die Pfähle [...] herausgerissen und seinen Mitmenschen zugerufen hätte: Hütet Euch diesem Betrüger zu glauben! Ihr seid verloren, wenn ihr vergesst, dass die Früchte allen gehören und die Erde niemandem."

Der Umgang mit der Natur erklärt sich erheblich daher, dass sie als Eigentum aufgefasst wird. Auch die überraschende Interpretation der Umweltschützer: Die Natur gehört uns nicht, wir haben sie nur geliehen von unseren Kindern, hat noch keinen erkennbaren Durchbruch gefunden, ebensowenig waren religiöse oder sozialistische Versuche mit gemeinsamem Besitz auf Dauer erfolgreich.

Die Rede des Häuptling Seattle, gehalten 1855 vor dem Gouverneur des Staates Washington als Vertreter des Präsidenten der Vereinigten Staaten von Amerika, als Antwort auf das Angebot, das Land der Indianer im Nordwesten der USA an weiße Siedler zu verkaufen, offenbart ein völlig anderes Verständnis vom Eigentum an der Natur und dem Umgang mit ihr: „[…] wie kann man den Himmel kaufen oder verkaufen – oder die Wärme der Erde? Jeder Teil dieser Erde ist meinem Volk heilig […]. Wir sind ein Teil der Erde und sie ist ein Teil von uns […]. Was immer den Tieren geschieht – geschieht auch bald den Menschen. Alle Dinge sind miteinander verbunden. Was die Erde befällt, befällt auch die Söhne der Erde."

Seattle, Häuptling der Duwamish, etwa 80jährig auf dem einzigen bekannten Foto von ihm von 1864.
Die von ihm gehaltene Rede wurde erst 1887, also etwa 30 Jahre nach dem Ereignis, niedergeschrieben. Ihr genauer Wortlaut ist daher umstritten und es existieren mehrere Versionen der Rede. Die hier wiedergegebenen Passagen basieren auf einem Text zum amerikanischen Dokumentarfilm „Home" von 1972.

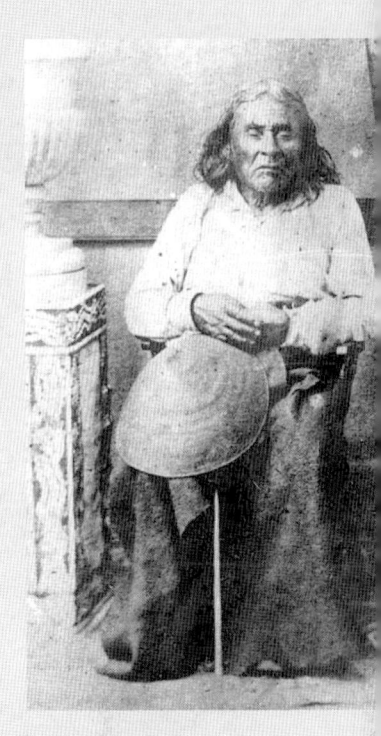

Die Natur als Bedrohung – und als bewunderswerte Erscheinung

Die Aufgabe, die Natur so zu erhalten, dass sie als Lebensgrundlage nicht verloren geht, ist für den Menschen so wichtig wie die, in ihr zu überleben. Der extreme Wechsel von Nässe und Dürre, von Hitze und Kälte ist nur durch den Schutz einer Behausung auszuhalten. Alles Leben ist diesen physikalischen Angriffen unterworfen, die sich unverhofft als Überschwemmungen, Tornados, Erdbeben und Vulkanausbrüche zu lebensbedrohenden Naturkatastrophen ausweiten. Die Natur steht den Menschen bedrohlich gegenüber, sie ist eine fortwährende Herausforderung. Die Gründe dafür sehen sie bei den Göttern, Geistern und Dämonen, die unberechenbar hinter den Gewalten stehen, und die es zu besänftigen gilt.

Marc-Antoine Laugnier schreibt 1752 in „Das Manifest des Klassizismus" sinngemäß, das ambivalente Verhalten der Natur bestimmt die Regeln der Architektur: „[…] das friedliche Bächlein in der Wiese und gleichzeitig die brennende Sonne, der wohltuende Schatten im Walde und der fürchterliche Regen oder die endlich gefundene trockene Höhle und dort aufsteigende giftige Dämpfe. Aus den Ansprüchen der Menschen und

„Kreidefelsen auf Rügen", Gemälde von Caspar David Friedrich (ca. 1818). Der Mensch als Betrachter der erhabenen Natur. Friedrichs Motiv war wohl die „Victoria-Sicht" in der Nähe der „Wissower Klinken", die im Februar 2005 durch Erosion abbrachen und die man häufig irrtümlich für das abgebildete Motiv hielt.

"Das Manifest des Klassizismus" (Frontispiz, 1753) Originaltitel: „Essai sur l'architecture", von Marc-Antoine Laugier (1713–1769)

Laugier stellte in diesem Werk als Erster wichtige Überlegungen zur „Urhütte" an, die bereits bei Vitruv beschrieben wurde: Vier an den Ecken eines Grundrissquadrates angeordnete Baumstämme, die durch vier Rundhölzer verbunden sind und eine Art Satteldach aus gegeneinander gestellten Ästen tragen.

Das Erdbeben von Lissabon 1755, zeitgenössische Darstellung. Mit dem Erdbeben einher ging ein Tsunami, der ebenfalls erhebliche Verwüstung hinterließ. Die größten Schäden verursachte jedoch ein Großbrand, der aufgrund des Erdbebens in der Stadt ausbrach und sie nahezu vollständig zerstörte. Naturkatastrophen erschütterten immer auch das Weltbild einer betroffenen Gesellschaft. Bereits in der Antike hielt man sie für Fingerzeige der Götter.

In beeindruckenden und unvorstellbar zerstörerischen Katastrophen erkannten Immanuel Kant und die Aufklärung das Erhabene, das die Grenzen der Sinnlichkeit und des Verstandes überschreitet.

den Gegebenheiten der Natur entsteht die Urhütte und die erste architektonische Ordnung aus Säule, Gebälk und Giebel!"

Solange die Menschen sich vor den Gefahren der Natur schützen müssen, bleibt keine Zeit, ihre Erhabenheit und Schönheit wahrzunehmen, und auch ihre Häuser sind ganz einseitig in diesem Sinne erbaut.

Erst mit dem Entstehen der Städte, deren relativer Naturferne und der damit einhergehenden – scheinbaren – Naturbeherrschung verflüchtigt sich die Furcht vor der gefährlichen Natur. Jetzt wird sie zur Idylle und zum Ziel sehnsüchtiger Betrachtung, wie im Osterspaziergang der Stadtbewohner in Goethes Faust I (1808): „Vom Eise befreit sind Strom und Bäche durch des Frühlings holden, belebenden Blick, im Tale grünet Hoffnungsglück, der alte Winter in seiner Schwäche zog sich in rauhe Berge zurück [...]."

Le Corbusier schrieb: „Eine Stadt! Sie ist die Beschlagnahme der Natur durch den Menschen. Sie ist eine Tat des Menschen wider die Natur, ein Organismus des Menschen zum Schutze [...]." (Aus: „Collection de l'esprit nouveau", 1925).

Aber auch Städte sind nicht unverwundbar: Am 24. August 79 n. Chr. begrub ein Vulkanausbruch des Vesuv die Städte Pompeji, Stabiae und Herculaneum unter sich. Das Erdbeben, das 1755 Lissabon verwüstete und zahlreiche Opfer forderte, zerstörte die Stadt und dazu den inzwischen von der Aufklärung geförderten Gedanken von der vernünftigen Weltordnung. Noch wenige Jahrzehnte vorher war sich Leibniz sicher: Gott hat aus der Fülle der möglichen Welten die bestmögliche ausgewählt.

Voltaire nahm die Katastrophe von Lissabon zum Anlass, diese Zuversicht in seinem Roman „Candide" ironisch zu hinterfragen: „Was ist das für eine Welt? Nein, nein, wir leben ganz sicher nicht in der besten – wahrscheinlich in der mühsamsten und schwierigsten aller Welten."

Rousseau ergriff 1756 in einem Brief an Voltaire Partei für Leibniz:

„Ich zeigte den Menschen, wie sie ihre Leiden selbst herbeiführen, und wie sie sie folglich auch vermeiden könnten. Man hat den Ursprung des Übels nirgends zu suchen als in dem freien, sich vervollkommnenden, folglich auch verderbten Menschen [...].
Nehmen wir gerade das Lissabonner Erdbeben, so war es doch nicht die Natur, die da zwanzigtausend sechs- bis siebenstöckige Häuser zusammendrängte.
Als zerstreut siedelnde Hüttenbewohner in einer Wildnis hätten sie das Erdbeben leicht überstanden. Sie verlangen, das Erdbeben hätte sich in einer Wüste zutragen sollen, nur nicht gerade in Lissabon. Also, die Weltordnung soll sich der menschlichen Willkür anbequemen, und wir dürften es ihr übelnehmen, wenn sie ein Erdbeben eintreten lässt, wo wir gerade eine Stadt hingesetzt haben!"

Naturkatastrophen sind in großem Umfang auf menschliche Eingriffe zurückzuführen; sie nehmen zu, so weist die jährliche Statistik der Versicherungsgesellschaften wachsende Zahlungen für steigende Schäden aus.
Friedrich Engels warnte 1876: „Schmeicheln wir uns indes nicht zu sehr mit unseren Siegen über die Natur, für jeden solchen Sieg rächt sie sich bitter an uns." Er hatte Gelegenheit, die Folgen der frühen Industrialisierung in England nicht nur in sozialer, sondern auch in ökologischer Hinsicht kennenzulernen und befürchtete diese Entwicklung auch auf dem Kontinent.

Auch „Koyaanisqatsi", diese Weissagung der Hopiindianer, ist eine Warnung vor der folgenschweren Ausbeutung der Natur: Koyaanisqatsi bedeutet „wenn wir das Land seiner Schätze berauben, ziehen wir Unheil auf uns" und „Ein Gefäß voller Asche könnte eines Tages vom Himmel geworfen werden, das Land verbrennen und die Ozeane zum Kochen bringen." Francis Ford Coppola legt diese düstere Prophezeihung in der Hopisprache seinem in den 1970er Jahren produzierten Film „Koyaanisqatsi" zugrunde

Gottfried Wilhelm Leibniz (1646–1716) war Philosoph, Wissenschaftler, Mathematiker, Diplomat u.v.m. Er gilt als der letzte Universalgelehrte. Durch seine Erfindung des Binären Systems und einer mechanischen Rechenmaschine ist er auch einer der Väter des Computers.

Caspar David Friedrich: „Die gescheiterte Hoffnung" (auch: „Das Eismeer", ca. 1823/24). Zu diesem Motiv wurde Friedrich wohl durch eine 1820 gescheiterte Expedition zur Suche der legendären Nord-West-Passage inspiriert. Eigentlich geht es in dem Gemälde um die Darstellung des Unglücks des Schiffes rechts im Bild (auf dem Original lässt sich noch der Schiffsname „Hoffnung" erkennen). Hier jedoch rückt die Erhabenheit der übermächtigen Eislandschaft buchstäblich in den Bildmittelpunkt.

Nicht der einzige Effekt der globalen Erwärmung: der Anstieg des Meeresspiegels und seine Folgen.

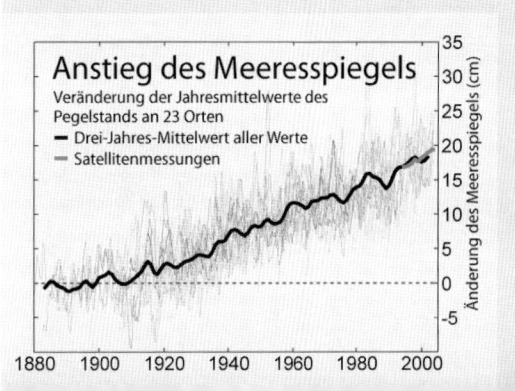

Außergewöhnlich ist die Abwesenheit von Worten – der Film (Laufzeit 87 Minuten) besteht nur aus Bildern. Die Botschaft kann nur erahnt werden – eine Mahnung, die Langsamkeit zu würdigen und die Natur (sowohl die eigene als auch die äußere) nicht zu vergessen. Die Bilder bleiben rätselhaft und lang im Gedächtnis – verbunden mit merkwürdigen Emotionen.

Masaccio (1401–1428): „Vertreibung aus dem Paradies", Fresko von 1427, Florenz, Santa Maria del Carmine

Für Immanuel Kant (1724–1804) ist eine Rückführung der Erkenntnis allein auf den reinen Verstand ohne sinnliche Anschauung, wie zuvor im Rationalismus postuliert, nicht mehr möglich.

Während sich vor ihm die rationalistische und die empiristische Philosophie unversöhnlich gegenüberstanden, verbindet Kants Erkenntnistheorie beide in seiner „Kritik der reinen Vernunft".

und begleitet sie mit ahnungsvollen Bildern und der atemlosen Musik von Phil Glass.

Aus biblischer Sicht stellt sich dar: Die Schöpfung ist gut (1. Mose 1.31: „Und Gott sah an alles, was er gemacht hatte; und siehe da, es war sehr gut."), aber die Menschen erweisen sich der Güte des Schöpfers nicht würdig, das Übel kommt durch ihre Schuld in die Welt, der Sündenfall vertreibt sie aus dem Paradies. Die Haltung der Menschen zur Natur bleibt zwiespältig. Sie pendelt zwischen der Sorge um die immerwährende Bedrohung, die von ihr ausgeht, und der romantischen Betrachtung ihrer Idylle; zwischen dem täglichen Kampf ums Überleben und der bukolischen Hirtenszene.

Die philosophische Begründung findet sich bei Kant. In der „Kritik der reinen Vernunft" unterstellt er die außermenschliche Natur der Kontrolle durch Wissenschaft und Technik, die innermenschliche Natur in der „Kritik der praktischen Vernunft" der Selbstkontrolle der Moral.
In der „Kritik der Urteilskraft" wird Natur zum Objekt ästhetischer Erfahrung und in Kants „Ästhetik des Schönen" zur harmonischen Idylle; in seiner „Ästhetik des Erhabenen" zum aus sicherer Distanz betrachteten Schrecken. Mit Kants Worten aus der „Kritik der Urteilskraft": „Kühne, überhangende, gleichsam drohende Felsen, am Himmel sich auftürmende Dauerwolken, mit Blitzen und Krachen einherziehend, Vulkane in ihrer ganzen zerstörenden Gewalt, Orkane mit ihrer zurückgelassenen Verwüstung, der grenzenlose Ozean, in Empörung gesetzt, ein hoher Wasserfall eines mächtigen Flusses und dergleichen machen unser Vermögen zu widerstehen in Vergleichung mit ihrer Macht zur unbedeutenden Kleinigkeit. Aber ihr Anblick wird nur desto anziehender, je furchtbarer er ist, wenn wir uns nur in Sicherheit befinden; und wir nennen diese Gegenstände gern erhaben, weil sie die Seelenstärke über ihr gewöhnliches Mittelmaß erhöhen."

Diese Ambivalenz auf das Bauen übertragen heißt, dass es zunächst darum geht, sich durch das Haus vor der feindlichen Natur zu schützen, erst danach öffnet es sich der Schönheit und Erhabenheit der Natur. Solange der Kampf ums Überleben das Dasein der Menschen bestimmt, bleibt keine Zeit, die Erhabenheit und die Idylle der Natur wahrzunehmen.

Überlegungen zum historischen Bauen in der Landschaft

„Von der Wahl gesunder Plätze" ist das 4. Kapitel des 1. Buches von Vitruv, dem römischen Architekturtheoretiker (84–33 v. Chr.), überschrieben, in dem er sich ausführlich mit der Luft befasste. Er warnte vor Nebelschwaden und giftigen Ausdünstungen von versumpftem Gelände und wies auf die Schwächung des Körpers durch Veränderung der naturgegebenen Luft hin. Alberti (1404–1472), der die Renaissance in Italien mitbegründete und in Anlehnung an Vitruvs „10 Bücher über Architektur" ebenfalls „10 Bücher über das Bauen" herausgab, schrieb im 3. Kapitel des 1. Buches:

„Insbesondere wird die Luft, die wir einatmen, welche, wie wir wissen, hauptsächlich uns ernährt und erhält, wunderbar zu unserer Gesundheit beitragen, wenn sie möglichst rein ist [...]", und er fährt einige Zeilen weiter fort: „Man weiß ja, dass die Leute, die in einem gesünderen Klima leben, den Leuten geistig voraus sind, die in dicker und feuchter Luft hausen. Allein dieser Umstand soll hauptsächlich dazu beigetragen haben, dass die Athener den Thebanern an Geistesschärfe weit voraus waren."

Athen dürfte diesen Standortvorteil heute verloren haben; in den europäischen Großstädten nimmt die Luftbelastung ständig zu, der Tagesgrenzwert von Feinstaub 50 Mikrogramm je cbm Luft nach Euronorm wird häufig überschritten, auch die Werte für Stickoxyde und CO_2 sind vielerorts viel zu hoch.

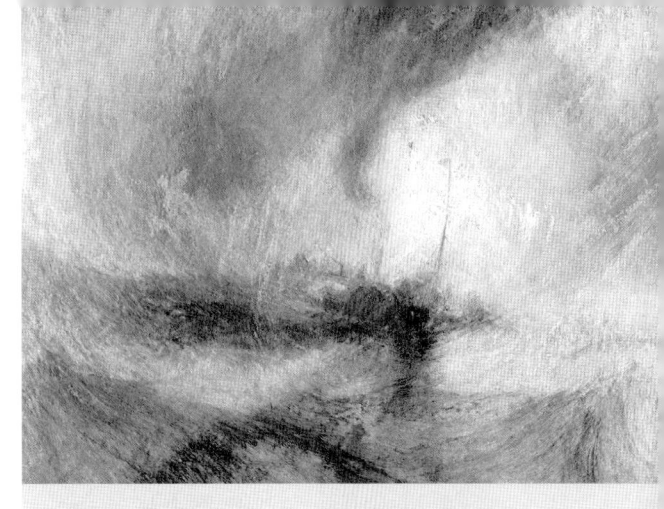

William Turner (1775–1851): „Schneesturm – ein Dampfer vor einer Hafeneinfahrt gibt Signale in der Untiefe und bewegt sich nach Lot. Der Autor war in diesem Sturm in der Nacht, als die Ariel aus Harwich auslief", (1842).

Nicht umsonst erwähnt Turner im sperrigen Titel dieses Gemäldes, dass er selbst „in diesem Sturm war". Er hatte sich von den Matrosen der „Ariel" an den Mast binden lassen, um ein Unwetter auf See genau beobachten zu können.

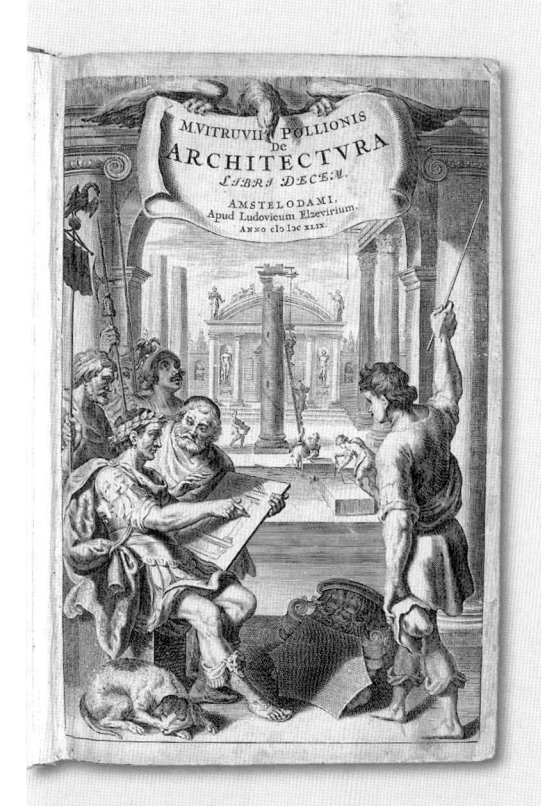

Vitruvs „Zehn Bücher über Architektur" sind das erste und einzige Werk über Baukunst und Technik in der Antike, das uns bisher bekannt ist. Wegen der Sprödheit ihrer Sprache zunächst wenig verbreitet, im Mittelalter in Vergessenheit geraten und erst im 15. Jh. wiederentdeckt, wurden die „Decem Libri" seit der Renaissance zum Bestseller.

Auch Palladio (1508–1580) bezieht sich in seinen „4 Büchern zur Architektur" auf Vitruv, der eine Reihe von Möglichkeiten aufführt, die Qualität von Luft und Wasser zu prüfen, und kommt zum Entschluss, dass es aus gesundheitlichen Gründen notwendig ist, „auf Bergen zu bauen, um so den schädlichen Dämpfen zu entgehen, die den Geist schwächen und die Gelenke und die Nerven zermürben."

Im Gegensatz zu den physischen Eigenschaften der Natur steht ihre Wiederentdeckung als ästhetisches Ereignis durch Francesco Petrarca (1304–1374) im ausgehenden Mittelalter. Petrarca war Mitbegründer des Humanismus in Italien und Vorbereiter der Renaissance; er begründete eine neue Sicht auf die Natur und bezog sich damit auf die griechisch-römische Antike.

Landschaft entsteht erst, wenn sich der Mensch mit seinen Sinnen der Natur – ohne praktischen Zweck – in bewundernder und staunender Anschauung zuwendet. Mit dieser neuen Betrachtung knüpfte Petrarca an antike Vorbilder an und wurde geistiger Vater aller künftigen Bauten in der Landschaft.
Unbestritten ist die Meisterschaft, mit der die Griechen ihre Tempel und Theater in die Landschaft einzufügen wussten. Römische Palastanlagen und Villen überzeugen unverändert durch ihre Einbettung in Gärten und Parks. Dabei soll nicht übersehen werden, dass es der Ruine leichter gelingt, mit der Landschaft eine harmonische Verbindung einzugehen; diesen Effekt machten sich auch später die Schöpfer von Barock- und Landschaftsgärten zunutze.

Es wird nachfolgend der Versuch unternommen, das Bauen in der Landschaft in drei Kategorien zu unterteilen:

**Der Landschaft angepasstes Bauen,
der Landschaft angeglichenes Bauen und
Bauen im Kontrast zur Landschaft.**

Englische Ausgabe (1738), Titelblatt

Andrea Palladio (1508–1580) war der bedeutendste Renaissance-Architekt in Oberitalien. Bereits 1541 hatte er eine vielbeachtete Beschreibung mit Zeichnungen der Ruinen Roms veröffentlicht. Seine „Vier Bücher zur Architektur" von 1570 machten ihn neben Alberti zum wichtigsten Architekturtheoretiker der frühen Neuzeit.
Sein bauliches Werk hatte großen Einfluss auf die Architektur in Europa, besonders im englischen Klassizismus des 17. Jahrhunderts, bekannt als „Palladianismus".

Francesco Petrarca (1304–1374) hatte den Mont Ventoux in den südfranzösischen Voralpen am 26.4.1336 bestiegen, mit dem Ziel, von dort die Aussicht auf die Landschaft zu genießen.
Dies machte ihn zum ersten Bergsteiger Europas, stieß bei den Einheimischen aber nur auf verständnisloses Kopfschütteln.
In einem schwärmerischen Brief auf lateinisch an seinen Lehrer Francesco Dionigi berichtet Petrarca von seiner Besteigung des Mont Ventoux: „Den höchsten Berg dieser Gegend, den man nicht zu Unrecht Ventosus, ‚den Windigen' nennt, habe ich am heutigen Tage bestiegen, allein vom Drang beseelt, diesen außerordentlich hohen Ort zu sehen […]. Zuerst stand ich, durch den ungewöhnlichen Hauch der Luft und die ganze freie Rundsicht bewegt, einem Betäubten gleich da, […] Wolken zu meinen Füßen […]."

Sie sind nicht streng wissenschaftlich definiert und schließen Zwischenformen ein. Eingeführt wurden sie aus didaktischen Gründen, um die Problematik des Bauens in der Landschaft anschaulich zu machen.

Mit dem **der Landschaft angepassten Bauen** durchdringen sich die Systeme Natur und Architektur zu einem eigenen Neuen.

Das der **Landschaft angeglichene Bauen** lässt die Architektur hinter die Natur zurücktreten.

Und das **Bauen im Kontrast zur Landschaft** belässt Natur und Architektur gleichberechtigt nebeneinander unter gleichzeitiger Steigerung des Gesamtausdrucks.

Das Bauen in der Landschaft vor der Aufklärung, d.h. vor Maschinenzeitalter und kapitalistischer Wirtschaftsordnung, ging zwangsläufig auf die Gegebenheiten der Natur ein. Wenn nicht Fels anstand, setzte die Belastbarkeit der Böden dem Bauen enge Grenzen; moorige, sandige und lehmige Untergründe waren schwer oder nicht bebaubar, voluminöse Gebäude waren riskant und nur unter großen bautechnischen Schwierigkeiten machbar. Den gleichen ökonomischen und technischen Zwängen folgte das Bauen am Hang: Veränderungen topografischer Voraussetzungen waren in der Regel gar nicht oder nur mit einem sehr hohen Aufwand möglich. Das gleiche galt für das Material; das örtlich vorhandene bot sich an; der Transport fremden Materials aus der Ferne war entweder unmöglich oder unerschwinglich. Der Ersatz der vorgefundenen, heimischen Vegetation durch eine aus einer klimatisch anderen Landschaft verbot sich aus den gleichen wirtschaftlichen, ja existenziellen Gründen.

Das vertraute Miteinander von Architektur und Natur in der vorindustriellen Zeit verdankt sich der vernünftigen Befolgung von Zwängen und deren Gestaltung. Aus sachlichen Notwendigkeiten wurden ästhetische Kategorien.

Das Amphitheater von Epidauros (ca. 350 v. Chr.) wurde in einen topographisch geeigneten Hang eingebettet.
Mit ca. 14.000 Sitzplätzen ist es eines der größten seiner Art. Die dargebotenen Szenen hatten anfangs ausschließlich religiösen Inhalt.

Man geht davon aus, dass Vitruv sein Schema für Theaterbauten von diesem Bauwerk abgeleitet hat.

Das Pfahldorf Fadiouth im Senegal zeigt, dass sich Architektur über ihre Struktur in die Landschaft einfügen kann – hier durch die kleinteilige Wiederholung gleicher Elemente, der kegelförmigen Dächer. Diese sind zudem mit dem Schilf des nahen Schilfgürtels gedeckt, wodurch eine nahezu lückenlose Einheitlichkeit erreicht wird.

Das Bergdorf Corippo im Verzascatal ist mit nur noch 19 Einwohnern (Stand: 2004) die kleinste Gemeinde der Schweiz. Der Ortskern steht komplett unter Denkmalschutz.
Er ist ein einzigartiges Beispiel, wie ausschließlich mit vor Ort vorhandenen Materialien gebaut werden kann. Selbst die Dächer sind mit den Steinen der Umgebung gedeckt.

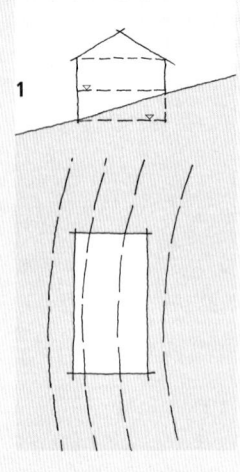

Der Baukörper am Hang: Möglichkeiten zur Ausrichtung.

1. Parallel zum Hang: Längsseite entlang der Höhenlinien, Dach parallel zum Hang. Ordnet sich leichter in die Landschaft ein, riegelt aber möglicherweise den Hang ab.

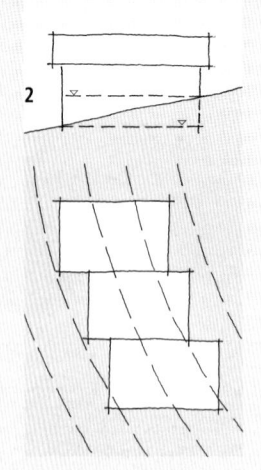

2. Längsseite und Dach senkrecht zum Hang, verhindert dadurch Abriegelung, jedoch Gefahr der talseitigen Dominanz. Benachbarte Häuser an den Höhenlinien entlang führen.

Um Abgrabungen und Aufschüttungen zu vermeiden, und damit den natürlichen Geländeverlauf möglichst wenig zu stören, sollte man die Fußbodenhöhen berg- bzw. talseits an der Geländehöhe orientieren. Ist dies mit Vollgeschossen (1 + 2) nicht möglich, sind Split-Level-Typen geeignete, auf den Ort individuell anpassbare Lösungen (3 + 4). Dachneigung parallel zum Hang. Folgen die Fußbodenhöhen dem Hang und verläuft das Dach parallel zum Gelände nach oben, spricht man vom „Bergbahntyp" (5 + 6). Dieser kann durch Gegenbewegungen an markanten Stellen akzentuiert werden.
Stellt man den Baukörper auf Stützen (7), fließt die Landschaft ungehindert darunter hindurch (leider gilt dies nicht für die Vegetation). Die Erschließung erfolgt hierbei über eine angeschlossene Brücke bergseits (Gangway). Markante Geländeverläufe (z. B. Bodenwellen) können durch spezielle Dachform und Geschossanordnung nachgezeichnet und so akzentuiert werden (8).

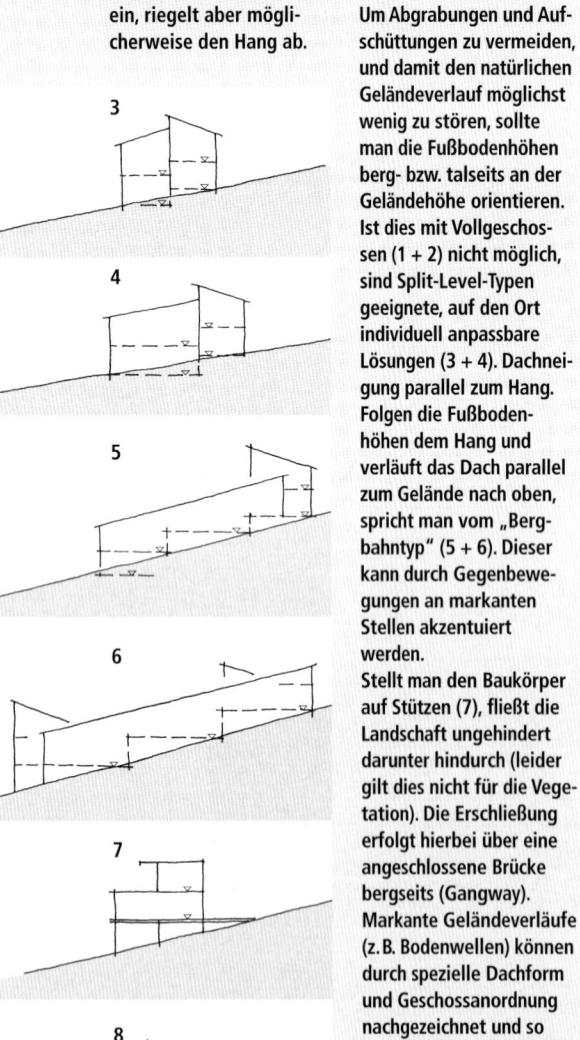

Die Beurteilung heutiger Bauten in der Landschaft geschieht noch immer nach dieser Ästhetik, obwohl die Einschränkungen, die zu ihr führten, gar nicht mehr bestehen.

Die moderne Bautechnik ermöglicht, dass heute überall gebaut werden kann, was finanzierbar ist und Gewinn verspricht. Die Entscheidung, ein Haus in der Landschaft zu bauen, erfordert daher den disziplinierten Umgang mit den heute zur Verfügung stehenden bautechnischen Möglichkeiten, denn machbar ist alles. Der Umgang mit der gewonnenen Gestaltungsfreiheit erfordert von den am Bau beteiligten ein großes Maß an Verantwortung.

Dem Entwurf voraus muss eine gründliche Analyse des künftigen landschaftlichen Kontextes gehen. Die „Morphologie der Landschaft" soll deren Charakter erkunden, auf den das zu entwerfende Haus eingehen soll. Im Ernstfall kann das heute zu der Entscheidung führen, auf seinen Bau zu verzichten, denn wenn einst aus pragmatischen und ökonomischen Gründen die Landschaft geschont wurde, geschieht das jetzt aus ökologischen Gründen und aus Respekt vor ihrer Einmaligkeit und ihrer „Nichtvermehrbarkeit". Frank Lloyd Wright hebt das Gefühl ihr gegenüber ins Religiöse, indem er sagt: „The nature is the body of god".

Landschaft ist nicht die Erscheinungsform der Erdoberfläche zu einem wählbaren frühgeschichtlichen Zeitpunkt, sondern das heutige Ergebnis einer jahrhundertelangen Entwicklung durch den Menschen, d.h., der Charakter einer Landschaft führt sich sowohl auf geologische und klimatische Ursachen zurück als auch auf das Wirken von Mensch und Tier. Der Naturkundler und Journalist Horst Stern beschreibt das für die Voralpenlandschaft sehr anschaulich so, dass sie ihre Erscheinung dem „Maul der Kuh" verdanke.

Der Landschaft angepasstes Bauen

zeichnet sich dadurch aus, dass wesentliche Elemente der Landschaft, z. B. Topografie und Vegetation, erhalten bleiben. Sie und das Haus sind die Elemente, aus denen ein neues System entsteht.

Die Theorie dieses Bauens liefert Frank Lloyd Wright und beweist sie mit seinen Gebäuden im ausgehenden 19. und in der ersten Hälfte des 20. Jahrhunderts. In einem seiner vier Vorträge, die er 1939 vor englischen Architekten in London hielt, sagt er: „Die moderne Architektur – wir wollen nun sagen: organische Architektur – ist eine natürliche Architektur – die Architektur der Natur für die Natur […]. Die erste Bedingung für dieses Heimische und Häusliche ist, wie mir scheint, die, dass jedes Gebäude, das errichtet wird, den Boden auf dem es steht, lieben sollte […].

Wir sprechen davon, dass das flache Land selbst einen Gebäudetyp entwickelt, zu dem gehört, dass das natürliche Gebäude zu einem Teil der Landschaft wird, so dass das Gebäude mit natürlicher Anmut dorthin gehört […]", und weiter „[…] wenn die organische Architektur richtig ausgeführt wird, wird die Landschaft dadurch niemals vergewaltigt, vielmehr stets entwickelt […]." Diese und die nachfolgend zitierten Äußerungen sind den Büchern „Frank Lloyd Wright", Bauwelt Fundamente 25, und „Frank Lloyd Wright", Studiopaperback, entnommen.

Frank Lloyd Wright definierte seine organische Architektur als große, moderne amerikanische Chance, als Abkehr von der traditionellen Architektur – vor allem der europäischen, gleichzeitig aber als Integration der Natur des Zwecks, des Materials und der Natur der Natur:

„[…] Der richtige organische Stil […] ist so schön wie der Stil einer Blume, er entwickelt sich aus den Bedürfnissen der Bewohner, aus der Natur des Materials und aus den natürlichen Gegebenheiten der Landschaft."

In seinen Präriehäusern und später in seinen „Meisterwerken" demonstrierte er alle Möglichkeiten, wie Haus und Landschaft aufeinander Bezug nehmen können.

Splitlevel-Fertighaus, Morsbach (2006) mit angepasster Dachneigung, ans Gelände angeschlossenen Fußbodenniveaus und minimalem Eingriff ins Gelände. LHVH Architekten (Foto: Frank Holschbach)

Bei dieser Hauptschule in Nürtingen-Neckarhausen (1974) folgen die Fußbodenebenen terrassenförmig dem Neckarhang. Die Dachneigung entspricht dem Geländeverlauf, der seinerseits unverändert bleibt, Anschüttungen werden vermieden. Architekt Axel Bangert (Foto: Willi Knapp)

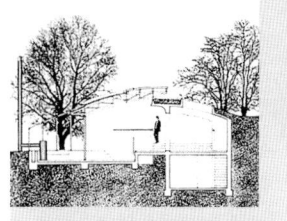

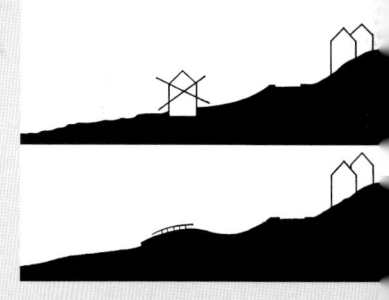

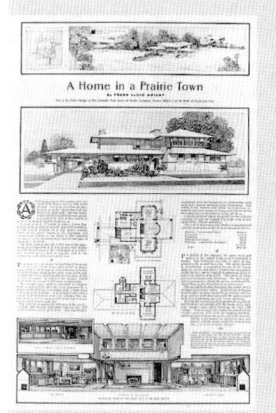

Wohnhaus Woernle, Laichingen, 1991. Architekt: Rainer Hascher. Erst der vierte Architekt konnte die Vorstellungen der Bauherrin und des Bauherrn vom Haus in der Natur umsetzen, indem er es in eine Bodenwelle schmiegte. (Foto: Uta Woernle, Schnitte: Architekt)

Frank Lloyd Wright (1867–1959) beschreibt 1900 in „A Home in a Prairie Town" im „Ladies' Home Journal" die Merkmale, mit denen er seine freistehenden Präriehäuser in die Umgebung einpasst: Ein Sockel, über den das Haus mit dem Erdboden verbunden ist, ausgreifende Dächer, horizontale Fensterbänder und freie Grundrissgestaltung um einen zentralen Kamin.

F. Ll. Wright nennt die Jahreszahl 1893 vermutlich, um seinem Ärger über die in diesem Jahr in Chicago stattgefundene Weltausstellung Ausdruck zu geben. Deren Gebäude wiederholten noch einmal die europäischen Stile eklektizistisch, obwohl es schon die Chicagoer Schule gab, bestehend aus den Architekten, die unter dem Einfluss von Adler und Sullivan standen, und zur neuen Architektur „der sogenannten Modernen" bekehrt waren. In Abgrenzung zu ihr gründet Mies van der Rohe Mitte des 20. Jahrhunderts die „Zweite Chicagoer Schule".

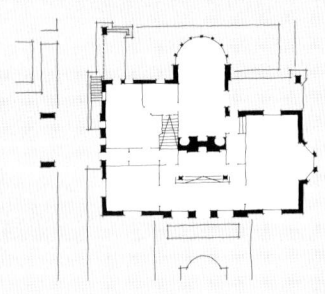

Frank Lloyd Wright: Haus für William H. Winslow, River Forest, Illinois, 1893–1894: Vorn unterwirft sich das Haus den Konventionen der Umgebung, auf der Gartenseite greift es in den Raum hinein. (Foto: Pete Beers)

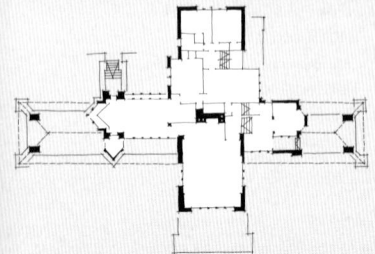

Das Ward W. Willits-Haus, Highland Park, Illinois von F. Ll. Wright (1901–1902) greift kreuzförmig nach allen Seiten ins Gelände.

Er kritisierte „das typisch amerikanische Wohnhaus von 1893, das auf den Prärien von Chicago herumsaß". Was hatte es mit dem Haus auf sich? „Nun zunächst einmal log es in allen Punkten."

Im gleichen Jahr 1893 entsteht das Haus W. H. Winslow, „das erste Haus, das ich als beruflich Unabhängiger entwarf", und „[…] ich hatte die Idee, dass ein auf der Fläche sich hinziehender Grundriss, der sich mit dem Boden identifiziert, sehr viel dazu beitragen müsste, die Gebäude mit dem Boden verwachsen zu lassen, […] und ich hatte den Eindruck, dass in jenem Niederungsgebiet jedes Haus auf dem Boden – und nicht in ihm, mit feuchten Kellern – beginnen müsse."

Frank Lloyd Wright lehnte die Unterkellerung ab, weil sie als Sockel aus dem Boden ragt und damit das Haus von der Landschaft trennt.

Die Straßenfassade unterwirft sich in ihrer symmetrischen Gestaltung der Konvention, die er durch Strenge des Dekors konterkariert, aber die Gartenseite folgt bereits seiner Vorstellung von der Verbindung des Innen- mit dem Außenraum. Er sagte dazu: „[…] Dieses neue Gefühl für Geräumigkeit erzeugt das Bedürfnis, dass das Außen ins Gebäude – und das Innen hinausgeht. Garten und Haus können jetzt eins sein. In jeder guten organischen Konstruktion ist es schwer zu sagen, wo der Garten beginnt und das Haus aufhört – und das ist genau, wie es sein soll." Die Zustimmung der Nachbarn in River Forest, wo das Haus stand, war nicht einhellig. Ein späterer Bauherr bestand ausdrücklich auf einer anderen Gestaltung.

Das Haus W. W. Willits (1902) ermöglicht diesen grenzenlosen Austausch zwischen Innen und Außen durch seinen kreuzförmigen Grundriss, der die Natur bis in den Hausschwerpunkt heranführt. Der zusammengefasste Kamin in der Mitte ist augenfälliger Teil der aufgelösten Grundrissgliederung. Das hohe Fundament, das als umlaufender Sockel erscheint und vom Hauptgebäude ins Gelände hinausgreift, dient seiner Verankerung im Boden.

Das Haus F. C. Robie (1908) liegt an einer Ausfallstraße, die eine kreuzförmige Ausformung des Grundrisses verhindert. Die Ausdehnung des Gebäudes in die Landschaft vollzieht sich daher linear – entlang einer Achse – und die Verzahnung von Innenraum und Außenraum wird ergänzt durch horizontal weit auskragende Dächer; der von ihnen umfasste Luftraum ist Teil des unendlichen Raumes, der so bis an das Haus herangeführt wird. Frank Lloyd Wright: „[…] die Horizontale ist die Linie der Häuslichkeit und auch die Linie der Prärie. Jede unnötige Höhe ist zu verhindern. Die horizontale Form vermählt das Haus mit dem Boden."

Das Haus E. J. Kaufmann, „Fallingwater" (1936) ist Wrights bekanntestes und berühmtestes Wohnhaus; sein Bauherr wünschte sich sein künftiges Haus im Angesicht des Wasserfalls, mit Blick auf die fallenden und fließenden Wasser. F. L. Wright schlug ihm dagegen vor, es über dem Wasserfall zu errichten, so dass er ein Teil des Lebens würde. Auf den Fels aufgesetzt sind vertikale Pfeiler aus Bruchstein der Umgebung, auch hier dominierend der Kaminblock, dagegen die gesteigerte Horizontalbewegung der Decken, Brüstungen und Vordächer aus Stahlbeton.
Eine großartigere Einheit von Natur und Architektur ist nicht vorstellbar; diese Harmonie wird mit modernsten baukonstruktiven Mitteln erreicht; auf Folklore – und Heimatstilelemente – wurde gänzlich verzichtet.

Wright machte sich zwar die neuesten Bautechniken zunutze, setzte die Maschine in den Dienst der Architektur und industrialisierte die Baustelle. Aber er lehnte das vorgefertigte Haus grundsätzlich ab, weil es die architektonische Individualität verhindert und die rechte Verbindung zwischen Architektur und Landschaft unmöglich macht. Damit blieb er seiner Auffassung treu, die er bereits 1901 in dem berühmten Vortrag „The Arts and Crafts of the Machine" äußert.

Mit Taliesin West (1938), Atelier und Schule, gelang Wright erneut eine kaum übertreffbare Einheit aus Ort und Haus, indem er das vorgefundene Material

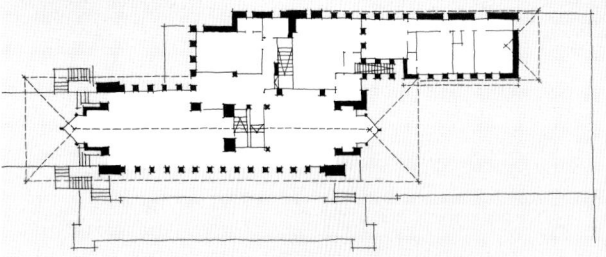

F. Ll. Wright: Frederick C. Robie House, Chicago, Illinois, 1906–1909. Das Haus liegt zwar nicht mitten in der Prärie, sondern entwickelt sich entlang einer baumgesäumten Straße in einem Chicagoer Villenvorort. Seine mehrfach abgestuften Außenterrassen und weit auskragenden Dächer, die Lebensräume zwischen Innen und Außen bilden, machen es jedoch zu einem seiner wichtigsten Präriehäuser.

Frank Lloyd Wright: „Fallingwater", Haus für Edgar J. Kaufmann, Bear Run, Pennsylvania, 1935–1939. Wie ein Baum ragt Wrights berühmtestes Wohnhaus über den Wasserfall. Ausgehend vom zentralen Kamin als Stamm greifen die Stahlbetonterrassen wie Äste in den Raum.

der umgebenden Wüste verwendete. F. L. Wright: „[…] und die Formen? Sie waren vom Ort vorgegeben, waren mit ihm verbunden, es gab einfache charakteristische Landschaftsprofile, an denen man sich inspirieren konnte, enorme, sonnenverbrannte Felsbrocken, die bei der Hand waren, die man nur zu benutzen brauchte."

Die USONIA-Häuser Wrights sind zwar mit den Zielen Einfachheit und Bezahlbarkeit entwickelt worden, ihre Grundrisse gehen dennoch immer sorgfältig auf den Bedarf der Bewohner ein. Nie aber würden dabei die Prinzipien der Eingliederung in der Landschaft außer Acht bleiben.

Beim Haus Pew (1940) kommt der Archetyp der Brücke zur Anwendung, der von Wright bei seinen Häusern mehrfach verwendet wird. Der Wohnraum ragt brückenartig in die Landschaft hinaus, die ihrerseits unter dem Gebäude hindurchfließt; sein Dach ist Terrasse, die vom Obergeschoss aus erreicht wird. Von hier aus ist eine herrliche Aussicht auf den nahen See möglich.

Frank Lloyd Wright hat die europäische moderne Architektur immer wieder aufs Neue entscheidend beeinflusst. Er ist nachweisbar Anreger sowohl für Arts and Crafts und den Jugendstil als auch für Expressionismus und Neue Sachlichkeit, selbst die Postmoderne bezieht sich – 20 Jahre nach seinem Tod – auf ihn. Die erste aufsehenerregende Entdeckung Wrights in Europa geschieht 1910, als er die Einladung erhält, sein Werk in einer großen Ausstellung in Berlin zu präsentieren und in einer Ausgabe im Verlag Wasmuth herauszugeben.

Die jungen europäischen Architekten waren fasziniert von ihm. Das Auftreten der Gruppe „de Stijl" ist nicht vorstellbar ohne die zunächst reine Übernahme wrightscher Elemente (aus dem Haus W.G. Fricke, Oak Park, 1902) durch den Holländer Robert van't Hoff (1916). Auch der Einfluss seines Projekt gebliebenen Entwurfs für den Wassersportclub Yahara, Madison, 1902 auf den Barcelonapavillon Mies van der Rohes 1929 ist unübersehbar.

"Ohne den Stahlbeton wäre diese Struktur nicht möglich", so Wright. Trotzdem reagierte er zornig, als er erfuhr, dass der besorgte Bauherr eine Verstärkung der Armierung veranlasst hatte, schließlich seien es keine Stahl-, sondern Betonterrassen. Offenbar war aber auch diese Verstärkung nicht ausreichend, denn im Laufe der Jahre traten so große Setzungen auf, dass „Fallingwater" ins Wasser zu fallen drohte. 2002 wurden umfangreiche Sanierungsmaßnahmen nötig.

Bauherr Kaufmann konnte sich durchsetzen, einen Felsen zu erhalten, der vor dem Kamin im Wohnzimmer aus dem Fußboden ragt. Wright hatte ihn wegsprengen wollen.

F. Ll. Wright: Taliesin West, Scottsdale, Arizona (1937–38). Die Formen und Materialien dieser Sommerschule sind der Wüstenumgebung entnommen. (Foto: Greg O'Beirne unter cc-by-sa)

Haus John C. Pew (1940), ein Usonia-Haus von Frank Lloyd Wright: „Das Haus ist im Grunde ein einziger großer Balkon." (Bruce Brooks Pfeiffer)

Dennoch, so gewaltig der Einfluss Wrights auf die europäische Architektur auch war, deren Avantgarde war mit der Verfolgung eigener Ziele völlig ausgelastet; es waren überwiegend soziale, bautechnische, ökonomische und ästhetische. Für die Versöhnung von Architektur und Landschaft, so wie Wright sie praktizierte, gab es Bewunderung aber keine Nachahmung.

So hat die europäische Moderne der 20er Jahre zwar viele Beispiele exzellenter Häuser in der Landschaft, die Villen Le Corbusiers gehören ohne Zweifel dazu. Ebenso gibt es sie in Europa und den USA nach 1945 (zum Beispiel die von TAC – The Architects' Collaborative), aber die Nähe zur Umgebung herzustellen, war nicht die vorrangige Aufgabe ihrer Architekten.

Le Corbusier baute sein wunderbares Doppelhaus La Roche/Jeanneret in Paris (1923), heute Sitz der Foundation L.C., eher unwillig um einen vorhandenen Baum herum und entsprach damit der behördlichen Auflage. Marcel Breuer schreibt 1955 in „The Philosophy of an Architect": „Die Landschaft mag das Haus durchqueren oder das Gebäude mag die Landschaft unterbrechen. […] Aber ich glaube nicht, dass die beiden vermischt verwendet oder durch Imitation oder Assimilation verbunden werden sollten."

Ausnahmen machen die Architekten in Europa, deren Bauten ebenso wie die von Wright dem organischen Funktionalismus zugerechnet werden: Scharoun in Deutschland und Aalto in Finnland. Allerdings betreiben sie die Verbindung zur Landschaft nicht so leidenschaftlich wie Wright, dessen Motivation durch politische (Demokratie, Freiheit) und kulturelle Gründe (geistige Unabhängigkeit von Europa) gesteigert wurde. Die wenigen Bauten auf dem Lande, die Scharoun baute, haben durchaus einen gestalteten Bezug zur Landschaft, aber Scharoun hatte vollauf damit zu tun, sie den Nationalsozialisten unverdächtig erscheinen zu lassen.

Frank Lloyd Wright: Haus William G. Fricke, Oak Park, Illinois (1901–02). Dieses Präriehaus hat zwei Besonderheiten: Es ist dreigeschossig und eher vertikal komponiert, dazu zwang die beengte Grundstückssituation. Auch ist es nicht allseitig raumgreifend, sondern rückt ganz an die Straße. (Foto re.: Pete Beers)

Robert van't Hoff (seit 1917 De-Stijl-Mitglied): Haus Henny, Huis ter Heide bei Utrecht (1915–19). Das Haus entstand nach einer Amerikareise, zu der van't Hoff die Lektüre von Wrights Buch „Ausgeführte Bauten" 1910 bewogen hatte.

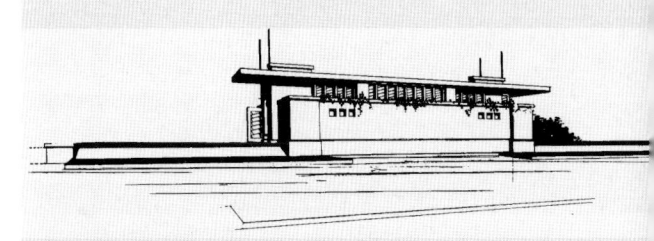

oben: F. L. Wright: Yahara Bootshaus, Madison, Wisconsin 1905 (nicht realisiert)

unten: Ludwig Mies van der Rohe: Pavillon, Weltausstellung in Barcelona, 1929 (Rekonstruktion)

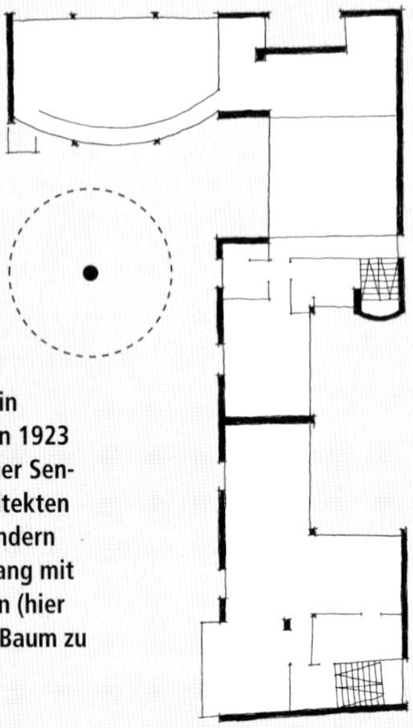

Le Corbusiers Doppelhaus La Roche/Jeanneret in Auteuil (Paris) von 1923 zeugt nicht von der Sensibilität des Architekten vor der Natur, sondern von seinem Umgang mit Randbedingungen (hier dem Verbot, den Baum zu entfernen).

Das Haus Baensch in Berlin-Spandau, das Hans Scharoun 1935 errichtete, greift auf seiner Gartenseite in die Hügellandschaft hinaus.

Das Haus Baensch (1935) in Berlin zeigt zur Straße hin einen schmalen Baukörper mit flachem Pultdach, das sich mit dem Pultdach der hinteren Haushälfte in der Bauvorlagezeichnung zu einem scheinbar „harmlosen Satteldach" ergänzte und nicht beanstandet wurde.

Dagegen konnte Scharoun an der Gartenseite seine gestalterischen Vorstellungen frei entfalten, da hier keine Reglementierung zu befürchten war. Der Garten, dessen Entwurf von Hermann Mattern stammt, wirkt eher gewachsen als geordnet und vertritt damit ein landschaftliches Ideal, das Scharouns Naturbegriff entspricht; „ohne merklichen Bruch entwickelt sich aus dem scheinbar konventionellen Satteldach zum Garten hin eine sanft bewegte, frei geführte Silhouette, die sich allmählich aus der Bindung an das Haus befreit, um als Ganzes mit der Hügellandschaft des jenseitigen Havelufers zu korrespondieren." (Aus: „Hans Scharoun, Architekt in Deutschland 1873–1972")

Die Nähe der Bauten Alvar Aaltos (1898–1976) zur Natur führt sich auf seine Heimat Finnland zurück, dessen weite Wälder und Seen, zusammen mit der dünnen Besiedlung, zur Auseinandersetzung zwingen. Zwangsläufig stehen die Gebäude immer in der Nähe von Wasser und sind von Bäumen umgeben. In der Landschaft zu bauen, bedeutet in Finnland, Bäume wie selbstverständlich zum Nachbarn zu haben.

In Säynätsalo, einer Insel mit 3000 Einwohnern im Binnensee Päjänne, errichtete Aalto 1949 das Rathaus, das trotz waldiger Umgebung in Ortsmitte steht; es ist mit weiteren zentralen Funktionen ausgestattet, Geschäften, Gemeindebibliothek und Wohnungen. Der höherliegende Hof, um den sie gruppiert sind, wird in gegenüberliegenden Ecken von zwei Treppen erreicht. Eine dieser Treppen ist durch ihre besonders naturnahe Ausbildung berühmt geworden. Die lebhafte kubische Baugruppe aus mehreren liegenden Quadern und einem vertikalen, der den Ratssaal aufnimmt und damit sowohl funktioneller als auch gestalterischer Mittelpunkt ist, folgt konsequent dem Formenvokabular der Moderne; sie hat flache Dächer, Fensterreihungen und bildet eine lebhafte Einheit mit der baumbestandenen Umgebung. Es bedurfte dazu nicht des Rückgriffs auf Elemente der „Nationalen Romantik", die der Moderne in Nordeuropa vorausging und von der Abschied zu nehmen den Skandinaviern nicht immer leicht fiel.

Das einseitige Engagement der Moderne für humanes, soziales und kostengünstiges Bauen führte zwangsläufig dazu, die Aspekte der gebauten oder natürlichen Nachbarschaft zu vernachlässigen, mit der Folge, dass sich in der Architektur hier ein Defizit bemerkbar machte, das zu beseitigen sich die Nachmoderne zur Aufgabe machte. Vereinfacht, wenn auch vergröbert, lässt sich die Architektur der Moderne als die der „Ziele" – funktionaler, konstruktiver – beschreiben; die Architektur der Nachmoderne ist die der „Randbedingungen" – des kulturellen Kontextes und der Landschaft.

Rudolf Olgiati (1910–95) entdeckte 1927 als 17-Jähriger die Programmatik der Moderne in der Schrift „Vers une Architecture" von Le Corbusier, der sein Denken und Arbeiten stark beeinflusste. Seine Bauten in Graubünden zeigen das großartige Spiel im Licht, von dem L.C. sprach, aber er erweiterte dessen Rationalität um Elemente von Landschaft und Region. Er blieb beim Satteldach, ortsüblich belegt mit Steinplatten, und verwendete den regional verbreiteten Korbbogen. Sein Motiv war die Sorge um die Landschaft, dass sie ihren Wert für die Menschen nicht verliere.

Das Haus Dr. Allemann in Unterwasser/Wildhaus (1968/69) steht allein in einem hochalpinen Kontext, ohne als Fremdkörper empfunden zu werden, im Gegenteil, Sichtbeton und Felsmassiv korrespondieren miteinander und finden zu einer verblüffenden Einheitlichkeit von „Ausnahmehaus" und „Extremlandschaft". Durch die Anpassung an die Topographie erhält es seine besondere Individualität.

Als Charles Moore 1963–65 zusammen mit Lyndon, Turnbull und Whitaker die Wohnanlage Sea Ranch in Kalifornien plante und baute, hatte er gerade das zwei-

Alvar Aalto: Rathaus in Säynätsalo (1949). Der Komplex des Gemeindezentrums aus Aaltos „roter Phase" ist harmonisch um einen zentralen erhöhten Innenhof angelegt, von dem aus Durchblicke in die umgebenden Wälder hinaus möglich sind. Eine der beiden Treppen, die diesen Hof erschließen, führt die Natur über graswachsene Trittstufen bis an das Rathaus heran.

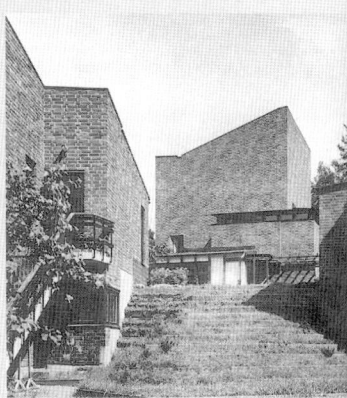

Das Haus Dr. Allemann (Unterwasser/Wildhaus, 1968/69, rechts) war von Rudolf Olgiati ursprünglich in Sichtbeton gebaut worden und fügte sich so mit seinem „rohen" Erscheinungsbild noch besser in die Alpenlandschaft ein. Leider ließ es der Bauherr später verputzen.
Unten: Auch Haus van der Ploeg (Lavanuz/Laax, 1966–67), passt sich in Form und Material der Landschaft an.

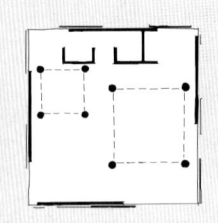

Charles Moore:
Moore House 2, Orinda/ Kalifornien, 1962
Eine der ersten Inkunabeln der Postmoderne. Mit seinen verglasten Ecken, die Ausblick und Austritt in die Umgebung ermöglichen, verbindet sich Moores zweites eigenes Haus – bei Bedarf – mit der es umgebenden Natur.

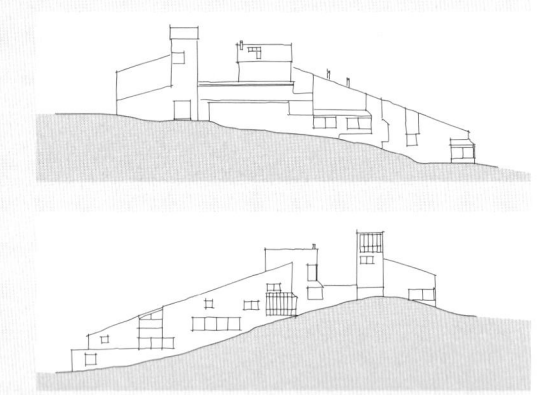

Charles Moore: „Sea Ranch", Kalifornien (1963–65): Die Dachneigung der Gebäude folgt dem Geländeverlauf, Geländewellen werden akzentuiert und die Witterung am Pazifik passt das unbehandelte Holz der Außenfassade den Farben der Umgebung an.

te „Moore House" in Orinda in Kalifornien gebaut. Dieses, sein zweites eigenes Einfamilienhaus (von insgesamt acht), wurde zu einer Inkunabel der Postmoderne und zudem zu einer der allerersten. Mit diesem Haus demonstriert er die neue Sensibilität der Nachmoderne für den Ort im wright'schen Sinne: offene Raumecken verbinden Innen und Außen, die freie Ebene durchzieht das Haus und mit dem Walmdach nimmt er Beziehung zum offenen Raum auf.

Die Sea Ranch – innerhalb derer Moore sein drittes „Moore House" baute – bezieht ihren ungewöhnlichen architektonischen Charme aus der sorgfältigen Berücksichtigung der besonderen Gegebenheiten der Landschaft an der Pazifikküste. Die lebhafte Gruppe von Wohneinheiten folgt exakt dem fallenden Gelände, sowohl mit den Wohnebenen als auch mit den Pultdächern; sie zeigt das traditionelle heimische Baumaterial (unbehandelte Redwoodbretter an den Wänden), das die Küstenstürme silbergrau altern lassen.
Die Sea Ranch ist der „einprägsame Ort", den Moore als Gestaltmaxime seiner Arbeit vorgab.

Robert Venturi (geb. 1925) hatte sich 1962 mit dem Chestnut Hill House für seine Mutter und 1966 mit dem Buch „Complexity and Contradiction in Architecture" von der Moderne losgesagt und gilt als Theoretiker und Mitbegründer der Postmoderne.

Das Ferienhaus in Vail (1975) lässt Aufschluss darüber zu, wie er in der Landschaft baut. Es ist in einen bewaldeten Hang eingefügt, ohne dass Erdbewegungen stattgefunden haben; das Haus taucht ohne Verwerfungen in das Gelände ein, das in seinem erheblichen Gefälle und seinem Baumbestand belassen wird. Mit großer Sorgfalt wurden Bäume erhalten, die unmittelbar am Haus stehen. Die Erschließung geschieht über eine Brücke, mit der das Obergeschoss ohne Geländeverformung direkt erreicht wird.
Das Ski House, das mit seinem großen, pilzförmigen Dach Assozationen an Hexenhaus und Gartenzwerg weckt, wirkt als Teil der Landschaft und nimmt dort mit

großer Selbstverständlichkeit seinen Platz ein. Dazu verhelfen ihm die unveränderte Geländelinie, die enge Baumnachbarschaft und das natürliche Material.

Die Reihe der Beispiele, die sich gelungen der Landschaft anpassen, soll mit dem Creek Vean House, 1964 vom Team 4 erbaut, abgeschlossen werden. Das Team 4 war der vorübergehende Zusammenschluss von vier jungen Architektinnen und Architekten: Wendy und Norman Foster, Su und Richard Rogers. Wiederum ist eine Brücke die Erschließung, die mit der Topographie am behutsamsten umgeht; sie führt direkt von der Straße zwischen die beiden Baukörper und setzt sich fort über eine Naturtreppe – sie ist der Aaltos in Säynätsalo nachempfunden – bis hinab zum Wasser. Die Räume öffnen sich trapezförmig zur Aussicht und die Dächer sind bepflanzt.

Ein überzeugendes Konzept im Umgang mit der Landschaft, der das Haus viel verdankt und mit der es eine harmonische Partnerschaft eingeht. Die hellgrauen Betonblocksteine bleiben naturbelassen, zur Straße hin gibt es keine Fenster, dafür Licht von oben durch ein Shed; durch Schiebetüren kann das ganze Haus in eine Kunstgalerie umgewandelt werden.

Der Landschaft angeglichenes Bauen

Unter der Erde liegende Bauten sind selbst in der Stadt nicht ungewöhnlich, sie sind technisch machbar und bieten oftmals die letzte Möglichkeit in schwierigen Situationen. Bekanntestes Beispiel: Der neue Eingang zum Grand Louvre in Paris unter dem Cour d'honneur, belichtet über eine gläserne Pyramide und erbaut 1983 von Ieoh Ming Pei, der auf diese Weise überraschend Platz schaffen konnte.

Die Vorteile, die das unterirdische Bauen in der Stadt bietet, gelten auch für die Häuser, die der Natur angeglichen sind und den sichtbaren Eingriff so gering wie möglich machen wollen. In den 1960er Jahren wurden

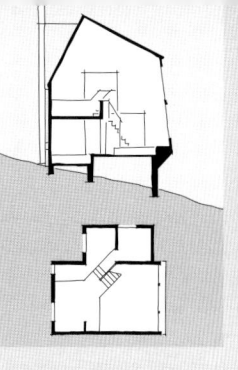

Beim Bonham House (1961) in Santa Cruz/ Col. von Charles Moore wird auf einen Eingriff in das Terrain respektvoll verzichtet.

Die Geschossebenen nehmen zwar lebhaften Bezug zum Hang, lassen ihn aber unberührt unter sich durchfließen.

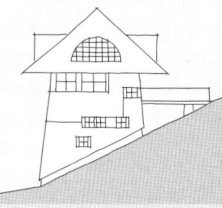

„Ein Männlein steht im Walde…" Nicht ohne Humor und Ironie (von der Postmoderne eingeführte Entwurfskategorien!) bedient Venturi bei seinem Ferienhaus in Vail/ Colorado romantische Vorstellungen vom Leben im Märchenwald.

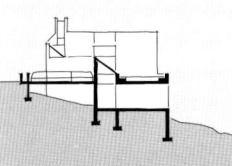

Team 4 (Wendy und Norman Foster, Su und Richard Rogers): „Creek Vean House", Cornwall (1964). Zugangssteg, „Grüne Treppe" und großzügige Verglasung verbinden es harmonisch mit dem Hang am See.

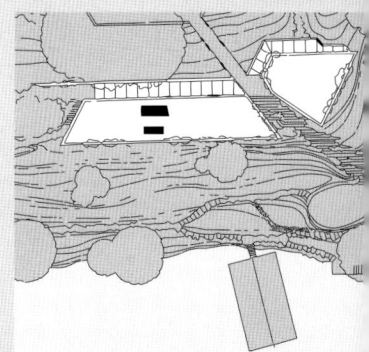

in den USA aus Angst vor einem Atomkrieg Häuser unter der Erde angelegt. Das Ölembargo in den frühen 1970er Jahren führte dazu, jetzt Häuser aus Umwelt-, Wärmeschutz- und Ökologiegründen mit Erde zu bedecken. Ganz oder teilweise unterirdisch angelegte Häuser haben erhebliche Energievorteile durch geringere Wärmeverluste und sie können zusätzlich mit Solaranlagen zu Passivhäusern ausgebaut werden.

Die schier unerschöpfliche Innovationskraft Wrights hat auch auf diesem Feld in die Zukunft gewiesen. Sein Haus H. Jacobs II (1943) ist das Erste einer Reihe von Wohnhäusern mit gekrümmtem Grundriss, der zudem – typisch Wright – offen ist und sich zu einem kreisförmigen Freiraum öffnet; neu ist die konsequente Orientierung nach Süden und die Gestaltung des Grundrisses zur maximalen Aufnahme passiver Sonnenenergie. Das Haus ist halb ins Erdreich versenkt, schützt sich so vor kalten Winden und speichert Wärme. Die Verbindung von Innen und Außen symbolisiert ein kreisförmiges Wasserbecken, das durch die Fensterwand geteilt wird.

Die Taivallahti-Kirche in Helsinki ist das schönste Beispiel für in der Natur versunkene Architektur. Der Entwurf der Brüder Timo und Tuomo Suomaleinen ging 1961 als erster Preis aus einem Wettbewerb hervor. Der Platz in der Nähe des Zentrums von Helsinki wird von Straßen und mehrgeschossigen Appartementhäusern umgeben und besteht aus einem 8–13 m hohen Fels. Die Idee, diesen Platz zu erhalten, die Kirche in den Felsen einzuschneiden und sie mit einer gläsernen Kuppel zu überdecken, mag wohl dem Energiehaushalt nützen oder der akustischen Abschirmung, aber sie führt auch zu einem spannungsvollen Miteinander von Glaskuppel und von eiszeitlichen Gletschern geglättetem Felsmassiv, zu einem ungewöhnlich stimmungsvollen Innenraum mit dem gewachsenen Fels als Wand. Im Prinzip entspringt sie dem tiefen Respekt vor dem jahrmillionenalten Naturmonument, der Schöpfung schlechthin.

Zugegeben: Die Umgebung von Ieoh Ming Peis Grand Louvre (1983–89) in Paris ist keine Landschaft. Und doch: Das größte Museum der Welt wurde unterirdisch erweitert, um den „gewachsenen" Ort nicht zu stören. Nur die Glaspyramide markiert den Eingang. Über eine Wendeltreppe erreicht der Besucher die Empfangshalle.

Fotos:
o.: „Mbzt" unter cc-by-sa
li.: „Demiannnn" unter Public Domain
re.: Hal Goodtree unter cc-by-sa-2.0

F. Ll. Wright: Haus Jacobs II, Middleton, Wisconsin (1943–48). Während das Haus nach Norden in einem Erdwall steckt, öffnet es sich halbkreisförmig nach Süden. Der Dachüberstand ist dabei so bemessen, dass die Sonnenstrahlen nur im Winter durch die zweigeschossige Glasfront eindringen und es so zusätzlich erwärmen können.

Das in die Landschaft integrierte Haus respektiert und schützt die Natur zu allererst. Aber ein Haus, das in den Boden eingegraben ist, bedient auch das unterbewusste menschliche Schutzbedürfnis. Ein Indiz dafür ist seine Verbreitung in der Zeit des Kalten Kriegs. Wirklich vor atombestückten Raketen schützen konnte es natürlich nicht. Von Erde umgeben, bietet es aber ideale Bedingungen, um zu einem Passivhaus zu werden; Dämmung und Speicherung sind so wirksam dimensionierbar, dass der Aufwand für die Heizung extrem niedrig wird. Die Grundstücke können kleiner werden, denn ein Teil des Gartens befindet sich auf dem Haus; damit kann die Versiegelung des Bodens geringer ausfallen. Das ganz oder teilweise unter der Erde liegende Haus ist zudem gegen Lärm geschützt und kann zusätzlich entlang einer Straße als Lärmpuffer ausgebildet werden.

Je nach Lage des Hauses am Hang oder in der Ebene entstehen unterschiedliche Grundriss- und Querschnitttypen, die eine Vielzahl von Nutzungs- und Organisationsformen ermöglichen.

Ob Dominique Perraults Vorstellungen vom Schutz der Landschaft vor seinen Bauten die gesetzten Erwartungen erfüllen, scheint zweifelhaft. Zwar sagt er selbst von der im Jahr 2000 gebauten Aplix-Fabrik bei Nantes: „Ein so großes Gebäude zerstört die Landschaft." Sein Trick: „Ich habe so geplant, dass der Bau die Natur reflektiert."

Perrault versteckt Häuser in der Landschaft. Das Schicksal der Vögel, die diese Täuschung nicht durchschauen können und sich beim Aufprall auf die spiegelden Stahlelemente tödlich verletzen, scheint ihm nicht bekannt. Immerhin hat er sein Ferienhaus in der Bretagne, die „Ville Que", in einen Hügel eingegraben.

Zwei weitere extreme Versuche, Häuser in der Natur zu verbergen: Mickey Muennigs Baumhäuser an der Pazifik-Küstenstraße zwischen Los Angeles und San Francisco aus den 1980er Jahren (der Respekt und die

Der archaische Eindruck ist menschengemacht: Die Kirche von Taivallahti (Helsinki 1969) von den Brüdern Timo und Tuomo Suomalainen wurde von oben in einen Felsen gesprengt und mit einer Glas-Kupfer-Kuppel überdacht. (Fotos: Maija Pale)

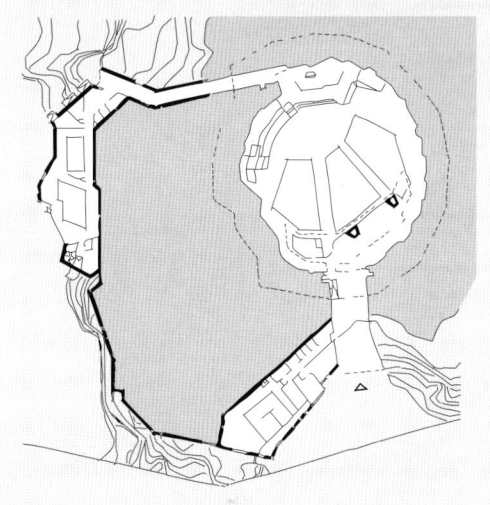

Typologische Grundrisse erdbedeckter Häuser:

1. Typischer Grundriss für die Hanglage

2. Typischer Grundriss für die Hanglage, gekrümmt

3. Typischer Grundriss für die Ebene

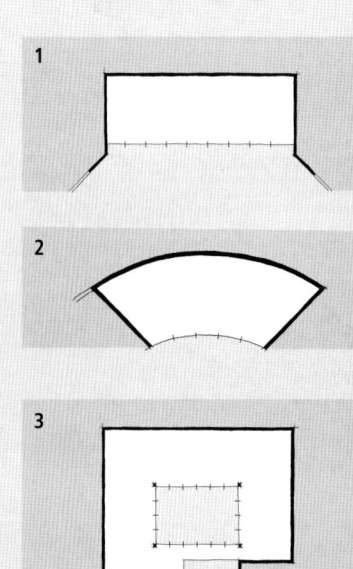

Typologische Schnitte erdbedeckter Häuser:

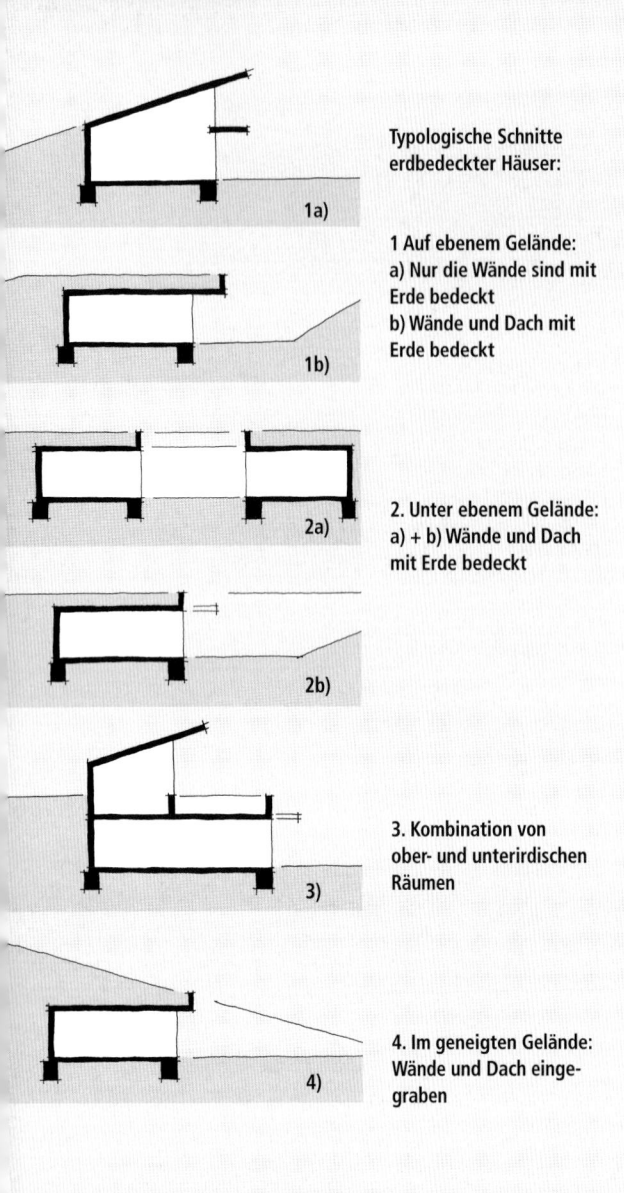

1 Auf ebenem Gelände:
a) Nur die Wände sind mit Erde bedeckt
b) Wände und Dach mit Erde bedeckt

2. Unter ebenem Gelände:
a) + b) Wände und Dach mit Erde bedeckt

3. Kombination von ober- und unterirdischen Räumen

4. Im geneigten Gelände: Wände und Dach eingegraben

Dominique Perrault: Aplix Fabrik, Nantes (2000). Trotz Fassadenmaterial, das die Landschaft spiegelt: Wegzaubern lässt sich ein Fabrikgebäude eben nicht. Und auch als Modell für eine naturverträgliche Architektur kann dieses Beispiel nicht dienen: Vögel erkennen im Allgemeinen großflächige Verglasungen o. Ä. nicht und prallen ungebremst auf das Hindernis. Vogelschutzaufkleber mit Silhouetten von Greifvögeln verringern durch Abschreckung die Häufigkeit solcher Unfälle.

Rücksichtnahme auf die Landschaft gehen auch auf die langjährige Beschäftigung Muennigs mit F. Ll. Wright zurück) und ein Ferienhaus am Atlantik, westlich von Bordeaux, das in den 1990er Jahren von den Architekten Lacaton und Vassal auf einer Düne in einem Pinienwäldchen errichtet wurde. Auf Wunsch des Bauherrn „unterqueren" Topographie und Natur unversehrt das Haus, während es sechs Pinien im 1. OG unter erheblichem technischem Aufwand durchdringen.

Bauen im Kontrast zur Landschaft

Menschen, die einerseits mit den Schwierigkeiten der Natur wie Hitze und Kälte, Nässe und Dürre umzugehen wissen, aber andererseits ihre Erhabenheit bewundern und ihre Schönheit vor Augen haben wollen, geben diese Haltung in ihren Bauten zu erkennen, die in selbstbewusstem Kontrast zur Natur stehen. Frühe Beispiele hierfür sind schon die Gutshöfe der römischen Veteranen, die im Schutze des Limes in Germanien gebaut wurden. „Der Grundtypus des Hauptgebäudes folgte im allgemeinen einem einheitlichen Schema – der Portikusvilla mit Eckrisaliten. Diese Bauform hat vermutlich ihre Vorbilder in Italien." (Aus „Die Römer in Baden-Württemberg")

Vier Teile sind für die Hauptgebäude der römischen Gutshöfe charakteristisch:
1. Mehr oder weniger vorspringende Eckbauten (Risalite) wurden durch eine überdachte Säulenhalle (Porticus) miteinander verbunden und ergeben so eine repräsentative Front
2. An die vordere Fassade schloss sich eine große rechteckige Raumeinheit an. Sie wurde meist als überdachte Halle angesehen und entsprach in der Form dem Atrium des italischen Hauses, ein Hinweis, wie stark die Architektur der Provinzen von Rom abhängig war.
3. Die Wohn- und Schlafräume befanden sich zweifellos in den Eckrisaliten.
4. Der Keller des Hauses war entweder unter einem Eckbau oder unter der Säulenhalle.

Da das Hauptgebäude oftmals am Hang lag, um so den Blick auf die landwirtschaftlichen Flächen freizugeben, die der Natur durch Rodung und Trockenlegung abgerungen worden waren, ragte die 3-teilige Front wuchtig und selbstbewusst in die Landschaft, sicher nicht allein aus dem Stolz heraus, die Natur bezwungen zu haben, sondern auch im Bewusstsein der Zugehörigkeit zum römischen Weltreich, auf dessen Schutz Verlass war. Der wehrhafte Eindruck, der durch die turmartigen Eckrisalite entsteht, ist berechtigt, sie sind als Fluchtburgen aufzufassen. Der kastellartige Aufbau ist charakteristisch für die villa rustica romana, das römische Landhaus.

Die dreiteilige symmetrische Gliederung der Fassade liegt allen Landhäusern der palladianischen Zeit zugrunde. Besonders deutlich sichtbar in einer der ersten Villen Palladios, der Villa Godi in Lonedo (1540) in der Nähe Vicencas.

Hier ist der „Nachklang der Kastellarchitektur", wie im Veneto häufig anzutreffen, besonders deutlich. Der Baukörper präsentiert sich als massiger, aus drei Kompartimenten zusammengesetzter Block – Eckrisalite und Säulenhalle (hier noch ohne Tympanon) – und zeigt den Umgang Palladios mit dem traditionellen Typ der Zweiturmvilla. Palladio beginnt in seinen „Quattro libri" die Beschreibung der Villa Godi mit den Worten: „In Lonedo, im Vicentinischen befindet sich der folgende Bau des Herrn Girolamo de Godi. Er liegt auf einem Hügel mit herrlicher Aussicht und an einem vorbeifließenden Fluss […]." Damit betont er das Nebeneinander von Natur und Architektur bei seinen Landhäusern, die sich auf diese Weise in ihrer Wirkung steigern. Die Bedeutung, die Palladio und seine Zeit dem Ausblick auf die Landschaft abgewinnen, ist nur ihrer Entdeckung durch Francesco Petrarca 200 Jahre früher zu verdanken.

Pevsner schreibt dazu in seinem Buch „Europäische Architektur": „In Palladios Landhäusern ist zum ersten Mal die Architektur in ihrer engen Beziehung zur

Mickey Muenning: Post Ranch Inn, Big Sur, Kalifornien. Wie überdimensionale Vogelnester wirken die „Baum- und Hanghäuser", die die Gäste des Hotels individuell buchen können.

Lacaton und Vassal: Haus in Lège Cap Ferret, 1999. Der Stahlbau scheint zwischen den Pinien zu hängen.
Diese durchdringen ihn zwar, sind aber statisch ohne Funktion, da die Lasten über 12 leichte Stützen abgetragen werden.

Römisches Landgut
Oben: Hechingen-Stein, 1.–2. Jh. n. Chr. (Fotomontage der nur halb rekonstruierten Front). Rechts: Stammheim Unten: Mündelsheim (Rekonstruktionsversuch nach H. Reim). Mit der dreiteiligen Fassade aus den mächtigen Ecktürmen und der dazwischenliegenden Säulenhalle bildete ein römischer Gutshof einen starken Kontrast zur Umgebung.

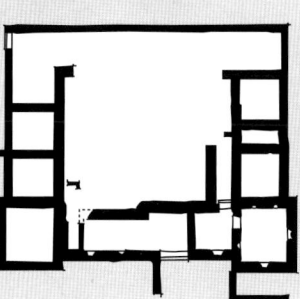

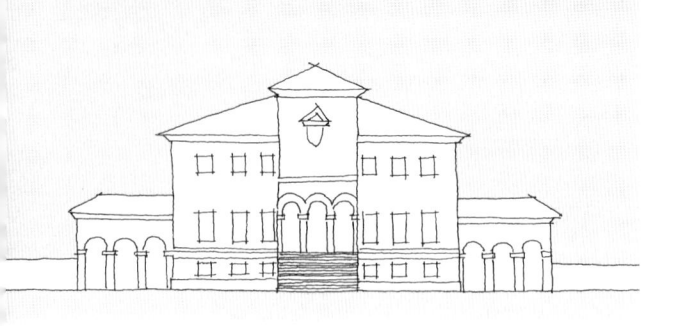

Landschaft verstanden und entsprechend gestaltet worden. Hier zum ersten Male wurde die Hauptachse des Hauses in die offene Landschaft hinaus verlängert. Anders ausgedrückt: Von Außen betrachtet erscheinen die Villen Palladios wie der harmonische Abschluss eines Landschaftsgemäldes."

Auch im Falle der Villa Rotonda (1565) weist Palladio in seinen „Vier Büchern über Architektur" auf die Verbindung von Natur und Architektur hin: „Die Lage gehört zu den anmutigsten und erfreulichsten, die man finden kann. Das Haus liegt auf einem leicht zu besteigenden Hügel, der auf der einen Seite vom Bacchlione, einem schiffbaren Fluss, begrenzt und auf der anderen Seite von weiteren lieblichen Hügeln umgeben wird, die wie ein großes Theater wirken [...]. Da man von jeder Seite wunderschöne Ausblicke genießt [...] hat man an allen vier Seiten Loggien errichtet."

Andrea Palladio, Villa Godi, Lonedo (1537–1542). Dieses erste gesicherte Werk Palladios greift mit seinen wuchtigen Eckrisaliten und der Arkade dazwischen direkt die Formen der römischen „Villa Rustica" auf. (Foto: Stephen R. Wassell)

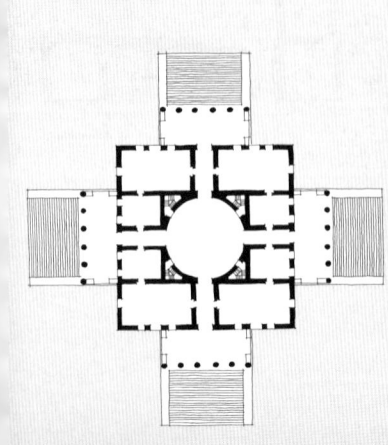

„Andererseits steht das nach strengen Maßen errichtete, die Idee des Zentralbaues in vollkommener Weise verkörpernde Gebäude als reines Kunstgebilde im Gegensatz zur gewachsenen Natur. Konkretes – die Natur – und Abstraktes – die genau durchdachte architektonische Form – treten in Gegensatz zueinander." (Aus „Palladio" von Wundram, Pape, Marton)

Der gleiche Gegensatz besteht zwischen der „Villa Savoye", 1929 von Le Corbusier in Poissy errichtet, und ihrer Umgebung. Sie steht auf einem Hügel mitten in einer großen Wiese und einem Obstgarten, das alles wird von hohen Bäumen umringt. Das Haus hat keine Frontpartie, sondern orientiert sich nach allen Seiten, die Wohnebene befindet sich über einem Stützengeschoss; von ihren Räumen, den Dach- und Gartenterrassen aus bieten sich weite Ausblicke bis zum Horizont.

Andrea Palladio: Villa „La Rotonda" (1565–69). Vom Bauplatz auf dem Hügel aus bieten sich laut Palladio verschiedene Ausblicke in alle Richtungen. Hieraus leitet er die 2-fach achsensymmetrische Form der Villa ab, durch die alle vier Seiten gleichwertig behandelt werden.

In „Ausblick auf eine Architektur", eine Sammlung der Zeitschrift „L'Esprit Nouveau", die 1922 erscheint, schreibt Le Corbusier: „Das Haus ist eine Maschine zum Wohnen [...]" und lobte die „technische Schönheit" der Dampfer, die anspruchsvolles Wohnen bieten: „Die Erzeugnisse der Maschinenbautechnik sind Gebilde, die nach Reinheit streben und die den gleichen Entwicklungsgesetzen unterliegen wie die Dinge der Natur, die unsere Bewunderung hervorrufen […] und niemand stellt heute die aus den Erzeugnissen der modernen Industrie hervorgehende Ästhetik in Abrede." Aus dieser Sicht ist die autonome und dominante Lage der Villa Savoye in der Natur verständlich. Beide, die Maschinenästhetik der Architektur und die Erscheinung der Natur, wirken im Nebeneinander fremd und spannungsvoll.

Auch zur Casa Malaparte auf Capri (1938), vom Architekten Libera aus Trient errichtet, gibt es authentische Aussagen. Der Schriftsteller Curzio Malaparte beschloss in den 1930er Jahren, am Kap Massullo der Insel Capri ein Haus zu bauen. Er schreibt dazu: „Auf Capri gibt es – an der Stelle der Insel, die am stärksten verwildert, am vereinsamtesten, am dramatischsten ist […], an der Stelle, wo das Menschliche in das Ungezähmte umschlägt, wo die Natur mit ihrer ungeheuren und entsetzlichen Kraft zu sich selbst kommt – dort gibt es ein Vorgebirge von außergewöhnlicher Linienstrenge […], kein Ort in Italien hat solch einen Horizont und bietet eine solche Tiefe der Empfindung […]. Ich werde […] der Erste sein, der in dieser Wildnis ein Haus errichtet."

Deutlicher und schöner als mit den Worten des Schriftstellers, der zugleich Bauherr ist, lässt sich die Spannweite zwischen dem furchtsamen Erschauern vor den Kräften der Natur und ihrer staunenden Bewunderung nicht beschreiben.
Er beauftragte den Architekten Adalberto Libera aus Trient mit dem Entwurf. Malaparte wollte ein modernes Haus ohne Konzession an die örtlich übliche Bauweise.

Libera, der dem italienischen Rationalismo zuzurechnen ist, entwarf ein langestrecktes zweigeschossiges Gebäude, dessen Sockel eine Bruchsteinverkleidung

Le Corbusier: „Villa Savoye", Poissy (1929). Auch wenn das Haus mit Hilfe der Pilotis vom Boden abgehoben ist, nimmt es dennoch Bezug auf die es umgebende Natur: Gezielt geplante Ausschnitte geben den Blick auf die Landschaft frei. Die Abgrenzung zur „Wildnis" wird als distanzierte Bewunderung inszeniert. (Fotos: Florian Afflerbach)

Der Schönbergturm bei Pfullingen, 1906 von Theodor Fischer als Landmarke u. Aussichtsturm erbaut.

Die Wurmlinger Kapelle bei Tübingen – vielmals besungen – ist ein starker und selbstverständlicher Teil der Landschaft. Ludwig Uhland reimte als Student 1805:

Droben stehet die Kapelle,
Schauet still ins Tal hinab;
Drunten singt bei Wies und Quelle
Froh und hell der Hirtenknab.
…

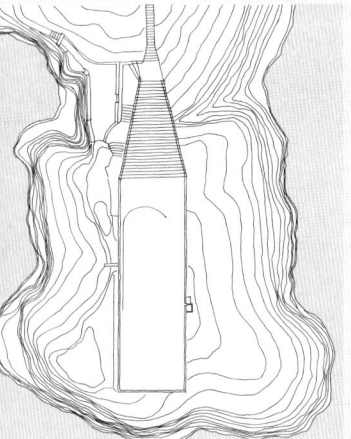

aufwies und darüber glatt verputzt war. „Diese Architektursprache ließ die Absicht des Architekten klar werden, das Gebäude im Felsen zu verbergen." (Aus Daidalos Nr. 63 „Extreme der Topographie")

Die endgültige Gestalt erhielt es während seiner Bauzeit 1940 durch den Einfluss von Malaparte, der häufig anwesend war. Die Einfachheit des Baukörpers mit der großen Dachterrasse – nur unterbrochen von der großen Treppe – setzt das Haus jetzt in einen harten Kontrast zum natürlichen Kontext. Ihre Gegensätzlichkeit steigert aber die gemeinsame Wirkung. Die absichtsvolle Distanz ist auch im Innenraum gewollt. Hier lässt Malaparte die vier großen Fenster des Hauptraumes mit kräftigen Kastanienholzrahmen fassen, so dass man beim Ausblick auf die Natur den Eindruck hat, man betrachte eingefasste Bilder.

Das F. J. Kaufmann-„Haus in der Wüste" (1946), Kalifornien, gehört zu Neutras meistbeachteten Einfamilienhäusern der Nachkriegsjahre. 1936 hatte sich Edgar Kaufmann, Neutras späterer Auftraggeber, von Frank Lloyd Wright das bekannte Haus über dem Wasserfall entwerfen lassen, das in dieser Abhandlung als Beispiel für der Landschaft angepasstes Bauen aufgeführt wird.

Zehn Jahre später baute Neutra für ihn in Palm Springs das Haus in der Wüste, das er mit aller technischen Perfektion und Künstlichkeit in sie hineinstellt.

Aus Anlass seiner Restaurierung Mitte der 90er schreibt Ulrich Brinkmann in der Bauwelt Nr. 3/2000: „[…] Die auskragenden Flachdächer dieses „Prairie House" und die Verzahnung des Grundrisses mit der Landschaft verweisen auf Bauten Wrights. Aus der umgebenden Wildnis ist eine Sequenz von Innen- und Außenräumen geschält, doch scheint hier weniger der Triumph der Zivilisation über die Natur gefeiert als beides zur komplementären Verstärkung kontrastiert. Nur wenige Bewohner allerdings brachten in den letzten Jahrzehnten die Sensibilität – oder Stärke – auf, diese Spannung zu respektieren: Die

Adalberto Libera: „Casa Malaparte", Capri/Italien 1940. Dieses ungewöhnliche Haus erfuhr durch den Film „Le Mepris" (die Verachtung), den Jean-Luc Godard 1963 dort mit Brigitte Bardot und Michel Piccoli drehte, breite Aufmerksamkeit. Martin Scorsese nennt ihn einen der größten Filme, die über das Entstehen eines Filmes berichten. Es ist die Geschichte eines Konfliktes zwischen zwei Menschen, der durch die dramatische Gegensätzlichkeit der Szenerie eine besondere Unterstreichung erfährt.

schroffe Landschaft wurde mit suburbaner Gartenheimeligkeit zu zähmen gesucht [...]."
Das Ziel der fünfjährigen Restaurierung durch die kalifornischen Architekten Marmol and Radziner war daher hoch gesteckt: Die Rückgewinnung des dramatischen Kontrasts von Kultur und Ödnis im Großen.

Das gleiche Wirkungsmuster ist bei dem Einfamilienhaus in Riva San Vitale (1972) anzutreffen. „Das 5-geschossige, turmartige, auf quadratischem Grundriss angelegte Gebäude am Ufer des Luganer Sees zu Füßen des Monte San Giorgio mit Blick auf den Monte Generoso, ist so voluminös, dass es einen harmonischen Dialog mit dem Kontext nicht geben kann. Zwar mildert die Gestalt des Baukörpers, der sich nur in den Ecken deutlich definiert und dazwischen Hohlräume und Aussparungen zum ‚Raumaustausch' anbietet, das kunstvolle aber schroffe Nebeneinander, aber ein Miteinander wird nicht daraus. Der Brückenschlag zur Erschließung ist keiner zwischen den Antipoden, er macht die Isolierung des Gebäudes noch deutlicher." (Aus „Mario Botta, Bauten und Projekte" von Pierluigi Nicoli) Das gestalterische Mittel des Kontrasts betont sowohl die außerordentliche Qualität des Baukörpers als auch den Charme der umgebenden Natur. Der bauliche Eingriff und die Topographie des Ortes stehen in dialektischer Beziehung zueinander.

Am bewaldeten Steilufer des Michigan-Sees steht das Haus Douglas, das Richard Meier 1971–73 entwarf und baute. „[...] Es scheint, als ob es seinen Platz im dichten Nadelwald durch eine Landung von oben her gefunden hätte, wie ein technisches Objekt, das inmitten einer natürlichen Umwelt steht. Der dramatische Dialog zwischen dem Weiß des Hauses und dem Blau und Grün von Wasser, Bäumen und dem Himmel, kommt nicht nur der Präsenz der Architektur des Hauses zugute, sondern durch den Kontrast auch der Schönheit der Landschaft." (Aus „Richard Meier, Architect" von J. Rykwert)
Die insgesamt fünf Stockwerke des Hauses werden über eine „Flugbrücke" erschlossen, die dort ansetzt,

Richard Neutra: Haus Kaufmann „Desert House" (1946), Palm Springs, Kalifornien.

F. Ll. Wright war empört: Es war einfach unvorstellbar, dass Kaufmann für sein Haus in der Wüste diesmal einen anderen Architekten als ihn selbst engagiert hatte! Und so sind seine abfälligen Kommentare über Neutras Architektur als „billig" und „dünn" denn auch nicht als objektive Kritik, sondern als beleidigte Seitenhiebe des Zurückgewiesenen zu deuten. Kaufmann indes mag seine Gründe gehabt haben, war es doch beim „Fallingwater"-Haus häufig zu Meinungsverschiedenheiten mit Wright gekommen, der sich selbst bereits als „größten Architekten aller Zeiten" bezeichnete.

Die Steinmetze allerdings, die bereits sein Haus in Bear Run errichtet hatten, ließ Kaufmann extra einfliegen und von Neutra vor Ort anlernen.
(Fotos: Julius Shulman)

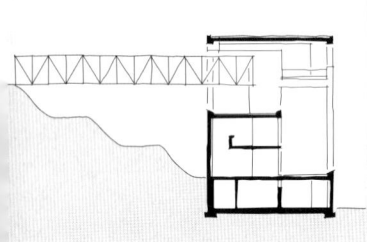

Mario Botta, Haus Bianchi in Riva San Vitale (1972). Nach Bottas Interpretation ist der „genius loci" nicht primär vorhanden, sondern wird erst durch die Architektur aufgedeckt und konstituiert.

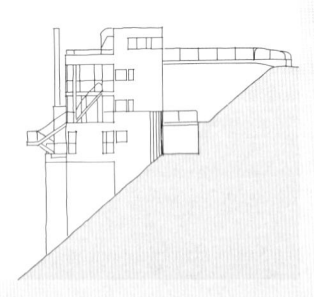

Richard Meier Haus Douglas (1971–73)

Kurz nach Fertigstellung des Hauses wurde durch eine behördliche Anordnung die weitere Bebauung des Ufers verboten; dadurch ist die isolierte Situation des Hauses und seine dominante Wirkung auf Jahre hinaus gewährleistet.

wo das Gelände steil abfällt. Von der Straße aus ist lediglich das oberste Geschoss zu sehen. Den technischen Ausdruck erhält das Haus überwiegend aus seinen Schiffsbauelementen, die sowohl auf die Lage am Wasser als auch auf die Vorliebe des Architekten zurückgehen, die Architektur der 1920er Jahre mit ihren Dampfermotiven zu zitieren. Kurz nach Fertigstellung des Hauses wurde durch eine behördliche Anordnung die weitere Bebauung des Ufers verboten; dadurch ist die isolierte Situation des Hauses und seine dominante Wirkung auf Jahre gewährleistet.

Der beabsichtigte Gegensatz zwischen Natur und Architektur wird gesteigert durch die Betonung des Technischen in der Architektur. Die harte Konfrontation von Natur und Technik ist ein besonderes Gestaltproblem mit den unterschiedlichsten Lösungsansätzen. Für all die „Hightec-, Cockpit-, Capsule- und Ufoversionen", die zudem oftmals die feste Verbindung mit dem Umfeld als temporär angeben, steht der Geodesic Dome (1962), Hollywood Hills von Richard Buckminster Fuller. Dieses Haus ähnelt einem Raumschiff, das jederzeit seinen Standort verlassen kann. Der Kontrast manifestiert sich doppelt: Zunächst durch die abstrakte Künstlichkeit des Objekts im Verhältnis zur Natürlichkeit der Landschaft und dann durch die Vorstellung, dass es nur vorübergehend mit seinem Umfeld verbunden ist. Fuller hat seine früheren Raumgebilde so konstruiert, dass sie leicht auf- und abbaubar sowie transportabel waren. Die Entwicklung führte so zum versetzbaren Container und schließlich zum Trailer, zum Wohnwagen, dessen Parkierung nicht anders als gegen die Landschaft geschehen kann und das Lebensgefühl der Nomaden gegen das der Sesshaften ausdrückt. „Seit im Neolithikum die Ackerbauern und Viehzüchter die Jäger und Sammler ablösten und die Viehzüchter das Leben der Nomaden fortsetzten, drücken sich diese unterschiedlichen Lebensweisen in ihren Häusern aus." (Aus „Your private sky, R.B. Fuller" von J. Krausse und C. Lichtenstein)

Literatur

- Wolfgang Braatz (Hrsg.), Frank Lloyd Wright: **Humane Architektur.** in: Bauwelt-Fundamente 25, Bertelsmann-Fachverlag Gütersloh/Berlin 1969
- Bruno Zevi: **Frank Lloyd Wright.** Artemis – Verl. f. Arch. Zürich 1980
- Dr. Curt Fensterbusch (Hrsg.), **Vitruv: Zehn Bücher über Architektur.** Wissenschaftl. Buchgesellschaft Darmstadt 1976
- Max Theuer (Hrsg.), Leon Battista Alberti: **Zehn Bücher über die Baukunst.** Wissenschaftl. Buchges. Darmstadt 1976
- Andreas Beyer und Ulrich Schütte (Hrsg.), **Andrea Palladio: Die vier Bücher zur Architektur.** Artemis – Verlag f. Arch. Zürich 1983
- Michael McDonough: **Malaparte. A house like me.** Clarkson Potter New York 1999
- Häuptling Seattle: **Wir sind ein Teil der Erde.** Walter Verl. Olten/Freiburg 1989
- Manfred Sack: **Richard Neutra.** (Studio Paperback), Artemis – Verlag für Architektur Zürich 1992
- Wundram, Pape, Marton: „Palladio", B. Taschen Verlag Köln 1988
- Gabriele Süsskind (Red.) und Hans Schleuning: **Die Römer in Baden-Württemberg.** Konrad Theiss Verlag Stuttgart und Aalen 1976
- Ahrens, Ellison, Sterling: **Erdbedeckte Häuser.** Beton-Verlag Düsseldorf 1983
- **Daidalos. Architektur Kunst Kultur. Nr. 63/1997,** Bertelsmann Fachzeitschriften GmbH Gütersloh 1997
- Roland Martin: **Weltgeschichte der Architektur, Griechenland.** Deutsche Verlags-Anstalt Stuttgart 1987
- Pierluigi Nicolin: **Mario Botta – Bauten und Projekte.** Deutsche Verlags-Anstalt Stuttgart 1984
- Stanislaus von Moos: **Venturi, Rauch & Scott Brown.** Schirmer/Mosel Verlag GmbH München 1987
- Dennis Sharp (Hrsg.): **Kisho Kurokawa – From the Age of the Machine to the Age of Life.** Executive Committee and Book Art Ltd. London 1998
- Joachim Krausse und Claude Lichtenstein (Hrsg.): **Your private Sky. R. Buckminster Fuller.** Lars Müller Publishers Zürich
- Yukio Futagawa (Hrsg.): **Special Issue 1. 1970–1980.** Nissha Printing Co., Ltd 1980, 6. Aufl. 1988
- Timo Tuomi (Hrsg.): **Alvar Aalto in sieben Bauwerken.** F. G. Lönnberg Helsinki 1998
- Thomas Boga: **Die Architektur von Rudolf Olgiati.** Organisationsstelle für Architekturausstellungen, ETH Zürich 1983
- Yoshio Yoshida: **Norman Foster. 1964–1987.** a+u publishing Co.,Ltd. Tokyo 1988
- Eugene J. Johnson (Hrsg.): **Charles Moore. Bauten und Projekte 1949–1986.** Verlag d. Dt. Architekturmuseums Frankfurt a. Main 1987
- Marc-Antoine Laugier: **Das Manifest des Klassizismus.** (Studio Paperback), Artemis – Verlag für Architektur Zürich 1989
- **AD (Architectural Digest) Nr. 5/2003.** Dominique Perrault, Condé Nast Verlag GmbH München 2003
- **Meine Begegnung mit dem Architekten Mickey Moening am Big Sur, Kalifornien.** Glasforum Nr. 23/1999. Verlag Karl Hofmann, Schorndorf 1996
- **Ein Ferienhaus am Bassin von Arcachon.** Bauwelt Nr. 23/1999. Bertelsmann Fachzeitschriften GmbH, Gütersloh 1999
- **BUND-Serie zum Flächenverbrauch.** BUND Magazin Nr. 3 + 4/2002. Nr. 2+3/2003, Nr. 1/2004: Natur u. Umwelt Verl. GmbH Berlin
- Ulrich Conrads: **Programme und Manifeste zur Architektur des 20. Jahrhunderts.** in: Bauwelt-Fundamente 1, Friedr. Viehweg und Sohn Verlagsges. mbH Braunschweig 1981
- Le Corbusier: **Ausblick auf eine Architektur 1922** in: Bauwelt-Fundamente 2, Friedr. Viehweg und Sohn Verlagsges. mbH Braunschweig 1982

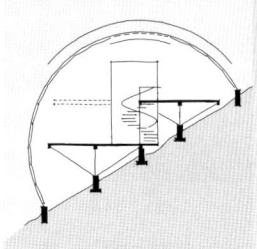

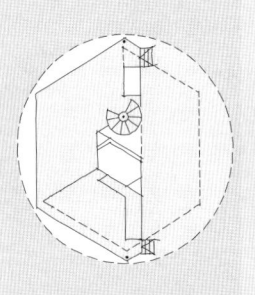

Richard Buckminster Fuller (1895–1983): „Geodesic Dome" (1962). Fuller hatte bereits 1954 ein Patent auf seine geodätischen Kuppeln erhalten, die aus stabilen Dreiecksverbindungen bestehen und immense Flächen unter geringstem Materialaufwand überspannen können. Neben diesen Kuppeln, die häufig als Ausstellungsgebäude oder z. B. für Radaranlagen eingesetzt werden, entwickelte er unter dem Begriff „Dymaxion" kostengünstige und energieeffiziente Häuser und Autos und setzte sich schon früh für globales Denken ein.

Ralph Goings: „Airstream Trailer" (1970). Dieses wohl bekannteste Gemälde des Hyperrealismus zeigt eine konsequente Fortführung des Mobilitätsgedankens von „Kapsel-Architekturen".

John Lautner (1911–1994): Malin Residence („Chemosphere"), Hollywood, Kalifornien, 1960. Das Haus für einen Flugzeugingenieur besteht aus einer einzigen Geschossplattform und steht wie ein gelandetes Ufo auf einem Beton-Stützpfeiler, in dem sich die komplette Ver- und Entsorgung befindet. Der eigentlich für unbebaubar gehaltene Hang fließt unberührt unter dem Haus durch.

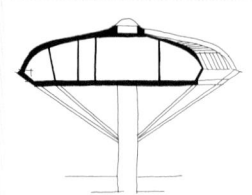

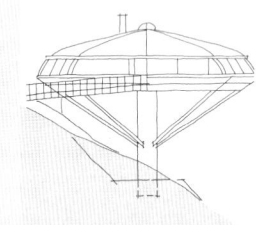

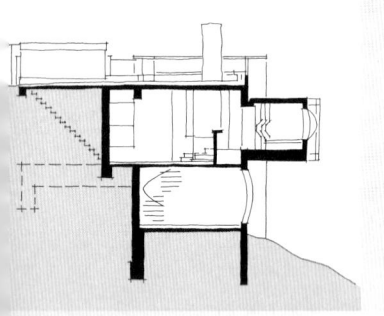

Kisho Kurokawa: „Capsule Summer House ‚K'", Kita-Saku-Distrikt, Nagano (1973). Das Interieur dieser industriell gefertigten Corten-Stahl-Kapseln enthält einen Raum für Tee-Zeremonien aus dem 17. Jahrundert.

1.13 Bauen in gebauter Umgebung

Das Bundeshaus in Bonn, von 1949–99 Sitz der Regierung, des Bundestages und des Bundesrates, gibt in seinen Bauepochen die Entstehung der deutschen Demokratie nach den Katastrophen des 3. Reiches und des 2. Weltkriegs wieder.

In den Jahren 1948–49 beriet der Parlamentarische Rat, den die drei Westmächte am 1. Sept. 1948 eingesetzt hatten, unter Leitung des ehemaligen Oberbürgermeisters von Köln (1917–33), Dr. Konrad Adenauer, das Grundgesetz als Vorstufe zu einer deutschen Verfassung. Tagungsort war die Aula der Pädagogischen Akademie in Bonn.

Bonn und Frankfurt/M. hofften auf den künftigen Sitz der Regierung und bereiteten sich baulich darauf vor. Die Stadt Bonn beauftragte den Aachener Architekten Hans Schwippert mit dem Umbau der pädagogischen Akademie (Architekt Martin Witte), einem der Neuen Sachlichkeit verpflichteten Bauwerk aus den Jahren 1930–33 zum Bundeshaus; dazu gehörte auch die Errichtung eines neuen Plenarsaales.

Schwippert wollte der Demokratie Gestalt geben, indem er die parlamentarische Arbeit transparent machte, die Sitzordnung der Abgeordneten kreisförmig anlegte und der Regierung auf der gleichen Ebene einen Sektor zuwies. Adenauer stand diesen Ideen aufgeschlossen gegenüber, warnte aber vor zu radikalen Neuerungen. Schließlich konnte Schwippert zwar die Glaswände links und rechts im Plenarsaal durchsetzen, aber das Plenum war ausschließlich nach vorn orientiert, hin zur drastisch erhöhten Regierungsbank.

Am 8. Mai 1948, genau 4 Jahre nach Kriegsende, wurde das Grundgesetz mehrheitlich verabschiedet. Die erste Sitzung des Bundestages im neuen Bundeshaus war am 7. September 1949, am 15. September wurde Adenauer mit einer Stimme Mehrheit (seiner eigenen) zum Bundeskanzler gewählt.

Schwipperts maßvolle Architektur der 1950er Jahre und die sachliche Architektur der 1920er Jahre der Pädagogischen Akademie boten den beeindruckenden Hintergrund zur Geburtsstunde der Bundesrepublik Deutschland.

Als 1985 der Plenarsaal – inzwischen unter Denkmalschutz – nach heftigen Kontroversen abgerissen wurde, weil er den neuen Ansprüchen nicht mehr genügte, konnte der Architekt des Nachfolgebaues, Günter Behnisch, an die Ideen Schwipperts vom kreisförmigen Plenarsaal anschließen und die Transparenz der Stahl-Glas-Konstruktion noch einmal steigern. Die vielfach aufgelöste dekonstruktivistische Gestalt des neuen Plenarsaales bildet jetzt einen spannungsvollen Kontrast zum Bundeshaus. 1992 wurde er fertig und eingeweiht.

Durch die Wende bedingt diente er dem Parlament, das im April 1999 in den wiederhergestellten Reichstag in Berlin umzog, nur wenige Jahre.

Oben: Westseite mit neuem Eingangsgebäude (re.)
Mitte: Lageplan 1949
Unten: Der Plenarsaal von 1949 (li.) und 1992 (re.)

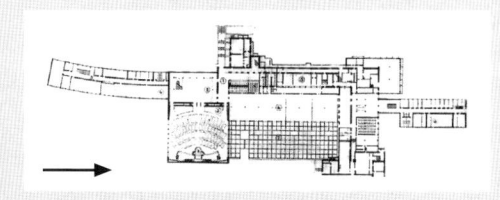

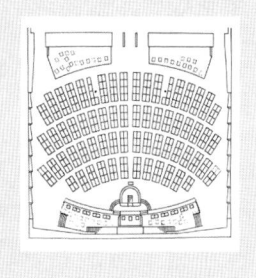

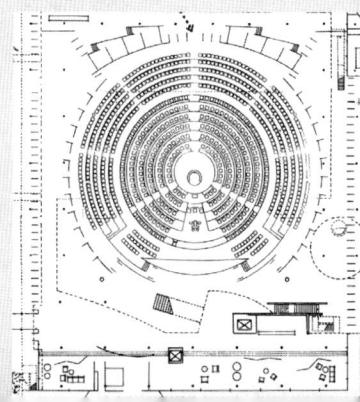

Draufsicht auf einen Stadtausschnitt (Ulm).

Jedes Haus ist Nachbar und hat Nachbarn.
Foto: Carl-Michael Weipert

Dom zu Trier, Westchor, 11. Jh. Die älteste christliche Kirche nördlich der Alpen. Vom 4. Jh. (Kaiser Konstantin) bis 19. Jahrh. erfuhr sie zahlreiche An- und Umbauten mit unbefangener Kreativität in der jeweiligen Formensprache. Die römischen Anfänge wurden romanisch ergänzt und gotisch fortgesetzt, schließlich barock umgebaut.

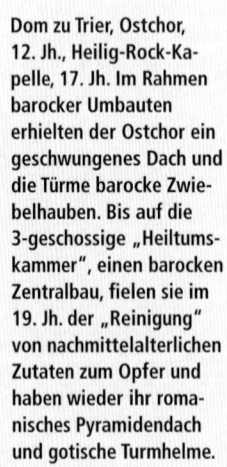

Dom zu Trier, Ostchor, 12. Jh., Heilig-Rock-Kapelle, 17. Jh. Im Rahmen barocker Umbauten erhielten der Ostchor ein geschwungenes Dach und die Türme barocke Zwiebelhauben. Bis auf die 3-geschossige „Heiltumskammer", einen barocken Zentralbau, fielen sie im 19. Jh. der „Reinigung" von nachmittelalterlichen Zutaten zum Opfer und haben wieder ihr romanisches Pyramidendach und gotische Turmhelme.

Das Bauen im Bestand

Mehr Menschen denn je wohnen in Städten, weltweit ist deren Wachstum festzustellen. Das heißt, Bauen findet überwiegend im Kontext von bestehenden Bauten statt. Schätzungen zufolge sind 60–80 % der Bauaufgaben im Bestand angesiedelt. Im gleichen Umfang stellt sich das Problem, wie in vorhandener Umgebung zu bauen ist – zunächst einmal ohne Ansehen ihres baulichen Wertes. Die pragmatische Aufgabe ist, aus der Summe von Vorhandenem und Neuem ein gestalterisch befriedigendes Ergebnis zu erhalten. Erst mit der Bedeutung des Bestandes als Denkmal stellt sich die Aufgabe der angemessenen Ergänzung. Bevor es den Begriff des Denkmals gab, war der Umgang mit ihm unbefangen und orientierte sich lediglich an der Aufgabe.

Vor allem Kirchen, deren Bauzeiten so lange andauerten, dass sie in die nächste Stilepoche hineinreichten, aber auch Schlösser und Bürgerhäuser wurden konsequent in der jeweils neuen Art fortgesetzt; z. B.: romanische Anfänge, gotische Fortsetzungen und Renaissanceabschlüsse, die dennoch eine überzeugende gestalterische Einheit bilden. Den Begriff „Stilreinheit" führte erst die Denkmalpflege ein.

Bauwerk und Kontext als Denkmal

In der Folge wird aus dem Buch „Denkmalpflege, Geschichte, Themen, Aufgaben – Eine Einführung" von Achim Hubel zitiert, wörtliche Zitate in Anführungszeichen: „Die Baugeschichte kennt keine Denkmalpflege in heutigem Verständnis; in der spätrömischen Antike gab es zwar eine Rückbesinnung auf die griechische Antike: […] Die damals längst vergangene Kunst der Griechen galt als ästhetisches Leitbild, welches die Maßstäbe setzte und dem man nacheiferte. […] Dagegen kann im Mittelalter von einer ähnlichen Begeisterung für vergangene Epochen nicht die Rede sein. […] Da die Menschen […]

das Gefühl hatten, sich in einer intakten Tradition zu befinden, gab es auch kein intensives Bedürfnis, sich an bauliche oder künstlerische Zeugen der Vergangenheit zu klammern.

[…] Den allgemeinen Wunsch, dass wertvolle Bauten aus vergangener Zeit erhalten bleiben sollten, gab es als ein gesellschaftliches Anliegen nicht. […] Gesellschaften, die von einer Tradierungskrise erfasst sind, neigen daher zu einer Leidenschaft des Bewahrens, wie wir sie schon in der spätrömischen Antike feststellen konnten. […] Den geistesgeschichtlichen Hintergrund hierfür bildete seit etwa der Mitte des 18. Jahrhunderts die Idee der Aufklärung, die als gesellschaftskritische Bewegung von einem emanzipationswilligen Bürgertum ausging und letztlich den Säkularisierungsprozess der modernen Welt einleitete. […] Die Erkenntnis, dass der durch den Menschen bewirkte Fortschritt im Wandel der Zeiten mit einem zunehmenden Kulturverfall einherging, ließ die Sehnsucht nach früheren, besseren Zeiten wachsen."

Goethe, der seit 1770 in Straßburg studierte, schrieb eine enthusiastische Hymne auf das gotische Münster und auf die Gotik. Der Essay „Von Deutscher Baukunst" trug zur Wertschätzung des hochgelobten Denkmals und der mittelalterlichen Architektur bei und gab ihm zugleich eine patriotische Note, denn natürlich beanspruchten Frankreich und England gleichermaßen die Erfindung der Gotik, die Goethe den Deutschen zusprechen wollte.

In einem Memorandum zur „Erhaltung aller Denkmäler und Altertümer unseres Landes" forderte K. F. Schinkel 1815 den Denkmalschutz als Staatsaufgabe. Er fand damit bei seinem Dienstherrn, Friedrich Wilhelm III., kein Gehör; erst Friedrich Wilhelm IV. richtete 1843 in Preußen das Amt eines „Konservators für Kunstdenkmäler" ein.

„Die immer differenzierter werdende Begeisterung für die vergangenen Epochen hatte den Wunsch

Kilianskirche Heilbronn, 15. Jh. Als in anderen Städten die großen Turmbauvorhaben aus Mangel an Geld und Motivation allmählich eingestellt wurden, begann unter Baumeister Schweiner die Fertigstellung des so einmalig wie eigenwillig gestalteten Westturms. „Auf einem gotischen, im 14. Jh. für 2 Westtürme geplanten Unterbau ließ Schweiner ein furioses Oktogon entstehen, das antike Elemente im ersten bedeutenden Renaissancebau nördlich der Alpen mit […] zeitgenössischen Elementen verschmolz." (Aus: Helmut Schmolz, „Kilianskirche Heilbronn")

Dom zu Eichstätt, 11.–16. Jh., spätgotische Hallenkirche. Das erste Werk des später berühmt gewordenen Hofbaumeisters Gabriel de Gabrieli war 1716–18 die barocke Eingangsfassade (r.), die dem frühgotischen Westchor (l.) vorgeblendet wurde.

Kreuzkirche Hannover, 14. Jh. Im 16. Jh. wurde an der Längsseite mit aufwändigem Renaissancedekor die nach einem Ratsherren benannte „Duve-Kapelle" angebaut. Der mittelalterliche quadratische Turm erhielt im 17. Jh. einen barocken Abschluss.

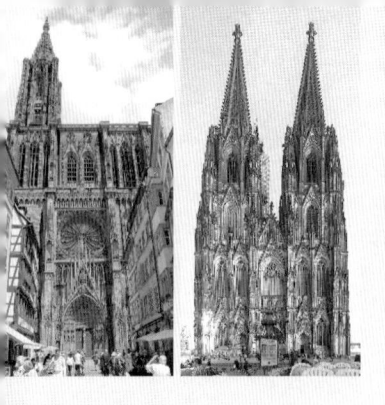

li.: **Münster Straßburg (1250–1450).** Von Goethe euphorisch als deutsche Baukunst vereinnahmt, ist es vielmehr eine Kombination aus französischer Kathedralgotik (Langhaus) und deutscher Sondergotik (Westfassade).

re.: **Kölner Dom, beg. 1248 (Chor).** 1560 waren die Bauarbeiten am Dom eingestellt worden (vgl. S. 73). 1842 – über 300 Jahre später – wuren sie in Anwesenheit des preußischen Königs Friedrich Wilhelm IV., der bekanntlich demokratische Reformen beharrlich ablehnte und das Frankfurter Parlament 1848 scheitern ließ, fortgesetzt. Sein hohes finanielles Engagement hatte auch politische Hintergründe: Er sah sich als Erbe der mittelalterlichen Kaiser und wollte das katholische Rheinland, das ihm im Wiener Kongress 1815 zugefallen war, für das protestantische Preußen gewinnen.
Die Nähe der Gotik zum Ingenieurbau des 19. Jh. zeigt der gewaltige Dachstuhl, der als eine der bedeutendsten Stahlkonstruktionen vor dem Bau des Pariser Eiffelturms galt. 1890 war der Dom vollendet.

u.li.: **Ulmer Münster.** 1531 hatte die mittelalterliche Bauhütte ihre Arbeiten eingestellt. Über 300 Jahre später, 1844, nahm sie sie wieder auf und ging daran, die zerfallende Kirche wieder in Stand zu setzen und zu vollenden. Getragen wurde diese Anstrengung von den Spenden einer vorwiegend bürgerlichen, romantischen und patriotischen Bewegung. Der 1885–1890 zu Ende gebaute Münsterturm ist das bis heute höchste christliche Gebäude weltweit. Die ursprünglich geplante Turmhöhe des Matthäus Böblinger (1450–1505) von 151 m wurde dabei um 10 m überschritten (die beiden 157 m hohen Kölner Domtürme waren 1880 fertiggestellt worden).

u.re.: **Dom Regensburg.** 1260 waren die Arbeiten zu seiner Errichtung aufgenommen und 1520 vorläufig abgeschlossen worden. Ludwig I., bekannt als Verehrer der griechischen und römischen Antike und Bauherr vieler klassizistischer Gebäude, war dennoch Bewunderer reiner Gotik, die er als den wahren deutschen Stil ansah. Er veranlasste von 1827 an die endgültige Fertigstellung des Doms und förderte seine „Purifizierung". So wurden 30 barocke Altäre und Fresken entfernt und eine barocke Vierungskuppel durch ein Kreuzrippengewölbe ersetzt. 1872 war die Regotisierung und Fertigstellung des Doms abgeschlossen.

geweckt, die Bauwerke in den Zustand zurückzuführen, wie sie zu ihrer Entstehungszeit ausgesehen haben dürften oder zumindest geplant waren. [...] Der Begriff der Stilreinheit kennzeichnete immer das Restaurierungsziel, aber nun auf einer gesichert scheinenden historischen Basis. Nach wie vor wurden folglich alle Einrichtungsgegenstände, die – gemessen an der Entstehungszeit des Denkmals – später hinzugekommen waren, entfernt und durch ‚stilgerechtere' Objekte ersetzt."

Kirchen, die im Mittelalter unvollendet geblieben waren, wurden im 19. Jahrhundert fertiggestellt: der Kölner Dom, der Veitsdom in Prag, das Ulmer Münster, der Regensburger Dom. „Andere Kirchen erfuhren grundlegende Umgestaltungen, damit sie sich in stilistischer Reinheit präsentierten. Als relativ frühes Beispiel sei die Münchner Frauenkirche angeführt. Die spätgotische, 1468–94 errichtete Hallenkirche war im 17. Jahrhundert entscheidend umgebaut worden. [...] Außerdem standen im Kirchenraum Altäre aus den verschiedensten Zeiten. [...] Radikal mussten bei der Restauration [...] in den Jahren 1858–68 alle diese Stücke weichen. Sie wurden durch neogotische Objekte ersetzt." Selbst für den Ersatz der 1525 errichteten Renaissance-Turmhelme, der „Welschen Hauben", gab es Pläne.

[...] „Viele verantwortungsbewusste Denkmalpfleger und renommierte Kunsthistoriker versuchten, [...] daran zu erinnern, was die eigentliche Aufgabe der Denkmalpflege sei. Der Streit entzündete sich eher zufällig am Heidelberger Schloss, das sich damals in einer Wiederherstellungskampagne befand. [...] Es sollte folglich aus seinem ruinösen Zustand ‚erlöst' und in allen Teilen rekonstruiert werden. [...] An diesen Planungen entzündete sich umgehend eine heftige Diskussion, [...]. Der Wortführer der Kritiker war der Straßburger Professor für Kunstgeschichte Georg Dehio (1850–1932), der zu den bedeutendsten Vertretern seines Faches zählte. Dem Historismus des 19. Jahrhunderts hält er entgegen:

„[…] Nach langen Erfahrungen und schweren Missgriffen ist die Denkmalpflege nun zu dem Grundsatz gelangt, […] erhalten und nur erhalten! Ergänzen erst dann, wenn die Erhaltung materiell unmöglich geworden ist; Untergegangenes wiederherstellen nur unter ganz bestimmten, beschränkten Bedingungen. […]'"
Später hat Dehio einen Leitspruch entwickelt, der als Maxime der Denkmalpflege berühmt werden sollte: „Konservieren, nicht restaurieren". Ins heutige Sprachverständnis übertragen müsste sie „Konservieren, nicht rekonstruieren" heißen.

Der erste Tag für Denkmalpflege fand 1900 in Dresden statt, in den folgenden Jahren jeweils in einer anderen Stadt. „[…] die Befürworter des Historismus und die Verfechter einer neuen substanzschonenden Denkmalpflege rangen um ihre Positionen. Bald jedoch setzten sich die Gegner der historischen Denkmalpflege unter ihrem Wortführer Georg Dehio durch. […] In dieser historischen Denkweise zählt am Denkmal nur, was die Merkmale der Echtheit unverändert bewahrt hat."

Am Tag für Denkmalpflege 1904, der in Dresden stattfand, wurde der „Deutsche Bund Heimatschutz" gegründet, zu seinen zahlreichen Zielen gehörte auch „Denkmalpflege" und „Pflege der überlieferten ländlichen und bürgerlichen Bauweise, Erhaltung des vorhandenen Bestandes".
Das Interesse am Bund Heimatschutz war groß, 1912 hatte er unter seinem ersten Vorsitzenden, dem Architekten und Publizisten Paul Schultze-Naumburg, bereits 15.720 Mitglieder.

Bedeutung der baulichen Situation

Die Denkmalpflege hat ein differenziertes Wertesystem geschaffen, nach dem sie ihre Objekte einordnet; davon sind nachfolgend – vereinfacht – nur die beiden Hauptkategorien „Kunstwert" und „Erinnerungswert" behandelt.

Frauenkirche München, die welschen Hauben von 1525 sollten im 19. Jh. einer Regotisierung weichen und durch neogotische Turmhelme ersetzt werden.

Schloss Heidelberg, Renaissance-Prunkfassaden „Ottheinrichsbau", beg. 1556, und „Friedrichsbau" (1601–04).
Das Heidelberger Schloss war die Residenz der Kurfürsten von der Pfalz, es wurde im Pfälzischen Erbfolgekrieg 1689 und 1693 von den Truppen Ludwigs XIV. zerstört. Anfang des 19. Jh. wurden die Ruinen Symbol des deutschen Patriotismus gegen Napoleon; gleichzeitig entdeckten Künstler die baufälligen Reste als idealtypisches Phänomen der Romantik. Die Besuche 1817–44 des Engländers William Turner und seine Bilder stellten den Höhepunkt dieser Bewegung dar.
Über die vollständige Wiederherstellung des Schlosses wurde erbittert gestritten, schließlich einigte man sich darauf, den augenblicklichen Zustand zu erhalten, mit der Ausnahme des Friedrichsbaus (u. re.), der von Carl Schäfer, einem kompromisslosen Historisten, 1894 rekonstruiert wurde. Die Rekonstruktion des Ottheinrichsbaus (o.) durch ihn wurde durch eine heftige Kontroverse in der Kunstwelt verhindert. Georg Dehio warnte gar vor einer „Verschäferung" des Heidelberger Schlosses.

u. li.: Mit der dramatischen Ruine sollten auch patriotische Empfindungen wachgehalten werden.

Der Zwinger in Dresden 1711–22 von Matthäus Daniel Pöppelmann bezieht seine Bedeutung aus seinem außerordentlichen Kunstwert. August I. (der Starke) ließ ihn zur Unterhaltung seines Adels errichten.

Post- und Wohngebäude, München, von Robert Vorhoelzer, Walter Schmied und Franz Holzhammer. Der künstlerische Wert dieses Gebäudes, das zu den bedeutendsten Bauten der 1920er Jahre gehört, wurde so gering veranschlagt, dass es im Architekturführer München 1979 noch nicht aufgeführt wurde.

Einfachheit und Vielfalt zeichnen dieses Gebäude der 1950er Jahre aus und verleihen ihm hohen künstlerischen Rang.

Mit spielerischer Anmut werden Elemente der Moderne verwendet: Kubus, Fensterband, Dachterrasse und Flugdach. Dennoch blieb ihm später ein entstellender Umbau nicht erspart.

Sozialgebäude der Firma SILO, Siegen 1955/56, Arch. Hermann Flender.

Ein Straßengeviert in der Mitte Stuttgarts umfasste einst alle Gebäude der Landschaft (des Landtags) und zeugte von der demokratischen Tradition Württembergs, die bis ins Mittelalter zurückreicht (s. S. 338 f.). Seit der Zerstörung im 2. Weltkrieg fand sich weder politischer Wille noch gestalterisches Vermögen von Bauherrenschaft und Architekten, diesem besonderen geschichtlichen Ort gerecht zu werden. Im mittelalterlichen „Alten Landschaftshaus" (re.), ab 1745 mit Rokokofassade, traf sich die alte württembergische Landschaft (später Erste Kammer).
Ab 1819 versammelte sich die Zweite Kammer im klassizistischen „Halbmondsaal" (li.).

Die Beurteilung eines Bauwerks, einer baulichen Situation oder eines Ortes erfolgt unter zwei unterschiedlichen Gesichtspunkten: Einmal als Bau- und Kunstwerk und zum anderen als Zeitzeugen eines historischen Zeitabschnitts. Ihre Bedeutung können sie sowohl der Zugehörigkeit zu einer der beiden Kategorien verdanken als auch zu beiden gleichermaßen.

1. Der „künstlerische" Rang eines Bauwerks ist dann unbestritten, wenn es als klassisch gilt, d.h., wenn die Diskussion um seine Einordnung in die Bau- und Kunstgeschichte abgeschlossen ist. Bis dahin sind kontroverse Auseinandersetzungen möglich. „Noch bis in die 1970er Jahre hinein galten die Schöpfungen des Historismus und des Jugendstils als missglückt bzw. kitschig, während man sie heute in ihren künstlerischen Leistungen anerkennt." (Hubel)

Bauten der 1920er Jahre wurden ob ihrer Einfachheit gering eingeschätzt und hatten lange Zeit keine Chance auf Denkmalwürdigkeit. Das gleiche Schicksal traf die Bauten der 1950er Jahre. In beiden Fällen handelt es sich jeweils um Nachkriegsarchitektur des 1. bzw. 2. Weltkriegs.

2. Der „geschichtliche" Rang ist – wie der künstlerische – dann unumstritten, wenn die geschichtliche Epoche, aus der Bau oder Ort stammen, wissenschaftlich aufgearbeitet ist und einmütig beurteilt wird. Ihre emotionslose Einschätzung fällt im allgemeinen leichter, je mehr Zeit verflossen ist. Über jüngere deutsche Geschichte und ihre bemerkenswerten Orte mag zwar wissenschaftlich eine überwiegend einheitliche Beurteilung erreicht worden sein, dennoch gibt es bis heute in Deutschland zum ausgehenden Kaiserreich, zu den beiden Weltkriegen, den beiden Demokratieversuchen und den beiden totalitären Systemen emotional kontroverse Positionen.
In einem Vortrag zum Symposium „Bauen in alter Umgebung" in München 1984 formulierte Manfred Sack seine Skepsis gegenüber Gestaltungssatzungen:

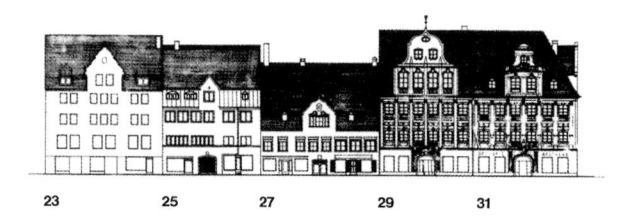

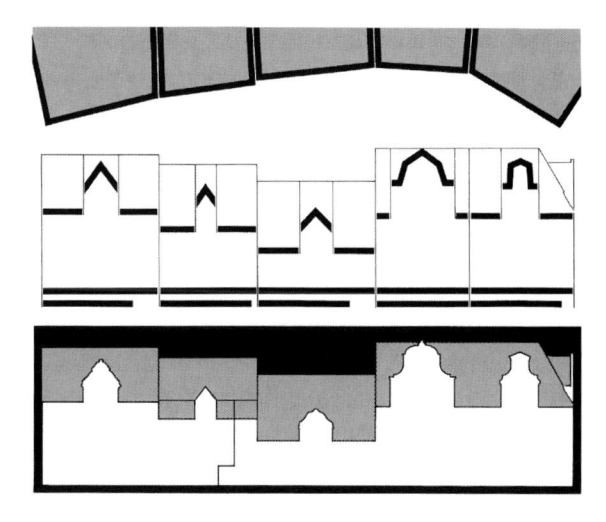

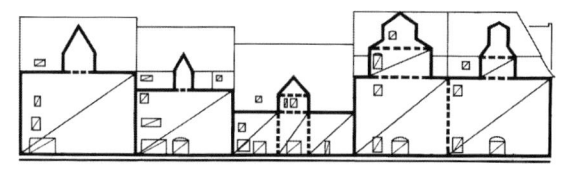

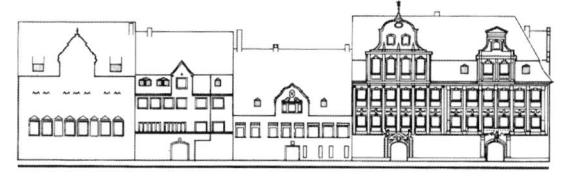

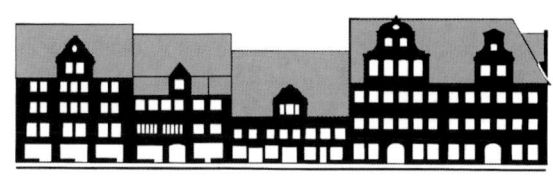

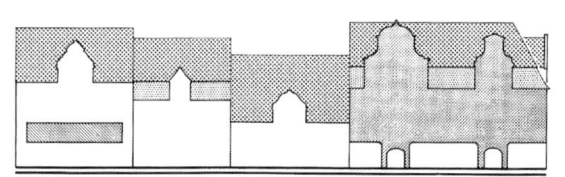

Kempten,
Gebäudegruppe
Kronenstraße 23–31

23　25　27　29　31

1) Verlauf

2) Breitenmaß der Baukörper

3) Kontur

4) Proportion

5) Struktur der Konstruktion, plastische Gliederung und Ornamentik

6) Verhältnis Öffnung – Masse

7) Gliederung der Öffnungen

8) Material und Farbe

Analyse baulicher Situationen

Für die Vielfalt der baulichen Gegebenheiten gibt es kein verbindliches, einheitliches Analyseverfahren. Eine methodisch vorbildliche Analyse, angewendet auf eine Hausgruppe in der Altstadt von Kempten, wird nachfolgend vorgestellt und ist dem Buch „Stadtbild und Stadtlandschaft", Planung Kempten Allgäu, München 1977, entnommen. (Autoren: Friedrich Spengelin, Lothar Kistler, Walter Rossow, Erik Andresen, Monika Deldrop-Wietmann)

Mit ihrer Hilfe können sensible Veränderungen vorgenommen und eine Gestaltungssatzung erarbeitet werden.

Geschichtliche Bedeutung: Der August-Bebel-Platz in Berlin, im Hintergrund die Alte Bibliothek (im Volksmund „Komode"). Auf dem damaligen Kaiser-Franz-Josef-Platz verbrannten am 10. Mai 1933 nationalsozialistische Studenten und Professoren 30.000 Bücher von Hunderten von Autoren wie Berthold Brecht, Sigmund Freud, Erich Kästner, Heinrich Mann oder Kurt Tucholsky. Es war der Höhepunkt einer von Goebbels angeordneten und lange vorbereiteten „Aktion wider den undeutschen Geist" in fast allen deutschen Universitätsstädten.
Seit 1995 erinnert die Gedenkstätte „Bibliothek" des israelischen Künstlers Micha Ullman auf dem Bebelplatz an die Bücherverbrennung. Eine in den Boden eingelassene Glasplatte gibt den Blick frei in einen unterirdischen Raum mit leeren Bücherregalen, daneben zwei Bronzetafeln, die den prophetischen Satz Heinrich Heines wiedergeben: „Das war ein Vorspiel nur, dort wo man Bücher verbrennt, verbrennt man auch am Ende Menschen."

Geschichtliche Bedeutung: Der Innenhof des Bendlerblocks in Berlin.
Der Bendlerblock am Landwehrkanal ist Zeuge dramatischer deutscher Geschichte. 1911–14 im Kaiserreich vor dem 1. Weltkrieg in Neobarock und Neoklassizismus errichtet, war er Sitz des Reichsmarineamts unter Großadmiral Alfred von Tirpitz. In der Weimarer Republik ab 1919 residierte hier der Reichswehrminister Gustav Noske. Im 3. Reich wurde er 1933 Teil des Oberkommandos der Wehrmacht. Hier formierte sich der Widerstand gegen das NS-Regime, der am 20. Juli 1944 mit dem missglückten Attentat auf Hitler scheiterte. Im Innenhof des Bendlerblocks wurden am gleichen Tag die Widerstandskämpfer General Olbricht, Oberst von Stauffenberg, Oberst von Quirnheim und Oberstleutnant von Haeften erschossen und Generaloberst Beck zum Selbstmord gezwungen. Angesichts der drohenden militärischen Niederlage hatte der Mitverschwörer Generalmajor Henning von Tresckow Zweifel am Sinn des Attentats ausgeräumt: „Das Attentat muss erfolgen, coûte que coûte. Sollte es nicht gelingen, so muß trotzdem in Berlin gehandelt werden. Denn es kommt nicht mehr auf den praktischen Zweck an, sondern darauf, daß die deutsche Widerstandsbewegung vor der Welt und vor der Geschichte unter Einsatz des Lebens den entscheidenden Wurf gewagt hat."

„[…] Einfallskraft und Sensibilität sind allemal besser als Vorschriften – und tatsächlich entstehen immer dann, wenn die ersten ästhetischen Unfälle passiert sind, sofort neue Anweisungen und Verbote in Form von Gestaltungssatzungen. Erfunden, um es minderbegabten Architekten schwer zu machen, schlechte Architektur zu machen, neigen sie freilich dazu, gute Architektur zu verhindern, ohne die schlechte verhindern zu können."

Bedeutung der Bauaufgabe

Die Beurteilung der Bauaufgabe und die Einschätzung ihres Ranges im Verhältnis zur vorhandenen Umgebung fällt zunächst dem Architekten und seinem Bauherrn zu. Hinzu kommt die öffentliche Meinung, die schwer vorauszusagen ist, denn die pluralistische Gesellschaft ist anfällig für Stimmungen und Mythen.

Wie auf den Kontext zu reagieren sei, wie Neues und Altes sich verbinden solle, dafür stehen dem Architekten drei Kategorien zur Verfügung:

1. Angleichung
2. Kontrast
3. Anpassung

Die endgültige Entscheidung für eine von ihnen kann sowohl emotionalen als auch wirtschaftlichen Gründen folgen.

1. Angleichung

bedeutet Wiederholung der Fassade des Bauwerks, so wie sie vor ihrer Zerstörung aussah, oder ihre Ergänzung in der Form, wie sie der historische Baumeister vorgenommen hätte. Sie ist Imitation, ihre Bauzeit nicht ablesbar; erreicht wird sie durch die vollständige Übernahme des Formen- und Materialkanons des ursprünglichen Gebäudes und seiner Umgebung.

Eine Minderheit der Gesellschaft, intellektuelle, kritische und nachdenkliche Zeitgenossen, Künstler und Architekten lehnen Angleichung von jeher ab. Es gibt gewichtige Stimmen gegen sie. J.W. Goethe schreibt 1815 in einem Brief an den Architekten Ludwig Catel: „Je mehr wir das charakteristische jener (der alten) Gebäude historisch und kritisch kennen lernen, desto mehr wird alle Lust schwinden, bei der Anlage neuer Gebäude jenen Formen zu folgen, die einer entschwundenen Zeit angehören."

K.F. Schinkel, von dem stammt „Historisch handeln ist das, welches Geschichte fortsetzt und nicht wiederholt", sagt in der Vorrede zu seinem Architektonischen Lehrbuch 1835: „Die Geschichte hat nie frühere Geschichten copiert und wenn sie es getan hat, so zählt ein solcher Act nicht in der Geschichte, […]. Nur das ist ein geschichtlicher Act, der auf irgendeine Weise ein Mehr, ein neues Element in die Welt einführt, […]."

John Ruskin zeigt sich in „Die sieben Leuchter der Architektur" 1890 unnachsichtig: „[…] es ist ganz unmöglich, so unmöglich wie die Toten erwecken, irgendetwas wieder herzustellen, das jemals groß und schön in der Baukunst gewesen ist. […]"

Georg Dehio, der 1902–12 das „Handbuch der deutschen Kunstdenkmäler" („Der Dehio") herausgegeben hatte, unterscheidet: „Die Denkmalpflege will Bestehendes erhalten, die Restauration will Nichtbestehendes wiederherstellen. Der Unterschied ist durchschlagend, auf der einen Seite die vielleicht verkürzte, verblasste Wirklichkeit, aber immer Wirklichkeit – auf der anderen die Fiktion. […]"

Dennoch – eine Mehrheit in der Gesellschaft beharrt nach wie vor auf Wiederherstellung vormaliger Zustände; sie wollte es schon immer und will es zu unterschiedlichen Zeiten mit unterschiedlichen Gründen und Intensität.

321

Kaufhaus Schocken, Stuttgart 1926–28 (re. o.) von Erich Mendelsohn. Der expressionistische Bau mit seiner extremen Steigerung der Horizontalen war das herausragende Beispiel aus einer Reihe von Kaufhausbauten mit hoher künstlerischer Bedeutung. Gleichzeitig war es zeitgeschichtliches Zeugnis des dynamischen Aufbruchs in den 1920er Jahren nach dem 1. Weltkrieg.

Nachfolgebau Kaufhaus Horten 1960/61 von Egon Eiermann (re. m.). 1959 plante das Unternehmen Horten Umbauten aus betrieblichen Gründen. Es beauftragte den prominenten Architekten Egon Eiermann, der sich mit mehreren Alternativen darum bemühte, das vorhandene Gebäude zu erhalten.
Die Stadt Stuttgart lehnte sie allesamt ab; die von ihr beabsichtigten Straßenverbreiterungen waren ohne den Abriss nicht möglich.
Daraufhin beantragte die Fachschaft Architektur der TH Stuttgart die Aufnahme des Gebäudes in die Denkmalliste und übernahm die Führung und Organisation des weltweiten Widerstands gegen den Abriss.

Nachdem der Denkmalrat ablehnte, das Bauwerk in die Liste einzutragen, wurde es 1960 abgerissen. Den neuen Hortenbau entwarf Eiermann mit einer vorgehängten Fassade aus Keramikelementen, die keinen Bezug zur Nutzung und Konstruktion hat; sie erhebt keinen Anspruch künstlerischer Aussage und folgt nur ökonomischen Prinzipien.

Auch nachträgliche Korrekturen an ihr (re. u.) führen zu keiner befriedigenden Lösung.

li.: Mit einem Zitat des berühmten Schocken-Treppenhauses würdigt der Stuttgarter Architekt Roland Ostertag 1999–2001 das verschwundene Meisterwerk Mendelsohns.

(Die Angaben zum Schockenbau sind dem Buch „Der Stuttgarter Schockenbau von Erich Mendelsohn" von Renate Palmer entnommen).

Der Prinzipalmarkt in Münster geht auf mittelalterliche Anfänge zurück; seit 1500 bis heute sind Anzahl der Häuser und Parzellenbreiten gleich geblieben.

Die schon immer vorhandenen Arkaden haben einen hohen Gestalt- und Erinnerungswert und tragen erheblich zur zentralen Bedeutung dieses Stadtraumes bei, der unangefochten geschäftliche und soziale Mitte geblieben ist.
Im 2. Weltkrieg wurden die Gebäude größtenteils zerstört und danach, in der gleichen Ordnung, wenn auch teilweise vereinfacht, wieder aufgebaut. Der Charakter der Anlage und ihre Anziehungskraft blieben erhalten. Damit bestätigte sich der damalige Entschluss, das neue Ensemble dem verlorengegangenen anzugleichen, als richtig.

Das bauliche Regierungsforum der DDR nahm ungefähr die Fläche des ehem. Stadtschlosses in Berlin ein (siehe S. 332). Der zentrale Platz für Aufmärsche und Kundgebungen an der Straße „Unter den Linden" wurde östlich – an der Spree – vom Palast der Republik mit dem Plenarsaal der Volkskammer (1973–76) begrenzt, südlich vom Staatsratsgebäude (1960–64) und westlich – am Kupfergraben – vom Außenministerium.

Nach der Wende 1989 war das offizielle Interesse an Regierungsbauten der DDR gering. Der Außenminister des vereinigten Deutschlands weigerte sich; er bevorzugte als Dienstsitz die ehemalige Reichsbank Hitlers (1934–38) am Werderschen Markt. Das gerade 30 Jahre alte Außenministerium wurde 1995 abgerissen. Der Abriss kostete 160 Mio. DM. Auch der Finanzminister hatte keine Bedenken, sich in Görings Reichsluftfahrtministerium (1935–36) niederzulassen.

Nachdem der Bundestag 2002 den Wiederaufbau des Stadtschlosses beschlossen hatte, war der Abriss des Palasts der Republik, der zum Teil auf Schlossterrain stand, unausweichlich geworden.

Im 19. Jahrhundert war es u. a. die Furcht vor den Folgen der industriellen Revolution und die romantische Sehnsucht nach den vermeintlich besseren Zeiten im Mittelalter.

Im 20. Jahrhundert ist es die Wahrnehmung des Verlusts historischer Gebäude und Ensembles durch den II. Weltkrieg sowie des Flächenbedarfs des modernen Individualverkehrs und der autogerechten Stadt, denen wertvolle Bausubstanz zum Opfer fällt.

Dazu Karin Wilhelm in ihrem Artikel „Gegenwart der Geschichte" (in „Der Architekt 3–4, April 2005"):
[…] „Vor diesem Hintergrund mag es verständlich erscheinen, wenn sich in Deutschland seit einigen Jahren das Sehnsuchtpotential nach Rekonstruktionen historischer Bausubstanzen durchsetzen konnte, das nicht mehr allein der denkmalpflegerischen Sanierung und Erhaltung des gebauten Erbes gilt, sondern zunehmend der Rekonstruktion historischer Gebäude, also ihrer Neuerbauung. […] So finden wir in einigen deutschen Städten heute Bürgervereine und -initiativen, die mit dem Hinweis auf fehlende Identifikationsarchitekturen in den Citybereichen den Wiederaufbau verlorener Bausubstanzen propagieren. […] Dass demgegenüber ein Bau wie der „Palast der Republik", der in den siebziger Jahren die Stelle des „Berliner Schlosses" besetzte, als Zeichen der deutschen Teilungsgeschichte und Folge der NS-Diktatur wird weichen müssen, […] lässt Rückschlüsse auf das selektive Geschichtsbewusstsein zu, […]."

In Berlin, Potsdam und Hannover wird dagegen der Wiederaufbau verlorener Schlossanlagen mit Hinweis auf die ehemalige stadträumliche Wirkung vorbereitet; in Braunschweig ist er bereits vollzogen. Die Neigung, Erinnerungsbildern nachzuhängen, ist in der Gesellschaft seit jeher mächtig und wird am Beispiel der 1869 abgebrannten 1. Hofoper in Dresden von Semper deutlich. Winfried Nerdinger schreibt dazu in „Der Architekt Gottfried Semper 1803–79": „Schon im folgenden Jahr (1869) traf

Semper mit dem Brand seines Dresdner Theaters ein neuer Schlag. Dass der erst vor wenigen Jahren begnadigte ‚Barrikadenbauer' (siehe S. 130) umgehend einen Direktauftrag zum Neubau erhielt, verdankte Semper dem Druck der Dresdner Bürger, die dies mit einer großen Unterschriftenaktion gefordert hatten. […] Semper allerdings enttäuschte, denn statt der allgemein gewünschten ‚Nachschöpfung' des ersten Theaters, lieferte er eine ‚Neuschöpfung (1878)', die seine künstlerische Entwicklung der vergangenen Jahrzehnte spiegelt."

Der Leidenschaft für Wiederherstellung lässt selbst Dehio ein Türchen offen; zwar lautet seine Maxime: "Konservieren nicht Restaurieren" (sprich Rekonstruieren!), aber er lässt auch zu, „dass unter bestimmten beschränkten Bedingungen Untergegangenes wiederhergestellt wird".

Ein aktuelles Votum, das Rekonstruktion nicht gänzlich ausschließt, kommt von Wolfgang Pehnt. In einem Vortrag am 22.4.1998 in der Universität Siegen führte er vier Bedingungen an, unter denen Rekonstruktion vorstellbar ist:

„1. Wenn die Denkmäler in Teilen noch materiell erhalten geblieben waren […],
2. wenn ihre Standorte nicht neu durch andere Zwecke und Nutzungen besetzt waren […],
3. wenn die Dokumente, das Plan- und Bildmaterial, die Bauaufnahmen und die Erinnerungen Beteiligter zuverlässig Auskunft über den gewesenen Zustand erteilten,
4. wenn die künftige Nutzung mit dem Bild des alten Baus vereinbar war."

Das Goethe-Haus, Frankfurt/Main, 1756/1951

Aus zwei Fachwerkhäusern zu einem spätbarocken Bürgerhaus zusammengefasst, war es eines der ersten baulichen Objekte, die nach den Zerstörungen des 2. Weltkriegs rekonstruiert wurden (1946–51). Dass es darüber zu Auseinandersetzungen kommen

Als Eingang zum Staatsratsgebäude dient das ehemalige Eosander-Schlossportal IV, von dem Karl Liebknecht am 9. November 1918 die sozialistische Republik ausgerufen hatte. Vom benachbarten Eosanderportal V hatte am 1. August 1914 der Deutsche Kaiser Wilhelm II. die Mobilmachung verlesen.

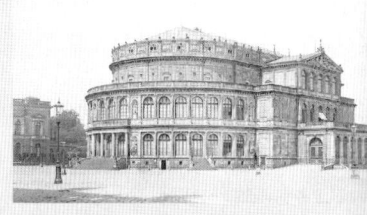

o.: 1. Hofoper Dresden 1841. Das aus dem Baukörper heraustretende Halbrund des Zuschauerraums geht auf das demokratische antike Arenatheater zurück, mit dem Semper das höfische Rang-Logentheater überwindet.
u.: 2. Hofoper Dresden 1878. Sempers künstlerische Auffassung hatte sich in drei Jahrzehnten stark verändert. Statt Schlichtheit nun prunkvolle Bewegtheit.

Markt der Altstadt, Warschau, Aufmaß des Zustands nach der Zerstörung 1944 und Rekonstruktionszeichnung. Für die Einwohner Warschaus kam nach dem 2. Weltkrieg keine andere Lösung als die exakte Wiederherstellung ihrer Altstadt, die völlig zerstört worden war, in Frage. Die bauliche Rekonstruktion ab 1950 wurde zur nationalen Aufgabe und führte zur Stärkung der polnischen Identität. Das überzeugende Ergebnis der wiederhergestellten Altstadt brachte mit sich, dass heute bei vielen Rekonstruktionen in Europa polnische Fachleute mitwirken.
re.: Heutiger Zustand. (Foto: Zofia Wozniak)

Goethehaus, Großer Hirschgraben 23, Frankfurt am Main (1754 und 1951)

1733 hatte Goethes Großmutter für sich und ihren Sohn zwei benachbarte mittelalterliche Häuser am Hirschgraben gekauft, 1754, als Goethe 5 Jahre alt war, baute Goethes Vater sie zu einem großzügigen Barockhaus um. Aus „Dichtung und Wahrheit", den Lebenserinnerungen Goethes: „[…] solange die Großmutter lebte, hatte sich mein Vater gehütet, nur das mindeste im Haus zu verändern oder zu erneuern, aber man wusste wohl, dass er sich zu einem Hausbau vorbereitete, der nunmehr auch sogleich vorgenommen wurde. […] Das Haus war indessen fertig geworden, und zwar in ziemlich kurzer Zeit, weil alles wohlüberlegt, vorbereitet und für die nötige Geldsumme gesorgt war. […] Das Haus war für eine Privatwohnung geräumig genug, durchaus hell und heiter, die Treppe frei, die Vorsäle lustig, und jene Aussicht über die Gärten aus mehreren Fenstern bequem zu genießen. […]" 1795 verkaufte Goethes Mutter dieses Haus.
o: Ansicht Hirschgraben
m.o.: Bibliothek im 2. OG
m.u.: Musikzimmer 1. OG
u.: „Peking", 1. OG

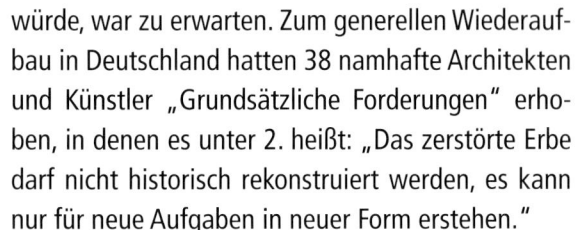

würde, war zu erwarten. Zum generellen Wiederaufbau in Deutschland hatten 38 namhafte Architekten und Künstler „Grundsätzliche Forderungen" erhoben, in denen es unter 2. heißt: „Das zerstörte Erbe darf nicht historisch rekonstruiert werden, es kann nur für neue Aufgaben in neuer Form erstehen."

Zur „Goethe-Haus-Affaire" von Otto Bartning aus „Entscheidung zwischen Wahrheit und Lüge": „Bei der Frage des zerstörten Goethehauses in Frankfurt schien zunächst Einigkeit der Meinung, ja der Weltmeinung zu bestehen in dem Wunsche nach Wiederherstellung, getreuer Wiederherstellung – während nun bei näherer Betrachtung des Problems ein heftiger Streit der Meinungen sich erhoben hat. […] Tatbestand: Das Elternhaus Goethes am Hirschgraben in Frankfurt wurde am 22. März 1944 durch Fliegerbomben bis auf die Grundmauern zerstört. Die Möbel, Geräte und Bilder, dazu einige Bauteile, aus der Wand geschnittene Musterstücke der Tapeten waren zuvor schon geborgen worden. Photos, auch der Stuckdecken, Pläne und Maße sind vorhanden.

Plan des ‚Freien Deutschen Hochstift': Das Goethehaus soll naturgetreu wieder hergestellt werden durch Verwendung alles Vorhandenen und durch Kopie oder Imitation alles Fehlenden. […] Man ist sogar schon ans Werk gegangen, um 1949 [200ste Wiederkehr von Goethes Geburtsjahr, Verf.] der überraschten Welt zeigen zu können, dass das Goethehaus wieder dasteht – als sei nichts passiert, als sei es nicht zerstört worden. […]" (Aus „Die Städte himmeloffen" Reden und Reflexionen über den Wiederaufbau des Untergegangenen und die Wiederkehr des Neuen Bauens 1948/49, Hrsg. Ulrich Conrads und Peter Neitzke)

Das Freie Deutsche Hochstift ließ sich von seinem Plan nicht abbringen; heute wissen nur sehr wenige der vielen Besucher des Goethehauses, dass sie sich vorwiegend in einer Kopie befinden.

Der Theatinerblock, München
wurde 1970–72 vom Architekten Gustav Gsaenger als Erweiterungsbau des Kultusministeriums anstelle des im Krieg zerstörten Theatinerklosters errichtet. „Der Trakt in der Theatinerstraße mit Arkaden zum Innenhof ist den Formen des ehemaligen Klosters angeglichen […]. Grundbedingung war, den im Krieg zerstörten barocken Bau an der Theatinerstraße in der gleichen architektonischen Gestaltung wieder aufzubauen." (Aus „Bauten und Plätze in München. Ein Architekturführer", 1985)

Theatinerblock, Ansicht von der Theatinerstraße

Altes Rathaus, München,
„[…] 1392 als östlicher Abschluss des Marienplatzes errichtet. […] Westlich schloss sich das seit dem Ende des 14. Jahrh. zum Ratsturm umfunktionierten ‚Talbrucktor' an. […] Der nach schweren Kriegszerstörungen nur noch in den Außenwänden erhaltene Saalbau wurde 1952–57 vereinfacht wiederhergestellt. Zu einer weitgehenden Rekonstruktion des Ratssaales kam es erst 1977. Der im Lauf der Geschichte mehrfach veränderte Turm brannte im zweiten Weltkrieg bis auf die Nordwand aus. Anlässlich der Olympiade errichtete Erwin Schleich 1972–74 einen Neubau nach dem Erscheinungsbild von 1462." (Aus „Architekturführer München", 1994)

Altes Rathaus mit Ratsturm, Blick vom Tal

Kaufhaus Hertie, Würzburg,
Architekt Alexander von Branca. Zwischen Main und Altstadt, unmittelbar an der alten Mainbrücke eröffnete Hertie 1980 auf dem Schwanengelände (nach dem ehemaligen Hotel Schwan) ein neues Kaufhaus. Zum Projekt, das sich in Maßstab und Material an die Altstadt und die frühere – im II. Weltkrieg zerstörte – Bebauung angleicht, äußerte sich von Branca in der „Bauwelt" 37/1977:
„[…] Aus der Lage des Grundstücks ergab sich die zwingende Umrissgestaltung dieser Gesamtbaumasse, die trotz aller gegenteiliger Behauptungen sich in Masse und Höhe von den Vorkriegsbauvolumen […] nicht entscheidend abhebt. […]

Kaufhaus Hertie (heute Wöhrl), Würzburg, Mainpanorama mit Alter Mainbrücke (Marienbrücke)

Kaufhaus Hertie, Würzburg, Ansichten von der Alten Mainbrücke aus gesehen.

o.: Ostzeile Römerberg Frankfurt am Main

li.: Gasse zwischen der Ostzeilen-Rückseite und ihren Erschließungsbauten mit Treppen und Aufzügen.

Als für die Planung verantwortlicher Architekt bin ich der Meinung, dass ein gegliederter Baukörper mit Mauerwerk, Fenstern und Dach in einfachen, großen Formen an dieser Stelle die einzige vertretbare und gangbare Möglichkeit ist. So gesehen trifft der Vorwurf des Historismus nicht, denn ein Dach und eine Mauer, Fenster und Türen benötigte man durch die Jahrhunderte, sogar ein hartgesottener Funktionalist wird die Zweckmäßigkeit einer solchen Bauweise nicht in Zweifel ziehen können. […] Hier ist aber die vordringliche Aufgabe, sich in das Ensemble der Altstadt einzufügen."

Ostzeile Römerberg, Frankfurt/Main 1983
„Die jahrzehntelangen Versuche, die östliche Begrenzung des ‚Römerplatzes' mit Elementen der modernen Architektur zu gestalten, gelangten nur bis zu einer voluminösen Tiefgarage, die als erstes aufwendig entfernt werden musste, als die Entscheidung für die Rekonstruktion von sechs historischen Häusern gefallen war […]. Jahrzehnte lang hatten Rathaus und Dom unter der Überdimensionalität der Freifläche gelitten. Die Rekonstruktion der sechsgiebligen Bürgerhausreihe war vorgegebener Bestandteil des Wettbewerbs zur Dom-Römer-Bebauung im Jahr 1980. Das Architekturbüro E. Schirmacher hat die Planzeichnungen dazu aus alten Fotografien und Zeichnungen entwickelt […]."
(Aus „Frankfurt am Main", Architekturführer, 1997)
Die Rückseite begleiten zwei spitzgiebelige Häuser mit Läden und Wohnungen. Sie enthalten Treppen sowie Aufzüge für die Ostzeile und sind mit ihr durch Brücken verbunden. Architektonisch vermitteln sie zwischen der Rekonstruktion der Fachwerkzeile und der anschließenden neuen Architektur des Römerbergs.

Campariblock, München 1983/84.
Die Maximilianstraße zwischen Residenz und Maximilianeum, eine der drei Prachtstraßen Münchens, wurde auf Wunsch des bayerischen Königs Max II. in einem einheitlichen Stil errichtet, den er 1850–53

über einen internationalen Wettbewerb herauszufinden hoffte. Spätestens seit seinem Besuch der Weltausstellung 1851 und dem Kristallpalast war er sicher, dass ein neuer Architekturstil bevorstand. Das Ergebnis des Wettbewerbs war unbefriedigend, keine der eingereichten Arbeiten erfüllte die Erwartungen des Königs, der seinerseits einem der Preisrichter, Friedrich Bürklein, den er aus gemeinsamen Projekten kannte, den Auftrag zum Projekt Maximilianstraße übertrug. Bürkleins Vorschlag sah eine Stilmischung aus gotischen und Renaissancemotiven vor, dieser „Maximilianstil" wurde für alle Gebäude verbindlich. Ausgerechnet an der Stelle, an der sich einst die Maximilianstraße opulent zu einem „Forum" ausweitete und mit Fontänen, Statuen und Gartenanlagen ausgestattet war, sah die Verkehrsplanung nach dem 2. Weltkrieg die Querung durch den mehrspurigen Altstadtring vor; er führte 1968/69 zum brachialen Eingriff in die Randbebauung. Als sich durch neuere Verkehrsprognosen herausstellte, dass die Lücke kleiner ausfallen konnte, wurden die Bürklein-Bauten 1983/84 als „Campariblock" teilweise rekonstruiert, allerdings ohne eine merkliche Verbesserung der städtebaulichen Situation zur Folge zu haben.

Leibnizhaus, Hannover 1983,
1943 im 2. Weltkrieg zerstört. Nachdem der ursprüngliche Standort von einem Parkhaus eingenommen wird und nicht mehr zur Verfügung steht, wurde die Rekonstruktion dieses 1648–52 erbauten Bürgerhauses ins Zentrum einer dreiteiligen Baugruppe platziert, die links aus einem giebelständigen Gebäude der 1980er Jahre und rechts aus einem Neorenaissancehaus aus dem Jahr 1881 mit abgetrepptem Giebel und Mittelerker besteht.

„Das Fachwerkgebäude mit vorgeblendeter, aufwändig gestalteter Werksteinfassade und repräsentativer Utlucht galt als bedeutendstes Renaissance-Bürgerhaus Hannovers. Die Fassade des Neubaus von 1983 orientiert sich am Erscheinungsbild einer

Campariblock München,
o.: Links der wiederaufgebaute Pavillon mit 7 Fensterachsen nach rechts zur vorhandenen Bebauung anschließend.

m.: Detail der Nahtstelle. Links neu (mit glänzendem Kupferfallrohr), rechts alt. (Foto: Gabriele Weck)

u.: Campariblock am reduzierten Altstadtring

Leibnitzhaus Hannover (in Gruppenmitte)
re.: Detail der Utlucht

li.: Das Knochenhaueramtshaus (rechts) und Bäckeramtshaus (links) am Alten Markt in Hildesheim

Das Wedekindhaus liegt schräg gegenüber und ist das älteste Fachwerkhaus (1418) am Alten Markt in Hildesheim. nach seiner vollständigen Zerstörung im 2. Weltkrieg wurde seine Fassade rekonstruiert und einer modernen Betonkonstruktion vorgeblendet.

1890–93 durchgeführten, idealisierenden Restaurierung." (Aus „Architekturführer Hannover", 2000)

Knochenhauer-Amtshaus, Hildesheim, 1989
„Die Fleischergilde der Stadt Hildesheim, die sich im Mittelalter ‚Knochenhaueramt' nannte, hatte zu Beginn des 16. Jahrh. beschlossen, am Marktplatz gegenüber dem Rathaus das höchste Haus zu bauen. […] Gestützt auf den Reichtum der Gilde […] entstand 1529 […] ein prächtiger Fachwerkbau. […] In sieben Geschossen erhob sich das Haus zu seiner imposanten Höhe. In fünf Auskragungen schoben sich die Stockwerke über das jeweils tiefer liegende Geschoss. […] in denen Stilelemente aus der Gotik und der Renaissance zu wetteifern scheinen. […]

Das Knochenhauer-Amtshaus galt daher bis zu seiner völligen Zerstörung – im Bombenkrieg am 22.3.1945 – zu Recht als Perle der deutschen Holzbaukunst […]. Sowohl die Rekonstruktion des gesamten Bauwerks als auch seine Details sollten möglichst genau dem historischen Vorbild entsprechen; gleichzeitig […] im Einklang mit den heutigen Bauvorschriften stehen. […]

Es wurde u. a. die Meinung vertreten, dass […] besser in der heute üblichen Bauweise mit einer davor gesetzten historischen Fassade gebaut werden sollte. Schließlich setzte sich der Gedanke durch, das Knochenhauer-Amtshaus in offenem Fachwerk zu errichten […].
Bauherr des Knochenhaueramtshauses und des Bäckeramtshauses [benachbartes und gemeinsam aufgeführtes Fachwerkhaus, Verf.] war die Bürgergemeinschaft Marktplatz Hildesheim GmbH und Co. KG […] fast ausschließlich aus Hildesheimer Bürgerschaft kommend. […]" (Aus „Die Rekonstruktion des Knochenhauer-Amtshauses und des Bäckeramtshauses" von Heinz Geyer, in: „Der Marktplatz zu Hildesheim"). Die Beschaffung von Planungsunterlagen und die Auswertung zahlreicher Fotos war außerordentlich schwierig. Nachdem sich in der

Nachkriegszeit niemand den Wiederaufbau der beiden Fachwerkbauten vorstellen konnte, wurde 1962 auf den Grundstücken durch den Braunschweiger Professor Dieter Oesterlen das Hotel „Rose" errichtet. 1986 kaufte es die Bürgergemeinschaft und ließ es abreißen. 1988 wurden das Bäckeramtshaus und 1989 das Knochenhauer-Amtshaus in exakter Übereinstimmung mit den historischen Vorbildern errichtet und eingeweiht.

Frauenkirche Dresden 2005
Die evangelische Stadtkirche gehört zu den herausragenden Meisterwerken europäischer Baukunst und entstand im Auftrag des lutherischen Stadtrates fast parallel zur benachbarten katholischen Hofkirche August des Starken. Sie waren nicht nur prominente Motive der berühmten Veduten des italienischen Malers Bernardo Bellotto „Canaletto", sondern auch Beispiele des verträglichen Nebeneinander der christlichen Konfessionen.

Die Frauenkirche wurde 1726–43 vom Ratszimmermeister George Bähr unter Mitwirkung von Bildhauern und Malern erbaut. Die Sitzordnung im kreisrunden Zentralbau, der in ein Quadrat einbeschrieben ist, orientiert sich ganz auf die Kanzel, die Predigt; mit drei zusätzlichen Emporen übereinander werden die Gläubigen in günstige Hörweite zum Prediger gebracht. Dieser Raum wird mit der inneren – nach oben offenen – Kuppel abgeschlossen. Darüber befindet sich die zweischalige Hauptkuppel mit reizvollen Blickbeziehungen und Belichtungen. Durch die Silbermannorgel und die akustische Qualität des Innenraumes wurde die Dresdner Frauenkirche zu einer Stätte der Kirchenmusik.

[…] „Die Ausführung der Kuppel in Stein befürwortete Bähr mit dem Hinweis auf die besondere Konstruktion seines Bauwerkes […]. So wurde die zweischalige, äußere Steinkuppel mit vier eingelegten Ringankern 1734–36 doch noch errichtet. Aber noch vor dem Tod Georg Bährs zeigten sich die

Hotel Rose (rechts), das Wedekindhaus in der Mitte.
(Foto: Paulhans Peters)
„[…] Wie sehr sich mittlerweile der ‚Zeitgeist' seit Anfang der 50er Jahre geändert hatte, zeigt ein Rückblick auf die Haltung der Hildesheimer Bürgerschaft: damals hatte sich diese in einem Volksbegehren noch mehrheitlich gegen einen solchen ‚Wiederaufbau' ausgesprochen und eine moderne Bebauung des Marktplatzes ausdrücklich bejaht. Eine kleine Honoratioren-Lobby setzte aber nach mehr als 30 Jahren die gegenteilige Lösung durch, und das auf Kosten eines Gebäudes, das heute möglicherweise ebenfalls unter Denkmalschutz gestellt werden würde." (Aus: „Demokratie und Wiederaufbau" von Adelheid von Saldern und Georg Wagner-Kyora, in: „Der Architekt" 3–4/2005)

Frauenkirche Dresden. Das Vorbild der Kuppel aus Stein hatte Bähr aus Italien, zudem wollte er damit die sehr teure Kupferverkleidung einsparen.

Richard Wagner führte 1843 hier sein Werk „Das Liebesmahl der Apostel" auf und ließ sich zum „Gesang der Knaben in der Kuppel" anregen.

o.: Frauenkirche Dresden, Laterne.

u.: Trümmerberg 1989 „[...] nur zwei Bauteile, der Chor und die Außenmauern des nordwestlichen Treppenturms, ragten anklagend über dem Trümmerberg auf."

Fassade mit „Schicksalsspuren" (Fotos Frauenkirche: Wolfgang Heyduck) „[...] Der Grundsatz des archäologischen Wiederaufbaus ist vom Landesamt für Denkmalpflege Sachsen formuliert worden und musste angesichts der ‚Weltangelegenheit' Frauenkirche in Respekt vor dem Original befolgt werden, denn es kam darauf an, die überlieferten Steine – soweit verwendbar – möglichst einschließlich ihrer Schicksalsspuren zu wahren. [...] Der Bau war auch werktechnisch als Sandsteinbau mit eisernen Klammern wieder zu errichten." Der Vorschlag des gebürtigen Dresdners Günter Behnisch, den Bau in moderner Stahlbetonkonstruktion aufzuführen, wurde nicht weiter verfolgt.

ersten Bauschäden, die durch Überlastung der acht Pfeiler hervorgerufen worden waren. So unterblieb zunächst die Ausführung der Laterne [...] Erst 1743 konnte die Laterne mit hölzerner Haube [...] abgeschlossen werden."

Vom 13. auf den 14. Febr. 1945 wurde Dresden völlig zerstört, die Frauenkirche stürzte am 15. Febr. 1945 in sich zusammen.
[...] „In den achtziger Jahren erhielt der [...] sich begründende Trümmerberg [...] Bedeutung als Mahnmal gegen Krieg und Blutvergießen [...] Die Geister schieden sich unter den Stichworten: ‚Wunden offen halten!' oder ‚Wunden heilen!' [...] Ein Förderkreis wurde gegründet, der den ‚archäologischen Wiederaufbau' unter Verwendung des historischen Materials, nach den Plänen Georg Bährs und als Kirchenbau forderte. [...] Seit 1994 fungierte die Stiftung Frauenkirche (Freistaat Sachsen, Landeskirche Sachsen, Stadt Dresden), unterstützt von [...] vielen Spendern und Förderern aus aller Welt."
(Aus „Die Frauenkirche Dresden" von Heinrich Magirius)
Die archäologische Enttrümmerung begann 1993/94, der Wiederaufbau fand 1994–2005 statt, die Beteiligten legten Wert auf diese Bezeichnungen, die nicht „Rekonstruktion" bedeuten, gleichwohl waren Frauenkirchen-Fachleute an der Rekonstruktion des Braunschweiger Schlosses beteiligt.

Stadtschloss Braunschweig, 2007
Die eher kurze, aber bewegte Geschichte der Residenz beginnt 1718 mit einem Stadtquartier des Herzogs in Braunschweig, das über Jahrzehnte zu einem Schloss ausgebaut wird. Durch die französische Revolution gerät fast ganz Europa unter Napoleons Herrschaft. Sein Bruder Jérome Bonaparte, den er zum „König von Westfalen" (König Lustik) macht, residiert im Schloss und lässt es im „Empirestil" umbauen. Die französische Besatzung endet 1815 (Wiener Kongress); danach erfährt es seine Blütezeit bis es zu Konflikten zwischen den Landständen und dem Herzog kommt.

1830 wird er durch einen Volksaufstand verjagt, die wütende Menge steckt das Schloss in Brand.

Das neue Residenzschloss, das als dreiflügeliger Bau auf U-förmigem Grundriss entsteht, ist 1840 fertig. 1865 fällt es einem erneuten Brand zum Opfer, dieses Mal durch einen defekten Kamin verursacht. Bereits nach drei Jahren ist es wieder hergestellt. Nach dem 1. Weltkrieg, 1918, wird das Schloss durch Bürger und Behörden öffentlich genutzt.

In den Luftangriffen des 2. Weltkrieges 1944/45 trägt es so schwere Schäden davon, dass in jener Zeit niemand einen Wiederaufbau in Betracht zieht. Daher beschließt 1959 der Rat der Stadt den Abbruch des Schlosses und die Anlage eines Parks; noch verwertbare Stücke wie Säulen, Kapitelle und Gesimse werden eingelagert.

Mit einer Stimme Mehrheit folgt 2004 der Rat dem Vorschlag eines Investors, die Fassaden des Schlosses in seinen authentischen Abmessungen zu rekonstruieren und mit der Nutzung durch ein Einkaufszentrum zu kombinieren. 2007 wurde die Gesamtanlage als Shopping-Mall „Schloss-Arkaden" eingeweiht; sie enthält ca. 150 Geschäfte, gastronomische Betriebe und Dienstleistungsfirmen, zudem Stadtarchiv, Stadtbibliothek, das Kulturinstitut und ein Schlossmuseum (vergl. „Geschichte des Braunschweiger Schlosses" Stadtportrait).

Herzogin Anna Amalia Bibliothek, Weimar 2007.
Die Hofbibliothek gab es bereits seit 1691, untergebracht im Stadtschloss. In ihrer heutigen baulichen Erscheinung geht sie auf das „Grüne Schlösschen" zurück, ein Renaissance-Wohngebäude am Rande des Ilmparks, das Anna Amalia 1761 für die Bibliothek aufstocken und ausbauen ließ. Damals entstand der weltberühmte ovale Rokokosaal mit zwei Galerien nach den Plänen des Thüringer Landbaumeisters August Friedrich Straßburger.

Mit dem Einzug der Bibliothek 1766 in die neuen Räume erfuhr sie einen deutlichen Aufschwung als öffentliche Einrichtung mit liberalem Zugang. Die Zahl der Bücher wuchs von 30.000 auf 132.000 im Jahr 1832.

Schloss Braunschweig (auch Seite 330 u.)
„[…] das verständliche Entsetzen über die Folgen des modernen Wiederaufbaus und späterer Selbstverstümmelung in West und Ost. Dass die daraus erwachsende Sehnsucht nach der verlorenen Stadt mitunter auch vor einer nachträglichen Entwürdigung des zerstörten Baudenkmals nicht zurückschreckt – besonders etwa im Fall des Braunschweiger Schlosses, das als Decorum eines Konsumtempels wieder erstehen soll." (Aus: „Abrechnung mit der Geschichte" von Arnold Bartetzki, „Der Architekt" 3–4/2005)
„Die Zukunft hat begonnen. Seit Ende März dieses Jahres ist das spätklassizistische Schloss wieder da. Dafür wurden 550 Sandsteinfragmente aus dem ‚Schmuckbereich' in Kleingärten und anderen Gärten, Kuhlen […] wieder eingesammelt und durch Frauenkirchen-Fachleute an den jeweils richtigen Platz in die neue Fassade eingefügt." (Aus: „Braunschweiger Helden" von Sebastian Redecke, Bauwelt 18/2007)

Herzogin Anna Amalia Bibliothek, Weimar 1761. Die heutige Bezeichnung „Grünes Schloss" geht vermutlich auf die Kupferdeckung des früheren Daches zurück.
Es war sowohl die Bibliothek der vier Großen, der Klassiker Wieland, Goethe, Herder und Schiller, als auch die der Leser aus der Stadt, deren Zahl – im Verhältnis zur Einwohnerzahl Weimars von 6000 – damals größer war als heute.
(Foto Zustand 1989)

Der Sohn Anna Amalias, Herzog Carl August, beauftragte 1797 zwei seiner Minister mit der Oberaufsicht über die Bibliothek: Johann Wolfgang von Goethe und Christian Gottlob Voigt. Goethe leitete sie 35 Jahre lang bis zu seinem Tod 1832, von ihm stammte auch die Anregung, den runden Stadtturm mit einem Verbindungsbau in den Bibliotheksbereich einzubeziehen. Unter seiner Verantwortung wurde sie zu einer der bedeutendsten Bibliotheken ihrer Zeit, die die Epoche der Weimarer Klassik prägte; ihr Sammlungsschwerpunkt ist die deutsche Literatur- und Kulturgeschichte der Klassik zwischen 1750 und 1850, seit 1998 gehört sie zum Weltkulturerbe der UNESCO. Im Sept. 2004 brach in der zweiten Galerie des Rokokosaals ein Feuer aus, das erst nach drei Tagen endgültig gelöscht war. Die Schäden durch Feuer und Löschwasser waren immens, dennoch wurde die Wiederherstellung der Bibliothek nie in Zweifel gezogen. Im Oktober 2007 erfuhr sie im Beisein des Bundespräsidenten ihre Wiedereröffnung.

Stadtschloss der Hohenzollern, Berlin.
Seine beabsichtigte teilweise Rekonstruktion verdankt es einem Beschluss des Bundestages. Die Anfänge des Schlosses reichen ins späte Mittelalter zurück, danach haben alle bedeutenden Baumeister Preußens daran gearbeitet, am augenfälligsten der Bildhauer und Architekt, der Michelangelo des Nordens, Andreas Schlüter (1659–1714). Es war ein Meisterwerk des norddeutschen Barock und bestimmte mit seinen gewaltigen Ausmaßen die Mitte Berlins auf der Spreeinsel zwischen Spree und Kupfergraben, und es war Bühne und Hintergrund politischen Geschehens in Preußen und Deutschland.

Im Vormärz 1848 kämpften Berliner Bürger auf den Barrikaden für verfasste bürgerliche Rechte, 180 verloren dabei ihr Leben. Zur Aufbahrung auf dem Weg zum Gendarmenmarkt wurden die „Märzgefallenen" durch den großen Schlosshof getragen. Auf den Galerien vor ihren Gemächern mussten König

Anna Amalia Bibliothek Weimar
o.: Innenansichten des ovalen Rokokosaals
u.: Ansicht mit benachbartem Stadtturm
(Foto: Rudolf Klein unter cc-by-sa 3.0)

Stadtschloss der Hohenzollern in Berlin von Nordwesten, im Vordergrund der Kupfergraben. Die Längsseite (links) mit den Portalen IV (vorn) und V (hinten) zeigt zum Lustgarten.
1400 Zimmer hatte das Schloss, aber kein Bad. Bei Bedarf wurde eine Badewanne vom Hotel Adlon ausgeliehen und allgemein sichtbar über die „Unter den Linden" transportiert.

Das Schloss war auch Schauplatz der Vormärz-Ereignisse 1848: der Aufstand wurde schließlich unter Führung des Kronprinzen Wilhelm blutig niedergeschlagen. Preußische Truppen waren daran in ganz Deutschland beteiligt. Der Kronprinz, später König (ab 1861) und Kaiser (ab 1871), hatte angeboten, den Aufstand niederzukartätschen und galt fortan als „Kartätschenprinz".

Friedrich Wilhelm IV. mit gezogenem Hut und seine Frau den Toten die letzte Ehre erweisen.

Am 1. August 1914 verlas Wilhelm II. die Mobilmachung zum 1. Weltkrieg von der Balustrade des Eosanderportals V, das zum Lustgarten gerichtet ist. Auf der Balustrade des benachbarten Portals IV rief Karl Liebknecht am 9. November 1918 die sozialistische Republik aus.

1950 ordnete Walter Ulbricht, Generalsekretär der SED die – nur ideologisch begründbare – Sprengung des Schlosses an, das, zwar teilweise zerstört, immer noch für Ausstellungen und Vorträge genutzt werden konnte. Die frei gewordene Fläche wurde Parkplatz, gelegentlich Aufmarschplatz der werktätigen Massen; am Spreeufer entstand der „Palast der Republik".

Mit der Wende 1989 begann die jahrelange Auseinandersetzung über den Wiederaufbau des Schlosses oder einen Neubau, die ihren Höhepunkt in den 100 Tagen des Jahres 1993 fand, in denen die Schlossbefürworter die städtebauliche Wirkung des Schlosses mit einer Kulisse darstellten und den Palast der Republik durch einen Spiegel geschickt einbezogen. Gleichzeitig fand eine Ausstellung über „Die Bedeutung des Berliner Schlosses für die Mitte Berlins" statt und es wurden acht Bebauungsvorschläge zeitgenössischer Architekten zum selben Thema präsentiert. Die stadträumliche Wirkung des fiktiven Schlosskörpers überzeugte auch die, die dem Wiederaufbau des Schlosses skeptisch gegenüber standen.

1994 lobten die Stadt Berlin und die Bundesrepublik Deutschland einen internationalen städtebaulichen Wettbewerb für die Stadtmitte „Spreeinsel" aus. Sowohl das Stadtschloss als auch der Palast der Republik konnten einbezogen werden oder entfallen, zur Nutzung wurden Vorschläge erwartet. Mit 1105 Einsendungen wurde es die größte Veranstaltung in

Mit der gewaltsamen Unterdrückung der Volksbewegung vergaben die Hohenzollern eine weitere wichtige Gelegenheit zur schrittweisen Annäherung an eine parlamentarische Demokratie wie in England.

re.: Eosanderportal IV, derzeit vor dem Staatsratsgebäude (s. S. 323).

Palast der Republik Berlin, 1973–76.

Die Schlossbefürworter gründeten einen Freundeskreis von rund 1000 Mitgliedern als gemeinnützigen Verein und sammelten Spenden. Die Firma Thyssen spendete das weltweit größte Stahlgerüst mit 800 t; mit 9000 qm Vinylfolie wurde auf dem Skelett der Umriss des Schlosses simuliert. Die französische Großbildkünstlerin Catherine Feff stellte darauf mit 50 Kunststudenten aus Paris die 30 m hohe Schlossfassade dar (u.). „[…] so meint der stellv. SPD-Vorsitzende Wolfgang Thierse in Anbetracht der vielen modernen Bauten, die nun in der Stadt entstehen, vertrage Berlin in seiner Mitte ein wenig historische Erinnerung, um des Gleichgewichts der Stadt wegen. […] Und so ergeht es offensichtlich einigen Schlossbefürwortern. Viele von ihnen unterstützen die Idee des Wiederaufbaus nur, weil sie die Gestaltung der Stadtmitte der Moderne nicht zutrauen. […]"
(Marianne Heuwagen in „Die Fata Morgana als Urteilsgrundlage", SZ vom 30.6.1993)

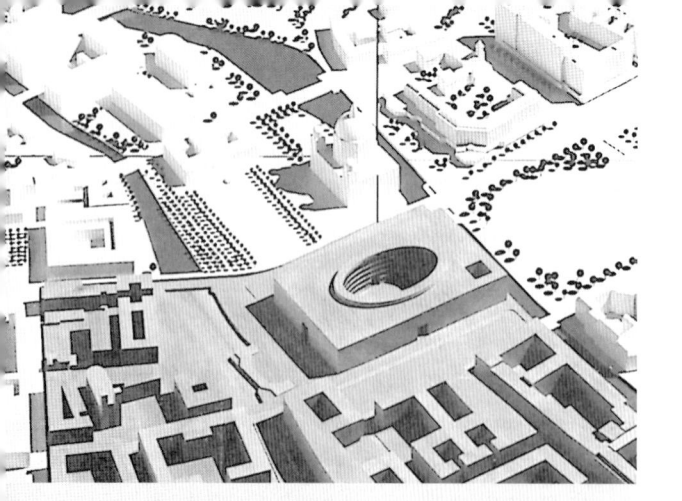

der Geschichte der Wettbewerbe. Dennoch gab es kein befriedigendes, weiterverfolgbares Ergebnis. Der Wettbewerb war ausgelobt worden, ehe die Programmdiskussion abgeschlossen worden war.

2002 (am 24. Juli) beschließt der Bundestag, dass das Schloss in seinen Umrissen und Fassaden rekonstruiert und kulturelle Nutzungen übernehmen wird.

2008 schreibt die Bundesrepublik Deutschland unter dem Titel „Wiedererrichtung des Berliner Schlosses, Bau des Humboldt-Forums" einen begrenzten zweiphasigen Realisierungswettbewerb (85/30 Teilnehmer) aus, der im November 2008 entschieden wird.

2. Kontrast

ist das unmittelbare Gegenteil von Angleichung und Rekonstruktion. Er entsteht im Ganzen oder in Teilbereichen, wie Größe, Volumen, Maßstab, Proportion, Oberfläche, Material und Farbe; seine Wirkung ist dominant; der Entscheidung liegt die Absicht zugrunde, durch Betonung der Gegensätzlichkeit eine besondere Wirkung in der Gestaltung zu erzielen. Die Bauzeit ist ablesbar, denn: „Ein Leitgedanke des modernen Bauens [ist], dass nämlich der architektonischen Form historische Authentizität und damit Einmaligkeit zukomme, so dass jede Zeit die ihr angemessene Formensprache zu entwickeln habe […]." (Aus „Gegenwart der Geschichte", Karin Wilhelm, „Der Architekt" 3–4, 04/05)

Auguste Rodin (1840–1917) ist überzeugt: „Eine Kunst, die Leben in sich hat, restauriert die Werke der Vergangenheit nicht, sondern setzt sie fort."
Den unmittelbaren Bezug der Architektur zu der Zeit, in der sie entsteht, drückt Mies van der Rohe 1923 so aus: „Baukunst ist raumgefasster Zeitwille. Lebendig. Wechselnd. Neu. Nicht das Gestern, nicht das Morgen, nur das Heute ist formbar. Nur dieses Bauen gestaltet. Gestaltet die Form aus dem Wesen der Aufgabe mit den Mitteln unserer Zeit."

Wettbewerb „Hauptstadt Berlin" 1994, 1. Preis Bernd Niebuhr, Berlin
Das Preisgericht u.a.: „Die Arbeit setzt sich in hervorragender Weise mit der historischen Topographie auseinander. Indem der Verfasser an die Stelle des alten Schlosses einen neuen, in sich geschlossenen Baukörper setzt, stellt er die städtebauliche Dominanz an diesem Ort wieder her."

„[…] Unpräzise Ausschreibungen machen Wettbewerbe außerordentlich umständlich und teuer. Alle Programmdiskussionen müssen vor der Auslobung abgeschlossen sein, soll dieses hervorragende Planungsinstrument nicht verdorben werden." (Robert Frank in „Vergeudete Energien", SZ 4.7.1994)

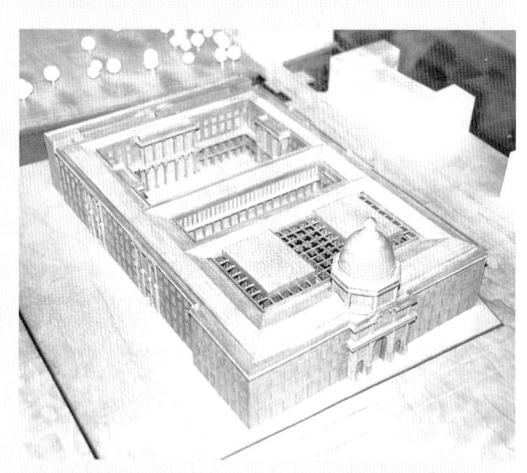

Wettbewerb „Hauptstadt Berlin" 2008, 1. Preis Franco Stella, Vicenza
Das Preisgericht u.a.: „Mit großem Selbstverständnis gelingt es dieser Arbeit, sowohl die Schlüterfassaden als auch die historische Kuppel uneingeschränkt zu rekonstruieren. […]"

Nächste Seite: Kaiser-Wilhelm-Gedächtnis-Kirche, Berlin 1957–61 von Egon Eiermann.
Prominentes Beispiel eines wirkungsvollen Kontrastes zwischen Alt und Neu; im 2. Weltkrieg war der neoromanische Bau (1891–95) schwer beschädigt worden. Die Beiträge des zu seinem Wiederaufbau ausgeschriebenen Wettbewerbs (1956)

Adolf Loos ist sich sicher: „Wenn ein Haus im Stil seiner Zeit gebaut ist – natürlich gut –, passt es in jede historische Umgebung."

Haus am Michaeler Platz, Wien 1909.
Als der Architekt Adolf Loos (1887–1933) von seinem Schneider- und Modegeschäft Goldmann und Salatsch 1909 den Auftrag für ein Geschäftshaus erhielt, war sein aufsehenerregender Artikel „Ornament und Verbrechen" – 1908 erschienen – gerade ein Jahr alt. Im Wien des Historismus und des Jugendstils, die beide auf das Ornament angewiesen sind, stellte er eine aggressive Provokation dar; Loos lehnte es als degeneriert und überflüssig ab; aus seiner Sicht war es Ballast unnötiger Dinge und reine Verschwendung von Zeit, Kraft, Geld und Material. Zitat: „Ornament ist vergeudete Arbeitskraft und dadurch vergeudete Gesundheit. So war es immer. Heute bedeutet es aber auch vergeudetes Material, und beides bedeutet vergeudetes Kapital. […]" Und er prophezeit: „wir haben das ornament überwunden, wir haben uns zur ornamentlosigkeit durchgerungen. seht das ziel ist nahe, die erfüllung wartet unser. bald werden die straßen der städte wie weiße mauern glänzen. […]" (Aus „Ornament und Verbrechen", in: „Programme und Manifeste zur Architektur des 20. Jahrhunderts", Ulrich Conrads, 1975) Diese Vision der „weißen Mauern" verwirklichte er konsequent in den Obergeschossen seines Hauses am Michaeler Platz, aus denen lediglich die Fensteröffnungen ausgeschnitten sind. Der Kontrast löste eine schockartige Reaktion bei der Behörde aus, die die Baustelle stilllegen ließ, die Wiener versammelten sich vor ihr in Scharen und die Presse überschlug sich mit Berichten und Darstellungen („Haus ohne Augenbrauen").

In dem Kampf, der über drei Jahre dauerte und der zu gesundheitlichen Problemen bei Loos führte, erfuhr er auch Unterstützung – von seinem Bauherrn Goldmann und von Karl Kraus in dessen Zeitschrift „Die Fackel", schließlich von Otto Wagner, der Eminenz der modernen Architektur in Wien. Adolf Loos

reichten von originalgetreuer Wiederherstellung bis zum kompromisslosen Neubau. Mit einer solchen eindeutigen Lösung hatte Eiermann den 1. Preis gewonnen.
Der heftige Protest der Öffentlichkeit gegen den Abriss der Ruine veranlasste ihn, seine Lösung zu modifizieren und einen Teil des historischen Baus in das Konzept zu integrieren. Dabei gelang ihm, das Gegeneinander von vorhandener zu neuer Architektur so überzeugend zu gestalten, dass die Kirche zum bekanntesten Bau der Nachkriegszeit wurde; Anteil daran hat aber sicher auch der faszinierende – blau verglaste – Innenraum. Von Eiermann hielt sich hartnäckig das Gerücht, dass er insgeheim auf den nachträglichen Abriss der Ruinenteile hoffte.

Umstrittenes Kontrastbeispiel: Akademie der Künste am Pariser Platz, Berlin (1994–2005) von Günter Behnisch und Werner Durth.

Behnisch hatte 1994 das interne Gutachterverfahren unter 13 Akademiemitgliedern der Sektion Baukunst gewonnen und damit eine jahrelange heftige Kontroverse um den Kontrast der gläsernen Fassade seines Entwurfs zur Bebauung des Pariser Platzes ausgelöst.

Dem Wettbewerb hatte die Auflage der „kritischen Rekonstruktion" zugrunde gelegen, das heißt, nicht historisch getreu, aber nach den Merkmalen einer Gestaltungssatzung, die sich nach dem Willen der Senatsbauverwaltung am Vorkriegszustand orientierte und u.a. steinerne Lochfassaden mit max. 49 % Glasanteil forderte. Mit dem Begriff „kritische Rekonstruktion" führte die IBA 1979–87 einen neuen Umgang mit der vorhandenen Bebauung ein; statt Flächensanierung und Totalabriss werden historische Gegebenheiten modern ergänzt. In einer Stellungnahme zu seinem Entwurf beschreibt Behnisch sein Verständnis von „kritischer Rekonstruktion" und er fragt, „könnte man sich nicht vorstellen, dass die umstehenden Gebäude allein durch die Tatsache, dass sie dort in Reih und Glied und vielleicht mit gleicher Höhe stehen, ausreichend am Staatsspektakel teilnehmen würden?" (Bauwelt 25/1996)

Seine großzügigere Deutung der „kritischen Rekonstruktion" gibt ihm die Möglichkeit, mit einer Stahl-Glas-Fassade, die die Gliederung der historischen Akademiefassade aufnimmt, auf die Besonderheit des Ortes – der ein öffentlicher ist – hinzuweisen.

Haus am Michaeler Platz, Wien, von der Hofburg aus gesehen.
Von Kaiser Franz Josef hörte man, dass er aus den Fenstern seiner Hofburg, die dem Haus gegenüberlagen, nicht mehr hinausschaue, so wenig könne er dessen Anblick ertragen. (Fotos: Eugen Adrianowitsch)

re.: Fassadendetail. Kontraste auch innerhalb der Fassade: Die vier oberen Wohngeschosse sind überraschend leer, die beiden unteren Geschäftsetagen sind mit Marmor reich dekoriert. Zwischen beiden Bereichen besteht keine axiale Beziehung.

Haus Schröder, Utrecht 1924, ein „räumlicher Mondrian" (Julius Posener)

In einem Begleittext (Quadrat-Blatt „Rietvelt 1924. Das Haus Schröder") äußert Rietvelt sich handschriftlich zu seinem Haus: „Der Bau stellt einen Versuch dar, um sich vom allzu traditionellen Einerlei [...] zu befreien [...]. Der Bau steht am Ende einer Reihe schwerer Backstein-Häuser. Es hat Jahrzehnte gedauert, bevor der Utrechter an diesem Gegensatz ohne Protest vorbeigehen konnte."

lud zu Vorträgen ein, in denen er sein Haus erklärte und verteidigte, dabei gelang es ihm, bis zu 2000 Zuhörer zu versammeln und zu begeistern. Schließlich genehmigte der Stadtrat den Bau, nachdem Loos – ohne weitere Rücksprache – an den Fenstern Blumentröge hatte anbringen lassen. Der leidenschaftliche Kampf, den Adolf Loos für die Ornamentlosigkeit führte, trug entscheidend zur Entwicklung der modernen Architektur, der Neuen Sachlichkeit, bei.

Haus Schröder, Utrecht, 1924.
Gerrit Rietveld (1888–1964) entwarf und baute es unter entscheidender Mitwirkung der Bauherrin Truus Schröder. Die Flexibilität des Inneren ist sensationell; die Zimmer werden durch auf Schienen laufende Wände geteilt, die Einrichtung besteht aus klappbaren Betten, Tischen und Schränken in weiß, grau, schwarz und rot. Die Außenansicht, eine 3-dimensionale Komposition aus grauen, weißen und schwarzen Flächen und Linien in rot, gelb und blau, verrät die Nähe zu Piet Mondrian (1872–1944) und der De-Stijl-Bewegung (gegr. 1917). Das Haus wurde sofort international bekannt und zu einem wichtigen Ereignis in der Architektur des 20. Jahrhunderts. Eigentlich schließt es nur eine herkömmliche Reihenhauszeile in Ziegelbauweise ab, aber es betont in allen Details seine vollkommene Andersartigkeit; hier gerät der offensichtliche Kontrast zur aggressiven Kontroverse.

Rietveld war an einer Gestaltung des Nebeneinander nicht interessiert, Fotos seines Hauses nahm er so auf, dass die Nachbarbebauung nicht sichtbar war, und sich der Eindruck ergab, es stünde frei.

Café de Unie, Rotterdam 1925
„J. J. P. Qud entwarf Fassade und Grundrisse des Café De Unie in seiner Eigenschaft als Architekt im Dienst der Stadt, nachdem die Pläne der Antragsteller dreimal von der Baukommission zurückgewiesen worden waren. [...]

Die Aufgabe bestand [...] aus einem engen, 10 m breiten Grundstück [...]. Eingezwängt zwischen zwei [...] neoklassizistischen Gebäuden wurde es von vielen in Rotterdam als ein ungeeigneter Ort für ein Café angesehen. [..., Oud] wurde durch die Tatsache, dass das Gebäude nur 10 Jahre stehen sollte, zu einem Experiment ermutigt. [...] Werbung war sowohl in De Stijl-Kreisen als auch am Bauhaus ein Hauptthema [...].

[...] Im Café De Unie verbinden sich Architektur und Werbung auf komplett logische Weise. Die Beschriftung und die beleuchteten Zeilen waren nicht nachträglich an die Fassade geheftet, sondern vorweg als Ganzes komponiert. [..., Es] ist das farbigste Gebäude in Ouds ganzem Werk.
Die Wahl der Farbe steht zweifellos in Verbindung mit der architektonischen Interpretation des Werbungsaspektes." (Aus dem Ausstellungskatalog J. J. P. Oud, The Complete Works 1890–1963, NAI, Rotterdam 1985)

Ganz offensichtlich ging es Oud darum, seiner Fassade die Selbstbehauptung neben ihren „einschüchternden, monumentalen Nachbarn" zu erhalten und einen „Kontrasteffekt" durch gegenseitigen Respekt und Anerkennung zu erreichen.
1940 – im 2. Weltkrieg – wurde das Café De Unie durch den deutschen Luftangriff auf Rotterdams Zentrum zerstört.
1986 erfuhr seine Fassade in einer anderen – 3 m breiteren – Baulücke ihre Rekonstruktion, da der ursprüngliche Standort bereits wieder bebaut worden war.

Württembergische Staatstheater, Kleines Haus, Stuttgart 1959
Der Neubau der Württembergischen Staatstheater erfolgte 1902 aufgrund eines Wettbewerbs, nachdem das Königliche Hoftheater am nahen Schlossplatz abgebrannt war.

Haus Schröder, Utrecht 1924, Eingangsansicht (o.), Straßenansicht (re.), die Bildausschnitte blenden die Nachbarschaft aus und geben damit die Vorstellungen des Architekten wieder.

Café de Unie, Rotterdam 1925, o. + re.: ursprünglicher Zustand.

u.: heutiger Standort. Der Architekt Carel Weeber, zugleich Bauherr, schloss den anfallenden Zwischenraum mit einer unauffälligen Ziegelfassade und stockte das ehemals dreigeschossige Gebäude – von der Straße aus kaum sichtbar – um eine Etage auf.
Die Nutzung konnte beibehalten und um kulturelle Möglichkeiten erweitert werden.

Weiße Stadt, Aroser Allee, Berlin, 1929–31
Ein ähnlich bezeichnendes Beispiel für einen aggressiven Kontrast wie in den beiden vorangegangenen niederländischen Bauten gibt es in Berlin:
Als die Architekten Bruno Ahrens, Wilhelm Büning und Otto Rudolf Salvisberg 1929–31 die „Weiße Stadt" planten, setzten sie das Ergebnis eines städtebaulichen Wettbewerbs vom Jahr 1913 fort, das über den Straßenbau und ein Eckgebäude nicht hinausgekommen war. Büning sah sich außer Stande, seine neuen Zeilenbauten versöhnlich an die – 15 Jahre ältere – Blockrandbebauung anzuschließen, sondern schottete sie mit einem schroffen Kontrastbau ab.

Württembergische Staatstheater Stuttgart, o.: links Kleines Haus (1959), rechts Großes Haus (1902)

m.: Das Kleine Haus vor der Zerstörung

u.: Das Oktogon des neuen Kleinen Hauses

Max Littmann, ein renommierter Theaterbauer aus München und Erbauer des dortigen Prinzregententheaters, bekam den Auftrag zum Bau des damals größten Dreispartentheaters für Oper, Schauspiel und Ballett. Die Baukörperfiguration gliedert sich leicht ablesbar in ihre einzelnen Funktionen. Ungewöhnlich und besonders reizvoll: Großes und Kleines Haus orientieren sich zum Schlosspark und werden auch von dort betreten. Zwischen und hinter den beiden Häusern sind Verwaltung und Werkstätten, die dritte Spielstätte, der Ballettsaal, befindet sich auf dem Dach der Anlage.

Dem monarchischen Bauherrn verpflichtet, baute Littmann ein Rangtheater, obschon dessen Zeit vorbei war. Der Architekt versuchte beim Entwurf der Zuschauerräume „demokratische Prinzipien" einzubringen. In der historischen Fassade mischen sich Elemente aus Barock, Klassizismus und Jugendstil. Dennoch ist die Gestaltung der heterogenen Gruppe außerordentlich harmonisch und einheitlich.
1944 wurde das Kleine Haus stark beschädigt und in zwei Wettbewerben (1953 und 1957) der Entschluss zu einem völligen Neubau gefasst. Die Architekten Hans Volkart, Bert Perlia und Kurt Plöcking fügten dem historisierenden Konglomerat mit ihrem – ganz der Gegenwart verpflichteten – Entwurf, einen konträren Akzent von großem Reiz zu. Der Kontrast ist wirksam und betont im Gegeneinander die Qualitäten des jeweils Neuen und Alten.
Auch die „Demokratisierung" erfuhr eine Weiterentwicklung. Das neue Theater ist ein reines Parkett-Theater mit gleichwertigen Plätzen. War noch im Vorgängerbau die Hälfte des Foyers dem König und seinem Hofstaat vorbehalten, so steht es jetzt allen zur Verfügung.

Landtag von Baden-Württemberg, Stuttgart 1959
„Württemberg ist das einzige deutsche Land, das schon im Mittelalter eine Verfassung und eine Volksvertretung hatte, so dass im 18. Jahrhundert der englische Staatsmann Lord Charles Fox (1749–1806),

zuletzt Premierminister, erklärte, es gäbe nur zwei Länder, die eine Verfassung hätten: England und Württemberg." (Aus „Alt-Stuttgarts Bauten im Bild" von Gustav-Wais, 1951)

Alle Bauten innerhalb des Straßengevierts, in denen sich diese bemerkenswerte demokratische Entwicklung abgespielt hatte, wurden durch Luftangriffe im 2. Weltkrieg zerstört, und es fand sich keine Mehrheit dafür, in irgendeiner Weise diese einmalige Tradition am authentischen Ort baulich abzubilden. Inzwischen stehen dort Bankgebäude.

In der Diskussion, von wo aus das Volk als Souverän seine Macht künftig ausüben sollte, einigte man sich auf den Akademiegarten in unmittelbarer Nähe zum Schloss. Auch Paul Bonatz hatte sich daran beteiligt und den Vorschlag für einen Plenarsaal in Verbindung mit dem Schloss beigesteuert. Der Wettbewerb, der 1959 ausgelobt wurde, hatte als 1. Preis einen konsequent solitären, quadratischen Baukörper des Architekten Kurt Viertel zum Ergebnis, an dessen Überarbeitung Horst Linde und Erwin Heinle beteiligt waren.

Pädagogische Hochschule, Eichstätt, 1960–64

Die fürstbischöfliche Sommerresidenz in Eichstätt wurde Anfang des 18. Jahrhunderts von Eichstätts berühmtestem Barockbaumeister Gabriel de Gabrieli gebaut. Gabrieli war Italiener und stammte aus Roveredo in Graubünden. In unmittelbarer Nähe zu ihr errichteten 1960–64 der Diözesanbaumeister Karljosef Schattner mit Josef Elfinger die Pädagogische Hochschule. Die anspruchvolle Nachbarschaft veranlasste sie zu äußerster Bescheidenheit und Zurückhaltung in Form und Material. Das Skelett ist aus Sichtbeton, die Ausfachung aus Jura-Bruchstein.

Dazu ein Zitat aus einem Eichstätt-Führer: „Der Eichstätter Diözesanbaumeister Prof. Karljosef Schattner hat für dieses neue Bauen in historischer Umgebung seine eigene, von der Fachwelt anerkannte Philosophie und in ihren Ergebnissen viel bewunderte

o.+m.: Landtag Baden-Württemberg, Stuttgart, 1959.
„Der schmucklose, sparsam detaillierte Baukörper steht in demonstrativem Kontrast zum benachbarten Schloss und dem Staatstheater. In seiner einfachen, klaren Gestalt erinnert der Kubus an Entwürfe von Mies van der Rohe, [...]. An drei Seiten entlang der Außenwände des Gebäudes wurden Besprechungs- und Arbeitszimmer der Abgeordneten angelegt [...]. Durch die Vollverglasung dieser Zimmer sollte die Transparenz demokratischer Entscheidungsprozesse nach Außen hin versinnbildlicht werden."
(Aus: „Stuttgart – Ein Architekturführer" von Martin Wörner und Gilbert Lupfer, 1991)

Pädagogische Hochschule Eichstätt 1960–64

Leitlinie entwickelt: Der Respekt vor der historischen Überlieferung verlangt nicht Nachahmung, sondern zeitgenössische Interpretation. Es komme nicht auf Fassaden, Ornamente oder Farben an, sondern auf die Bewahrung der räumlichen Qualitäten, der gegebenen Proportionen und der historischen Schichten. Erst in der Spannung zwischen alt und neu, erst im Kontrast bilde sich gute Architektur. ‚Die Gegenwart leugnen hieße die Geschichte leugnen'." (Aus „Eichstätt", Friedrich Mader/Konrad Held 1990)

Das Gebäude der barocken Sommerresidenz der Bischöfe von Eichstätt wurde 10 Jahre später, 1970–74, von Schattner für die Verwaltung der Pädagogischen Hochschule umgebaut, dabei setzte er das begonnene Prinzip der Vereinfachung und des Kontrasts fort.

Erweiterung der Bayerischen Staatsbibliothek, München, 1966

Die Ludwigstraße und ihre nördliche Verlängerung, die Leopoldstraße, ist eine der drei Prachtstraßen Münchens. Sie wurde im Auftrag Ludwig I. (1786–1868) ab 1817 von Leo von Klenze und ab 1830 von Friedrich von Gärtner geplant und erbaut. An der Feldherrnhalle nimmt sie ihren Anfang und führt über das Siegestor bis nach Schwabing, auf diesem Weg wird sie von zahlreichen Repräsentationsbauten in historistischen Stilen begleitet; einer von ihnen ist die Bayerische Staatsbibliothek, die Friedrich von Gärtner 1832–43 im „Rundbogenstil" errichtete, ein romantisierender Historismus, der auf Schinkel zurückgeht. Zerstörungen im 2. Weltkrieg wurden überwiegend durch Rekonstruktionen beseitigt. Das wuchtige Bauwerk ist von beeindruckender Einheitlichkeit und Geschlossenheit. Dem treten die Architekten Sep Ruf, Hans Döllgast und Helmut Kirsten mit ihrem Entwurf für eine Erweiterung der Bayerischen Staatsbibliothek – auf der Gartenseite – um weitere Lesesäle, Magazine und Arbeitsräume entgegen.

Ihr Konzept ist völlig konträr und besteht aus einem reinen Stahlbetonskelett, das völlig verglast ist. Die

Pädagogische Hochschule Eichstätt, 1960–64 im Kontrast zur ehemaligen barocken Sommerresidenz

Erweiterung der bayerischen Staatsbibliothek, München, 1966

Gegensätzlichkeit der zarten und leichten Struktur zu den vorhandenen schweren Mauerwerksbauten ist kaum zu überbieten und steigert das architektonische Gesamtergebnis.

Erweiterungsbau der Commerzbank,
Stuttgart 1970–72
Die Architekten Hans Kammerer, Walter Belz und Partner sahen sich vor die anspruchsvolle Aufgabe gestellt, die Bankerweiterung unmittelbar links neben der Stiftskirche unterzubringen. Dabei entschieden sie sich für eine Kontrastlösung: „Das Ergebnis ist ein Gebäude, das seinen Reiz hauptsächlich aus der Spiegelung seiner historischen Nachbarschaft bezieht, gleichzeitig aber unverkennbar modern und eigenständig ist. [...] In den zahlreichen Fensterscheiben spiegelt sich in vielfacher Brechung und Wiederholung die mittelalterliche Nachbarbebauung: Das Langhaus der Stiftskirche und der rückwärtige Giebel des Stiftsfruchtkastens. Auf diese Weise entstand ein Beispiel, wie alte und neue Architektur [...] in einen spannungsreichen Dialog treten können." (Aus „Stuttgart – Ein Architekturführer", 1991)

Erweiterungsbau der Commerzbank Stuttgart, 1970–72, im Hintergrund der Fruchtkasten

Zentralsparkasse-Filiale Wien-Favoriten, 1974–79, Foto: Eugen Adrianowitsch

Zentralsparkasse-Filiale, Wien-Favoriten, 1974–79
Dem Architekten Günther Domenig lagen zur Planung zwei wesentliche Ausgangspunkte vor: Die Zentralsparkasse wollte zum einen – aufgrund zunehmender Kritik an der Monofunktionalität der Banken – mit dieser Filiale, auch über den reinen Geldverkehr hinaus, kommunale Aufgaben übernehmen, zum anderen einen Beitrag zur zeitgemäßen Architekturentwicklung leisten.
Aus „Günther Domenig", Werkbuch, Raffaele Raya, 1991: „Prinzipien der architektonischen Übersetzung. Die Grundkonzeption geht davon aus, Linienführungen und Winkelbezüge der materiellen städtischen Nachbarschaft aufzunehmen und diese auf und in das Gehäuse zu projizieren. Jede räumliche Linienführung und Bewegung hat ihre ursächliche Beziehung zum Ort, sei das nun funktionell oder konstruktiv. [...]

Funktionell Räumliches: Die funktionelle Räumlichkeit der inneren Organisation ist außen ablesbar. [...] Die kommunale Nutzung in den oberen Geschossen ist abgehoben – ‚das Haus mit dem Knick'."

Auf den nicht vorinformierten Betrachter wirkt das Gebäude als Solitär, das Verbindung zur Nachbarschaft nicht herstellt; in nahezu jedem Detail verhält es sich gegensätzlich zum entsprechend vorhandenen der Umgebung, ohne dass aus dieser Unterschiedlichkeit eine besondere architektonische Gestaltung entsteht. Der Kontrast bleibt eine bloße Konstellation.

Kaufhaus, Schwäbisch Hall, 1993
Von den Architekten Mahler, Gumpp und Schuster über einen Wettbewerbserfolg erbaut, steht es mitten in einer intakten Altstadt mit deutlichem Kontrast zu ihr. Dazu schreibt Wilfried Dechau im „Glasforum 1/94": „Schwäbisch Hall ist eine nahezu idyllische Stadt. Sie ist eine der wenigen, uns als Ganzes erhalten gebliebenen, alten Städte. [...] In Größe und Umriss der Umgebung angepasst, ist das neue Kaufhaus doch ein Zeugnis unserer Zeit. Das Glas und seine Spiegelungen überspielen die Kontraste und setzen zugleich neue Akzente. [...] Das Volumen entspricht sowohl in der Größenordnung als auch in der Form dem [...] Vorbild des Hauses. [...] Das Dach ist sogar biberschwanzgedeckt. Was die Gemüter erregt ist wohl die Tatsache, dass [...] die Gemeinsamkeiten [damit] auch schon aufhören. Kein Putz, kein Fachwerk, keine Nettigkeit und Niedlichkeit. Stattdessen scheinbar ohne Konstruktion auskommende Oberflächen, geformt aus Glas und feinsten Stahlprofilen. [...]"

Zentrum für Umweltgerechtes Bauen e.V. (ZUB), Kassel
Es besteht aus einem konservativen Industriebau aus den Jahren 1903–05 mit neogotischen Ziegeldetails sowie einer baulichen Ergänzung 1999–2001 von den Architekten Jourdan und Müller PAS und Seddig Architekten.

Zentralsparkasse-Filiale Wien-Favoriten, 1974–79, „[...] Das Zusammenspiel der Materialien: Die bestimmenden Materialien sind Beton, Stahl und Blech. [...] Alle diese Architekturteile sind Bestandteile der Gestaltung, sie stehen in Beziehung zur Gesamtheit des Gebäudes und auch in Beziehung zur Nachbarschaft. [...]" (Raffaele Raya) Foto: Eugen Adrianowitsch

Kaufhaus, Schwäbisch Hall 1993
Vorderseite zur Schulgasse mit starrem Sonnenschutz (o.), Rückseite mit Treppenhaus (u.).

Alt- und Neubau gehören zusammen, sind aber eigenständige Funktionseinheiten und mit einer durchgehenden Brandwand getrennt. Die Fassaden beider Bauteile unterscheiden sich nicht nur durch ihr unterschiedliches Alter – rund 100 Jahre – sondern auch dadurch, dass sie jeweils ein eigenes Nutzungskonzept wiedergeben. Der folgerichtig entstehende starke Kontrast wird zum Vorteil des Ganzen beibehalten. „Mit einem schmalen verglasten Treppenhaus entlang der gemeinsamen Brandwand wird die Eigenständigkeit des als Niedrigenergiehaus konzipierten ZUB gegenüber dem Altbau betont." (Aus „Architekturführer Kassel" 2002)

ZUB Kassel (1999–2001). Alt und Neu unterscheiden sich nicht nur durch gotisierende Backsteinornamentik einerseits und großzügige Flächenteilung andererseits, sondern auch in ihrer Farbigkeit.

Stadthaus, Ulm 1986–93
Von Richard Meier erbaut, steht in einem Kontext, der schwieriger kaum vorstellbar ist:
Zunächst das Münster, in großen Teilen im 19. Jahrhundert neogotisch ergänzt, ist es – als das Stadthaus gebaut wurde – nicht älter als 100 Jahre. Der Turm wurde 1890 fertig und erreicht gegenüber dem Zustand vor Wiederaufnahme der Bauarbeiten die doppelte Höhe (161 m), damit ist er der höchste Kirchturm der Welt.
Dann der Münsterplatz: während der Fertigstellung des Münsters (1844–90) wurde das Barfüßerkloster aus dem 13. Jahrhundert abgerissen, um den Blick auf den weit jüngeren Bau unverstellt zu ermöglichen. Der Platz wuchs dadurch auf 15.000 qm an, das Doppelte seiner bisherigen Fläche.
Schließlich die Randbebauung, die durch den 2. Weltkrieg völlig zerstört, in den Formen der 50er und 60er Jahre hastig wieder hergestellt wurde und der riesigen Platzfläche verloren gegenübersteht.

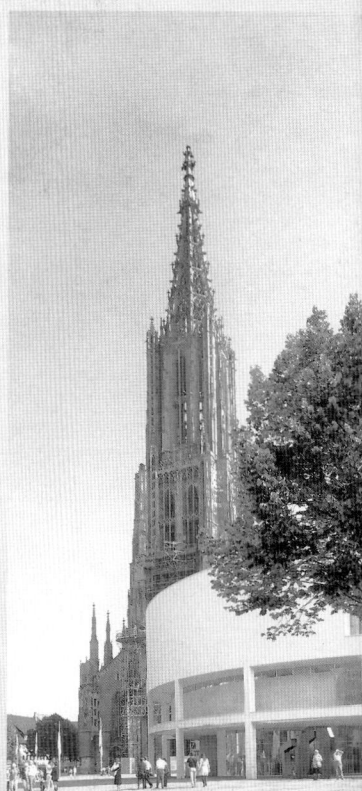

„Fünf große Wettbewerbe, der erste 1904 und der letzte 1980 haben Hunderte von Architekten auf den Plan gerufen, unter ihnen Paul Schmitthenner, Hans Scharoun und Dominikus Böhm. Sie alle hatten ihre Schwierigkeiten bei dem Versuch, im Schatten des alles beherrschenden Kirchturms und im Rund einer seit dem Abbruch des Barfüßerklosters (1875) maß-

Stadthaus Ulm 1986–93. Oben: Draufsicht. Über dem Rundbau drei giebelförmige Sheds. (Foto: Carl-Michael Weipert) Unten: Konstellation mit Westfassade des Münsters.

Stadthaus Ulm, vom Münster aus gesehen.

„Der aufwändigste Wettbewerb in der Geschichte des Münsterplatzes fand 1924/25 statt. Insgesamt 478 (!) Arbeiten aus dem gesamten Reich gingen ein. Die vom Preisgericht (Theodor Fischer, Paul Bonatz, German Bestelmayer u.a.) vergebenen Preise und Ankäufe mussten sich den Vorwurf gefallen lassen, die Fischer-Schule sei bevorzugt worden. Ein erbitterter Presse-Streit entbrannte [...]." (Hans-Michael Herzog in Bauwelt 19/1987)

Zu den 10 beim Wettbewerb 1986 eingeladenen Teilnehmern gehörten u.a. Gottfried Böhm, Alexander Freih. von Branca, Heinz Mohl, Kammerer-Belz-Kucher; Hans Hollein hatte in letzter Minute abgesagt.
„Paradoxerweise ist es gerade die Wiederaufnahme eines historischen Architekturvokabulars, mit dem zumeist alles Andere erreicht wird, als die Integration des Neubaus in die alte Stadt. [...] Man kann nicht an Geschichte anknüpfen, indem man deren Wortschatz verdünnt übernimmt." (Heinrich Klotz 1977)

stablosen Platzfläche angemessene Proportionen aufzubauen und haltbare Beziehungen zueinander zu schaffen. [...] Alle mussten sie kapitulieren vor der Sturheit der Ulmer Bürger, die [...] in ihrer Mehrheit den Münsterplatz lieber leergeräumt und den (Foto-) Blick auf den Münsterturm unverbaut behalten wollten. [...] Und um ein Haar hätte den unangefochten als Sieger aus dem eingeladenen Wettbewerb von 1986 hervorgegangenen Entwurf von Richard Meier dasselbe Schicksal ereilt wie all seine Vorgänger: Ein Heimatverein ‚Alt-Ulm' verfehlte bei seinem Bürgerentscheid im September 1987 nur knapp die erforderlichen Nein-Stimmen." (Peter Rumpf in Bauwelt 3/1994)

Aber es hatte sich auch eine Bürgerinitiative für Meiers Entwurf gebildet; Meier beteiligte sich selbst an Diskussionsrunden und zeigte sich dabei über Ulms jüngere Geschichte informiert, als er die Ulmer daran erinnerte, am Scheitern der „Hochschule für Gestaltung" 1968 beteiligt gewesen zu sein.

Meier hatte in seinem Vorschlag darauf verzichtet, sich in irgendeiner Weise an die Umgebung anzupassen, seine unverkennbare Architektursprache bedeutete entschiedenen Kontrast zu ihr.
Da, wo er diese Maxime verließ, erfuhr er Kritik: „Ein kleiner Schönheitsfehler, der dem architektonischen Grundkonzept zuwiderläuft [...], sind die über dem quadratischen Saal des „Rundbaus" angebrachten drei giebelförmigen Sheds. Die Idee, die Giebelchen als Hommage an den Genius loci [...] anzubringen, ist nicht geglückt." (Hans-Michael Herzog in Bauwelt 19/1987)

Die konsequente Einhaltung der Eigenständigkeit ist die Basis zum Erfolg. „Aus der Weigerung, sich weder dem Münster noch der umgebenden Bebauung in Form und Material anzubiedern, gewinnt der Neubau die Qualität, die ihn so selbstverständlich macht." (Peter Rumpf)

3. Anpassung

liegt zwischen Angleichung und Kontrast; sie übernimmt Elemente – Dimension, Maßstab, Proportion und Material – in Teilen, soweit für die neue Bauaufgabe sinnvoll, und schafft durch diese „Übergangselemente" Verbindung zwischen vorhandener und neuer Bebauung. Die Bauzeit bleibt ablesbar.

Die Einbeziehung des Vorhandenen und seine Geschichte in das neue Konzept beschäftigte die Nachkriegsmoderne früh. 1960 geben Oswald Mathias Ungers und Reinhard Gieselmann das Manifest „Zu einer neuen Architektur" heraus: „Schöpferische Kunst ist ohne geistige Auseinandersetzung mit der Tradition nicht denkbar. [...] Architektur ist das vitale Eindringen in eine vielschichtige, geheimnisvolle, gewachsene und geprägte Umwelt. Ihr schöpferischer Auftrag ist Sichtbarmachung der Aufgabe, Einordnung in das Vorhandene, Akzentuierung und Überhöhung des Ortes. Sie ist immer wieder Erkennen des Genius loci, aus dem sie erwächst. [...]" („Programme und Manifeste", Bauweltfundamente 1, 1975)

In der Monographie „O.M.Ungers 1951–1984" schreibt Heinrich Klotz über ihn: [...] „Ungers entwickelt eine ‚städtebauliche Morphologie', die aus dem ‚Kontext' der bestehenden Stadtlandschaft die Anlässe zum Weiterdenken und zum Ausformulieren findet [...]." Im selben Buch äußert sich Ungers selbst unter dem Titel „Bemerkungen zu meinen Entwürfen und Bauten": „Architektur wird von zwei wesentlichen Bezügen geprägt. Zum einen vom Bezug zum Ort, für den geplant und gedacht ist, und dazu darf man nicht nur den realen Ort zählen, sondern auch den geistigen, geschichtlichen und gesellschaftlichen Raum, der sie bestimmt; zum anderen vom künstlerischen Typus, den der jeweilige Entwurf oder Bau offenbart. [...]

Stadthaus und Münster Ulm: Selbstständiges und selbstbewusstes Nebeneinander.

Deutsches Architekturmuseum Frankfurt/M. von O. M. Ungers.
Die ehemalige, neobarocke, Villa bietet jetzt großzügige Ausstellungsflächen und für Besonderes das „Haus im Haus". Mit der Erweiterung im EG ist sie spannungsvoll verbunden. Der rote Sandstein gehört zur Frankfurter Bautradition.

Messegelände Frankfurt/M. von O.M. Ungers 1980–83.
Die bedeutende Messestadt Frankfurt erhält einen angemessenen Handelsplatz.

Oben: Halle 9. Auch hier wird das regionale Material in rotem Betonstein zitiert.
Unten: Die Galeria. Die gläserne Halbtonne ist eine anspruchsvolle bauliche Geste für die noble Geschichte Frankfurts.

Morphologisches Denken und Handeln setzt aber zwei Dinge voraus, erstens das Erkennen und Entdecken von Archetypen, zweitens die Sicht der Dinge in komplementären Beziehungen. [...] Nicht nur werden [...] historische Bezüge lebendig und zum schöpferischen Material der Gegenwart, sondern es werden auch vorher nicht gedachte Zusammenhänge evident und für geistige und künstlerische Arbeit verfügbar. [...]" Damit umreißt er das Konzept seines „Rationalismus", der von den 1970er Jahren an seine Entwürfe und Bauten prägt.

Charles Moore gibt die Haltung der gleichzeitigen Postmoderne wieder, wenn er 1975 eine heutige, neue Architektur – mit Erinnerung – verlangt: erstens durch Rücksichtnahme auf benachbarte Gebäude und die Stadtstruktur, zweitens durch „Vertrauen in ihren eigenen Wert" und drittens durch „Verknüpfungen", damit sie sich nicht isoliert (frei zitiert). Diese Verknüpfungen sind die Übergangselemente, mit denen die Isolierung der neuen Architektur vermieden wird.

Haus Tassel, Brüssel, 1893–95
Victor Hortas zweiter großer Auftrag wurde zum ersten Hauptwerk des „Art Nouveau" (1890–1910). Horta und das Haus Tassel sind mit Ursache dafür, dass Brüssel zum Schwerpunkt dieser künstlerischen Neuorientierung wurde und Belgien als das Land gilt, in dem der Jugendstil entstand.

Die Bezeichnung „Art Nouveau" stammt von einem Geschäft, das 1905 in Paris eröffnet wurde (Architekt Henry van de Velde) und ausschließlich moderne Möbel verkaufte, d.h. jede Form von Stilnachahmungen vermied. Von der 1906 in München gegründeten Zeitschrift „Jugendstil", die das Lebensgefühl dieser Bewegung ausdrückte, stammt der in Deutschland übliche Stilbegriff.

Für das Haus stand eine Baulücke von 7,20 m Breite zur Verfügung, die Höhe der benachbarten Bauten musste eingehalten werden.

Bebauung Tegeler Hafen, Berlin 1985–88 von Charles Moore, John Ruble, Buz Yudel

Ein Projekt der Internationalen Bauausstellung, an dem 16 weitere internationale Architekten beteiligt waren.

Anpassung als postmoderne Aufgabe. Einprägsame Gestaltung und Collagierung historischer Architekturelemente.

Die Anpassung, von der hier die Rede ist, findet zwischen der historisierenden Umgebung und dem neuartigen Formsystem des Art Nouveau statt.

Horta übernimmt für das Haus Tassel aus dem Vokabular des französischen Klassizismus, dem die benachbarten Fassaden angehören, Symmetrie und Details wie Konsolen, Simse und Stürze und ergänzt es mit dem Formenspiel des „Art Nouveau", mit der Ornamentik aus vegetabilen Formen, aus Wellen und Flammen in Eisen mit viel Glas, und erreicht damit eine überzeugende Einheit.

Markthalle, Stuttgart
Martin Elsässer, ein junger Architekt aus Tübingen, gewann 1910 den ausgeschriebenen Wettbewerb.
Mit dem Formenfundus der damals noch einheitlichen Altstadt und des nahen Schlosses, Spitzbogenarkaden, Giebel, Erker und Türmchen, passte er das Gebäude im Jugendstil in die Umgebung ein, dessen Herkunft über die Neogotik auch in das Mittelalter reicht. Dagegen wählte er für das Innere (25/60 m) das modernste Tragwerk seiner Zeit, offene Stahlbetonbinder und darüber ein großes Glasdach.
Der abrissbedrohte Jugendstilbau wurde 1973 durch das Engagement von Bürgern und Denkmalschützern gerettet.

1928 baute Elsässer die Großmarkthalle in Frankfurt als damals größtes Gebäude seiner Zeit. Aus dem Jugendstil vor dem ersten Weltkrieg wurde der Expressionismus der Nachkriegszeit.

Druckhaus Berlin-Mitte / Mosse-Zentrum
1921–23 von Erich Mendelsohn und Richard Neutra.
Die frühesten Teile des „Verlagshauses Rudolf Mosse" wurden 1901–03 als neobarockes, monumentales Eckhaus an der Schützen-/Jerusalemer Straße im Berliner Zeitungsviertel errichtet.
Von 1921–23 arbeitete Erich Mendelsohn an der Aufgabe, beide Gebäudeteile neu zusammenzuführen und um 2–3 Stockwerke zu erhöhen, dabei sollte

Haus Tassel, Brüssel, von Victor Horta (1893–95). Das Haus für einen Freund, Professor für Darstellende Geometrie an der Universität Brüssel, war Hortas zweiter Auftrag. Hinter der großen Fensterfront in Form einer Loggia im 1. Stock liegt das Büro Tassels, das auf diese Weise eine besondere Bedeutung erfährt.

o.: Markthalle Stuttgart, 1910 von Martin Elsässer. (rechts das alte Schloss)

m.: Markthalle Stuttgart, Hallen-Innenraum

u.: Großmarkthalle Frankfurt M., 1928 von Martin Elsässer. Das Tragwerk der Halle besteht aus aneinander gereihten Stahlbeton-Halbschalen, die im Scheitel 6 cm stark sind. Die Verwaltung ist in den beiden achtgeschossigen Kopfbauten mit expressionistischer Klinkerverkleidung untergebracht.

Druckhaus Berlin-Mitte, Mosse-Zentrum (1921–23) Vom ehemals bombastischen Mittelteil aus wurden 1914 der jubelnden Menge die druckfrischen Texte der Mobilmachung zugeworfen. Im Dezember 1918 erfuhr es bei Kämpfen zwischen Spartakisten und Regierungstruppen starke Beschädigungen.

Rathaus Göteborg, Erweiterung (1936) von Gunnar Asplund. Ahnungsvoll gab Asplund seiner Arbeit, mit der er 1913 den 1. Preis gewann, das Motto „Andante". Und so dauerten Planung und Ausführung 25 Jahre. Noch während der Bauarbeiten änderte er die vier Sitzungszimmerfenster mit asymmetrischer Betonung, schließlich verschob er alle anderen Fenster innerhalb ihrer Gefache an den Rand.

Die Göteborger lehnten das Gebäude zunächst ab, später bewunderten sie es und stellten es 1982 unter Denkmalschutz.

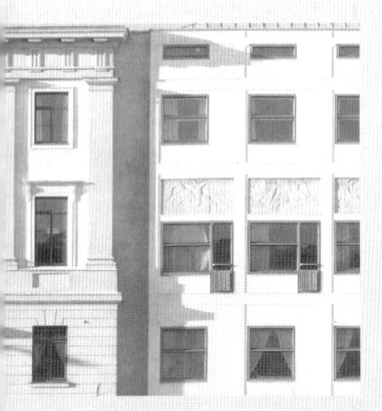

– auf Wunsch des Auftraggebers – der Mittelteil besonders werbewirksam gestaltet werden. „Zentrum der Komposition ist der gerundete Eckbau mit dem weit auskragenden Baldachin über dem Eingang und seinen fünf hohen und sehr breiten Fensterbändern [...]. Die Fensterbänder sind in viele kleine hochrechteckige Scheiben unterteilt, deren Maße von den Attikafenstern des Altbaus übernommen sind und die somit eine subtile Anbindung erzeugen. [...]" (Aus „Erich Mendelsohn – Gebaute Welten", von Regina Stephan, 1998)

Rathaus Göteborg Erweiterung, 1936, von Gunnar Asplund.
Schon 1913 hatte Gunnar Asplund den Wettbewerb zum Umbau und Erweiterung des klassizistischen Rathauses mit einem Vorschlag in „Nationaler Romantik" gewonnen, einer skandinavischen Besonderheit, die sich am Mittelalter orientiert. Dabei sollte das vorhandene Gebäude völlig verändert und mit der Erweiterung zusammengefasst werden.
In der Folge entstand für die Fassade zum Gustav-Adolf-Platz eine lange Reihe alternativer Lösungen. 1916 legte er für die Kombination Rathaus und Erweiterung einen Vorschlag in Neoklassizismus vor, ohne den Eingangstympanon des Altbaus. 1920 kehrte er zum Tympanon zurück und setzte die Erweiterung deutlich ab.
Erst 1936 fand er die Fassade, die zur Ausführung kam und die internationale Beachtung fand: Der Altbau behält den Tympanon und die klassizistische Fassade, die Erweiterung zeigt ihr modernes Betonskelett aus Stützen und Balken, passt sich aber in wichtigen Gliederungselementen, wie Geschossaufteilung und Achsmaß der alten Fassade an.

Städelsches Kunstinstitut, Frankfurt/M. 1874–78
Wiederaufbau 1963–64 von Johannes Krahn. Der Bau aus den Gründerjahren repräsentiert sich zum Mainufer mit den aufwendigen Formen der Neorenaissance, dabei fallen die Rustikagliederung des Erdgeschosses, die Doppelsäulen im 1. Ober-

geschoss und die große Kuppel über der Mitte besonders auf. Die Seitenflügel des Museums wurden im Krieg zerstört und von Johannes Krahn in einem strengen Klassizismus wieder aufgebaut.

Die Anpassung an die opulenten Formen des erhaltenen Mittelteils gelang ihm durch die strikte Einhaltung der Symmetrie, durch Reduktion der Profile und durch Verwendung des gleichen Materials – gelber Sandstein, der nach modernem Verständnis in großen zusammenhängenden Flächen in Erscheinung tritt und mit dem benachbarten Renaissancedekor überzeugend korrespondiert.

Alte Pinakothek München 1826–36
von Leo von Klenze, 1957 Hans Döllgast.
Ludwig I. hatte bereits als Kronprinz von Klenze die Glyptothek für seine Sammlung antiker Skulpturen – weit vor der Stadt, am geplanten Königsplatz – klassizistisch und im jonischen Stil errichten lassen. 1826, 10 Jahre später, übertrug er ihm, unweit davon den Bau der alten Pinakothek, den seinerzeit größten Galeriebau, für seine Gemäldesammlung. Klenze addierte 25 Rundbogenjoche in Anlehnung an Renaissancevorbilder zu einem eindrucksvollen zweigeschossigen Baukörper.

Im zweiten Weltkrieg – die Gemäldesammlung war evakuiert – traf eine Luftmine das Gebäude mittig und zerstörte 9 Joche, das ganze Haus brannte ab.
Der von Döllgast vorgenommene Wiederaufbau geriet zum – kaum wieder erreichten – Vorbild für angepasstes Bauen. Er übernahm die Struktur der benachbarten erhaltenen Joche und führte sie stark vereinfacht mit Abbruchziegeln aus. Damit bildete er den Einschlagstrichter in der Fassade ab und berichtet dramatisch über erlittene Geschichte. Döllgasts Leistung beschränkt sich nicht nur auf die Wiederherstellung der Fassade, er nahm auch die Gelegenheit wahr, den Eingang sinnvoll zu verlegen und eine neue, eindrucksvolle Treppenführung durchzusetzen.

Das „Städel" am Schaumainkai, Frankfurt/M. Trotz großer Unterschiede in der Fassade zwischen Alt und Neu gelingt über das gemeinsame Material des gelben Sandsteins eine spannungsvolle Einheit. (Foto: Ulf Jonak)

Alte Pinakothek, München.

o.: Gesamtansicht von Süden

m.: Abgebildeter Einschlagstrichter aus dem 2. Weltkrieg

u.: Detail der Nahtstelle

Rathaus Bensberg von Gottfried Böhm. Links der ehem. Palas, heute Rats- und Veranstaltungssaal.

Gottfried Böhm:
„[…] Schon die Lage auf dem Berg und die mit der alten Burg verbundene Grundrissform mit dem Spiel der alten und neuen Türme heben das ganze Gebäude hervor."

(Aus: „Gottfried Böhm, Vorträge, Bauten, Projekte" von Swetlozar Rar, 1988)

u.: Die neuen Gebäudeteile stufen sich um den alten Burghof abwärts.

Kaufhaus Schneider, Freiburg/Breisgau, 1972/1975 von Heinz Mohl

Rathaus Bensberg 1962–71 von Gottfried Böhm

Die Anpassung von neu und alt findet durch die beiden Materialien Bruchstein und Beton statt, die ausgewogen miteinander korrespondieren und durch ein plastisch gestaltetes Hochhaus, mit dem auf die mittelalterlichen Türme reagiert wird. „Die Reste der mittelalterlichen Burganlage […] wurden aus einem im 19. Jahrh. durch Umbau entstandenen Krankenhaus herausgeschält; es blieben drei teils rekonstruierte Türme, die Umfassungsmauer und die Außenmauer des Palas. Diese Reste ergänzte Böhm zu einem bis zu 10 Geschosse aufsteigenden Verwaltungsbau in Sichtbeton, der skulptural geformt ist und […] dem fünfeckigen, schiefbehelmten mittelalterlichen Turm antwortet. […]" (Aus „Köln, ein Architekturführer", 1999) Der ehemalige Palas wurde gläserner Ratssaal, der zugleich Veranstaltungsraum ist.

Kaufhaus Schneider, Freiburg/Breisgau, 1972–1975 von Heinz Mohl

Ein neues Kaufhaus, gegenüber dem Münster, inmitten der bedeutenden Altstadt Freiburgs, am Fuß des Schwarzwaldes, das ist ungewöhnlich. Die öffentliche Meinung und die örtliche Presse waren sich einig: ein Bau mit katastrophalen Auswirkungen, geprägt vom einseitigen Profitgewinn, einfallslos, langweilig – eine städtebauliche Todsünde. Dagegen Ulrich Conrads in der Bauwelt 22/1976: „Zum anderen wüßte ich kaum ein Haus und schon gar kein Warenhaus, aus den letzten dreißig Jahren, an das soviel gestalterische Mühe, soviel erfinderischen Witz, soviel konstruktive Beratung zwischen Architekt, Planungsamt, Bauaufsicht und Denkmalpflege gewandt wurde. […] Damit ist gesagt, dass es sich da beim Kaufhaus Schneider nicht bloß um Fassaden-Architektur, um Verpackungskunst handelt, etwa der Art, dass sich weitgespannte Nutzflächen hinter diversen eingangslosen Fassaden in Altstadtmachart verbergen. Es ist in Freiburg kein solcher Trug dabei. […]" Die Anpassung an die Umgebung gelang dem Architekten durch die Verbindung modernster Betontechnologie mit dem kleinteiligen Maßstab der unmittelbaren Nachbarschaft.

Hessisches Staatstheater Wiesbaden,
Erweiterung 1978
von Hardt-Waltherr Hämer

Nachdem Wilhelm II. Wiesbaden als die ihm zusagende Kurstadt entdeckt hatte und sich dort regelmäßig aufhielt, tat es ihm ein Teil seines Hofstaates nach. Diese „wilhelminische Invasion" ist bis heute im Stadtbild nachvollziehbar.

Für den Neubau des Hoftheaters musste in die vorhandene klassizistische Kolonnade ein historistischer Prachtbau eingefügt werden, der 1894 eröffnet wurde, 1902 folgte der Anbau eines neobarocken Prunkfoyers.

Zwar fand die „Gründerzeitarchitektur" bei den Zeitgenossen ungeteilten Anklang, aber es stellte sich bald heraus, dass der Theaterbetrieb nur unpraktisch und beengt ablaufen konnte.

„Die Wiesbadener Bühne sollte in den siebziger Jahren, nach fast 70 Jahren seit der Eröffnung des Theaters, nicht länger auf Seitenbühne und auf den praktischen „Bezug" zwischen Bühne, Nebenbühnen, Werkstätten und Probebühnen verzichten […]."
(Hardt-Walter Hämer in Bauwelt 37/1978)

„Hämers Bau lässt den alten Bauten ihr Recht. Er biedert sich weder an, noch versucht er, sie zu übertrumpfen. […] Bauformen, Baustoffe und Gliederung bringen etwas völlig Neues; […] Die Verzahnung von alt und neu [wird] auf zurückhaltende Weise angedeutet. […] Die neuen Bauplatten der Fassadenverkleidung mit dem Grün der Fenster und dem Violett der sichtbaren Konstruktionsglieder werden […] Patina annehmen. […] Diese Patina wird mit der Zeit die heterogenen Bauteile noch stärker zusammenschließen." (Günther Kühne in Bauwelt 37/1978)

Kaufhaus Schneider, Freiburg/Brsg., Ausschnitte. Heinz Mohl in der Eröffnungsrede 1975: „Alle diese Fragen nach Grundstück, funktioneller Zuordnung, der Erschließung, der Ver- und Entsorgung, […] waren geradezu winzig im Vergleich zu dem Problem, mit dem wir uns konfrontiert sahen: dem Problem der Integration neuer, anderer Bausubstanz in diese alte Agglomeration. Dieses Problem ist entstanden, weil das Vokabular, das Repertoire, das uns die funktionalistische Architektur anbietet, nicht für die Lösung dieser oder ähnlicher Aufgaben geeignet ist."

Hessisches Staatstheater Wiesbaden, Erweiterung 1978.
Der neobarocke Bühnenturm mit reinem Dekor-Tympanon und die Erweiterung.

Hessisches Staatstheater Wiesbaden, Erweiterung 1978.

„Der für Verwaltungsräume nach Süden erforderliche Sonnenschutz bot in Verbindung mit den handwerklich-technischen Bedingungen der Bleiverkleidung willkommene Gelegenheit zu einer maßstäblichen Differenzierung des Erweiterungsgebäudes, die dem Fassaden-Dekor des Altbaus entsprechen und Maßstab geben, nicht jedoch Rokoko in dritter Auflage sein soll."
(Hardt-Wather Hämer in Bauwelt 37/1978)

Barockschloss Saarbrücken, 1979–87,
o.: Cour d'Honneur,
u.: Der neue gläserne Mittelrisalit
(Fotos: Wolfgang Staudt unter cc-by-2.0)

Barockschloss Saarbrücken 1979–87
von Gottfried Böhm und Nikolaus Rosiny.
1748 wird das Saarbrücker Schloss vollendet. Es ist eine dreiflügelige Anlage mit einem Cour d'Honneur, der sich zur Altstadt von Saarbrücken hin orientiert; sein Architekt ist Friedrich Joachim Stengel. 1793, während der französischen Revolution, brennt ein Teil des Schlosses ab, das Übrige wird geplündert und zerstört. Seine weitere Geschichte ist gekennzeichnet von Zerstörungen, Umbauten und Zerfall.
1976 beschließt der Stadtverband die barocke Wiederherstellung der Fassade und Nutzung des Gebäudes für Verwaltungszwecke; der Mittelrisalit soll repräsentative und kulturelle Aufgaben übernehmen.
1978 kommt der Vorschlag von Gottfried Böhm unter 7 angeforderten Arbeiten den Vorstellungen der Gutachter am nächsten. Böhms Mittelteil ist völlig verglast und bietet Platz für einen großen und kleinen Festsaal. Damit kommt er einer Idealforderung an den Grundriss eines barocken Schlosses nach, den großen Speisesaal und das Vestibül in die Mittelachse zu legen. Eine barocke Interpretation ist auch die Verdoppelung der Stützen zu Stützenpaaren und das französische Mansarddach. Das jetzt umfangreicher gewordene Volumen wirkt sich vorteilhaft auf die Proportionen des neuen Baukörpers aus.

Erweiterung Redaktionsgebäude taz, Berlin 1988–91
von Gerhard Spangenberg
Die Fassade des denkmalgeschützten Redaktionsgebäudes der taz an der Kochstr. 18 vereinigt auf unbeschwerte Weise in sich Elemente des Neoklassizismus und solche des Jugendstils: Monumentalität und Symmetrie, aber auch große Glasflächen mit kleinteiligen Eisenrahmen.
Die Elemente, mit denen sich die Erweiterung dem vorhandenen Gebäude anpaßt, lassen sich zwar aufzählen, dennoch ist die erreichte Einheit des Ganzen weniger nachweisbar als „gefühlt". Es wiederholen sich zwar Raster, Glasflächen und gekrümmte Elemente und es wird auf die Geschosshöhe Bezug genommen, aber eben doch nicht in letzter ma-

thematischer Konsequenz; dennoch entsteht der zwingende Eindruck, dass Vorhandenes und Neues zusammengehören.

Aufstockung Haus Bonin, Eichstätt
1994 von Hild und Kaltwasser
In einer dicht bebauten Altstadt liegt es nahe, ein Haus nach oben zu erweitern, dennoch wird im Allgemeinen davon wenig Gebrauch gemacht. Hier entsteht aus einem ehemaligen Dachgeschoss, das als Lager diente, ein knapp 40 qm großer Wohnraum. Die bisherige Figuration des Hauses bleibt ablesbar; Ortgang und Traufe bilden den oberen Abschluss des Mauerwerkbaus. Das darauf gesetzte Geschoss ist ein vorgefertigtes Stahlskelett – entweder verglast oder mit Paneelen aus transparenter Wärmedämmung (TWD). Nach oben bildet es die Dachneigung des Geschosses darunter ab.

Die äußere Verkleidung besteht aus ausschwenkbaren Aluminium-Lochblechelementen und passt sich überraschend der angrenzenden Putzstruktur des Altbaus an; sie ist unauffällig und verträgt sich mit der denkmalgeschützten Altstadt Eichstätts. Erst bei Dunkelheit beginnt die Lochblechfassade von innen her zu leuchten und wird wahrgenommen.

Museum für Kunsthandwerk, Frankfurt/Main
1982–85 von Richard Meier
Die großbürgerlichen Villen am Schaumainkai waren die Basis zum städtebaulichen Konzept eines zusammenhängenden Museumsufers am Main entlang. Sie wurden zu unterschiedlichen Museen ausgebaut und erweitert. Die Villa Metzler und ihr großzügiger Park machen am Eisernen Steg den Anfang mit dem Museum für Kunsthandwerk. Die entschiedene Architektursprache Meiers führt bei Bauaufgaben im Kontext zu deutlichen Kontrasten (z. B. Stadthaus Ulm, siehe Seite 343)
Ganz anders hier: „Der Neubau entwickelt seine Gestalt in Grundriss und Aufriss durch Aufnahme, Wiederholung und Multiplikation von Maßen und

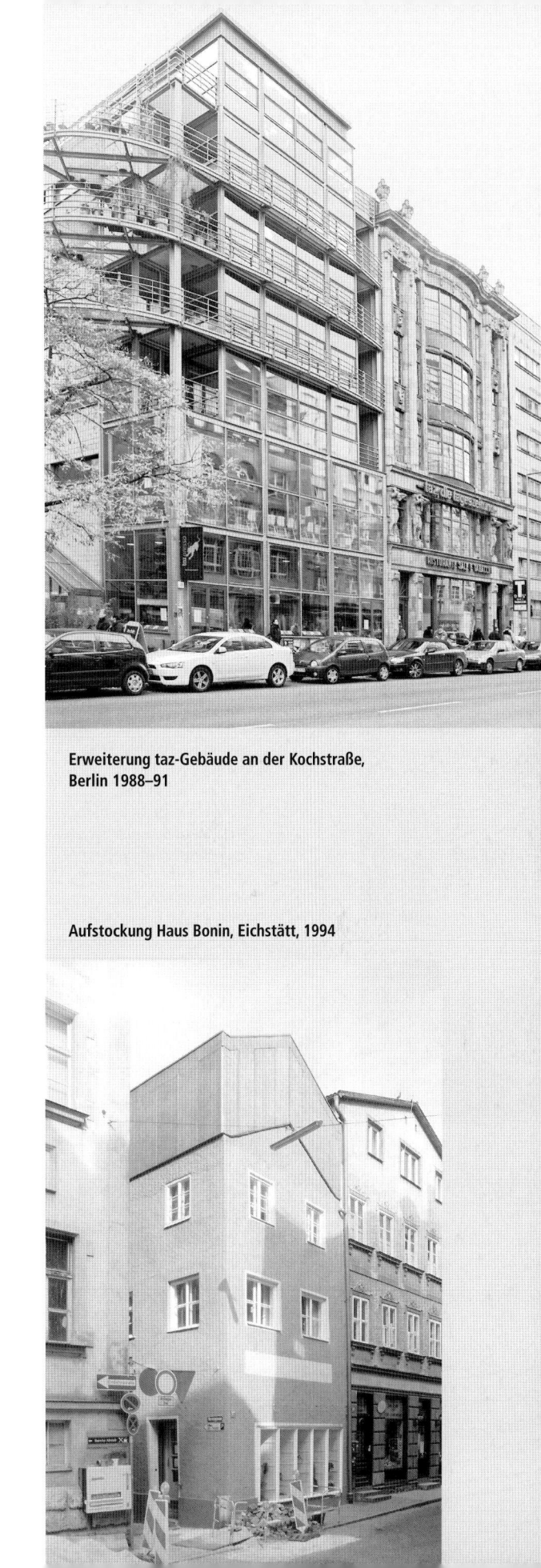

Erweiterung taz-Gebäude an der Kochstraße, Berlin 1988–91

Aufstockung Haus Bonin, Eichstätt, 1994

Maßstab der Villa Metzler. [Übergangselemente! Verf.] Die so entstandene quadratische Grundrissform, die mit ihren Hauptachsen auch den Entwurf für den Park und die Fußgängerwege und -passagen bestimmt, wird durch die Verlängerung von vorhandenen Fluchtlinien […] durchdrungen." (Richard Meier in „Bauen für Frankfurt" 1984)

Diese Form von Anpassung ist nachprüfbar und offenkundig: Das Quadrat der Villa wird in der Baugestalt dreimal wiederholt, ihre Traufhöhe markiert Meier in den weiß emaillierten Metallpaneelen mit einem grauen Granitstreifen. Während die quadratischen Erweiterungen streng parallel zu ihrem Vorbild – der Villa – angeordnet sind, folgen die Erschließungsflächen, um 3,5° verschwenkt, der Flussrichtung und dem Straßenverlauf.

Museum für Kunsthandwerk, Frankfurt/M.

o.: Blick v. Eisernen Steg

2. v. o.: Ansicht vom Schaumainkai. Links die Villa Metzler, rechts der erste Museumspavillon.

li.: Ansicht vom Parkinneren, der graue Streifen markiert die Traufhöhe der Villa Metzler.

u.: Lageplan

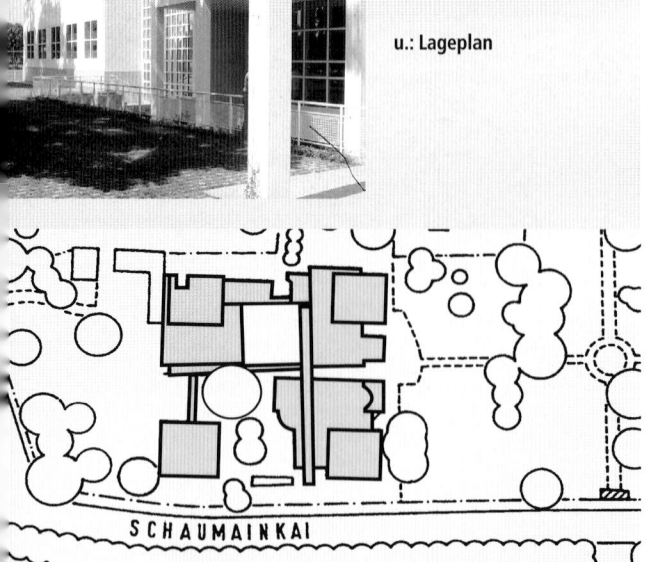

Literatur

- **Neues Bauen in alter Umgebung.** Die Neue Sammlung, Ausstellungskatalog, München 1978
- Achim Hubel: **Denkmalpflege, Geschichte, Themen, Aufgaben. Eine Einführung.** Stuttgart 2006
- Friedrich Spengelin, Lothar Kistler, Walter Rossow, Erik Andresen, Monika Deldrop-Wiedmann: **Stadtbild und Stadtlandschaft. Planung Kempten Allgäu, Analyse und Bewertung des Zustands von Landschafts- und Stadtbild.** München 1977
- Ulrich Conrads: **Programme und Manifeste zur Architektur des 20. Jahrhunderts.** Bauwelt Fundamente 1, Braunschweig 1975
- Heinrich Klotz: **O.M. Ungers 1951–1984, Bauten und Projekte.** Braunschweig/Wiesbaden 1985
- **Der Architekt Gottfried Semper 1803–1879, Ausstellungskatalog.** München/Zürich 2003
- Ulrich Conrads und Peter Neitzke (Hsg.): **Die Städte himmeloffen, Reden und Reflexionen über den Wiederaufbau des Untergegangenen und die Wiederkehr des Neuen Bauens 1948/49,** Band 2003
- Oswald Hederer: **Bauten und Plätze in München. Ein Architekturführer.** München 1985
- Winfried Nerdinger: **Architekturführer München.** München 1994
- Bernd Kalusche und Wolf-Christian Setzepfandt: **Architekturführer Frankfurt am Main.** Berlin 1997
- August Hahn: **Der Maximilianstil in München.** München 1982
- Martin Wörner, Ulrich Hägele, Sabine Kirchhof: **Architekturführer Hannover.** Berlin 2000
- Heinz-Günter Borck: **Der Marktplatz zu Hildesheim: Dokumentation des Wiederaufbaus.** Hildesheim 1989
- **Der Architekt 3–4, April 2005,** Zeitschrift des BDA, Bonn 2005
- Heinrich Magirius: **Die Frauenkirche Dresden.** Regensburg 2006
- Angela Pfotenhauer und Elmar Lixenfeld: **Weimar. Welterbe.** Bonn 2006
- Goerd Peschken, Hans-Werner Klünner: **Das Berliner Schloss.** Berlin 1982
- **Hauptstadt Berlin. Stadtmitte Spreeinsel. Internationaler Städtebaulicher Ideenwettbewerb 1994.** Berlin 1994
- **Rietveld, 1924, Schröder Huis,** Angepasster Neudruck 1963, Amsterdam 1985
- **J.J.P. Oud, The Complete Works 1890–1963,** NAI Publisher; Rotterdam, 2001
- Gustav Wais: **Alt-Stuttgarts Bauten im Bild.** Stuttgart 1951
- Martin Wörner und Gilbert Lupfer: **Stuttgart, ein Architekturführer.** Berlin 1991
- Friedrich Mader, Konrad Held: **Eichstätt.** Ingolstadt 1990
- Bea Betz, Anita M.F. Schrade, Thomas Schnabel: **Architekturführer Bayern.** München 1985
- Raffaele Raya: **Günther Domenig. Werkbuch.** Salzburg und Wien 1991
- Berthold Hinz und Andreas Tacke: **Architekturführer Kassel.** Berlin 2002
- Franco Borsi und Paolo Portoghesi: **Victor Horta.** Stuttgart 1991
- Regina Stephan: **Erich Mendelsohn. Gebaute Welten.** Ostfildern-Ruit 1990
- Claes Caldenby and Olof Hultin: **Asplund.** Stockholm 1985
- Alexander Kierdorf: **Köln, ein Architekturführer.** Berlin 1999
- Swetlozar Raev: **Gottfried Böhm. Vorträge, Bauten, Projekte.** Stuttgart, Zürich 1988
- Jörg Husmann, Angelika Roter: **Bauen für Frankfurt.** Frankfurt/M. 1984

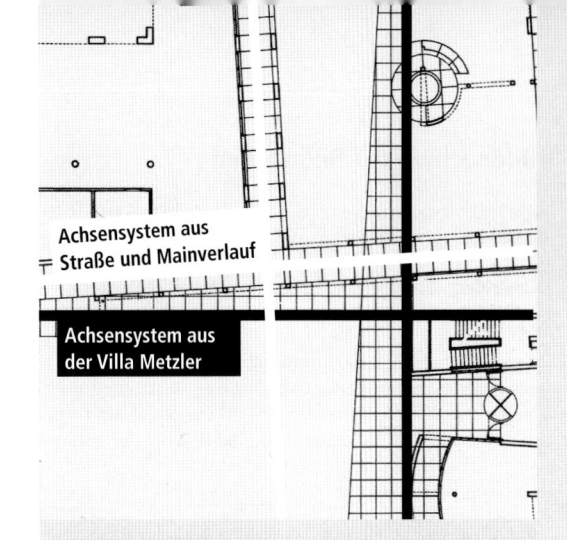

Achsensystem aus Straße und Mainverlauf

Achsensystem aus der Villa Metzler

Die sorgfältige Ausrichtung der drei quadratischen Hauptbaukörper auf das Quadrat der Villa Metzler und die um 3,5° verschwenkte Anpassung der Erschließungsbaukörper an die Richtung von Fluss und Straße sind mit bloßem Auge nicht wahrnehmbar; sie geben sich nur einmal im Fugenverlauf des Plattenbelags der Außenanlagen zu erkennen (weißes und schwarzes Achsenkreuz).

Museum Küppersmühle Duisburg, 1908 als Getreidespeicher erbaut im Innenhafen; umgebaut 1997 zu einem Kunstmuseum von Herzog/De Meuron nach einem Masterplan von Foster Associates.

Jede 2. Decke wurde entfernt, um die Hängung großer Bildformate zu ermöglichen. Notwendige Änderungen in der Belichtung führten zu sichtbar vermauerten vorhandenen und neu eingeschnittenen Fenstern.

Das angeschobene neue Treppenhaus aus Beton ist wie alle sichtbaren Betonteile ziegelrot lasiert und passt sich der lebhaft gegliederten ursprünglichen Ziegelfassade an.

Bildnachweise / Bildquellen

Alle Abbildungen, soweit nicht anders vermerkt:
Hanns M. Sauter, Arno Hartmann, Tarja Katz

Umschlag: „Nomadenjurte": Philipp Roelli unter cc-by-sa-3.0
„Walter Gropius": AP

Kapitel 1.1 Physiologische Grundlagen des Entwerfens „Nomadenjurte": Philipp Roelli unter cc-by-sa-3.0 · S. 14 „Wolkenbügel" (2): aus der Sammlung S.O. Chan-Magomedov · Sessel „Schwan" (Jacobsen): © Fritz Hansen · S. 15 „Sarapis" aus: „1000 chairs", Taschen Verlag Köln · Fotos „Meyersche Höfe, Berlin": unbekannt · S. 24: Atelier aus: Le Corbusier, oeuvre complete 1910 – 69, Zürich 1964

Kapitel 1.2 Psychologische Aspekte des Entwerfens Titelbild: Foto: „Gryffindor" unter cc-by-sa · S. 32: o. Foto: Jan Jerszynski unter cc-by-sa · S. 32, 2.v.o.: Cornelia Lewerentz · S. 32 „Stiftskirche Gernrode" aus: Rolf Thoman (Hrsg.), Achim Bednorz (Fotograf): „Die Kunst der Romanik", Könemann Verlag Köln 1996, S. 40 · „Kölner Dom": Foto: „Elya" unter cc-by-sa · „Melk" aus Rolf Thoman (Hrsg.), Achim Bednorz (Fotograf): „Die Kunst des Barock", Könemann Verlag Köln, 2004, S. 258 · „Ando" aus Philip Jodidio (Hrsg.): „Tatar Ando", Taschen Verl. Köln 1997, S.85 · S.33o.: Rembrandt-Stich (Public Domain) · S. 33,2.v.o.: „Osterspaziergang": Gemälde von Hans Stubenrauch · S.34m: Foto: René Villars / Bieler Tagblatt · S.34u: Kanzlerbungalow: Bundesarchiv_B_145_Bild-F057336-0005 · S. 34g.u.: Kanzlerbungalow Abend: Bild: Architekturmuseum TU München · S.35o.: Fotos: Architekt · S. 35m: Webseite www.residenz-wuerzburg.de/bilder/rundgang/n-kaiser/napoleonzimmer.jpg · S.36g.o.: (Public Domain) · S.36o aus: Oscar Sierra Ojeda (Hrsg.): „Amerikanische Apartments", Evergreen/Taschen Verlag Köln 1997, S. 232 · S.36m (Glashaus, beide) aus: Hasan Uddin Khan: „International Style", Taschen Verlag Köln 2001, S. 156 · S.36u.: Andreas Lepik (Editor): „O. M. Ungers", Hatje Cantz Verlag, Ostfildern, S. 58 u. 59 · S. 37 Castel del Monte: „Idéfix" unter cc-by-sa · S. 37 Plan: (Public Domain) · S.37u. Pavillons: Website: http://faculty-web.at.northwestern.edu/art-history/werckmeister/May_11_1999/1103.jpg und http://faculty-web.at.northwestern.edu/art-history/werckmeister/May_11_1999/1104.jpg · S.37g.u.: Postkarte Weltausstellung Paris: Quelle nicht ermittelbar · S. 38: Beide Abbildungen (Sullivan): (Public Domain) · S.38: Szenenbild aus „Metropolis": © 1927 UFA · Szenenbild aus „Das Kabinett des Dr. Caligari": © 1920 Decla-Bioscop AG · Szenenbild aus „Dr. Seltsam, oder wie ich lernte, die Bombe zu lieben": © 1964 Columbia Pictures · S. 38 u.: „Rockefeller Center nachts": Public Domain · S. 38 u.re.: Jürgen Tietz, Peter Delius (Hrsg.): „Geschichte der Architektur des 20. Jahrhunderts", Könemann Verlag Köln 1998, S.49 (Museum of the City of N.Y: The Byron Collection) · S.39: Landesarchiv Berlin (Markus Hallig) aus Könemann, Geschichte der Architektur, S. 93 · S.39, „Große Achse": Bundesarchiv_Bild_146III-373 · S. 39, Reichskanzlei: Landesbildstelle Berlin · S.39, „Marmorgalerie": Bundesarchiv_Bild_183-K1216-501 · S. 39, Tür: Webseite www.ww2incolor.com (aus „Signal"-Magazin) · S. 39, u.re.: Webseite: http://www.unav.es/ha/001-TEOR/reichskanzlei/reichskanzlei-016.jpg · S. 40, Pruitt-Igoe: Public Domain · S. 40 Luftbild: Public Domain · S. 40u: Alle Bofill-Abbildungen aus: Alexander Tzonis, Liane Lefaivre: „Architektur in Europa seit 1968", Campus Verlag Frankfurt/Main 1992, S. 144–147 · S. 41o: „Aalto-Sanatorium": Alvar Aalto Museo, Jyväskylä · S. 41: Klinikum Aachen: „Mali1973" unter cc-by-sa · S. 42o: Simone Schleifer: „Family Houses", Evergreen/Taschen Verlag Köln 2005, S. 33. Foto: Eric Sierins · S. 42m: „Best" Jürgen Tietz, Peter Delius (Hrsg.): „Geschichte der Architektur des 20. Jahrhunderts", Könemann Verlag Köln 1998, S.82, © SITE · S.42u.: Webseite: http://www.makli.com/wp-content/uploads/2009/09/grand-canyon-skywalk.jpg (Press material?) · S. 42u.re.: „Purple" unter cc-by-sa

Kapitel 1.3 – Das Berufsbild des Architektenin der Vergangenheit Titelbild „Balthasar Neumann": (ehem. Banknote) · S. 44 o.l.: The American Historical Association (AHA) · S. 44 o.r.: aus: Heer/Freitag/Günther: „Für eine gerechte Welt – Große Dokumente der Menschheit". Primus Verlag Darmstadt, 2004 (Musée du Louvre, Paris) · S. 44 Stufentempel (beide): Hans Koepf: Baukunst in fünf Jahrtausenden (Kohlhammer) · S. 45o. Herodot aus: www.draughtshistory.nl („Herodotus (statue in Naples)") · S. 45u. li.: Pyramide Luftbild: air_view.tif: Internet · S. 45u.re.: Cheops-Ministatuen: Internet (nicht mehr ermittelbar) · S. 46 Imhotep-Statue: (Louvre) · S. 46 Sakkara-Dimetrie: Hans Koepf: Baukunst in fünf Jahrtausenden (Kohlhammer) · S. 46 Pyramide Sakkara: Max Gattringer (Public Domain) · S. 51 o. Pantheon-Kuppel: Public Domain · S. 52 o.re.: (Public Domain) · S. 52 m. Trajansforum: Markus Bernet unter cc-by-sa-2.0 · S. 52 u. Zeichnungen Säule: (nicht mehr zu ermitteln) · S. 53 o. Hagia Sofia: Public Domain · S. 54 o.li. Chor St. Denis: Internet · S. 54 o.re. Suger: Jacques Mossot / Structurae · S. 54 m. Canterbury Chor: (Public Domain) · S. 55 o.re. Wormser Dom, Affe / Baumeister: Thomas Huth · S. 55 u.li. Hans von Burghausen: Toni Ott, Verlag Schnell und Steiner, München · S. 56 o.li Skizzenbuch-Seiten: (Public Domain) · S. 56 u. (beide): David Macaulay: Sie bauten eine Kathedrale, Artemis 1973 · S. 57 o.re. Büste Parler: unbekannt · S. 57 u.li. Vasari: (Public Domain) · S. 58 o. Campanile: „Thermos" unter cc-by-sa-2.5 · S. 58 o.re. Giotto: Hans Weingartz (http://www.kidweb.de/hanS.htm) unter cc-by-sa 3.0/de · S. 58 u. Waisenhaus „Innocenti": www.italian-architecture.info · S. 58 Medaillon: Sailko unter cc-by-sa · S. 59 o. Kuppel: Saskia Scheele unter cc-by-sa-3.0 · S. 59 Brunelleschi-Statue: Richardfabi (Public Domain) · S. 59 Alberti-Medaillon: www.avizora.com · S. 59 Decem Libri: (Public Domain) · S. 60 o. Tempio Malatestiano: Quelle unbekannt, vermutlich Public Domain · S. 60 o. Alberti Isometrie: Quelle unbekannt · S. 60 m. Alberti Basilika: (Public Domain) · S. 60 u.: Palladiomotiv: Quelle unbekannt · S. 61 Serlio Sieben Bücher: (Public Domain) · S. 61 Erasmus-Porträt: (Public Domain) · S. 62 u. Holl: (Public Domain) · S. 63 m. Schickhardt: (Public Domain) · S. 64 o. Perspektive: (Public Domain) · S. 65 o. Tempelhaus: Stadt. Verkehrsamt Hildesheim · S. 65 m. Dietterlin: (Public Domain) · S. 66 o. Residenz Würzburg: Werner Hager: Die Bauten des Deutschen Barock · S. 66 m. Neumann: (Public Domain) · S. 68 Günzburg, Kirche: aus der dortigen Infobroschüre · S. 68 u. Coalbrookdale: (Public Domain) · S. 69 o. Winckelmann: (Public Domain) · S. 69 m. Laokoon: (Public Domain) · S. 71 o.li.: [unbekannt] unter cc-by-sa · S. 71 m.re.: Thomas Huth · S. 71 m. Luftbild: aus der Infobroschüre zur Saline · S. 71 u.li. Friedrichswerdersche Kirche: Andreas Praefcke unter cc-by-sa-3.0 · S. 71 m.re.: Dieter Brügmann unter cc-by-sa-3.0 · S. 72 o.li. : aus: Eugene Viollet-le-Duc: Definitionen · S. 72 o.re. Kuppel: (Public Domain) · S. 72m.re. „Pol" unter cc-by-sa · S. 72m.l (beide Innenräume): (Public Domain) · S. 72 u. Parliament: (Public Domain) · S. 73 o.li.: Buch: aus: Klaus Hardering: „Jenseits der Gewölbe. Ein Führer über die Dächer des Kölner DomS. " · S. 73, alle weiteren Abb.: (Public Domain) · S. 74o. li.: (Public Domain) · S. 74 übrige: aus: http://www.ric.edu/faculty/rpotter/cryspal.html · S. 75, alle: (Public Domain) · S. 76o.,m.,u.: (Public Domain) · S. 77, 78, 79, 80o + m.li.: (Public Domain) · S.80u.: Gérard Ducher unter cc-by-sa-2.5 · S. 81m.li.: João Tiago M. S.Andrade unter cc-by-sa-2.0 · S. 81 (übrige): (Public Domain) · S.82o, m.: (Public Domain)

Kapitel 1.4 – Berufsbild des Architekten – heute Titelbild: Szenenfoto aus „The Fountainhead" („Ein Mann wie Sprengstoff"), Warner BroS. 1949 · Titelbild re. Walter Gropius: AP · S.87o.re.: (Public Domain) · S.88–90: aus Bauwelt Nr. 46 / 1996 · Stiche und Gemälde S.96–97: (Public Domain) · S. 98 Porträts + m.: (Public Domain) · S.98u. + 99o.: aus wettbewerbe aktuell 4/1993 · S.99u.: Präsentationszeichnung Architekt · S. 100: aus Cees de Jong, Erik Mattie: Architekturwettbewerbe 1792–1949 · S. 101o.: Sammlung Khan-Magomedov · S. 101m: aus: Le Corbusier, oeuvre complete 1910 – 29 · S. 101u.: Quelle unbekannt · S.102o (alle): Sammlung Khan-Magomedov · S. 103o.: Chmehl unter cc-by-sa-2.5 · S. 104–105: (Public Domain) · S. 108: Postkarte aus „Bauhaus" von Magdalena Droste · S. 109 (alle): Klaus-Jürgen Sembach: Henry van de Velde. · S. 110 Modellfoto: Museum der Dinge, Berlin · S. 111 (alle): Klaus-Jürgen Sembach: Henry van de Velde. · S. 112 – 114o.: Angelika Thiekötter u.a.: Bruno Tauts Glashaus

Kapitel 1.5 – Tätigkeit des Architekten – nutzungsbestimmt Titelbild li.: (Public Domain) · S. 116 o.: Künstler · S. 130 o. + m.: (Public Domain)

Kapitel 1.6 – Tätigkeit des Architekten – visionär Titelbild: (Public Domain) · S. 134 Adolf Loos: aus „Adolf Loos 1870 – 1933", Akademie der Künste, Akademie-Katalog 140, Berlin 1984 · S. 134 – 145 (alle): (Public Domain) · S. 146 – 150 m. (alle): aus der Sammlung Khan-Magomedov · S. 152 m. – 153: aus „Bruno Taut. Natur und Phantasie" · S. 154 o.: aus Le Corbusier: „Ausblick auf eine Architektur"(S. 57) · S. 154 m. – 155: aus: Le Corbusier, oeuvre complete 1910 – 69" · S. 156 o.: aus „Wer war Le Corbusier?"(S. 167) · S. 157 (alle): aus „Bauwelt 18 / 19" · S. 158 (alle) aus: Kisho Kurokawa, Metabolism in Architecture, London 1991 · S. 159 o.: aus Bauwelt 18 / 19 · S. 159 u. + g.u.: aus „Kenzo Tange" von Zoltan Kosa (Henschelverlag) · S. 160 o.: Kunsthalle Tübingen · S. 160 – 161 m.: Archigram, Peter Cook, Basel 1991 · S. 162: aus Haus-Rucker-Co., Dieter Bogner, Kunsthalle Wien · S. 164 (alle): aus „Die Revision der Moderne, Postmoderne Architektur 1960 – 1980", Heinrich Klotz, Deutsches Architekturmuseum Frankfurt/M München, 1984 · S. 165 m. – 166 m.: aus Visionäre Architektur, Wien 1958-1988, Günther Feuerstein, Berlin 1988 · S. 166 u.: aus „Vision der Moderne", Heinrich Klotz · S. 168: aus „Revision der Moderne", Heinich Klotz

Kapitel 1.7 – Wohn- und Schlafräume S. 172 (alle): aus Hans Koepf: Baukunst in fünf Jahrtausenden (Kohlhammer) · S. 173 o.: aus Palladio: „Quattro Libri […]" (Public Domain) · S. 173 u.: Szenenfoto aus „Vom Winde verweht", Warner Home Video · S. 174 (alle): aus „C. A. F. Voysey, an Architect of Individuality", Duncan Simpson, London 1979 · S. 175 m.: aus: „Hermann Muthesius, Akademie-Katalog 117", Berlin 1977 · S. 175 u. – 176 u.: aus „Die Weissenhofsiedlung: Werkbundausstellung ‚Die Wohnung' – Stuttgart 1927", Karin Kirsch, Stuttgart 1987 · S. 177 o.: aus „Hugo Häring in seiner Zeit, Bauen in unserer Zeit", Christa Otto, Stuttgart 1983 · S. 177 u.: aus „Mies van der Rohe in America, Phyllis Lambert, New York 2001, Montreal 2002, Chicago 2002" · S. 178 o.: aus „Interbau Berlin 1957", Amtlicher Katalog Berlin 1957 · S. 178 m.o. (Innenraum Red House): aus „Häuser, 4/1989, Magazin für internationales Wohnen" · S. 178 m.li.+re.: aus: „Hermann Muthesius, Akademie-Katalog 117" · S. 178 u.: „Hans Scharoun", Schriftenreihe der Akademie der Künste, Band 10, Berlin 1959 · S. 179 m.: aus „Adolf Loos 1870 – 1933", Akademie der Künste, Akademie-Katalog 140, Berlin 1984

Kapitel 1.8 – Küchen, Bäder und WCs S. 185 m.: aus „Peter Behrens, Architekt und Designer", Alan Windsor, Stuttgart 1985 · S. 186 u. – 187 m.: aus „Oikos, Von der Feuerstelle zur Mikrowelle, Michael Andritzky, Stuttgart, Zürich 1992" · S. 187 (Ansicht Tempel): aus Hans Koepf: „Baukunst in fünf Jahrtausenden" (Kohlhammer) · S. 190 – 194 m. (alle): aus „Oikos" · S. 195 o.: aus Le Corbusier: „Ausblick auf eine Architektur" · S. 195 m.: aus Khan-Magomedov: „Avantgarde II" · S. 195 u. – 196, S. 199 u. – 200: aus „Oikos" · S. 201 u.: aus „Die 25 Einfamilienhäuser des Holzsiedlung am Kochenhof", Neuausgabe Katalogbuch Stuttgart 2006 · S. 202 o.: Szenenbild aus dem Film „Kitchen stories", SF(Fox) 2003 · S. 206: aus „Oikos" · S. 207 o.: aus: „Aus erster Quelle …", Udo Pfriemer, Friedemann Bedürftig, Hansgrohe Schriftenreihe, Band 3, Schiltach 2001 [„Quelle"] · S. 207 m.o.: „Das Buch vom Bad", Francoise de Bonneville, München 1998 · S. 207 m.u.: „Quelle" · S. 208 mittlere 3: aus „Im Labyrinth des Minos", Harald Siebenmorgen, München 2001 [„Labyrinth"] · S. 209 1-3: „Quelle" · S. 209 u.: „Installateur - ein Handwerk mit Geschichte", Klaus Kramer, Hansgrohe Schriftenreihe Band 2, Schiltach 1998 [„Installateur"] · S. 210 o.: Ward-Perkins, John B.: „Weltgeschichte der Architektur. Rom.", Stuttgart 1988. · S. 210, 2-4: „Installateur" · S. 211 o.: „Quelle" · S. 211 m.: aus Philipp Filtzinger u.a.: „Die Römer in Baden- Württemberg", Theiss Verlag 1986 [„RömerBW"] · S. 212 o.: „RömerBW" · S. 213 u.+g.u.: „Quelle" · S. 214 o.: „Das Buch vom Bad" · S. 214 m.: „Das private Hausbad 1850 – 1950", Klaus Kramer, Hansgrohe Schriftenreihe Band 1, Schiltach 1997 [„Hausbad"] · S. 215, 1-3: „Quelle" · S. 215 u.: „Das Buch vom Bad" · S. 216 – 217: „Hausbad" · S. 219 o.+m.: „Deutschland in der Steinzeit", Ernst Probst, München 1991 · S. 219 u.: „Katholische Bilderbibel", Augsburg 1998 · S. 220 m.: „Quelle" · S. 220 u.: „Installatuer" · S. 221, 1+2: „Quelle" · S. 221 u.: „Installatuer" · S. 222 o.: „Quelle" · S. 222 u., S. 224 o.: „Hausbad" · S. 224 m. – 225 o.: „Quelle" · S. 225, 2: „Installatuer"

Kapitel 1.9 – Baurechtliche Einschränkungen, BauGB, LBO NW, Arbeitsstätten · S. 230 o.: (Public Domain) · S. 230 u.: Bildquelle nicht zu ermitteln · S. 232 m.: Sébastien Bertrand unter cc-by-2.0 · Schnitte S. 244 – 246: aus „Baukunst in Vorarlberg seit 1980", Otto Kapfinger, Ostfildern-Ruit 1999

Kapitel 1.10 – Planwerte nach DIN 277, Kosten nach DIN 276 Modellfotos S. 250 – 251: Aus „Wettbewerbe aktuell 12/77", Fotos: Adalbert Helwig · S. 254 o.: Szenenfoto aus „Frühstück bei Tiffany", Paramount Home Entertainment 1961/2002 · S. 255 o., S. 257 o.: aus „Die Weissenhofsiedlung: Werkbundausstellung ‚Die Wohnung' – Stuttgart 1927", Karin Kirsch, Stuttgart 1987 · S. 257 m.: Nicht ermittelbar.

Kapitel 1.11 – Sozialer Wohnungsbau S. 260 o. „Samariter": Der Barmherzige Samariter, Zeichnungen von Kees de Kort, Deutsche Bibelstiftung, Stuttgart 1968, ohne Seitenangabe · S. 260 m. „Chirico-Pferd": Paolo Baldacci und Wieland Schmied (Hrsg.): „Die andere Moderne – De Chirico/Savinio", Hatje Cantz, Ostfildern-Ruit 2001, S.222 · S. 261 u.: „London-Draufsichten": Leonardo Benevolo: „Die Geschichte der Stadt", Frankfurt / Main 1982, S. 790–91 · S. 262 o.: „Doré-Stiche": Leonardo Benevolo: „Die Geschichte der Stadt", Frankfurt / Main 1982, S. 792–93 · S. 262 m. „Hausansichten": Deutsche Gartenstadtbewegung, Kristina Hartmann, München 1976, S. 24 · S. 266 „Howard Porträt und 3 Diagramme": Deutsche Gartenstadtbewegung, Kristina Hartmann, München 1976, S. 29 · S. 267 „Diagramm", „Foto Einkaufszentrum", „2 Fotos Welwyn": aus „Geschichte der Architektur des 19. und 20. Jahrhunderts", Leonardo Benevolo, München 1964, S. 413, 421 · S. 268 o. „Einküchenhäuser" und m. „Küche" aus: Hermann Muthesius 1861 – 1927, Akademie der Künste Berlin, Akademiekatalog 117, S 117 und 119 · S. 268 u. „Werkstätten" aus: Deutsche Gartenstadtbewegung, Kristina Hartmann, München 1976, S. 100 · S. 269 o. „Fragebogen" aus Deutsche Gartenstadtbewegung, Kristina Hartmann, München 1976, S. 51 · S. 269 m. „Zeltdachhaus" aus: Deutsche Gartenstadtbewegung, Kristina Hartmann, München 1976, S. 73 · S. 270 o. „Festspielhaus" aus: Deutsche Gartenstadtbewegung, Kristina Hartmann, München 1976, S. 29 · S. 278 o. „Hadid-Modell" aus: „Internationale Bauausstellung Berlin 1987", Projektübersicht, Berlin 1987, S. 104

Kapitel 1.12 – Bauen in der Landschaft S. 282: Zeitungsanzeigen und -Ausschnitte aus SZ, Stuttgarter Nachrichten und Südwestpresse · S. 283, 1+2: Zeichnungen aus »Ohijésa – Jugendgeschichte eines Sioux-Indianers« von Dr. C. A. Eastman, Agentur des Rauhen Hauses, Hamburg 1922 · S. 284 o.+u.: (Public Domain) · S. 285 – 287 m.: (Public Domain) · S. 287 u.: „Xavax" unter cc-by-sa · S. 288 o.: DVD-Cover „Koyaanisqatsi", MGM Home Entertainment GmbH 2005 · S. 288 m. – 290 u.: (Public Domain) · S. 291 o.: aus „Geschichte der Architektur von der Antike bis heute", Könemann 1996, Bildarchiv Steffens, Ralph Reiner Steffens · S. 291 m.: Nicht ermittelbar. · S. 291 u.: aus „Corippo", Karl Krämer Verlag Stuttgart 1986 · S. 293 u.: (Public Domain, published prior to January 1, 1923) · S. 294 o.: (Public Domain) · S. 294 m.: www.peterbeers.net · S. 294 u.: The Art Institute of Chicago · S. 295 o.: Hedrich Blessing, Chicago, Illinois · S. 295 u.: Fotograf nicht ermittelbar · S. 296 o. + m.: Christopher Little, New York · S. 296 u.: Esto/Ezra Stoller, Mamaroneck, New York · S. 297 o.: Peter Gössel, Nürnberg · S. 297, 2: www.peterbeers.net · S. 297, 3: Frank den Oudsten aus „Architektur des 20. Jahrhunderts", Taschen Verlag · S. 297, 4: FLW Foundation, Scottsdale, Arizona · S. 297 u.: Peter Schaefer unter cc-by-1.2 · S. 298 o.: aus „Hannes Meyer. Architekt 1889-1954. Schriften der zwanziger Jahre" im Reprint, Baden, Lars Müller Publishers, 1990 · S. 298 u.: aus „Scharoun, Haus Baensch", Schriftenreihe der Akademie der Künste, 1993 ·

S. 299, o.: Kolmio/Suomen Rakennustaiteen Museo, Helsinki · S. 299, 2: E. Mäkinen/Suomen Rakennustaiteen Museo, Helsinki · S. 299, 3–5: Aus: Thomas Boga (Ausstellung + Katalog): Die Architektur von Rudolf Olgiati, Organisationsstelle für Architekturausstellungen, ETH Hönggerberg, CH-8093 Zürich, 1977 · S. 300 o.+u.: Eugene J. Johnson Hrsg., Charles Moore, Bauten und Projekte 1949-1986, DAM Frankfurt 1987 · S. 301 o.+m.: Architekt · S. 301 u.: Aus: Toshio Nakamura: Norman Foster 1964-1987 (1988 May Extra Edition) Tokyo, 1988 · S. 302 u.+g.u.: Esto/Ezra Stoller, Mamaroneck, New York · S. 304 u.: Quelle: Architekt (www.perraultarchitecte.com) · S. 305, 1+2: Quelle: Architekt: (www.mickey-muennig.com) · S. 306 o.: Prof. Stephen R. Wassell (www.faculty.sbc.edu/wassell) · S. 306 u.: Fotograf nicht ermittelbar · S. 308 o.: Fondazione RCM - Rete Civica di Milano · S. 308, 2, 5: Szenenfoto und Filmplakat aus: Le Mepris (Die Verachtung), Kinowelt GmbH, 1963 / 2002 · S. 308, 3: Aus Daidalos, Architektur Kunst Kultur, Nr. 63/1997, Bertelsmann Fachzeitschriften GmbH Gütersloh 1997 · S. 309,(alle): Die Bildrechte liegen beim Nachlass Neutra (Neutra Estate), Fotograf: Julius Shulman · S. 310 o.: Aus: Pierluigi Nicolin: Mario Botta Bauten und Projekte 1961-1982, Deutsche Verlags-Anstalt Stuttgart 1984 · S. 310, 2: Mario Botta, Haus in Riva San Vitale, Seitenansicht, GA Document Special Issue 1 A. D. A. EDITA Tokyo 1980 · S. 310 u.: Richard Meier, Haus Douglas, Ansicht vom See aus, GA Document Special Issue 1 A. D. A. EDITA Tokyo 1980 · S. 311 o. (beide): „Your private Sky, R. Buckminster Fuller, The Art of Design Science", Edited by Joachim Krausse, Claude Lichtenstein, Lars Müller Publishers · S. 311 u.: „Airstream Trailer", Gemälde von Ralph Goings, Aus „Dumont's Chronik der Kunst im 20. Jh." · S. 312 o.: Julius Shulman · S. 312 u.: Aus: (Editor) Dennis Sharp: „Kurokawa", BookArt Ltd. London 1998

Kapitel 1.12 – Bauen in gebauter Umgebung S. 313 u. (alle): Aus: „Behnisch und Partner – Bauten 1952–1992", Hrsg. von Johann-Karl Schmidt und Ursula Zeller, Galerie der Stadt Stuttgart, Stuttgart 1992 · S. 318 u. (beide): (Public Domain) · S. 319 Einfügungskriterien in historischen Kontext: Aus „Stadtbild und Stadtlandschaft – Planung Kempten/Allgäu", S. 156, Bayer. Staatsministerium des Innern, oberste Baubehörde, ca. 1975 · S. 321, 1–3: Aus: Renate Palmer: „Der Stuttgarter Schocken-Bau" – Geschichte eines Kaufhauses und seiner Architektur", Silberburg-Verlag Tübingen 1995 · S. 323 Hofoper Dresden: Aus: „Gottfried Semper 1803–1879" von Winfried Nerdinger und Werner Oechslin (Hrsg.), Prestel Verlag München 2004 (Public Domain) · S. 332 o. li.: Dieter Demme, Deutsches Bundesarchiv (German Federal Archive), Bild 183-T0413-0018 · 332 o. re.: Ralph Hirschberger, Deutsches Bundesarchiv (German Federal Archive), Bild 183-1990-1017-009 · S. 332 u.: „Das Schloss von Nordwest, gesehen vom Schinkelplatz im VG der Kupfergraben" aus: „Das Berliner Schloss" von Goerd Peschken und Hans-Werner Klünner, Propyläen/Ullstein Berlin, 4. Auflage 1998 · S. 334 o.: Aus: „Hauptstadt Berlin – Stadtmitte Spreeinsel – Internationaler städtebaulicher Wettbewerb 1994", Felix Zwoch (Hrsg.) Birkhäuser Berlin 1994 · S. 337 m. li.: aus „J.J.P Oud – Poetic Functionalist 1890–1963 – The Complete Works" von Ed Taverne, Cor Wagenaar, Martien de Vletter, NAi Publishers, Beeldrecht Amsterdam 2001 · S. 337 m. re.: Aus: „J. J. P. Oud" von Umberto Barbieri, Artemis Verlag Zürich/München 1989 (Studio Paperback) · S. 338, 4: (Public Domain) · S. 348, 3: Aus: „Asplund", von Claes Caldenby & Olof Hultin, Stockholm Arkitektur Förlag/Gingko Press 1985.

Leider war es nicht mehr in allen Fällen möglich, die Urheber der Abbildungen zu ermitteln. Wir sind für Informationen bezüglich ungeklärter Urheberschaften dankbar.

Unentbehrlich für Entwurf und Planung

Der „Frick/Knöll" ist seit über 100 Jahren das Standardwerk der Baukonstruktion. Beide Bände sind unentbehrlich für jeden Architekten und Bauingenieur und geben einen umfassenden Einblick vom Fundament bis zum Dach.

Hestermann, Ulf / Rongen, Ludwig
Frick/Knöll Baukonstruktionslehre 1
35., vollst. überarb. und akt. Aufl. 2010. XIII, 882 S.
mit 853 Abb. und 138 Tab. Geb. EUR 54,95
ISBN 978-3-8348-0837-0
Einführung und Grundbegriffe - Normen, Maße, Maßtoleranzen - Baugrund und Erdarbeiten - Gründungen (Fundamente) - Beton- und Stahlbetonbau - Wände - Skelettbau - Außenwandbekleidungen - Fassaden aus Glas - Geschossdecken und Balkone - Fußbodenkonstruktionen und Bodenbeläge - Beheizbare Bodenkonstruktionen: Fußbodenheizungen - Systemböden: Installationssysteme in der Bodenebene - Leichte Deckenbekleidungen und Unterdecken - Umsetzbare nicht tragende Trennwände und vorgefertigte Schrankwandsysteme - Bauen im Passivhausstandard - Besondere bauliche Schutzmaßnahmen - Gesetzliche Einheiten

Neumann, Dietrich / Weinbrenner, Ulrich / Hestermann, Ulf / Rongen, Ludwig
Frick/Knöll Baukonstruktionslehre 2
33., überarb. u. akt. Aufl. 2008. X, 770 S.
Mit 956 Abb. u. 96 Tab. Geb. EUR 49,90
ISBN 978-3-519-55251-2

Geneigte Dächer - Flachdächer - Schornsteine (Kamine) und Lüftungsschächte - Treppen - Fenster - Türen - Horizontal verschiebbare Tür- und Wandelemente - Beschichtungen (Anstriche) und Wandbekleidungen (Tapeten) auf Putzgrund - Gerüste und Abstützungen

VIEWEG+TEUBNER

Abraham-Lincoln-Straße 46
65189 Wiesbaden
Fax 0611.7878-400
www.viewegteubner.de

Stand Juli 2011.
Änderungen vorbehalten.
Erhältlich im Buchhandel oder im Verlag.

Damit entwirft die Welt!

Neufert
Bauentwurfslehre

Grundlagen, Normen, Vorschriften über Anlage, Bau, Gestaltung, Raumbedarf, Raumbeziehungen, Maße für Gebäude, Räume, Einrichtungen, Geräte mit dem Menschen als Maß und Ziel.
Handbuch für den Baufachmann, Bauherrn, Lehrenden und Lernenden
39., überarb. u. akt. Aufl. 2009. XII, 568 S. mit 6.000 Abb. Geb. EUR 144,00
ISBN 978-3-8348-0732-8

Die 39. Auflage der weltweit bekannten Entwurfslehre wurde inhaltlich und grafisch weiter überarbeitet und aktualisiert. Übersichtliche Funktions-Schemata und Typologien bieten dem Planenden einen schnellen Überblick und sicheren Einstieg in alle Entwurfsthemen. Wesentlich erweitert und neu bearbeitet wurden die Kapitel Bauen im Bestand, Tankstellen/Autowaschanlagen, Theater/Modernisierung, Marinaanlagen/Supermarinas, Bauphysik/ ENEV 2009/ Energiepass, Brandschutz/ DIN EN 13501, Grundlagen/ Baubiologie, Landwirtschaft/Stallbau, Wohnen/ Wohnräume, SPA/Wellness, Entwurfsaspekte Landschaftsplanung und Kleinkläranlagen.

VIEWEG+ TEUBNER

Abraham-Lincoln-Straße 46
65189 Wiesbaden
Fax 0611.7878-400
www.viewegteubner.de

Stand Juli 2011.
Änderungen vorbehalten.
Erhältlich im Buchhandel oder im Verlag.